高等学校系列教材

土木与建筑工程 CAE

胡振中　林佳瑞　邓逸川　编著

中国建筑工业出版社

图书在版编目（CIP）数据

土木与建筑工程CAE / 胡振中，林佳瑞，邓逸川编著
. — 北京：中国建筑工业出版社，2023.12
高等学校系列教材
ISBN 978-7-112-29321-6

Ⅰ.①土… Ⅱ.①胡… ②林… ③邓… Ⅲ.①土木工程-计算机辅助设计-应用软件-高等学校-教材②建筑工程-计算机辅助设计-应用软件-高等学校-教材
Ⅳ.①TU201.4

中国国家版本馆CIP数据核字（2023）第214371号

本教材共八章，分别为绪论、CAE系统的可视化技术、CAE系统的模型化技术、CAE系统的离散化技术、CAE系统的虚拟化技术、CAE系统的网络化技术、CAE系统的自动化技术和CAE系统的智能化技术。

本教材可作为普通高等学校土木、建筑、海洋、建管类专业本科生和研究生的教学用书，也可供相关领域专业技术人员学习和参考。

为方便教师授课，本教材作者自制免费课件，索取方式为：1. 邮箱 jckj@cabp.com.cn；2. 电话（010）58337285；3. 建工书院 http：//edu.cabplink.com。

责任编辑：李天虹
责任校对：张　颖
校对整理：赵　菲

高等学校系列教材
土木与建筑工程CAE
胡振中　林佳瑞　邓逸川　编著
*
中国建筑工业出版社出版、发行（北京海淀三里河路9号）
各地新华书店、建筑书店经销
北京鸿文瀚海文化传媒有限公司制版
天津画中画印刷有限公司印刷
*
开本：787毫米×1092毫米　1/16　印张：23½　字数：587千字
2023年12月第一版　2023年12月第一次印刷
定价：**69.00**元（赠教师课件）
ISBN 978-7-112-29321-6
（41915）

前 言

在当前高速发展的经济和科技环境下，土木与建筑工程行业正面临着新的挑战和机遇，韧性城市、智能建造、数字孪生等前沿方向与重大需求不断涌现。为适应新时期的人才培养需求，如何提升学生的交叉学科知识和综合创新能力，已成为当前土木与建筑领域教育改革的重要方向之一。

计算机辅助工程（Computer Aided Engineering，简称 CAE）是计算机技术和工程分析技术结合的先进技术，连接起了历史悠久的土木与建筑工程，以及新兴前沿的信息技术的桥梁，具备典型的交叉学科属性，已经成为土木与建筑工程领域不可或缺的关键方向，对推动土木、建筑、水利、海洋等相关工程学科向网络化、信息化、智能化发展意义重大。

为了满足广大高等学校高年级本科生和研究生了解和掌握 CAE 技术的需求，编写组紧密结合学科前沿发展，系统梳理了 CAE 技术的特征、内涵和类型，重塑了课程大纲，编写了本教材。教材核心内容分为 CAE 系统的可视化、模型化、离散化、虚拟化、网络化、自动化和智能化七个部分，相关内容既包括当前工程领域的基础支撑技术，也包括当前领域的研究重点和热点方向。

其中，可视化技术是将复杂的工程问题通过图像和视频等形式呈现出来，帮助工程师更直观地理解和分析工程结构全生命期内的分析和优化过程。模型化和离散化是通过建立数学模型和将连续的问题离散化，将复杂的工程问题转化为可被计算机理解、存储、计算和分析的问题，为计算机辅助工程提供可能。虚拟化技术通过虚拟现实，以及虚实结合的增强现实和混合现实等技术，使工程师可以在计算机上模拟和测试工程对象的性能，提高工程设计、生产建造、维护维修的可靠性和效率。网络化技术通过利用互联网的便利性，将工程信息在多参与方之间快速流转，实现远程参与和资源共享，提升工程协作的效率。自动化技术通过一系列软硬件技术，实现工程对象的全面标识、动态感知、可靠传送和智能控制，实现工程系统的自主、自动自控。最后，智能化的 CAE 系统将知识管理、机器学习等人工智能技术引入工程全生命期不同场景中，使得工程对象可以根据数据和经验自我学习和优化，提高决策的效率和精度。

本书内容强调知识的基础性，重视对概念和原理的说明，着重展现土木与建筑工程领域 CAE 技术的最新发展成果和未来发展趋势。我们力求以深入浅出的方式介绍这些复杂的技术，使得高年级本科生和研究生可以更好地理解和掌握这些技术。希望通过本书的学习，读者可以掌握土木与建筑工程领域常用的 CAE 技术，提高解决实际工程问题的能力，为将来的研究和职业生涯打下坚实的基础。

本书由清华大学深圳国际研究生院胡振中、清华大学土木工程系林佳瑞和华南理工大学土木与交通学院邓逸川编写。其中，胡振中编写了第二、四、六、八章和第三章 3.5 节，林佳瑞编写了第一、五章和第三章 3.1～3.3 节，邓逸川编写了第七章和第三章 3.4 节。全书由胡振中统稿、定稿。课题组成员朱时艺、贾维露、冷烁、吴浪韬、袁爽、宋盛禹、闫克霄也参与了教材的编审和例题的制作，在此向他们表示由衷的感谢！本书的出版承蒙国家重点研发计划项目（2022YFC3801100）、国家自然科学基金项目（72091512、51908323、51778336、51478249）和广东省基础与应用基础研究基金项目（2022B1515130006）资助，特此感谢！

虽然技术的快速发展和教材的篇幅限制使得本书无法详细探讨每一类 CAE 技术的所有细节，但我们仍建议对其中某类技术感兴趣的读者参阅相关技术的专门教材进行深入的学习和研究。由于编写水平有限，书中内容难免疏漏，敬请读者指正。

目 录

第一章　绪论

1.1　土木与建筑工程概述

土木与建筑工程是研究人类生活所需的建筑和基础设施的规划、设计、建造和维护的工程领域。本节将从土木与建筑工程的概念、范畴、特点以及发展四个方面介绍其重要性。

1.1.1　土木与建筑工程的概念

土木工程技术是人类文明的最重要标志之一，是人类文明形成及社会进化过程中必需的民生工业，是国家建设的基础行业。

土木工程的英文名称为“Civil Engineering”，意为“民用工程”。原意与“军事工程”（Military Engineering）相对，甚至可以理解为所有非军事目的的工程，都属于土木工程领域。在英语中，历史上土木工程、机械工程、电气工程、化工工程都属于“Civil Engineering”，因为它们都具有民用性。后来，随着工程技术的发展，机械、电气、化工逐渐形成独立科学，“Civil Engineering”就转化为当前狭义的土木工程。土木工程是人类赖以生存的基础产业，它伴随人类的文明而产生和发展。该学科体系产生于18世纪的英、法等国，现在已发展成为现代科学技术的一个独立分支。中国的土木工程教育开始于1895年创办的天津北洋西学学堂（后称北洋大学，现天津大学），经过一个多世纪，特别是经过改革开放以来的迅速发展，我国目前已有数百所高等院校开设土木工程本科专业，培养能从事土木工程设计、施工、管理、咨询、监理等方面工作的专业技术人员。土建类专业在过去被划分为桥梁与隧道工程、铁道工程、公路与城市道路工程、水利水电建筑工程、港口与海湾建筑工程、工业与民用建筑工程、环境工程、矿山建筑工程等十多个方向很窄的专业。

我国国务院学位委员会在公布的学科简介中为土木工程所下的定义为：土木工程是建造各类工程设施的科学技术的总称，它既指工程建设的对象，即建在地上、地下、水中的各种工程设施，也指所应用的材料、设备和所进行的勘测、设计、施工、保养、维修等。

1.1.2　土木与建筑工程的范畴

土木工程的范围包括房屋建筑工程、公路与城市道路工程、铁道工程、桥梁工程、隧道工程、机场工程、地下工程、给水排水工程以及港口、码头工程等。国际上，运河、水库、大坝、水渠等水利工程也包括于土木工程之中。

它不但包括所应用的材料、设备和所进行的勘测、设计、施工、保养维修等技术活动，还包括工程建设的对象，即建造在地上或地下、陆地或水中，以及直接或间接为人类生活、生产、军事和科学服务的各种设施。

土木工程对人类生存、国民经济、社会文明等方面的发展起着举足轻重的作用。它是关乎人类生存的基础性产业，是国民经济发展的带动性行业。人类生活离不开衣、食、住、行。“衣”的纺纱、织布、制衣要在工厂内进行，与土木工程间接有关；“食”需打井取水，筑渠灌溉，建水库蓄水，建粮食加工厂、粮食储仓等，与土木工程间接有关；“住”在房屋建筑中，与土木工程直接有关；“行”则需要建造铁道、公路、机场、码头等交通土木建筑工程，与土木工程直接有关。从建设对象看，土木工程包含建筑工程、道路工程、铁路工程、隧道工程、桥梁工程、地下工程、特种工程、交通运输工程、海洋工程、港口工程、水利水电工程、机场工程、环境工程、给水排水工程及防护工程；从材料看，土木工程可分为木结构、石结构、土结构、砌体结构、钢结构、钢筋混凝土结构，以及高分子材料结构；从技术上看，土木工程涉及勘测、设计、施工、管理、养护、维修等。

1.1.3 土木与建筑工程的特点

土木工程作为一门应用科学技术，具有下列五个基本特点：

(1) 综合性：建造一项工程设施一般要经过勘察、设计和施工三个阶段，需要综合运用工程地质勘察、水文地质勘察、工程测量、土力学、工程力学、工程结构设计、建筑材料、建筑设备、工程机械、建筑经济、施工技术、施工组织等学科知识。因而土木工程是一门范围广阔的综合性学科。

(2) 社会性：土木工程是伴随着人类社会的进步发展起来的，它反映了各个历史时期社会、经济、文化、科学、技术发展的面貌和水平。因而土木工程也就成为社会历史发展的见证之一。例如，远古时代，人们就开始适应战争、生产、生活及宗教传播的需要，兴建了城池、运河、宫殿、寺庙及其他各种建筑物，如都江堰、京杭大运河、北京故宫等。

(3) 实践性：土木工程是一门具有很强实践性的学科。影响土木工程的因素众多且错综复杂，因此土木工程对实践的依赖性很强。另外，只有进行新的工程实践，才能发现新的问题。例如，建造高层建筑、大跨桥梁等时，工程的抗风和抗震问题比较突出，因而需要发展出这方面的新理论技术。

(4) 周期长：土木工程（产品）实体庞大，个体性强，消耗社会劳动力多，影响因素多（因为工程一般在露天进行，受到各种天气条件的制约，如冬季、雨季、台风、高温等），由此带来了生产周期长的特点。

(5) 系统性：人们力求最经济地建造一项工程设施，用于满足使用者的预期要求，同时还要考虑工程技术要求、艺术审美要求、环境保护及其生态平衡，任何一项土木工程都要求系统地考虑这几方面的问题，土木工程项目决策的优良与否完全取决于对这几项因素的综合平衡和有机结合的程度。因此，土木工程必然是每个历史时期技术、经济、艺术统一的见证。土木工程受这些因素制约的性质充分地体现了土木工程的系统性。

1.1.4 土木与建筑工程的发展

1.1.4.1 古代土木工程的发展历史简述

古代土木工程的时间跨度大，大致从旧石器时代（约公元前5000年起）到17世纪中叶。古代土木工程所用的材料，最早为当地的天然材料，如泥土、石块、树枝、竹、茅草、芦苇等，后来开发出土坯、石材、木材、砖、瓦、青铜、铁、铅，以及草筋泥、混合土等混合材料。古代土木工程所用的工具，最早只是石斧、石刀等简单工具，后来开发出斧、凿、钻、铲等青铜和铁制工具，以及打桩机、桅杆起重机等简单施工机械。古代土木工程的建造主要依靠实际生产经验，缺乏设计理论的指导。尽管如此，古代土木工程还是留下了许多伟大的工程，例如我国的万里长城、赵州桥，埃及的金字塔等（如图 1-1 所示），记载着灿烂的古代文明。

图 1-1 从左至右依次为万里长城、赵州桥和金字塔

1.1.4.2 近代土木工程的发展历史简述

一般认为，近代土木工程的时间跨度为 17 世纪中叶到第二次世界大战前后，历时 300 余年。在这一时期，土木工程有了革命性的发展，逐渐成为一门独立学科。这个时期的土木工程发展有以下几个特点：

（1）奠定了土木工程的设计理论

土木工程的实践及其他学科的发展都为系统的设计理论奠定了基础。在这一时期，意大利学者伽利略于 1683 年首次用公式表达了梁的设计理论。1687 年，牛顿总结出力学三大定律，为土木工程奠定了力学分析的基础。1744 年，瑞士数学家欧拉建立了柱的压屈理论，给出了柱的临界压力的计算公式。随后，在材料力学、弹性力学和材料强度理论的基础上，法国的纳维于 1825 年建立了土木工程中结构设计的容许应力法。1906 年美国旧金山大地震和 1923 年日本关东大地震推动了土木工程对结构动力学和工程结构抗震的研究。从此土木工程结构设计有了比较系统的理论。

（2）出现了新的土木工程材料

从材料方面来讲，1824 年波特兰水泥的发明及 1867 年钢筋混凝土的开始应用是近代土木工程发展史上的重大事件。1856 年转炉炼钢法的成功使得钢材得以大量生产并应用于房屋、桥梁的建造。钢筋混凝土及钢材的推广应用，使得土木工程师可以运用这些材料建造更为复杂的工程设施。在近代及现代建筑中，凡是高耸、大跨、巨型、复杂的工程结构，绝大多数采用了钢材或钢筋混凝土。

（3）出现了新的施工机械及其施工技术

这一时期内，产业革命促进了工业、交通运输业的发展，对土木工程设施提出了更多的要求，同时也为土木工程的建造提出了新的施工机械和施工方法。打桩机、压路机、挖土机、掘进机、起重机、吊装机等纷纷出现，这为快速、高效地建造土木工程提供了有力的手段。

（4）土木工程发展到成熟阶段，建设规模前所未有

在交通运输方面，由于汽车在陆路交通中具有快速和机动灵活的特点，道路工程的地

位日益重要。沥青和混凝土开始用于铺筑高级路面。1931—1942 年，德国首先修筑了长达 3860km 的高速公路网，美国和欧洲其他一些国家相继效仿。20 世纪初出现了飞机，飞机场工程迅速发展起来。钢铁质量的提高和产量的上升，使建造大跨桥梁成为现实。1918 年，加拿大建成了魁北克悬臂桥，跨度 548.6m；1932 年，澳大利亚建成悉尼港桥，为双铰钢拱结构，跨度 503m；1937 年，美国旧金山建成金门悬索桥，跨度 1280m，全长 2825m，是公路桥的代表性工程。

工业的发达，城市人口的集中，使工业厂房向大跨度发展，民用建筑向高层发展。日益增多的电影院、摄影场、体育馆、飞机库等都需要采用大跨度结构。1925—1933 年，法国、苏联和美国分别建成跨度达 60m 的圆壳、扁壳和圆形悬索屋盖。中世纪的石砌拱结构终于被近代的壳体结构和悬索结构所取代。1931 年，美国纽约的帝国大厦落成，共 102 层，高 381m，有效面积 16 万 m^2，结构用钢约 5 万 t，内装电梯 67 部，还有各种复杂的管网系统，可谓集当时技术成就之大成，它保持世界最高建筑记录长达 40 年之久。

1909 年，中国著名工程师詹天佑主持的京张铁路建成，全长约 200km，达到当时世界先进水平。全程有 4 条隧道，其中八达岭隧道长 1091m。到 1911 年辛亥革命时，中国铁路总里程为 9100km。1894 年建成用气压沉箱法施工的滦河桥，1901 年建成全长 1027m 的松花江桁架桥，1905 年建成全长 3015m 的郑州黄河大桥（如图 1-2 所示）。中国近代市政工程始于 19 世纪下半叶，1865 年，上海开始供应煤气。1879 年，旅顺建成近代给水工程，相隔不久，上海也开始供应自来水和电力。1889 年，唐山设立水泥厂，1910 年开始生产机制砖。中国近代土木工程教育事业开始于 1895 年创办的天津北洋西学学堂和 1896 年创办的山海关北洋铁路官学堂（后称唐山交通大学，今西南交通大学）。

图 1-2　从左至右依次为滦河桥、松花江桁架桥和郑州黄河大桥

中国近代建筑以 1929 年建成的中山陵和 1931 年建成的广州中山纪念堂（跨度 30m）为代表。1934 年在上海建成了钢结构的 24 层国际饭店、21 层百老汇大厦（今上海大厦）和钢筋混凝土结构的 12 层大新公司。到 1936 年，已有近代公路 11 万 km。由中国工程师设计修建了浙赣铁路、粤汉铁路的株洲至韶关段，以及陇海铁路西段等。1937 年建成了公路、铁路两用钢桁架的钱塘江大桥，长 1453m，采用沉箱基础。1912 年成立中华工程师学会，詹天佑为首任会长。20 世纪 30 年代成立了中国土木工程学会。

1.1.4.3　现代土木工程的发展历史简述

现代土木工程以社会生产力的现代发展为动力，以现代科学技术为背景，以现代工程材料为基础，以现代工艺与机具为手段高速度地向前发展。第二次世界大战结束后，社会生产力出现了新的飞跃，现代科学技术突飞猛进，土木工程进入一个新时代。从世界范围来看，现代土木工程为了适应社会经济发展的需求，具有以下一些特征：

（1）功能要求多样化

现代科学技术的高度发展使得土木工程结构及其设施的使用功能必须适应社会的现代化水平。土木工程结构的多样化功能要求不但体现了社会的生产力发展水平，而且对土木工程的生产要求也越来越高，从而使得学科间的交叉和渗透越来越强烈，生产过程越来越复杂。

随着科学技术的高度发展，现代土木工程装备中装配式工程结构构件的生产和安装精度要求越来越高。20 世纪末，建筑的生态功能越来越为人们所重视。随着电子技术和信息化技术的高度发展，智能化建筑也有了进一步的发展。

（2）城市立体化

随着经济的发展和人口的增长，用房需求量加大，城市用地更加紧张，交通更加拥挤，建筑和道路交通向高空和地下发展也成为必然。高层建筑成了现代化城市的象征。

哈利法塔（原名迪拜塔），位于阿拉伯联合酋长国的迪拜，共有 162 层，总高 828.14m。2004 年 9 月 21 日开始动工，2010 年 1 月 4 日竣工，总投资超过 15 亿美元，为当前世界第一高楼（如图 1-3 左所示）。东京晴空塔高度为 634.0m，于 2011 年 11 月 17 日获得吉尼斯世界纪录认证为“世界第一高塔”，成为全世界最高的自立式电波塔，也是当前世界第二高的建筑物（如图 1-3 中所示）。上海中心大厦高为 632m，主体建筑结构高 580m，由地上 121 层主楼、5 层裙楼和 5 层地下室组成，总建筑面积 57.6 万 m^2，成为上海最高的摩天大楼，是世界第三高楼（如图 1-3 右所示）。

图 1-3　从左至右依次为哈利法塔、东京晴空塔和上海中心大厦

（3）交通高速化

中国城镇化政策的推行导致城市规模不断扩张，小轿车进入家庭的速度不断加快，从而带来了轿车工业的迅猛发展。城市交通严重紧张状况由几个大都市向普通的大城市发展，城市交通堵塞由局部地区和局部时间段上向大部分地区和较长时间段上发展，给人们正常出行带来了极大的不便。大力发展城市轨道交通是国内外解决城市交通最好的办法。据交通运输部统计，截至 2022 年底，中国大陆地区开通运营城市轨道交通的城市共 55 个，开通线路 308 条，运营里程突破 1 万 km。按照《“十四五”现代综合交通运输体系发展规划》，到 2025 年全国城市轨道交通运营总里程预计突破 1.3 万 km。高速公路的里程数，已成为衡量一个国家现代化程度的标志之一。

铁路也出现了电气化和高速化的趋势。2007 年 4 月 18 日，中国铁路正式实施第六次大面积提速，速度达到 200km/h 以上，其中京哈、京沪、京广、胶济等提速干线部分区段速度达到 250km/h。日本的新干线铁路行车速度达 210km/h 以上，法国巴黎到里昂的高速铁路运行速度达 260km/h。目前世界上已经有中国、西班牙、日本、德国、法国、瑞典、英国、意大利、俄罗斯、土耳其、韩国、比利时、荷兰、瑞士等 16 个国家和地区建成运营高速铁路。时至今日，中国的高速铁路网涵盖区域广，速度也可稳定在 350km/h，取得了让世界瞩目的技术突破。

（4）材料轻质高强化

现代土木工程材料进一步轻质化和高强化，工程用钢的发展趋势是采用低铝合金钢。高强钢丝、钢绞线和粗钢筋的大量生产，使预应力混凝土结构在桥梁、房屋等工程中得以推广。近年来轻骨料混凝土和加气混凝土已用于高层建筑。高强钢材与高强混凝土的结合使预应力结构得到较大的发展。新材料的出现与传统材料的改进是以现代科学技术的进步为背景的。

（5）施工过程工业化

大规模现代化建设使中国和苏联、东欧的建筑标准化达到了很高的程度，人们力求推行工业化生产方式，在工厂中成批地生产房屋、桥梁的构配件、组合体等。预制装配化的浪潮在 20 世纪 50 年代后席卷了以建筑工程为代表的许多土木工程领域。装配化不仅对建造房屋重要，而且在桥梁建设中也发挥着重要作用。20 世纪 60 年代开始采用与推广的装配式拱桥施工技术，使得桥梁上部结构轻型化、可工厂化生产，大大加快了桥梁的施工速度。

在标准化向纵深发展的同时，多种现场机械化施工方法在 20 世纪 70 年代以后进入快速发展期。同步液压千斤顶的滑升模板广泛用于高耸结构。现场机械化的另一个典型实例是用一群小提升机同步提升大面积平板的提升板结构施工方法。此外，钢制大型模板、大型吊装设备与混凝土自动化搅拌楼、混凝土搅拌输送车、输送泵等相结合，形成了现场机械化施工工艺，使传统的现场浇筑混凝土方法获得了新生命，在高层、多层房屋和桥梁施工中部分地取代了装配化。

施工过程工业化使许多超级工程建设成为可能。例如：港珠澳大桥岛隧工程于 2010 年底开工（图 1-4），近 6km 长的沉管隧道是世界上目前已建和在建工程中最长的混凝土沉管隧道。该沉管隧道采用柔性管节，这在国内尚属首次；1 个管节（180m×38m×10m）由 8 个 22.5m 长的节段组成，是世界上体量最大的沉管隧道管节；节段之间采用柔性接头，允许纵向变形和水平与竖向的转动。该项目是中国第一次采用岛上工厂法预制隧

图 1-4　港珠澳大桥

道管节，预制工艺对项目是一个大的挑战。施工中共采用 8 台液压振动锤联动振沉体系进行钢圆筒岛壁的振沉。港珠澳大桥沉管隧道的建设体现了土建工程的技术进步和施工设备的提升，同时，大型专业施工设备的研发和应用促进了沉管隧道施工技术的跨越。

（6）理论研究精密化

现代科学信息传递速度大大加快，一些新理论与方法，如计算机学、结构动力学、动态规划法、网络理论、随机过程论、滤波理论等的成果，随着计算机的普及而渗入土木工程领域。结构动力学已发展完备，荷载不再是静止的和确定性的，而将被作为随时间变化而变化的随机过程来处理。

在结构设计计算中，静态的、确定的、线性的、单个的分析，逐步被动态的、随机的、非线性的、系统与空间的分析所替代。电子计算机使高次超静定的分析成为可能。

理论研究的日益深入，使现代土木工程取得质的进展，而土木工程实践亦离不开理论指导。电子计算机的应用，使得理论研究趋于精密化，计算机不仅用于辅助设计，更作为优化手段，不但应用于结构分析，而且扩展到建筑、规划等领域。

（7）信息化

信息化建造阶段是数字化建造阶段的升级，一定程度上解决了数字化建造阶段的问题，提升了施工效率和管理水平。一方面，信息化建造技术促进了建筑工程和建造过程的全面信息化以及基于信息的管理；另一方面，信息化建造技术强调建筑工程全生命期、各参与方之间的信息共享，并注重对于信息的积累、分析和挖掘。但总体来看，在信息技术与工程建造技术的融合、物理信息交互以及绿色化、工业化、信息化“三化”融合等方面仍需要深入研究与应用。

近年来，BIM（Building Information Modeling/Model，建筑信息模型）技术的发展和应用引起了工程建设行业的广泛关注。BIM 技术通过三维的公共工作平台以及三维的信息传递方式，可以为实现设计、施工一体化提供良好的技术平台和解决思路，为解决建设工程领域目前存在的协调性差、整体性不强等问题提供可能。BIM 可以对设计阶段、招投标和施工阶段、后期运营阶段进行模拟实验，从而预知可能发生的各种情况，达到节约成本、提高工程质量的目的。基于 BIM 进行运营阶段的能耗分析和节能控制，结合运营阶段的环境影响和灾害破坏，针对结构损伤、材料劣化及灾害破坏，进行建筑结构安全性、耐久性分析与预测。BIM 技术引领建筑信息化未来的发展方向，将引起整个建筑业及相关行业革命性的变化。

（8）智能化

通过数字化建造和信息化建造阶段的发展与积累，我国建筑行业逐渐进入智慧建造阶段。通过运用 BIM、云计算、物联网等信息化技术，研究了工程信息建模、建筑性能分析、深化设计、工厂化设计、精密测量、结构检测、5D 施工管理、运维管理等集成化智慧应用，打造出基于 BIM 和物联网的一些建筑施工案例，如：北京槐房再生水厂、北京新机场和北京城市副中心，实现了全生命周期的智慧建造。智慧建造是工程建造的高级阶段，通过信息技术与建造技术的深度融合以及智能技术的不断更新应用，从项目的全生命周期角度考虑，实现基于大数据的项目管理和决策，以及无处不在的实时感知，最终达到工程建设项目工业化、信息化和绿色化的三化集成与融合，促进建筑产业模式的根本性变革。

1.2 CAE 的概念与发展

1.2.1 CAE 的概念

CAE（Computer Aided Engineering，计算机辅助工程）技术是计算机技术和工程分析技术相结合的新兴技术，是面向产品生成或工程建设生命周期的计算机系统，提供计算机辅助生成产品或工程建设过程的标准和概念以及相应的技术基础，提供一个支持设计、生产、管理全过程的集成环境。

CAE 是一个很广的概念，从字面上讲它可以包括工程和制造业的所有方面，但是传统的 CAE 主要是指用计算机对工程和产品进行性能与安全可靠性分析，对其未来的工作状态和运行行为进行模拟、及早地发现设计计算中的缺陷，并证实未来工程、产品功能和性能的可用性和可靠性。准确地说，CAE 是指工程设计中的分析计算与分析仿真，包括但不限于工程数值分析、结构与过程优化设计、强度与寿命评估、运动/动力学仿真等。

CAD（Computer Aided Design，计算机辅助设计）是 CAE 和 CAM（Computer Aided Manufacturing，计算机辅助制造）的基础。在 CAE 中无论是单个零件，还是整机的有限元分析及机构的运动分析，都需要 CAD 为其造型、装配；在 CAM 中，则需要 CAD 进行曲面设计、复杂零件造型和模具设计。在 CAD 中对零件及部件所做的任何改变，都会在 CAE 和 CAM 中有所反应。CAD/CAM 技术是实现创新的关键手段，而 CAE 技术就是实现创新设计的最主要技术保障。

1.2.2 CAE 的起源

1.2.2.1 计算机辅助设计的发展

计算机辅助设计是利用计算机的超级计算能力、以软件为主要操作对象，帮助工程技术人员进行工程设计、产品设计与开发，以达到缩短工期、提高设计质量、降低成本等目的的一门技术。1962 年，美国麻省理工学院开发了一个人机通信的图形系统 Sketchpad，标志着交互式计算机图形学的产生。所谓交互式计算机图形系统，是以计算机为主，具有图形生成和显示功能，可实现人机交互对话的计算机软件系统。1963 年，美国麻省理工学院的研究小组在美国计算机联合会年会上发表了有关计算机辅助设计的 5 篇论文，从而揭开了计算机辅助设计（CAD）的序幕。

目前，CAD 正在逐步进入高级阶段——以人工智能应用为标志的新阶段，即智能化 CAD。它和传统的 CAD 相比，有质的飞跃：传统的 CAD 是以数据为处理对象，智能化 CAD 则是以知识为主要处理对象；软件的开发以知识和经验为基础，对计算机给出的是已知事实和推理规则；计算机不是按给定的过程运行，而是根据指定的问题，自行寻找和探索各种可能解决问题的途径和结果。人工智能技术的一个重要分支——专家系统，它可以模拟各个专门领域的专家在其知识与经验基础上进行决策的思维逻辑。因此，CAD 技术的发展必然是将传统的 CAD 技术和专家系统结合起来。当前 CAD 软件的发展具有以下一些特征：

（1）集成化的设计支持环境。所谓集成化，就是将各种有关的分析计算、模拟绘图软件集成于一个环境下，建立统一的数据库，各个软件与统一数据库传输数据，从而达到交换数据的目的。

（2）特征化建模技术。特征化建模技术改变了过去CAD系统人机交互几何要求（如点、线、面）进行建模的方法，而采用以特征和这些特征间的关系来建模的方式。这种建模方式更接近工程人员的思维方式和工作方式，使工程设计过程更为直接和简单。特征化建模技术还为数控加工提供了方便。

（3）参数化技术。参数化技术是工程设计者进行零件设计的基础。CAD系统使用这种技术可以保证解的唯一性，同时还可以模拟高级工程师的工作过程。

（4）统一的数据结构。新的CAD系统都设计了统一的数据结构，采用单一的数据库，并提出主模型的概念，该模型在各个部分都可以使用。

（5）系统的开放性。为方便用户，许多CAD系统都提供了高层次的用户友好界面。系统提供自学和允许用户进一步开发的手段，且能与其他系统或其他用户应用软件接口。

（6）知识工程应用。目前，有一些CAD系统开展了知识工程的研究工作，利用知识工程技术使软件实现智能化。

1.2.2.2 计算机仿真系统的发展

计算机仿真是指利用计算机对自然现象、系统工程、运动规律以及人脑思维等客观世界进行逼真的模拟。这种仿真是数值模拟进一步发展的必然结果。在土木工程中，已经应用计算机仿真技术解决了工程中的许多疑难问题。

由于洪水、火灾、地震等自然灾害的原型重复试验几乎是不可能的，因而计算机仿真在防灾工程领域的应用就更有意义。目前已有不少抗灾防灾的模拟仿真软件被成功研制。例如，在洪水泛滥淹没区的洪水模拟软件，可预示不同时刻的淹没地区，人们可以从屏幕上看到水势从低处到高处逐渐淹没的过程，从而做出防洪规划及在遭遇洪水时指导人员疏散。

岩土工程于地下，往往难以直接观察。而计算机仿真则可把内部过程展示出来，具有很大的使用价值。例如，地下工程开挖全过程计算机仿真可以预示和防止出现基坑支护倒塌或管涌、流砂等问题。

仿真方法即利用模型进行研究的方法，是人类最古老的对工程进行研究的方法之一。这种基于相似原则的模型研究方法，经历了从直观的物理模型到抽象的形式化模型（数学模型）的发展。通常，人们将基于直观的物理模型的仿真系统称为物理仿真，而将基于数学模型的仿真称为计算机仿真。20世纪计算机的出现以及人类对于“系统”的认识，大大促进了仿真学科的发展，因此计算机仿真又称为系统仿真。目前，系统仿真已成为由现代数学方法、计算机科学、人工智能理论、控制理论以及系统理论等学科相结合的一门综合性学科。系统仿真可以理解为“仿真是在数学计算机上进行试验的数字化技术，它包括数据与逻辑模型的某些模式，这些模型描述某一时间在若干周期内的特征”。系统仿真利用计算机和其他专用物理效应设备，通过系统模型对真实或假想的系统进行试验，并借助于专家知识、统计数据和信息资料对试验结果进行分析研究。系统仿真的基本要素是系统、模型和计算机。而联系这三项要素的基本活动是模型建立、仿真模型建立和仿真试验。系统就是研究的对象，模型是系统特性的一种表述。一般来讲，模型可以代替真实系统，而且还是对真实系统的合理简化。

在20世纪计算机出现以后，仿真技术在许多行业得到了应用。从仿真的硬件角度讲，其发展可以分为模拟计算机仿真、模拟数学混合计算机仿真和数学计算机仿真（即系统仿真）三个阶段。从仿真软件的角度讲，其发展阶段大致可以分为相互交叉的五个阶段，即仿真程序包和仿真语言、一体化仿真环境、智能化仿真环境、面向对象的仿真和分布式交互仿真。

在建筑系统工程中，目前有不少直接面向系统仿真的计算机高级语言，如 CSSL（Continuous System Simulation Language）等。系统仿真已广泛应用于企业管理系统、交通运输系统、经济计划系统、工程施工系统、投资决策系统、指挥调度系统等方面。工程结构计算机仿真分析须有如下三个条件：

（1）有关材料的本构关系或物理模型，可由小尺寸试件的性能试验得到；

（2）有效的数值方法，如差分法、有限元法、直接积分法等；

（3）丰富的图形软件及各种视景系统。

按上述基本思路，则可在计算机上做试验。如核反应堆安全壳的事故反演分析、地震作用下构筑物的倒塌分析，只有采用计算机仿真分析才能大量进行仿真与虚拟现实，此技术已开始应用到土木工程中。在城市规划、建筑设计、房地产销售、大型工程施工中，借助虚拟漫游，可身临其境，优化方案，科学决策。

计算机技术的高速发展，极大地推动了相关学科研究和产业进步。有限元、有限条、有限体积以及有限差分等方法与计算机技术的结合，诞生了新兴的跨专业和跨行业的学科分支；CAE 作为一项跨学科的数值模拟分析技术，越来越受到科技界和工程界的重视。现在，国外的计算机辅助工程技术在科学研究和工业化应用方面已达到了较高的水平，许多大型的通用分析软件已相当成熟并已商品化，计算机模拟分析不仅在科学研究中普遍采用，而且在工程上也已达到了实用化阶段。

1.2.3 CAE 的发展现状

就 CAE 技术的工业化应用而言，目前已经达到了实用化阶段。CAE 与 CAD、CAM 等技术的结合，使企业能对现代市场产品的多样性、复杂性、可靠性、经济性等做出迅速反应，增强了企业的市场竞争能力。在许多行业中，计算机辅助分析已经作为产品设计与制造流程中不可逾越的一种强制性的工艺规范加以实施。

我国工业界的 CAE 技术发展水平与发达国家相比还有一定的差距。造成差距的原因，一方面是缺少自己开发的具有自主知识产权的计算机分析软件，另一方面是大量缺乏掌握 CAE 技术的科研人员。对于计算机分析软件问题，目前虽然可以通过技术引进以解燃眉之急，但是，国外的这类分析软件的价格一般都相当贵，且容易被其他国家或者外国厂商“卡脖子”。而人才的培养则是一个长期的过程，这将是对我国 CAE 技术的推广应用产生严重影响的一个制约因素，而且很难在短期内有很明显的改观。提高我国工业企业的科学技术水平，将 CAE 技术广泛地应用于设计与制造过程仍是一项相当艰巨的工作。

1.3 土木与建筑工程 CAE 的发展概述

目前，我国土木与建筑工程存在着高污染、高耗能、低效率的问题，而先进的信息技术已经逐渐开始在设计、生产与运输、施工、装修等各个阶段及全过程管理中综合应用。

土木与建筑业体量大、建设周期长、资金投入大、项目地点分散、多专业、多关系方、流动性强等典型特征，使得无论土木与建筑业的工业化还是信息化都仍然任重而道远。

对于土木与建筑工程 CAE 的发展，需要满足各阶段的应用需求：

(1) 设计阶段的应用需求。前期设计环节涉及统筹协调建筑、结构、机电、装修等专业，直接影响到设计优化、构件成本、运输成本、现场建造速度以及工程质量。引入 CAE 相关技术，可以实现可视化、体系化、模数化拆分设计，基于统一模型、统一参考基准、统一命名规则，开展不同专业的建模，实现专业模型的组装，利于专业协同，从而有效地解决各个环节信息不对称问题。

(2) 生产阶段的应用需求。工程构件由设计信息变成实体阶段，涉及工厂的生产与材料的运输。通过 CAE 的相关技术，提高生产的自动化程度，实现构件的自动化加工，使构件生产摆脱人为的干扰的影响，提高生产质量和效率。例如，通过 BIM 技术形成的可识别的构件设计信息，智能化地完成画线定位、磨具摆放、成品钢筋摆放、混凝土浇筑振捣、杆平、预养护、抹平、养护、拆模、翻转起吊等一系列工序。

另外，通过物联网（IoT）、移动技术等信息化手段，实现部分部件生产、安装、维护全过程质量可追溯。从生产订单、材料采购、生产工序环节、存储、运输、现场堆放、吊装、验收、维护、拆除等环节进行信息采集与分析，结合开发 BIM 模型接口，可实时反馈构件状态及属性，实现全寿命周期的质量追踪管理，确保建设过程的质量全面控制。

(3) 施工阶段的应用需求。施工过程需要达到工期节省、成本可控、品质提高、建造高效的管理目标。由此，基于 BIM 技术设计 BIM 模型，通过融合相关信息技术，例如物联网技术，实现施工过程中充分共享设计信息、生产信息和运输信息，实施动态调整施工进度，实现一体化、信息化、智能化管理。

1.3.1 土木与建筑工程 CAE

土木与建筑工程 CAE 对全过程的信息集成和共享需求很高，实现信息在关联参与者之间共享，使信息更好地传递是项目成功的重要保障。因此，利用相关的信息化技术搭建数据管理平台，把设计、采购、生产、物流、施工、财务、运营、管理等各个环节集成起来，共享信息和资源，并在数据不断积累的基础上实现大数据分析与深度挖掘。通过云平台，利用大数据处理、存储和分析技术，搜集、利用大量数据，在此基础上形成建筑行业大数据。通过建筑行业大数据，可以强化建筑的生产、施工质量控制，提高服务效率，优化产业发展环境，加强责任可追溯性，促进政府市场监管，建立行业诚信体系，为产业发展提供诸多创新可能性。例如，利用大数据，可以建立工程项目各参与方的征信信息，有利于建立公平、公正的市场环境，并基于行业征信，引入产业金融，为各方提供金融保险、贷款等服务。

近几年来，CAE 的快速发展，不仅扩充了软件的功能，而且扩充了用户使用界面。特别是对于新增的软件成分，大部分都采用了面向对象的软件技术和面向对象语言。CAE 具体表现为以下几个方面：

(1) 运用工程数值分析中的有限元等技术分析计算产品结构的应力、变形等物理场量，给出整个物理场量在空间与时间上的分布，实现结构分析从线性、静力计算到非线性、动力计算的转变；

（2）运用过程优化设计的方法在满足工艺、设计的约束条件下，对产品的结构、工艺参数、结构形状参数进行优化设计，使产品结构性能、工艺过程达到最优；

（3）运用结构强度与寿命评估的理论、方法、规范，对结构的安全性、可靠性以及使用寿命做出评价与估计；运用运动/动力学的理论、方法，对由 CAD 实体造型设计出动的机构、整体进行运动/动力学仿真，给出机构、整机的运动轨迹、速度、加速度以及动反力的大小等。

此外，土木与建筑工程的转型升级已经走向了绿色化、工业化、信息化（即“三化”）发展之路。例如，为了集成化的多专业协同与一体化的全过程管理，BIM 技术在土木与建筑工程中起到了支撑各个环节互联互通的作用。

1.3.2 CAE 关键技术简介

土木与建筑工程的 CAE 技术，根据类型可以划分为可视化技术、模型化技术、离散化技术、虚拟化技术、网络化技术、自动化技术和智能化技术等。各技术之间的逻辑关系如图 1-5 所示。

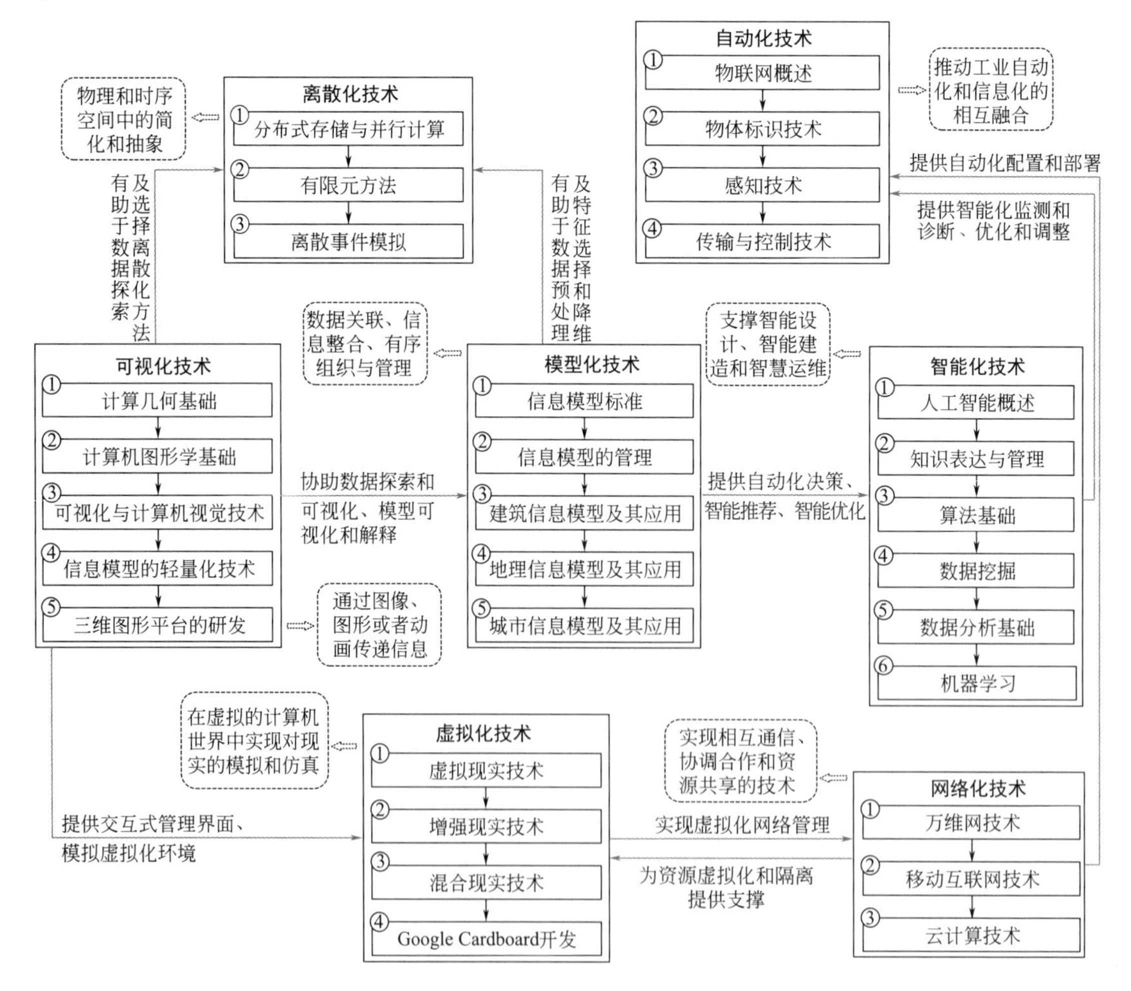

图 1-5　各技术之间的逻辑关系

1.3.2.1 可视化技术

可视化是指所有通过创造图像、图形或者动画以传递信息的技术，是传递具体或者抽象的概念和信息的有效手段。

其中，算法是数学与计算机科学中十分重要和基础的概念。在可视化技术中，需要处理的通常是各种几何数据，而对于几何学中各种算法的研究，也构成了计算机科学的一个分支学科，即计算几何。计算几何部分涉及计算几何的数学基础，例如向量及其运算、矩阵及其运算，以及某些常见几何问题的算法，例如两点间的线性插值、三维空间中点到平面的距离与垂足、凸多边形的面积等。

可视化技术的最终目标是通过图形和图像来传递信息，所以计算机图形学是可视化技术的先导和基础。计算机图形学中的主要基础技术是三维几何模型的建立与渲染。其中，对于复杂三维实体，最常用的表示法有构造几何实体（CSG）或边界表示（B-Rep）法两种。三维模型的三种数据模型包括线框模型、表面模型和实体模型。三维几何模型的真实感渲染是希望用计算机生成如相机拍摄一样逼真的图形图像，常见的三维几何模型的真实感渲染技术包括消隐、颜色模型、光照模型、纹理映射以及反走样等。

可视化技术是通过将数据场以图形、图像和动画的形式呈现以传递信息的技术。根据被映射的量的不同类型，多维场的可视化技术可以分为标量场的可视化技术、向量场的可视化技术和张量场的可视化技术。计算机视觉技术是利用计算机来自动化地完成人类视觉系统功能的技术，常用的计算机视觉技术包括细线化技术、图像特征提取。在很多应用场景中，精确的三维模型可能无法通过建模而获得，为了保证模型的准确性，可通过三维激光扫描或从拍摄实景照片中获取数据。此外，为了保留完整的模型信息、保证模型精确度，可将模型文件在计算机中进行存储、传输和显示方面的高效轻量化处理，实现百兆级以上的模型高效存储、传输与展示。

城市规划、有限元分析、计算机辅助设计和施工模拟等都是土木工程 CAE 系统可视化的典型应用场景。

1.3.2.2 模型化技术

模型化是指通过一个规范化的信息模型，实现工程信息有序组织和管理的过程。在信息模型领域，数据的基础标准一直围绕着数据语义、数据存储和数据处理三方面进行。而常用的信息模型包括建筑信息模型（BIM）、地理信息系统（GIS）和城市信息模型（CIM）。

其中，BIM 是以建筑工程项目的各项相关信息为基础，集成建筑物所有的几何形状、功能和结构信息，建立三维建筑模型，通过数字信息模拟建筑物所具有的真实信息。BIM 模型包含了从规划设计、建造施工到运营管理阶段全生命周期的所有信息，并把这些信息存储在一个模型中。它具有信息完备性、信息关联性、信息一致性、可视化、协调性、模拟性、优化性和可出图性等特点。

BIM 技术的应用可以使建筑项目的所有参与方在从建筑规划技术、建造施工到运行维护的整个生命周期，都能够在三维可视化模型中操作信息和在信息中操作模型，进行协同工作，从根本上改变依靠符号文字形式表达的蓝图进行项目建设和运营管理的工作方式，实现在建筑项目全生命周期内提高工作效率和质量、降低资源消耗、减少错误和风险的目标。Autodesk Revit 是目前 BIM 系统中应用最广泛的软件之一，由著名的 Autodesk 公司专门为 BIM 应用所开发，可帮助建筑设计师设计、建造和维护质量更好、能效更高的建筑。广联达软件 BIM5D 以 BIM 平台为核心，集成土建、机电、钢结构等全专业数据模型，实现进度、预算、物资、图纸、合同、质量、安全等业务信息关联，通过三维漫游、施工流水划分、工况模拟、复杂节点模拟、施工交底、形象进度查看、物资提量、分包审核等核心应用，帮助技术、生产、商务、管理等人员进行有效决策和精细管理，从而达到减少项目变更、缩短项目工期、控制项目成本、提高施工质量的目的。

GIS 是对地理数据进行采集、储存、管理、运算、分析和显示的技术系统，主要包括计算机软硬件系统以及系统管理人员、数据和程序的存储空间、地理空间数据库。它可运用于方案设计阶段（包括对选址规划中的复杂空间问题进行辅助决策）、施工阶段（包括支撑挖填方分析、施工场地布置以及施工质量控制等）和运营维护阶段（包括支撑基础设施维护、城市灾害模拟以及城市环境模拟等）。

CIM 是结合城市地上地下、室内室外、历史现状未来等多维多尺度信息模型数据和城市感知数据所构建的一个三维数字空间中城市信息的有机综合体。CIM 以 BIM、GIS、IoT 等技术为基础，涉及生产生活中各个领域的应用，对社会发展、民生改善等各个方面都将产生深远的积极影响。

1.3.2.3 离散化技术

离散化技术是指将原本是连续、集成的工程数据或过程，进行加工处理后，使其在物理空间或时序空间中被简化和抽象，以有利于计算机对复杂对象进行计算、分析和管理的技术。它包括对数据空间存储的分步化，对数值模型建立的碎片化，对过程模型的分步化等。

分布式存储属于一种数据存储技术，基本原理是将数据分散存储在多台独立的设备上，设备间通过网络通信，形成一个虚拟的存储设备。常见的分布式文件系统包括中间控制节点架构 HDFS、完全无中心架构 Ceph、完全无中心架构 Swift、GFS 和 Lustre 分布式存储。

离散化是有限元中的一个重要研究领域，可以说有限元本身就是一种离散化技术，它可以把建筑整体离散为若干个有限元。有限元法是一种数值离散化方法，可将复杂对象（形状复杂、组成复杂、外部边界复杂等）分解为数量大、尺度小、组成简单的对象进行近似计算，在土木、建筑、水利、海工、机械、航天等众多领域具有广泛的通用性。有限元分析系统的前处理应用到计算机系统、数值模型、文件格式、图形显示等技术，例如：交互式构造结构的几何模型、几何模型离散化、建立规则化数据文件等。在有限元分析软件中完成建模后，即可进行有限元分析求解。对结构有限元分析的结果数据进行加工处理时，可以通过二维或三维图形方式（如结构变形图、内力图等）进行有限元数据图形表示，进而直观、形象地反映结构受力特性及其状况。

离散事件是指在特定的时间点发生的事件。离散事件系统是由一系列离散事件驱动、状态随时间动态演化的系统，离散事件系统的状态只能通过离散事件的发生改变，且通常状态变化与事件发生的关系是一一对应的。离散事件模拟将现实活动抽象为离散事件系统，基于离散事件系统对现实行为进行模拟，每个事件都在特定时刻发生，并标记系统中的状态变化。典型的离散事件系统仿真方法包括事件调度法、活动扫描法、进程交互法等。在土木建筑领域，离散事件模拟可以用于模拟不同施工现场规划方案下，各功能区域的形状、大小及位置对施工过程的影响。

1.3.2.4 虚拟化技术

虚拟，用于对现实的模拟、仿真。虚拟现实技术通常包括 VR（虚拟现实）、AR（增强现实）、MR（混合现实）和 XR（扩展现实）等。

VR 技术是发展到一定水平的计算机技术与思维科学相结合的产物，它是由技术创造的看似真实的模拟环境，在该模拟环境中，用户可以通过视觉、听觉等感知环境并自然地进行行为活动，同时环境通过传感设备采集用户的行为动作与用户交互。VR 技术必备的硬件主要包括计算设备、展示设备、交互辅助设备三类。VR 软件技术涉及图形技术、软件交互技术和内容制作等，其中图形技术涉及底层规范、图形库与实时渲染引擎等，交互技术涉及硬件开发工具包、开发平台以及交互引擎等，内容制作多涉及虚拟建模技术、实景拍摄与后期制作技术、内容平台等。VR 在土木与建筑工程中的应用范围宽广，且可以与 GIS、BIM 等技术相结合，不断拓展应用广度与深度，已成为土木工程可视化领域的重要部分。

AR 技术发展自 VR 技术，是一种将虚拟信息融合在真实环境中进行可视化展示的技术手段，可以实时地将计算机生成的文字、图像、视频、物体等虚拟信息显示到真实环境中，并能支持与用户进行互动，从而对现实进行“增强”。AR 硬件体系主要包括计算设备、显示设备、跟踪定位设备、交互设备、通信设备、存储设备等类型，其软件开发体系包括底层图形库、开发工具包、AR 开发平台、开发工具软件、AR 软件框架等部分，与 VR 软件框架类似。AR 应用涉及图像处理、计算机图形学、计算机视觉、信息可视化、人机界面设计等技术领域，为可视化带来了更多新的可能，为不同领域的客户带来了效益的提升、也为企业数字化转型提供了可视化的技术支撑。

MR 技术将虚拟世界和真实世界合成一个无缝衔接的虚实融合世界。相对于 VR 和 AR 而言，广义的 MR 涵盖了 VR 与 AR 的现实世界、虚拟物品以及虚拟世界范畴。MR 硬件体系与 VR 和 AR 类似，包括计算设备、显示设备、空间姿态感知设备、光线感知设备、交互设备、通信设备、存储设备等。软件体系其总体与 AR 软件体系颇为相似，具体包括底层图形库 API、软件开发工具包 SDK、MR 开发平台、游戏引擎、MR 框架等。MR 在土木与建筑工程中为工程人员提供数字化与可视化工具，应用场景囊括了规划设计、招投标方案展示、施工指导与管理、运营维护等领域。

1.3.2.5 网络化技术

网络化技术是指在某个区域内，把分散的微机和工作站系统、大容量存储装置、高性能图形设备以及通信装置，通过通信协议连接起来，实现相互通信、协调合作和资源共享的技术。

万维网（World Wide Web，又称为 WWW、Web）是存储在 Internet（因特网）计算机中数量巨大的文档的集合，是运行在互联网上的、超文本文档相互连接形成的一种超大规模的分布式系统。万维网是基于 Internet 的一项服务，而 Internet 根据 TCP/IP 通信协议族工作。实际上，万维网所采用的 HTTP 协议，正是 TCP/IP 协议族的一员。基于万维网实现 CAE 系统网络化的主要途径是 Web 应用程序开发。Web 应用程序是构建在万维网上、使用 Web 开发环境所建立的应用程序，是一系列网页的集合，这些网页协同工作，为用户提供相关服务与功能。为了支撑 Web 应用程序中对数据的处理和存储，以及与用户的交互等常规功能需求，一般借助动态网站开发框架来开发动态网页。

移动互联网是指将移动通信终端与互联网相结合，使用户能够通过手机等无线终端设备在高速移动网络上进行互联网访问和交互的技术和应用。移动互联网由互联网与移动通信两种技术融合发展而来，在二者的基础上，移动互联网也发展出了自身特性，包括社交化、碎片化、自媒体化、个性化等。典型的移动终端产品包括智能手机、笔记本电脑、平板电脑等。智能手机的各项应用需要操作系统为其提供支撑，目前主流的操作系统有 Android（谷歌）、iOS（苹果）、Windows Mobile（微软）、Harmony OS（华为鸿蒙系统）以及 MIUI（米柚）等。移动互联网技术可用于施工现场实时监控、施工人员跟踪、施工环境监测以及建筑资源（如钢地基、水泥、重型设备部件等）监控等。

云计算技术是指将大量用网络连接的计算、存储等进行资源统一管理和调度，构成一个资源池通过网络向用户提供服务。云计算可使用户摆脱具体终端设备、软件的束缚，随时随地用任何网络设备访问云服务，实现云服务的共享。云计算发展的一个终极目标就是让用户像使用电、自来水和煤气等一样使用软件服务，基于云计算服务用户可以在任何地点使用个人电脑、手机、iPad 等设备连接网络获取所需的软件服务，从而无需购买高性能、大容量的服务器，也无需携带大量的数据和信息。云计算技术具有超大规模性、虚拟化性、高可靠性、高可伸缩性、低成本、节能环保等特点。云计算技术按照服务类型可分为以下几个层次的服务：基础设施级（IaaS）、平台服务级（PaaS）、软件级服务（SaaS）和数据级服务（DaaS）。典型的 IaaS 产品包括 Amazon EC2、IBM Blue Cloud、Cisco UCS 和 Joyent；典型的 PaaS 产品包括 Google App Engine、Microsoft Windows Azure 以及开源的 Hadoop 和 Eucalyptus；典型的 SaaS 产品包括 Salesforce. com 的在线客户关系管理 CRM 服务、Google Apps、Office Web Apps 和 Zoho。三种不同的云计算模式是基于供应商提供的资源量的不同。提供的越多，你为了得到服务所需要做的就越少，提供的越少，你为了得到服务所需要做的就越多。根据美国国家标准技术研究院 NIST 的定义，云有公有云、私有云、混合云和行业云四种方式。公有云通常指第三方提供商为用户提供的能够使用的云，一般可通过 Internet 使用，可能是免费或成本低廉的，公有云的核心属性是共享资源服务。私有云是为一个客户单独使用而构建的，因而提供对数据、安全性和服务质量的最有效控制。私有云可部署在企业数据中心的防火墙内，也可以将它们部署在一个安全的主机托管场所，私有云的核心属性是专有资源。混合云融合了公有云和私有云的特点：私有云安全，公有云计算资源快捷。行业云则是指专门为某一个行业的业务设计的云，并且开放给很多该行业内的企业和用户。行业云适合相关政府部门或行业协会运营。

1.3.2.6 自动化技术

自动化是传感器、控制器和执行装置的集成，旨在以最小或无需人工干预的代价执行特定功能。自动化系统包含三个基本的元素：感知系统、执行机制及闭环反馈。

自动化与物联网（IoT）二者间呈现相互依存、不可分割的关系。物联网就是“物物相连的互联网”，使得各个环节和主体具备信息化、自动化和智能化，极大程度地推动工业自动化和信息化的相互融合，为社会经济发展提高效率和节约成本。同时，与物联网紧密相关的云计算，为物联网海量的网络通信和计算存储需求提供了强大的计算与存储资源保障，物联网和云计算已成为新型智慧城市建设的技术基础。

在 IoT 中，为了实现人与物、物与物的通信以及各类应用，标识技术被发展出来以对人和物等对象、终端和设备等网络节点以及各类业务应用进行识别，并通过标识解析与寻址等技术进行翻译、映射和转换，以获取相应的地址或关联信息。其中，以条码技术和 RFID 技术为代表的物体标识技术在各个领域中发挥着重要作用。建筑工程中的碰撞检查、工程项目全生命期的管理以及建筑标识设计等都是标识技术在土木与建筑工程领域中的典型应用。

感知技术是构建 IoT 系统的基础，IoT 感知技术是利用传感器元件，将外界环境刺激转化为可被存储和传输的信息数据的技术，又可以细分为传感器感知技术、雷达感知技术、多光谱感知技术以及声波感知技术等。感知技术可用于生物工程、医疗卫生、环境保护、安全防范、家用电器等方面。

随着 IoT 的快速发展，无线传输成为 IoT 的主要传输方式。目前发展较成熟的几大无线通信技术主要有 ZigBee、蓝牙、红外和 Wi-Fi。此外，还有一些具有发展潜力的无线技术，包括超宽频（UWB）、短距离通信（NFC）、WiMedia、GPS、DECT、无线 139、专用无线系统和 5G 技术等。IoT 还可根据控制策略来对物品进行智能化的控制，其中 IoT 控制系统是指以 IoT 为通信媒介，将控制系统元件进行互联，使控制相关信息进行安全交互和共享，达到预期控制目标的系统。

1.3.2.7 智能化技术

智能是人类大脑高级活动的体现。智能化是指在互联网、大数据、物联网和人工智能等技术的支持下，所具有的能满足人类各种需求的属性。人工智能（AI）是构成智能机器及其智能软件的科学方法和技术，旨在让计算机理解人类的智能。

人工智能技术将知识定义为人类专家在特定专业领域的经验性知识。从认识论角度，知识是人类对于客观事物规律性的认识。知识表示是为描述世界所作的一组符号，是知识的符号化过程，以便把人类知识表示成计算机能处理的知识结构。常用的知识表示方法有逻辑、语义网络、知识图谱、框架和产生式规则等。知识的处理主要是研究在机器中如何存储、组织与管理知识，以及如何进行知识推理和问题求解。知识的处理方法包括三段论式推理、归纳推理、枚举法、类比推理等。

人工智能的实现依赖于算法，而算法需要借助数学工具，涉及概率论基础、张量和微积分基础、数值计算基础、算法分析基础等。

在信息化的时代，每天有海量数据被制造出来。大数据是对这些海量数据的统称，具有海量（Volume）、多样（Variety）、高速（Velocity）和价值（Value）四个特征，简称为“4V”。通常，大数据可用于定量分析、定性分析、数据挖掘、统计分析、机器学习、语义分析和视觉分析。

数据分析是机器学习的基础，机器学习是多种学科的知识融合。因此，只有学会了数据分析理解和处理数据的方法，才能明白机器学习方面的知识。数据分析的一般流程包括准备阶段的业务分析、问题抽象和数据获取，算法应用阶段的数据预处理、特征工程和模型构建，以及评价与解释阶段的模型评估、结构解释和服务发布。

机器学习是实现 AI 的其中一种技术，机器学习和数据挖掘领域包括 k-means、Apriori、BP 神经网络、卷积神经网络、循环神经网络等经典算法。机器学习广泛用于图像处理/识别（人脸识别、图片分类）、自然语言处理、自动驾驶、监测海洋生物多样性、潜水员探测与跟踪等方面。

习题

思考：土木与建筑工程 CAE 与通用 CAE 的异同。

参考文献

[1] 李文虎．土木工程概论［M］．北京：化学工业出版社，2011.

[2] 王林．土木工程概论［M］．3 版．武汉：华中科技大学出版社，2016.

[3] 崔德芹，龚蓉，高蕾，等．土木工程概论［M］．北京：冶金工业出版社，2014.

[4] 孙茂存，李荣华．土木工程概论［M］．长沙：国防科技大学出版社，2014.

[5] 周先雁，沈蒲生．土木工程概论［M］．长沙：湖南大学出版社，2014.

[6] 刘德稳，赵声玉．土木工程概论［M］．上海：同济大学出版社，2015.

[7] 俞英娜，刘传辉，杨明宇．土木工程概论［M］．上海：上海交通大学出版社，2017.

[8] 刘磊．土木工程概论［M］．成都：电子科技大学出版社，2016.

[9] 刘伯权，吴涛，黄华．土木工程概论［M］．2 版．武汉：武汉大学出版社，2017.

[10] 王自勤．计算机辅助工程（CAE）技术及其应用［J］．贵州工业大学学报：自然科学版，2001，30（4）：16-18.

[11] 徐毅，孔凡新．三维设计系列讲座（3）计算机辅助工程（CAE）技术及其应用［J］．机械制造与自动化，2003（6）：146-150.

[12] 孔凡新．三维设计系列讲座（1）三维设计软件的发展［J］．机械制造与自动化，2003（4）：82-85.

[13] 李久林．智慧建造关键技术与工程应用［M］．北京：中国建筑工业出版社，2017.

[14] 中国建筑业信息化发展报告编写组．中国建筑业信息化发展报告（装配式建筑信息化应用与发展）［M］．北京：中国电力出版社，2019.

第二章 CAE 系统的可视化技术

可视化是指所有通过创造图像、图形或者动画以传递信息的技术，是传递具体或者抽象的概念和信息的有效手段。从史前人类在洞穴中留下的壁画，到象形文字和甲骨文，到达·芬奇创造性地用图纸来表达机械设计方案，到我国清代著名的“样式雷”皇家建筑设计表达方式，再到新一代信息技术支撑下的多维动态可视化技术体系，都是人类历史上可视化技术的重要里程碑。

在科学研究中，同样通过图形、图像或者动画等方式来直观、高效地传递信息，这些信息甚至包括现实中无法直接观察的数据和现象，例如空气流动状况，或者结构中某构件的应力应变等。随着获取数据能力的飞速提高，及时解读和获取有用的信息成为巨大挑战，致使传统的方式理解大量科学数据中包含的复杂现象和规律不再现实，进而催生了科学计算可视化这一技术领域。科学计算可视化重点研究将离散的数据场转变为图形图像的表示技术，和众多其他学科分支一样，在土木工程 CAE 系统中也发挥着重要的作用。城市规划、有限元分析、计算机辅助设计和施工模拟等都是土木工程 CAE 系统可视化的典型应用场景。本章中，将介绍可视化技术的数学原理、常用技术和三维图形平台的开发。

2.1 计算几何基础

算法是数学与计算机科学中十分重要和基础的概念。对于某一类特定的数学问题，如果给定问题的输入，能够通过明确的有限计算步骤得到正确的结果，则这些计算步骤就构成了一个算法。例如，给定一列特定的数字，总能够按照一定的步骤输出一列这些数字的升序排列，这些步骤就构成了一个排序算法。在可视化技术中，需要处理的通常是各种几何数据，而对于几何学中各种算法的研究，也构成了计算机科学的一个分支学科，即计算几何。本节介绍计算几何的数学基础，及某些常见几何问题的算法。

2.1.1 数学基础

2.1.1.1 坐标系

为了在计算机中对几何空间和几何体进行分析和计算，首先需要用数字将几何空间中的位置表示出来。这种用一组数字来特定地表示几何空间中一个位置的系统，就是坐标系，而用来表示位置的这组数字就称为坐标。坐标中的数字通常是有序的，即它们的位置不能调换。坐标和空间中的位置也是一一对应的。

实际上，所有流形空间中的位置都是可以用坐标系统表示的［注：流形（Manifold），一个数学概念，是局部具有欧几里得空间性质的空间。在数学中用于描述几何形体；在物理学上，经典力学的相空间和构造广义相对论时空模型的四维伪黎曼流形都是流形的实例］，但是本章所讨论的问题均定义在欧几里得空间，也称欧氏空间。欧氏空间最早出现在古希腊数学家欧几里得的著作《几何原本》中。欧几里得对存在的物理空间中的几何关系做出了一些基本假定，再基于这些假定演绎出了大量的定理，从而构成了整个欧式几何体系。这些假定被称为欧几里得公理，包括：

（1）直线公理：经过相异两点有且只有一条直线；

（2）线段可以无限延长成为直线；

（3）圆公理：给定圆心和半径有且只有唯一的圆；

（4）角公理：所有直角都互相相等；

（5）平行公理：在平面内过直线外一点有且只有一条直线的平行线。

显然，在存在的物理空间中，以上五条假设的成立都是不言自明的。满足这五条假设的几何空间，就称为欧氏空间。实际上，前四条公理在所有的流形空间中都是成立的，而平行公理不成立的空间，则构成了各种不同的非欧氏空间，本书不做讨论。

为了在欧氏空间中表示确切的位置，需要首先定义一个原点，作为在空间中进行定位的基准点。显然，在给定原点的情况下，只要用坐标唯一地表示某个位置和原点的相对关系。通常，在三维欧氏空间中表示某个位置和原点的相对关系需要三个互相独立的数字。类似的，一个平面就构成了一个二维的欧氏空间，而一条直线就是一个一维的欧氏空间。更高维度的欧氏空间也是可以按照类似的方式拓展定义的，但是本书只讨论三维及以下的欧氏空间。

最简单、直接和常用的坐标系是笛卡尔坐标系，也称作直角坐标系。在二维欧氏空间（平面）中，选取两条经过原点且互相垂直的直线作为坐标轴，这样平面上所有点的位置的坐标可以由点在两条直线上的投影长度所确定。类似的，在三维空间中，选取三条经过原点且互相垂直的直线作为坐标轴，分别定义为 x 轴、y 轴、z 轴，且 x、y、z 轴方向之间符合右手法则（注：右手法则，指以右手握住 z 轴，让右手的四指从 x 轴的正向以 $90°$ 的直角转向 y 轴的正向，此时拇指所指的方向就是 z 轴的正向），空间中所有点的位置坐标就可以由点在三条坐标轴上的投影长度所确定，如图 2-1 所示。通过这样的方式确定的坐标，就是笛卡尔坐标。

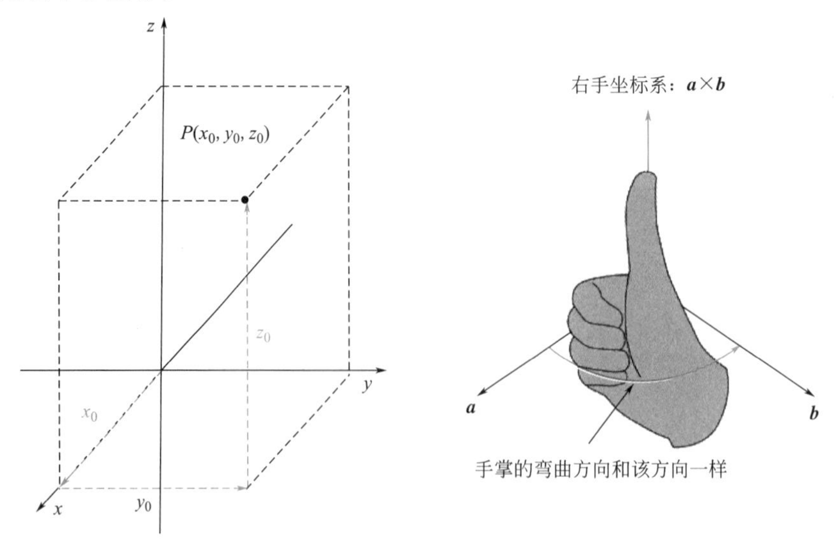

图 2-1　三维直角坐标系

除了笛卡尔坐标系外，另一个常用的坐标系是极坐标系。在二维平面上，选取一条经过原点的射线作为极轴，对于任何一个位置，从极轴逆时针旋转到该点所在射线的角度称为辐角 φ。这样，某个点的位置也可以通过点和原点的距离加上辐角确定，其中点和原点的距离也称极半径 r，这样的极半径和辐角构成的坐标就是极坐标。从二维极坐标系推广到三维极坐标系有两种常用的方法，分别是柱坐标系和球坐标系。在三维空间中，通过原点取一个极坐标平面和一条与极坐标平面垂直的直线作为竖轴，某个点的位置可以由在竖轴上的投影长度和在极坐标平面内的投影点的二维极坐标相结合而确定，其形式为（r，θ，φ），这样的坐标系就是柱坐标系，如图 2-2 所示。而球坐标系则是将极轴推广为一个通过原点的参照平面，通过极半径、仰角和方位角来确定一个点的位置。现实中广泛应用的地球经纬度坐标，实际上就是一个球坐标系。地球的球心作为原点，赤道平面作为参照平面，纬度和经度就是在这个球坐标系中的仰角和方位角。通过海拔和经纬度，就可以完全确定地球表面的任意位置。

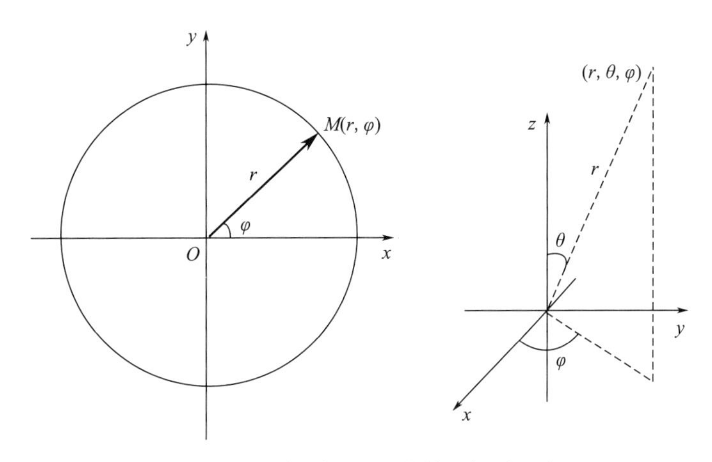

图 2-2　极坐标系（左）和柱坐标系（右）

2.1.1.2　向量及其运算

生活中有一些数是没有方向这个概念的，如空气的温度和湿度等，这种只有大小没有方向的量称为标量。然而，用标量很难抽象地表示某些具有方向属性的概念。例如，物体的运动速度，除了表征快慢之外，运动的方向也是一个重要的属性。欧几里得向量，或称欧氏向量，通常直接简称向量，也称矢量，就是在欧氏空间下定义的一类同时具有大小和方向的量。

在印刷体中，向量通常用粗体的小写字母来表示，如 $\boldsymbol{x}$，$\boldsymbol{y}$，$\boldsymbol{z}$ 等；在手写时因为无法区分粗体，通常采用在字母上画箭头的方式来表示向量，如 $\vec{x}$，$\vec{y}$，$\vec{z}$ 等。在本章中采用粗体小写字母来表示向量。

两点之间形成的向量通常采用将起点和终点的名称写在一起并在上方加箭头的方式来表示。向量的值通常是用坐标来表示的，其每个坐标的分量表示向量在对应坐标轴上的投影，如图 2-3 所示，表示向量 $\overrightarrow{OA}$ 在 x 轴和 y 轴方向上的投影分别为 2 个单位和 3 个单位。

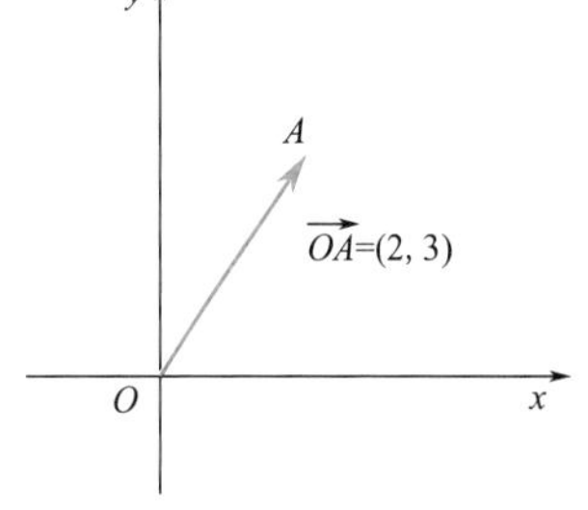

图 2-3　向量

对于向量 $\boldsymbol{a}=(a_1, a_2, a_3)$，根据勾股定理可以得出，其

长度 $|\boldsymbol{a}|=\sqrt{a_1^2+a_2^2+a_3^3}$。在直角坐标系中，长度是 1 的向量称为单位向量，而方向和坐标轴正方向相同的单位向量通常也叫作单位正交基向量。在三维直角坐标系中，沿着 x 轴、y 轴和 z 轴正方向的单位正交基一般分别记作 $\boldsymbol{i}$，$\boldsymbol{j}$，$\boldsymbol{k}$。此外，长度是零的向量称为零向量。

方向和大小是向量的两个基本属性，因此向量的基本性质是平移不变性。不论起点在何处，所有大小和方向相同的向量都是相等的。等价的，两个相等向量的所有坐标分量都是相等的，即若 $\boldsymbol{a}=(a_1, a_2, a_3)$ 与 $\boldsymbol{b}=(b_1, b_2, b_3)$ 相等，当且仅当 $a_1=b_1$，$a_2=b_2$，$a_3=b_3$。类似的，如果两个向量方向相反而大小相同，则称这两个向量相反。如果两个向量方向相同，则称两个向量平行。

向量的加法和减法被定义为对应分量的相加和相减，即 $\boldsymbol{a}=(a_1, a_2, a_3)$ 和 $\boldsymbol{b}=(b_1, b_2, b_3)$ 之和是 $\boldsymbol{a}+\boldsymbol{b}=(a_1+b_1, a_2+b_2, a_3+b_3)$，之差则是 $\boldsymbol{a}-\boldsymbol{b}=(a_1-b_1, a_2-b_2, a_3-b_3)$。在几何上，向量的加减可以用三角形和平行四边形法则来表示，如图 2-4 所示。即，如果将 $\boldsymbol{b}$ 的起点平移至 $\boldsymbol{a}$ 的终点，则连接 $\boldsymbol{a}$ 的起点和 $\boldsymbol{b}$ 的终点的向量就是 $\boldsymbol{a}+\boldsymbol{b}$。如果将 $\boldsymbol{a}$ 与 $\boldsymbol{b}$ 的起点平移到一起，则从 $\boldsymbol{b}$ 的终点指向 $\boldsymbol{a}$ 的终点的向量就是 $\boldsymbol{a}-\boldsymbol{b}$。

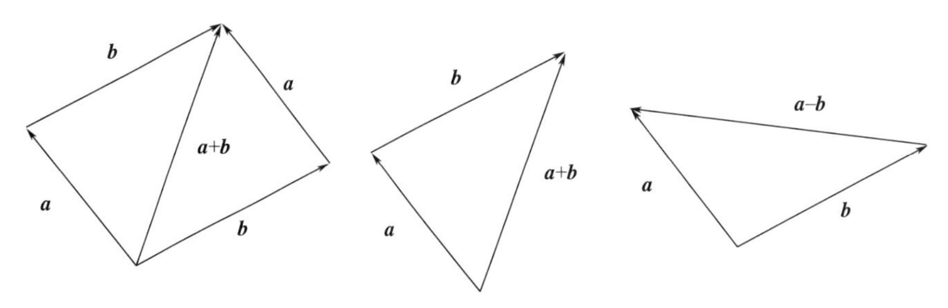

图 2-4　向量加减法的三角形与平行四边形法则

向量和标量相乘的结果是向量的对应分量都乘以该标量，即对于向量 $\boldsymbol{a}=(a_1, a_2, a_3)$，有 $r\boldsymbol{a}=(ra_1, ra_2, ra_3)$。在几何上，向量和标量相乘后，长度会变为标量的绝对值倍，经常用于等比例放大或缩小图形图像。向量和正数相乘的积与原向量方向相同，与负数相乘的结果与原向量方向相反。特别的，将非单位向量通过乘以一个标量得到一个单位向量的过程，称为向量规范化或标准化。

两个向量相乘的方式则有两种，即点乘和叉乘。

两个向量点乘记作 $\boldsymbol{a}\cdot\boldsymbol{b}$，也称点积或标量积，其结果是一个标量。定义 $\boldsymbol{a}\cdot\boldsymbol{b}=|\boldsymbol{a}||\boldsymbol{b}|\cos\theta$，其中 θ 为 $\boldsymbol{a}$ 和 $\boldsymbol{b}$ 之间的夹角，其物理含义是一个向量 $\boldsymbol{a}$ 在另一个向量 $\boldsymbol{b}$ 的方向上的投影长度。向量点积常用于计算两条直线之间的夹角。特别的，当 $\boldsymbol{a}\cdot\boldsymbol{b}=0$ 时，则 $\boldsymbol{a}$ 和 $\boldsymbol{b}$ 互相垂直。等价的，对于 $\boldsymbol{a}=(a_1, a_2, a_3)$ 和 $\boldsymbol{b}=(b_1, b_2, b_3)$，则：

$$\boldsymbol{a}\cdot\boldsymbol{b}=a_1b_1+a_2b_2+a_3b_3$$

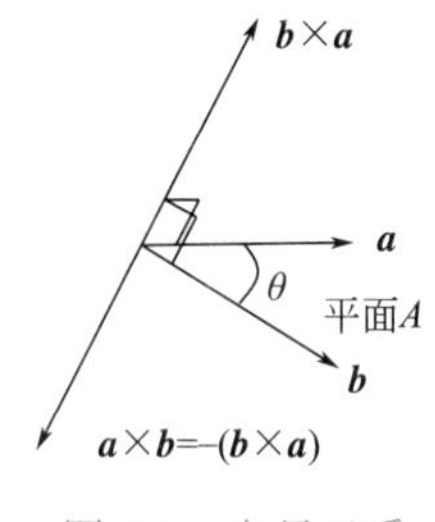

图 2-5　向量叉乘

两个向量叉乘记作 $\boldsymbol{a}\times\boldsymbol{b}$，也称叉积或向量积，其结果则仍是向量。叉积的长度大小上与由该两个向量起点重合后组成的平行四边形的面积相等，即 $\boldsymbol{a}\times\boldsymbol{b}=|\boldsymbol{a}||\boldsymbol{b}|\sin\theta$，其中 θ 为 $\boldsymbol{a}$ 和 $\boldsymbol{b}$ 之间的夹角。叉积的方向垂直于 $\boldsymbol{a}$ 和 $\boldsymbol{b}$ 所构成的平面，因此也称为法向量，但朝向仍需要通过右手法则确定，如图 2-5 所示。显然，当两个向量平行时，它们的叉积是零向量。向量叉积在可视化中常用于计算一个平面

的法向量，进而用于计算形体的体积、布尔运算结果和光照效果等。等价的，对于 $\boldsymbol{a}=(a_1, a_2, a_3)$ 和 $\boldsymbol{b}=(b_1, b_2, b_3)$，则：

$$\boldsymbol{a}\times\boldsymbol{b}=(a_2b_3-a_3b_2, a_3b_1-a_1b_3, a_1b_2-a_2b_1)$$

向量的点乘和标量乘法同样满足交换律、分配律和结合律，而叉乘则不满足交换律和结合律，但是叉乘对向量加减法满足分配律。相关内容可见代数与几何的教材，在此不再赘述。

2.1.1.3　矩阵及其运算

矩阵是一列排列成矩形的标量，形成具有一定行数和列数的数阵。其中，只有一行的矩阵称为行向量，只有一列的矩阵称为列向量，行向量和列向量均属于一维矩阵；行数和列数相等的矩阵也称为方阵。在印刷体中，通常用加粗的大写字母来表示矩阵，如矩阵 **A**、**B** 等；而矩阵中的具体元素则一般用对应的不加粗的小写字母加上行列的下标来表示。例如，矩阵 **A** 第二行第三列的元素一般记作 a_{23} 或 $a_{2,3}$。在展示具体的矩阵元素时，一般将所有元素按照位置写在一个大方括号内。图 2-6 展示了一个 $m\times n$ 的矩阵（m 行 n 列）。特别的，本书只关注由实数标量组成的矩阵，即实矩阵。

$$\begin{array}{c} \\ 1 \\ 2 \\ 3 \\ \cdots \\ m \end{array}\begin{array}{c} \begin{array}{cccc} 1 & 2 & \cdots & n \end{array} \\ \begin{bmatrix} a_{11} & a_{12} & \cdots & a_{1n} \\ a_{21} & a_{22} & \cdots & a_{2n} \\ a_{31} & a_{32} & \cdots & a_{3n} \\ \cdots & \cdots & \cdots & \cdots \\ a_{m1} & a_{m2} & \cdots & a_{mn} \end{bmatrix} \end{array}$$

图 2-6　矩阵

矩阵也定义有加减法和乘法。矩阵加减法的前提条件是加号或者减号两边的矩阵具有相同的行数和列数。矩阵加法得到的和矩阵与加数矩阵具有相同的尺寸，其中每一个元素都是两个加数矩阵对应位置的元素的和。类似的，矩阵减法得到的差矩阵与减数矩阵以及被减数矩阵也都具有相同的尺寸，其中的每一个元素都是被减数矩阵和减数矩阵对应位置的元素的差。显然，在两个矩阵都退化成向量的情况下，矩阵的加减法也退化成了向量的加减法。

和向量类似，矩阵上也定义了标量乘法。矩阵和标量的乘积仍然是尺寸相同的矩阵，其中每一个元素都是原先对应位置的元素和标量的乘积。显然，当矩阵退化成向量时，矩阵和标量的乘法也退化为矩阵和向量的乘法。

矩阵上定义的一种特殊运算是转置运算，对于矩阵 **A**，其转置运算的结果记作 $\boldsymbol{A}^{\mathrm{T}}$。矩阵转置的结果是一个和原矩阵行列数相反的矩阵，结果矩阵中的元素等于原矩阵中对称位置的元素。显然，行向量转置之后会成为列向量，而列向量转置之后会成为行向量。

矩阵的加减法和标量的加减法一样，也满足交换律和结合律。矩阵的加减法与标量乘法以及转置也满足分配律。

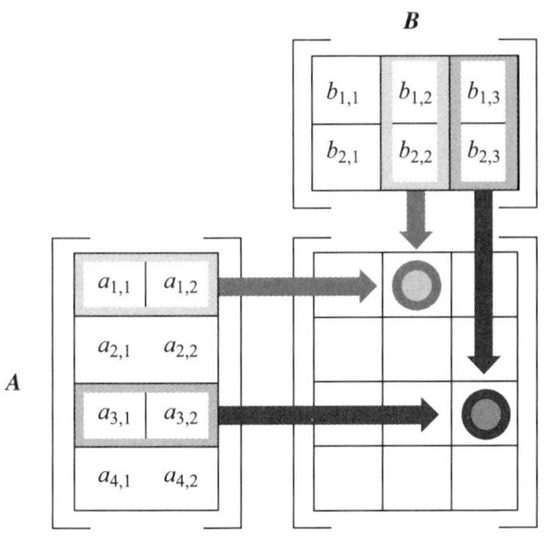

图 2-7　矩阵乘法的示意

矩阵之间也定义了乘法，但是和加减法不同的是，矩阵乘法对尺寸的要求是左乘数矩阵的列数等于右乘数矩阵的行数，即如果矩阵 **A** 是 $m\times n$ 的矩阵，而矩阵 **B** 是 $n\times p$ 的矩阵，那么 **A** 和 **B** 就是可乘的，乘积 $\boldsymbol{A}\times\boldsymbol{B}$ 仍然是矩阵，其尺寸则是 $m\times p$。矩阵相乘的规则是积矩阵中的元素是左矩阵中对应的行和右矩阵中对应的列的元素对应相乘之后的和。即对于乘积矩阵中第 i 行第 j 列的元素，有：

$$[AB]_{ij}=\sum\nolimits_{r=1}^{n}a_{ir}b_{rj} \qquad \text{（式 2-1）}$$

图 2-7 中给出了矩阵相乘的一个示意。在左矩

阵是行向量而右矩阵是列向量的情况下，矩阵相乘就退化成了向量的点积，这时相乘得到的积是一个 1×1 的矩阵，也就是一个标量。

特别的，一个对角线上的元素都是 1，同时其他位置的元素都是 0 的方阵称为单位矩阵，通常用 $\boldsymbol{I}_n$ 表示或直接用 $\boldsymbol{I}$ 表示。在可乘的情况下，任何矩阵和单位矩阵的乘积都等于自身。如果两个方阵相乘之后的结果是单位矩阵，那么称这两个方阵互为逆矩阵。即如果方阵 $\boldsymbol{A}$ 和方阵 $\boldsymbol{B}$ 满足 $\boldsymbol{AB}=\boldsymbol{I}$，那么称 $\boldsymbol{A}$ 与 $\boldsymbol{B}$ 互为逆矩阵，记作 $\boldsymbol{B}=\boldsymbol{A}^{-1}$。并不是所有的方阵都有逆矩阵，存在逆矩阵的方阵称作可逆矩阵，否则称作不可逆矩阵或者奇异矩阵。

矩阵相乘是不满足交换律的。即使两个矩阵交换了位置之后仍然可乘，乘积一般情况下也不是相等的。不过矩阵乘法满足结合律和分配律，即在可乘性和可加性满足的情况下，有 $(\boldsymbol{AB})\boldsymbol{C}=\boldsymbol{A}(\boldsymbol{BC})$ 和 $(\boldsymbol{A}+\boldsymbol{B})\times\boldsymbol{C}=\boldsymbol{AC}+\boldsymbol{BC}$。

矩阵乘法常用于图像图形的几何变换。

2.1.1.4 矩阵和几何变换

几何变换，是指在几何空间中从点集到点集之间的一一映射。同样的，本书也只考虑在欧氏空间中的几何变换，且出于简单和实用的目的，只讨论最简单的几种几何变换，即平移、缩放和旋转，并且讨论如何用矩阵运算来表示这些几何变换。

平移变换，就是指将图形中所有的点（或计算机显示屏中的像素）都向同一个方向移动同样的距离，如图 2-8 所示。那么，可以用一个平移向量来表示平移的方向和距离，即某一点平移之后的结果是该点的每个坐标都加上平移向量的分量。例如，若平移向量为 $\boldsymbol{v}=(v_x, v_y, v_z)$，对于点 $P(p_x, p_y, p_z)$，平移之后的点 P' 的坐标就是 $(p_x+v_x, p_y+v_y, p_z+v_z)$。如果把 P 本身的坐标也看作从原点指向 P 点的向量的话，那么该向量加上平移向量，就是从原点指向 P' 点的向量。

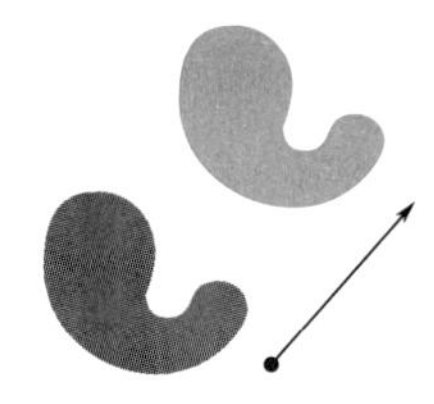

图 2-8 平移变换

以下尝试用矩阵运算来表示这样的变换，即试图寻找这样的矩阵，使得任何点的坐标左乘该矩阵所得到的积，都等于该点向量和平移向量的和。此时，这个矩阵就是平移变换矩阵，也叫平移矩阵。需要特别指出的是，在三维空间中的平移变换矩阵是一个 4×4 的矩阵，为了保证矩阵乘法的可乘性，通常会给一个三维的点加上第四个坐标，该坐标的值是 1，称为齐次坐标。平移变换矩阵的形式如下：

$$\boldsymbol{T}=\begin{bmatrix}1 & 0 & 0 & v_x\\0 & 1 & 0 & v_y\\0 & 0 & 1 & v_z\\0 & 0 & 0 & 1\end{bmatrix} \quad \text{（式 2-2）}$$

根据矩阵乘法的定义，对于任意点 $P(p_x, p_y, p_z)$，有：

$$\boldsymbol{TP}=\begin{bmatrix}1 & 0 & 0 & v_x\\0 & 1 & 0 & v_y\\0 & 0 & 1 & v_z\\0 & 0 & 0 & 1\end{bmatrix}\begin{bmatrix}p_x\\p_y\\p_z\\1\end{bmatrix}=\begin{bmatrix}p_x+v_x\\p_y+v_y\\p_z+v_z\\1\end{bmatrix} \quad \text{（式 2-3）}$$

定义平移矩阵描述几何平移变换有很多好处，例如，对一个点连续进行两次平移操作，其等效的平移矩阵是由这两次平移操作的平移矩阵相乘而得到积矩阵，即 $\boldsymbol{T}_{u+v}=\boldsymbol{T}_u$

$\boldsymbol{T}_v$。这样，连续平移在矩阵运算上就转化成了矩阵的相乘。此外，对于距离相等但方向相反的平移，它们的平移矩阵互为逆矩阵，因此相乘之后的结果是单位阵，相当于不进行平移。

类似于平移变换，还可以定义缩放变换矩阵、旋转变换矩阵和组合变换矩阵。

缩放变换，是指将图形中所有的点（或计算机显示屏中的像素）相对于某个基点的距离扩大或者缩小一定倍数的变换。最简单的缩放是均匀缩放，即在所有的方向上，点集中的所有点距离基点的长度都缩放倍数相同。均匀缩放得到的新点集和旧点集在几何上是相似的。如果在不同方向上放大或者缩小的倍数不同，则称为非均匀缩放。为了方便起见，规定原点为缩放的基点（对于基点不在原点的图形，可以先经过平移变换，将基点移动到原点后进行缩放，再将缩放后的图形做之前平移变换的逆变换即可，详见组合变换），那么给定了不同方向上的缩放倍数组成的缩放向量 $\boldsymbol{v}=(v_x, v_y, v_z)$，则点 $P(p_x, p_y, p_z)$ 经过缩放之后的坐标就是 $P'(v_x p_x, v_y p_y, v_z p_z)$。此时，可以用缩放变换矩阵，或称缩放矩阵，来表示缩放变换。与平移变换矩阵一样，三维变换中的缩放矩阵是一个 4×4 的矩阵，其形式如下：

$$\boldsymbol{S}=\begin{bmatrix} v_x & 0 & 0 & 0 \\ 0 & v_y & 0 & 0 \\ 0 & 0 & v_z & 0 \\ 0 & 0 & 0 & 1 \end{bmatrix} \tag{式 2-4}$$

连续的缩放也可以用缩放矩阵的相乘来等效表示。特别的，两个完全相反的缩放，即在同一个方向上的缩放系数互为倒数的缩放，它们的缩放矩阵也互为逆矩阵。

旋转变换，是指将图形中所有的点（或计算机显示屏中的像素）绕着某个基点或者轴转动一定角度的变换。在三维空间中，旋转变换需要确定旋转轴和旋转角度。同样为了方便起见，假设旋转轴总是通过原点。若绕 x 轴、y 轴、z 轴旋转 θ 角度的变换矩阵分别为 $\boldsymbol{R}_x$、$\boldsymbol{R}_y$、$\boldsymbol{R}_z$，则它们的形式如下：

$$\boldsymbol{R}_x=\begin{bmatrix} 1 & 0 & 0 & 0 \\ 0 & \cos\theta & -\sin\theta & 0 \\ 0 & \sin\theta & \cos\theta & 0 \\ 0 & 0 & 0 & 1 \end{bmatrix}, \boldsymbol{R}_y=\begin{bmatrix} \cos\theta & 0 & \sin\theta & 0 \\ 0 & 1 & 0 & 0 \\ -\sin\theta & 0 & \cos\theta & 0 \\ 0 & 0 & 0 & 1 \end{bmatrix}, \boldsymbol{R}_z=\begin{bmatrix} \cos\theta & -\sin\theta & 0 & 0 \\ \sin\theta & \cos\theta & 0 & 0 \\ 0 & 0 & 1 & 0 \\ 0 & 0 & 0 & 1 \end{bmatrix} \tag{式 2-5}$$

类似的，连续的旋转变换等价为旋转变换矩阵相乘。特别的，两个相反的旋转变换，即绕着相同的旋转轴旋转相反的角度，其旋转矩阵也是互为逆矩阵的。

组合变换，是指不能简单地通过一次平移、缩放和旋转等变换形式完成的复杂变换，需要组合其中的一种或多种变换，以达成最终目标图形的变换形式。实际上，组合变换矩阵可以通过一系列简单变换矩阵的连乘来计算。其中，由于矩阵相乘不服从交换律，因此在进行连续的不同变换时，要注意矩阵相乘的顺序。例如，假如有平移矩阵 $\boldsymbol{T}$，缩放矩阵 $\boldsymbol{S}$ 和旋转矩阵 $\boldsymbol{R}$，那么 $\boldsymbol{T}\times\boldsymbol{S}\times\boldsymbol{R}$ 表示的就是先对点进行 $\boldsymbol{R}$ 所表示的旋转，然后进行 $\boldsymbol{S}$ 所表示的缩放，最后再进行 $\boldsymbol{T}$ 所表示的平移。

其中一个典型的组合变换，就是绕任意一条过原点的旋转轴 (R_x, R_y, R_z) 旋转 θ 角度的变换，一般约定从旋转轴正方向看去逆时针旋转的角度为正。其思路是首先将旋转轴

旋转至 z 轴（图形随着旋转），然后再将图形绕 z 轴旋转 θ 角度。此时的旋转变换矩阵如式（2-6）所示。

$$\begin{bmatrix} \cos\theta + R_x^2(1-\cos\theta) & R_xR_y(1-\cos\theta) - R_z\sin\theta & R_xR_z(1-\cos\theta) + R_y\sin\theta & 0 \\ R_yR_x(1-\cos\theta) + R_z\sin\theta & \cos\theta + R_y^2(1-\cos\theta) & R_yR_z(1-\cos\theta) - R_x\sin\theta & 0 \\ R_zR_x(1-\cos\theta) - R_y\sin\theta & R_zR_y(1-\cos\theta) + R_x\sin\theta & \cos\theta + R_z^2(1-\cos\theta) & 0 \\ 0 & 0 & 0 & 1 \end{bmatrix}$$

（式 2-6）

对于此矩阵的推导不在本书的讨论范畴之内。基于以上原理，还可以拓展计算绕一条不过原点的任意旋转轴旋转的变换矩阵。

2.1.2 常见几何问题的算法

2.1.2.1 两点间的线性插值

根据直线公理，在欧氏空间中，过相异两点有且仅有一条直线。那么，在给定相异两点的情况下，求出过这两点的直线的问题，就是线性插值问题。解决这个问题的思路也非常直观，假设给定相异两点 A 与 B，则对于直线 AB 上的任何一点 P，都有

$$\overrightarrow{AP} // \overrightarrow{AB} \quad \text{（式 2-7）}$$

即这两个向量是平行的，就可以利用向量的标量乘法来表示这一向量，即

$$\overrightarrow{AP} = t \times \overrightarrow{AB}, t \in \mathbb{R} \quad \text{（式 2-8）}$$

则通过以下推导就可以求出点 P 的坐标（等价于 $\overrightarrow{OP}$），即（其中 $\overrightarrow{AB} = \overrightarrow{OB} - \overrightarrow{OA}$）

$$\overrightarrow{OP} = \overrightarrow{OA} + \overrightarrow{AP} = \overrightarrow{OA} + t \times \overrightarrow{AB} = t \times \overrightarrow{OB} + (1-t)\overrightarrow{OA} \quad \text{（式 2-9）}$$

其中，当 $0 < t < 1$ 时，点 P 位于线段 AB 上；当 $t=0$ 时，点 P 和点 A 重合；当 $t=1$ 时，点 P 和点 B 重合；当 $t>1$ 或者 $t<0$ 时，点 P 位于直线 AB 上但在线段 AB 之外。

两点的线性插值在计算机图形学中的一种常见的应用就是进行动画的关键帧插值。屏幕动画实际上利用了人类视觉暂留的视错觉效应，即以非常快的速度播放一系列静态的画面，便会给人造成一种图像中的内容在运动的错觉。每一张这样的静态图像，就称作一帧。为了使人们看上去动画是连续且连贯的，通常每秒至少需要播放 24 帧图像。有时候为了达到更好的效果，甚至会播放 60 帧甚至更多的图像。动画设计师常常只将运动过程中较关键的几帧设计出来，称为关键帧。关键帧之间的图像都称作中间帧，中间帧可以通过关键帧进行插值来计算。不同的运动和变化轨迹需要的插值算法是不同的，对于比较简单的变化，就可以利用线性插值的方法，对两个关键帧之间的物体位置进行线性插值。

2.1.2.2 三维空间中点到平面的距离与垂足

在开始讨论三维空间中的几何问题之前，首先需要对常见几何体的数学表示做出约定。在二维平面上，给定一点和斜率可以确定一条直线，这种表示直线的方式称为点斜式。类似的，在三维空间中，通过平面内一点和一个法向量，就可以唯一确定一个平面，这样的平面表示方式称为点法式。因为垂直于同一平面的直线互相平行，因此平面的垂线向量是互相平行的。这些向量中的单位向量，称为平面的法向量。

平面垂线的另一条性质就是平面内所有的直线都与平面的垂线垂直。假设给定平面内一点 $P(x_0, y_0, z_0)$ 和法向量 $\boldsymbol{n}=(A, B, C)$，则根据向量点积的概念，可以得出对于

平面内的任意一点 $P'(x, y, z)$，有

$$\boldsymbol{n} \cdot \overrightarrow{PP'} = A(x - x_0) + B(y - y_0) + C(z - z_0) = 0 \quad \text{（式 2-10）}$$

变形之后即可得出平面的方程的一般式：

$$Ax + By + Cz + D = 0 \quad \text{（式 2-11）}$$

其中，$D = -Ax_0 - By_0 - Cz_0$。可见，在给定了法向量之后，上式中的 D 是一个与点法式方程中平面内所选取的指定点无关的量。另外，由于 A，B，C 构成了法向量的三个坐标分量，因此它们不全为零。

在空间中，给定直线上的一点和直线的方向可以确定一条直线，这种直线的表示方式称为点向式，直线的其他表示形式也可以方便地转化为点向式。利用直线的点向式表示，可以方便求解点到平面的垂足。

假设给定空间中一点 P 和平面 $Ax + By + Cz + D = 0$，其中 $A^2 + B^2 + C^2 = 1$，那么，平面的法向量就是 $\boldsymbol{n} = (A, B, C)$。任取平面内一点 Q，利用向量点积的物理含义，可以求出点 P 到平面的距离，即

$$d = \overrightarrow{PQ} \cdot \boldsymbol{n} \quad \text{（式 2-12）}$$

需要注意的是，上式求出的结果实际只是从 P 指向 Q 的向量在法向量上的投影，因此可能是负数。如果上式的结果是负数，说明需要改用指向平面另一侧的法向量，即将法向量改为 $\boldsymbol{n} = (-A, -B, -C)$ 并重新求取结果。这时，只需要作一条经过 P 点，方向沿着 $\boldsymbol{n}$，且长度为 d 的线段，线段的另一条端点就是点到平面的垂足。即垂足 P' 的坐标为：

$$\overrightarrow{OP'} = \overrightarrow{OP} + d \cdot \boldsymbol{n} \quad \text{（式 2-13）}$$

同样，由于从原点到某点的向量和该点的坐标是相同的，因此上式便求出了空间中任意点 P 到平面的垂足。

2.1.2.3　直线与平面的距离与交点

直线和平面关系有三种，即平行、相交和直线在平面内。如果直线和平面平行，则直线和平面永远不会相交；如果直线在平面内，则直线上任何一点也都在平面内，即直线和平面有无数个交点；否则，直线和平面相交于唯一一点，这一点便称为直线与平面的交点。若直线与平面平行或者在平面内时，则直线上任何一点到平面的距离都是直线到平面的距离。

假设给定了空间中某条直线的点向式表达，即直线上一点 P 和直线的方向向量 $\boldsymbol{l}$，以及平面的点法式表达，即平面内一点 Q 和平面的法向量 $\boldsymbol{n}$，那么首先通过对 $\boldsymbol{l}$ 和 $\boldsymbol{n}$ 作点积来判断直线与平面是否相交于唯一一点（如图 2-9 所示）。

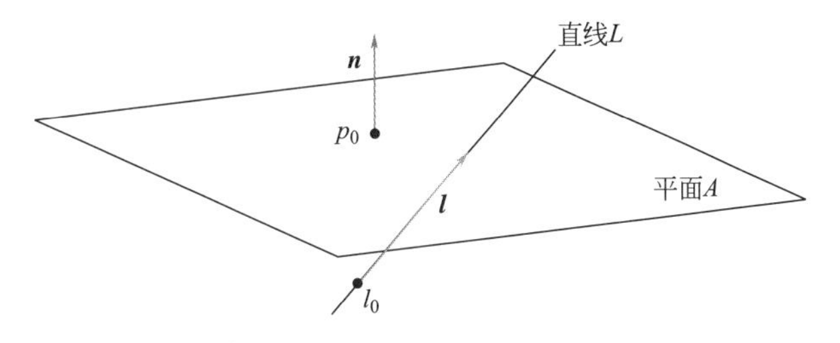

图 2-9　直线与平面相交

如果有 $\boldsymbol{l}\cdot\boldsymbol{n}=0$，则 $\boldsymbol{l}$ 和 $\boldsymbol{n}$ 垂直，即直线与平面平行或者在平面内，这时取直线上任一点，通过上一小节的方法求出该点到平面的距离，即是所求的直线到平面的距离。进一步，可以通过这一距离（$d>0$ 还是 $d=0$）判断直线与平面的关系是平行还是在平面内。

如果有 $\boldsymbol{l}\cdot\boldsymbol{n}\neq 0$，那么直线与平面相交于唯一一点。用 l_0 来表示直线上已知点的坐标，用 p_0 来表示平面上的已知点的坐标，则直线的点向式方程可以写成 $l_0+t\boldsymbol{l}$，$t\in\mathbb{R}$。那么，对于直线和平面的交点，它和平面内任意点的连线一定是和平面的法向量垂直的，即 $(p_0-(l_0+t\boldsymbol{l}))\cdot\boldsymbol{n}=0$，从而可以解出：

$$t=\frac{(p_0-l_0)\cdot\boldsymbol{n}}{l\cdot\boldsymbol{n}} \quad \text{（式 2-14）}$$

将这里解出的 t 代回直线的点向式，即可解出直线和平面的交点。

2.1.2.4 两个平面的交线

两个平面的位置关系有三种，即平行、重合与相交。如果两个平面平行，则没有共同的交点；如果两个平面重合，则它们共享所有平面内的点集；否则，可以证明两个平面的所有交点都位于同一条直线上，这条直线便称为这两个平面的交线（如图 2-10 所示）。

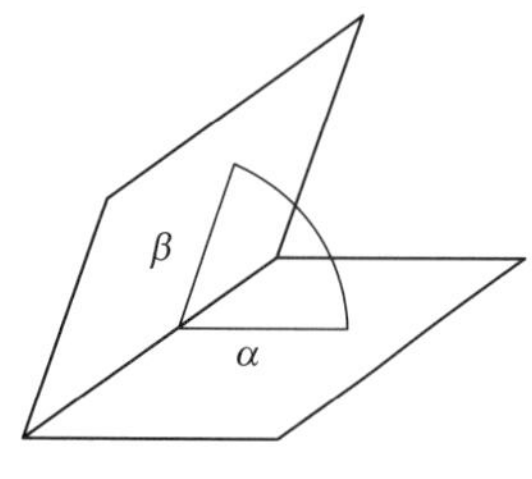

图 2-10 两平面相交

假设空间中已知两相异平面（均为点法式表达），即平面 F_1 中的一点 P_1 及其法向量 $\boldsymbol{n}_1$，以及平面 F_2 中的一点 P_2 及其法向量 $\boldsymbol{n}_2$。因为平面的法向量都是单位向量，因此若有 $\boldsymbol{n}_1\cdot\boldsymbol{n}_2=1$，或 $\boldsymbol{n}_1\cdot\boldsymbol{n}_2=-1$，或 $\boldsymbol{n}_1\times\boldsymbol{n}_2=\boldsymbol{0}$，则两个法向量平行，即两个平面平行或重合。

如果两个平面的法向量平行，则这两个相异平面可能平行，即它们没有交线；或重合，即有无数条交线。进一步判断是否重合的思路是，取平面 P_1 中的任意一点代入 P_2 的点法式表达，检查等号是否成立。若成立，则重合；否则为平行关系。若两个平面的法向量不平行，则它们的交线同时属于两个平面，即和两个平面的法向量都垂直，因此可以通过两个平面的法向量的叉积再规范化，得到的就是交线的方向向量。即

$$l=\text{normalize}(\boldsymbol{n}_1\times\boldsymbol{n}_2) \quad \text{（式 2-15）}$$

其中，normalize($\boldsymbol{n}$) 是对 $\boldsymbol{n}$ 向量进行规范化的函数。在求出了交线的方向向量后，只要求出直线上的一点，即可通过点向式方程确定交线的表达式。为此，作一条经过平面 F_1 内已知点 P_1 且和交线垂直的直线，这条直线显然和$\boldsymbol{n}_1$ 也垂直，因此它的方向向量是

$$l_1=\text{normalize}(l\times\boldsymbol{n}_1) \quad \text{（式 2-16）}$$

这样就求出了这条直线。接下来，再利用上一小节中的方法，求出这条直线和平面 F_2 的交点 P'，则此交点必然位于交线上，因此就求出了交线上的一点。最后，根据点向式方程便可求得两个平面的交线。

2.1.2.5 两条相异直线的距离

两相异直线间的关系有三种，即平行、相交和异面。当直线相交或者平行时，它们都可以被包含在同一个平面中，此时称两直线共面；当两直线不能被包含在同一平面内时，称两直线异面。当两直线平行或异面时，它们都永不会相交，此时存在一条或无数条公垂线，与这两条直线都垂直。公垂线与两直线的垂足之间的距离，称为两条直线间的距离。

假设给定了空间中的两直线的点向式方程，即直线 L_1 上的一点 P_1 和方向向量 $\boldsymbol{l}_1$，以及直线 L_2 上的一点 P_2 和方向向量 $\boldsymbol{l}_2$，如果两直线的方向向量平行，则两直线也是平行的。同样的，可以通过点积或者叉积来判断两方向向量是否平行，即当两方向向量平行，应有 $\boldsymbol{l}_1 \cdot \boldsymbol{l}_2 = 1$ 或 $\boldsymbol{l}_1 \cdot \boldsymbol{l}_2 = -1$，或 $\boldsymbol{l}_1 \times \boldsymbol{l}_2 = \boldsymbol{0}$。

如果两方向向量不平行，说明两直线相交或者异面，这时还需要进一步判断。在两直线上各取两相异点，得到空间中的四个点。如果两直线相交，这四个点都是共面的，那么它们构成的三棱锥体积为零；否则这四个点不共面，则两直线是异面的。因此，通过判断这四个点构成的三棱锥的体积是否为零，可判断两不平行直线是异面还是相交。

首先，给这四点编号为 A，B，C，D，取从 A 点到剩下三个点的向量，依次分别记为 $\boldsymbol{v}_1$，$\boldsymbol{v}_2$ 和 $\boldsymbol{v}_3$。根据向量的叉乘规则，有：

$$\boldsymbol{v}_1 \times \boldsymbol{v}_2 = |\boldsymbol{v}_1||\boldsymbol{v}_2| \sin\langle \boldsymbol{v}_1, \boldsymbol{v}_2 \rangle \quad \text{（式 2-17）}$$

根据叉乘的定义，$\boldsymbol{v}_1 \times \boldsymbol{v}_2$ 的长度相当于 ΔABC 的面积的两倍，且和 ΔABC 所在的平面垂直，即其方向和三棱锥的高是平行的。将这个向量和 $\boldsymbol{v}_3$ 作点积，得到的就是 $\boldsymbol{v}_3$ 在此向量上的投影，即三棱锥的高。因此，可以得到三棱锥的体积为：

$$V = \left| \frac{1}{6}(\boldsymbol{v}_1 \times \boldsymbol{v}_2) \cdot \boldsymbol{v}_3 \right| \quad \text{（式 2-18）}$$

通过三棱锥的体积是否为零，即可判断两不平行直线是异面还是相交。在判断出两直线的关系后，即可求两直线的距离。如果两直线相交，则两直线的距离为零。

如果两直线平行，那么可以在两直线上各取一点，将这两点之间的向量记为 $\boldsymbol{l}$，和任意一条直线的方向向量 $\boldsymbol{l}_1$ 作点积，可以得到 $\boldsymbol{l}$ 方向上的投影长度。将此长度乘上方向向量，再用向量减法从 $\boldsymbol{l}$ 中减去，即可得到两直线的公垂线段向量，其长度就是两直线间的距离，即

$$d = |\boldsymbol{l} - (\boldsymbol{l} \cdot \boldsymbol{l}_1)\boldsymbol{l}_1| \quad \text{（式 2-19）}$$

如果两直线异面，则可以直接将两直线的方向向量的叉积标准化，得到两直线的公垂线的方向向量。同样在两直线上各取一点，将这两点之间的向量记作 $\boldsymbol{l}$，则 $\boldsymbol{l}$ 在公垂线方向上的投影长度就是两直线的距离，即

$$d = |\operatorname{normalize}(\boldsymbol{n}_1 \times \boldsymbol{n}_2) \cdot \boldsymbol{l}| \quad \text{（式 2-20）}$$

2.1.2.6 凸多边形的面积

平面上的多边形分为凸多边形和凹多边形两种。其中，凸多边形较为简单，性质良好，在计算机图形学、有限元网格划分等计算机辅助工程方法中有着非常广泛的应用。

首先，给出凸多边形的定义。凸多边形的所有内角都不超过 180°，等价的其所有的对角线都位于此多边形内部。平面上的有限点集可以唯一确定一个凸多边形，因此通常就用所有的顶点来表示一个凸多边形。在习惯上，把凸多边形的所有顶点按照逆时针来排序。

假定在平面上给定了一个凸多边形按逆时针方向排序的所有顶点 V_1，V_2，…，V_n，在其内部任取一点 P，并将这一点和所有的顶点连接起来在内部形成许多小三角形，则可以证明小三角形的面积之和就是凸多边形的面积。如果将这一点取在多边形的外部，则将所有由这一点和相邻的两个凸多边形顶点构成的三角形分成两类，一类是和凸多边形本身有重叠的，另一类则是完全位于凸多边形外部的；可以证明，凸多边形的面积等于前一类三角形的面积之和减去后一类三角形的面积之和，如图 2-11 所示。据此，可以通过向量的叉积求三角形的面积。

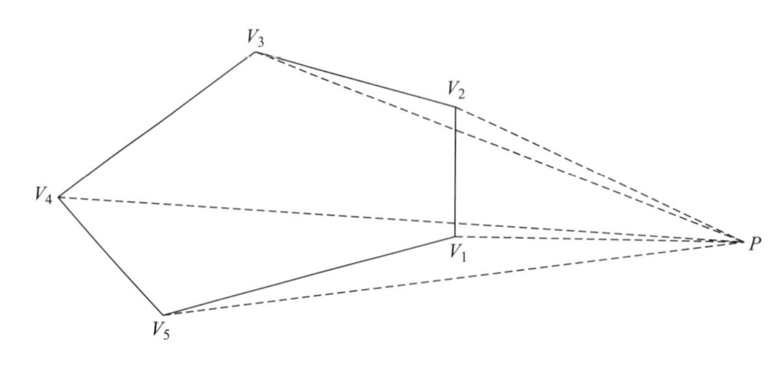

图 2-11　凸多边形外部点与顶点

向量的叉乘并不遵循交换律，但根据向量叉乘的物理意义，易知交换两个乘向量的顺序，得到的结果是一个长度相同，但是方向相反的向量。如果在求小三角形的面积时，逆时针顺序将靠前选中的点和顶点之间的向量叉乘在左边，而将靠后的叉乘在右边，其结果是所有完全处在多边形内部或者和多边形有重叠的三角形的面积向量是朝向平面外侧的，而完全处在多边形外部的三角形的面积向量则是朝向平面内侧的。所以，直接将所有这样的叉乘的结果加起来，最终得到的就是长度等于凸多边形面积的二倍的向量。

将上述算法用规范的语言描述出来。如果将从 P 指向 V_i 的向量记作 $\boldsymbol{v}_i$，$i=1, 2, \cdots, n$，则凸多边形的面积为：

$$S=\frac{1}{2}\left\| \sum_{i=1}^{n}(\boldsymbol{v}_i \times \boldsymbol{v}_{i+1})\right\| \quad \text{（式 2-21）}$$

上式中用到了过三角形两边向量的叉积的长度等于三角形面积的两倍这一性质，且定义 $\boldsymbol{v}_{n+1}$ 取为 $\boldsymbol{v}_1$。

2.1.2.7　平面上点与多边形的包含关系

在上一小节中，在平面上任取了一个点，利用该点和顶点构成的三角形计算了凸多边形的面积，无论该点是在凸多边形内部、外部还是边界上，计算面积的方法都是适用的。但是在很多实际应用场景中，还是需要判断点是在多边形内部还是外部，求解这个问题最简单的方法是射线法，即从给定的点出发，发出一条任意射线，并计算射线和多边形的边相交了多少次。如果相交的次数是偶数，则点在多边形外部；否则，点在多边形内部。这一方法对于凸多边形和凹多边形都是有效的，如图 2-12 所示。

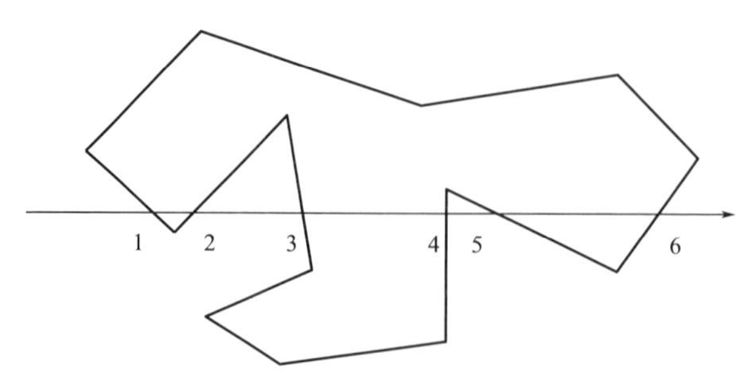

图 2-12　射线法判断多边形与点的包含关系

特别的，当射线经过多边形的顶点时，判断内外关系的奇偶标准需要改变。例如，位于凸多边形内部的点发出的射线如果恰好穿过了一个顶点，则这条射线与两条边均相交。因此，需要在射线和边进行相交判断时，同时判断交点是否恰好是顶点，如果是则需要增加一次相交次数，才能保证算法的正确性。

另一个简单和方便的算法是弧度法，其思路与计算凸多边形面积的方法相似，即对于所有顶点，按逆时针顺序依次连接需要判断的点和顶点，取其向量，并按照逆时针顺序依次计算相邻的顶点与该点构成的向量，并计算两个向量的夹角。这里的夹角，是指逆时针排序靠前的向量逆时针旋转到排序靠后的向量所需要经过的角度，这个夹角有可能是不超过平角的，也有可能是超过平角的。如果这个夹角超过了平角，角度取为其辅角（注：如果两个角之和恰好是一个圆周角，即360°，则这两个角互为辅角）的相反数，因为这时前一条边顺时针旋转该角的辅角角度恰好与后一条边重合。将所有这样的夹角加起来，如果总和是一个圆周角，则点位于凸多边形内部；如果总和为零，则点位于多边形外部。

在求两条相邻边的夹角时，小于平角角度或者超过平角角度的辐角可以直接用向量点积得到，但是为了判断角度的符号，仍需借助向量的叉积。如果向量的叉积指向平面的外侧，则角度为正角度，否则为负角度。

基于上述原理，假定在平面上有任意的多边形，其顶点按逆时针顺序分别是 V_1，V_2，…，V_n，同时在平面上有一点 P，那么将从 P 指向 V_i 的向量记作 $\boldsymbol{v}_i$，同时多边形所在的平面的外法向量是 $\boldsymbol{n}$，则所有相邻的这种向量之间的有向角度和是

$$\theta=\sum_{i=1}^{n}\operatorname{sgn}((\boldsymbol{v}_i\times\boldsymbol{v}_{i+1})\cdot\boldsymbol{n})\times\arccos\frac{\boldsymbol{v}_i\cdot\boldsymbol{v}_{i+1}}{|\boldsymbol{v}_i||\boldsymbol{v}_{i+1}|}\qquad\text{（式 2-22）}$$

上式中，$\boldsymbol{v}_{n+1}$ 取为 $\boldsymbol{v}_1$，sgn() 函数在参数为正数时返回 1，在为负数时返回 −1。若是 $\theta=0$，则点位于多边形外部，否则点位于多边形内部。

2.2　计算机图形学基础

计算机图形学是在屏幕上显示图形和动画的技术，而可视化技术的最终目标就是通过图形和图像来传递信息。因此，计算机图形学是可视化技术的先导和基础。在本节中，讨论计算机图形学中的主要基础技术，即三维几何模型的建立与渲染。

2.2.1　土木建筑工程建模技术的发展

在土木建筑行业，每一座建筑或者桥梁等成品都是由来自建筑、结构、暖通空调等不同专业的许多设计师协作设计完成的，而建筑的整个生命周期中，除了设计之外，还有施工和运维等环节。在不同专业的设计人员和不同阶段的项目参与者之间，信息的高效传递至关重要。将与项目相关的信息用抽象的方法进行表达的方法，就是土木建筑工程建模。由于土建工程自身的特性和设计方案的复杂性，可视化技术始终在土建工程建模技术中占有重要的地位，而随着相关技术的发展和行业的进步，土建工程的建模技术也经历了不同的发展阶段。

最直观的表达建筑本身的设计方法就是绘画，通过绘画可以将建筑的大致形状和内部构件的布局表示出来。但是，绘画是绘制者自身的创作，在传递信息时无法做到准确和高

效，也无法完全消除歧义。因此，为了提高表达建筑设计方案的效率，建筑本身的画法和许多常用的符号与标记被不断标准化，直到最终形成了建筑制图标准。在图纸上，不同专业的工程师们采用同一套标准规定的标记方式和画法来呈现自己的专业设计方案，从而形成了早期的土建设计方案，即二维图纸方案。早期的二维图纸一般是绘制在纸上，后来随着计算机技术的发展，出现了计算机辅助设计和计算机辅助绘图技术，图纸也逐渐由纸质图纸变为了电子图纸。二维图纸最终表达的方案是多张互相独立的图纸，因此在绘制二维图纸时，绘制人员必须自行保证不同图纸的正确性，这对于绘制者而言是个很大的负担，也因此引入了额外的图纸校对和审核的成本，且即使如此仍不能完全杜绝人工错误的发生。

为了解决二维图纸的弊端，同时提高信息传递的效率，三维几何造型技术应运而生。相比于分别绘制建筑在不同方向和位置的二维视图，三维几何造型技术的发展帮助设计师直接建立建筑物的三维几何模型，并且通过投影计算产生特定的位置和方向上的二维视图。只要设计合适的算法，这种方式所产生的二维视图之间是可以保证投影关系正确的，从而避免了不同二维图纸之间产生冲突的问题。在计算机中表示三维几何模型的技术，即三维几何造型技术，将会在本章之后的小节中介绍。

通过建筑的三维几何模型可以提升设计人员的交流效率，也可以方便地生成施工图集。但是，仅仅只有几何信息的施工图是不完备的，遑论在建筑生命周期的运维阶段会需要更多其他信息。传统的运维管理方法使用纸质资料记录和交付运维相关的信息，这种方法不但费时费力、效率低下，而且人工处理运维信息也很容易出现错误。为了满足这一需求，将三维几何信息和其他扩展的工程属性关联并集成在同一个模型中，便形成了一个建筑信息模型（Building Information Model，简称BIM模型）。BIM模型使得生命期内不同专业的项目参与者能够在统一数据源下协作，促使很多原先繁琐的工作（如规范检查等）能够自动化，甚至许多原先不可能完成的工作（如实时逃生指引等）也成为可能。BIM相关的具体技术细节及应用将在下一章中介绍。

本章接下来的部分主要讨论可视化技术，即三维几何模型的存储和显示的技术细节。

2.2.2 三维几何造型

2.2.2.1 构造几何实体（CSG）与边界表示（B-Rep）法

在数学上，描述一个三维的实体和描述二维的图形类似，通过给定一定数量的参数即可。例如，要描述一个三维空间中的球，只需要知道球心的坐标和半径，便可以解析关于这个球的全部几何信息。即对于空间中的任何一点，都可以判断出该点是在球的内部、外部还是表面上。然而，现实世界的实体要远比一个球复杂，这些复杂的实体就难以用简单的参数或函数来表达。对于这些复杂实体，计算机中通常采用构造几何实体（CSG）或边界表示（B-Rep）法来描述。

CSG方法是指通过一些简单实体（注：这些简单实体通常包括长方体、圆柱、棱柱、棱锥、圆锥和球等基本实体）以及这些实体之间的布尔运算操作来构造三维实体的方法。用来组合出复杂实体的这些简单实体，称为基本实体。CSG方法能以参数化的方式，通过简单的实体精确地描述非常复杂的实体，是绝大多数三维造型软件的基本表达方式。基本实体之间的布尔运算包括交、并和差三种。两个实体相交的结果是所有同时处于两个实体中的点组成的实体；相并的结果是两个实体中所有的点所组成的实体；而求差的结果则是被减实体中不处在减实体之内的点所构成的实体。图 2-13 中展示了这三种基本的布尔运算。

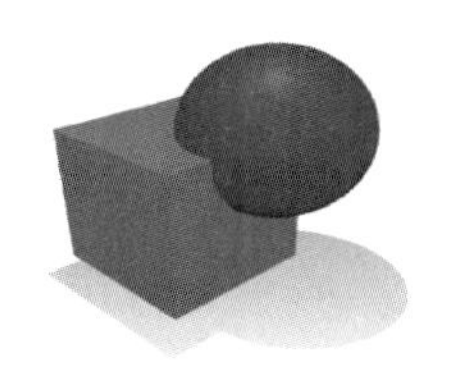
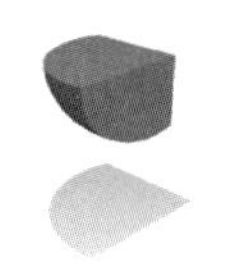

图 2-13　实体布尔运算

（红色和蓝色分别是立方体和球体基本实体，从左至右依次为两个基本实体相并、相交和作差的结果）

显然，基于有限的基本实体，并不是通过 CSG 方法构造任意的三维实体。例如，有些建筑中会有高维的异形曲面，这些曲面就无法通过简单实体的组合来生成。对于这样的实体，通常会用 B-Rep 法来进行建模。

B-Rep 方法是指用一系列互相连接的界限来表示实体的方法。这些互相连接的界限便描述了对象实体的边界，从而将空间分成了实体内和实体外两部分。可以用来构造实体的界限包括顶点、边和表面，其中的边可以是直线或曲线，而表面则可以是平面或曲面。但是由于计算机中的数据都是离散的，因此在非参数化的情况下，B-Rep 方法不能够精确地表示曲面和曲线，因此边界表示法中的界限通常是使用顶点、直线段边和平表面来表示实体的边界。其中，顶点是三维空间中的点，边是连接两个顶点的直线段，而平表面是由首尾相连的共面的边围住的平面的一部分，完全用这种方式表示的三维实体模型就称为多边形网格。由于三角形的三边一定是共面的，因此最常用的多边形网格是三角形网格，从而避免表面周围的边不共面的问题。图 2-14 展示了用三角形网格表示的海豚模型。

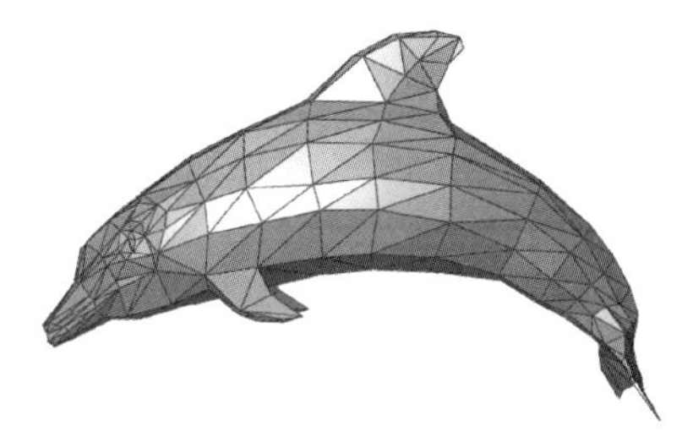

图 2-14　多边形网格模型

CSG 方法最大的优点是参数化，且只需要简单的基本实体就能够组合出非常复杂的三维实体。在使用 CSG 方式建模时，只需要调整基本实体的形状参数、位置和几何变换等参数，就能够对最终组合出的实体进行调整。参数化也带来了实体的高精度，对于空间中的任何一个点，都能够判断出在组合实体的内部、外部还是边界上，从而精确地在空间中表示出了最终的实体。此外由于基本实体本身是封闭的，通过基本实体进行布尔运算所得到的实体一定也是表面封闭的，避免了表面空洞或者悬边等在边界表示法中常见的问题。CSG 实体的劣势则是不够灵活，在给定有限基本几何体的情况下并不能表示任意的三维实体，而且由于布尔运算本身在计算上的效率不高，在表示复杂几何体时效率相对低下。

B-Rep 法的最大优势则是灵活，因为任意表面和实体都可以通过多边形网格近似表示，而且对 B-Rep 实体进行调整的方式也不限于布尔运算，还可以进行拉伸、混合和生成过渡面等复杂的操作，因此能够灵活地调整实体。然而，由于采用多边形网格来表示实体，边界表示法不够精确，只能近似带有曲面的实体。为了提高精度，需要不断增加顶点和表面的数量，从而增大了模型的体量。此外，由于不能精确表示实体，实体模型需要额外检查自身的封闭性，否则容易出现表面空洞和悬边等问题。B-Rep 实体的另一劣势是难以求得体积，这对于需要求得工程量的建筑施工模型而言往往是致命的。

另一方面，计算机在渲染图形时，需要根据光照条件、视点、视角以及模型本身的性质计算出屏幕上每一个点的颜色，从而显示出一帧图形。在显示 B-Rep 实体时，只需要通过几何变换求出顶点的颜色以及在屏幕坐标系中的位置和可见性，其余的点的颜色通过对顶点插值处理即可；而对于 CSG 实体，则需要首先进行大量布尔运算，在得到最终的组合实体之后对表面的所有点分别计算颜色、位置和可见性，并最终显示在屏幕上。显然，前者比后者更加适合这种渲染计算。只有当渲染对象是如球体这样的简单曲面实体时，CSG 实体的计算效率才会优于 B-Rep 实体。因此，在计算机图形学应用中，通常是对使用多边形网格表示的模型进行渲染的。包括主流显卡在内的图形显示设备，一般都对渲染多边形网格进行了硬件层面的并行计算优化，最大限度提高渲染多边形网格的效率。

2.2.2.2 线框模型

线框模型是通过顶点和边来表示实体边界的一种描述方式，其中边既可以是直线段边，也可以是曲线边。在只包括直线段边时，模型就构成了一个多边形网格，如图 2-15 所示。采用这种方式表示模型只需要存储顶点表和边表，在顶点表中记录模型中所有顶点的编码和位置，在边表中记录两个端点的编号即可。如果包含曲线边，则需要额外记录边的类型。线框模型是非常简单的模型，存储和处理也相对简单，但是由于没有表面，采用这种方式表示的实体在显示时容易产生透视关系上的歧义。

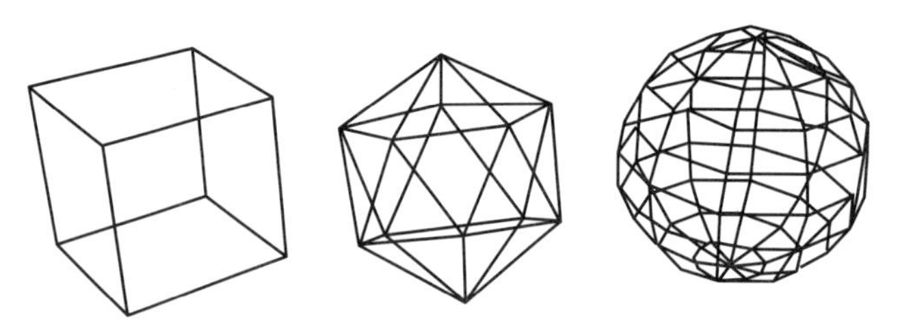

图 2-15　线框模型多边形网格：分别为正方体、正二十面体和近似表示的球体

2.2.2.3 表面模型

表面模型是通过顶点、边和表面来表示实体边界的一种描述方式，和线框模型相比，增加了对实体表面的描述。表面模型中的表面既可以是平表面，也可以是圆柱面和球面等曲面。在使用直线段边和平表面时，表面模型就构成了一个多边形网格。在计算机图形学的很多应用中，实体内部的信息通常不需要关注，此时，基于多边形网格的表面模型便是在渲染中最常用的三维模型之一。表面模型在存储时，顶点表和边表与线框模型相同，在此之上再添加表面表，其中每一个表面通常通过指定包围表面的所有边的方式来确定。通过在表面上附着合适的纹理和材质，并定义合适的光照模型，便可以渲染出具有高真实感的图像（详见 2.2.3.2 节）。

2.2.2.4 实体模型

在有些应用场景下，实体的内部信息同样重要。此时，可以在表面模型的基础上，通过将面表中的边按照旋转顺序排列，其含义是通过边定义表面的外法线方向，进而指出实体的内部和外部信息。这种描述方式定义了三维实体的内外信息，属于完整的实体模型（注：实体模型的定义方式有很多种，此处是其中一种通用的定义方式，CSG 则是另一种常见的定义方式），因此可以在实体模型上进行例如截面、取体素等操作。

图 2-16 中给出了一个长方体的线框模型示意，以及基于此线框模型所定义的表面模型和实体模型。

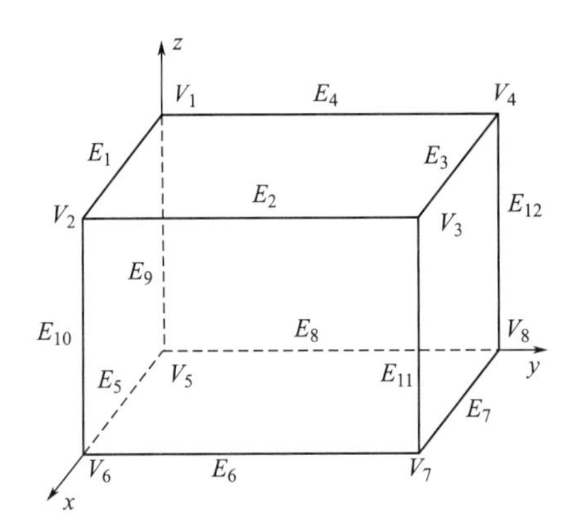

表面	棱线号			
1	1	2	3	4
2	5	6	7	8
3	1	10	5	9
4	2	11	6	10
5	3	12	7	11
6	4	9	8	12

表面	棱线号			
1	1	2	3	4
2	–5	–6	–7	–8
3	–1	–10	5	9
4	–2	10	6	–11
5	3	12	7	11
6	4	12	–8	–9

图 2-16 一个长方体的三种不同模型表达：左图为长方体的线框模型表示，中图为表面模型中所增加的面表，右图为实体模型中增加的带方向信息的面表

2.2.2.5 曲线和曲面

在几何上，确定一条直线需要两个相异点，确定一个平面需要三个不共线的相异点。相比之下，确定任意一条曲线或者曲面需要的参数数量则可能是非常多的。因此，对高次的曲线和曲面进行精确的建模，在计算上实现起来并不容易。由于人类的视觉对于高次的曲线和曲面不太敏感，因此计算机通常采用参数化的低次光滑曲线和曲面来近似高次的光滑曲线和曲面。以曲线为例，通过少数关键点作为参数构建出的光滑曲线，就称为样条曲线（Spline Curves）。

最经典的样条曲线是贝塞尔（Bezier）曲线，确定一条贝塞尔曲线需要一定数量的控制点作为参数，而贝塞尔曲线的阶数则定义为控制点的数量减 1。贝塞尔曲线的第一个和最后一个控制点总是曲线的端点，而中间的控制点则不总是位于曲线上。最简单的贝塞尔曲线是 1 阶贝塞尔曲线，即只有两个控制点的贝塞尔曲线，这时的曲线退化为了一条直线。在给定了两个控制点的情况下，利用两点间的插值公式，就可以得出曲线的参数表达式：

$$B(t)=(1-t)\times P_0+t\times P_1, 0\leqslant t\leqslant 1 \quad \text{（式 2-23）}$$

给定三个控制点可以作出 2 阶贝塞尔曲线，作法是将两个端点分别和中间的控制点相连得到两条 1 阶的贝塞尔曲线，再在这两条 1 阶的曲线之间进行线性插值，即：

$$\begin{aligned} B(t)&=(1-t)[(1-t)P_0+tP_1]+t[(1-t)P_1+tP_2] \\ &=(1-t)^2P_0+2t\cdot(1-t)P_1+t^2P_2, 0\leqslant t\leqslant 1 \end{aligned} \quad \text{（式 2-24）}$$

同理，可以推导出 4 个控制点的 3 阶贝塞尔曲线，即：

$$B(t)=(1-t)^3P_0+3t(1-t)^2P_1+3t^2(1-t)P_2+tP_3 \quad \text{（式 2-25）}$$

图 2-17 展示了从两条 1 阶贝塞尔曲线插值生成 2 阶贝塞尔曲线的过程，以及 2 阶、3 阶贝塞尔曲线的示意图。

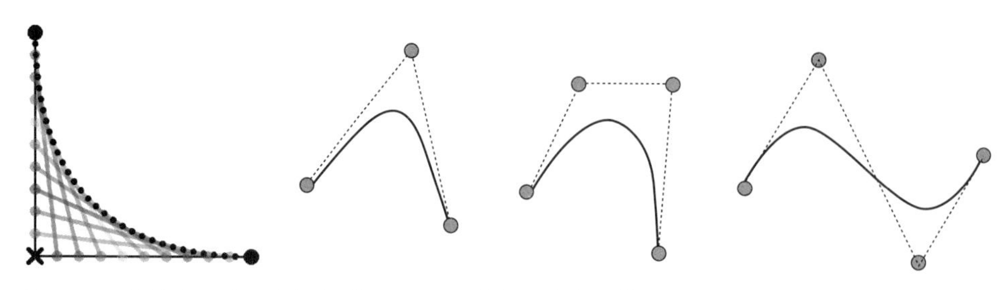

图 2-17　贝塞尔曲线：左图为从两条 1 阶贝塞尔曲线插值生成 2 阶贝塞尔曲线的过程示意，右图分别展示了 3 个控制点的 2 阶贝塞尔曲线以及 4 个控制点的 3 阶贝塞尔曲线

通过类似的方式可以将贝塞尔曲线向无限高的维度推广。一般的，阶数为 n 的贝塞尔曲线可以表示为：

$$B(t)=\sum_{i=0}^{n}C_n^i(1-t)^{n-i}t^iP_i, 0\leqslant t\leqslant 1 \quad (式 2\text{-}26)$$

其中，P_i 是曲线的控制点，C_n^i 是二项式系数。

贝塞尔曲线有许多良好的性质，其中重要的一点是贝塞尔曲线总是位于所有控制点的凸包之内。因此，在建模的过程中，只要能保证所有控制点的可见性，则整条曲线也一定是可见的。虽然理论上来说贝塞尔曲线能模拟任意次数的多项式曲线，但事实上一般只用到 2 阶或者 3 阶的贝塞尔曲线，因为更高阶的贝塞尔曲线在计算上是个负担。通常，建模软件会通过交互的方式允许建模人员拖动控制点，从而获得在视觉上合适的近似曲线。

将贝塞尔曲线推广到三维空间，可以得到贝塞尔曲面。贝塞尔曲面有两个阶数，因此需要一个二维的控制点阵列才能确定。一个 $n\times m$ 阶的贝塞尔曲面，需要 $(n+1)\times(m+1)$ 个控制点来确定，不加推导地给出其一般表达式为：

$$B(u,v)=\sum_{i=0}^{n}\sum_{j=0}^{m}C_n^iC_m^ju^i(1-u)^{n-i}v^j(1-v)^{m-j}P_{i,j}, 0\leqslant u,v\leqslant 1 \quad (式 2\text{-}27)$$

其中，$P_{i,j}$ 是控制点，C_n^i 和 C_m^j 是二项式系数。图 2-18 展示了一个贝塞尔曲面，其中红色的点是控制点，蓝色的是控制网格，黑色的网格是得出的贝塞尔曲面。

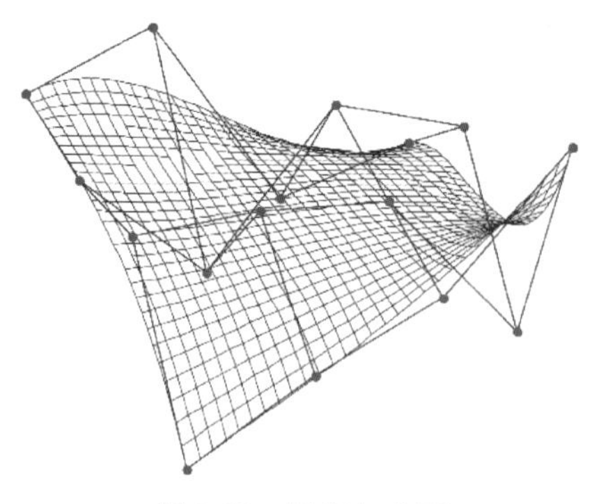

图 2-18　贝塞尔曲面

另一个比较常用的样条曲线是 B 样条曲线，它实质上是贝塞尔曲线的一种推广。n 阶的 B 样条曲线是变量 x 的 $(n-1)$ 阶分段多项式函数，其中每一段边界的位置也称为节点，按照从小到大的顺序记为 t_0，t_1，t_2，… 其中，若所有的节点都是相异的，则样条曲线中的前 $(n-1)$ 阶导数在节点处都是连续的。如果给定了一个节点序列，首先可以定义若干 1

阶 B 样条曲线：

$$B_{i,1}(x)=\begin{cases}1, & t_i \leqslant x \leqslant t_{i+1} \\ 0, & \text{otherwise}\end{cases} \tag{式 2-28}$$

再依照这样的方式循环定义更高阶的 B 样条曲线，即对于 $(k+1)$ 阶的样条曲线，可以通过两个相邻的 k 阶 B 样条曲线来定义：

$$B_{i,k+1}(x)=\frac{x-t_i}{t_{i+k}-t_i}B_{i,k}(x)+\frac{t_{i+k+1}-x}{t_{i+k+1}-t_i}B_{i+1,k}(x) \tag{式 2-29}$$

这样便可定义出任意阶数的 B 样条曲线。经过推广之后也可以定义 B 样条曲面。和贝塞尔曲线、曲面一样，B 样条曲线、曲面也具有很多良好的性质，例如，其多项式次数独立于控制点的个数，以及曲线、曲面可以实现局部控制，因此在工程上有着广泛的应用。

2.2.3　三维几何模型的真实感表现

可视化技术的目标是将需要传递的信息通过图形和图像的形式呈现出来，其中一种重要的形式就是对三维几何模型进行真实感表现，即追求和模拟相机拍摄的效果，让人具有现场的沉浸感。为了追求对三维几何模型的真实感表现，真实感图形学这一门专门的分支学科也应运而生。本节主要介绍真实感图形学的基本原理和方法。

2.2.3.1　物体的变换与三维观察

在建立了三维几何模型之后，便可着手在屏幕上将其呈现出来。待呈现的几何模型本身是处在自身的坐标系中的，这个坐标系称为局部坐标系，或相对坐标系。例如对于一栋建筑的模型而言，这个坐标系可能就是真实的地理坐标系，也可以是某个参照坐标系。但是，对于给定的建筑实体而言，它在世界坐标系中的坐标是唯一的，确定的。对于观察者而言，所观察到的建筑位置和形态依赖于观察者所处的位置和角度。如果以观察者为原点建立一个坐标系，这个坐标系就是观察坐标系或者相机坐标系。计算机在渲染模型时，要考虑观察者的位置和视角，从而将模型从世界坐标系转换到观察坐标系中来。最后，还要将观察坐标系中的坐标和屏幕上的位置一一对应起来，以便在屏幕上的每个像素点绘制出来。屏幕上的位置本身也有一个坐标系，即屏幕坐标系。将模型的坐标从世界坐标系转换到屏幕坐标系的过程，实际上是一系列几何变换的过程叠加。

从世界坐标系转换到观察坐标系的过程主要是平移和旋转。在给定相机的坐标之后，相机在世界坐标系中的坐标成为观察坐标系中的原点，其余所有点的位置也都进行相应的平移。之后，根据相机的观察方向，再对所有的点施加相应的旋转变换，即可计算出所有的点在观察坐标系中的坐标。回忆本章第 1 节中关于几何变换与矩阵的内容，以上过程主要是计算出所有点相应的平移和旋转变换矩阵，即可算出相应变换后的坐标了。

从观察坐标系到屏幕坐标系的变换需要取决于最终所采用的投影方式。常用的投影方式有正投影和透视投影两种。正投影是利用垂直于屏幕的平行光照射模型所产生的投影，因其能较好保留模型中元素的几何关系，一般用于计算机辅助制图、结构施工图、水暖电施工图等。采用正投影时，只需要将屏幕的大小对应到观察坐标系中作相应的裁剪即可。另一种常用的投影方式是透视投影，用来模拟人眼观察真实世界中景物的投影关系。在透视投影中，相同大小的景物离观察点越远在屏幕上就显得越小，即近大远小原理，常用于建筑概念设计、三维场景漫游渲染等。计算机图形学中通常用视景体来模拟相机的视野范围，以上两种投影分别对应长方体视景体和棱锥视景体（见图 2-19）。以棱锥视景体为例，棱锥不同距离上的横截面表示在该距离上能够呈现在屏幕上的范围。在真实世界中，离观察点太近或太远的景物一般都会由于失焦而无法看清，因此可以在视景体近端和远端会各自截去一部分，从而留下一个四棱台形的视景体。确定一个视景体需要的参数显然有近端和远端截去的距离和屏幕的横纵比，除此之外还需要知道视景体顶面和底面的二面角，这个角也被称为视野角。视景体内的点根据该点在所在横截面内的相对位置，计算投影到屏幕坐标系坐标后，就可以映射到屏幕上。

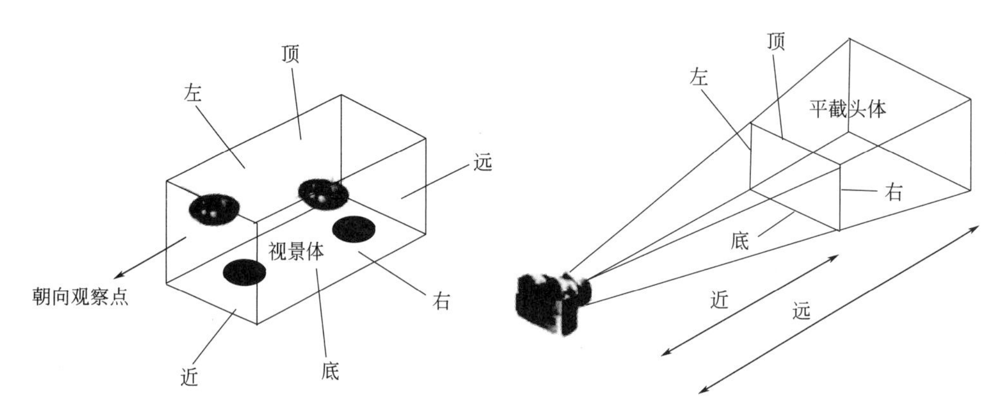

图 2-19　视景体：左图为长方体视景体，模拟正投影；右图为棱锥视景体，模拟透视投影

2.2.3.2　三维几何模型的真实感渲染

三维几何模型的真实感渲染是希望用计算机生成如相机拍摄一样逼真的图形图像。为了实现这个目标，首先需要建立三维场景。为了让三维模型在屏幕上呈现出真实感，除了根据相机的位置和角度计算出模型在屏幕上的合理位置之外，还需要对模型进行消隐，即消去对于观察者而言不可见的面，从而保证视觉效果的正确。直接消隐算法需要反复地进行直线、射线、线段以及平面之间的求交运算，运算量极大。另一种思路是利用深度缓存，这种方法是根据每个顶点在相机坐标系中的深度坐标（也就是和相机前后方向上的距离）来判断可见性，从而在每个像素上消去不可见的顶点。接着在模型的可见面上进行明暗光泽处理，最后进行模型的渲染。三维几何模型的真实感渲染技术，除了消隐以外，还包括颜色模型、光照模型、纹理映射以及反走样等。

（1）颜色模型

给屏幕上的像素点计算出合理的颜色是保证模型真实感的关键步骤，而颜色的本质实际上是人的视觉系统对于自然界中可见光频率信息的捕捉，不同频率的可见光被眼睛接收并感知后，便在脑海中形成了多姿多彩的大千世界。人类能感知的颜色非常多，但万变不离其宗，人类的色觉系统实际基于三色视觉。因此，颜色常用三个相对独立的属性来描述，这三个独立变量就构成颜色模型（或称颜色空间）的三个维度。常用的颜色模型包括 RGB、CMY、HSV 和 HLS。

人眼中有三种感应不同光谱的视锥细胞，其感光峰值频率分别对应红色（Red）、绿色（Green）和蓝色（Blue）。不同频率的光对这三种视锥细胞施加不同程度的刺激，从而被视觉中枢感知为相应的颜色。根据这一原理，实际上只需要三种颜色的光就能组合出所有的颜色。因此，在屏幕上显示颜色时，只要将一个红光光源、一个绿光光源和一个蓝光光源组合成一个像素，并调节这三个光源亮度的比例，就可以使像素呈现出不同的颜色。这种呈现和表示颜色的方式，就是RGB模型。几乎所有的颜色模型都是从RGB模型导出的。图2-20左图将RGB模型用笛卡尔坐标系下红、绿、蓝三维直角坐标轴的一个单位正方体来表达。红、绿、蓝原色是加性原色，各个原色混合在一起可产生复合色，如图2-20右侧所示。在RGB模型下，当三个光源都发出最大亮度的光时，像素显示白色；当三个光源都不发光时，像素显示黑色。因此，黑色位于原点，而白色位于立方体的对角点，其坐标为（1，1，1）。这样，用三个坐标就能够表示所有颜色。RGB模型应用非常广泛，适用于彩色阴极射线管、彩色光栅图形显示器等。

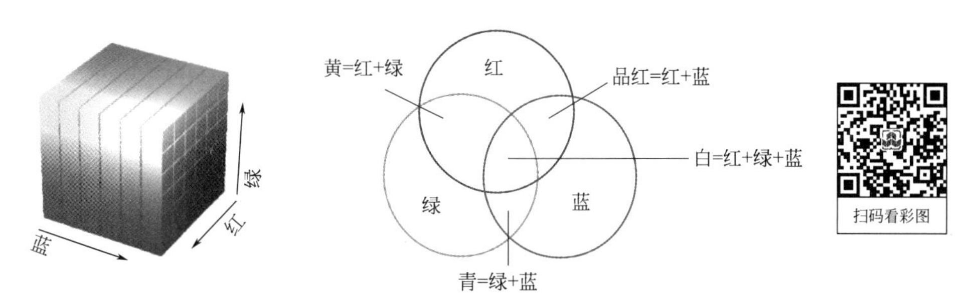

图2-20 RGB颜色空间（左）和RGB三原色混合效果（右）

CMY模型是另一种常见的颜色模型，即以红、绿、蓝的补色青（Cyan）、品红（Magenta）、黄（Yellow）为三原色。CMY模型常常用于从白光中滤去某种颜色，也称为减性原色系统，如图2-21所示。CMY模型对应的直角坐标系子空间与RGB模型所对应的子空间几乎一样，唯一区别在于前者的原点为黑，而后者的原点为白。CMY模型常用于印刷行业。

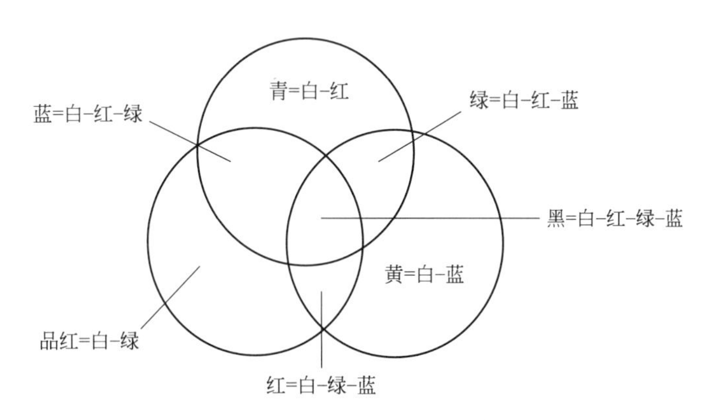

图2-21 CMY原色的减色效果

RGB和CMY都是面向硬件的颜色模型，而HSV（Hue，Saturation，Value）是面向用户的颜色模型，该模型对应于圆柱坐标系的一个圆锥形子集，如图2-22所示。色相H根据绕V轴旋转角度而定，0°代表红色，120°代表绿色，240°代表蓝色。饱和度S的取值是0到1。HSV模型常用于画家配色，一般通过改变色浓和色深的方法调出不同色调的颜色，从图2-22中可以看出，在某种纯色中加入白色用以改变色浓（色彩饱和度），加入黑色则改变色深，而加入不同比例的白色和黑色可得到不同色调的颜色。

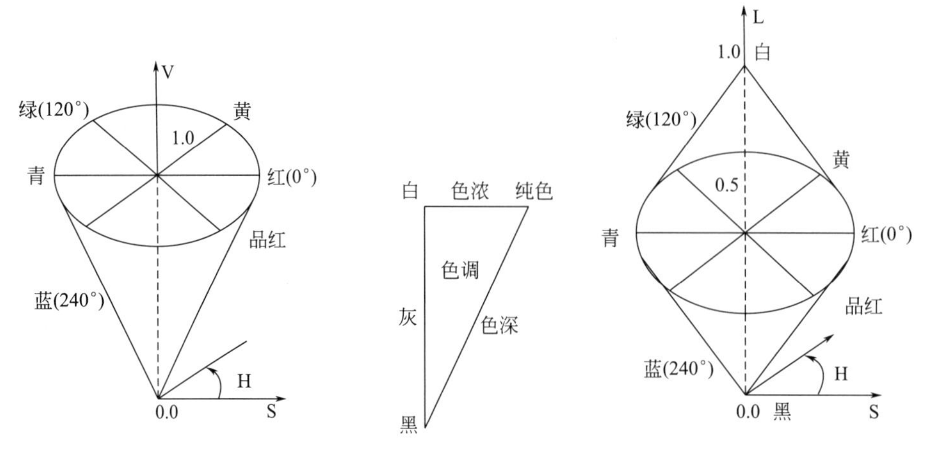

图 2-22 从左至右依次为 HSV 颜色模型、某个固定色彩的颜色三角形和 HLS 颜色模型

HLS 模型是工业界的一种颜色标准，它是通过色彩（H）、亮度（L）、饱和度（S）三个颜色通道的变化以及它们相互之间的叠加得到各种颜色，该模型对应于圆柱形坐标系的双圆锥子集，如图 2-22 所示。在原理和表现上，HSV 和 HLS 中的 H（色彩）完全一致，但二者的 S（饱和度）不一样，L 和 V（亮度）也不一样。HSV 中的 V 用于控制混色中黑色的量，V 值越大，代表黑色越少，则亮度越高。HLS 中的 L 用于控制纯色中混入的黑白两颜色。HSV 中的 S 用于控制纯色中混入白色的量，S 值越大，代表白色越少，则颜色越纯。HLS 中的 S 和黑色两颜色没有关系，饱和度也与黑白颜色无关。

各颜色模型之间还可以相互转换，实现 HSV 模型转换为 RGB 模型的算法逻辑如下：

```
将 HSV 模型转化为 RGB 模型（h，s，v，r，g，b）
  ifs = = 0
    r，g，b = v;
  else
     if (h  = = 360)
        h = 0;
     h  =  h/60;
     i，f 分别取 h 得整数和小数部分;
     p  =  v * (1-s);
     g  =  v * (1-s * f);
     t  =  v * (1-s * (1-f) );
  switch (i)
     case 0：(r，g，b) = (v，t，p);
     case 1：(r，g，b) = (g，v，p);
     case 2：(r，g，b) = (p，v，t);
     case 3：(r，g，b) = (p，g，v);
     case 4：(r，g，b)  = (t，p，v);
     case 5：(r，g，b)  = (v，p，q);
```

由于计算机本身表示数据是离散的，因此只能表示颜色空间中的有限多种颜色。最常见的对颜色空间的实现是用一个字节来表示每个颜色通道的亮度。在这种长度下，能够表示的总颜色数量超过了一千六百万种。早期光栅扫描显示屏显示颜色的原理是在屏幕上像素内放置荧光物质，通过电子束激发对应荧光物质发光；现代的液晶显示屏则是通过在屏幕后放置白光源或反射设备，通过施加不同的电压来控制液晶偏转来改变透光程度，最后将光透过滤光层只分别留下红、绿、蓝三种成分的光。

（2）光照模型

在自然世界中，人眼感知到的物体颜色是由光照条件和材料本身的光学性质共同决定的。然而，材料的表面以及和光的相互作用都是非常复杂的，完全通过物理模拟来计算物体表面的颜色，效率将会是非常低下的。因此，在对给定的场景进行光照计算时，通常采用光照模型来规避过于复杂的计算。

光照模型是借助数学和物理工具对现实世界的光照过程进行简化，使最终呈现效果与现实尽可能接近。光照模型注重对光色效应（注：光色效应，是同时考虑光和颜色，或者说是将光的作用结果转换为颜色的过程）的模拟，能反映物体表面颜色和亮度的细微变化，可以表现物体表面的质感以及光照下的物体阴影，充分体现场景的深度感和层次感，以及物体间的遮挡关系，同时也能模拟透明物体的透明效果和镜面物体的镜像效果。

一个常用的光照模型是 Phong 光照模型，其原理是把不发光物体的表面分成一个个细小的平面，每个平面都可以通过面法向量确定各自的朝向、中心点位置等信息。同时，Phong 光照模型将光源分成三类，即环境光、漫反射与镜面反射，如图 2-23 所示。基于以上两个假设，就可以通过数学公式为物体表面“涂”上阴影、高光等一系列增加真实感的色彩。

扫码看彩图

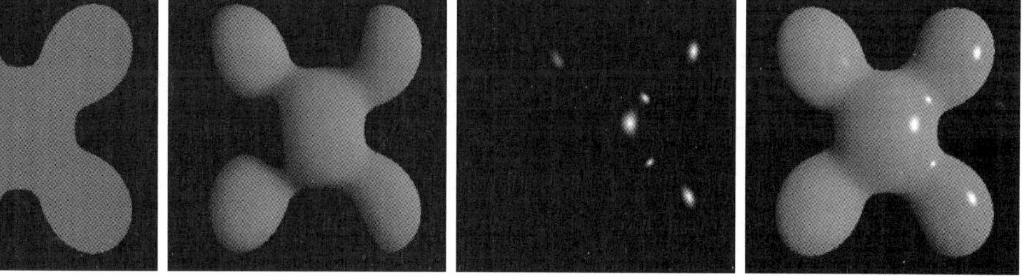

图 2-23 从左至右依次为模型在 Phong 光照模型下的环境光、漫反射、镜面反射分量和最终的总体效果

在生存的地球上，几乎没有完全黑暗的场景，环境中总是会存在环境物体反射的遥远光源的光，这样的光就是环境光。在 Phong 光照模型中，环境光强度是一个给定的值，在物体的所有表面上产生完全相同的亮度。漫反射是指物体将入射光均匀地向所有方向反射出去的现象，也是 Phong 光照模型中在视觉上最显著的分量；对于给定的像素和光照强度，漫反射强度与入射角的余弦值成正比，因此可以用规范化的外法向量和光线方向向量的点积来计算漫反射强度。镜面反射是指物体将入射光沿着对称于法线的方向反射出去的现象，对于给定的像素和光照强度，镜面反射强度取决于视角和反射光线的夹角，因此也可以用规范化的视线方向和反射光线方向的点积来表示。将这几个分量相加，即可得到在 Phong 光照模型下计算出来的颜色，即反射光＝环境光＋漫反射光＋镜面反射光，如图 2-24 所示。

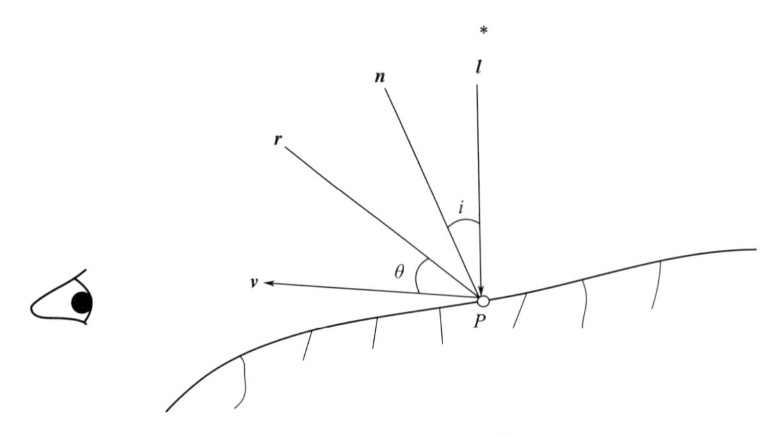

图 2-24　Phong 光照模型的计算示意图

其中，**l** 代表入射光线向量，**v** 代表视线向量，**r** 代表镜面反射向量，**n** 代表法线（过 P 点），i 代表光线入射角，θ 代表镜面反射方向与视线方向夹角。根据 Lambert 定律，落在表面上的光能是随光线入射角的余弦而变化的。对于非理想的反射面，镜面反射光的强度会随视线与反射线之间的夹角 θ 的增加而急剧地减少。因此，任一点处的光照度公式为：

$$I = k_{\mathrm{a}} I_{\mathrm{pa}} + \sum [k_{\mathrm{d}} I_{\mathrm{pd}} \cos i + k_{\mathrm{s}} I_{\mathrm{ps}} \cos n\theta] \qquad (式\ 2\text{-}30)$$

其中，n 代表镜面反射光的会聚指数，I_{pa} 代表环境反射光亮度，I_{pd} 代表漫反射光亮度，I_{ps} 代表镜面反射光亮度，k_{a} 代表环境反射比例系数，k_{d} 代表漫反射比例系数，k_{s} 代表镜面反射比例系数。

利用这个公式，可以计算物体表面一个点处的光照强度。如果要将整个屏幕计算一遍，需要扫描到屏幕上每一个像素点对应的可见物体表面，然后再用以上公式计算该点光照强度，这一过程称为 Phong 光照模型的扫描线算法。算法逻辑如下：

```
for 屏幕上的每条扫描线 y
  将 color 数组初始化成 y 扫描线的背景值
  fory 扫描线上的每一可见区间段 s 中的每点（x，y）
    设（x，y）对应的空间可见点为 P；
    求出 P 点的单位法向量 Np ；
    求出 P 点的单位入射光向量 Lp ；
    求出 P 点的单位视线向量 Vp ；
    求出 P 点的单位镜面反射向量 Rp ；
    使用以下公式计算点的 RGB 颜色模型的分量值（r，g，b）
```

$$\begin{bmatrix} r \\ g \\ b \end{bmatrix} = k_{\mathrm{a}} \begin{bmatrix} r_{\mathrm{pa}} \\ g_{\mathrm{pa}} \\ b_{\mathrm{pa}} \end{bmatrix} + \sum \left[k_{\mathrm{d}} \begin{bmatrix} r_{\mathrm{pd}} \\ g_{\mathrm{pd}} \\ b_{\mathrm{pd}} \end{bmatrix} (\boldsymbol{L}_{\mathrm{p}} \cdot \boldsymbol{N}_{\mathrm{p}}) + k_{\mathrm{s}} \begin{bmatrix} r_{\mathrm{ps}} \\ g_{\mathrm{ps}} \\ b_{\mathrm{ps}} \end{bmatrix} (\boldsymbol{R}_{\mathrm{p}} \cdot \boldsymbol{V}_{\mathrm{p}})^{n} \right]$$

Phong 光照模型是基于物理模型的简化模型，简单易用，但同时，Phong 光照模型也存在着一些不足。其中，最主要的问题是没有考虑物体和物体之间光照的相互作用。场景中的物体除了被光源照射，也会被场景中其他物体的反射光照射。这种仅考虑一次光照作用的光照模型称为局部光照模型；相应的，考虑物体之间多次光照相互作用的光照模型称为全局光照模型。此外，Phong 光照模型还无法表现阴影和光线折射的效果。

在有些场景下，计算的效率并不重要，例如渲染静态的建筑效果图等。这种情况下可以考虑采用效果更佳的全局光照模型，其中最常用的就是光线追踪算法。光线追踪算法利用光路可逆的原理，从视点出发向屏幕上的每个像素投射出一条射线，并和场景中所有的物体进行求交计算。在所有的交点中，选取最近的交点，这一点就是视点的可见点。对于可见点首先进行阴影测试，即将该点和光源的连线与物体求交，如果有交点则说明该点处在其他物体的阴影中，否则，便利用 Phong 光照模型计算该点的亮度。计算完成后，递归地计算光线在该点的折射线与反射线的颜色，直到反射或者折射的次数超出预先设定的限制为止。通过这种方式，折射、阴影和物体相互作用就可以在模型中表现出来。如果物体表面反射性强（如玻璃、磨光金属等），则其他物体可通过这些表面反射或折射到视点。所以在求得可见点后，必须沿反射线方向或折射线方向继续跟踪，看在该方向上是否有物体存在，从而确定间接视线并求得间接可见点，如此进行至递归完成。

和 Phong 光照模型相比，光线追踪算法能够显示阴影和折射效果，因此也就能呈现物体的透明效果，同时还能展现场景中物体之间互相的光线作用，甚至可以出现倒影和镜像等现实世界中的光学效果。如果进一步结合反走样技术和景深等效果，被渲染的场景可以具有非常高的真实感。但是，光线追踪算法也有不足之处。最显著的问题是计算量太大导致渲染效率很低，因此在实时渲染中很难采用光线追踪算法来进行大规模场景渲染，其应用大多仅限制于渲染效果图等对计算效率要求不高的场景。此外，光线追踪的渲染效果仍未完全囊括所有的光照效果，例如漫反射照明、焦散等效果，需要采用更加复杂的渲染算法来呈现。

（3）纹理映射

真实世界中的物体是由各种各样的材料构成的，为了让几何模型的表面能呈现出真实材料的质感和色彩，除了引入光照模型外，还可以在材料的表面施加纹理。纹理的本质是一张图片，在进行渲染时，指定几何模型顶点与纹理图片坐标的对应关系，就可以通过插值的方式将纹理映射到几何模型的表面上。纹理映射技术可以在不显著增加计算量的前提下较大幅度地提高图形的真实感。图 2-25 为某项目施工过程中自动提升平台贴上木材、钢材、锈蚀后的钢材等纹理后的效果。

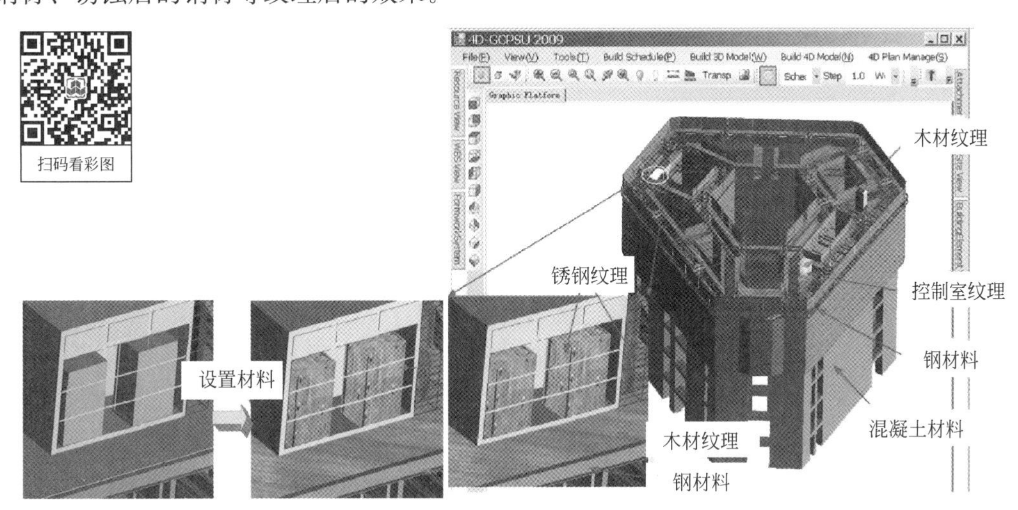

图 2-25　自动提升平台的纹理贴图效果

纹理映射最简单的方式是将一幅图像贴到物体的表面，如同在广告牌上贴广告一样。该图像可以是从文件读入的图像，可以是程序内部定义的图像，也可以是复制的图像。

在现实世界中的物体表面有各种纹理，比如颜色纹理的特征是颜色色彩或明暗度的变化，几何纹理的特征是有不规则的细小凹凸。在建立颜色纹理时，首先需要在纹理平面区域（纹理空间）预定义一个纹理图像（图案制作，或通过扫描获得），然后建立物体表面的点与纹理空间的点之间的对应（映射）。当物体表面的可见点确定后，以纹理空间的对应点的值乘以亮度值。

（4）反走样

由于屏幕的分辨率是有限的，物体的边缘在屏幕上呈现时，首先要进行光栅化，即将连续的光滑边缘用离散的像素来表示，其结果是造成物体的边缘看起来非常尖锐，这种效果就称为走样。走样是光栅显示的一种固有性质，其原因是像素本质上是离散的。如图 2-26 所示，理论上斜置的矩形边缘是平滑的，但在有限像素的屏幕上显示，边缘处会有明显的锯齿走样。这种走样可能会导致小物体（比如 3D 场景中远处的物体）完全消失。

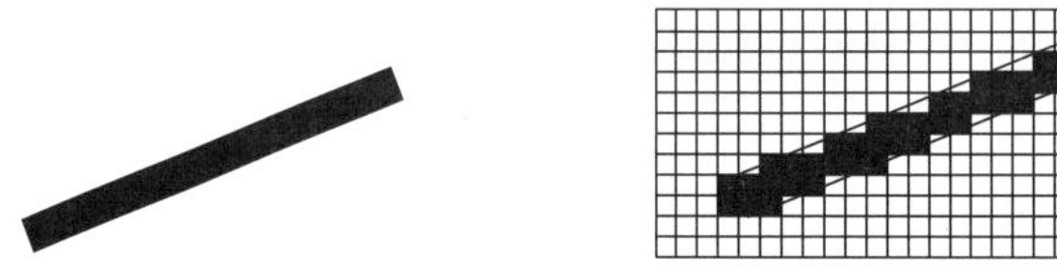

图 2-26　走样示意图：左图为理想的斜矩形，右图为在离散像素点下的显示效果

解决走样这一问题的技术称为反走样。最简单的反走样技术就是提高分辨率，在计算像素的颜色时，将一个像素划分成多个像素进行计算，最后将所有子像素的颜色平均之后作为原像素的颜色显示。这种方法称为过采样法，可以使得物体边缘处的过渡变得平滑，从而降低了走样的尖锐程度（如图 2-27 左侧所示）。过采样法原理上简单，但是缺点是这样会使得计算量成倍增加。为了避免过采样法引入的成倍额外计算量，可以在计算三角面片位置时对每个像素计算内部的采样点被覆盖的比例，而在计算颜色时只计算一次并且将结果与比例相乘（参见颜色模型相关概念）。这种方式称为前置滤波法，可以将超采样从渲染阶段转移到坐标转换的阶段，在很大程度上降低了计算开支（如图 2-27 右侧所示）。相应的，也有后置滤波法，其原理是每个显示像素的数值是场景中一个适当规模的相应样本集合的加权平均。

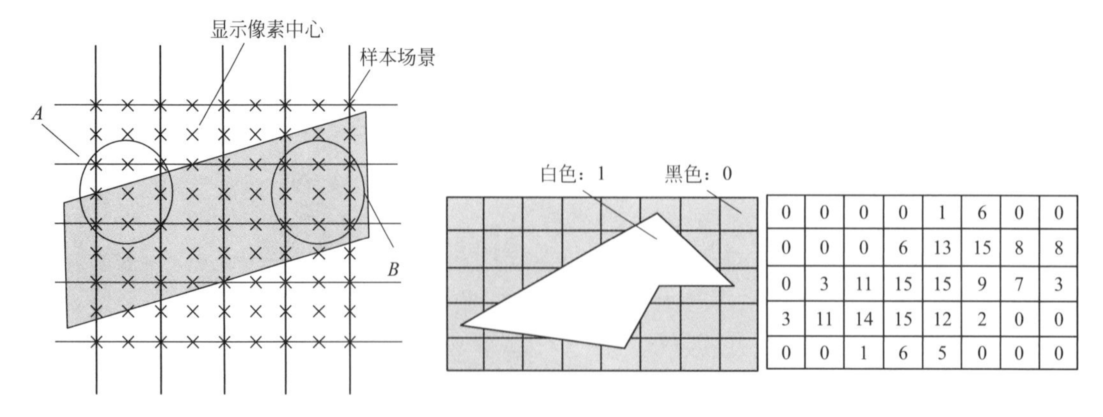

0	0	0	0	1	6	0	0
0	0	0	6	13	15	8	8
0	3	11	15	15	9	7	3
3	11	14	15	12	2	0	0
0	0	1	6	5	0	0	0

图 2-27　反走样技术：左图为过采样法示意图，右图为前值滤波法示意图

2.3 可视化与计算机视觉技术

可视化技术是将数据场以图形、图像和动画的形式呈现以传递信息的技术。前述章节已经介绍了呈现三维几何模型的真实感图形学。但是，对于非几何信息，在以图形化的方式呈现在屏幕上之前，需要先对数据本身进行处理。此外，人类的视觉系统除了能够形成图像之外，最重要的功能是能够提取这些图像中的信息，这种利用计算机理解图像和视频中的信息的科学，就是计算机视觉。本节将介绍多维场的可视化技术和常用的计算机视觉技术。

2.3.1 多维场的可视化

场是数学空间中从点到量的映射，即将数学空间中的每一个点都映射到一个量上。根据被映射的量的不同类型，可以分为标量场、向量场和张量场。在科学研究和工程应用中，计算或者实验获得的数据经常是场数据，即对于空间中的每个点都有对应的数据。多维场的可视化技术，就是将数据场以图形和图像的方式表现出来的技术。场在理论上虽然是连续的，但是在绝大多数情况下，由于客观条件的限制，人们只能获得空间中有限多个点的数据。即使能获得连续场的数据，计算机进行处理时，也必须首先进行离散化。因此，本节中所讨论的数据场，全部都是离散数据场。

2.3.1.1 标量场的可视化技术

标量场是从空间中的点到标量的映射。标量是只有大小没有方向的量，如温度、密度、压强等。

标量场中最简单的显然是一维标量场，即从一维空间到标量的映射。一维空间实际上是一条直线，而屏幕则是处在二维空间中，因此可以将标量的尺度和一维空间本身组成一个二维的坐标系，在坐标系中标出所有数据点的位置，这种表示方法就是散点图。如果数据点的位置和标量值之间本身有内在的逻辑关系或者相关关系，还可以进行插值。由于计算机处理的标量场本身是离散的，因此数据点不能完全填满整个一维空间，其中必然存在大量的没有数据的位置。通过已有的数据点来推算缺少数据的点的数据这一过程，就是插值。

最简单的插值方式是最近邻插值，即将每个位置的值都设定为与其距离最近的数据点的值；显然最近邻插值并不是连续的，而是会在相邻的数据点中点的位置带来数据值的跳跃。线性插值则是将相邻的数据点用直线段相连作为数据空缺位置的值的一种插值方式，其结果在所有位置都是连续的，但是在数据点处并不光滑。多项式插值则是用已知数据点确定一个次数尽可能低的多项式函数，并将此函数作为插值的结果。多项式插值的结果同时满足了连续和光滑的条件。

以上的插值，使得散点图成为线型图，如图 2-28 所示。

除了散点图和线型图外，颜色映射法也是常用的可视化技术。颜色映射法用颜色来代表场中数值的大小，从而在数据值和颜色之间建立映射关系。在最后呈现出来的图形中，数据值的大小用颜色来表示。由于现代计算机大多采用 RGB 颜色模型，在需要插值时也可以直接对颜色值进行插值。

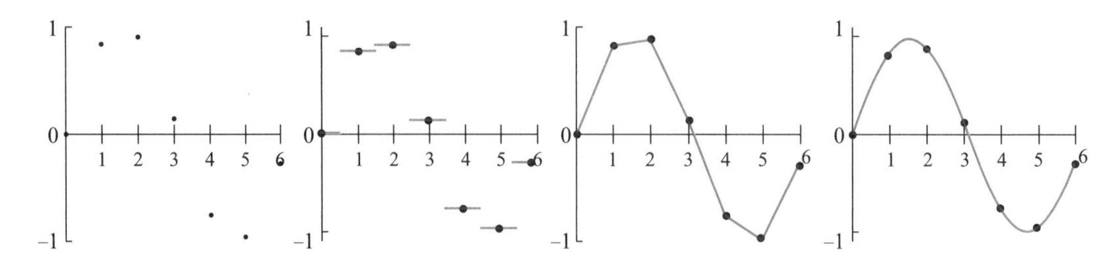

图 2-28 从左至右依次为散点图、最近邻插值、线性插值和多项式插值

二维标量场是从二维空间的位置到标量的映射。由于屏幕本身也是二维的，因此如果直接将二维空间本身映射到屏幕上，就需要采用其他方法来表示标量数据。在二维标量场的可视化技术中，颜色映射法依然是常用且行之有效的方法。将数值与颜色进行映射，即可在图像中用颜色来代表数值，如图 2-29 所示。由于标量场本身是离散的，在表示数据点时可以采用散点，也可以采用不同的插值方式来为空缺数据的位置补充数据。

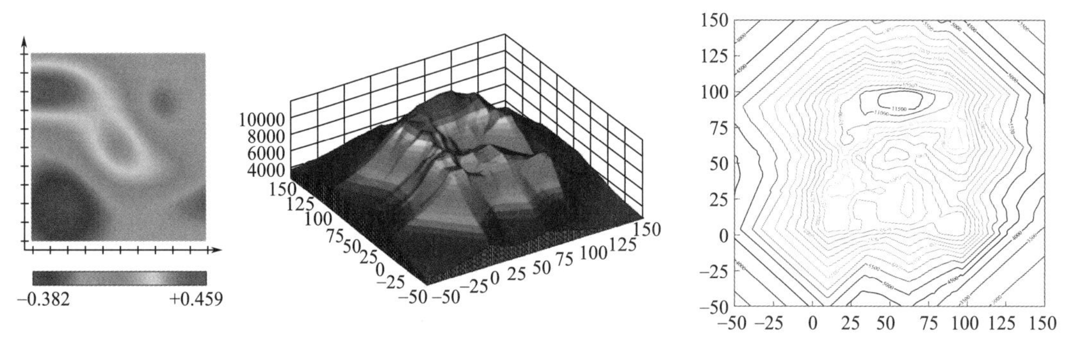

图 2-29 颜色映射法表示二维标量场（左）、同一地形图的立体图（中）和等值线表示（右）

另一种常用的方法是等值线法，即在连续场中将数值相同的点相连接以构造等值线的方法（如图 2-29 所示）。常见的等值线包括等高线、等温线和等应力线等。等值线本身或者等值线围成的区域内部也可以着色。计算等值线通常有两种方法，一种是网格序列法，即将平面划分成网格，对于每个网格单元内部寻找等值线段，再合并形成全图范围内的等值线；另一种是网格无关法，即给定等值线起点之后，利用梯度信息寻找下一个等值点，并相连形成等值线，直到到达边界区域或者回到起点。网格无关法在计算效率上通常都要高于网格序列法。

表示二维标量场也可以采用立体图法，即将标量值表示成和二维空间正交的第三个维度上的高度，再将形成的三维图形投影在二维平面上（如图 2-29 所示）。立体图法能更直观地表示二维标量场，但是也可能造成数据之间的互相遮挡。

三维标量场是从三维空间到标量的映射，表示三维空间内部的详细信息。一个典型的例子是医学上的 CT 采样数据。CT 检查会形成很多张人体的横截面数据，然后组合形成三维的人体内部扫描数据，其中每张横截面成像中的灰度代表该点的密度。表示三维标量场一般采用颜色映射法，同时将三维空间投影到屏幕上。从一系列横截面的二维采样照片重构三维模型时，横截面的轮廓线就是实体在该截面处的轮廓线，然后在相邻截面的轮廓线之间构造三角面片，就完成了整个三维实体的构造。

2.3.1.2　矢量场的可视化技术

矢量场是从空间中的点到矢量的映射。矢量即向量，是既有大小又有方向的量，典型的矢量场如力场、流速场、磁场等。

和标量场相比，矢量场可视化时主要的难点在于如何同时表示矢量的大小和方向。对于比较简单的矢量场，可以直接用箭头来表示各点的矢量，即箭头表示法（如图 2-30 左侧所示）。这种表示方法需要注意箭头之间不能互相重叠，因此不能表示连续的矢量场。

将矢量场可视化的最主要方法是场线法，如果矢量场中存在一条虚拟曲线，其中的每一点的矢量方向都和它相切，则这条线就称为场线（如图 2-30 右侧所示）。可以证明，连续矢量场中的每一点都位于唯一的一条场线上，且场线上任意一点的方向与矢量场在该点的方向一致。其中，流速场中的场线一般称为流线，电场中的场线称为电场线，磁场中的场线称为磁力线。与场线处处垂直的线称为等势线，例如流速场中的等势线是等压线，电场中的等势线是等电势线等。在连续矢量场中，如果在等势线上等间隔地取若干个点，并且绘出经过这些点的场线，则场线的疏密就能反映出各点处矢量的相对大小。

图 2-30　矢量场的箭头表示法与场线表示法（右图是条形磁铁磁场线的形状）

2.3.1.3　张量场的可视化

张量是对标量、矢量和矩阵向更高维空间的推广，其中标量、矢量和矩阵分别可以看作零阶、一阶和二阶的张量。张量场是从数学空间中的点向张量的映射，典型的张量场如广义相对论中的应力能张量场等。和标量与矢量不同，矩阵及更高阶的张量并没有简单直观的几何表示，一般需要通过一定的艺术加工来表示。张量场可视化的主要方法包括图元法、特征线法、艺术法、体绘制法、形变法等。

2.3.2　计算机视觉

人类的视觉系统能够从图像中提取出信息，计算机视觉技术正是研究利用计算机来自动化地完成人类视觉系统功能的技术。在一张包含有狗的照片中，人类一般都能够直接识别出照片中的狗；对于计算机而言，这却是一个相对复杂的任务。但在最近几年，随着新的数学工具和分析方法的出现，计算机视觉方面的研究和相应的成果也突飞猛进，尤其是在图像识别方面，许多新的方法正在大大改善计算机在这一方面的表现。图像识别可以用来判断图像中是否包含特定的物体或特征，在许多具体的场景中都有着丰富的应用，例如对人脸和指纹等生物特征的识别为许多行业带来了更高的便利性和安全性。但是，由于图像识别本身是非常复杂的技术，本节只是粗略地介绍相关技术的原理。

2.3.2.1 细线化技术

图像分析是对图像中感兴趣的目标进行检测、测量和分析，以获得其客观信息，从而建立对图像和目标的描述。图像处理是从图像到图像的过程，而图像分析更加侧重对图像内容的研究，是从图像到数据的过程。常见的图像分析技术包括边缘检测、图像分割、目标表达、描述与测量等。本节以细线化技术为例，介绍边缘检测分析方法。细线化技术是将图像上的文字、曲线、直线等几何元素的线条细化成一个像素宽的线条的处理过程，如图 2-31 所示。

图 2-31 细线化技术处理效果

轮廓线追踪法是实现这一过程的常见方法之一，其思路是通过顺序找出边缘点来跟踪边界。例如，假设背景为黑色，图像为白色。首先沿图像扫描方向搜索，检查像素为白还是黑，并把最先检出的白像素作为轮廓线追踪的起点，设为 P_1。然后考虑一个以 P_1 为中心的 3×3 模板（模板如图 2-32 左侧所示，其中 P 代表模板中心，此时 P_1 与 P 重合），从 1 号位置开始，按照 1～8 的顺序检查像素的颜色，把最初遇到的非背景像素（即白色）定为 P_2。其中，若 1～8 全为黑像素，则 P_1 为孤立点，中止追踪。假定已经检出 P_n，将 P_n 作为模板中心像素，按前面步骤继续搜索 P_{n+1}。若 $P_n = P_1$，$P_{n+1} = P_2$，则表明 P_1，P_2，…，P_{n-1} 已形成一个闭环，中止本条轮廓线的追踪。

7	6	5
8	P	4
1	2	3

		P_n					
	P_{n+1}		P_1	P_{11}			
		P_2			P_{10}		
	P_3				P_9		
	P_4				P_8		
		P_5		P_7			
			P_6				

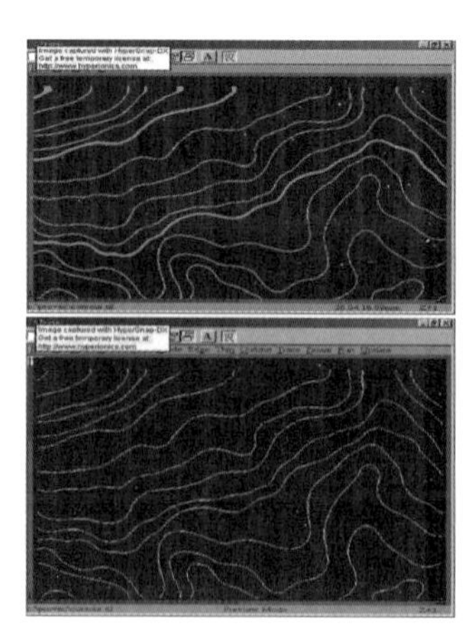

图 2-32 从左至右依次为 3×3 模板、轮廓线追踪法示意和细线化效果

通过细线化方法，可以实现图像轮廓的识别。例如，对遥感图像进行轮廓识别后，可进一步应用于地震灾害的灾后评估。例如，图 2-33 展示的是印度 Bhuj 地震后的震害识别情况。其中红色部分为倒塌建筑，绿色部分为中等及严重损坏的建筑，灰色部分为完好或基本完好的建筑。不是建筑物的部分，被过滤掉并显示为黑色区域。其中，判断建筑是倒塌还是完好的方法，便是通过轮廓线追踪法识别图片中的建筑轮廓，若建筑轮廓覆盖面积较大，呈“片”状，可以大致判定为建筑完好；反之，若建筑轮廓表现呈“点”状，尤其是“散点”状，则可以初步判定为建筑倒塌。

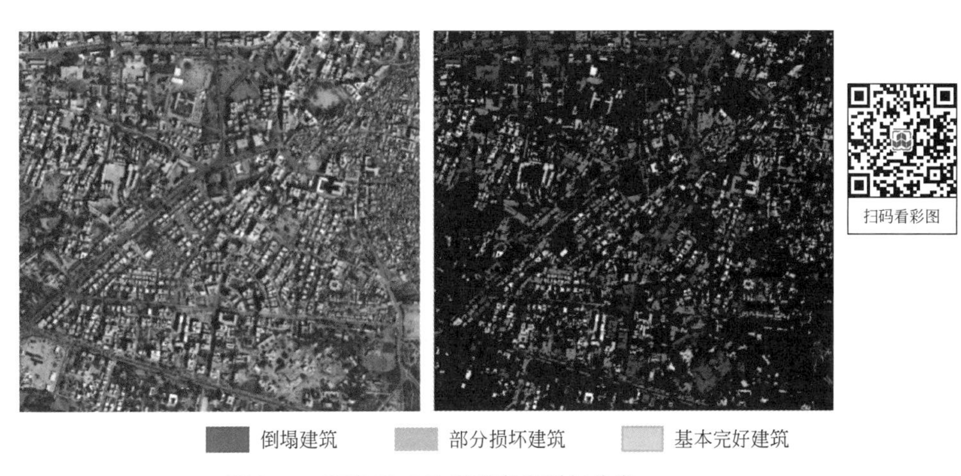

图 2-33　印度 Bhuj 地震震害识别与分类

2.3.2.2　图像特征提取

图像特征提取是一种图像分析方法，可实现对图像信息更深入的理解，是计算机视觉领域中常应用到的图像识别的基础。而图像识别是模式识别的一种，即通过将输入的图形图像模式特征与事先准备好的标准模式进行对比，把最相近的标准模式所代表的对象作为识别结果输出。计算机进行模式识别的主要手段便是提取和对比数据中的特征。此时，特征是指数据中包含的能够对完成计算任务有帮助的信息。相较于数据挖掘中的数据特征，在计算机视觉分析领域，图像特征往往非常复杂，而常用的图像特征有颜色特征、纹理特征、形状特征以及空间关系特征等。

（1）颜色特征

颜色特征是图像检索中应用最广泛的视觉特征，描述了图像或者图像区域对应景物的表面性质。颜色特征不需要进行大量计算，把数字图像中的像素值进行相应转换即可。常见的颜色特征描述方法有：颜色直方图、颜色矩和颜色相关图等。其中，颜色直方图是最常用的表达颜色特征的方法，即用于反映各种颜色出现的概率。从 512 × 512 的灰度图像中提取维度为 k 的颜色直方图，将 256 种灰度值分为 k 个区间，然后计算每个区间中像素点总数为多少。图像直方图不受图像平移或旋转的影响，但无法表示出像素点之间的位置特征。颜色矩通常采用一阶矩、二阶矩和三阶矩来表达图像的颜色分布。图 2-34 是基于颜色特征识别花朵和叶子。

（2）纹理特征

纹理特征是一种全局特征，一般是对包含多个像素点的区域进行统计和计算所得到的

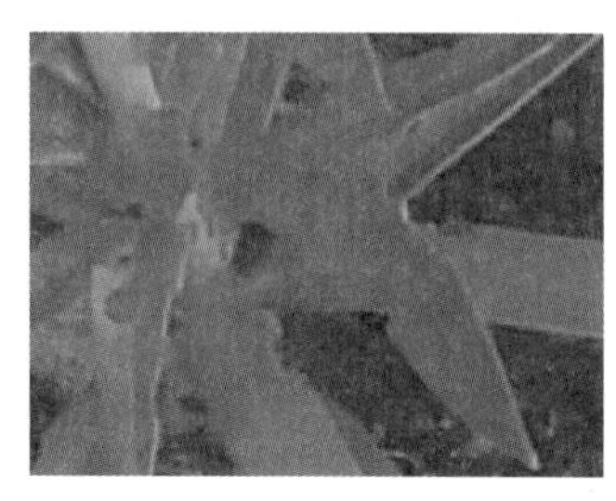

图 2-34 原始图像（左）、识别的花朵图像（右上）和叶子图像（右下）

特征。常见的纹理特征描述方法有统计法、几何法、模型法和信号处理法等。

其中统计方法以像素及其邻域的灰度属性为基础对纹理区域的一阶、二阶统计特性进行研究。例如，灰度共生矩阵（Gray-level Co-occurrence Matrix，简称 GLCM）方法就是通过分析灰度图像得到 GLCM，再根据 GLCM 算出的部分特征值来代表图像的某些纹理特征。GLCM 是一个 $N \times N$ 的方形矩阵，其中 N 为图像的灰度量化级数。GLCM 的行和列分别代表着不同的灰度水平，而各元素值则表示在所有特定方向和特定距离的像素对中，行和列所代表的灰度水平共同出现的次数。

灰度直方图是对图像上单个像素具有某个灰度进行统计的结果，而灰度共生矩阵是对图像上保持某距离的两像素分别具有某灰度的状况进行统计得到的。具体而言，取图像（$N \times N$）中任意一点（x，y）及偏离它的另一点（$x+a$，$y+b$），设该点对的灰度值为（g_1，g_2）。考虑基准点（x，y）在整个图像上移动，则会得到各种（g_1，g_2）值对。令灰度值的级数为 k，则（g_1，g_2）的组合共有 k^2 种。对于整个图像，统计出每一种（g_1，g_2）值出现的次数，排列成一个方阵，再用（g_1，g_2）出现的总次数及下式归一化为出现的概率 $P(g_1,g_2)$，所得到的方阵便是 GLCM。

$$P(g_1,g_2)=\frac{P(g_1,g_2)}{R}$$

$$R=\begin{cases}N(N-1),\theta=0^\circ \text{ 或 } \theta=90^\circ \\ (N-1)^2,\theta=45^\circ \text{ 或 } \theta=135^\circ\end{cases} \tag{式 2-31}$$

其中，距离差分值（a，b）的取值要根据纹理周期分布的特性来选择，且不同的数值组合可以得到不同的联合概率矩阵。例如，对于较细的纹理，选取（1，0）、（1，1）、（2，0）等小的差分值。

如图 2-35 所示，当 $a=1$，$b=0$ 时，像素对是水平的，即 0° 扫描，对应图中 $\theta=0^\circ$；当 $a=0$，$b=1$ 时，像素对是垂直的，对应图中 $\theta=90^\circ$；当 $a=1$，$b=1$ 时，像素对是右对角线的，对应图中 $\theta=45^\circ$；当 $a=-1$，$b=1$ 时，像素对是左对角线，对应图中 $\theta=135^\circ$。如此，两个像素灰度级同时发生的概率，就将（x，y）的空间坐标转化为“灰度对”（g_1，g_2）的描述，形成了 GLCM。

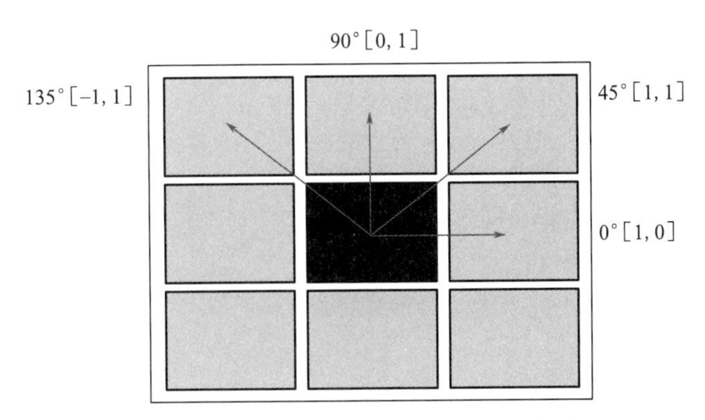

图 2-35　灰度共生矩阵扫描过程示意图

（3）形状特征

形状特征主要是对图像中感兴趣的目标进行检索。常用的形状特征描述方法包括轮廓特征和区域特征两类。本节不作详细介绍。

（4）空间关系特征

空间关系是指图像分割出来的多个目标间相互的空间位置或相对方向关系，例如相交、相接、重叠、包含等，利用这一关系特征可以加强对图像内容的描述和理解能力。空间位置信息通常可分为相对空间位置信息和绝对空间位置信息两种。前者强调目标间的相对情况（例如前后左右关系），后者则强调目标间的距离大小及方位。空间关系特征有助于区分图像内容，同时对图像或者目标的旋转、变形、反转等较为敏感。因此，一般考虑空间关系特征与其他特征搭配使用。

常用的提取图像空间关系特征方法有两种。一种是通过对图像的分割划分出图像中包含的对象或者颜色区域，再根据这些区域提取图像特征并分析。图像阈值分割法是一种常用而简单的图像分割方法，在大多数情况下，它是进行特征提取必要的预处理过程。另一种是将图像均匀分成若干个规则字块，再对每个图像字块提取特征并分析，例如狭缝法和特征线法。狭缝法把图形平面分成等宽的窄条，将每个狭缝切出的图形的波形作为特征量，对图像进行分析；特征线法则将图形与特征线的交点作为特征量。

图 2-36 从左至右分别是狭缝法和特征线法的示意图。以特征线法为例，在图形平面上作网格，以文本笔画与各条特征线的交点作为输入文本的特征，再将交点数，或者交点的灰度值，或者相邻交点间的距离等参数作为特征量。

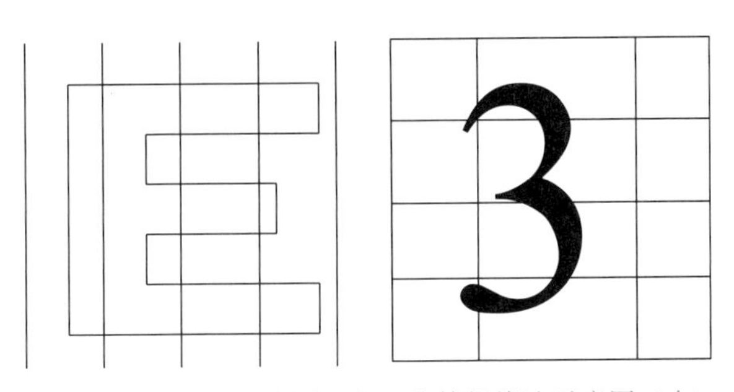

图 2-36　狭缝法示意图（左）和特征线法示意图（右）

对于任意一个输入的图像模式（字符），可以用同样的方法抽取特征量 X_1，X_2，…，X_n，再把这些特征量依次与字符的第 k（$k=1$，2，…，m）个标准模式的特征量 Y_{k1}，Y_{k2}，…，Y_{kn} 对比，根据式（2-32）依次计算相似距离值 $D_k(k=1, 2, \cdots, m)$。

$$D_k=\left\{\sum_{i=1}^{n}(Y_{ki}-X_i)^2\right\}^{1/2} \quad (式 2\text{-}32)$$

其中，n 表示特征量的数量（或维度），X_i 代表输入图像模式的第 i 个特征量，Y_{ki} 代表第 k 个标准模式的第 i 个特征量。

假设输入图像模式的特征量与第 k 个标准模式的特征量间相似距离 D_k，是所有求得的相似距离值 $D=\{D_k \mid k=1, 2, \cdots, m\}$ 中的最小者，即 $D_k=D_{\min}$，说明输入模式与第 k 个标准模式最接近，则可将第 k 个标准模式作为图像识别的结果进行输出。

特征线法是一种实用的手写文字图像的识别方法。例如，图 2-37 是一种典型的用于英文字母识别的特征线，为图像平面上纵、横、斜交差的 12 条直线，并分别标记上 1～12 的序号。当图像平面上输入一个手写文字时，可计算文字的各个笔画与各条直线的相交次数，并把这些相交次数作为该文字的特征量 $X=\{X_i \mid i=1, 2, \cdots, 12\}$。

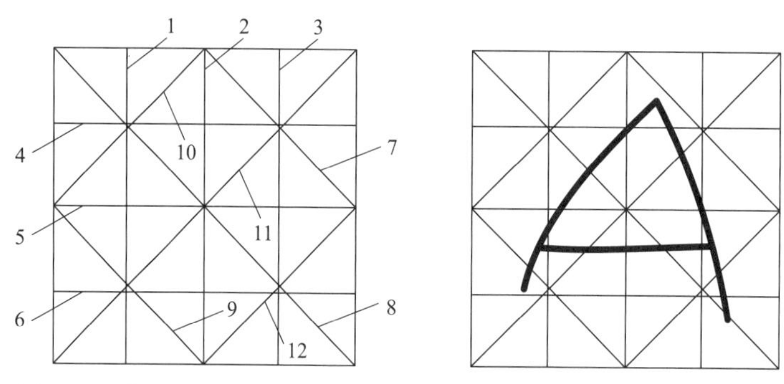

图 2-37　典型的特征线（左）和在特征平面上输入手写体文字（右）

以图像平面中输入手写"A"字为例，各笔画与 12 条特征线的交点可以表示为：$X_1=2$，$X_2=2$，$X_3=2$，$X_4=2$，$X_5=2$，$X_6=1$，$X_7=0$，$X_8=3$，$X_9=1$，$X_{10}=0$，$X_{11}=2$，$X_{12}=1$，则特征量 $X(A)=\{2, 2, 2, 2, 2, 1, 0, 3, 1, 0, 2, 1\}$。分别计算输入模式与各个标准模式之间的相似距离 D_k，在 D_k 中找出最小值 $D_{\min}$，然后把 $D_{\min}$ 对应的标准模式所代表的字母作为识别结果输出。

2.3.3　图像运动监测

人类的视觉系统不但能从静态的图像中读取信息，对于动态图像也非常敏感，即对视野中运动的物体会赋予比静态物体更多的关注。人类神经系统本身是不能形成连续视觉的，对于运动的感知主要来自视觉的暂留现象，即物体在人眼中所成的图像能够停留一小段时间，如果在这一段时间中物体发生了移动，人类就能通过物体的像差感知到运动。对于计算机而言，自动化地从图像中捕捉运动信息，在包括特殊视觉效果和自动化机器人等在内的许多场景都有着广泛的应用。单幅图像显然不能够提供足够多的运动信息，因此，关于图像运动监测的讨论都是基于连续拍摄的多幅图像而言的。

在图像运动监测中，最基本的任务是判断固定相机所成图像中的对象是否发生了运动。解决这一问题的算法通常是将不同帧的图像作对比，如帧差法中统计像素的颜色差异。不过，由于环境在相机中的成像可能会受到变化的光照条件和硬件设备本身的影响，因此在进行静态图像对比前，需要先进行一定的预处理来排除这些干扰因素以提高正确率。而如果相机本身在移动，根据透视原理，相对静止的物体之间也会出现相对位置的变化，这时则需要借助光流法等方法来消除这种影响。

除了判断是否有运动发生，在很多场景下，需要在视频中追踪物体的运动，这通常应用图像识别算法来实现。例如，在每一帧中找出需要追踪物体的轮廓，并在不同帧之间对轮廓进行匹配来判断。一些复杂的算法会引入被追踪物体的先验知识，建立运动模型，在判断时加以辅助，例如电影特效拍摄时对演员运动的捕捉便是一种典型的应用场景。

根据需求不同，应用到的检测算法也不一样，以下介绍三种常用的方法。

2.3.3.1 帧差法

帧差法是目前应用最广泛的运动目标检测和分割方法之一，其基本原理是在图像序列相邻帧采用基于像素的时间差分，把两帧图像的对应像素值相减，以削弱图像的相似部分并突出显示图像的变化部分。具体过程为：首先，相邻帧相减后得到差分图像，再对差分图像二值化。在环境亮度变化不大的前提下，若像素差值小于阈值，可定义为背景像素。若像素差值变化较大，则认为是由运动物体所造成的，并把该区域标记为前景像素。然后，利用标记的像素区域来确定运动目标在图像中的位置。但是，由于物体具有一定的形状和大小，所以在做相邻帧减法时，只能获取运动物体边缘区域信息，而处于物体中间的区域则通常无法被判断为运动区域。

帧差法通常又分为两帧差分和三帧差分两种方法。两帧差分法取连续的两帧序列（k，$k+1$），用后一帧减去前一帧，将其结果与阈值比较；三帧差分法则取连续的三帧序列（k，$k+1$，$k+2$），先对前两帧差分，再对后两帧差分，最后对这两个差分图做“与”运算。

2.3.3.2 光流法

光流（Optical Flow）是空间运动物体在成像平面上像素运动的瞬时速度。光流法是利用图像序列中像素在时间上的变化以及相邻帧之间的相关性来计算物体运动信息的一种方法。光流法的特点是不需要提前知道场景的任何信息，就能检测到运动对象，并可以处理背景运动的情况，因此适用于场景经常发生变化的情况。

空间中的运动场转移到图像上就表示为光流场（注：光流场，是一个二维矢量场，反映了图像上每一点灰度的变化趋势，可看成是带有灰度的像素点在图像平面上运动而产生的瞬时速度场，其包含的信息即是各像素点的瞬时运动速度矢量信息），即很多光流的集合。通过计算图中每个图像的光流，就能形成光流场。

光流法有2个基本假设，一是亮度恒定不变，用于得到光流法基本方程；二是时间连续或运动是“小运动”，即相邻帧之间位移要比较小。图2-38展示的是一个点在连续五帧图像中的运动，其中箭头表示光流场向量。设第一帧图像中的像素 $I(x, y, t)$ 在时间 $\mathrm{d}t$ 后移动到第二帧图像的 $(x+\mathrm{d}x, y+\mathrm{d}y)$ 处。

根据光流的第一条假设“灰度值不变”，可以得到：$I(x+\mathrm{d}x, y+\mathrm{d}y, t+\mathrm{d}t)=I(x, y, t)$。对等式左侧做泰勒展开并忽略高阶小量，可以得到如下的光流方程：

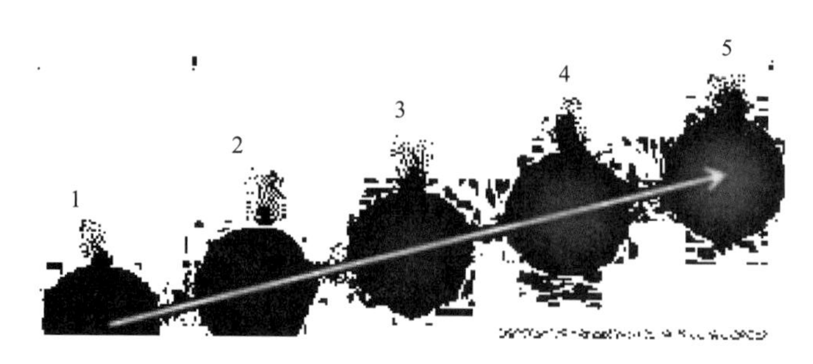

图 2-38　五帧光流场向量

$$f_x u + f_y v + f_t = 0 \quad (式 2-33)$$

其中，$f_x = \frac{\partial I}{\partial x}$；$f_y = \frac{\partial I}{\partial y}$；$u = \frac{dx}{dt}$；$v = \frac{dy}{dt}$。$f_x$ 和 f_y 代表图像梯度，f_t 代表时间梯度，u、v 为未知数。由于未知数个数多于方程数，故方程有无数解。通过从不同角度引入约束条件，可产生不同光流场计算方法，也因此衍生出多种光流法，如基于梯度的方法、基于匹配的方法、基于能量的方法、基于相位的方法、基于神经动力学的方法等等，在此不做深入介绍。

2.3.3.3　背景减除法

背景减除法可以看作一种特殊的帧差法。其主要思想是利用当前帧图像与背景图像对应像素点的灰度差对运动物体进行检测。当两幅图像的某个像素点灰度值相差很大时，可认为此像素点有外界物体进入，并将数值发生剧烈变化的区域认定为运动物体所在的区域。当两幅图像的像素点灰度值相差较小时，则认为图像中没有物体运动，同时可以把静止时刻的图像作为背景。

背景减除法包括简单背景法、均值滤波法、W4 模型、码书模型、单高斯法、混合高斯法、内核密度估计法等算法。其中简单背景法是直接抽取视频序列中的某一幅或多幅图像的均值作为背景；均值滤波法是采用当前帧之前的多帧均值作为背景；W4 模型是将背景中的每个像素用最大灰度值、最小灰度值以及最大邻间差分值来描述；码书模型是利用量化和聚类技术来分离背景像素；单高斯法是应用高斯函数对每一个像素进行建模；混合高斯法是给场景中的每个像素点建立 K 个高斯分布，并使用其加权和进行场景描述；内核密度估计法与混合高斯法相似，不同之处在于它是一种基于非参数模型的背景减除算法。

以上各种背景减除法的算法性能比较如表 2-1 所示。

背景减除法的几种算法性能比较　　表 2-1

算法	处理背景扰动	内存要求	运算量	准确性
简单背景法	弱	小	低	弱
均值滤波法	弱	大	低	较弱
W4 模型	弱	小	低	较弱
码书模型	中等	中等	中等	中等
单高斯法	较弱	小	中等	中等
混合高斯法	强	小	大	好
内核密度估计法	较强	大	较大	较好

2.3.4　三维场景重建

利用计算机对三维模型进行渲染的前提是已经建立了三维几何模型。前面章节介绍了常见的三维造型技术，即如何在计算机中建立三维几何模型。但是，在很多应用场景中，所需要的精确的三维模型可能无法通过建模而获得。例如，如果想要建立建筑的竣工模型，根据设计图纸建模就可能造成模型与实际存在的竣工建筑之间存在差别。为了保证模型的准确性，设计人员只能根据已建成建筑的测量数据来重构模型，这样的数据通常是三维激光扫描数据或所拍摄的实景照片。

2.3.4.1　激光点云三维重建

点云模型通常由激光仪器测量得到，每个点对应一个测量点。基于激光点云的三维重建需要提取点云中的信息，并进行一定的运算处理以获取对象的三维模型，其主要过程如下。

（1）点云数据获取：点云数据是同一空间中海量的点的集合。激光测量的点云包括三维坐标和激光反射强度，摄影测量的点云包含三维坐标和颜色信息。

（2）预处理：激光扫描获取的数据通常伴有杂点或噪声，会影响后续处理，需要对点云数据进行一定的预处理。常用的预处理方法有滤波去噪、数据精简、数据插补等。

（3）点云计算：经过预处理之后的深度图像具有二维信息，像素点的值是深度信息，表示物体表面到传感器之间的直线距离。

（4）点云配准：点云配准过程就是求两个点云（源点云和目标点云）之间的旋转平移矩阵（刚性变换或欧式变换），将源点云（Source Cloud）变换到目标点云（Target Cloud）相同的坐标系下。公式表示如下：

$$\boldsymbol{p}_t=\boldsymbol{R}\times\boldsymbol{p}_s+\boldsymbol{T} \quad （式 2\text{-}34）$$

其中，$\boldsymbol{p}_t$，$\boldsymbol{p}_s$ 为目标点云和源点云中的一对一对应点，要求的就是其中的 $\boldsymbol{R}$ 与 $\boldsymbol{T}$ 的旋转平移矩阵。

配准分为粗配准与精配准两步，其中粗配准是指在两个点云之间的变换完全未知的情况下进行的近似的旋转平移，目的主要是为精配准提供较好的变换初值；精配准则是进一步优化得到更精确的变换，使得这两个点云更加精确地旋转和平移。大致效果图如图 2-39 所示。

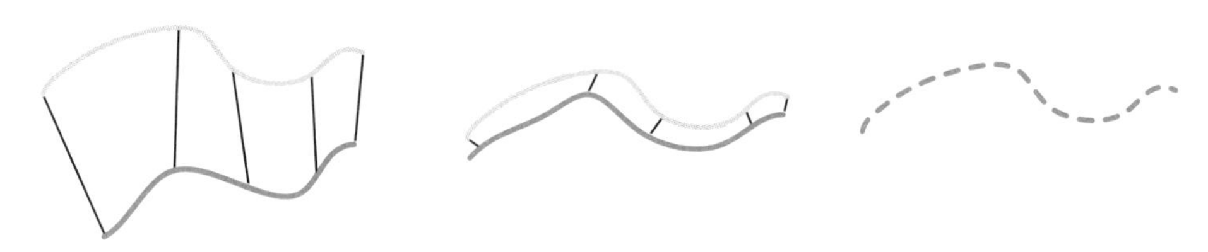

图 2-39　从左至右依次为配准、粗配准和精配准

（5）数据融合：经过配准后的深度信息仍为空间中散乱无序的点云数据，仅能展现景物的部分信息。因此，需要对点云数据进行融合处理，以获得更加精细的重建模型。数据融合的核心在于点云数据网格化，即使用一系列的网格来近似拟合点云。

（6）表面生成：表面生成的目的是构造物体的可视等值面，常用体素级方法直接处理

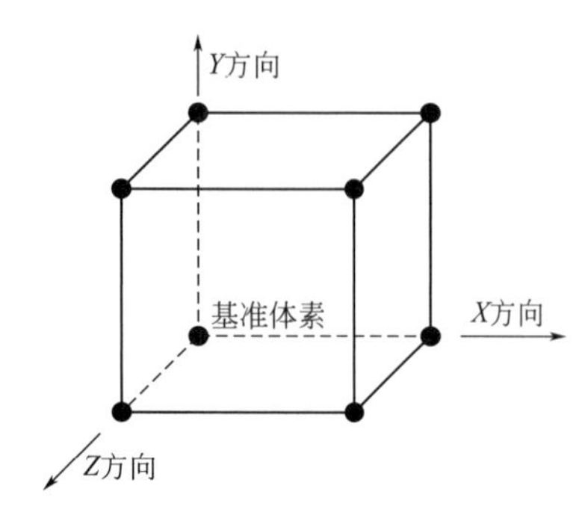

图 2-40　体元（Cell）示意图

原始灰度体数据。MC（Marching Cube，移动立方体）法是一种经典体素级重建算法。其中，体元（Cell）是在三维图像中由相邻的 8 个体素点组成的正方体方格，每个体素（除了边界上的之外）都为 8 个体元所共享，如图 2-40 所示。体元中顶点值有三种情况：高于、等于或者低于。若顶点的数据值大于等值面的值，则定义该顶点位于等值面之内。若顶点的数据值小于等值面的值，则定义该顶点位于等值面之外。若一个体元内有的顶点大于等值面有的小于等值面，则等值面必经过此体元。

由于体素有两种可能的状态，则一个体元（8 个体素）就一共有 $2^8=356$ 种状态。MC 算法的核心思想就是利用这 256 种可以枚举的情况来进行体元内等值三角面片的抽取。

对于一般的三维图像而言，一个体元 8 个体素可能全是虚点，或者全是实点，或者既有实点也有虚点，分别称作虚体元、实体元和边界体元（这里称包含体数据内容的体素点为实点，而其外的背景体素点都称作虚点），如图 2-41 所示。

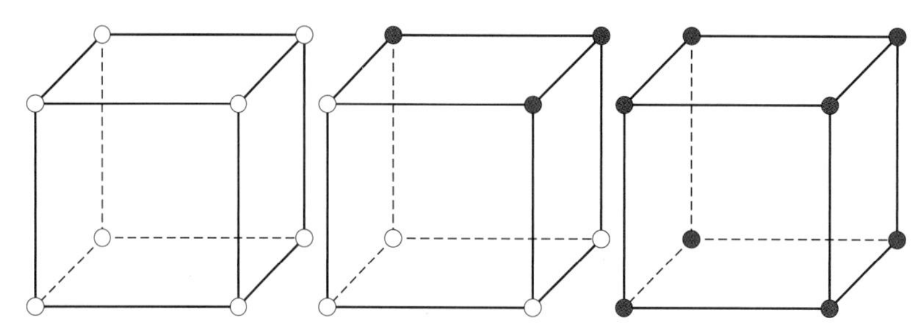

图 2-41　从左至右依次为虚体元、边界体元和实体元

在三维图像中想求出介于实点和虚点之间的表面，等价于边界体元设法求出虚实体素之间的等值面。例如，图 2-42 中的体元配置，可以认为等值面的一部分就是以图 2-42 右侧所示分界面的形式穿过体元。

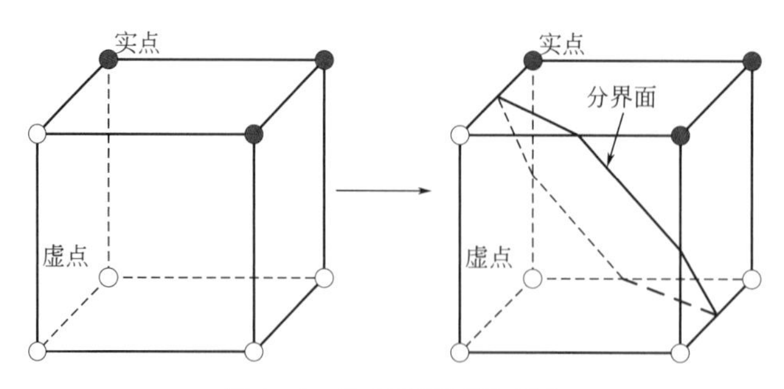

图 2-42　体元等值面的拟合

因此，MC 法的操作步骤可总结为：①划分三维点云模型体元及相应的体素点；②遍历所有体元，判断实体元、虚体元以及边界体元；③对于边界体元，根据建立好的体元配置的三角形表确定三角形片；④组合所有的三角形片形成点云模型的三角形重建模型。

点云重建的原始数据可以从核磁共振成像（MRT）、计算机辅助X线断层扫描仪（CT）、图像扫描和仿真计算等途径获取。

图2-43左上是在原始数据的基础之上，即扫描一个场所后，得到很多点的示意图。得到原始数据后，通过对数据进行分析，识别原始数据点的一定特征，对点进行分类、定性表示，不同类别用不同颜色表示。例如根据点的真实颜色进行分类，如图2-43右上所示。接下来是模型重建，三维空间场原本是连续的数据集，但测量所得数据是离散的，需要通过可视化算法将空间样本尽可能准确地转化为计算机内部的连续模型，三维模型效果如图2-43左下所示。最后，是对模型进行真实感渲染，如空间几何形状、颜色、亮度等，即赋予模型颜色、材质，从而使其看起来更真实，如图2-43右下所示。

扫码看彩图

图2-43　左上为创建一个“点云”；右上为颜色分类示意图；左下为根据带特征的点，建立曲线、表面，生成三维模型；右下为上色后的模型

2.3.4.2　图像三维建模

基于图像的三维建模是通过三维实体的单个或者多个视图来建立目标对象的三维几何模型。例如，通过三视图等图纸进行三维建模也属于此类，只是其建模任务通常主要由人机交互手动完成。随着计算机视觉等技术的发展，计算机可以更高效地、自动化地完成这一任务。其过程包括通过视觉传感器获取重建对象的信息，再通过信息处理技术或投影模型建立物体的三维信息。根据数据获取方式不同，三维重建可以划分为接触式和非接触式。非接触式又主要包括主动视觉法和被动视觉法，其中根据视图数量的多少，被动视觉法还可以进一步分为单目、双目和多目等，其大致分类如图2-44所示。

其中，单目重建指的是从单一的实体视图重建实体，而多目重建则是从多张不同视角

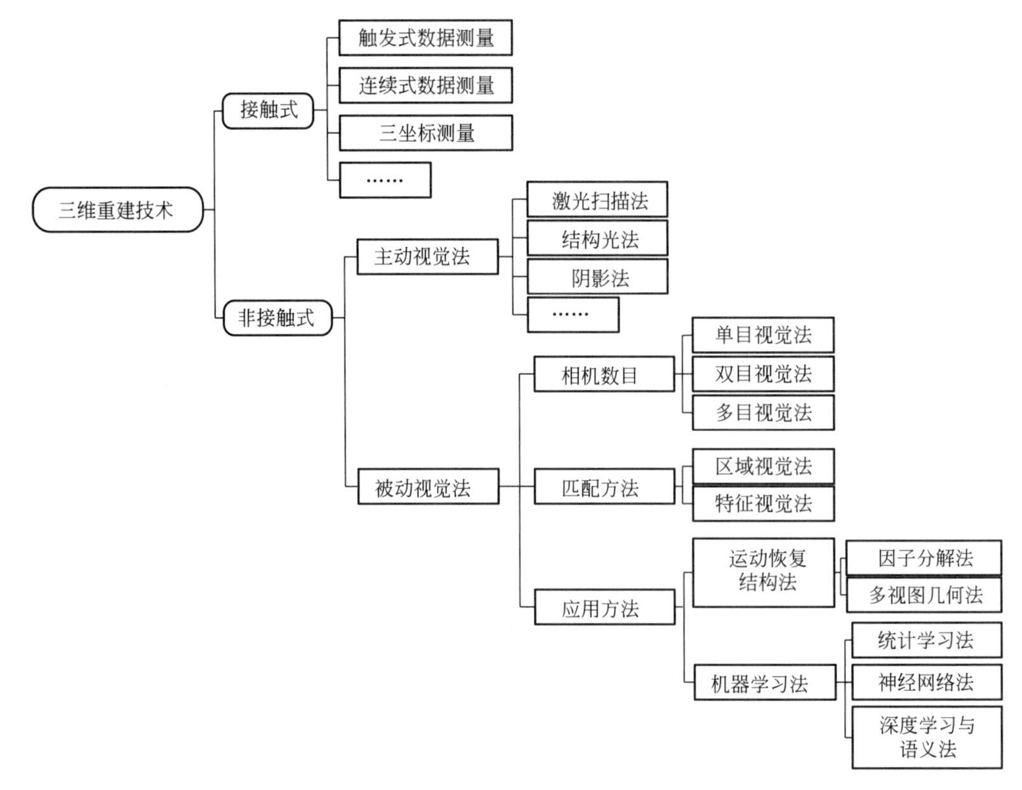

图 2-44　三维重建技术分类

的视图中重建实体。单目重建中，由于视图不能完全包含三维实体的所有信息，因此需要利用先验知识来构造视图中不可见的部分。对于视图中可见的部分，则可以根据物体表面的阴影或者形状的扭曲来推算具体的表面形状。

相较于单目重建，多目重建更为普及。多目重建的第一步是相机校准，即对每张视图的相机参数（注：相机参数，此处是指将三维空间中的点投影到二维像平面上的变换矩阵）进行计算和校准。值得注意的是，根据 2.1.1.4 节，三维空间和二维空间中的点都是用齐次坐标表示的，以便通过矩阵和向量的运算实现几何变换。对于空间中的点 $P(x, y, z)$，它在相机参数为 $\boldsymbol{C}$ 的相机中所成的像可以通过下式计算得到。

$$\begin{bmatrix} u \\ v \\ 1 \end{bmatrix} = \boldsymbol{C} \begin{bmatrix} x \\ y \\ z \\ 1 \end{bmatrix} = \boldsymbol{K} \begin{bmatrix} \boldsymbol{R} & \boldsymbol{T} \\ 0 & 1 \end{bmatrix} \begin{bmatrix} x \\ y \\ z \\ 1 \end{bmatrix} = \begin{bmatrix} f \cdot m_x & 0 & u_0 & 0 \\ 0 & f \cdot m_y & v_0 & 0 \\ 0 & 0 & 1 & 0 \end{bmatrix} \begin{bmatrix} \boldsymbol{R} & \boldsymbol{T} \\ 0 & 1 \end{bmatrix} \begin{bmatrix} x \\ y \\ z \\ 1 \end{bmatrix} \tag{式 2-35}$$

式（2-35）中相机参数被分解成了两个矩阵的乘积，这是因为相机的成像变换是由相机本身的参数及所处的位置和方向共同决定的。$\boldsymbol{R}$ 和 $\boldsymbol{T}$ 则分别代表了从世界坐标系到相机坐标系的旋转和平移，因此第二个矩阵实际上是从世界坐标系到相机坐标系的几何变换矩阵；而矩阵 $\boldsymbol{K}$ 则是由相机本身的参数决定的，代表了从三维的相机坐标系到二维图像之间的变换，其中 f 是相机的焦距，m_x 和 m_y 是相机在水平和竖直方向上的缩放倍数，u_0 和 v_0 则是相机的中心点坐标，通常就是屏幕的中心。当测定了足够多的控制点在世界坐标系和显示平面中的坐标，就可以通过解线性方程组的方法求得相机参数。

第二步是深度计算，即算出各个视图中的点到相机距离的过程。进行深度计算的关键，是解决图像对应问题，即将不同的相机所成的像互相对应，一般采用特征匹配方法，即寻找同样的一组特征在两个视图当中的分布是否有部分能够重合。关于具体特征的选取已有不少研究，较为常用的是SIFT特征，即通过对图片进行不同程度的降采样形成层级，在不同层级的高斯模糊之间进行作差并统计极值点，加以处理后所形成的特征点。在计算得到不同视图中的特征后，通过最近邻匹配即可将不同视图中的位置对应起来。

第三步是图像配准，即将所有的点都转到同一坐标系并对表面进行重建的过程。在已经进行了图形对应的前提下，通过相机向像素作射线并求交的方法可以求出所有点在世界坐标系中的坐标，从而建立最终的三维表面模型。此后，还可以根据视图对模型添加合适的纹理和光照，并做出逼真的渲染效果。

基于多目视觉的三维重建方法是需要一台多目摄像机或多台单目、多目摄像机联合作业，从而获得不同角度下同一物体的多对图像。目前，多目视觉法广泛应用于三维模型重建、车辆自主驾驶、机器人视觉和多自由度机械装置控制等领域。

在自动驾驶应用中最终需要的是3D输出，而多目系统除了可以通过增加不同类别的传感器提高对环境的适用性，还可以通过增加摄像头来扩展系统的视野范围。比如图2-45的Mobileye的三目系统包含一个150°的广角摄像头、一个52°的中距摄像头和一个28°的远距摄像头。最远探测距离可达到300m，同时能保证中近距的探测视野和精度，可用于检测车辆周边环境。

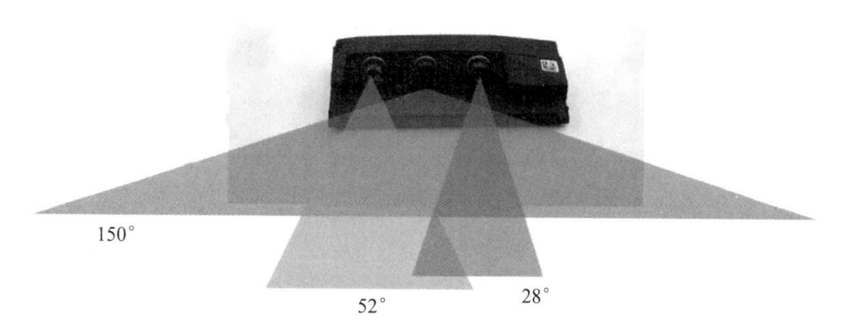

图2-45　Mobileye和ZF的三目相机

2.3.5　图像修复

由于相机本身的限制，其拍摄的图像都不可避免地会带有噪声。数码相机中用来成像的设备是感光耦合原件，在成像时主要会引入两种噪声，一种是由于感光耦合原件局部过热造成的椒盐噪声［注：椒盐噪声，也称为脉冲噪声，是一种随机出现的白点或者黑点，可能是亮的区域有黑色像素或是在暗的区域有白色像素（或是两者皆有）］，另一种则是设备的随机误差产生的高斯噪声［注：高斯噪声是指概率密度函数服从高斯分布（即正态分布）的一类噪声］。椒盐噪声表现为局部的亮斑，通过对设备的合理使用是可以尽量避免的；高斯噪声则是随机分布的成像颜色和实际颜色之间的偏差，几乎是无法避免的。在镜头聚焦不正确或者景深不足的情况下，照片中的景物还可能出现模糊。出于审美或者实用考虑，经常需要去除照片中的噪声，或者使模糊的景物变得清晰，这就需要用到图像修复技术。图像修复的基本任务是去除图像噪声同时，不丢失图像的细节信息。

图像降噪技术是现代数字图像处理器中最为重要的步骤，其主要目标是去除图像中的高斯噪声。高斯噪声的效果是每个像素的颜色和真实颜色的偏差都是独立且均服从高斯分布的。高斯分布，也称正态分布，是数学上非常常见和重要的一种连续随机分布。高斯分布可以由一个平均值 μ 和一个标准差 σ 所给定，一维高斯分布的概率密度函数是

$$N(\mu,\sigma)=\frac{1}{\sqrt{2\pi}\sigma}e^{-\frac{(x-\mu)^2}{2\sigma^2}} \tag{式 2-36}$$

在给定了高斯噪声服从高斯分布且互相独立的假设之后，一个在理论上可以消除高斯噪声的方式就是高斯模糊，即利用高斯卷积核和图像本身进行卷积。卷积操作实际上相当于将图像上每个像素的值都变成原值和周围像素的值的加权平均值，而高斯卷积核则代表了一种由二维高斯分布产生的较为常用的权重，能有效除去图片中的高斯噪声（如图 2-46 所示）。但是高斯模糊同时也会使得图像本身变模糊，这是因为在高斯模糊下颜色值较大的像素值会被平均到周围的像素上，这一过程也称作扩散。因此，在实际应用中很少会直接使用高斯模糊来进行降噪。

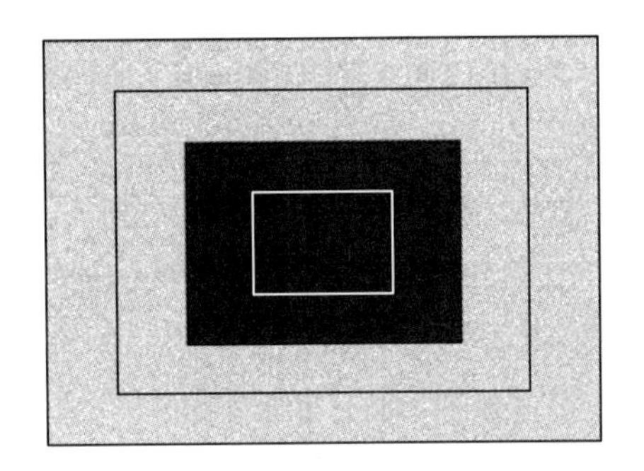

图 2-46　带有高斯噪声的图片（左）与去除噪声之后的效果（右）

非等向扩散方法可以部分解决高斯模糊对图片本身的模糊问题。其思路仍然是通过卷积的方式来消除噪声，但在选取卷积核时并不根据一个固定的函数来产生卷积核，而是根据图像局部的性质来产生合适的卷积核来阻止颜色的扩散。其效果是图像中的颜色过渡尖锐的区域，如边缘和角点等，仍然能够得到很好的保留。

双边滤波方法则是另一种对高斯模糊的改进方法，其生成卷积核的过程中会同时考虑欧氏距离和色差，从而对应地调节权重以保存边缘等特征，如图 2-47 所示。

以上三种方法都是采用卷积的方式在图片的局部进行过滤操作。与之相对的，非局部平均方法是对整张图像的范围内进行求加权平均的操作，而不同像素的权重分配一般仍然由高斯函数产生。非局部平均方法和局部平均方法相比对图像细节的损失更少，但是可能会引入方法本身所带来的噪声。

在照片的拍摄过程中，不合适的焦距或者景物和相机之间的相对运动可能会造成照片中景物的模糊。在数学上，这样的模糊可以看成是清晰的景物经过卷积平滑之后得到的。因此，只要能找出对应的卷积核，通过反卷积计算即可得到清晰的景物。由于失焦产生的模糊一般可以认为是邻近像素经过算术平均平滑得到的，而运动模糊则需要考虑模糊局部的具体局部特征。图 2-48 中展示了反卷积技术在深空星系成像中的应用效果。

图 2-47　双边滤波方法的效果（左图为原图，右图为双边滤波方法处理后的图像）

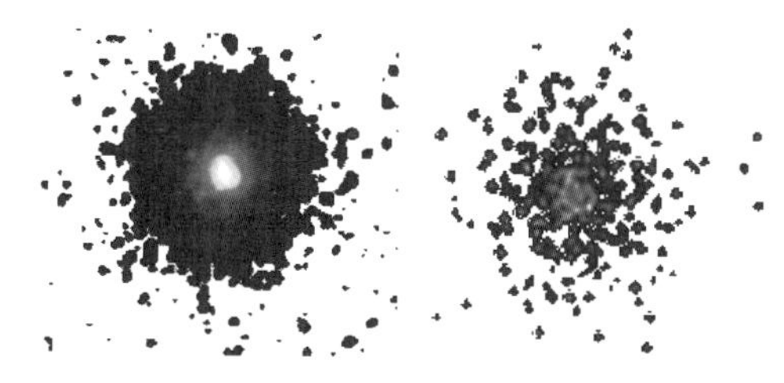

图 2-48　哈勃太空望远镜拍摄的深空星系的原图（左）及经过反卷积之后的图像（右）

2.4　信息模型的轻量化技术

信息模型作为直观表达对象信息的一种重要方式，承载了庞大的工程模型数据量，这些数据包含三维几何信息，也包含除几何信息以外的工程属性信息。特别是针对大型建筑、土木工程、海洋工程等项目，这些信息耗费大量的内外存资源，传输耗费大量的网络资源，显示耗费大量的显卡和计算资源。因此，需要在保留完整的模型信息、保证模型精确度的基础上，将模型文件进行高效轻量化处理，实现百兆级以上的模型高效存储、传输与展示，从而提高模型的可用性。本节主要介绍信息模型在计算机中存储、传输和显示方面的轻量化技术。

2.4.1　存储轻量化

存储轻量化是指在尽量不损失或少损失信息的前提下，对模型存储的体量进行削减的过程。存储轻量化的技术主要有两种，即模型映射方法和网格简化方法。

2.4.1.1　模型映射方法

在大型的几何模型中，都存在着大量相似或者相同的构件出现在不同的位置。例如地形模型中，只需要对一棵树建立模型，就可以在渲染时通过将树复制到不同的位置从而渲染出树林的效果。在建筑的几何模型中，也存在着大量的相同或者相似的组成部分，尤其是在机电系统中，摄像头、管道、消火栓等复杂的构件可能会大量重复。针对这种情况，在存储时将重复的构件的网格只存储一份，而在渲染时通过几何变换渲染多个实例，就可以在不影响渲染效果的情况下降低模型的体积，这种技术就是模型映射。基于映射的模型存储方式可以大量减少构件存储量，并降低显存消耗。模型映射的思路是：首先根据网格相似性匹配方法对各构件进行相似性分析，并对几何外形相似的构件采用同一组三角网格表示；再通过转换矩阵的方式，存储其空间位置信息，将三角网格组映射到相应位置。

模型映射方法本身最重要的工作就是判断构件之间的相似度，以决定两个构件之间是否相似。判断模型相似性的算法所采用的特征主要可以分成三类，即轮廓、拓扑结构和视觉特征。基于轮廓的相似性算法通过计算轮廓的统计学特征并互相对比，来判断构件之间的相似性。例如，统计直方图法对顶点和网格的特征进行统计，并通过直方图之间的距离来判断相似性。统计直方图法计算简单，效率很高，但是也非常粗糙，只能反映顶点的大致分布情况，匹配的精度较低。扩展高斯图法将每一个三角网格面映射成扩展高斯球上的一个向量，利用得到的扩展高斯图像来判断相似性；这种方法对三维模型中的噪声和网格简化等的鲁棒性较差。函数分析法则首先将模型体素化，然后通过函数分析的方式比较相似性；函数分析法的效果与体素化方法以及所选取的具体函数的相关性较大。基于拓扑结构的相似性算法通过对模型的拓扑特征进行比较，例如 Reep 图比较法和中轴线比较法分别通过比较连通区域和三维模型骨架来判断模型的相似性。基于拓扑结构的相似性算法虽然在效果上相比基于轮廓的算法有所改进，但是对模型的要求非常严格，可计算性较差；同时计算量也很高，计算效率比较低。基于视觉特征的相似性算法首先需要计算出模型在各个方向上的投影，然后通过比较相同方向上投影的视觉特征来进行相似性判断。基于视觉特征的算法虽然效果最好，但是在计算上的代价则非常高。特别的，在建筑行业，构件通常都排布在直角坐标系中，而且相同的构件一般没有尺寸和朝向差异。利用这一特点，可以通过将模型对齐并计算平均顶点距离的方式，来快速并且准确地判断构件的相似性，具体流程如图 2-49 所示。

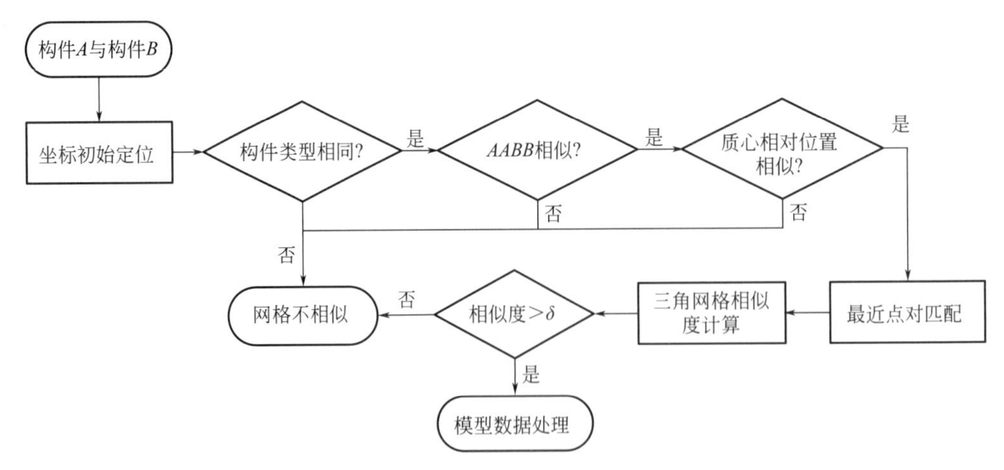

图 2-49　基于网格相似性匹配的建筑模型简化算法流程图

（1）初始定位：即计算模型的质心位置，并将质心移到原点位置。对模型进行初始定位可以使两个模型之间的位置差异减小，从而具有相同的校准条件。

（2）粗略快速判断：包括构件类型判断、包围盒对比判断、质心位置对比判断三方面。

（3）三角网格相似性计算：对初始定位处理后的网格进行分析，按照距离与法向量加权误差最小的原则寻找最近点对序列，并对两个最近点对序列进行相似度评估。通过考虑两模型顶点的平均距离（加入邻近三角形面积和作为权值）、模型的尺寸大小等因素，定义两三角网格的相似度计算方式，来衡量模型的相似性。三角网格间的相似度如大于指定阈值，则认为两构件外形相同，对模型数据进行处理。

图2-50是三维模型相似度匹配结果。可以看出，在上图中各构件外形相同，可以对模型数据进行处理，在下图中各构件外形不同，各阈值间相差较大。

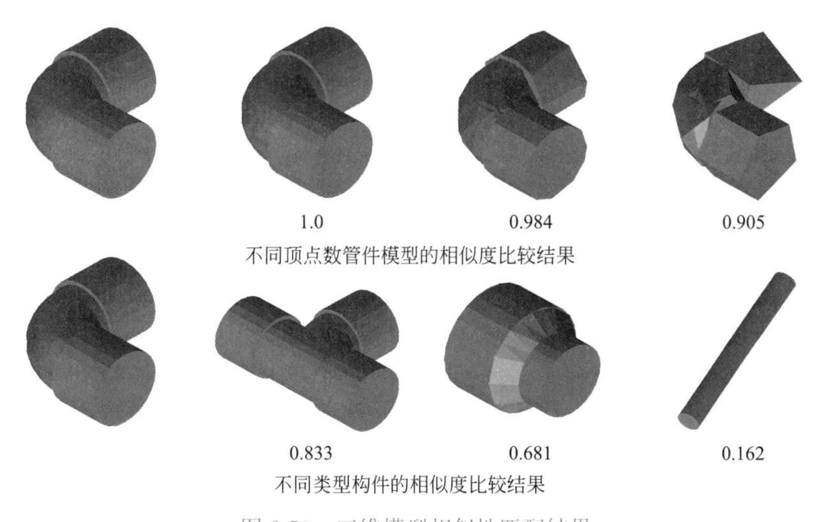

图2-50　三维模型相似性匹配结果

（4）三角网格存储优化：对于给定的某个正方体，可以知道共有12个三角形，每个三角形都有3个顶点（x，y，z），3个法向量（x，y，z）和3个贴图坐标（u，v），各顶点都有可能和其他三角形共享，法向量也会有重复。因此可以通过建立顶点索引和法向量索引来简化数据的存储量。

2.4.1.2　网格简化方法

网格简化方法是指删除或修改模型中对形状变化影响较小的几何元素，在保持原始模型形状变化尽可能小的情况下降低模型复杂度。通过网格简化，尤其是对于复杂构件，可大大减少显示所需的三角形数量，从而达到优化存储的目的。

网格简化一般是通过减少三角面片数量的方式来降低模型的体积。由于减少三角面片的数量必然导致模型精度的降低和细节的损失，从而网格简化的主要问题在于如何选取合适的待删除的三角面片。网格简化最主要的方法是几何元素删除法，即在每一步中都按照某个标准选取一个几何元素来删除，直到达到需要的简化程度为止。根据删除的几何元素的不同又可以分成顶点删除法、边折叠法和三角形折叠法，其中最主要的是边折叠法。边折叠法每次选取一条边并将边折叠成一个顶点，同时修改相应的受影响的三角面片，来完成对模型的简化。边折叠法最常用的度量误差的方法是二次误差度量，通常写作QEM。QEM通过一个矩阵二次型来度量每个顶点到折叠后的新表面的距离作为误差，从而在所有的边中选取顶点折叠误差之和最小的边来折叠；QEM 度量可能会造成局部的过度简化，因此一种改进方式是改用顶点与折叠后的新表面的体积作为误差，这样在数学上仍然可以用矩阵二次型来进行表达，但是可以防止模型在局部快速简化从而失去细节。除了几何元素删除法之外，还有顶点聚类、区域合并、自适应细分以及小波分解算法等可以用来进行网格简化。

由图 2-51 是从建筑设备模型中提取出的一个局部，展现了不同简化率的效果。可以看出，简化率越低，三角形数越少，信息丢失的也就越多（形状和真实相比相差很多）。

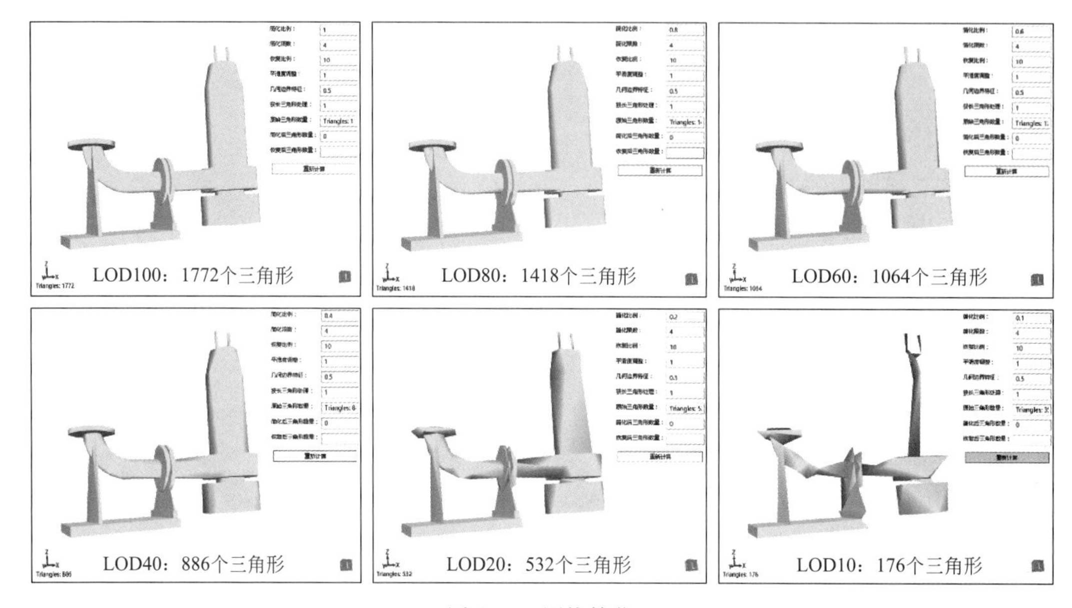

图 2-51　网格简化

2.4.2　传输轻量化

即使经过了存储轻量化，工程信息模型仍可能具有较大的体量，在传输之前有必要进一步轻量化，其中主要的手段是对信息进行压缩，即模型在传输时先进行压缩，收到模型的一端再解压。压缩算法根据解压后是否能完全恢复到压缩前的状态，分为有损压缩和无损压缩。通常情况下，由于可以省略更多的细节，无损压缩的压缩率要超过有损压缩。

对于模型的几何信息而言，数据压缩算法通常有网格压缩算法、法向量压缩算法、GZIP 等。以单位法向量的压缩为例，采用直角坐标方式存储的法向量有 3 个自由度，而改用球面坐标系来存储法向量的方向，则仅需要 2 个变量。在大部分场景下对于法向量的方向要求精度不高，因此角度可以用一个字节来表示，相当于将角度离散化成了 256 个不同的方向。在解压时，根据球面角即可反算出法向量的直角坐标表示。这种法向量压缩方法是有损的，但是可以将 3 个浮点类型的参数压缩到 2 个字节，如图 2-52 所示。

另一方面，实际的工程项目中除了几何数据还有大量的以文本形式存储的属性信息，用来给几何模型中的构件记录附加信息。由于许多构件可能拥有相同的属性，因此属性名称和属性内容都可能在传输数据中大量重复出现，此时可以用固定字典算法来进行压缩。固定字典算法是将较长的单词替换成较短的单词，从而压缩传输数据的体量。传输完成后，前端可以根据同样的字典将压缩后的词语替换为压缩前的词语，从而完成解压。字典中还可以包括版本信息，以便在前后端之间保持同步。用于信息传输的数据压缩工作流程如图 2-53 所示。

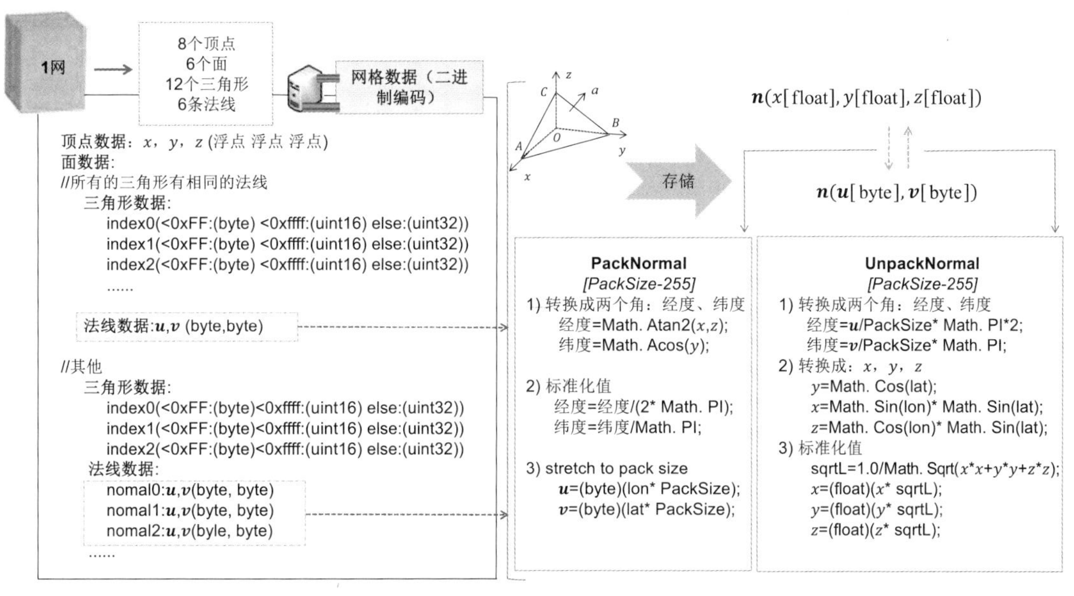

图 2-52　几何信息传输轻量化图示

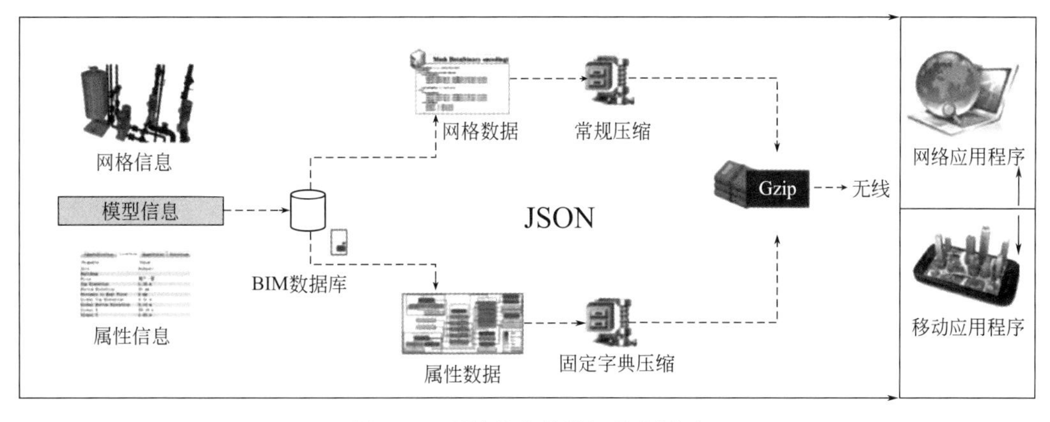

图 2-53　属性信息传输轻量化图示

此外，对于图像、视频和音频等多媒体信息，也需要考虑压缩。例如，如果不进行图像压缩的话，1024×1024×24 位图像就需要 3 兆字节。如果图像中存在大量相同的色块，就可以对它们进行简化表示，从数学角度是将原始图像转化为尽可能不相关的数据集一编码，这也是图像压缩的理论基础，例如“*abbbbbbbccddddeeddd*”可以写成“*1a7b2c4d2e3d*”。

霍夫曼编码法（Huffman Encoding）是一种高效的编码压缩方法，该方法将一对出现频率最低的元素配在一起，把其当作一个元素，并组合它们的频率，继续这个过程，直到所有元素结合完成。比如有 *ABCD* 四个字符，如果出现次数分别为 10、1、1、1，如果按一般规则，*A*：00，*B*：01，*C*：10，*D*：11，每个字符都是 2 位，共需要 26 位存储空间。如果按特殊规则，*A*：1，*B*：01，*C*：001，*D*：000，共需要 18 位存储空间。可以发现，根据字符出现频率改变编码规则，让出现频率高的字符，用更少的位表示，可以有效减少总数据量。

不针对具体的应用场景，也有很多在字节数据层面进行压缩的通用压缩算法。由于压缩算法十分常用，包括 Unix 在内的许多系统中内置了用来压缩的工具。最常用的开源压缩工具是 GNU 工程中的 GZIP。GZIP 规避了有专利的压缩算法，同时也有非常良好的压缩效果。

2.4.3 显示轻量化

模型显示轻量化，是指针对轻量化后的信息模型，尽可能保真地将其三维几何与工程信息可视化展现出来。三维几何模型的动态展示是其中的核心，包括显示效率和显示质量的优化，主要包括采用视锥体裁剪、遮挡剔除、基于视点的动态剔除和渲染效果优化等技术。

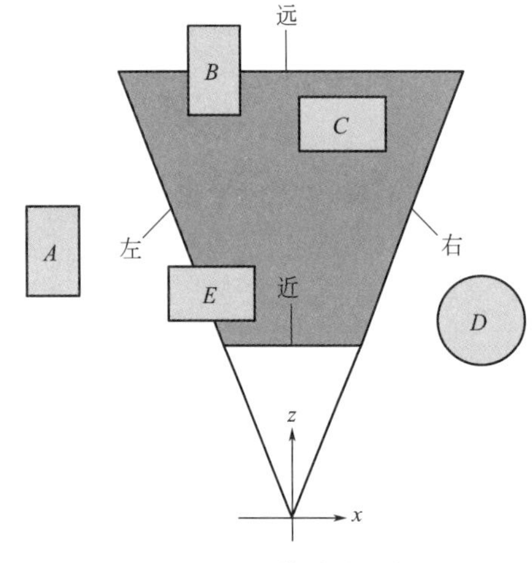

图 2-54 视锥体裁剪示意图

（1）视锥体裁剪：视椎体裁剪又被称为视域剔除，是计算机图形学中的一个重要算法。视锥体（或视景体）是指场景中摄像机的可见的一个锥体范围，它由上、下、左、右、远、近 6 个面组成。只有位于视锥体内部的模型才是可见的，不在这个锥体内部的模型就相当于不在视线范围内，因而会被裁减掉。通过视锥体裁剪能判定出大量不可见的部分，极大地提高了图形的显示性能。视锥体裁剪示意图如图 2-54 所示。

由图 2-54 可知，模型 A 和 D 位于视锥体外部，则模型 A 和 D 不在视线范围内，应当裁剪。而模型 B 和 E 与视锥体有相交，模型 C 位于视锥体内部，则这三个模型都可见。

（2）遮挡剔除：场景中前面的物件遮挡了后面的物件，则虽然后面的物件也在视锥体范围内，但是是不可见的。可采用 Hierarchical Z-Buffer 算法，利用 DX11 的新特性，在 GPU 中并行执行分析，不渲染被遮挡的物体，减少不必要的运行内存消耗并提升可视效果。

（3）渲染效果优化：在模型的渲染阶段，可以采用 Mipmap、反面剔除、点法向量等技术进行优化。

1）Mipmap 是一种用于处理纹理的技术，是在加载纹理图片时，通过降点采样，形成一系列分辨率变低的纹理图片。在模型显示时，根据模型到相机的不同距离，计算模型在屏幕上所占像素面积的大小。当物体离摄像机比较远时，看起来会很小，图形平台便可以不渲染这些物体，或是通过赋予合适分辨率的纹理图片，提高显示效果的真实感。

2）反面剔除技术是在模型渲染时，根据三角面片的朝向（相应于三角形顶点的旋转顺序）来判断是否渲染三角形。渲染对象仅考虑外法向向屏幕外侧的三角形，从而减少渲染对象的数量，提高渲染效率。

当模型离摄像机比较远时，在保证模型渲染效率的基础上，采用相对粗糙的渲染方式，当模型离摄像机比较近时，采用精细渲染，效果对比如图 2-55 所示，左侧的远视距模型场景较为复杂，仅进行粗糙渲染，而右侧视距拉近后完成精细化渲染，可见渲染效果对比明显。因此优化策略是当模型离摄像机比较远时，采用逐顶点光照（保证渲染效率），当模型离摄像机比较近时，采用逐像素光照（保证渲染质量）。

图 2-55　粗糙与精细渲染效果对比

3）点法向量技术是一种基于聚类的三角形网格法向量再生算法。三维网格中的顶点根据其相邻三角形面的法向量方向进行分类。相对集中的方向代表光滑曲面上的一个顶点，其法向量可以通过相邻三角形的法向量的加权平均得到，此时不需要聚类。反之，当顶点位于多个曲面的交点上时，需将相邻三角形分成法向量方向集中的组，并分别估计每组的法向量。在生成顶点法向量的过程中，采用 k-means 聚类算法，将相邻的三角形进行聚类，每个聚类可以计算出顶点的法向量。法向量再生的完整过程如下：

① 根据组件的类型和三角形的数量（即如果组件主要由平面组成，或有足够的三角形来表示曲面，算法采用面法向量并终止）检查组件的网格描述是否已经足够准确；

② 计算三角形面的法向量，生成网格的顶点列表；

③ 对于顶点列表中的每个顶点，算法识别包含它的网格中的所有三角形；

④ 对三角形进行 k-means 聚类，得到 k 组三角形；

⑤ 对于每个三角形网格，计算加权平均法向量作为最终法向量，并将其设置为簇对应顶点的法向量。

图 2-56 显示了将法向量再生算法应用于相机部件简化模型的结果。左边是原始模型，中间是简化模型。可以观察到，在应用法向量再生之前，三角形面的边缘是可见的，使得

原始 三角形：2546	网格简化 三角形：682	点法向量 三角形：682

图 2-56　模型显示优化

它们每一个都作为一个单独的曲面出现。法向量再生后的模型如图 2-56 右侧所示。输出是令人满意的，因为弯曲的外部表面看起来光滑没有边缘，并具有视觉逼真的镜面高光。

2.5 三维图形平台的研发

2.5.1 概述

三维图形平台是一类集成模型显示和交互的大型软件，支持对图形的交互式显示和编辑，以方便工程师进行包括交互式建模、渲染以及输入和输出模型，以及对许多与几何信息相关联的工程信息的操作。在建筑、土木与海洋工程行业，三维图形平台是几乎所有专业软件的基础和核心，并在此基础上实现如力学计算、碰撞检查和进度管理等。例如，最有影响力的计算机辅助设计软件 AutoCAD 的核心组件就是具有强大功能的三维图形平台，能够支持用户对几何模型的浏览和复杂交互式编辑。

三维图形平台需要解决的核心问题是模型显示与浏览问题，其中，图形显示的原理在之前已经讨论了。在计算机上显示图形需要硬件设备负责计算，这种用于显示计算的设备称为显卡；基于图形计算本身的特点，显卡一般都有强大的并行计算能力，因此显卡也称作图形处理器。计算机上的程序通常无法直接操作显卡，而是通过图形应用编程接口来完成的。应用编程接口是一类标准化的底层框架和提供给应用程序的接口。目前主流的图形应用编程接口是由科纳斯组织制定的跨平台的 OpenGL 及其继承者 Vulkan，以及由微软公司制定的面向 Windows 操作系统的 DirectX。显卡制造商负责对这些接口进行实现，而应用程序的开发人员则不需要关心硬件层面的实现方式，只需要按照接口规定调用相应的功能即可。无论是 OpenGL/Vulkan，还是 DirectX 都提供多种编程语言的接口。

另一个需要考虑的问题是模型的存储与加载。在应用程序执行的过程中，需要渲染的几何模型都保存在显卡的存储中，而应用程序则需要将模型保存在文件中，以便能够在不同的时间编辑模型，以及在不同的用户间传递模型。目前，不同的三维图形平台通常都有各自的数据格式，且这些数据格式间的通用性并不完善，这是目前三维设计领域的一个普遍问题。不过，在建筑行业存在着 IFC（工业基础类）标准，为包括几何信息在内的 BIM 模型规定了一种标准的数据表达和存储格式，在建筑行业三维应用软件中有着良好的通用性，并已逐渐成为国际标准。

除此之外，三维建模软件还需要考虑与用户的交互、图形用户界面以及自身需要支持的诸多功能等。这些问题每个都有相应的解决方案，但鉴于计算机图形学关系不大，在本章中就不再详细介绍。

理解三维图形平台开发，需要理解其最主要的概念——图形管线，即三维模型数据在计算机中的传递和处理过程，而图形应用编程接口本身就是对图形管线模型的支持和实现。在计算机中，三维几何数据的处理需要经过应用程序处理、几何处理、光栅化和显示四个过程。

图形管线的第一个步骤是应用程序处理。虽然图形计算大部分是在显卡上完成的，但所有操作系统上的应用程序都运行在中央处理器上。应用程序负责和用户进行交互，如响应用户的鼠标拖动等操作，并将用户操作所带来的几何变换计算出来传输到显卡存储上。

在应用程序环节还可以进行碰撞检测和各种对算法的优化，例如空间分割等。应用程序处理本身并没有管线式的步骤可循，而是取决于具体的应用需求。

第二个步骤是几何处理。应用程序在完成计算后，将几何模型和相应的几何变换输出到显卡的存储上。一般几何模型在世界坐标系中的位置只在应用程序开始执行时加载一次，而相机和光照等受到用户实时调节的参数则是在每一帧中由应用程序计算出来并传递给显卡。显卡一般将顶点的世界坐标以数组的形式存储在帧缓存当中。几何处理的第一步是相机变换，即将顶点的坐标由世界坐标系转换到相机坐标系中，具体的变换方式则是根据相机参数，如相机的位置、朝向等，给世界坐标施加对应的变换矩阵，进而计算出每个顶点在相机坐标系中的坐标。第二步是顶点光照计算，在场景中每一个光源都有相应的位置、类型和强度等参数。顶点光照计算根据顶点的法向量和光源的参数，通过光照模型计算出顶点的颜色，并存储在显卡中。第三步是投影变换，即将顶点坐标从相机坐标系再投影到屏幕坐标系中，具体的方法则是对顶点的相机坐标施加对应的投影矩阵。第四步是剪切，即将位于视景体之外的元素排除的过程。第五步是视口变换或者窗口变换，实现将投影坐标转换成屏幕上窗口内坐标的过程，一般是按照视景体参数乘以固定的系数即可。几何处理将顶点坐标从世界坐标系转换到窗口坐标系中，排除了不可见顶点，同时为顶点赋予了颜色。几何处理的过程都是在显卡上完成的。在显卡上进行几何处理的程序，称作顶点着色器。

第三个步骤是光栅化。经过顶点处理的顶点数据变成了二维窗口坐标系上一系列离散的点，光栅化便进一步将整个屏幕上所有的像素填满。光栅化的主要过程是遍历模型中所有的三角形，找到三角形的顶点在屏幕坐标系上的位置，并将被三角形覆盖的像素填上颜色。像素颜色一般是三角形顶点颜色的线性插值和对纹理图片采样颜色的混合。没有被任何三角形覆盖的像素被填上背景色，而被多个三角形覆盖的像素颜色则取决于显卡程序本身的策略，最常见的是显示最靠近屏幕外侧三角形的插值结果。在显卡上进行光栅化的程序，也称为片元着色器。在一般的图形计算程序中，片元着色占据了绝大部分计算量。

最后一个步骤是显示。显卡本身负责和屏幕等硬件设备的交流，图形平台开发者通常不需要关心这一细节。一般显卡将计算好的屏幕上每一个像素的颜色存在帧缓存中，并发送给屏幕。屏幕根据收到的数据对像素的颜色进行更新。

理解图形管线是学习图形编程接口的重要基础。程序员只需要在图形编程接口中找到对应的管线实现方式，了解其使用的细节即可。接下来的两个小节将简要介绍两种主流的图形应用编程接口，OpenGL 和 DirectX 对于图形管线的支持；具体的语言语法规则和函数接口，可以阅官方文档或其他参考书籍。

2.5.2　OpenGL 技术基础

SGI 公司推出的 OpenGL 因性能优越的交互式三维图形建模能力，得到了包括 Microsoft、IBM、DEC、Sun、HP 等大公司的认同。因此，OpenGL 已经成为一种三维图形开发的事实标准，是从事三维图形开发工作的必要工具之一。OpenGL 是一个跨平台的图形应用编程接口，也是最主流的图形应用编程接口之一。OpenGL 标准是由非营利组织科纳斯组织负责制定和维护的，而具体的实现则由显卡制造厂商负责。目前，科纳斯组织已经发布了新的图形编程应用接口标准 Vulkan，但 OpenGL 仍然被大量使用在计算机辅助设计、工程可视化等软件，虚拟现实应用和计算机游戏中。

OpenGL 被设计成独立于硬件，独立于窗口系统（如 Mac OS、UNIX、Windows、Linux 等），在运行各种操作系统的各种计算机上都可用，是专业图形处理、科学计算等高端应用领域的标准图形库。目前，各种流行的编程语言都可以调用 OpenGL 中的库函数（如 C＋＋、C＃、Java 等）。

从程序开发人员的角度看，OpenGL 包括图元函数、属性函数、视窗函数和控制函数。OpenGL 的函数分布在 6 个库中：OpenGL 核心库、OpenGL 实用库、OpenGL 辅助库、OpenGL 工具库、Windows 专用库和 Win32 API 函数库。

（1）OpenGL 核心库：包含 115 个函数，函数名的前缀为 gl。这部分函数用于常规的、核心的图形处理。由于许多函数可以接收不同数据类型的参数，因此派生出来的函数原形多达 300 多个。

（2）OpenGL 实用库：包含 43 个函数，函数名的前缀为 glu。这部分函数通过调用核心库的函数，为开发者提供相对简单的用法，实现一些较为复杂的操作。如：坐标变换、纹理映射、绘制椭球、茶壶等简单多边形。OpenGL 中的核心库和实用库可以在所有的 OpenGL 平台上运行。

（3）OpenGL 辅助库：包含 31 个函数，函数名前缀为 aux。这部分函数提供窗口管理、输入输出处理以及绘制一些简单三维物体。OpenGL 中的辅助库不能在所有的 OpenGL 平台上运行。

（4）OpenGL 工具库：包含 30 多个函数，函数名前缀为 glut。这部分函数主要提供基于窗口的工具，如多窗口绘制、空消息和定时器，以及一些绘制较复杂物体的函数。由于 glut 中的窗口管理函数是不依赖于运行环境的，因此 OpenGL 中的工具库可以在所有的 OpenGL 平台上运行。

（5）Windows 专用库：包含 16 个函数，函数名前缀为 wgl。这部分函数主要用于连接 OpenGL 和 Windows95/NT，以弥补 OpenGL 在文本方面的不足。Windows 专用库只能用于 Windows95/98/NT 环境中。

（6）Win32 API 函数库：包含 6 个函数，函数名无专用前缀。这部分函数主要用于处理像素存储格式和双帧缓存。这 6 个函数将替换 Windows GDI 中原有的同样的函数。Win32API 函数库只能用于 Windows/95/98/NT 环境中。

OpenGL 中的全部内容都是对各种函数和常量的定义。虽然这些函数和常量的定义方式在表面上看起来非常像是 C/C＋＋风格的定义，但是实际上 OpenGL 是与具体的编程语言无关的。很多种编程语言都提供了对 OpenGL 的支持，例如 JavaScript 中的 WebGL，就是可以在 JavaScript 代码中调用 OpenGL 函数库。

OpenGL 所提供的函数和常量的作用是对显卡存储进行读写操作，即帧缓存对象。OpenGL 可以操作的帧缓存对象主要有三种，即顶点缓存对象，顶点数组对象和元素缓存对象。需要指出的是，这些帧缓存对象的名称非常不直观，在一定程度上甚至有误导作用，尤其值得注意的是顶点数组存储在顶点缓存对象而非顶点数组对象中。顶点缓存对象中存储的是顶点数组，包括顶点的坐标和颜色等数据；顶点数组对象中指定了着色器解读顶点缓存对象的方式，即单个顶点数据的长度及内部的每个变量的长度等；元素缓存对象中则存储了边表，按顺序指定了三角形的顶点。除此之外，帧缓存对象还包括纹理和着色器源代码等。帧缓存上的着色器源代码会被编译成着色器程序由显卡负责运行。

OpenGL的着色器是使用GLSL编写的。GLSL是基于C语言开发的专门用来编写OpenGL着色器的语言。OpenGL的编程管线要求程序必须至少指定顶点着色器和片元着色器，但是也有更多更加复杂的着色器可以选择。在管线上靠前的着色器的输出可以作为靠后的着色器的输入。着色器代码也可以从帧缓存中读取顶点数据，并且进行线性代数计算，从而实现几何变换、纹理映射和光照计算等逻辑。

OpenGL中所有函数均是以字符gl作为前缀，还有些是以glfw、glew或gl3w为前缀的函数，它们是来自第三方库GLFW、GLEW、GL3W。此外，OpenGL为函数定义了不同的数据类型和常数，如表2-2和表2-3所示。

OpenGL中的部分后缀与对应参数数据类型　　表2-2

后缀	数据类型	C语言对应类型	OpenGL对应类型
b	8位整型	signed char	GLbyte
s	16位整型	signed short	GLshort
f	32位浮点型	float	GLfloat、GLclampf
d	64位浮点型	double	GLdouble、GLclamfd
ub	8位无符号整数	unsigned char	GLubyte GLboolean
us	16位无符号整数	unsigned short	GLushort
i	32位整数	int	GLint GLsizei
ui	32位无符号整数	unsigned int	GLuint GLenum GLbitfield

OpenGL中的部分常数及其含义　　表2-3

字符	含义
GL_POINTS	绘制单个顶点集
GL_LINES	绘制多组独立的双顶点线段
GL_AMBIENT	设置RGBA模式下的环境光
GL_POSITION	设置光源位置
GL_FLAT	设置平面明暗处理模式
GL_SMOOTH	设置光滑明暗处理模式
……	……

OpenGL还包含多种绘制方式，如表2-4所示。

OpenGL中的部分绘制方式及其含义　　表2-4

绘制方式	含义
线框绘制方式(Wire Frame)	绘制三维物体的网格轮廓线
深度优先线框绘制方式(Depth Cued)	采用线框方式绘图，使远处的物体比近处的物体暗一些，以模拟人眼看物体的效果
反走样线框绘制方式(Antialiased)	采用线框方式绘图，绘制时采用反走样技术，以减少图形线条的参差不齐

续表

绘制方式	含义
平面明暗处理方式(Flat Shading)	对模型的平面单元按光照进行着色,但不进行光滑处理
光滑明暗处理方式(Smooth Shading)	对模型按光照绘制的过程进行光滑处理,这种方式更接近于现实
加阴影和纹理的方式(Shadow and Texture)	在模型表面贴上纹理甚至加上光照阴影效果,使三维场景像照片一样逼真
运动模糊绘制方式(Motion Blured)	模拟物体运动时人眼观察所觉察到的动感模糊现象
大气环境效果(Atmosphere Effects)	在三维场景中加入雾等大气环境效果,使人有身临其境之感
深度域效果(Depth of Effects)	类似于照相机镜头效果,模拟在聚焦点处清晰
……	……

OpenGL 还包含建模功能，变换功能，颜色模式设置，光照和材质设置，反走样、融合、雾化，位图显示和图像增强，纹理映射，双缓存动画等多种绘图功能，如表 2-5 所示。

OpenGL 中的部分绘图功能及其含义　　表 2-5

绘图功能	含义
建模功能	真实世界里的任何物体都可在计算机中用简单的点、线、多边形描述,OpenGL 除了提供基本的点、线、多边形的绘制函数外,还提供了比较复杂的三维物体(如球、锥体、多面体、茶壶等)以及复杂曲线和曲面(如 Bezier、Nurbs 等曲线和曲面)绘制函数,从而可方便构建虚拟三维世界
变换功能	无论多复杂的图形都是由基本图元组成并经过一系列变换来实现的。OpenGL 的模型变换有平移、旋转、缩放等多种变换。投影变换有透视投影和正交投影两种变换
颜色模式设置	提供 RGBA 颜色模式和颜色索引模式(Color Index)两种物体着色模式
光照和材质设置	光源属性有辐射光(Emitted Light)、环境光(Ambient Light)、漫反射光(Diffuse Light)和镜面光(Specular Light)等。材质是用光反射率来表示场景中物体最终反映到人眼的颜色是光的 RGB 分量与材质的 RGB 分量反射率相乘后形成的颜色
反走样、融合、雾化	提供点、线、多边形的反走样技术。此外,为了使三维图形更加有真实感,经常需要处理半透明或透明的物体图像,这就用到融合技术,OpenGL 提供了雾的基本操作来对场景进行雾化处理效果
位图显示和图像增强	提供一系列函数来实现图像和位图的操作
纹理映射	将包含颜色、alpha 值、亮度等数据的矩形数组称为纹理,再将纹理粘贴在所绘制的三维模型表面,以使三维图形显得更加生动(如图 2-57 所示)
双缓存动画	提供双缓存技术来实现动画绘制。双缓存即前台缓存和后台缓存,后台缓存计算场景、生成动画,前台缓存显示后台缓存已画好的画面
……	……

如图 2-58 所示程序实例实现了用 OpenGL 画出一个背景为黑色的白色正方向。

图2-57 纹理映射效果图

```
# include <GL/glut.h>
void display（void）
{
        glClear（GL_  COLOR.  BUFFER. BIT）；
        glBegin（GL_POLYGON）；
                glVertex2f（-0.5,-0.5）；
                glVertex2f（-0.5,0.5）；
                glVertex2f（0.5,0.5）；
                glVertex2f（0.5,-0.5）；
        glEnd（）；
        glFlush（）；
}
 void main（int argc, char"argv[]）
{
        glutinit（& argc, argv）；
        glutCreateWindow（"hello"）；
        glutDisplayFunc（display）；
        glutMainLoop（）；
}
```

图2-58 正方形效果图

2.5.3 DirectX技术基础

DirectX是由Microsoft公司推出的面向Windows操作系统的图形和非图形（如音乐等）应用编程接口在内的一系列接口合集。其中，面向三维图形的应用编程接口为Direct3D。和OpenGL一样，DirectX也有多种语言的编程接口和自己的着色器语言。

DirectX技术具有如下的一些特性。

（1）COM（组件对象模型）接口：是DirectX技术的基础，DirectX的大多数API都是基于COM结构的。同时它必须通过特定的函数或其他的COM接口方法来获取指向COM接口的指针，而不能用C++的new关键字来创建COM接口。

（2）3D纹理和数据资源格式：3D纹理类似于一个3D数据元素数组，纹理只支持特定格式的数据存储，这些格式由DXGI _ FORMAT枚举类型描述。举例如下：

DXGI _ FORMAT _ R32G32B32 _ FLOAT：每个元素包含3个32位浮点分量；

DXGI _ FORMAT _ R16G16B16A16 _ UNORM：每个元素包含4个16位分量，分量的取值范围在［0，1］区间内；

DXGI _ FORMAT _ R32G32 _ UINT：每个元素包含两个 32 位无符号整数分量；

……

（3）交换链和页面交换：DirectX 首先渲染缓冲区 B，它是当前的后台缓冲区。一旦帧渲染完成，前后缓冲区的指针会相互交换，缓冲区 B 会变为前台缓冲区，而缓冲区 A 会变为新的后台缓冲区。这一交换过程便是页面交换。之后再在缓冲区 A 中进行下一帧的渲染，一旦帧渲染完成，前后缓冲区的指针会再次进行交换，缓冲区 A 会变为前台缓冲区，而缓冲区 B 会再次变为后台缓冲区。其过程如图 2-59 所示。

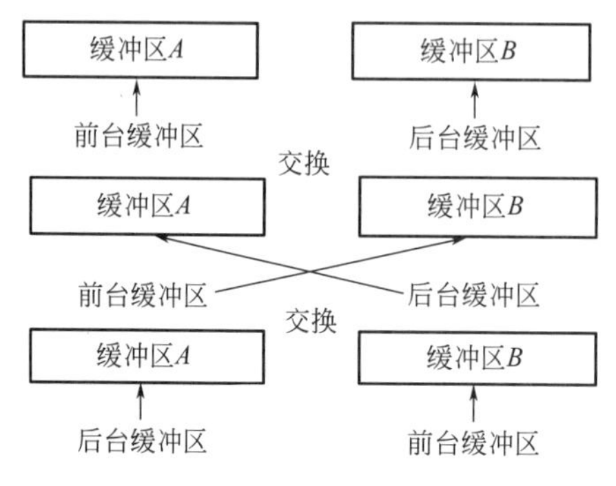

图 2-59 交换链和页面变换示意图

（4）深度缓冲区：深度缓冲区是一个不包含图像数据的纹理对象，在一定程度上，深度信息可以被认为是一种特殊的像素。缓冲区常见的深度值范围在 0.0 到 1.0 之间，其中 0.0 表示离观察者最近的物体，1.0 表示离观察者最远的物体。深度缓冲区中的每个元素与后台缓冲区中的每个像素一一对应。为了判定物体的哪些像素位于其他物体之前，DirectX 使用了一种称为深度缓存（Depth Buffer）或 Z 缓存（Z-Buffer）的技术。在使用深度缓存时，不必关心所绘物体的先后顺序。

（5）纹理资源视图：在 DirectX 中，纹理作为渲染目标或着色器资源，可以被绑定到渲染管线的不同阶段。当创建用于这两种目的的纹理资源时，应使用绑定标志值，比如“D3D11 _ BIND _ RENDER _ TARGET ｜ D3D10 _ BIND _ SHADER _ RESOURCE”。无论以哪种方式使用纹理，DirectX 要求在初始化时为纹理创建相关的资源视图。

（6）多重采样：支持超级采样抗锯齿（SSAA）和简单直接多重采样抗锯齿（MSAA）方法。其中，前者比较消耗资源，而后者则是一种特殊的 SSAA，只对 Z 缓存（Z-Buffer）和模板缓存（Stencil Buffer）中的数据进行超级采样抗锯齿的处理。

DirectX 中的函数和常量提供的功能与 OpenGL 是非常相似的，它们的作用也都是用来操作显卡的帧缓存对象。DirectX 的帧缓存对象主要包括顶点缓存对象、下标缓存对象和常数缓存对象。顶点缓存对象的作用类似于 OpenGL 中的顶点缓存对象，存储的是顶点数据数组，包括顶点的坐标和颜色等；下标缓存对象类似于 OpenGL 中的顶点数组对象，存储的是着色器解读顶点缓存对象的方式，包括顶点和内部的变量的长度等；常数缓存对象可以在帧缓存上存储任意常数，例如投影矩阵等。此外帧缓存对象也包括纹理和着色器源代码等，且着色器源代码会被编译成着色器并由显卡执行。

DirectX 的着色器语言是同样由微软开发的 HLSL。DirectX 没有对程序需要提供的着色器提出要求，但是一般程序至少会提供顶点着色器和像素着色器（相当于 OpenGL 中的片元着色器），或者提供其他具有高级功能的着色器，例如光线追踪着色器等。一般来说，一个复杂的应用程序可能包括多个顶点着色器，但是在同一时刻只能是一个顶点着色器在起作用。和GLSL类似，HLSL也可以从帧缓存中读取顶点数据，并进行几何变换、纹理映射和光照计算等操作，从而完成图形管线的全部逻辑。HLSL和GLSL在运算上的一个显著区别是在HLSL中几何变换是用行向量齐次坐标右乘变换矩阵完成的，因此矩阵相乘的顺序和GLSL是相反的，几何变换矩阵本身也需要进行转置。

习题

1. 有哪些常用的坐标系？地球的经纬度坐标系实际上是哪一种坐标系？

2. 简述向量的概念以及向量加减法、标量乘法、点积、叉积等的运算法则。

3. 简述矩阵的概念以及矩阵加减法、标量乘法、矩阵乘法、转置和卷积等的运算法则。

4. 为什么三维空间中的点和几何变换需要用四维向量和四行四列的矩阵来表示？多出来的坐标的作用是什么？

5. 连续几何变换如何用矩阵运算来表示？

6. 求绕一条不过原点的任意旋转轴旋转的变换矩阵，假设旋转轴经过点（x_0，y_0，z_0），旋转轴方向为（R_x，R_y，R_z），旋转角度为θ。

7. 如何快速判断平面上点是否在多边形内部？

8. 简述构造实体几何与边界表示法的异同及各自的优劣，它们又各自应用在什么场景下？

9. 点的坐标从世界坐标系到屏幕坐标系需要经历哪些几何变换？

10. 简述局部光照模型与全局光照模型的异同及各自的优劣。

11. 走样是怎么产生的？有哪些常用的反走样技术？

12. 简述数据场、场线、等势线的概念。颜色映射法可以用来对哪些场进行可视化？

13. 什么是图像的特征？卷积运算和特征之间的关系是什么？

14. 简述卷积神经网络的概念和结构。

15. 简述多目三维场景重建的主要步骤。

16. 高斯模糊与双边滤波都是利用了卷积在局部进行降噪，它们的主要区别是什么？

17. 存储轻量化的方式主要有哪些？

18. 图形管线中有哪些环节？哪些环节的先后顺序是可以交换的？

19. 深入讨论各种图像增强方法的技术、适用范围和应用案例。

20. 课外拓展：

（1）具备拓扑关系的三维实体模型的数据结构设计，并实现其布尔运算；

（2）开发一个基于点插值技术的关键帧动画制作程序，并实现一个约10s长度的小动画（或动漫）；

（3）针对基于三角形网格描述的实体模型，提出一个高效的碰撞检测算法；

（4）基于OpenGL，通过算法实现多光源下的阴影显示；

（5）开发一个贝塞尔曲线和曲面建模的程序；

(6）基于 OpenGL，开发一个能通过界面拉伸和旋转建立三维模型的程序；

(7）开发一个程序，实现图像的多种增强效果（如变清晰、变明亮、色彩比较柔、对比度增大等)；

(8）开发一个程序，实现地震灾害后建筑物的破坏程度识别；

(9）用自己最擅长的语言对某个场景实现光线追踪算法。

参考文献

[1] HILL F S，KELLY S M. 计算机图形学（OpenGL 版）[M]. 3 版．胡事民，等，译. 北京：清华大学出版社，2009.

[2] SHREINER D. OpenGL 编程指南（原书第 7 版）[M]．李军，等，译．北京：机械工业出版社，2010.

[3] 孙家广等．计算机图形学 [M]．3 版．北京：清华大学出版社，1998.

[4] ZHANG J P，HH Z Z. BIM and 4D-based integrated solution of analysis and management for conflicts and structural safety problems during construction：1. Principles and methodologies [J]. Automation in Construction，2011，20 (2)：155-166.

[5] LU M. Simplified discrete-event simulation approach for construction simulation [J]. Journal of Construction Engineering and Management，2003，129 (5)：537-546.

[6] ZHILLIANG M，ZHHENHUA W，Wu S，et al. Application and extension of the IFC standard in construction cost estimating for tendering in China [J]. Automation in Construction，2011，20 (2)：196-204.

[7] 陈鹏，高宇，吴玲达．视点相关且拓扑可变的多分辨网格动态构造算法 [J]. 中国图象图形学报，2009，14 (1)：161-168.

[8] SUN J，XIE Y，CHEN L，et al. NeuralRecon：Real-time coherent 3D reconstruction from monocular video [C] //Proceedings of the IEEE/CVF Conference on Computer Vision and Pattern Recognition. 2021：15598-15607.

[9] 秦瑞康，徐晓峰，黄邵春，等．基于多目视觉的底涂机器人视觉检测系统 [J]. 现代机械，2019 (5)：16-18.

第三章　CAE 系统的模型化技术

工程项目完整的过程涉及多个独立的参与方，这些参与方各自所产生的信息形成了多个工程数据源。不同参与方提供了不同内容的数据，如何实现多源异构的数据关联与信息整合？显然，包括信息的定义、描述、交换、集成、提取多个方面的有效的信息管理，对于工程项目的顺利进行至关重要。

模型化是指通过一个规范化的信息模型，实现工程信息有序组织和管理的过程。本章将介绍模型化技术的信息模型标准、信息模型的管理与应用以及典型的模型化应用技术。

3.1　信息模型标准

信息模型是一种采用一定的数据结构，定义信息表示方式的方法，它包含对象、对象属性与对象关系三方面。如图 3-1 所示，以清华大学深圳国际研究生院海洋大楼为例，这栋建筑即为对象，该建筑的名称、高度、占地等信息即为对象属性，海洋大楼与里面某间实验室之间的包含关系即为对象关系。

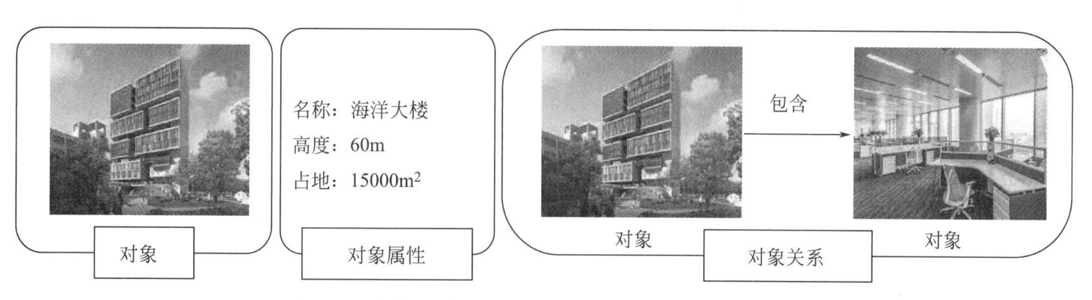

图 3-1　举例：清华大学深圳国际研究生院海洋大楼

在土木与海洋工程领域，常用的信息模型包括建筑信息模型（BIM）、船舶信息模型（SIM）、地理信息模型（GIS）、城市信息模型（CIM）和海洋信息模型（OCIM）。建筑工程涉及不同的数据，也会使用不同的软件，比如使用 AutoCAD 生成二维工程图纸、使用 Autodesk Revit 生成三维几何模型、使用 ANSYS 进行结构分析等等，这些数据格式不同、来源不一。如何实现它们的统一管理，需要信息模型的支持。数据标准是用来保障数据一致性、准确性和完整性的规范性约束。通俗来说，就是定义一套统一规范、规定数据的内容，其中包括数据的名称、数据的类型、数据的取值范围以及数据的业务含义等（如图 3-2 所示）。

信息模型标准是用来规范信息模型的数据等系列标准。图 3-3 给出了一个关于信息模型的例子，能更深入理解信息模型的含义。其中，可作为对象的实体包括建筑和房间，同样以海洋大楼为例。对于建筑类，可将海洋大楼的名称、高度、占地和层数作为该建筑的属性标准。对象关系标准中的关系取值可为：建筑包含房间、建筑与建筑相邻、房间与房间连通。本节将介绍 buildingSMART 标准体系，以及信息模型的存储、分类与编码、交付和应用标准。

名称(必要)	String
高度(必要)	Float
占地(可选)	Float
层数(可选)	Int

名称	海洋大楼
高度	60m
占地	15000m^2

名称	能源环境大楼
高度	100m
占地	50000m^2
层数	22层

图 3-2　从左到右依次为数据标准、符合标准的数据（一）和符合标准的数据（二）

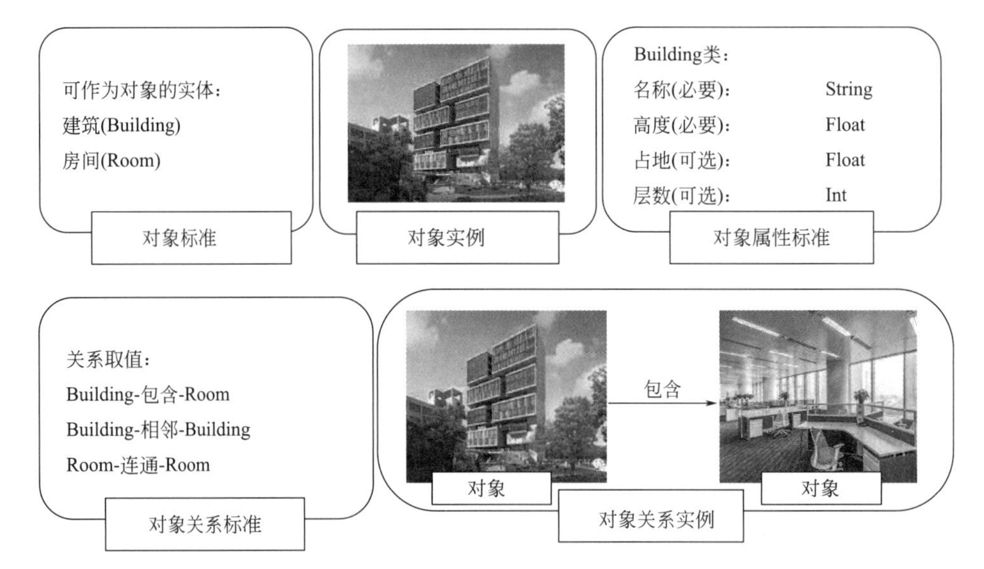

图 3-3　信息模型举例

3.1.1　buildingSMART 标准体系

当系统设计范围比较广泛时，所需定义的标准将十分庞大，一般的做法是按照子领域的分布制定标准，形成统一的体系。而标准体系是在一定范围内的标准按照内在联系形成的科学有机整体。比如，建筑设计涉及的建筑、结构、水暖电和防火等多个子学科中，建筑设计标准体系包括《民用建筑设计统一标准》GB 50352、《工程结构通用规范》GB 55001、《建筑给水排水设计标准》GB 50015 和《建筑设计防火规范》GB 50016；结构设计又分为混凝土、钢结构、砌体结构、组合结构等结构形式，同时在考虑荷载、抗震、耐久性、防连续倒塌等问题时，批准了结构设计标准体系，它包括《混凝土结构设计规范》GB 50010、《钢结构设计标准》GB 50017、《砌体结构设计规范》GB 50003、《建筑结构荷载规范》GB 50009、《建筑抗震设计规范》GB 50011 和《混凝土结构耐久性设计标准》GB/T 50476。同时，国家也制订了信息模型标准体系，对工程数据的管理与交换进行规定。单体尺度建筑工程数据管理，以建筑信息模型（BIM）为主导，可分为基础标准、技术标准和应用标准三大类。

在信息模型领域，数据的基础标准一直围绕着数据语义（Terminology）、数据存储

(Storage) 和数据处理 (Process) 三方面进行。由国际 BIM 专业化组织 buildingSMART 提出，并被 ISO 等国际标准化组织采纳，以上三个方面逐渐形成了三个基础标准，分别对应为数据词典 bsDD、工业基础分类 IFC 和信息交付手册 IDM，由此形成了 BIM 标准体系。核心层是围绕 bsDD、IFC、IDM，衍生出了 MVD (Model View Definition) 模型视图定义、Data Dictionary 数据字典等拓展概念。因此，工业基础类别 IFC、数据词典 bsDD、信息交付手册 IDM、模型视图定义 MVD 构成了一整套面向对象的建筑信息交互标准。而 IFC 是数据组织的模式，bsDD 是数据对象的定义，IDM 是数据交换的需求，MVD 是 IFC 的子集，也是数据交换的实现。

(1) IFC 标准

buildingSMART 最初于 1997 年提出工业基础分类 (Industry Foundation Classes, IFC)，用于为建筑行业提供一个中性、开放的数据交换标准。其第一版 IFC 1.0 内容非常有限，主要描述建筑模型部分 (包括建筑、暖通空调等)；1999 年发布了 IFC 2.0，支持对建筑维护、成本估算和施工进度等信息的描述；2003 年发布的 IFC 2×2 在结构分析、设施管理等方面做了扩展；2006 年发布的 IFC 2×3 版本在 IFC 2×2 版本基础上做了进一步深化。2012 年，buildingSMART 发布了 IFC 4 版本，在构件、属性、过程定义等方面做了扩展，简化了成本信息定义，并重构了施工资源信息描述，结构分析等其他部分也有大量调整。经过几十年的不断发展和完善，IFC 已成为国际标准和目前国际建筑业数据交换的事实标准。

IFC 标准最早采用面向对象的数据建模语言 EXPRESS 进行描述，可通过预定义的类型、属性、方法及规则对建筑对象及其属性、行为、特征进行描述。目前，IFC 标准业已支持基于可扩展标记语言 (Extensible Markup Language, XML) 大纲定义的描述方式。IFC 模型划分为四个功能层次：资源层、核心层、共享层和领域层，每个层次又分为不同的模块 (如图 3-4 所示)。

IFC 模型遵守“重力原则”，即每个层次只能引用同层次和下层的信息资源，不能引用上层的资源，这有利于保证信息描述的稳定。研究和应用表明，在 IFC 2×3 版本上进一步完善形成的 IFC 4 版本能较完善地描述几何、材料、建筑设计、结构设计、机电设备、结构分析、施工进度信息、能耗分析信息以及图纸信息等，该版本在描述成本和设施管理等方面也做了一定改善。

随着 IFC 标准的不断完善与普及，越来越多的软件产品开始支持 IFC 标准。为规范软件对 IFC 标准的支持，英国标准学会 (British Standards Institution, BSI) 推出了细致严格的软件认证机制。目前 Autodesk Revit 系列、Tekla Structure、ArchiCAD 等共 14 项商业软件获得了其认证资格，此外尚有 24 项免费或开源工具宣称支持 IFC 标准，并具有 IFC 模型的浏览、转换等功能。随着 IFC 标准的不断发展与完善，以及 BIM 商业软件的日趋成熟，基于 BIM 进行绿色建筑全生命期管理将提供强大的建模工具并形成广泛的数据来源。

(2) IDM 标准

buildingSMART 于 2006 年提出信息交付手册 (Information Delivery Manual, IDM) 用于指导 BIM 数据的交换过程。IDM 通过捕获建筑全生命期某个特定任务的业务流程，识别相应的信息交换需求，通过基于数据建模语言对交换需求进行建模，为不同参与方就

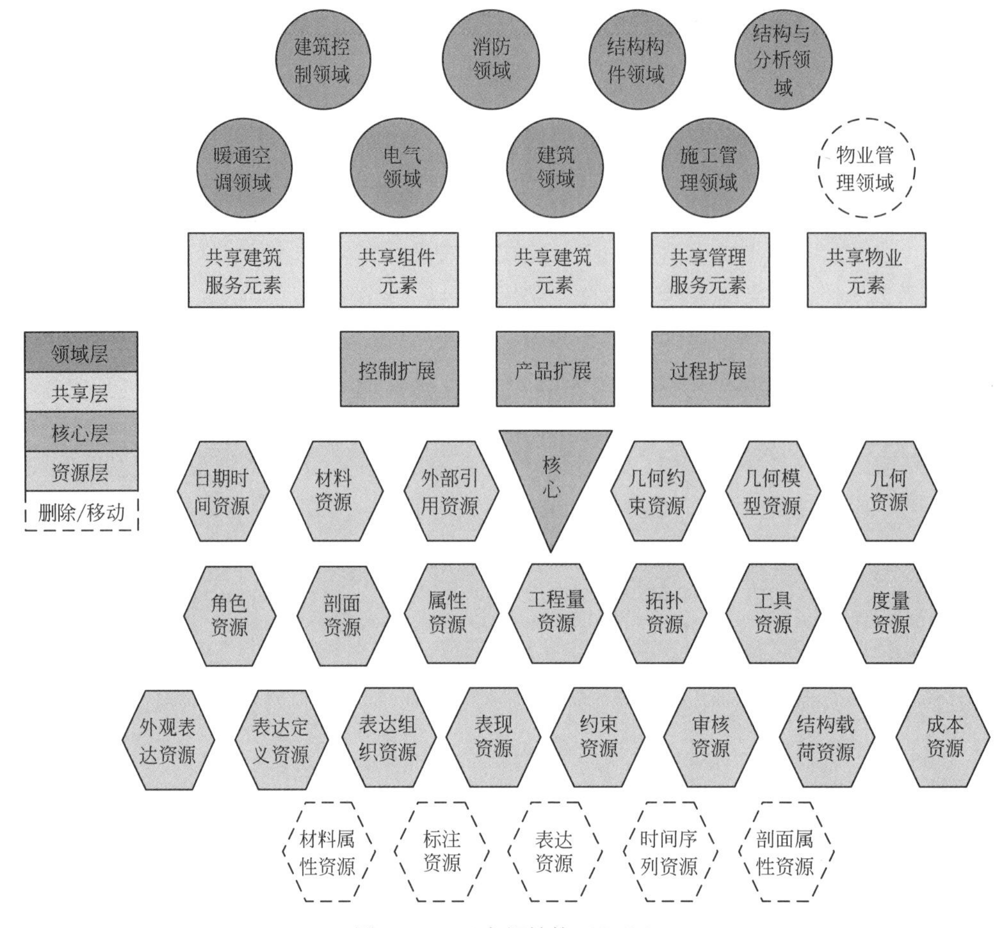

图 3-4　IFC 大纲结构（IFC4）

特定业务流程所需信息达成的协议奠定基础，从而支撑该业务流程各参与方之间准确、高效的信息交换与共享。IFC 标准支持建筑全生命期的数据描述与共享，而 IDM 的信息交换需求则是面向特定的业务流程，其包含的信息是 IFC 模型的一个子集。

IDM 的技术架构主要包括参考过程、过程图、信息交换需求、功能子块、概念约束和业务规则六个部分，可分别对各参与方的行为、所需交换的信息、交换需求的子单元以及应满足的业务逻辑约束等进行描述，其架构如图 3-5 所示。

（3）bsDD 标准

buildingSMART 发布了国际字典框架（International Framework for Dictionaries, IFD）白皮书，建立 IFC 标准所缺乏的建筑行业术语体系，辅助 BIM 信息的交换与共享，目前已更名为 bsDD（buildingsmart Data Dictionaries）数据词典。bsDD 通过将不同语种描述的同一概念与其 global ID 关联，避免计算机识别字符串带来的不稳定性和歧义性，从而呈现对应概念的字符串。为便于理解，图 3-6 显示了 bsDD 概念的内在联系。基于 bsDD 建立的不同语种概念与 IFC 类型之间的映射关系，可保证不同语种、不同词汇表述的内容映射到同一概念，使更加准确、有效的信息交换与共享成为可能。bsDD 库又可以看作是对建筑领域信息的本体描述，可以用语义网等形式通过网络与不同用户之间进行共

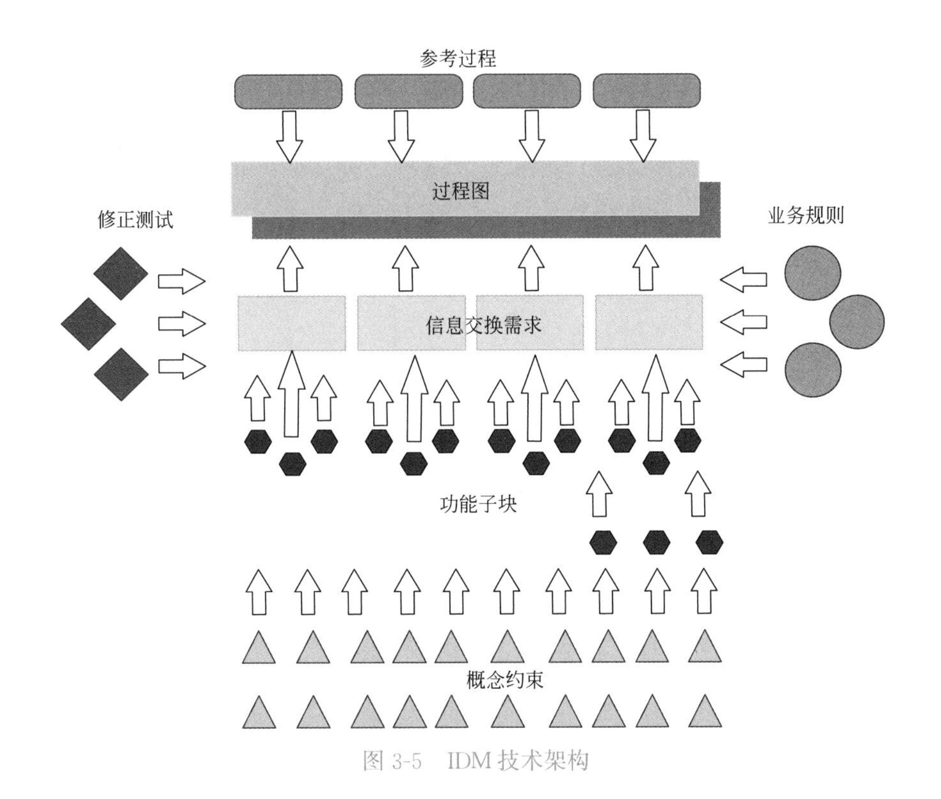

图 3-5　IDM 技术架构

图 3-6　bsDD 概念的内在联系

享，以便信息的获取和使用。

bsDD 中的概念独立于时间和用途。以“窗”为例，从不同的信息来源研究“窗”的概念，可以发现每一个信息来源都只讲到“窗”的部分信息。图 3-6 中用不同的色块表示

“窗”的不同性质，有些性质在不同的信息来源中可以共享，有些则不可以。bsDD 记录和汇集所有不同信息来源关于“窗”的性质，从而形成一个包含所有可能“窗”的性质的最一般意义上的“窗”的概念，同时记录每一种窗的性质的初始信息来源。由此，一个跟窗有关的最完整的“字典”就形成了。

除了国际上通用的 IFC 标准体系以外，我国也启动了 2 部国家基础标准：《建筑信息模型存储标准》GB/T 51447 和《建筑信息模型分类和编码标准》GB/T 51269，以及 4 部应用标准：《建筑信息模型应用统一标准》GB/T 51212、《建筑信息模型设计交付标准》GB/T 51301、《建筑信息模型施工应用标准》GB/T 51235 和《建筑工程设计信息模型制图标准》JGJ/T 448，且已全部颁布实施。铁路、交通、水电等行业以及多个省市也编制并颁布了相应的 BIM 行业标准和地方标准，形成了中国覆盖工程建设行业和各地的系列 BIM 标准。

3.1.2 信息模型存储标准

信息模型的描述不仅包含了几何图形信息，而且包含了内容广泛的工程信息，这是传统的图形标准无法涵盖的。目前用于建筑产品生命期的建筑产品模型标准主要是基于 STEP 标准（Standard for the Exchange of Product Model Data）建立的 IFC 标准。

ISO 10303 是一个国际标准，其全称是《工业自动化系统集成 产品数据表达与交换》GB/T 16656，通常被称为 STEP 标准。STEP 标准致力于提供一种描述产品生命期数据的、独立于特定系统的中性机制，支持在 CAD、CAM（计算机辅助制造）、CAE（计算机辅助工程）、PDM/EDM（产品数据管理/工程数据管理）及其他 CAX 系统间进行信息交换。

IFC 标准便是在 STEP 标准的基础上发展而来，是针对建筑工程领域的产品信息模型标准。同样由 STEP 标准衍生的还有应用于石油化工领域的 ISO 15926 标准。

EXPRESS 语言是定义产品信息模型的标准语言，对应 STEP 标准的 Part 011，对应中国标准 GB/T 16656.11。EXPRESS 采用纯文本定义，既可以被轻松阅读，又可以被计算机读取。EXPRESS-G 是 EXPRESS 语言的一个子集，是 EXPRESS 语言的一种图形化表达。EXPRESS 有 5 种主要的数据类型，包括：

（1）简单类型：描述数据的原子单位，包括 REAL、INTEGER、NUMBER、LOGICAL、BOOLEAN、BINARY 和 STRING；

（2）聚合类型：包括 ARRAY、BAG、LIST 和 SET；

（3）命名类型：用户定义的数据类型，又分为由 TYPE 关键字定义的预定义类型和由 ENTITY 关键字定义的实体类型，预定义类型基于底层数据类型，可以为其设置约束；

（4）构造类型：包括 ENUMERATION 和 SELECT；

（5）泛化类型：该类型是某个类型的泛化形式，无法直接实例化。在 EXPRESS 中，存在两种常见的泛化类型，即 AGGREGATE（ARRAY、LIST、BAG 和 SET 类型的泛化类型）和 GENERIC（对所有数据类型的泛化）。

IFC 通过 EXPRESS 语言定义的用于表达建筑工程领域的信息交换与共享内容的对象模型，通过规范化的方式描述了多个领域的信息交换需求。IFC 模型的信息交换可以通过 STEP 标准中规定的方法实现，例如 STEP 文件、SDAI 等。同时，考虑到 XML 语言的通用性，IAI于2001年将IFC EXPRESS模型定义映射到XML语言，发布了以XML为载体的IFCXML文件格式。然而，由于建筑工程信息的复杂性，IFC模型不能够完全满足数据描述的需求，需要针对不同领域、不同专业，采用不同的方法和手段对IFC数据描述进行扩展，从而满足更完整的信息交换与共享需求。

3.1.3　信息模型分类与编码标准

建筑信息分类体系CICS（Construction Information Classification System）是对建筑领域的各种信息施行系统化、标准化、规范化的组织，为建设项目的各个参与方提供一个信息交流的一致语言，为建筑信息的管理和历史数据的积累利用提供一个统一的框架，同时为建筑应用软件的集成化提供一个共同的基础。

以行业内主流BIM系列设计软件Autodesk Revit为例，其所有的族（“系统”和“注释”族除外）都具有符合指定编码的参数。在模型案例的空间定义中使用了分类与编码描述空间类别。同样，使用分类和编码进行建筑项目BIM数据交付、构件信息存储与传递等。分类和编码的作用如此巨大，在建筑业推广BIM设计的今天，规范其使用就显得尤为重要。

信息分类包括线分类法及面分类法。线分类法也称层级分类法，是指将分类对象按所选定的若干分类标志，逐次地分成相应的若干个层级类目，并排列成一个有层次、逐级展开的分类体系。线分类法的一般表现形式是大类、中类、小类和细目等，将分类对象一层一层地进行具体划分，同位类的类目之间存在着并列关系，上位类与下位类之间存在着隶属关系。面分类法又称平行分类法，是指将所选定的分类对象的若干标志视为若干个面，每个面划分为彼此独立的若干个类目，排列成一个由若干个面构成的平行分类体系。面分类法分类时所选用的标志之间没有隶属关系，每个标志层面都包含着一组类目。

ISO 12006是国际标准化组织为各国建立自己的建筑信息分类体系所制定的框架，它对建筑信息分类体系的基本概念、术语进行了定义。ISO 12006分为两部分：信息分类框架和面向对象的信息交换框架（用Express语言描述）。它不是一个分类体系，而是一个分类体系的模板，只定义框架、建议表的标题和说明，不提供分类表内容，为各国根据自己国情制定相应分类体系而又能互相沟通提供了条件。ISO 12006覆盖建设工程（建筑物和土木工程）的全生命周期，包括设计、建造、维护、拆除，为组织信息而定义了若干类，并且表述了类之间的关系。

基于ISO 12006各国已经实现的建筑信息分类体系包括Uniclass、OmniClassTM、Talo（Building）等分类体系。其中，Uniclass和OmniClassTM两者互相借鉴和兼容，是ISO 12006具体实现的范例。以ISO 12006为基础可以确保所建立的体系具有科学性和适用性，也有利于各个国家或地区之间体系的相互映射和转换。

3.1.4　信息模型交付标准

信息模型的交付是指在建筑工程项目全生命周期中为满足下游专业或下一阶段的生产需要所发生的建筑信息模型数据提交。从专业的角度划分，一般包含有：建筑、结构、暖通、机械、电气、给排水等专业，从阶段的角度，国际上对其并没有统一的划分。我国的《建筑信息模型应用统一标准》GB/T 51212—2016中将工程项目全生命周期划分为：项目的策划与规划阶段、勘察与设计阶段、施工与监理阶段、运行与维护阶段、改造与拆除阶段，其中大量的信息数据提交主要发生在勘察与设计到施工与监理阶段、施工与监理阶段到运行与维护阶段。因此，信息模型交付标准主要是针对这两个阶段而制定。

信息模型交付标准的核心是建立统一的基准，用以指导建筑信息模型的数据在建筑项目整个生命周期中各阶段的建立与提交，以及在各阶段数据提交时应满足的要求。例如如何保证数据提交时的准确性和统一性，如何保证数据在后续阶段使用时的有效性。

《建筑信息模型设计交付标准》GB/T 51301—2018 梳理了设计业务特点，同时面向 BIM 信息的交付准备、交付过程和交付成果均做出了规定，提出了建筑信息模型工程设计的四级模型单元，并详细规定了各级模型单元的模型精细度，包括几何表达精度和信息深度等级；提出了建筑工程各参与方协同和应用的具体要求，也规定了信息模型、信息交换模板、工程制图、执行计划、工程量、碰撞检查等交付物的模式。此标准是 BIM 国家标准重要组成部分，将与其他标准相互配合，共同作用，逐步形成 BIM 国家标准体系，为行业标准、团体标准、地方标准，乃至企业标准、项目标准均提供重要的框架支撑，同时为国际上 BIM 标准的协同和对接提供依据。其针对性和可操作性，也有利于推动建筑信息模型技术在工程实践过程中的应用。

3.1.5 信息模型应用标准

项目信息模型应用标准的原则应该是确保信息模型实施和实施过程的规范化和制度化。参考已有的对信息模型设计阶段和专业应用阶段工作流程的研究，并重点根据制造业的特点将项目信息模型应用工作的内容和流程切割细分，再尽可能地优化工作流程设计，使信息模型应用中的每一个环节都尽量无缝贴合，所有模型、信息都可以被快速检索，而且过程不依赖于人员，形成一种接近制造业流水线化的工作模式。

工作责权与体系架构是流水线化管理的第一步，责权明确，则可做到各司其职。其中专业分包在整个信息模型运作体系中主要充当内容供应的角色，即提供模型与数据；而工程总包就需要承担分配任务、数据中转和汇总等协调工作。

在整个信息模型运作体系中，所有的专业分包单位都有可能需要相互调用相关专业的模型或数据，每一个专业必须与多个相关专业沟通。对于本身已经承担建模、修改、数据处理等基础工作的团队来说，不断地与不同团队协调沟通将牵扯大量精力，必将影响职责内的工作效率。然而，采用星形的拓扑关系就能够有效地提升整个体系的工作效率。每个专业分包只对总包负责，而总包则需向分包提供符合要求的模型和数据。被简化的组织体系可以节省专业分包信息模型团队在交流上的时间和人力，从而把主要精力投入到基础模型和数据的架构上。

在信息模型应用过程中，基本都会搭建基于互联网的资讯交互平台，用于储存模型、交换文档和互通信息。但是随着工程推进，数据资料会呈现几何级数的增长，于是文件快速检索和模型内构件的快速检索就显得尤其重要。要确保检索的高效，最通用也是最有效的方式就是规范文件命名和构件编号。

与此同时，对模型内部的编号和颜色定义也有相应规定。所有需要使用模型或查阅信息的人员，只需要根据标准中说明的规则，即可快速得到需要的内容，文件交换的效率就可以保持在一个较高的水平。

《建筑信息模型应用统一标准》GB/T 51212—2016 提出了建筑信息模型应用的基本要求，包括：模型的数据要求、模型的共享要求以及模型的应用要求。共享要求是指模型应支持各个阶段、各项任务和各相关方获取、更新、管理信息。应用要求是指模型应用宜贯穿工程全生命期，也可根据实际情况在某一阶段内应用。同时，该标准体系共分为六章，包括：总则、术语和缩略语、基本规定、模型结构与扩展、数据互用以及模型应用。其中，第二章术语和缩略语，规定了建筑信息模型、建筑信息子模型、建筑信息模型元素、建筑信息模型软件等术语，以及"PBIM"基于工程实践的建筑信息模型应用方式这一缩略语；第三章基本规定，提出了"协同工作、信息共享"的基本要求，并推荐模型应用宜采用 P-BIM 方式，且对 BIM 软件提出了基本要求；第四章模型结构与扩展，提出了唯一性、开放性、可扩展性等要求，并规定了模型结构由资源数据、共享元素、专业元素组成，以及模型扩展的注意事项；第五章数据互用，对数据的交付与交换提出了正确性、协调性和一致性检查的要求，规定了互用数据的内容和格式，并对数据的编码与存储提出要求；第六章模型应用，不仅对模型的创建、使用分别提出了要求，还对 BIM 软件提出了专业功能和数据互用功能的要求，并给出了对于企业组织实施 BIM 应用的一些规定。

《建筑信息模型施工应用标准》GB/T 51235—2017 规定在施工过程中该如何使用 BIM，以及如何向他人交付施工的模型信息。它包括深化设计、施工模拟、预制加工、进度管理、预算与成本管理、质量与安全管理等方面。

《制造工业工程设计信息模型应用标准》GB/T 51362—2019 主要参照国际 IDM 标准，面向制造工业工程，规定了在设计、施工运维各阶段 BIM 具体的应用，内容包括这一领域的 BIM 设计标准、模型命名规则、数据如何交换、各阶段单元模型的拆分规则、模型的简化方法、项目如何交付及模型精度要求等。

信息模型应用标准中有一个重要的概念，叫作模型发展等级（Level of Development，LOD），是用于规定不同项目阶段 BIM 所应包含的发展层级，也对应于不同的模型细度。LOD 有多种划分方法，其中最为典型的是五等级模型，分别是 LOD100、LOD200、LOD300、LOD400 和 LOD500。其中，LOD100 一般指规划、概念设计阶段，LOD200 一般指方案设计阶段，LOD300 一般指深化设计施工图，LOD400 一般指虚拟建造施工，LOD500 一般指竣工后的模型，如图 3-7 所示。

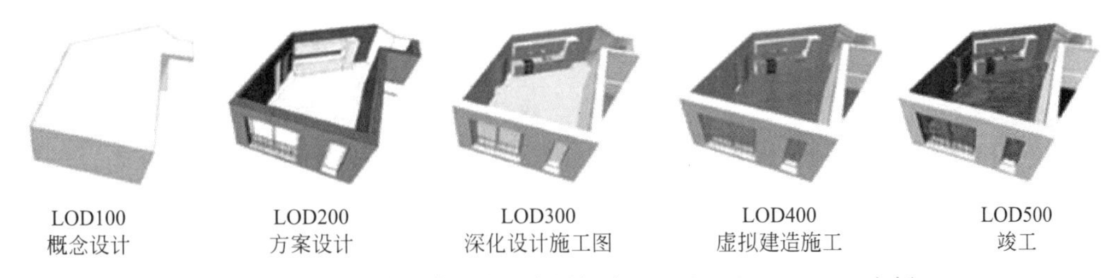

图 3-7　《建筑信息模型施工应用标准》GB/T 51235—2017 实例

为了响应跨领域协同作业的需求，在原来的五个等级基础上，《建筑信息模型施工应用标准》GB/T 51235—2017 中增加了一个 LOD350 的模型发展等级。LOD350 可简单地看成是 LOD300 再加上建筑系统（或组件）间组装所需的接口（Interfaces）信息细节。LOD350 和 LOD400 的对比如表 3-1 所示。

建筑场地的模型细度　表 3-1

	深化设计模型(LOD350)		施工过程模型(LOD400)	
	模型元素	元素信息	模型元素	元素信息
现状场地	·场地边界(用地红线) ·现状地形 ·现状道路、广场 ·现状景观绿化/水体 ·现状市政管线 ·既有建(构)筑物	几何信息: ·尺寸及定位信息 ·等高距 ·简单几何形体表达 ·场地及其周边的水体、绿地等景观 非几何信息: ·设施使用性质、性能、污染等级、噪声等	·场地边界(用地红线) ·现状地形 ·现状道路、广场 ·现状景观绿化/水体 ·现状市政管线 ·既有建(构)筑物	几何信息: ·尺寸及定位信息 ·等高距 ·简单几何形体表达 ·场地及其周边的水体、绿地等景观 非几何信息: ·设施使用性质、性能、污染等级、噪声等
设计场地	·新(改)建地形 ·新(改)建道路 ·新(改)建绿化/水体 ·新(改)建室外管线 ·气候信息 ·地质条件 ·地理坐标	几何信息: ·尺寸及定位信息 ·等高距 ·水体、绿化等景观设施 非几何信息: ·与现状场地的填挖关系	·新(改)建地形 ·新(改)建道路 ·新(改)建绿化/水体 ·新(改)建室外管线 ·气候信息 ·地质条件 ·地理坐标	几何信息: ·尺寸及定位信息 ·等高距 ·水体、绿化等景观设施 非几何信息: ·与现状场地的填挖关系

3.2 信息模型的管理

3.2.1 信息模型的存储技术

3.2.1.1 分布式数据存储技术架构

(1) 逻辑结构

为减少信息模型应用过程中网络传输和避免数据所有权和物理存储位置不一致的问题，分布式数据存储技术应将面向各参与方的信息子模型存储在各自的企业服务器中，并通过互联网将各节点的有机集成形成云平台。以常见的 BIM 平台为例，图 3-8 展示了一种典型的分布式 BIM 数据存储技术的逻辑架构。部署在本地服务器的 BIM 信息服务节点(BIMISP 节点)包括构建在云计算平台上的本地 BIM 数据库、全局数据分配模式和数据存储与提取服务。本地数据库既可存储公有数据，亦可存储私有数据；全局数据分配模式描述了所有节点存储的数据，支持提取和修改远程节点的公有数据。

位于地端的用户，可通过局域网访问本地 BIMISP 节点，并优先从本地数据库中提取所需信息，无需从远程服务器提取数据，节省了数据传输，可提高 BIM 信息共享效率。并且，各参与方的子模型在各自的企业服务器中均有备份，实现了数据使用权与存储结构的一致性。当本地数据不足以支持其业务流程时，本地 BIMISP 平台会根据全局数据分配模式，从其他远程节点提取所需信息；该过程对用户而言是透明的，因此用户可采用统一的服务接口访问远程和本地的数据。

当用户修改或新增本地节点的信息模型时，本地 BIMISP 平台节点会根据全局分配模

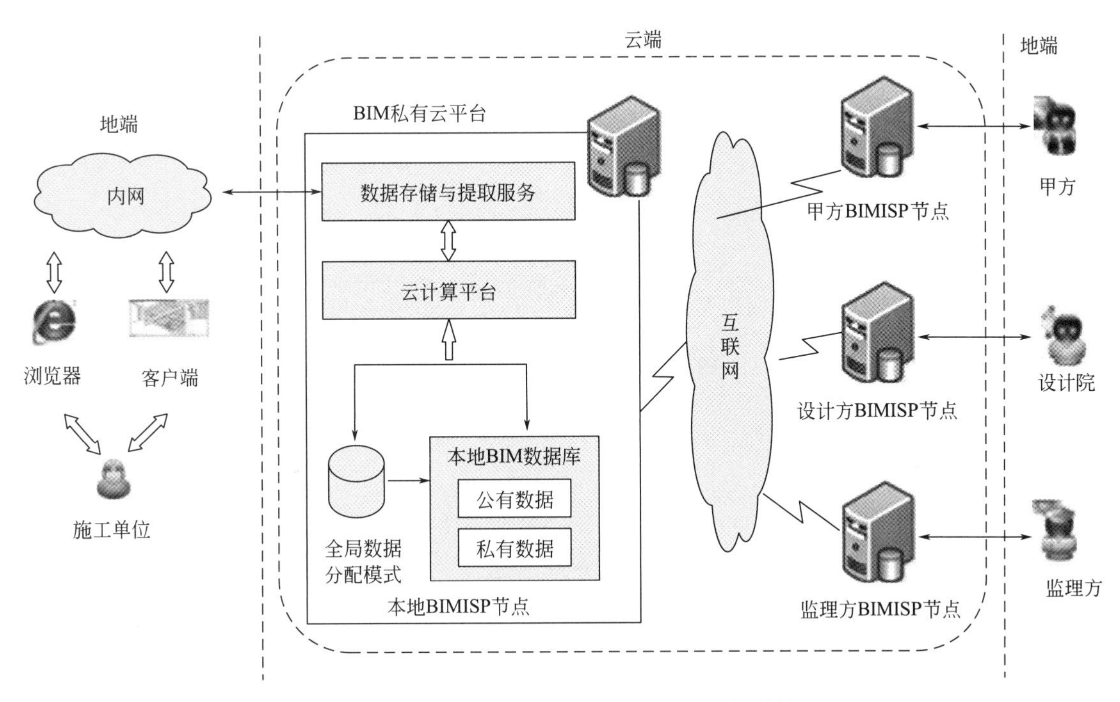

图 3-8　分布式 BIM 数据存储技术的逻辑结构

式，计算各个远程节点所需修改或新增的数据，发送到各个节点进行数据更新；该过程由服务器后台执行，不影响用户的提取或集成操作。

（2）数据分配模式

各个节点数据库存储的子模型是面向各个参与方的 MVD 的实例，因此 MVD 可代表各个节点应分配和存储的数据，所有节点 MVD 的集合描述了分布式信息模型数据库的分配模式，如图 3-9 所示。譬如，设计院节点存储柱（*A*）、梁（*B*）、门（*C*）和窗（*D*）等实体，施工总包存储柱（*A*）、梁（*B*）、施工任务（*E*）和施工资源（*F*）等实体，土建分包节点存储“土建施工”任务相关的柱、梁、施工任务和施工资源信息，甲方节点则根据需求存储了梁、柱、门、窗以及施工任务和施工资源等实体。

实际上，每个数据节点包括公有数据 MVD（V_1）和完整数据 MVD（V_2）两个子型视图（V_1 是 V_2 的子集），而数据库的全局分配模式由各节点的 V_1 组成，V_2 只在本地数据存储和提取中使用，从而确保私有数据（V_2-V_1）不能被其他参与方访问，保护私有数据的安全。

MVD 中实体过滤条件实际上实现了实体表的横向分片，即同一个表中满足条件的实体存储在当前节点，不满足条件的实体存储在其他节点，如图 3-10 所示。满足过滤条件“IfcTask.GlobalId=‘3Tmil3zQD220CA2BY45pQF’”的任务及其子任务节点存储在 *A* 节点，与这些任务节点关联的产品（IfcBeam 实体）、资源和控制实体也存储在 *A* 节点。另外，为保证各分配模式的唯一性，各节点的子模型视图中直接采用 ID 约束，不采用名称约束。

虽然在 MVD 中，通过设置是否包含 IFC 实体的可选属性，可实现实体表的竖向分片；但鉴于竖向分片的操作运算量较大，且面向过程的信息交换中较少细化到对可选属性

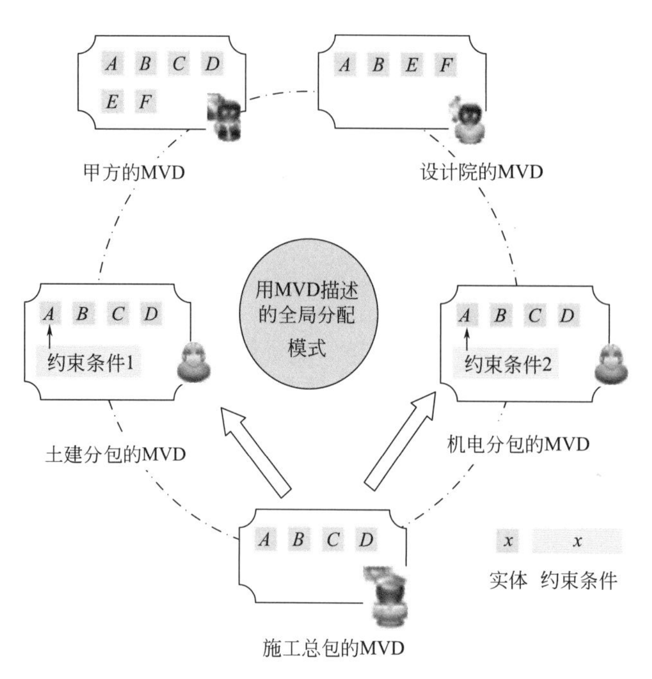

图 3-9 各节点的 MVD 形成信息模型数据库的分配模式

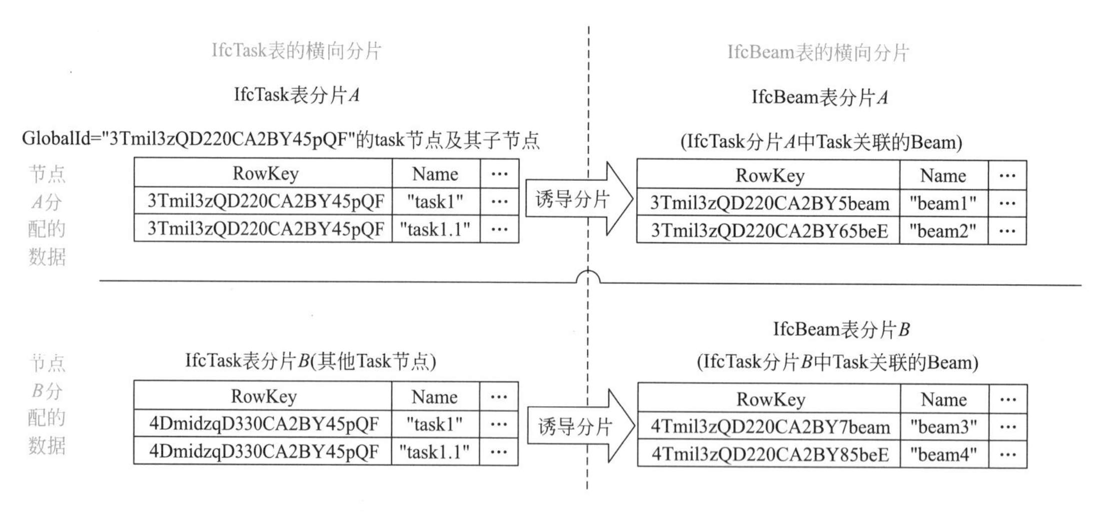

图 3-10 BIM 数据库的分配模式举例

的处理，因此分布式 BIM 数据库通常可不考虑数据表的竖向分片模式，即同一条记录的所有列值在某节点中要么都存储，要么都不存储。

3.2.1.2 分布式数据库选型

由于 IFC 模型的面向对象特性，应用关系数据库进行结构化存储和数据查询时需进行大量的 join 连接，效率低。为解决这一问题，可以选择 NoSql 数据库用于存储 BIM 数据。NoSql 数据库具有以下优势：

（1）NoSql 数据库天然支持分布式数据存储，具有很好的可扩展性，适用于存储海量、异构的工程信息。

（2）BIM 数据库用于面向过程的 BIM 子模型提取和集成，具有修改不频繁性，但具有单次提取或修改的数据量较大的特点；而 NoSql 数据库恰好适合存储较为稳定的数据，支持海量数据的快速查询和提取。

NoSql 数据库是不同于传统的关系型和面向对象型数据库的其他数据库的统称，可分为键值型数据库、面向文档的数据库和面向列存储的数据库。键值型数据库即一个行键对应一个值，只能通过行键查询和提取数据。面向文档的数据库采用特定结构文档存储数据，不需要定义表结构，支持除 join 操作以外的复杂查询功能。与关系数据库以行为单位进行存储相反，面向列的数据库以列为单位进行存储，擅长以列为单位进行数据读取，适合于存储稀疏表，具有高扩展性。常用的 NoSql 数据库如表 3-2 所示。

常用的 NoSql 数据库及其分类　　表 3-2

键值数据库	面向文档的数据库	面向列的数据库
MemcacheDB	MongoDB	HBase
Berkeley DB	Terrastore	BigTable
Redis		Hypertable

考虑到 IFC 的结构化特性和稀疏特性（实体的很多可选属性值可能为空），且用户可能通过 GlobalId、名称等多种方式查询 BIM 数据，面向列的 NoSql 数据库最为适用。在面向列的 NoSql 数据库中，BigTable 是 Google（谷歌）的结构化、分布式数据存储系统，必须与 Google 的公有云计算平台同时使用，只能将数据存储在其服务器中。Hbase 与 Hypertable 功能类似，均是对 BigTable 的开源实现；但 Hbase 更成熟，被 Facebook 等大型互联网公司采用。并且，Hbase 与开源云计算平台 Hadoop 的紧密结合，适合基于云计算的分布式 BIM 数据存储与应用，因此可作为分布式 BIM 数据存储技术的支撑平台。

Hbase 可包括多个 Region Server 节点进行分布式的数据存储；采用一个 Master 节点管理数据节点的全局分配模式，支持用户进行统一的数据访问。Hbase 的概念模式如表 3-3 所示，用行键（Row key）作为每一行记录的键值，用时间戳（Timestamp）标识版本，用列族（Family）和列名共同定义列。同一列族的所有数据集中存储和提取，不同列族的数据分开存储。Hbase 建议将经常同时提取的数据存储在一个列族下，不推荐一个表包括 2 个以上的列族。实际上，Hbase 表的列不是在构建表时定义的，也没有限定列值的类型，而是在数据存储时，动态输入列名；如果该表不存在输入的列，则自动添加一列。

Hbase 概念模式　　表 3-3

行键 (Row key)	时间戳 (Timestamp)	列族 A(Family A)		列族 B(Family B)	
		A_1 列(Column A_1)	A_2 列(Column A_2)	…	B 列(Column B)
"guid1"	"87321123"	"name1"	"description1"	…	…

Hbase 支持通过行键、“列族：列名”和时间戳三元组快速定位和提取数据。Hbase 也支持根据各个列的值进行数据过滤和提取；譬如，查询和提取“Column A_1 == ‘name1’ ”的记录，但效率比“Row key”方式低。另外，通过 Thrift 技术，HBase 支持 Java、C＃、C＋＋等多种语言的数据访问和二次开发。

3.2.1.3 基于 Hbase 的半结构化模型存储技术

以 IFC 描述的信息模型为例，其数据包括结构化的数据和非结构化、异构的工程信息。为支持对象级别的子模型提取，不能基于文件存储 IFC 模型，需要有分别针对 IFC 模型和文档信息的不同存储方法。

（1）IFC 模型的半结构化存储技术

由于 IFC 数据的面向对象特性，针对每个类定义一个表的结构化存储方式，在对象提取时要进行大量 join 操作，效率低；因此需要一种半结构化 IFC 模型存储方法。

IFC 实体中可交换实体可被单独提取和共享，而资源实体不可被独立提取和交换。因此，只针对各个可交换实体建立单独的表，资源实体信息则直接存储在使用它的可交换实体中。以下详细说明可交换实体的存储方法。

1）针对每个可交换实体建立表，每个属性建立一列，列名即为属性名称；

2）由于 Hbase 将所有项目数据统一存储，表名可采用“项目名称 . 实体名称”；

3）考虑到产品实体和产品类型实体的几何属性数据量较为庞大，针对产品和产品类型表建立几何列族（geometric）和基本列族（base），而其他可交换实体建立一个列族；

4）存储时，将简单类型（非实体类型）属性序列化成二进制数据存储到的相应列中；

5）对于资源实体类型的属性，自动生成和附加 GlobalId 属性，与实体一并序列化存储到相应的列中；

6）对于关系实体和类型实体中可交换实体类型的属性，由于其具体信息在相应的表中已存储，可仅存储其 GlobalId 和实体类型名称，减少数据冗余；

7）为支持快速查询可交换实体关联的关系实体，并考虑到反向属性的类型均为关系实体；Hbase 数据库中针对实体的每个反向属性均定义一列，存储其 GlobalId 和实体类型；

8）对于资源实体的反向属性，其类型一般为资源层关系实体，序列化时也只存储属性值的 GlobalId 和实体类型；

9）添加 Status 列以表示数据的删除（Deleted）和默认（Normal）等状态；当记录为默认状态时，可不包括 Status 列。

如表 3-4 所示，以 IfcProduct 表为例展示了主体实体表的结构；表 3-5 则以 IfcRelAssignsToActor 表为例，展示了关系实体表的概念结构。

基于 HBase 的 IfcProduct 表设计　　表 3-4

列族	列	值
Row key		GlobalId 值
Timestamp		时间戳
B(base)	Status	“Deleted”“Normal”等状态的标识
	OwnerHistory	IfcOwnerHistory 对象实例的二进制序列化
	Name	名称(字符串)
	Description	描述(字符串)
	ObjectType	对象类型(字符串)
	Decompose	IfcRelDecomposes 对象的 ID 和实际类型(字符串)

续表

列族	列	值
B(base)	IsDecomposedBy	IfcRelDecomposes 对象的 ID 和类型[字符串列表]
	HasAssociations	IfcRelAssociates 对象的 ID 和类型[字符串列表]
	HasAssignments	IfcRel4ssigns 对象的 ID 和类型[字符串列表]
G(geometric)	ObjectPlacement	IfcObjectPlacement 对象实例的二进制序列化
	Representation	IfcProductRepresentation 对象的二进制序列化

基于 HBase 的关系实体表 IfcRelAssignsToActor 设计　　　　表 3-5

列族	列	值
Row key		GlobalId 值
Timestamp		时间戳
B(base)	Status	"Deleted""Normal"等状态的标识
	OwnerHistory	IfcOwnerHistory 对象实例的二进制序列化
	Name	名称(字符串)
	Description	描述(字符串)
	RelatedObjectsType	IfcObjectTipeEnum 的序列化值
	ActingRole	IfcActorRole 对象实例的序列化值
	RelatedObjects	所含 IfcObjectDefinition 对象实例的 GlobalId 和实际类型名称的集合[List-string>的序列化值]
	RelatingActor	IfcActor 对象的 GlobalId(字符串)

以上半结构存储方式具有以下优势：

1）若需提取某个可交换实体的信息，通过 GlobalId 或名称可以直接从 IfcProduct 表中查询对应的记录即可提取所有所需信息，而无需进行复杂的多表 join 操作，可极大地提高数据提取效率。

2）面向列的存储方式，不用为 IFC 实体的空值属性预留空间，可减少数据存储空间。

3）存储了实体的反向属性，易于查找实体关联的关系实体，从而查找相关的其他主体实体。考虑到反向属性存储与关系实体的信息冗余，可能导致信息不一致；因此在应用过程中，若两者信息出现不一致，以关系实体存储的实体关联关系信息为准。

该方式同时具有以下两点不足：

1）同一个资源实体若被多个可交换实体采用，会重复存储，增大数据量；但该方式一方面通过面向列存储可以节省空间，另一方面 NoSql 数据库天然具有大数据存储和吞吐能力，可较好地解决该问题。

2）资源实体被序列化存储，难以实现基于资源实体属性的过滤；比如不能直接通过数据库过滤实现提取长度小于 3 的构件（IfcExtrudedAreaSolid. Depth<3）；但实际上，这种提取需求在面向过程的子模型提取中很少见，因此可以不考虑一般的资源实体属性过滤问题。但若针对少数特定的资源实体属性，存在频繁的过滤和提取需求，可通过建立二级索引表的方式解决该问题。

(2) 工程文档数据库与 IFC 数据的融合机制

工程文档数据库存储文档的基本信息和内容，均采用序列化的方式存储在 Hbase 数据库中。鉴于 IFC 模型与工程文档通过唯一的地址（UrlLocation）关联，工程文档记录以其地址为行键。定义一个列族 basic 存储所有列，定义列 Content 存储文档的实际内容，并定义名称、描述、格式、作用、版本、创建时间、最近修改时间、所有者和最近修改者等信息。此外，还可根据实际需求动态添加列。针对每个文档，如果缺失某些信息，亦可不存储该列。工程文档数据库的结构如图 3-11 所示。

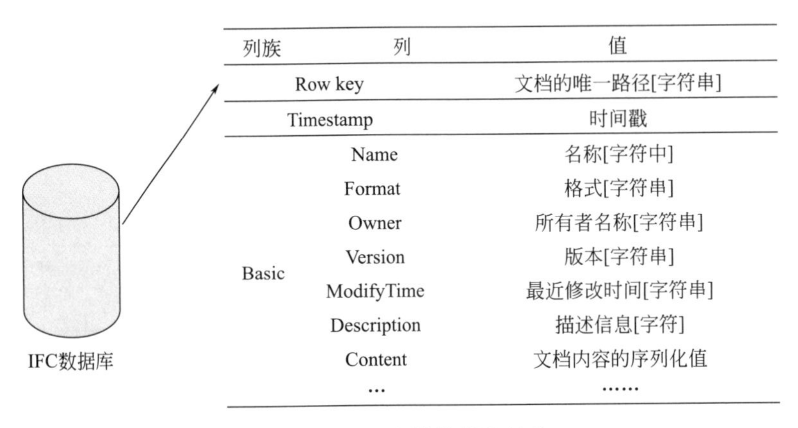

图 3-11　工程文档数据库结构

上述方式将工程文档统一存储，支持用户根据“地址”快速查询相关文档。通过建立二级索引也支持用户快速根据名称或其他信息快速提取满足需求的文档。工程文档数据库通过文档的唯一地址 UrlLocation 与 IFC 模型数据库融为一体，支持查询某一产品或某一过程关联的工程文档。

3.2.2　信息模型的处理技术

3.2.2.1　三维几何建模及转换技术

三维数字技术在建筑工程领域的应用有效改变了传统的以点、线、面等二维图元组成的工程图纸信息表达缺陷，使计算机中的建筑产品模型更加接近现实世界，是 BIM 等信息模型化的重要技术支撑。三维数字技术的应用首先需要建立建筑产品的三维几何模型。目前，大部分建筑设计软件，应用参数化建模技术，提供了功能较完善的实体建模功能。然而，面向如虚拟施工、基于 Web 的协同工作等应用时由于实体模型显示和渲染计算过于复杂而不适用，此时，表面模型是这些应用的另一选择。

(1) 三维几何模型的特点及适用范围

三维几何数据是信息模型化后的重要建筑产品数据，是贯穿于建筑生命期的核心数据。这些数据在建筑生命期的不同阶段被创建和利用，包含了丰富的工程信息。例如，通过对建筑三维几何数据的演算可以得出建筑构件的体积、空间位置、拓扑关系等工程信息。然而，建筑工程不同阶段的不同应用对三维几何数据的处理需求是不一样的。表 3-6 对不同类型的三维几何模型的特点及适用范围进行了总结。

三维几何模型的特点和适用范围　　表 3-6

模型类型	特点				适用范围
	几何拓扑信息	修改和编辑	显示效果	图形显示难度	
实体模型	完整	容易	好	大	建筑设计、MEP设计、HVAC设计
线框模型	较完整	困难	不好	小	结构计算与分析
表面模型	不完整	困难	好	较小	虚拟现实、火灾模拟、能耗分析、光照分析

其中，几何实体模型的处理是一个复杂的过程，涉及许多计算机图形学算法，通常需要借助专业的图形引擎来实现。在结构分析阶段，通常采用线框模型以便于进行结构计算，例如对框架结构的力学分析等。在施工阶段和运营阶段，由于不需要修改和编辑三维几何数据，其主要的应用是对三维几何数据的展现，因此表面模型更适合。另外，对于特定的应用，表面模型具有更加便于处理的特点，例如火灾模拟分析（FDS）、能耗分析、光照分析等。

因此，设计阶段产生的三维几何实体模型处于数据的生命期上游，这些数据作为核心的产品模型数据随着建筑工程的进展被下游应用所使用。由于对数据处理要求的不同，需要将实体几何模型演变为其他形式的三维几何模型，例如线框模型或表面模型。

（2）三维几何模型在图形引擎中的重建

除了大多数的建筑设计软件能够提供功能强大的实体模型处理能力外，仍然有许多的应用仅需要实现对三维几何模型的显示功能，不需要开发完整的图形处理引擎。目前面向这些应用的三维几何模型显示有多种方法，以下以一种基于Autodesk公司的AutoCAD图形引擎为例，介绍由IFC表达的三维几何实体模型在图形引擎中的重建方法。

基于IFC的信息模型可以存储多种类型的几何模型数据，表3-7列出了支持的几何表达类型。

IFC预定义的几何表达类型　　表 3-7

类型	说明
Curve2D	二维曲线
GeometricSet	点、曲线、表面(二维或三维)集合
GeometricCurveSet	点、曲线(二维或三维)集合
SurfaceModel	表面模型
SolidModel	实体模型
SweptSolid	通过拉伸或旋转形成的扫略实体
Brep	边界描述实体
CSG	通过布尔运算生成的几何构造实体
Clipping	通过布尔运算生成的几何构造实体(特指通过差运算得到的实体)
AdvancedSweptSolid	沿基线扫略生成的扫略实体

在上述几何类型的基础上所抽象出来的建筑产品，包括建筑构件、配电构件、家具等，均由 IfcProduct 实体派生。IfcProduct 是一个抽象类型，定义了与几何表达相关的属性，建筑构件与几何模型的集成如图 3-12 所示。其中，IfcProduct 实体的 ObjectPlacement 属性定义坐标信息，坐标信息既可以采用世界坐标、相对坐标，也可采用相对于轴线网格的方式描述。通过坐标变换矩阵进行坐标变换可以得到建筑产品在世界坐标系的最终位置。而 Representation 属性则定义建筑产品的几何模型，包括建筑产品的几何描述和材料定义的几何描述。IfcProductRepresentation 实体的 Representations 属性为列表类型，可以为同一个建筑产品存储多个几何模型数据，例如描述同一个建筑产品的实体模型、线框模型和表面模型。每一个几何模型对应一个 IfcRepresentation 实体的实例，模型的类型为表 3-7 中所列类型，存储在 RepresentationType 属性中。

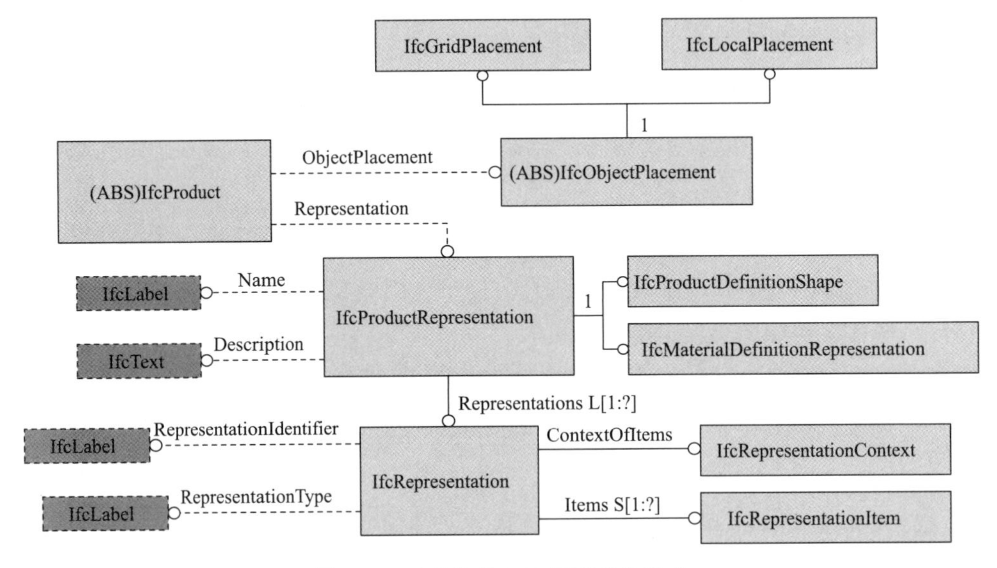

图 3-12　建筑构件与几何模型的集成

在 AutoCAD 图形引擎中重建几何实体模型的流程如图 3-13 所示。以一个 IfcProduct 派生类实例的几何实体模型重建为例，首先，读取来自 IFC 文件或信息模型数据库的几何实体模型数据。实体几何数据以 IFC 几何资源实体表达，实体分为表示运算符的实体和表示几何图元的实体，构成由运算符和几何图元组成的二叉树结构，最终表示的实体模型便是通过遍历这棵二叉树并进行坐标变换得到。因此，需要通过分析几何实体将其解析成几何操作和几何图元。由于二叉树具有多层嵌套关系，对于一个上层的几何操作可能需要首先调用底层的几何操作，将其返回的结果作为输入参数进行运算。因此，判断当前几何操作是否为可直接执行的操作，如果为“否”则继续执行分解几何操作和几何图元步骤，如果为“是”则重建几何图元并执行几何操作。

AutoCAD 托管函数库提供了与 BIM 几何图元对应的几何类，如表 3-8 所示，通过实例化对应的 AutoCAD 几何类实现几何图元的重建。实体的几何操作通过调用相应的成员函数实现，表 3-9 列出了与 IFC 实体对应的 AutoCAD 类的成员函数。这两步执行完便生成了局部的几何模型。

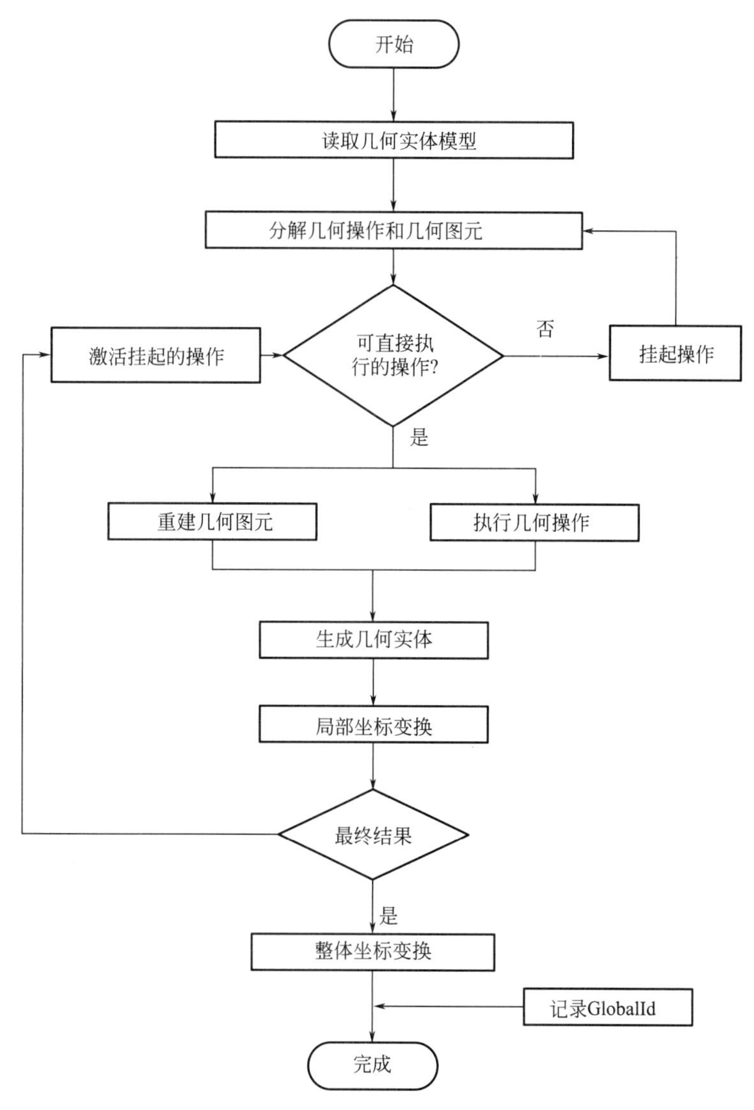

图 3-13　重建几何实体模型的流程

BIM 的几何图元与 AutoCAD 几何类　　表 3-8

IFC 几何图元	AutoCAD 几何类
IfcCartesianPoint	Point3d
IfcLine	Xline
IfcCircle	Circle
IfcPlane	Plane
IfcPolyline	DBObjectCollection
IfcArbitraryClosedProfileDef	Region
IfcExtrudedAreaSolid	Solid3d

BIM 几何操作与 AutoCAD 类的成员函数　　表 3-9

BIM 几何操作	AutoCAD 类的成员函数
IfcExtrudedAreaSolid	Solid3d::ExtrudeAlongPath()；
IfcBooleanClippingResult	Solid3d::BooleanOperation()；

此时，还需要根据实体的坐标信息描述，对生成的局部实体模型进行坐标变换。上述几何流程可以对任意的 IFC 几何实体模型进行重建，从而在图形引擎中生成相应的对象。

（3）表面模型的生成

表面模型建模是通过读取模型中已有的实体模型数据，在三维几何图形引擎中处理，最终将生成的表面模型数据集成到模型中的过程，分为三个主要步骤：首先，进行几何实体重建流程；然后，对建立的实体模型进行三角形网格划分；最后，将三角形网格数据转换为表面模型数据重新集成到模型中，如图 3-14 所示。建筑产品的几何模型通常在设计阶段创建，与实体属性、工程信息等一并集成在 BIM 模型中。几何模型的描述应用了 IFC 模型的资源实体，这些实体不能独立用于信息交换。将实体模型交换到三维几何图形引擎进行处理的过程需要追踪对象实体的唯一标识（即 GlobalId）值。这样当返回处理结果时，可以通过该 GlobalId 值定位到对应的建筑产品实体实例，然后将新创建的表面模型集成到模型中。

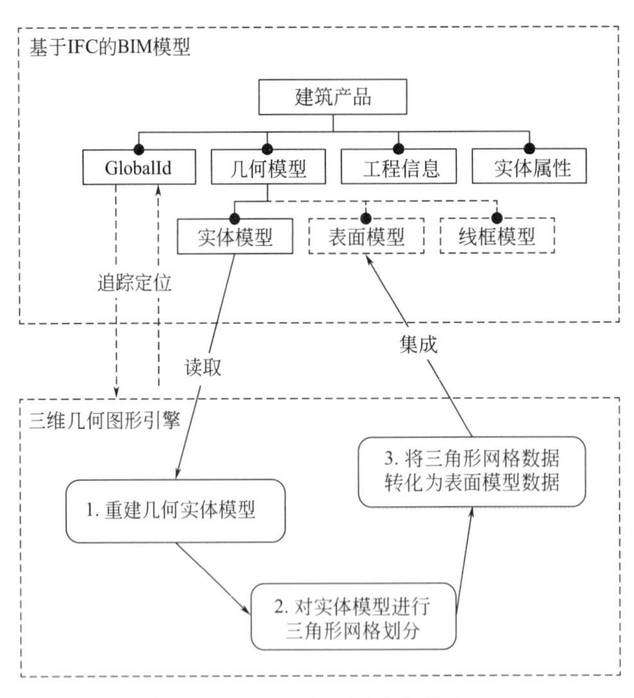

图 3-14　BIM 表面模型建模流程

对实体模型进行三角形网格划分，可以通过调用 AutoCAD Acbr 函数库（该函数库通常在 ObjectARX SDK \ utils \ brep 文件目录中）实现，流程如图 3-15 左侧所示。遍历 AutoCAD 组，逐一处理组中的几何实体模型。首先，打开组中的几何实体，使其处于可读取状态。然后，调用 Acbr 函数对实体进行三角形网格划分，形成由三角形顶点数据组成的顶点集合 Pts。这一过程可以调用 Get3dSolidMeshVertices 函数实现，其函数原型如下：

BOOL Get3dSolidMeshVertices（const AcDbObjectId objId，AcGePoint3dArray& Pts）

该函数以表示实体模型的 objId 为输入参数，将计算生成的三角形网格数据以点数组的形式返回给参数 Pts。然后，根据 Pts 数据在 AutoCAD 中创建 3DFace 三角形面对象。最后，为了记录 GlobalId，将这些三角形面对象添加到与 GlobalId 对应的对象中。

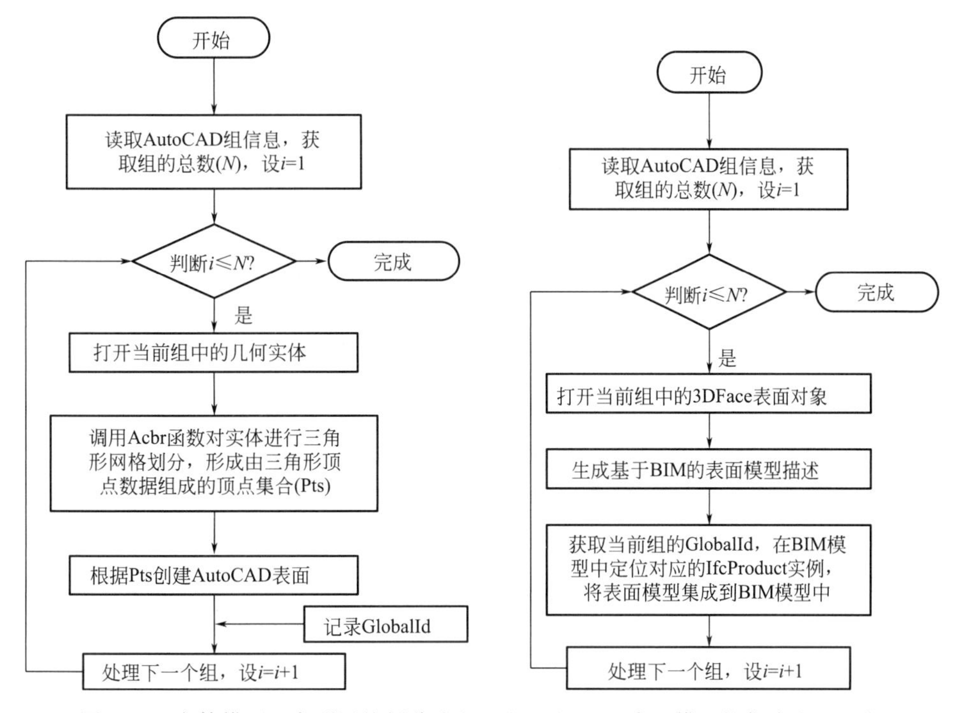

图 3-15 实体模型三角形网格划分流程（左）和 BIM 表面模型的集成流程（右）

将三角形网格数据转化为表面模型的流程如图 3-15 右侧所示。遍历 AutoCAD 组，逐一处理组中的 3DFace 面数据。首先，打开当前组中的 3DFace 表面对象，对顶点数据进行访问。然后，生成表面模型描述。最后，获取当前组的 GlobalId，通过 GlobalId 在模型中定位对应的 IfcProduct 实例，从而将表面模型集成到模型中。

实际上，表面模型的描述是通过多个实体实现的，如图 3-16 所示的 IfcFaceBasedSurfaceModel，表面模型的数据按照层次关系组成，分别是面集合（IfcConnectedFaceSet）-面（IfcFace）-面的边（IfcFaceBound）-多边形（IfcPolyLoop）-点（IfcCartesianPoint）。将 IfcFaceBasedSurfaceModel 实例赋值给 IfcShapeRepresentation 实例，并将其 RepresentationIdentifier 属性设置为“FaceBody”，RepresentationType 属性设置为“SurfaceModel”，即完成了表面模型集成到 BIM 模型中。

3.2.2.2 面向过程的子模型提取与集成技术

面向建筑全生命期的子模型提取和集成管理流程如图 3-17 所示。首先，用户登入系统，系统根据用户角色进行权限管理，列出用户当前所处的过程。接着，用户选择某一过

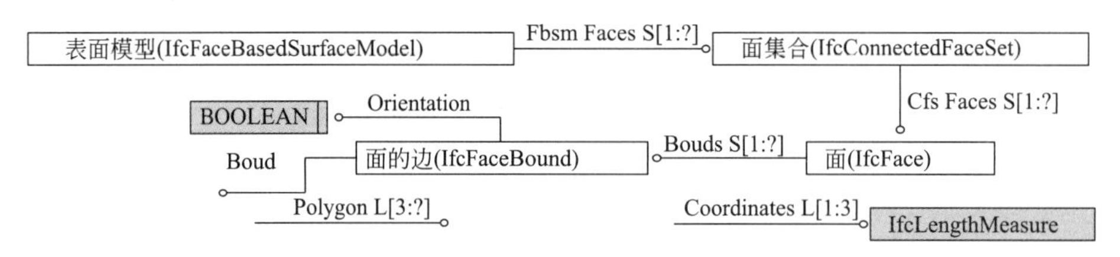

图 3-16　表面模型描述涉及的主要实体

程，基于 MVD 提取所需的子模型，系统将记录提取的时间和 MVD，并建立和存储关联关系，标识所提取的数据是该过程的输入信息。根据分阶段递进式建模的思想，为避免数据冗余和错误的修改，在集成子模型时，用户只能选择其已经提取过的数据进行集成。同样，系统也会记录数据集成的时间和 MVD，并建立和存储关联关系，标识所集成的数据是该过程输出数据。子模型集成的过程中，可将组织信息存入 IfcActor 表，将过程信息存

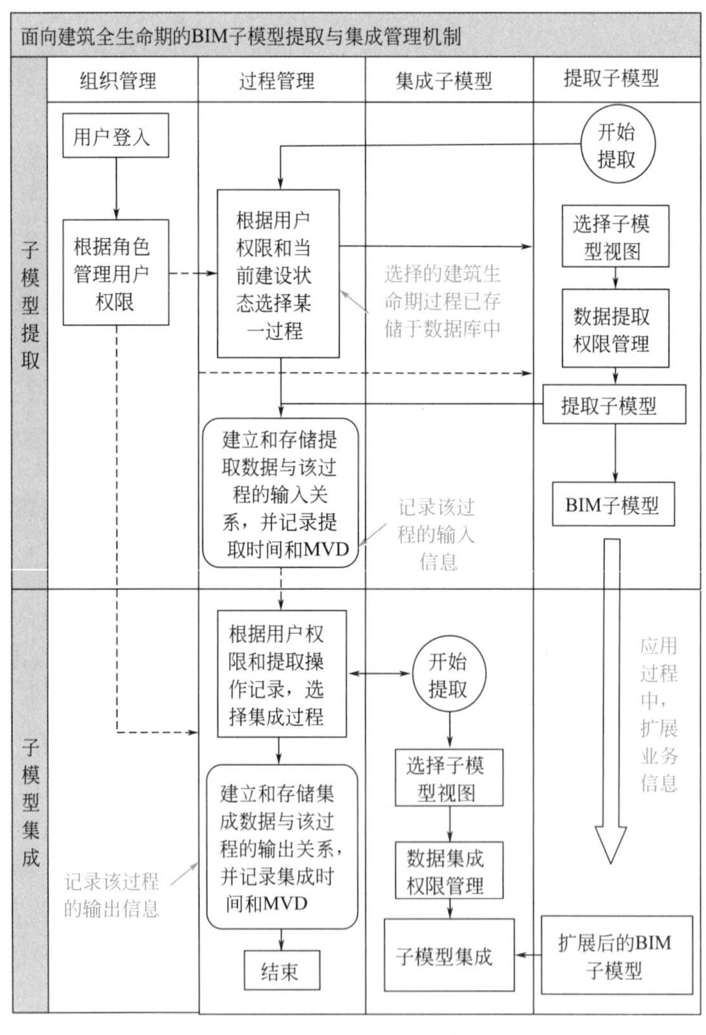

图 3-17　面向建筑全生命期的子模型提取与集成管理流程

入 IfcProcedure 表（IfcProcess 的子类），将输入、输出关系存入 IfcRelAssignsToProcess 表。IfcRelAssignsToProcess 表存储过程 GlobalID、输入或输出的可交换实体的 GlobalID 和类型以及数据操作类型（包括提取、修改、增加和删除）等信息。

子模型视图分为类型级别和对象级别（包括实体过滤条件）两类；由于结合实体过滤条件的子模型提取较为复杂，本节只讨论不包含实体过滤条件的类型级别子模型的提取方法，如图 3-18 所示。该方法针对 MVD 中的每个 IFC 类型，逐个从分布式数据库中提取相应的实体，加入到模型中，最终形成完整的子模型。其中 5）至 7）步是基于全局 ID 索引表的分布式数据提取的基本流程。

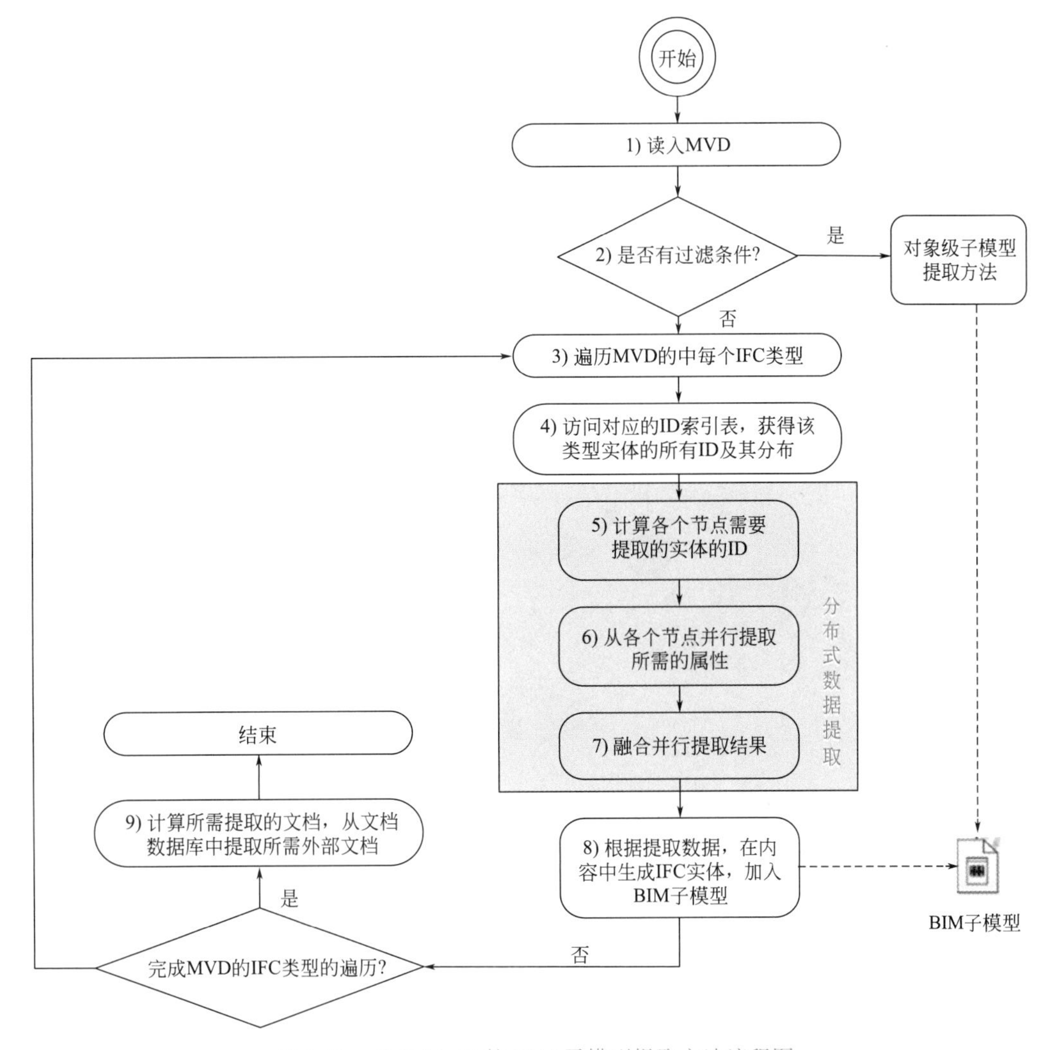

图 3-18　基于 MVD 的 BIM 子模型提取方法流程图

3.2.2.3　基于模型实体的集成技术

集成这一概念的含义比较广泛，一般共识是集成的数据应当相互关联，形成一个整体模型。本节在以模型实体为集成对象的前提下探讨集成问题。为避免混淆，首先对集成包含的各种不同概念进行如下约定，如图 3-19 所示，多参与方分布式环境中，数据的形态有子模型、实体集、数据库三类，其定义见表 3-10。本节中，将模型合并存储到数据库的过程称为子模型的集成；将实体集合并存储到数据库的过程称为实体集的集成；多个实体集合并为单一实体集的过程称为实体集的融合。反之，从数据库得到子模型的过程称为子模型提取；从数据库得到实体集的过程称为数据过滤。

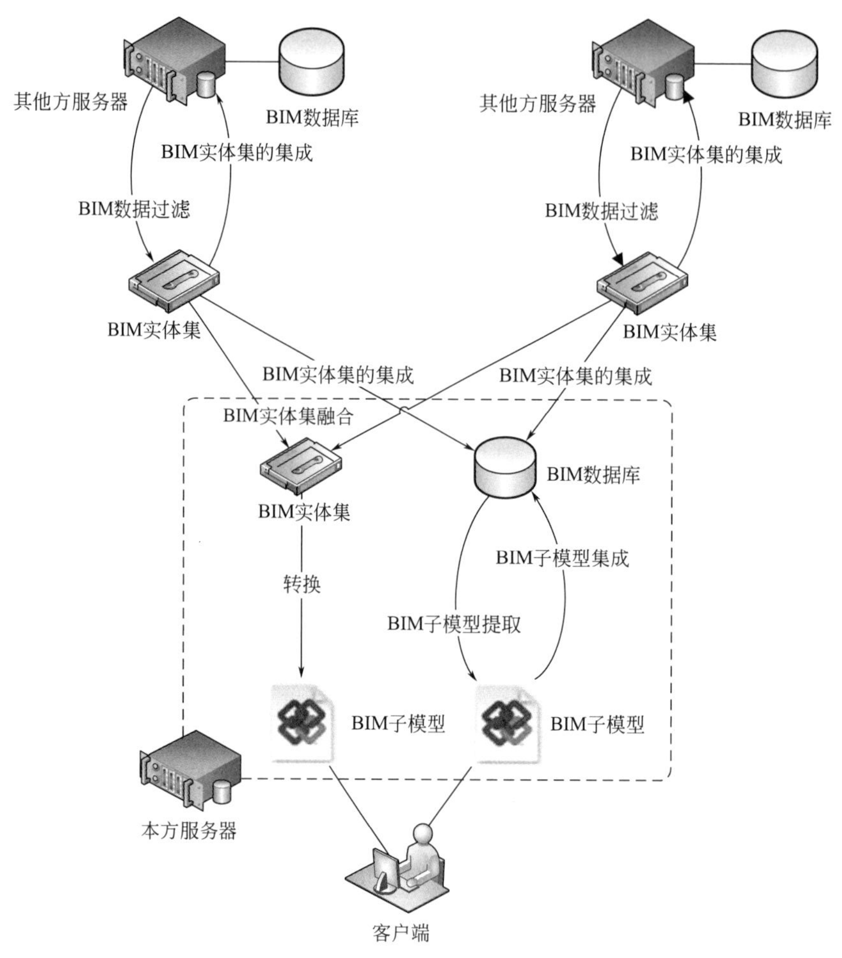

图 3-19　集成中的概念示意

数据的形态　　表 3-10

数据形态	数据格式	用途
子模型	标准 IFC 数据文件或内存中的 IFC 对象模型，有逻辑正确和完备性要求	所有与客户端数据交互的情形
实体集	自定义的数据交换格式，能够快速转换为数据库记录，不要求逻辑正确和完备数据交换	端服务器之间的数据交换
数据库	数据库记录，一条记录对应一个实体	存储数据

上述集成相关的概念基本涵盖了集成技术的各类应用情形，包括：用户应用本方数据过程中的子模型集成技术；多参与方数据互用或同步更新的过程中，实体集传递完成后的

实体集的集成技术；用户需要应用全局数据时的实体集融合技术。

（1）可交换数据实体

数据是以可交换数据实体为基本单位进行存储和交换的（对外的数据交换使用标准 IFC 数据文件）。可交换数据实体最显著的特征是具有全局唯一性，一般可使用全局唯一标识（如 IFC 大纲中的 GUID）进行识别。

（2）子模型集成技术

从数据的逻辑完整性的角度考虑数据状态分析问题，对于基本实体（非关系实体的其他可交换实体）可以简单根据存在性判定新增和修改，不删除非关系型实体；对于关系实体不简单根据存在性判定，而是使用一种综合的数据关系修正方法，从逻辑正确性的角度来决定应当对关系实体采取何种操作（新增、修改或删除），从而在不删除基本实体的情况下实现逻辑上的删除，不影响数据的正确使用。

数据关系修正的目标是保证集成后数据实体关联关系的正确性，以下以一对一关系的集成工况为例讨论数据关系修正的思路和算法，此时，假定数据库中已经存在“A-R-B”关联（如图 3-20 所示）。

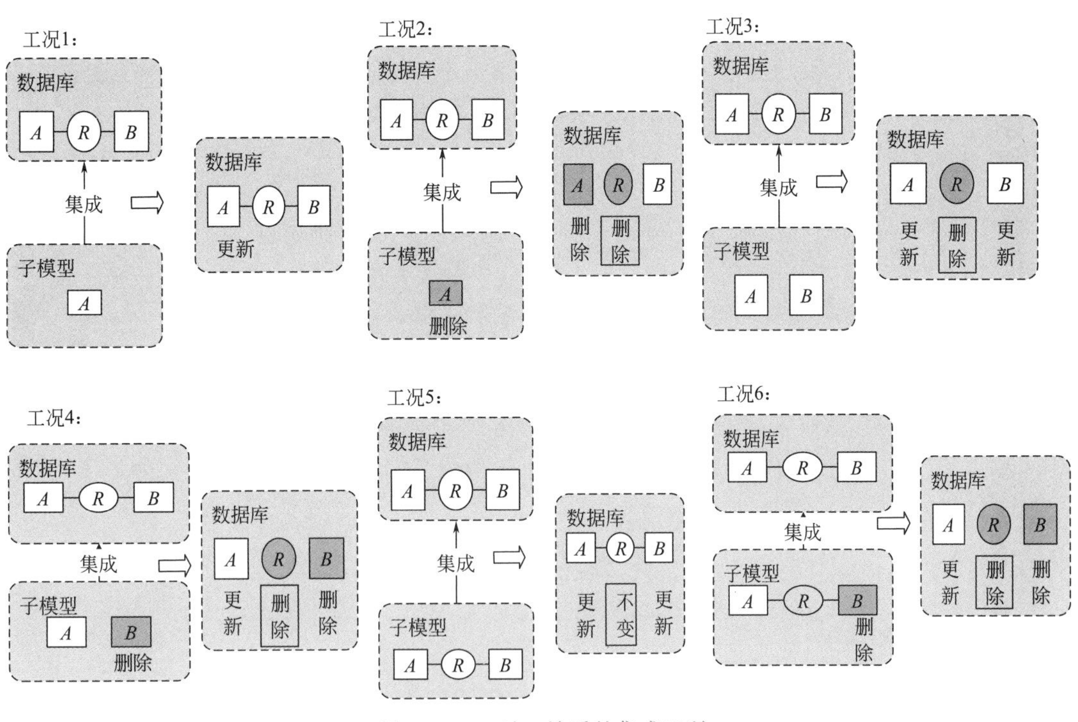

图 3-20　一对一关系的集成工况

工况 1、2：子模型中只有一个基本实体 A。若 A 为删除状态，则需要同时删除关系实体 R，否则更新基本实体 A。基本实体 A 与 B 在一对一关系中为对等状态，不需要为单独分析 B 而设定工况。

工况 3、4：子模型中包含基本实体 A 和 B，不包含关系实体 R。更新 A 和 B，并且若 A、B 之中有一个为删除状态，则需要同时删除关系实体 R。

工况 5、6：子模型中包含三个实体 A 、B 和 R。若 A 、B 之中没有被标记为需要删除的实体，则更新 A 和 B，不需要更新 R。反之若需要删除 A 或 B，删除 A 或 B 之一时需要同时删除关系实体 R，根据子模型的完备性前提可以推断此条件在子模型中已经被满足。

（3）实体集集成技术

实体集集成是将由可交换数据实体组成的实体集存储到数据库中的过程。在基于分布式私有云的数据集成与管理架构中，实体集集成技术主要应用于多参与方之间的数据传递。工程项目多参与方数据互用过程完成时，接收数据的端服务器需要将其他方发来的数据过滤结果集成到本方数据库中；分布式数据同步更新过程完成时，存有所更新数据副本的端服务器，同样需要将从数据所有方发来的用于更新副本的实体集在本方的服务器中集成。

实体集是一种基于可交换数据实体的、自定义的数据交换格式。其数据结构为一种双层字典的结构，如图 3-21 所示。两层字典的键（Key）分别是 IFC 实体类型和实体的 GlobalId，TRowResult 对象是 Hbase 中的一条行记录，代表一个半结构化的 IFC 可交换实体，TRowResult 对象可以直接通过 Hbase 的 API 存储到数据库中。如图 3-22 所示，首先将实体集按不同的 IFC 类型分解为多个 TRowResult 对象字典，在新增时直接存储在基于 Hbase 的半结构化 IFC 数据库中，在更新时先根据 GlobalId 判断实体的存在性，再用 TRowResult 对象直接更新存在的数据库记录即可完成集成。

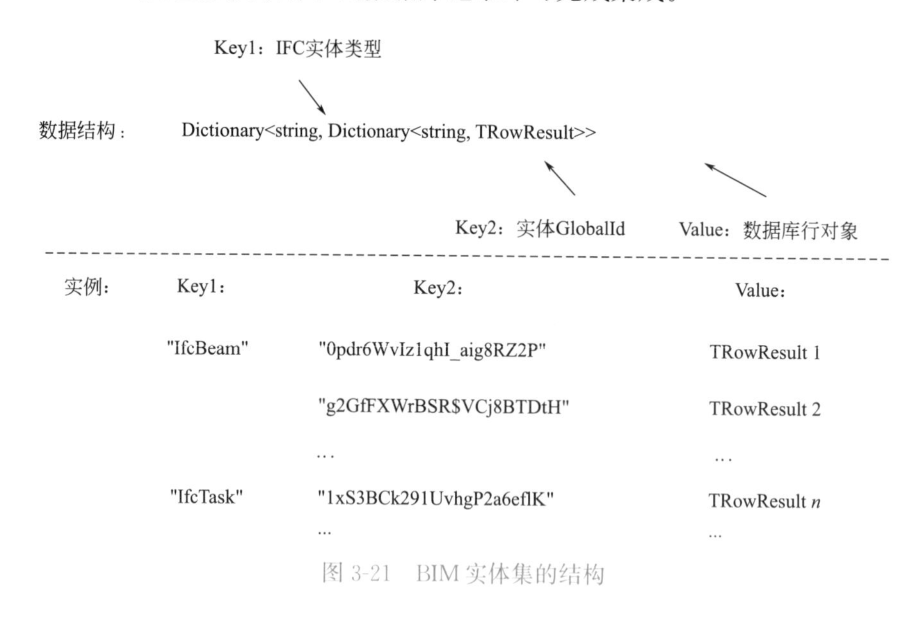

图 3-21　BIM 实体集的结构

从数据逻辑的正确性对实体集集成方法进行分析：在多参与方数据互用情形中，实体集中的全部数据实体都是新增数据，因而在集成时也全部执行新增操作，不会出现与已有数据冲突的情况；在分布式数据同步更新的情形中，实体集中的对象全部是副本数据，为保证分布式数据的一致性，应当严格按照实体集更新数据库中的既有数据，本地服务器不修改，且副本数据与本方所有的数据没有交集，因而不会引发冲突。所以实体集集成技术和方法不会引入数据冲突，不需要进行修正。

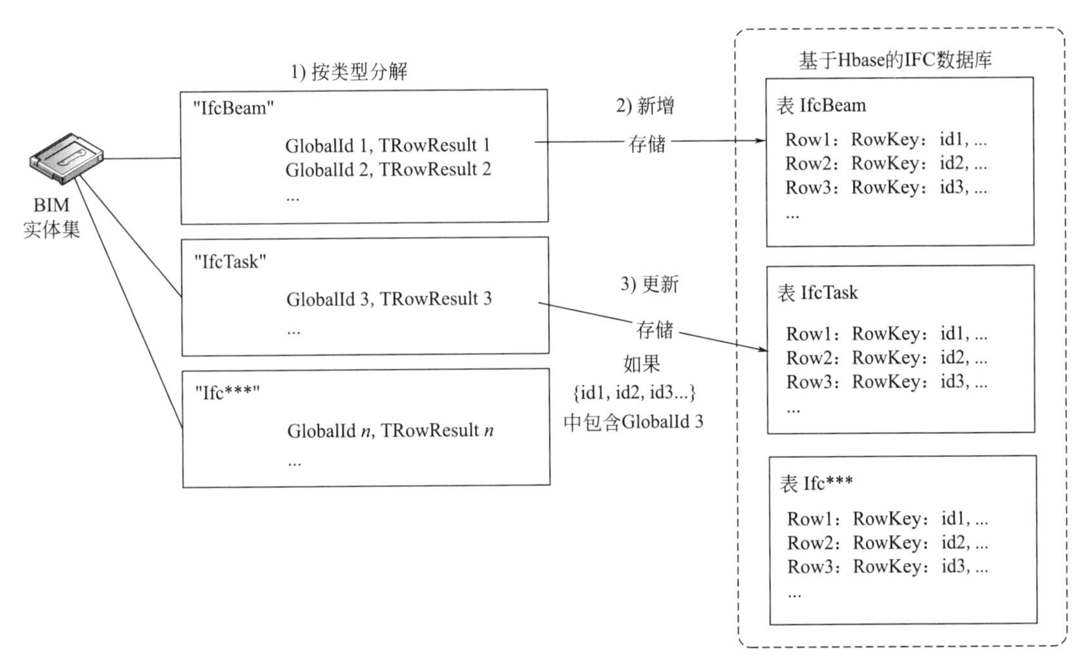

图 3-22 实体集的集成在程序实现方面的应用

3.2.3 信息模型的检索技术

在全局（各个端服务器都可以访问的位置）建立一个索引数据库，存储各部分数据的位置信息，并以服务的形式向各个端服务器提供查询接口，这样各端服务器就能够通过查询获取各类操作所需的数据的位置，从而支持全局数据索引。

要通过 MVD 实现多参与方之间的数据互用，数据索引的细度必须达到实例级别，即针对各端服务器中存储的每一个数据对象的实例，都需要在索引服务器中建立一条记录来存储其位置。考虑到整个工程项目的数据量，这种索引数据库的数据量是相当巨大的，因而在设计和实现时要进行充分的优化，尽可能提高索引的查询效率。

（1）元数据存储

IFC 实体和端服务器（或参与方服务器）中提取关键信息形成全局数据索引的元数据。如图 3-23 所示，IFC 实体的元数据由实体的唯一标识 GlobalId、实体的类型 EntityType 和名称 Name 三个属性构成，以其中的 GlobalId 为主键。服务器的元数据定义包括了服务器的 ID、IP 地址（ServerIp）、参与方名称（Name）和定义该参与方数据需求的 MVDXML 文件的本地存储位置（MVDPath）四个属性，以 ID 为主键。另外，建立实体元数据表与服务器元数据表之间的两类关联关系，一类是一对多关联，用于表达服务器和 IFC 实体之间的从属关系，在元数据中以 IFC 实体元数据的 HostSvr 属性表示；另一类是多对多关联，用于表达实体在服务器中存储的一般状态（不具有从属关系），在索引数据库中以外键表 Relation 的方式实现，外键表中的 Access 属性可以用来描述服务器所在参与方对存储的数据实体拥有的权限。使用经过简化的元数据作为全局数据索引的基础数据结构，可以很大程度地降低数据量，提高数据查询的效率。

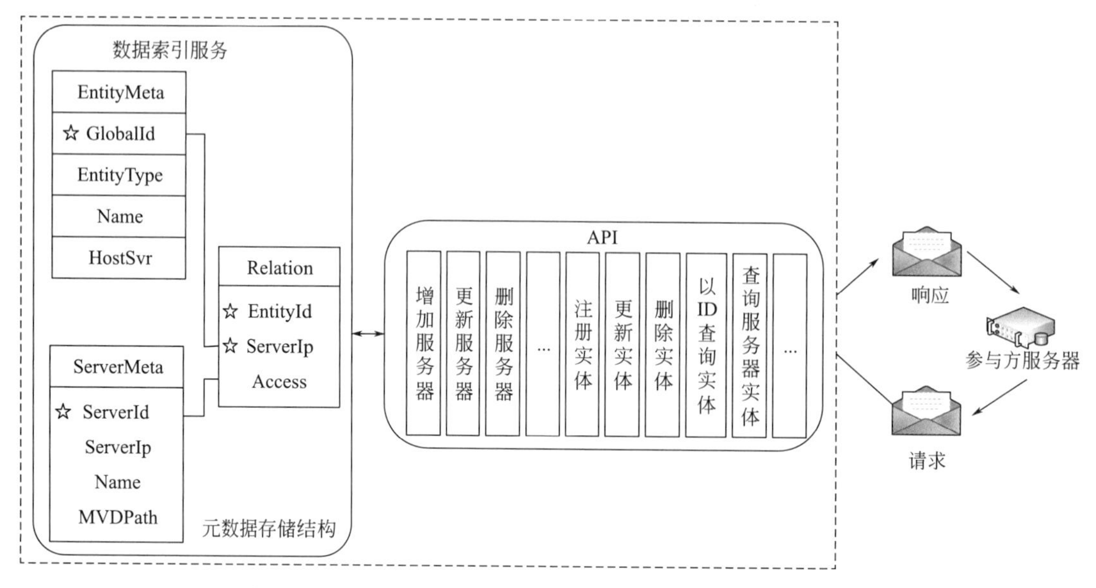

图 3-23　全局数据索引服务

（2）批量处理

虽然全局数据索引需要在实例级别处理数据，但针对个别数据实例的操作请求并不常见，索引数据多以集合的形式发送和处理。例如端服务器中有新增数据时，需要在全局数据索引中进行注册，即建立索引记录，此时会向全局索引服务器发送新增实体的元数据列表，而不会逐个实体一一发送。此外，数据索引的增、删、改等操作也多是以批量处理的方式进行的。在全局数据索引的实现中，使用批量处理设计，能够尽量避免使用循环遍历的方式与数据库进行频繁的交互，从而提高索引服务器的处理能力。

（3）并行查询

与索引数据库的增、删、改等操作类似，针对全局数据索引的查询操作也以批量的形式为主，针对个别实例进行查询的情形可能性较低。为了提高查询的效率，在索引查询时可使用并行算法，即对被查询的数据表进行分块，随后并行地在各个数据区块执行查询，最后将查询的结果汇总。并行算法的使用可以在多个线程上执行，能充分利用多核心CPU 的计算能力，在索引数据量超出单个服务器处理能力时，可使用集群系统来存储索引数据，此时该并行查询算法也可移植到多台计算机构成的集群中运行。使用并行查询可以提高数据索引查询的效率，缩短查询时间，进一步提高数据索引服务器的数据处理能力。

3.3　建筑信息模型（BIM）及其应用

3.3.1　BIM 概述

BIM 是从继承和发展于机械制造业的建筑产品模型（Building Product Model，BPM）的概念演化而来。它通过对建筑构件及其相互关系建立统一的、完整的数字模型，来最大限度地实现建筑信息数字化的全信息模型。更确切地说，它是一个智能化的建筑物三维模型，能够连接建筑生命期不同阶段的数据、过程和资源，是对工程对象的完整描述，可被建筑项目各参与方普遍使用，帮助项目团队提升决策的效率与正确性。美国国家标准技术研究院给出的定义为：BIM 是以三维数字技术为基础，集成建筑工程项目各种相关信息的工程数据模型，是对工程项目设施实体与功能特性的数字化表达（图 3-24）。

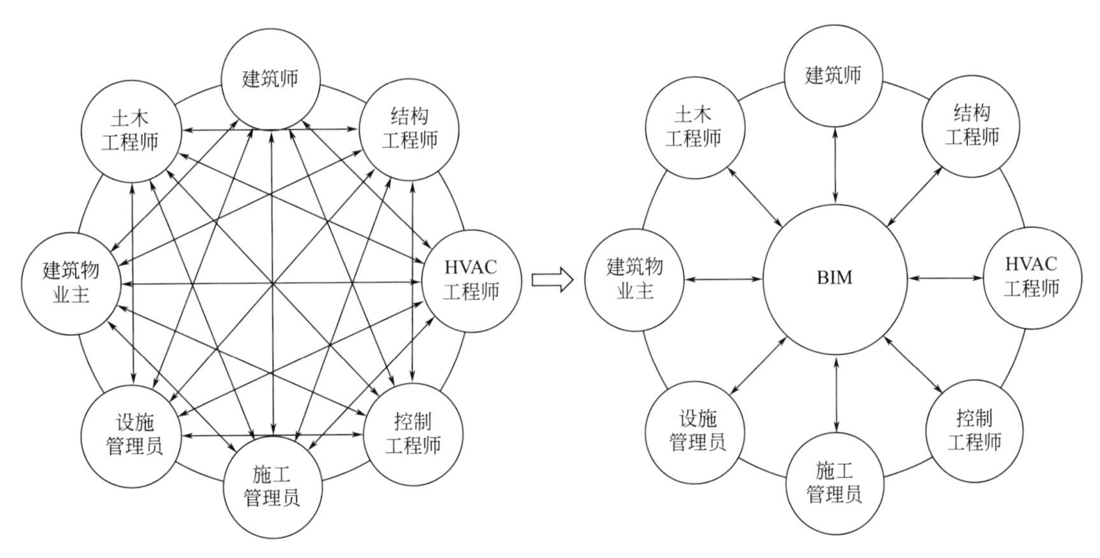

图 3-24　BIM 的概念

以上对 BIM 的定义是从产品（Model）角度考虑的，随着 BIM 技术的不断发展，学术界和工业界都逐渐将“M”发展为另外两个层面，即侧重建筑信息的建模过程（Modeling）和管理应用过程（Management）。

BIM 的提出源于建筑业产业结构的分散性所导致的信息共享问题，旨在通过引入先进的信息技术手段，基于三维信息模型，解决工程项目中各个独立参与方之间或内部的分布式异构工程数据难以交流和共享的问题，是一种从根本上解决建设项目规划、设计、施工以及维护管理等各阶段应用系统之间的信息断层，实现全过程工程信息集成和管理的方法和技术手段。

计算机辅助制图和计算机辅助设计（CAD）的发展使工程师们甩掉图板是建筑行业信息化的第一次革命，BIM 的提出、引入和发展则被普遍认为是建筑行业的第二次信息化革命。另一方面，BIM 的提出和应用，除了在技术上对建筑行业行为进行改进和创新以外，更挑战着传统的行业行为模式和管理方式，使得建筑生命期管理不再停留在概念和想象中，而是让所有的行业参与人感受到了技术变革所带来的希望。

BIM 的出现是 CAD 发展历史上的一个重要里程碑，其概念也被多数商品化 CAD 软件所应用，如 Autodesk 的 Architecture Desktop（ADT）系列、Revit 系列，Bentley 的 Architecture 系列，Graphisoft 的 ArchiCAD 系列、Nemetschek 的 AllPlan、PKPM 系列软件、广联达系列软件（如 GCD）等。

BIM 包含建筑模型、过程模型和人决策模型三个核心组成部分，其中，建筑模型可以理解为是包括建筑组件（Component）以及它们之间的空间的与非空间的关系，即数量巨大的组件及其复杂的拓扑关系，其中空间信息包括建筑构件的空间位置、大小、形状以及相互关系等，非空间信息包括建筑结构类型、施工方案、材料属性、荷载属性、建筑用途等。过程模型是指建筑物运行的动态模型，它将与建筑组件相互作用。人决策模型是一种人类行为对建筑模型与过程模型所产生直接的和间接的作用的数值模型。

BIM 的本质是通过建立单一工程数据源，解决分布式、异构工程数据之间的一致性和全局共享问题，支持建筑生命期动态的工程信息创建、管理和共享。BIM 通过连接建筑生命期不同阶段的数据、过程和资源，并对工程对象的完整描述，可被建设项目各参与方普遍使用，可见，基于文件的信息交换与基于 BIM 的信息共享有着本质区别。

清华大学张建平教授曾总结，BIM 具有完备性、关联性和一致性等特性。其中，完备性是指 BIM 除了包含工程对象 3D 几何信息和拓扑关系的描述，更重要的是包含了完整的工程信息描述。例如包括设计信息（结构类型、建筑材料、工程性能等）、施工信息（施工工序、进度、成本、质量以及人力、机械、材料资源等）、维护信息（工程安全性能、材料耐久性能等）以及关联信息（对象之间的工程逻辑关系等）。另一方面，BIM 作为一个完备的单一工程数据集，不同用户可从 BIM 中获取所需的数据和工程信息。关联性是指 BIM 中的对象是可识别且相互关联的，当模型中的某个对象发生变化时，与之关联的所有对象都会随之更新，并支持对模型信息的分析和统计，生成与之相应的图形和文档。一致性是指在不同阶段的模型信息是一致的，同一信息无需重复输入，且信息模型能够自动演化，模型对象在不同阶段可以修改和扩展。比如在方案设计阶段，道路的表示形式是单一中心线；在初步设计阶段，道路用完整的中心线、路缘、路肩和道路红线表示；在施工图设计阶段，道路需要用更详细的道路图纸和模型表示。

作为一个真正的 BIM 应用，应该至少体现如下的五个关键点：

（1）其应用是基于三维模型；

（2）三维模型之间存在着关联关系；

（3）三维模型中除了几何信息外，还包括各种其他工程信息；

（4）其目的是面向建筑全生命期的信息共享和传递；

（5）可以且应当作为一个工程项目唯一的数据源。

可见，BIM 技术的价值体现在多个方面。它能够连接建筑生命期不同阶段的数据、过程和资源，支持建筑项目信息在规划、设计、建造和运行维护全过程无损传递和充分共享，使项目的所有参与方协同工作，大幅提高信息交流效率。它可以实现工程项目精细管理和建筑全生命期的信息共享，支持设计与施工一体化，避免建筑工程“错、缺、漏、碰”现象的发生，减少资源浪费。BIM 技术也能支持建筑环境、经济、耗能、安全等多方面的分析和模拟，实现虚拟设计、建造、管理以及建筑生命期全方位的预测和控制。BIM 技术提供制造、运输、装配等全过程模拟及跟踪手段，推动了建筑行业工业化发展。目前，BIM 技术的应用已经普及，贯通建筑行业产业链，促进着建筑业生产方式的变革，带来了巨大的经济和社会效益。

3.3.2 BIM 的应用

3.3.2.1 方案设计阶段应用

与传统的 2D 流程相比，使用 BIM 最显著的优势之一是大多数技术图纸（如水平和垂直部分）都直接从模型中导出，彼此协同一致。不同部分模型之间的冲突检测可以在项目早期阶段识别和解决规划设计的冲突。很多关于建筑物几何和材料参数的输入信息可以直接从 BIM 模型中获取，实现包括结构分析、建筑性能模拟、疏散模拟等模拟和分析，促进了计算和模拟的无缝集成。此外，利用模型数据可以计算出精确的工程量，为成本估算提供可靠依据，提高招投标过程的准确性。下面以三维可视化设计和不同专业间协同设计为例进行详细介绍。

（1）三维可视化设计方法

不同于传统 CAD 的二维设计，基于 BIM 的设计是以三维模型为基础的。传统的二维设计所绘制的柱、墙、梁、板等构件本身不具有构件属性，只是由点、线、面构成的封闭图形。而在 BIM 技术支撑下所创建的三维构件模型在空间中有独立的坐标和几何模型表达方式，因此设计师的构想能通过虚拟的三维立体图形实现可视化设计。同时，构件模型具有各自的工程属性，通过捕获对象可获得构件的位置、尺寸、高度、材料、工程量等信息，这些属性在 BIM 软件中以数据形式保存为设计阶段的 BIM 模型。比如，基于 BIM 的建筑设计软件 Autodesk Revit，可以让设计师快速方便地实现三维设计，并在软件中支持模型、图纸联动和构件属性查询等辅助设计的功能（图 3-25）。

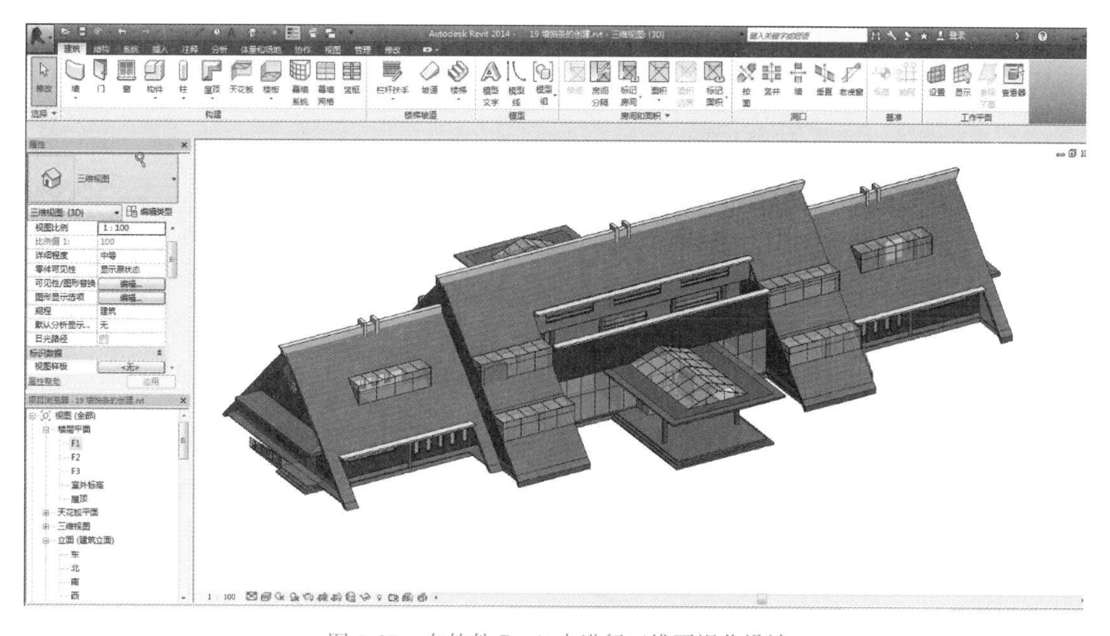

图 3-25　在软件 Revit 中进行三维可视化设计

（2）多专业协同设计

基于二维 CAD 的设计模式下，各专业间的设计数据不能共享，无法相互协作，导致设计院内部通过图纸审核，往往也只能解决建筑和结构间的构件尺寸统一问题，对于水、暖、电等设备之间，以及建筑、结构、设备之间的设计冲突，通常会遗留到施工过程中发现和解决。各专业图纸间的设计矛盾会导致多参与方之间的协调难度增加，增加施工过程中方案变更的可能，造成工程成本增加，工期延长。在 BIM 技术的支撑下，各专业通过 BIM 设计软件实现协同工作，避免专业间的设计冲突。此外，各专业的设计数据也将同步共享给其他专业，因此当某专业设计的对象被修改时，其他专业的相应对象也会随之更新。这些协同优势将大幅提高设计效率和设计质量。

以结构安全分析为例，随着现代建筑体型越来越复杂，面向安全性能协同方案设计的要求也越来越高：①方案设计需要应用多种结构计算分析软件进行联合分析和对比；②在方案设计阶段需要考虑施工动态过程；③需要实现设计阶段与施工阶段信息的跨阶段集成与共享。

考虑以 BIM 作为信息源，借助其强大的信息量和信息处理能力，能根据已经建立的结构分析模型，结合模拟的施工进度，实现施工过程动态分析，大大提高了设计阶段施工过程力学分析的可应用性。此外，通过引入 BIM 技术，可以使建筑师和结构工程师共享一个统一的模型，各自从中获取所需的信息并建立起自己所需的子信息模型（Sub-BIM），调整后再反馈回到统一模型中。

具体过程如下：①建立一个 BIM 模型，用于统一存储和管理这两个阶段间产生的所有信息，并实现其共享和集成。设计和施工阶段所需要的相关信息，都从该信息模型中获取，既减少了数据的冗余度，提高了数据获取的效率，也保证了数据的一致性和连贯性，可为设计阶段和施工阶段的集成应用提供基础数据的良好支撑平台；②基于此模型，实现与多种有限元软件的模型接口，以统一各种软件的结构分析模型，并大大提高模型的生成效率；③在设计阶段添加施工信息，应用结构分析模型自动生成技术，实现施工过程模拟和动态连续的结构分析，并可以此为依据为施工方案的制定提供参考；④在施工阶段结合设计信息，实现时变结构连续动态结构分析，为其安全性能提供分析、支持和保障。

清华大学研发的一个 Web-BIM 系统如图 3-26 所示，用户在浏览器端（Web 端）上传结构分析软件所建立的模型文件后，可以在线浏览、在线管理和在线转换相应的结构分析 Sub-BIM，支持 IFC、Etabs、ANSYS、Marc、SATWE 和 SAP2000 之间结构分析模型的相互转化。

图 3-26　Web-BIM 系统主界面

3.3.2.2　施工阶段应用

BIM技术不仅为土木与建筑工程的设计提供了显著优势，在施工阶段，BIM可以支持在准备投标时确定承建商所需的服务和成本；可以将单个建筑组件与预定的施工时间相关联，建立4D-BIM子模型，通过虚拟仿真等方法验证施工方案，进行空间碰撞检测，指导组织施工场地的物流，分析成本随时间的变化等。

（1）施工虚拟仿真

现代化的建筑具有高、大、重、奇的特征，如国家体育场的外部钢结构采用了扭转构件，上海中心大厦的外筒设计了大跨度水平钢桁架等。按照传统的施工方式，钢结构在加工厂焊接好后，应当进行预拼装，检查各个构件间的连接误差。在上海中心大厦建造阶段，施工方通过三维激光测量建立了每一个钢桁架的三维模型，在计算机上模拟了构件的预拼装，从而免去了在工厂的桁架预拼装过程，节约了大量的人力和费用。

（2）基于IPD模式的设计施工一体化

集成项目交付（IPD）是一种建筑项目交付方法，在项目最早阶段就将全生命期涉及的多参与方集结在一起讨论项目的需求，从而在设计、制造和施工各阶段提升各参与方的效率和参与。美国Tocci施工公司承包Autodesk公司AEC总部办公楼改建工程，通过应用BIM技术和IPD管理模式，61000平方英尺的办公建筑，从设计到交付使用仅8个月，成本从预算的200美元/平方英尺降低到实际的181美元/平方英尺，合共节约了65000美元，且整个项目中无工程变更、无索赔、无争端、无事故，整个流程下来节省了37%的能量消耗。

（3）各专业的碰撞检查，及时优化施工图

通过建立建筑、结构、设备等各专业BIM模型，在施工前的深化设计阶段通过软件对综合管线进行碰撞检测，并按照碰撞检查结果，对管线进行调整，从而满足设计施工规范、体现设计意图、符合业主要求、维护检修空间等要求，解决传统二维设计下无法避免的错、漏、碰、撞等现象，使得最终设计结果为零碰撞。此外，借由BIM技术的三维可视化功能，可以直接展现各专业的安装顺序、施工方案以及完成后的最终效果。

（4）实现动态、集成和可视化的4D施工管理

将建筑物及其施工现场3D模型与施工进度相链接，并与施工资源和场地布置信息集成一体，建立4D施工信息模型，实现建设项目施工阶段工程进度、人力、材料、设备、成本和场地布置的动态集成管理以及施工过程的可视化模拟。

清华大学综合应用4D模型理论，以IFC为工程数据表达与交换标准，研究建筑信息模型建模机制，建立相应工程信息集成机制，支持建筑生命周期不同阶段和应用系统之间的数据交换与共享，实现工程信息的集成化管理。基于IFC标准和工程信息模型，开发面向建筑施工的4D施工管理系统。同时，通过引入施工进度与资源分配的优化理论和过程模拟技术，实现施工进度、资源、成本的优化控制、动态管理和4D可视化模拟，以及生命周期管理的可视化、集成化和自动化，为制定施工计划，进行施工管理和估算工程成本提供决策依据，从而可以提高工程质量、降低成本、优化资源、节约能源和保护环境。所研发的“基于BIM的4D施工管理系统”以BIM理论为基础，综合应用4D-CAD、工程数据库、人工智能、虚拟现实、网络通信以及计算机软件集成技术，引入建筑业国际标准IFC，系统实现了建筑设计与施工管理的数据交换和共享，可以直接导入设计阶段定义的建筑物三维模型，并用于4D施工管理，在很大程度上减少了数据的重复输入，提高了数

据的利用效率，减少了人为产生的信息歧义和错误，为提高施工水平、确保工程质量，提供了科学、有效的管理手段（图 3-27～图 3-29）。

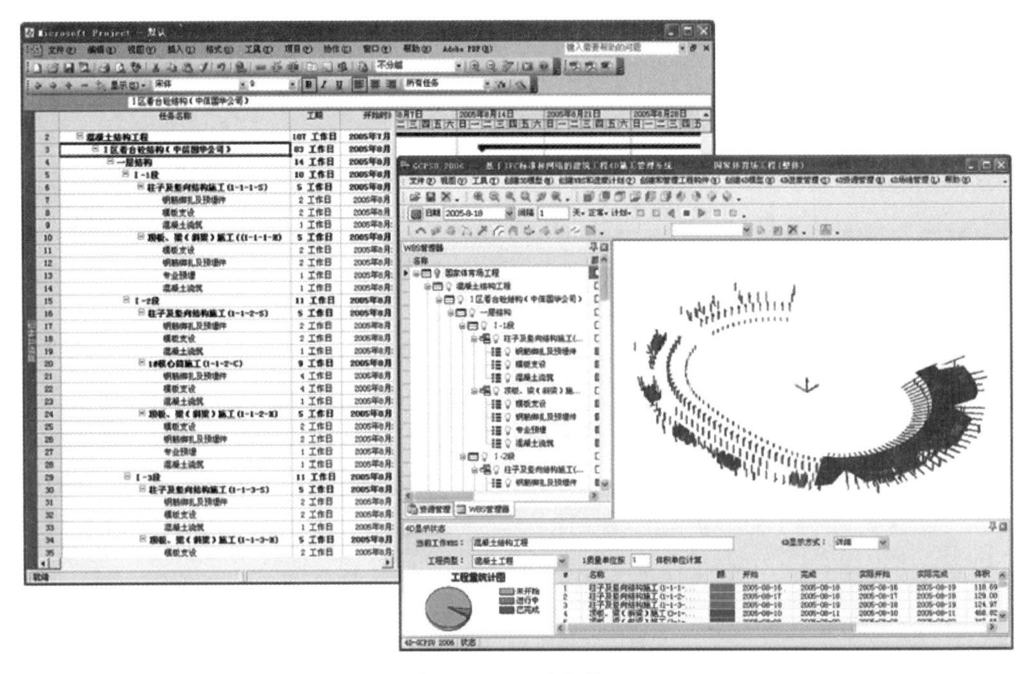

图 3-27　4D 进度管理

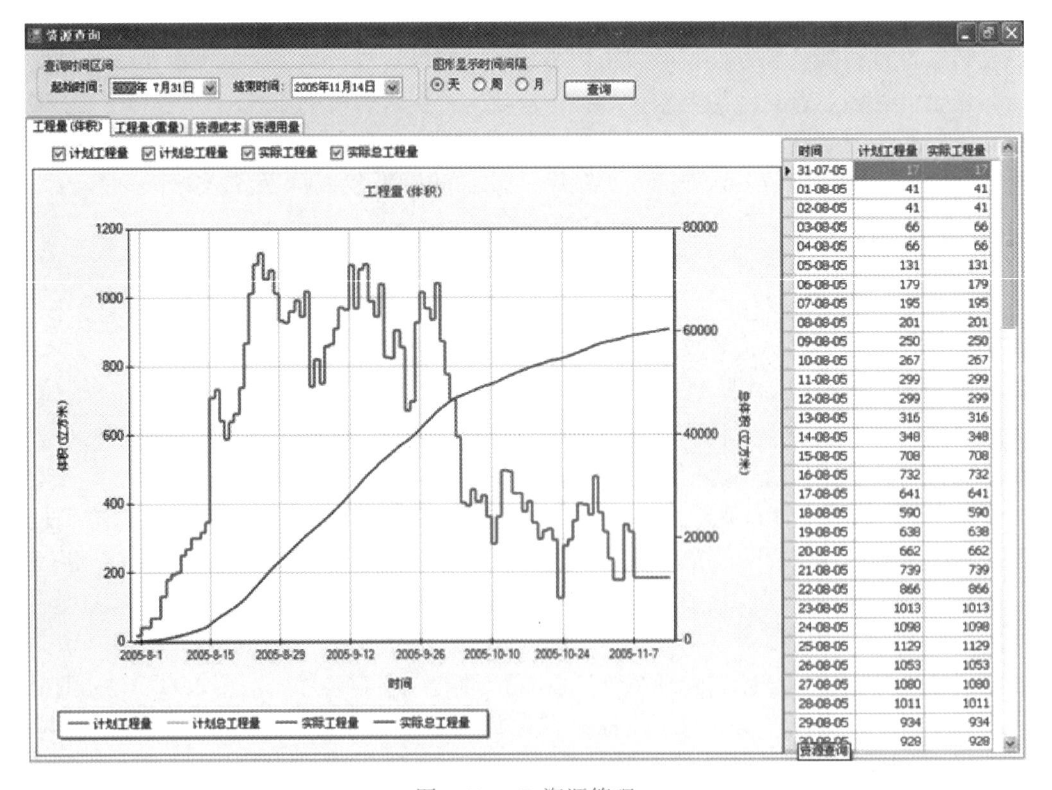

图 3-28　4D 资源管理

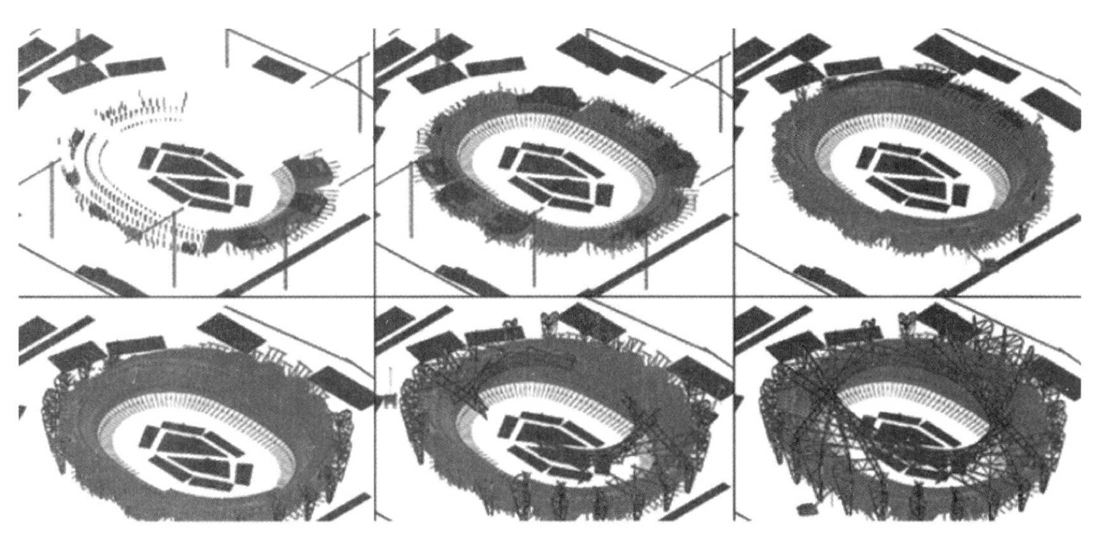

图3-29 4D施工过程模拟

3.3.2.3 运营维护阶段应用

BIM技术的进一步优势体现在相对较长的运维管理阶段。一个关键的前提是将BIM信息从前序阶段准确地移交给业主。以下介绍BIM技术在空间管理、机电设备管理、隐蔽工程管理、应急管理以及节能减排管理五个方面的应用。

(1) 空间管理

空间管理主要应用在照明、消防等各系统、设备空间定位和办公管理。获取各系统和设备空间位置信息，把原来编号或者文字表示变成三维图形位置，直观形象且方便查找。如消防报警时，在BIM模型上快速定位所在位置，并查看周边的疏散通道和重要设备等。其次，建立一个可视化的BIM模型，所有数据和信息可以从模型获取调用。如装修的时候，可快速获取不能拆除的管线、承重墙等建筑构件的相关属性；设施管理员可以将协调一致的空间和房间数据生成专用的带有彩色图的房间报告，以及带有房间编号、面积、入住者名称等的平面图。再者，工作空间内的工作部门、人员、部门所属资产、人员联系方式等都与BIM中相关的工位、资产相关联，便于管理和维护空间使用信息提取。企业管理者还可以在BIM信息平台上注明各员工已完成的工作和未完成的工作，并给予一定的奖惩制度，提高员工的积极性，增加工作效率等。

根据建筑使用者的实际需求，提供基于运维空间模型的工作空间可视化规划功能，并提供工作空间变化可能带来的建筑设备、设施功率负荷方面的数据作为决策依据，可以提高建筑内部的设备运行效率，提高生产力。例如，通过BIM平台可以快速定位目标房间，工作人员可以迅速了解室内环境，直观查询场地租用、器械配置等情况。

(2) 机电设备管理

机电设备（Mechanical，Electrical and Plumbing；MEP）工程是建筑给排水、采暖、通风与空调、建筑电气、智能建筑、建筑节能和电梯等专业工程的总称。MEP系统是一个建筑的主要组成部分，直接影响到建筑的安全性、运营效率、能源利用以及结构和建筑设计的灵活性等。传统的MEP运维信息主要来源于纸质的竣工资料，在设备属性查询，维修方案和检测计划的确定，以及对紧急事件的应急处理时，往往需要从海量纸质的图纸和文档中寻找所需的信息，这一过程无疑是费时费力。BIM 技术通过 3D 数字化技术为运维管理提供虚拟模型，直观形象地展示各个机电设备系统的空间布局和逻辑关系，并将其相关的所有工程信息电子化和集成化，对 MEP 的运维管理起到非常重要的作用。其中，BIM 是以三维数字技术为基础，集成了建筑工程项目各种相关信息的工程数据模型，是对工程项目设施实体与功能特性的数字化表达。近十年来的研究和应用表明，BIM 对于支持传统建筑业的技术改造、升级和创新，具有巨大的应用潜质和经济效益。

清华大学通过引入国际标准 IFC，基于从设计和施工阶段所建立的面向机电设备的 BIM（MEP-BIM），设计机电设备全信息数据库，用于信息的综合存储与管理。在此基础上，开发了“基于 BIM 的机电设备智能管理系统”，其目的一方面是为了实现 MEP 安装过程和运营阶段的信息共享，以及安装完成后将实体建筑和虚拟的 MEP-BIM 一起集成交付；另一方面是为了加强运营期 MEP 的综合信息化管理，为延长设备使用寿命、保障所有设备系统的安全运行提供高效的手段和技术支持。该系统包含集成交付平台、设备信息管理、维护维修管理、运维知识库以及应急预案管理等主要功能模块，辅助用户进行日常物业管理。例如，管理人员在系统中添加设备的维护计划，系统会按照计划定期提醒物业人员对该设备进行日常维护工作；在巡检过程中，可以通过 PDA 查看维护内容并记录维护情况，系统将自动生成维护日志（图 3-30）。系统还提供了查询备品库中设备备品数量的功能，提醒采购人员制定采购计划等。

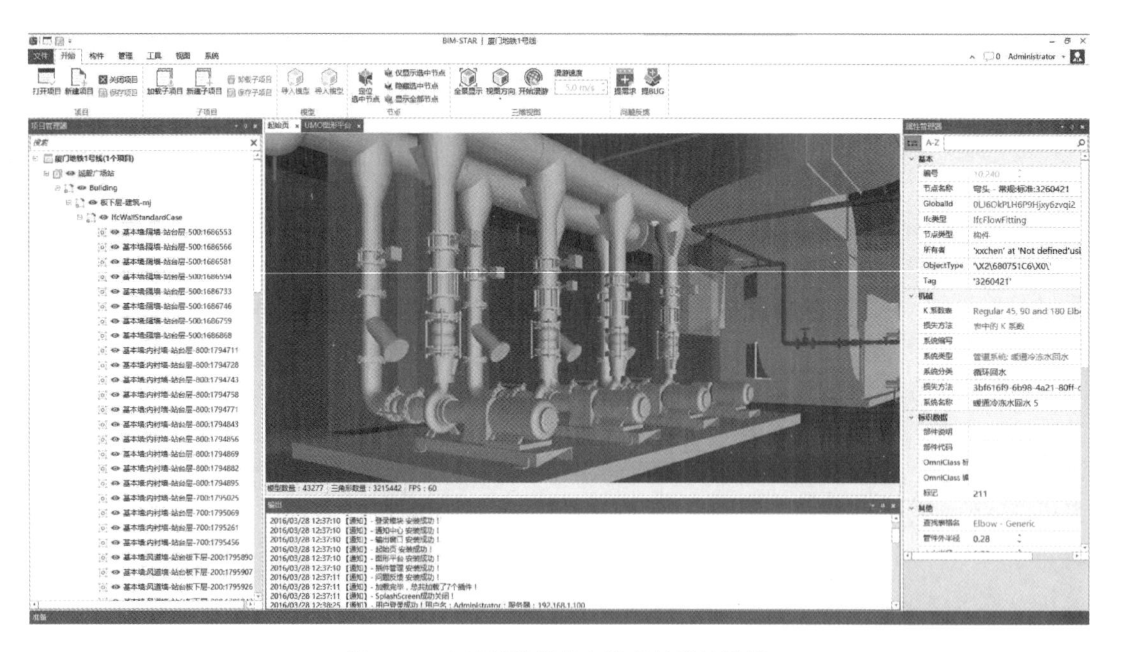

图 3-30　支持运维期机电设备的维护维修

（3）隐蔽工程管理

建筑中会有一些隐蔽的管线，例如吊顶内的水电走线、承重结构的钢筋等，这些信息难以获取。随着建筑物使用年限的增加，人员更换频繁，这些隐蔽工程所导致的安全隐患日益突出，甚至直接导致悲剧酿成。如 2010 年南京市某废旧塑料厂在拆迁时，因不掌握隐蔽管线布设情况，工人挖断地下埋藏的管道，引发了剧烈的爆炸，引起了社会的强烈反响。基于 BIM 技术的运维可以管理复杂的地下管网，如污水管、排水管、网线、电线以及相关管井等。运维人员在图上直接获得相对位置关系，从而在改建或二次装修时可避开现有管网位置，便于管网维修、更换设备和定位。

（4）应急管理

公共建筑、大型建筑和高层建筑等作为人流聚集区域，突发事件的响应能力非常重要。传统的突发事件处理仅仅关注响应和救援，而通过 BIM 技术的运维管理对突发事件管理包括：预防、警报和处理。例如，成千上万的机电设备及管线形成了错综复杂的结构关系，通过梳理其上下游关系，将为应急处理功能提供最基本的支持。当出现紧急情况时，物业管理人员携带移动设备进入现场进行紧急处理，移动设备通过接收 RFID 信号或者是扫描二维码信息获取出现问题的设备信息以及其上下游的信息，通过模型定位，找到构件以及其上下游构件在三维模型中的位置，快速地找到解决方案（图 3-31）。

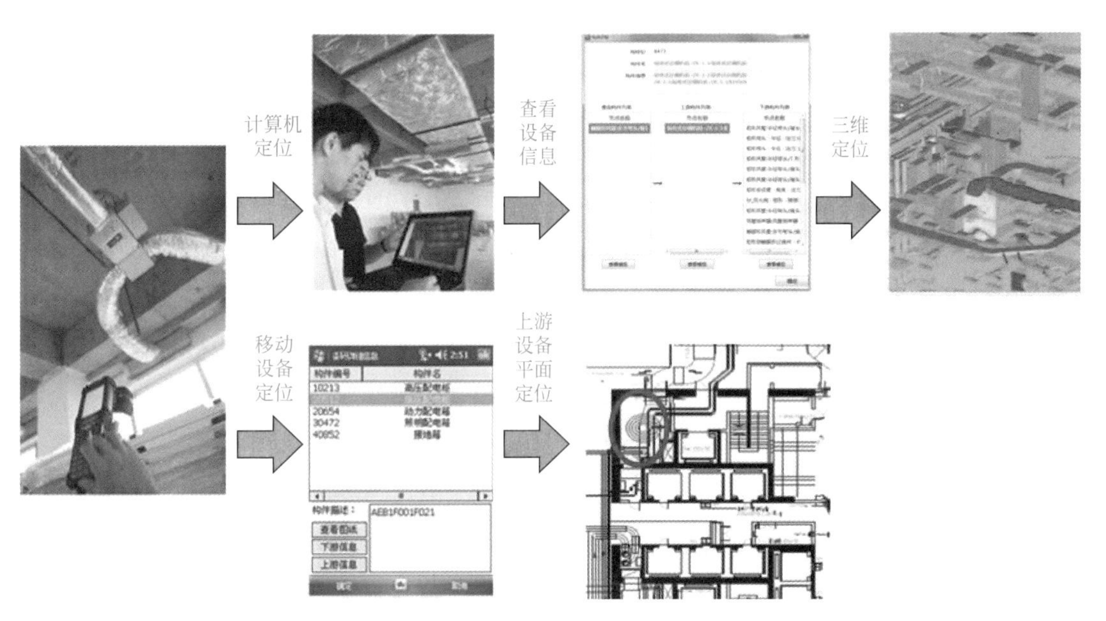

图 3-31　基于二维码的构件定位及应急管理

（5）节能减排管理

将 BIM 与物联网技术结合，可以使得日常的能源监控和管理变得更方便高效。例如，通过安装具有传感功能的电表、水表、煤气表后，可以实现建筑能耗数据的实时采集、传输、初步分析、定时定点上传等基本功能，并具有较强的扩展性。BIM 系统还可以实现室内温湿度的远程监测，分析房间内的实时温湿度变化，配合节能运行管理。在 BIM 系统及时收集所有能源信息，再通过开发能源管理功能模块，可以对能耗情况进行自动统计和分析，对异常能源使用情况进行警告或者标识。

3.4 地理信息系统（GIS）及其应用

3.4.1 GIS 概述

地理信息系统（Geographic Information System，GIS）是对地理数据进行采集、储存、管理、运算、分析和显示的技术系统，通常具有以下特征：

(1) 具有采集、存储、分析和显示多种地理空间信息的能力；

(2) 以地理研究和地理策略为目的，以地理模型方法论为依据，具有空间分析和动态预测能力；

(3) 可以利用计算机系统对复杂的地理系统进行空间定位和分析管理。

GIS 主要包括计算机软硬件系统以及系统管理人员、数据和程序的存储空间、地理空间数据库。其中，GIS 数据以数字数据的形式表现了现实世界的客观对象，是一个 GIS 最基础的组成部分。对于地理数据，可分为矢量数据和栅格数据，其地理特征、现象和关系用符号表示，如图 3-32 和图 3-33 所示。

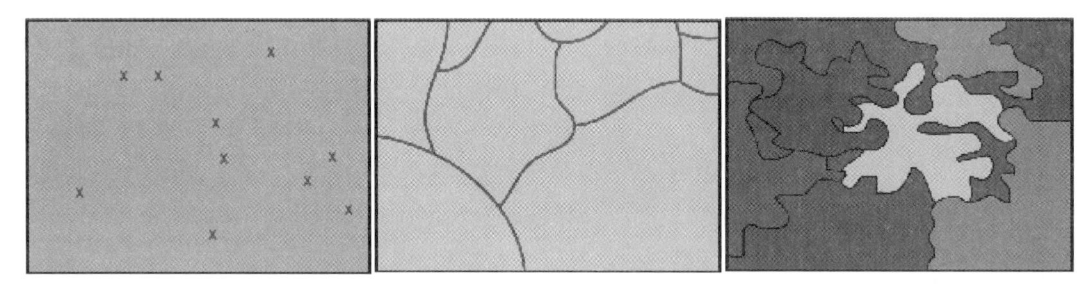

图 3-32　从左至右依次为矢量点特征、矢量线特征和矢量多边形特征

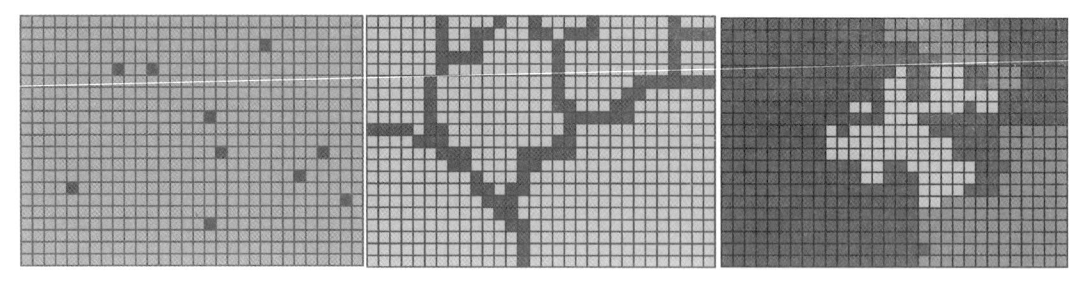

图 3-33　从左至右依次为栅格点特征、栅格线特征和栅格多边形特征

其中，矢量数据是采用离散对象表示空间要素的数据，比如，点可以通过一个坐标来表示，线可以通过一串有序的坐标对来表示，面则可以由一串有序并且首尾点坐标相同的坐标对和面表示符组成。矢量数据可以通过外业测量、栅格数据的转换或跟踪数字化等技术手段获取。栅格数据是采用矩阵数组表示空间要素的数据，具有管理简单、效率高、容易与遥感数据相互结合等特点。栅格数据可以通过矢量数据转换方式获取，也可以通过遥感数据、扫描地图和纯手工等方式获取。

矢量数据精确地描述了地理实体，但数据结构复杂，处理时对硬件要求较高；栅格数据结构简单，但数据量较大，图形的质量较低，给人一种锯齿感。因此，可以考虑矢量-栅格一体化数据结构，即点、线、面的地物可以保持矢量的相关特性，用栅格图像填充来表达位置和地物间的关系，从而使相关要素具有栅格的相关特性。

数字地图是以点、线、面或栅格的方式来表现现实世界的一种方式，是 GIS 的一种典型应用场景。

3.4.2 GIS 的应用

地理信息系统（GIS）可运用于方案设计阶段、施工阶段和运营维护阶段。

在方案设计阶段，运用 GIS 技术，可以对选址规划中的复杂空间问题进行辅助决策。比如建筑工程选址需要综合多因素指标，就学校的选址规划来说，需要考虑行政区划、人口密度、交通便利性、土地用途和学生往来距离等。利用叠加分析可实现选址规划的数据管理与多因素决策，从而准确全面地把握区域及周边环境的动态空间特征，有效合理地使用土地。

在基础设计或者基坑支护设计阶段，GIS 技术可集成建筑周边地质信息，辅助验算基础或者支护结构承载力。在节能设计方面，节能建筑可利用日照与自然通风，降低建筑能耗，且 GIS 技术可集成太阳辐射、风力风向等信息，为节能设计提供参考。

在施工阶段，GIS 可以支撑包括挖填方分析、施工场地布置和施工质量控制等。其中，分析挖填方时，数字高程模型（Digital Elevation Model，DEM）描述了建筑所在场地的高程信息，GIS 可支持挖填方计算。施工场地布置需要考虑材料的运输与堆放、机械作业范围等内容，GIS 可辅助施工场地布置与优化。在施工质量控制方面，GIS 可集成结构沉降、倾斜、土体位移数据等，可结合监测点位置信息，提供施工质量监测功能。

在运营维护阶段，GIS 技术可以支撑包括基础设施维护、城市灾害模拟、城市环境模拟以及与 BIM 的集成应用等。其中，在基础设施维护方面，GIS 可集成构件位置、传感监测等信息，为基础设施运营维护提供支持。在城市地下综合管廊智慧运维管理研究与应用中，利用实时监测技术多方位监控、预警综合管廊相关设施的运行情况，建立了集数据管理、信息查询以及设备管理等方面于一体的综合管理信息平台，从而保障综合管廊的安全运行。

在城市灾害模拟方面，基于高程模型与水源数据，可进行城市洪涝分析。此外，基于地质信息与建筑数据，可开展城市地震模拟等。图 3-34 展示了大不里士市的新城区第 2 区的地震模拟。从图中可以看出，第 2 区的大部分建筑是砖砌的，其他建筑类型依次为钢材、钢筋混凝土和水泥砌块（如图 3-34a 所示）。超过一半的整体建筑将被完全破坏，接近 1/3 的建筑将遭受非常高的破坏，极少部分建筑将遭受高度破坏，较少部分建筑将遭受中等程度的破坏（如图 3-34b 所示）。

在城市环境模拟方面，一种微中尺度（Micro-in-Meso-scale，MiM）模拟框架可用于建筑风环境与污染物扩散模拟。图 3-35 展示了深圳市某住宅小区的风环境模拟及其可视化效果。其中，左侧为风环境强度，云图中颜色越红表示风速越大；右侧在云图上增加了箭头，表示风的方向。箭头的方向和长度表示采样点的风向和强度。根据模拟分析结果可以看出，部分位置的风向甚至可能与整体风向相反，如右图①区域所示。而左图②区域所示，由于漏斗效应，最高风速出现在两座高层建筑之间，达到平均风速的 1.5 倍。在建筑

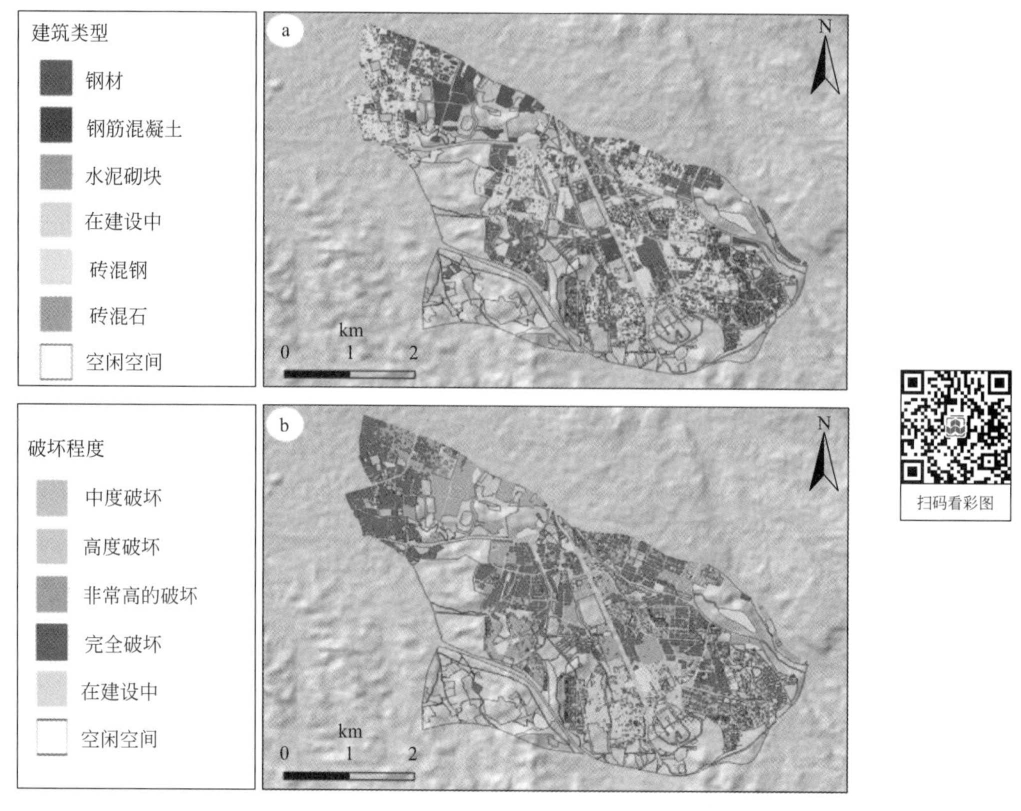

图 3-34　地震模拟：图 a 为楼宇类型、图 b 为第 2 区破坏图

群的背风面也存在风速较低的区域，如左图中的③区域。风过大或过弱都会在特定条件下给居民和行人带来不利影响，在建筑设计和运维过程中需要注意。

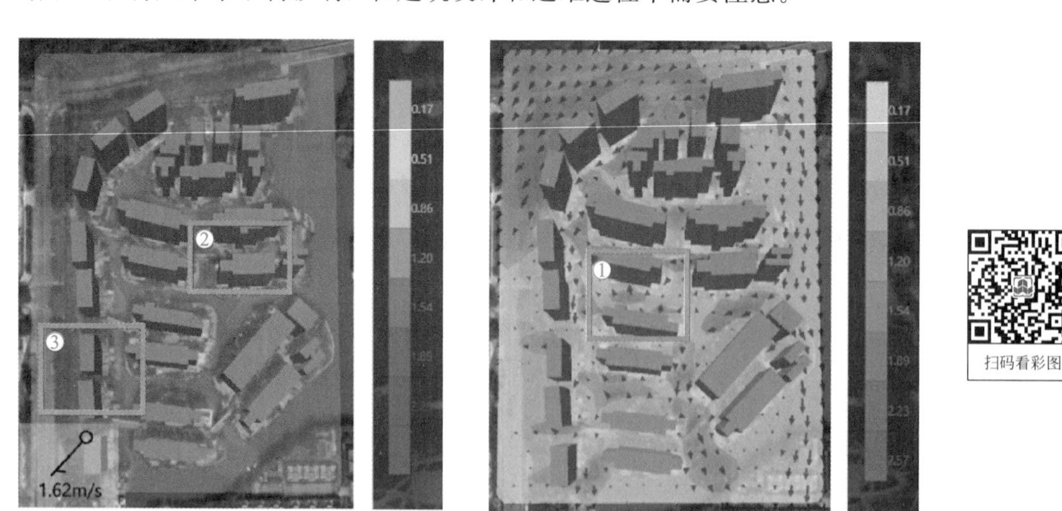

图 3-35　风的强度（左）和风的方向（右）

在 GIS 技术与 BIM 的集成应用方面，GIS 技术可提供建筑物的周边环境信息，BIM 技术可提供建筑物内部的详细几何与语义信息，从而形成多尺度建筑数据模型，支持建筑

运维管理。一个多尺度 BIM 的体系结构如图 3-36 所示，包括 CM（Construction Management，即施工管理）的宏观、微观和示意图尺度模型，以及 FM（Facility Management，即设施管理）的微观和宏观模型。任何尺度下的每个模型都是 MEP（Mechanical，Electrical and Plumbing，即机械、电气和管道）总信息模型的一个子集，并根据不同的用户需求进行提取。在此过程中，支持不同的管理者根据自己的需求建立合适的视图，实现对各视图的协同管理和灵活管理。

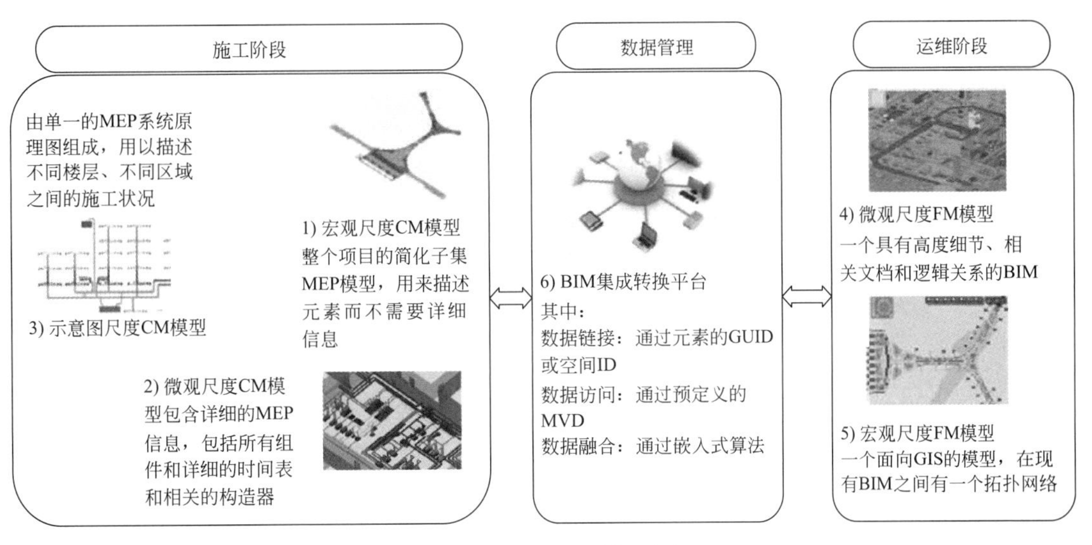

图 3-36 多尺度 4D 模型框架

3.5 城市信息模型（CIM）及其应用

3.5.1 CIM 概述

城市信息模型（City Information Modeling，CIM）是在 BIM 的基础上向城市级进化而来的数字平台与技术，并且已经成为智慧城市/数字城市领域的应用热点与研究前沿。

CIM 是结合城市地上地下、室内室外、历史现状未来等多维多尺度信息模型数据和城市感知数据所构建的一个三维数字空间中城市信息的有机综合体。CIM 以 BIM、GIS、IoT 等技术为基础，其中 BIM 主要提供微观单体建筑或单体设施信息，GIS 主要提供宏观区域信息和点线面拓扑信息，例如地形地貌界线、地块、水系和道路等，IoT 则主要提供城市动态感知能力，例如人流、车流、物流和监测数据流等。图 3-37 展示了广州市 CIM 基础平台的界面和整体概念。

2016 年，上海市人民政府印发的《上海市城乡建设和管理"十三五"规划》中提到"探索构建城市信息模型（CIM）框架，创建国内领先的 BIM 综合运用示范城市"。2018 年，《住房城乡建设部关于开展运用建筑信息模型系统进行工程建设项目审查审批和城市信息模型平台建设试点工作的函》指出 CIM 平台试点在北京、广州、南京、厦门、雄安新区等地启动，旨在运用 BIM 系统实现工程建设项目电子化审查审批、探索建设 CIM 平

图 3-37 广州市 CIM 基础平台

台、统一技术标准、加强制度建设、为“中国智能建造 2035”提供需求支撑等目标，逐步实现工程建设项目全生命周期的电子化审查审批，促进工程建设项目规划、设计、建设、管理、运营全周期一体联动，不断丰富和完善城市规划建设管理数据信息，为智慧城市管理平台建设奠定基础。2020 年，习近平总书记赴浙江考察时，在杭州城市大脑运营指挥中心指出，运用大数据、云计算、区块链、人工智能等前沿技术推动城市管理手段、管理模式、管理理念创新，从数字化到智能化再到智慧化，让城市更聪明一些、更智慧一些是推动城市治理体系和治理能力现代化的必由之路，前景广阔。同年，中共中央政治局常务委员会召开会议，会议提出，加快 5G 网络、数据中心等新型基础设施建设进度。2021 年，《中华人民共和国国民经济和社会发展第十四个五年规划和 2035 年远景目标纲要》中，首次以专章专节对数字化转型做出全面部署，提出以数字化转型整体驱动生产方式、生活方式和治理方式变革，擘画出我国数字化发展蓝图。自然资源部、住房和城乡建设部、国家发展和改革委员会等多部委也陆续发布政策文件，将 CIM 作为新一代信息基础设施，提出推动 CIM 基础平台建设，支持城市规划建设管理多场景应用，推动城市开发建设从粗放型外延式发展转向集约型内涵式发展等。由此可见，利用现代信息技术手段完善数字基础设施建设，提升国家治理现代化水平已成为一项国家战略。CIM 广泛融合了新一代信息技术，具有协同性强、模拟效果好、要素信息表达精细等特点，在推动城市治理和实现城市高质量发展方面日益发挥重要作用。

2020 年，住房和城乡建设部印发首部国家层面的 CIM 标准——《城市信息模型（CIM）基础平台技术导则》，共分为 7 章，包括总则、术语、基本规定、平台功能、平台数据、平台运维和平台性能要求。其中，第 3 章规定了 CIM 平台的定位、总体架构、建设内容、空间参考系、支撑应用等，第 4 章规定了平台应具备数据汇聚与管理、数据查询与可视化、分析与模拟、运行与服务、开发接口等功能，第 5 章规定了 CIM 应集成二维地理信息、三维模型信息和 BIM，实现二三维一体化，第 6 章规定了平台应配备稳定可靠的基础软件、运行设备，制定数据协同共享、更新维护和安全保障机制，第 7 章规定了 CIM 的数据存储性能、并发访问性能、统计分析性能。

CIM基础平台是以工程建设项目业务协同平台（“多规合一”业务协同平台）等为基础，融合二维、三维空间信息、BIM、物联网感知信息，提供三维可视化表达和服务引擎、工程建设项目各阶段信息模型汇聚管理、审查与分析等核心功能，提供从建筑单体、社区到城市级别的模拟仿真能力，支撑智慧城市应用的信息平台。CIM基础平台作为完整的CIM平台的基础支撑，是CIM平台建设不可或缺的组成部分，同时CIM基础平台既是现代城市的新型基础设施，也是智慧城市建设的重要支撑。

通常，一个CIM基础平台的建设必须提供汇聚各种信息模型的能力，应至少包含城市行政区、地形地貌模型、建筑白模（含建筑物编码）、“一标三实”、基础设施和城市控制线6类数据；应具有基础数据接入与管理、模型数据汇聚、多场景模型浏览与定位查询、运行维护和网络安全管理、支撑“CIM+”应用的开发接口等基本功能；应具备模拟仿真建筑单体到社区和城市的能力，宜提供规划信息模型审查、设计信息模型报建审查、施工图信息模型审查和竣工信息模型备案等功能。其在整个CIM平台建设中的定位如图3-38所示。

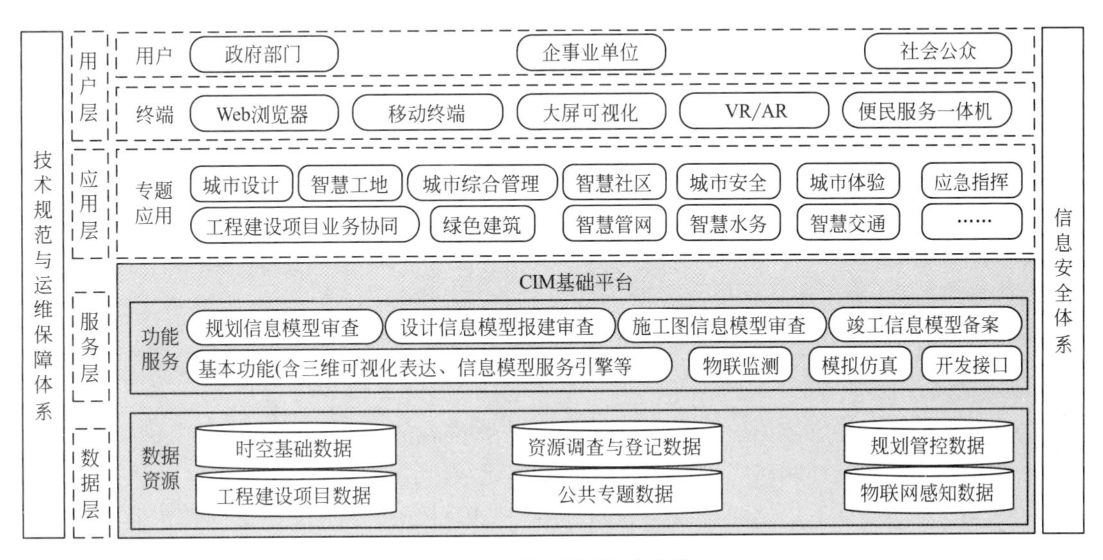

图3-38 CIM基础平台定位

3.5.2 CIM的应用

CIM平台汇聚了地形、建筑、道路、交通、通信、管网等海量数据，涵盖了政府管理、企业信息、学校情况、家庭构成等方方面面的信息。其建成后将会涉及生产生活中各个领域的应用，对社会发展、民生改善等各个方面都将产生深远的积极影响。

（1）横向汇聚管理

CIM平台是以BIM、GIS、IoT数据为核心，多源、多尺度、全空间融合，面向城市精细化管理的智慧城市动态全息底板。通过向住房和城乡建设、交通运输、应急管理、消防、城市管理、环境保护、公共安全、医疗卫生等部门有权限的用户发布空间服务，实现空间数据和相关属性信息的全面共享；利用开放的接口与现有相关业务系统无缝衔接构建CIM应用生态，实现地下、地表、地上的城市基础设施孪生体信息联动及管理协同（如图

3-39 所示），做到各部门间的信息交流和数据互动，作为城市管理决策的辅助手段，提高城市精细化治理水平。

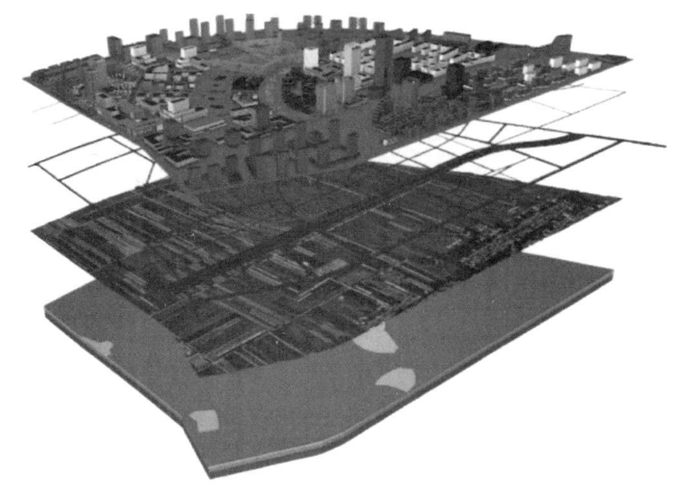

图 3-39 CIM 平台数据涵盖地上地下全空间、城市规划建设运营全过程

CIM 平台作为支撑城市规划、建设、管理、运行工作的基础性操作平台，是智慧城市基础性和关键性信息基础设施，同时也是 CIM 技术在城市大数据融合存储能力的集中体现形式，其应具备以下能力：

1）数据编目：提供管理等待编辑的数据、正在编辑的数据和编辑后数据上传编目管理工具，以直观的方式反映数据的状态。

2）三维电子地图浏览：平台提供单位地图任意比例尺缩放、任意方向漫游、全图显示、显示活动图层等基本功能。

3）空间定位：提供依据地图要素属性查询地理位置的功能，通过输入关键字（街道名、单位名、小区名、楼栋号、房屋地址等），实现定位查询。

4）空间查询统计：提供通过条件查询对用户选取的地图要素进行查询和定位的功能，通过获取相关的属性信息，可以统计查找要素的字段信息。可以实现由图形查属性和由属性查图形两种查询方法。

5）空间分析：提供日照分析、光污染分析、可视度分析、净高分析、视线分析、视域分析、标高核查等基本功能。针对活动图层的选择要素，通过设置缓冲距离和选定的缓冲图层，实现对点、线、多边形等几何形状地物的缓冲分析。用户根据点、线、多边形，给定缓冲距离和缓冲目标图层，可以在地图中以特殊颜色显示位于缓冲距离内的选定图层内的地物，用户可以依次查看缓冲要素的属性信息。

6）实用工具：提供包括距离量算、尺度单位选择、添加图层数据、设置图层显示性质、设置地图提示等个性化设置工具。

（2）纵向工程审批

CIM 平台可以进一步推动 BIM 技术在“建筑设计方案审查、施工图审查、竣工验收备案”中的应用。例如，在建筑设计方案审查阶段，通过 CIM 平台可以实现三维电子报批，形成设计端、窗口端、审批端智能化报建工具集，建立差异化分类审批管理制度，初步实现建筑设计方案审查“机审辅助人审”。在施工图审查阶段，通过CIM平台开展施工图三维数字化审查，就施工图中部分刚性指标实现计算机辅助审查，减少人工干预，实现快速机审与人工审查协同配合。在竣工验收备案阶段，通过CIM平台实现施工图BIM的审查模型与竣工BIM的差异比对，自动将竣工验收资料（质量/安全等）与竣工BIM相关联，简单明了、方便快捷地展示审查结果，并智能化辅助出具联合验收报告（规划/土地/消防/人防/档案）。

（3）国家、省、市三级CIM基础平台体系

国家、省、市三级CIM平台应与同级政务系统进行数据共享，其衔接关系应包括监督指导、业务协同和数据共享。其中，监督指导包括监测监督、通报发布和应急指导等；业务协同包括专项行动、重点任务落实和情况通报等；数据共享包括时空基础、公共专题等类别的CIM数据资源体系。建设区市CIM基础平台的过程中，要充分考虑测绘地理信息数据和CIM其他要素数据的融合与相互支撑，要基于测绘地理信息数据，尤其是实景三维底图进行CIM数据资源的融合。

（4）市政基础设施建设和改造

以CIM平台所承载的城市信息基础，结合供热、供水管网等信息数据，可以有效地推动市政基础设施监管智慧化，支撑政府对市政运行状态的管理职能。例如，1）供热管理：将城市供热行业各类档案信息融入CIM平台中，通过本身承载的城市地理信息，制定城市供热行业数据标准体系、数据质量体系和数据采集交换共享方案，以城市供热专题数据加工、城市供热行业数据治理服务等为手段，通过直接采集、企业主动上传或第三方代管的方式获取城市热源数据、换热站生产运行数据和用户室温数据，从而构建统一的城市级供热行业数据中心。2）城市供水管网漏损控制：基于CIM平台实现对供水管道及水量分布“一张网”监控。根据个别城市实际情况需求设立计量等级，推行“分区计量、分区控压、分区预警”管理模式，精准分析管网漏损。突出小区级管网管理，建立总分表匹配和分析机制，辅助管道漏损分析与指导检漏工作开展。

（5）智慧城市与智能网联汽车建设

利用CIM平台，统一规划部署基础设施、通过融合技术应用、实现平台协同，实现智能化基础支撑下的智慧城市与智能网联汽车协同发展。其中，协调和整合相关基础设施，如升级改造智能信号机，部署RSU、视频检测器，提升道路智能化水平等，实现道路基础交通信息的精准服务做好基础保障。在重点道路事故多发路段部署毫米波雷达、雷视融合一体机、边缘计算、主动智慧发光标识等设备，实现交叉路口碰撞预警、匝道汇入预警、弱势交通参与者碰撞预警，可减少交通事故数量。通过创建横跨公网、专网的大网络数据环境，搭建车联网大数据中心，服务于交管数据交互平台等，全面打通交管、车辆、出行服务等领域的横向信息交互，形成齐全、完备的交管信息接入体系。通过打通公交、出租车、网约车等重点车辆数据，实现监管单位的全区、全流程高自由度监管。

（6）城市安全运行管理

建立基于CIM平台的城市综合管理应用，通过汇聚主要商场、街道、集贸市场、井盖、路灯等市政设施和供水、排水、燃气、热力等各类地下管线，叠加地上危险源、防护目标等，及时发现城市综合管理的各种问题，通过系统协调和调度相关的城市管理部门进行整改和维护。利用CIM技术实现管线周边地上地下信息三维实景化展示，同时基于

CIM 平台对各监控点的分布状况和视频的实时监控信息进行管理，以便在三维电子地图上直观地分析和查询城市综合管理的各种空间地理信息、属性信息以及照片、视频等信息，并自动生成各种统计分析图表；另外通过在城管车辆上加装 GPS 卫星定位系统，可以快速查询定位城管车辆所处的地理位置，以便指挥调度，为城市的综合管理提供先进的管理手段。

1）城市管理：通过 CIM 平台对城市基础设施等进行全面的监控，城市管理领域基于 CIM 平台可以衍生出如地下城市空间定位、部件管理、案件管理、流动摊贩管理、违法建筑管理、环卫管理、户外广告管理等应用场景。

2）城市风险评估：利用数据模型建立燃气泄漏进入地下相邻空间发生火灾爆炸、供水管网漏失爆管引发路面塌陷、桥梁结构受损坍塌引发城市交通瘫痪等重特大突发事件的次生衍生演化模型，率先构建了城市生命线安全监测服务的标准体系。

3）城市预警系统：基于 CIM 平台联动城市安全中心，建设一个覆盖多个城市安全领域的城市生命线工程安全运行监测系统平台，对多类型基础设施实行整体安全监测。建设数据、监测等专项服务中心，实现对城市生命线工程数据的快速研判、分析结果快速推送、精准预警，第一时间将预警信息分级点对点推送到城市生命线运管企业、行业主管部门和市应急指挥中心，并同步推送到辖区政府，联动处置预警信息。

（7）智慧社区建设

通过 CIM 平台汇聚核心数据，引入未来社区理念，有机植入未来邻里、教育、健康、低碳、服务、治理等场景元素，打造和睦共治、绿色集约、智慧共享的新型城市功能单元和智慧家园。

习题

1. 基于文件的信息交换与基于 BIM 的信息共享有什么本质区别？
2. buildingSMART 提出的标准体系包括哪些？MVD 方法与 IFC 之间有什么关系？
3. BIM 作为建设工程项目的唯一数据源，应用 BIM 的主要目的是什么？
4. 谈谈 BIM 在运维阶段的应用有哪些？并概述其所带来的好处以及解决的问题。
5. IFC 文件采用什么语言描述建筑工程信息？IFC 架构的信息核心层包含哪些信息？
6. 建立 BIM 平台有什么基本要求？
7. 浅谈 BIM 技术有什么优势？它在发展中遇到了哪些困难？
8. 简述 GIS 与 CAD 的区别与联系。
9. 栅格数据的获取途径有哪些？
10. 简述 HBase 和传统关系数据库的区别。
11. HBase 中的分区是如何定位的？
12. 参考 3.2.2.3 节中的一对一关系集成分析图，绘制一对多关系集成分析图。
13. CIM 是什么？它是 BIM、GIS、IoT 技术的加和吗？
14. 扫码下载图纸，根据给定的平面图及尺寸创建室内建筑模型，图中给出的家具不应选漏，不要求与图纸中的类型尺寸完全一致，未标明的尺寸

扫码下载
习题14图纸

与样式不作要求。具体要求如下：

（1）本建筑为某高层办公楼，本层层高 4.5m，需创建墙体（含剪力墙）、柱子、楼板、内门、楼梯及电梯井道，不设置顶板、吊顶。主要建筑构件材质及尺寸见表 3-11，内门尺寸见表 3-12。

（2）设计创建玻璃幕墙：尺寸详见平面标注，立面分格等参数自行合理设置。

（3）布置各类家具：分为开敞办公区、多功能厅、办公室及会客室、大会议室及小会议室四个部分；为家具设置相应的材质：所有办公桌、会议桌、柜子均为木质，沙发为皮质，椅子为布艺。

（4）设计布置卫生间：在图中给定区域自行设置墙体及门或洞口，合理划分男女卫生间空间；各区域采用隔间方式，男卫生间厕便器 4 个、小便器 4 个；女卫生间厕便器 4 个；洗手区相对独立，洗手盆各 2 个；洗手台材质为石材，卫生洁具材质为陶瓷。

主要建筑构件表　　表 3-11

构件名称	尺寸(mm)及定位	材质
剪力墙	600 厚,偏短线一侧	钢筋混凝土
柱子	1200×1200,轴线居中	钢筋混凝土
楼板	150 厚	钢筋混凝土
内门	200 厚,轴线居中或与柱外皮齐平	加气混凝土砌块
玻璃幕墙	预留构造厚度,外边线距柱外皮 200	玻璃
隔断墙	15 厚,与剪力墙成柱外皮齐平	玻璃

内门明细表　　表 3-12

编号	尺寸(mm)及定位	材质及其他备注
M1	1000 宽,2100 高,垛宽 300	木质
M2	1800 宽,2100 高,居中	玻璃
M3	1800 宽,2100 高,贴柱皮	木质
M4	900 宽,2100 高,垛宽 100	玻璃
FM	1500 宽,2100 高,居中	钢质防火门

15. 学有余力的同学可以根据给定的图纸及尺寸，创建别墅的 BIM 模型。可使用 Autodesk Revit 完成 BIM 模型的建立。

扫码下载
习题15图纸

16. 课外拓展：建立三维建筑模型，具体要求：

（1）用 Revit 系列软件制作一个建筑物的建筑模型、结构模型和机电设备模型；

（2）针对建筑模型，进行真实感渲染，并实现漫游效果；

（3）针对结构模型，设置相关的设计信息和工程属性，并利用软件之间的接口，在结构分析软件中实现结构力学分析，并生成平、立、剖面图以及相关文档；

（4）针对机电设备模型，实现其与建筑模型、结构模型的碰撞检测分析。

参考文献

[1] XU X，DING L，LUO H，et al. From building information modeling to city informatian modeling [J]. Journal of Information Technology in Construction，2014，19：292-307.

[2] 吴志强，甘惟，臧伟，等．城市智能模型（CIM）的概念及发展 [J]. 城市规划，2021，45（4）：106-113，118.

[3] LAAKSO M，KIVINIEMI A O. The IFC standard：A review of history，development，and standardization，information technology [J]. ITcon，2012，17（9）：134-161.

[4] LIEBICH T. Unveiling IFC2x4-The next generation of OPENBIM [C] //Proceedings of the 2010 CIB W78 Conference. 2010，8.

[5] MA Z L，WEI Z H，SONG W，et al. Application and extension of the IFC standard in construction cost estimating for tendering in China [J]. Automation in Construction，2011，20（2）：196-204.

[6] FAZIO P，HE H S，HAMMAD A，et al. IFC-based framework for evaluating total performance of building envelopes [J]. Journal of Architectural Engineering，2007，13（1）：44-53.

[7] KIM I，SEO J. Development of IFC modeling extension for supporting drawing information exchange in the model-based construction environment [J]. Journal of Computing in Civil Engineering，2008，22（3）：159-169.

[8] Ifcwiki. Free Software [EB/OL]. [2023-08-29]. http：//www. ifcwiki. org/index. php/Free _ Software.

[9] 林佳瑞．基于 IDM 的 BIM 过程信息交换技术研究 [D]. 北京：清华大学，2011.

[10] ZHANG J P，LIN J R，HU Z Z，et al. Research on IDM-based BIM process information exchange technology [C] //14th International Conference on Computing in Civil and Building Engineering. 2012.

[11] Shayeganfar F，Mahdavi A，Suter G，et al. Implementation of an ifd library using semantic web technologies：A casestudy [J]. Proc.，ECPPM 2008 eWork and eBusiness in Architecture，Engineering and Construction，2008：539-544.

[12] 林佳瑞．面向产业化的绿色住宅全生命期管理技术与平台 [D]. 北京：清华大学，2016.

[13] 刘强．基于云计算的 BIM 数据集成与管理技术研究 [D]. 北京：清华大学，2017.

[14] 张云翼，张建平，刘强，等．基于 BIM 的非结构化信息自动关联机制研究 [J]. 土木建筑工程信息技术，2015（3）：16-21.

[15] 余芳强．面向建筑全生命期的 BIM 构建与应用技术研究 [D]. 北京：清华大学，2014.

[16] 陈永鸿，武蕾，杨宇范，等．基于 BIM 的某高校图书馆火灾应急管理研究 [J]. 科

技和产业，2022，22（01）：389-396.

[17] 胡振中 . 基于BIM和4D技术的建筑施工冲突与安全分析管理［D］. 北京：清华大学，2009.

[18] LU M. Simplified Discrete-Event Simulation Approach for Construction Simulation［J］. Journal of Construction Engineering and Management，2003，129（5）：537-546.

第四章　CAE 系统的离散化技术

本章所讨论的CAE系统的离散化技术是指对原本是连续、集成的工程数据或过程，进行加工处理，使其在物理空间或时序空间中被简化和抽象，以有利于计算机对复杂对象进行计算、分析和管理的技术。它包括对数据空间存储的分布化，对数值模型建立的碎片化，对过程模型的分步化等。

4.1　分布式存储与并行计算

工程中的数据量可以达到多大？一个 2000kbps 的摄像头，每天将产生 21.6GB 的视频数据，而大型建筑运维项目将配备上百个摄像头，并保留至少 30 天的录像，则估计会产生超过 60TB 的视频数据。再者，为保留 1m 分辨率的全球图像，需存储 1.17×10^{10} 张图片，若每张图片大小为 20kb，则需要约 320TB 的存储空间。欧洲中期天气预报中心（EC-MWF）存储了 70 年内不同时间、不同经纬度、不同气压层下的各项气象数据，数据量大约为 270PB，如何存储如此大规模的工程数据？本节介绍分布式存储与并行计算技术。

4.1.1　分布式存储

分布式存储属于一种数据存储技术，基本原理是将数据分散存储在多台独立的设备上，设备间通过网络通信，形成一个虚拟的存储设备（如图 4-1 所示）。

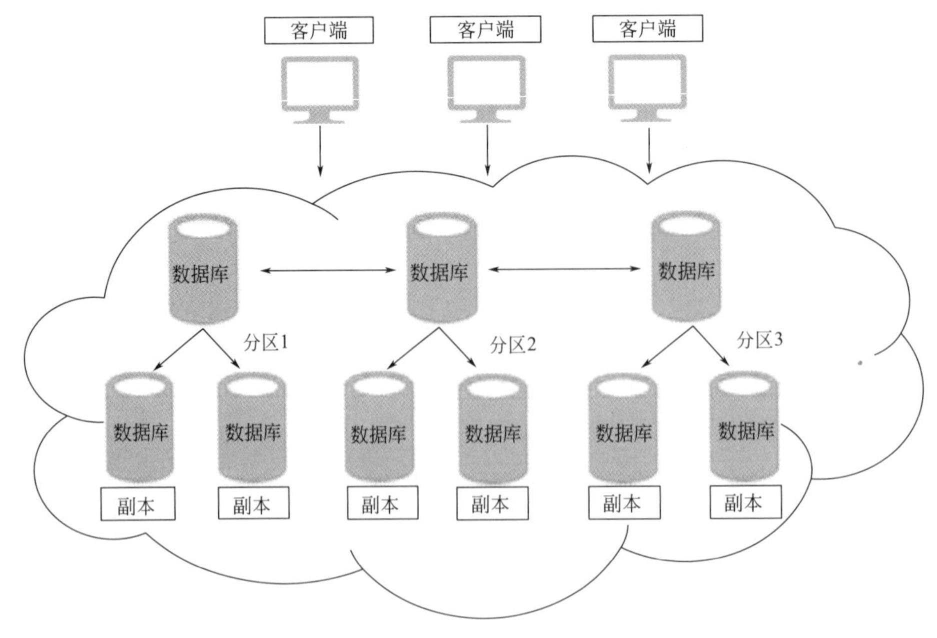

图 4-1　分布式存储概念

传统的数据存储方式为集中式存储，即由一台或多台主控制器组成中心节点，各数据设备级联部署，数据集中存储在这个中心节点上，且整个系统的所有业务单元都集中部署在这个中心节点上，系统所有的功能均由其集中处理。传统存储通常需要一台性能强的服务器，设备成本较高。而分布式存储系统采用可扩展的系统结构，利用多台存储服务器分担存储负荷，利用元数据定位存储信息。分布式存储系统不但提高了系统的可靠性、可用性和存取效率，还易于扩展，将通用硬件引入的不稳定因素降到最低。

一个典型的分布式存储系统包括主控服务器、数据服务器和客户端，如图 4-2 所示。

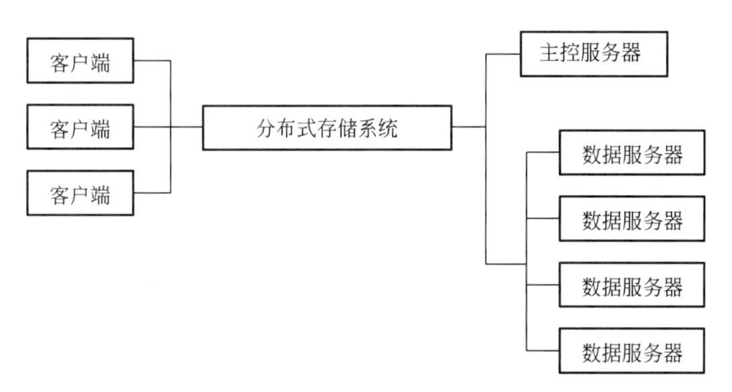

图 4-2 分布式存储系统

4.1.1.1 中间控制节点架构 HDFS

中间控制节点架构 HDFS（Hadoop Distributed File System）是 Google 开发的经典分布式存储架构，它服务于分布式计算框架 Hadoop。图 4-3 展示了 HDFS 的简化模型，在该系统的整个框架中，服务器分为名字节点 Name node 和数据节点 Data node 两类。

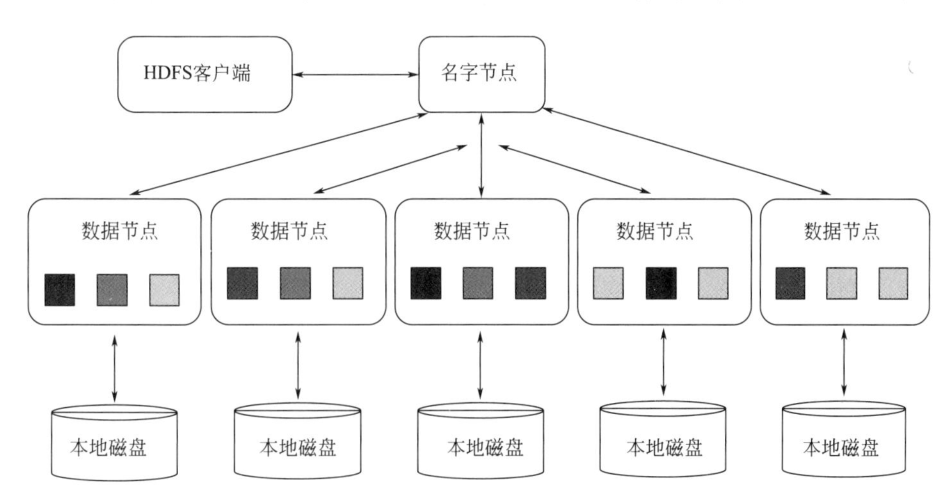

图 4-3 HDFS 的简化模型

其中，名字节点 Name node 是存储元数据的节点，负责与客户端交互；数据节点 Data node 是存储实际数据的节点，与 Name node 交互。若用户需要从某个文件中读取数据，首先需要从 Name node 中获取此文件的位置，接着再从这个文件中读取数据。在这个框架下，可以很方便地通过横向扩展 Data node 服务器的数量来增加系统的承载力。

4.1.1.2　完全无中心架构 Ceph

与 HDFS 不同，完全无中心架构 Ceph（如图 4-4 所示）模型本身没有中心节点。客户端通过设备映射关系来计算写入数据的位置，从而避免中心节点的性能瓶颈。

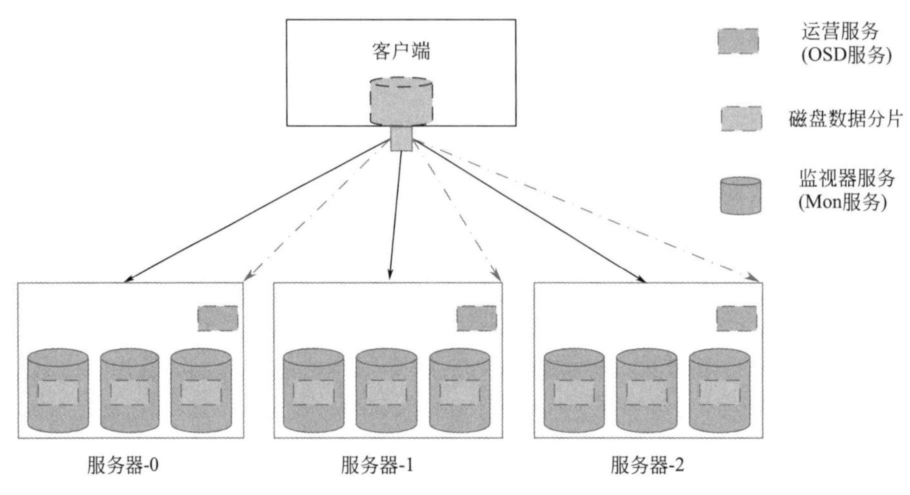

图 4-4　Ceph 无中心架构

由图 4-4 可以看出，在完全无中心架构 Ceph 中，核心组件包括监视器服务、元数据服务器以及运营服务。客户端访问该存储架构的基本流程是，客户端启动后会首先从监视器服务中拉取存储资源布局信息，再根据资源布局信息和写入数据的名称等信息来计算数据的位置，然后通过数据的位置信息直接通信，读取或者写入数据。

4.1.1.3　完全无中心架构 Swift（一致性哈希）

Swift 最初是由 Rackspace 公司开发的分布式对象存储服务，它采用完全对称、面向资源的分布式系统架构设计，所有组件均可扩展，从而避免因单点失效而影响整个系统的可用性。Swift 的主要组件包括代理服务、认证服务、缓存服务、账户服务、容器服务、对象服务、复制服务、更新服务、审计服务以及账户清理服务，如图 4-5 所示。

Swift 的数据模型采用层次结构，共设三层：Account/Container/Object（即账户/容器/对象），每层节点数均没有限制，可以根据需要扩展。数据模型如图 4-6 所示。

Swift 与 Ceph 的不同之处在于获取数据位置的计算方式，Swift 是将设备做成一个哈希环，再根据写入数据的名称计算所得的哈希值映射到哈希环的某个位置，从而可以对输入数据进行定位。图 4-7 展示了一个服务器上的一个磁盘，其一致性哈希原理将磁盘划分成较多的虚拟分区，每个虚拟分区即为哈希环上的一个节点。这种划分是为了保证数据可以均匀地分配。整个哈希环是一个从 0 到 32 位最大值的一个区间，并且该环结构呈现首尾相连。每当计算出数据的哈希值后，这个数值必定会落在哈希环的某个区间，接着再以顺时针方向，找到下一个节点，而该节点就是存储数据的位置。

Swift 存储方式就是在一致性哈希的基础上实现的，具备如下特点：

（1）高可靠性：这也是分布式存储系统应满足的最关键需求，保证在读取数据、转换数据、补充数据等操作时不会发生错误。

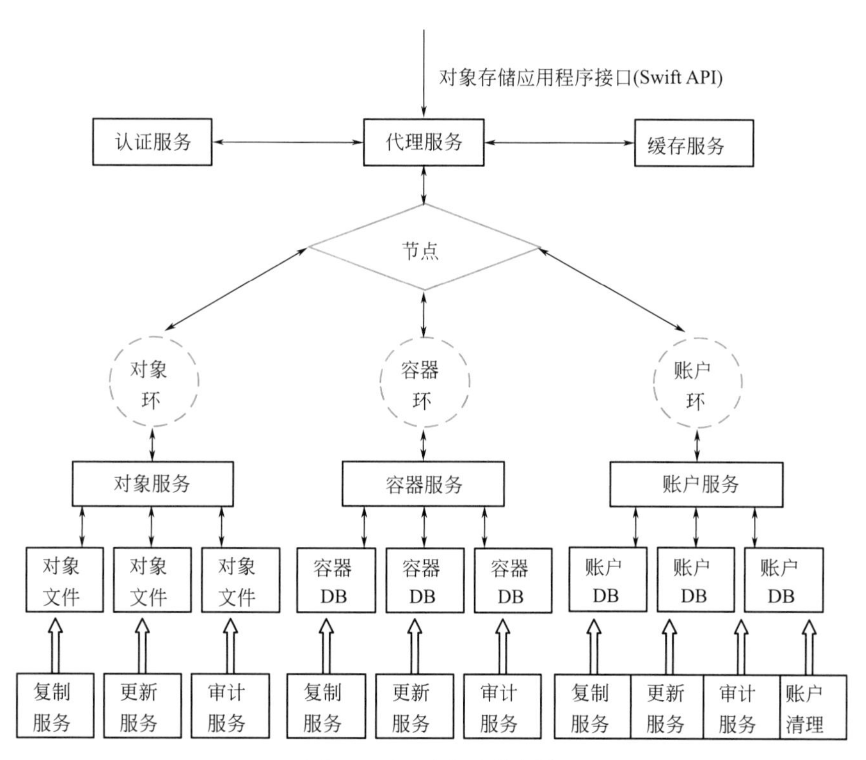

图 4-5　Swift 的主要架构

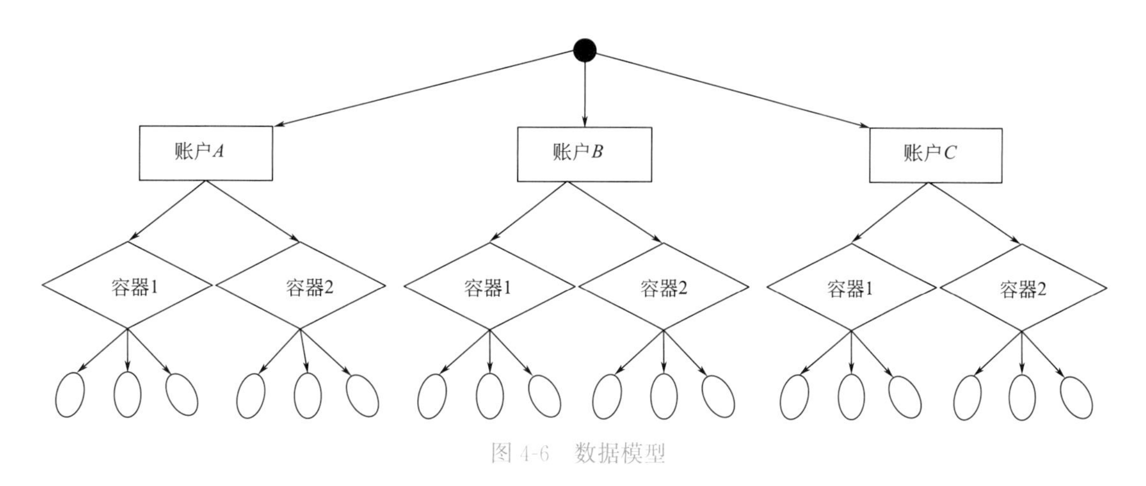

图 4-6　数据模型

（2）高性能：分布式存储系统的软件实现需要高性能的硬件技术，若不具备此能力，会大大浪费时间，也就无法表现出分布式存储技术的优势。

（3）低成本：在保证高性能、高可靠性的前提下，把成本降到最低是需要考虑的关键点，也是提高产品竞争力的着力点。

（4）方便使用：分布式存储系统的用户群巨大，跨行业、跨角色，更好地为用户服务是产品可以被广泛使用的前提。

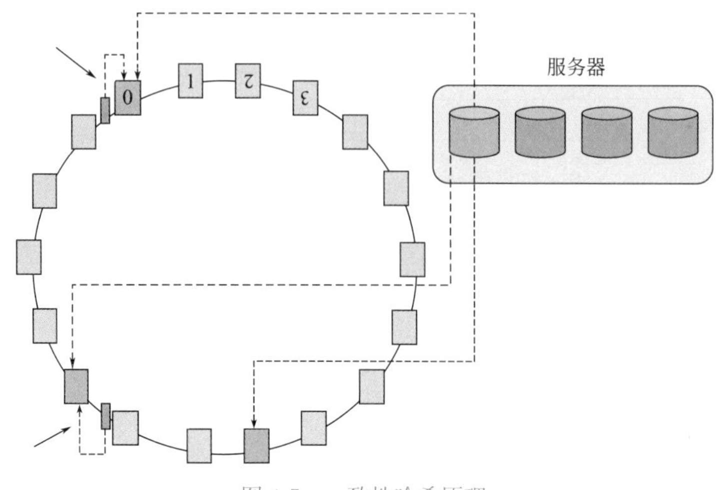

图 4-7　一致性哈希原理

4.1.1.4　GFS（Google 文件系统）

GFS 是 Google 开发的闭源的分布式文件存储系统，专门为存储海量文件而设计的，尤其适用于大量的顺序读取和顺序追加。

一个 GFS 集群通常包括一个主服务器、多个数据块服务器和多个客户端组成。在 GFS 中，所有文件被切分成若干个 chunk，每个 chunk 拥有唯一不变的标识（在 chunk 创建时，由主服务器负责分配），所有 chunk 都实际存储在数据块服务器的磁盘上。为了容灾，每个 chunk 都会被复制到多个数据块服务器。

GFS 的功能模块如图 4-8 所示，主要包括 GFS 客户端、GFS 元数据服务器和 GFS 存储节点三个功能模块。其中，①GFS 客户端为应用提供 API，同时缓存从 GFS 主服务器读取的元数据 chunk 信息；②GFS 元数据服务器负责管理所有文件系统的元数据，包括命令空间（目录层级）、访问控制信息、文件到 chunk 的映射关系、chunk 的位置等。同时主服务器还管理系统范围内的各种活动，包括 chunk 创建、复制、数据迁移、垃圾回收等；③GFS 存储节点用于所有 chunk 的存储。一个文件被分割为多个大小固定的 chunk（默认 64M），每个 chunk 有全局唯一的 chunk ID。

GFS 的读写流程如图 4-9 所示，包括：①客户端向主服务器询问要修改的 chunk 在哪个数据块服务器上，以及该 chunk 其他副本的位置信息；②主服务器将主副本、二级副本（又称 secondary 副本）的相关信息返回给客户端；③客户端将数据推送给主副本和二级副本；④当所有副本都确认收到数据后，客户端发送写请求给主副本，主副本给不同客户端的操作分配序号，保证操作顺序执行；⑤主副本把请求发送到二级副本，二级副本按照主副本分配的序号顺序执行所有操作；⑥当二级副本执行完后回复主副本执行结果；⑦主副本回复客户端执行结果。

GFS 在进行读写数据时有如下特点：①数据流与控制流是分开的，主服务器将 chunk 租约发放给其中一个副本，称为主副本，再由主副本确定 chunk 的写入顺序，其他副本则遵守这个顺序，从而保障全局顺序的一致性；②主服务器返回客户端主副本和其他副本的位置信息，客户端缓存这些信息备用，只有当主副本所在数据块服务器不可用或返回租约

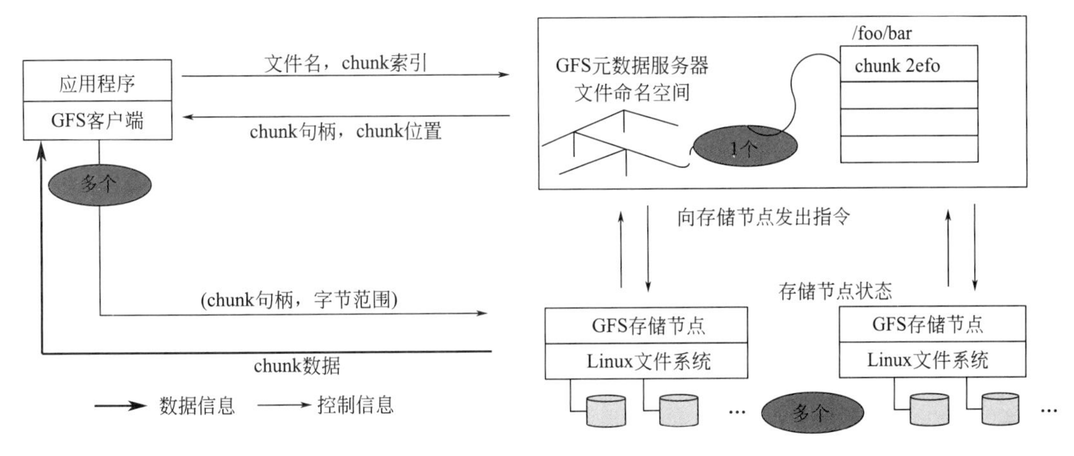

图 4-8　GFS 功能模块

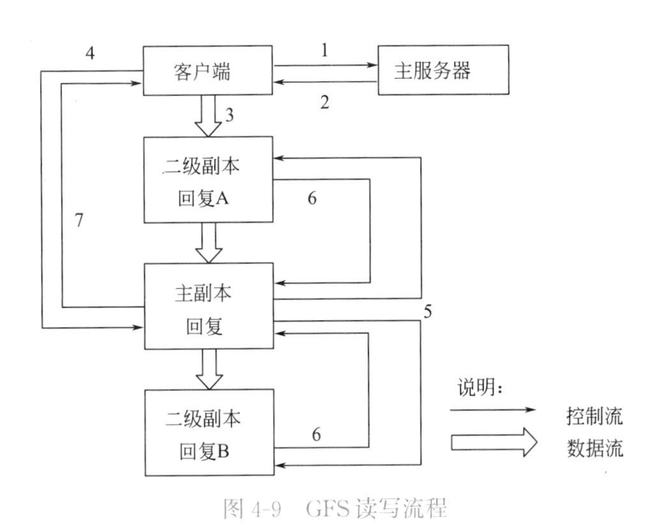

图 4-9　GFS 读写流程

已过期时，客户端才需要再次联系主服务器；③采用链式推送，以最大化利用每个机器的网络带宽，避免网络瓶颈和高延迟连接，最小化推送延迟；④使用 TCP 流式传输数据，以最小化延迟。

总结 GFS 的特点包括：①适合大文件场景的应用，特别是针对 GB 级别的大文件，适用于数据访问延时不敏感的搜索类业务；②中心化架构，只有 1 个主服务器处于 active 状态（即提供服务）；③缓存和预取，通过在客户端缓存元数据，尽量减少与主服务器的交互，通过文件的预读取来提升并发性能；④高可靠性，主服务器需要持久化的数据会通过操作日志与建立检查站（checkpoint）的方式存放多份，故障后主服务器会自动切换重启。

4.1.1.5　Lustre 分布式存储

Lustre 是基于 Linux 操作系统的一个分布式并行文件系统，由 Cluster File Systems、HP、Intel 和美国能源部联合开发，于 2003 年开源。Lustre 由一组可高达百台的服务器来提供存储功能，易于扩展，可满足从小型 HPC（高性能计算集群）环境到超级计算机等不同规模系统上运行应用程序的需求。当元数据和数据存储在独立的服务器上时，冗余服务器可以支持存储故障转移，因此每个文件系统可以针对不同的工作负载进行优化。Lustre 可以通过高速网络结构［如 Intel 的全路径架构（OPA）和以太网等］向应用程序提供快速的数据读写。

（1）Lustre 的主要架构

Lustre 文件系统架构是计算机网络上可扩展的、基于分布式和基于对象的存储平台。其体系结构如图 4-10 所示，有三个核心模块：组件元数据服务器（Metadata Servers，MDS）、对象存储服务器（Object Storage Server，OSS）和客户端（Client）。MDS 和 OSS 分别提供对命名空间的操作和大数据量的 I/O 服务。客户端为应用程序和 Lustre 服务之间的交互提供接口；客户端上的软件为最终用户应用程序提供一致可移植操作系统接口（Portable Operating System Interface，POSIX）。

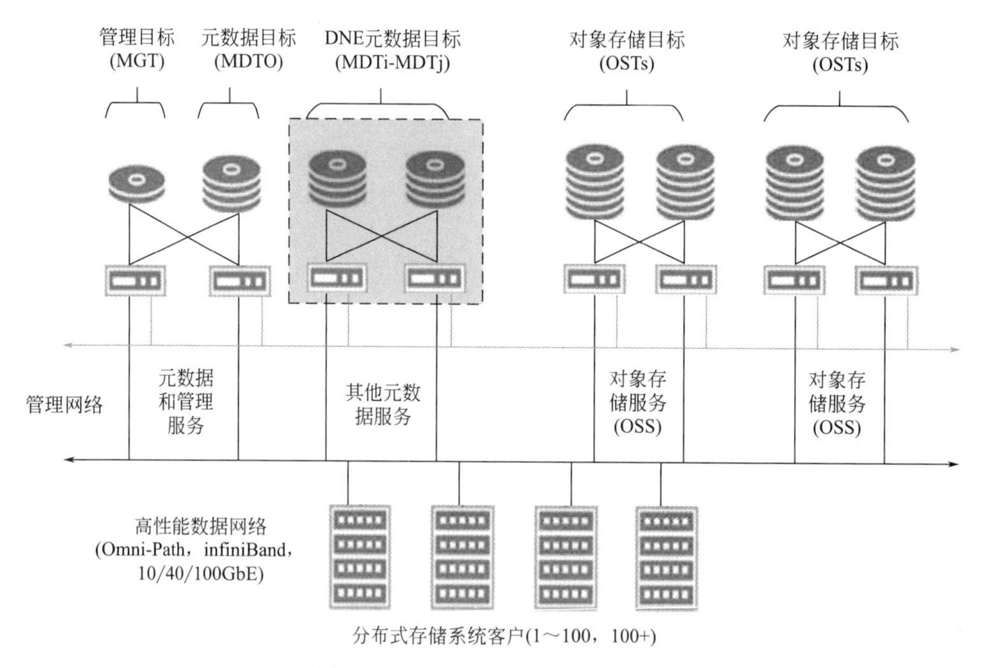

图 4-10 Lustre 文件系统体系结构

1）元数据服务器（MDS）：MDS 管理 Lustre 文件系统上所有的命名空间操作。文件系统的目录层级结构和文件信息包含在称为元数据目标（MDT）的存储设备上，MDS 为此存储提供逻辑接口。Lustre 文件系统通常具有至少一个 MDS 和相应的 MDT，并且可以添加更多 MDT 来满足扩展需求。创建文件时，MDS 可以为对象存储服务器上文件内容的存储分配对象，并管理文件的打开、关闭、删除、重命名以及其他命名空间上的操作。

MDT 中存储的是命名空间的元数据信息，如文件名、目录、访问权限和文件布局，这些信息为文件系统上的数据提供索引。在单个文件系统中包含多个 MDT 的能力使目录子树可以存储在次级 MDT 上，这有助于将那些元数据特别密集的工作负载隔离到专用硬件上（例如可以为一组特定的项目分配一个 MDT）。单个大型目录也可以跨多个 MDT 存储，为在扁平化目录结构中生成大量文件的应用程序提供可扩展性。

2）对象存储服务器（OSS）：OSS 为 Lustre 文件系统中的文件内容提供大容量存储。一个或多个 OSS 将文件数据存储在一个或多个对象存储目标（OST）上，单个 Lustre 文件系统可以扩展到包含数百个 OSS 的规模。单个 OSS 通常为 2 至 8 个 OST 提供服务，而 Lustre 文件系统的容量等于所有单个 OST 的容量总和。

OSS 通常成对配置，每两台 OSS 连接到一个存放了 OST 的共享外部存储机架中。机架中的 OST 可被两台服务器访问，以在服务器或组件出现故障时提供不间断服务。OST 一次只能挂载在一台服务器上，通常均匀分布在 OSS 主机上，以平衡性能和最大化吞吐量。

3）客户端（Client）：通过 Client 的接口，应用程序可以访问和使用文件系统上的数据。Client 可以作为主机上的文件系统装载点，使用标准 POSIX 语义，为应用程序定义集中化文件系统中所有文件和数据的统一命名空间。Lustre 文件系统挂载在 Client 操作系统上，每个 Lustre 实例在 Client 操作系统上显示为独立的挂载点，每个 Client 可以同时挂载几个不同的 Lustre 文件系统实例。

（2）高可用性与数据存储可靠性

对于存储系统而言，用户必须确信数据可被持久地、可靠地存储，信息不会丢失或损坏，而且数据一旦被存储，可以根据应用程序的要求被调用。Lustre 数据的可靠性主要依赖于存储子系统。这些存储子系统一般由多端口机架组成，每个机架包括磁盘阵列或其他持久化存储设备。其中，阵列可以是带有专用控制器的智能数据存储系统，也可以是简单托盘（也称作 JBODs）。采用智能存储阵列可以降低服务器管理存储冗余的复杂性。JBODs 比智能存储阵列简单，成本低，但需要在主机服务器中配置更复杂的软件。

（3）Lustre 服务器

Lustre 服务器负责计算机网络应用程序的 I/O 请求，并对用于维护数据持久记录的块存储进行管理。Lustre 的客户一般是无本地数据的持久化单元。为了防止系统出现故障，Lustre 系统中的数据一般会保存在与两个及以上服务器连接的多端口专用存储中。存储会被细分为卷或者 LUN，其中每个 LUN 代表一个 Lustre 存储目标（MGT、MDT 或 OST）。连接到存储目标的每台服务器对存储目标有相同的访问权限，在任一给定时间，只允许一台服务器访问存储模块中的单个存储目标。

Lustre 使用节点间故障转移模型来保持服务的可用性，如果服务器出现故障，则故障服务器管理可将 Lustre 存储目标转移到连接在同一存储阵列的正常服务器上，这种配置通常被称为高可用（HA）集群。单个 Lustre 文件系统安装包含多个 HA 集群，每个集群会提供一组独立的服务，这些服务是整个文件系统服务的子集。这些独立的 HA 集群是高可用的 Lustre 并行分布式文件系统的构建模块，可将文件系统扩展到数十 PB 的容量，并达到超过 1TB/s 的联合吞吐量。此外，单个 Lustre 文件系统还可以对构建块进行线性扩展。一个含有元数据和管理服务的构建块，加上一个对象存储构建块即可构成 Lustre 的最低 HA 配置。其中，前者提供 MDS 和 MGS 服务，后者提供 OSS 服务。通过这些基本的 HA 构建块，就可以提供一个高性能平台，该平台上包含数百个 OSS 以及多个 MDS 的文件系统。图 4-11 是一个典型的高可用性的 Lustre 服务器构建块的设计图。

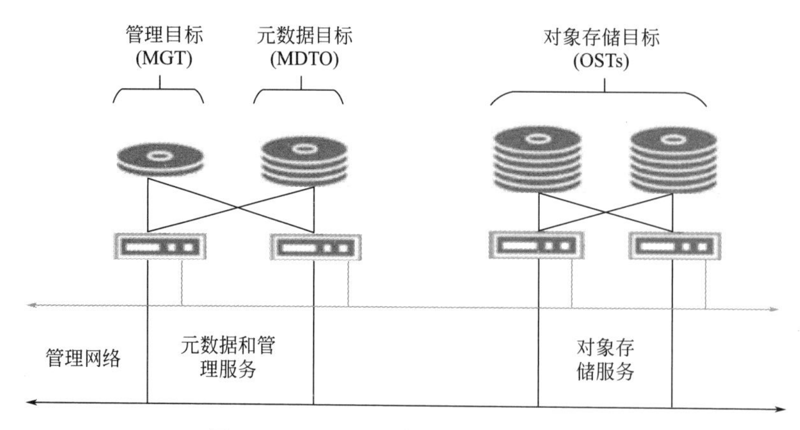

图 4-11 Lustre 服务器构建块的设计图

4.1.2 并行计算

并行计算是相对于串行计算而言的。一般来说，串行计算是指当有多个程序在同一处理器上执行时，只有当前的程序执行结束后才能执行下一个程序。如图 4-12 左侧所示，当两个任务在一个 CPU 上运行时，只有当执行完 A，才能执行 B，即在整个运行程序中，只存在一个调用栈和一个堆。因此串行计算的方式会浪费硬件资源，程序执行速度较低。并行计算则是将计算任务分解为多个部分，分配至多个处理器或单个处理器的多个线程执行并发计算，是一种同时进行多项计算指令的计算模式，同时使用多个计算资源来解决一个计算问题，每个部分可以进一步被分解为多项计算指令。如图 4-12 右侧所示，两个任务可以在两个不同的 CPU 上运行，因此程序运行速率相对较高。但是，并行计算也受限于 CPU 线程数，当任务量大于 CPU 线程数时，每个线程上的任务仍需按照顺序执行。

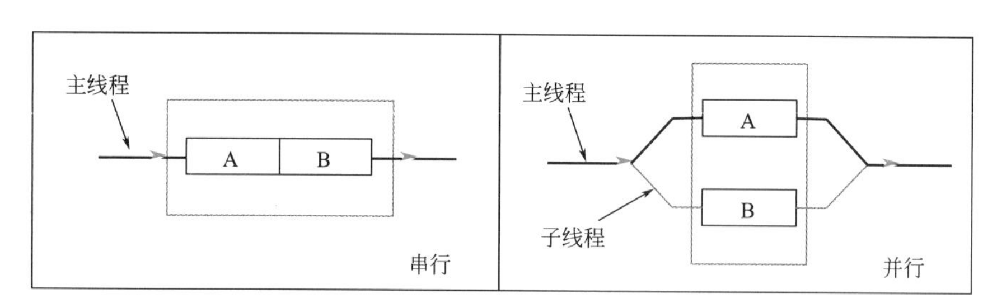

图 4-12 串行计算（左）和并行计算（右）

需要注意，这里的计算任务要具有以下特点：①可以被分解为并发执行的多个子任务；②不同的子任务可以在任何时刻被执行计算；③采用多计算资源的耗时比单个计算资源下的耗时短。

并行计算的应用可分为计算密集型（如天象预报）、数据密集型（如数据挖掘、数字图书馆）和网络密集型（如遥控与远程诊断），本书不做详细介绍。

4.1.2.1 Hadoop 开源编程框架

Hadoop 开源编程框架由 Apache 软件基金会开发，用于开发和运行处理大规模数据的分布式程序，可以用简单的编程模型在计算机硬件集群上进行高效、高可靠性、高容错性、可扩展的分布式存储与计算。Hadoop 开源编程框架如图 4-13 所示，主要由 HDFS、Zookeeper、HBase、MapReduce、Hive、Pig 等核心组件构成，另外还包括 Sqoop、Flume 等框架，用来与其他企业系统融合。此外，随着 Hadoop 生态系统的不断增长，新增了 Ambari、Mahout 等内容，以提供更新功能。

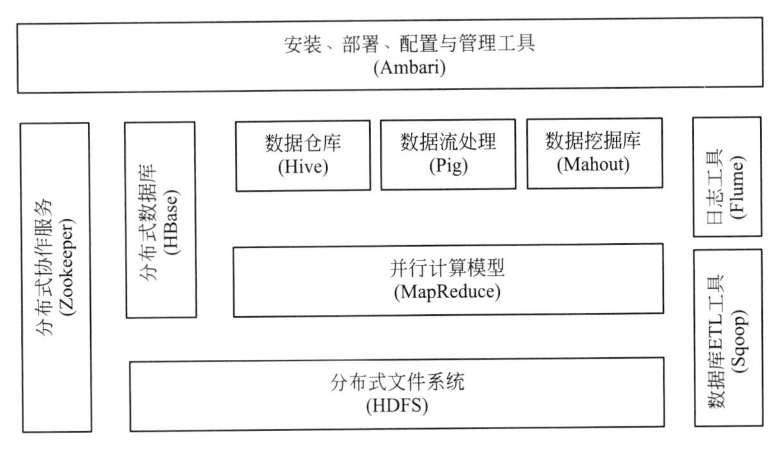

图 4-13　Hadoop 开源编程框架

其中，分布式文件系统 HDFS，默认存储三份文件，以防止副本丢失，提高容错机制。MapReduce 并行计算模型，可以运用定义好的框架合并衍生数据，帮助编程人员在不熟悉分布式并行编程的情况下，将程序运行在分布式系统上。其核心思想是对数据进行 Map（映射）与 Reduce（归纳），每个阶段均是以键/值对作为输入和输出。Map 的过程是将一组输入元素（键）映射为输出（值），得到一组键值对，Reduce 的过程是将相同键值对下的值进行归纳处理，以得到最终结果。例：统计英文文档的词频，过程如图 4-14 所示。

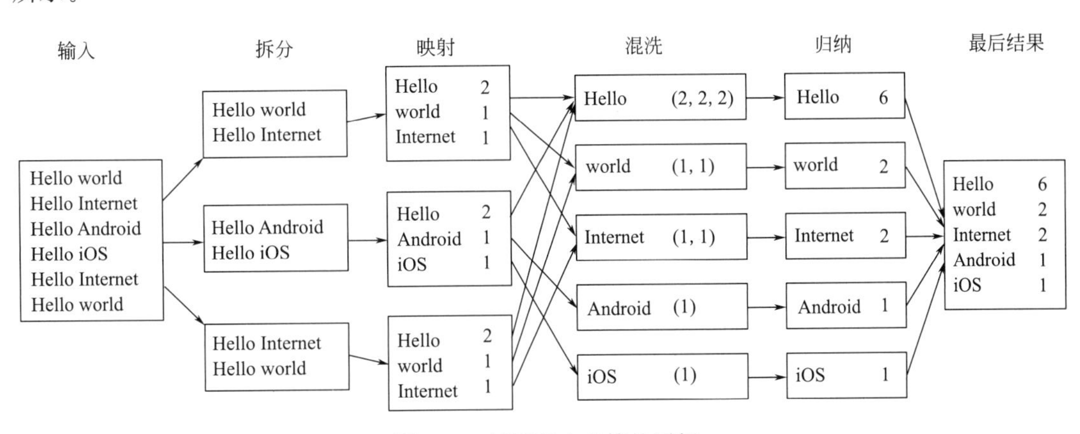

图 4-14　统计英文文档的词频

分布式的协作服务 ZooKeeper 负责监视着集群中每个节点的状态，并根据节点提交的反馈进行下一步合理操作。分布式数据库 HBase，源于谷歌的 Big Table，可以用来存储爬虫得到的网页信息，可靠性高。数据仓库 Hive，其实质就是数据库，用于存储数据，也是一个查询的工具。数据量处理 Pig 和 Hive 比较相似，也可以对数据库中的数据进行查询分析，但二者也有区别：Hive 倾向于做数据仓库的任务，而 Pig 是一种编程语言，是一个对 MapReduce 实现的工具（脚本）。数据挖掘库 Mahout，包含了大量的算法，用来做统计分析。数据库 ETL 工具 Sqoop，可以将 Oracle、Mysql 等关系型数据库中的数据，导入到 HBase 或 HDFS 上，也可以将 HBase、HDFS 等数据导入到 Oracle 或 Mysql。在检测服务器的运行情况时，可以使用日志工具 Flume 将各服务器的日志收集起来。管理平台 Ambari 负责安装、部署、配置与管理工具。

Hadoop 具有高容错性、高可靠性、高扩展性、高效率性和低成本等优势，但同时也有不足之处，如不能做到高效存储大量的小文件，不能满足低延迟的访问数据需求等。

4.1.2.2 并行算法

并行计算是一些可同时执行的进程的集合，这些进程相互作用、相互协调，从而实现给定问题的求解。并行算法是对并行计算过程的准确描述。根据 Flynn 分类法，通用的并行计算机可以分为单指令流单数据流计算机（Single Instruction Single Data、SIMD 机）和多指令流多数据流计算机（Multiple Instruction Multiple Data、MIMD 机）两大类。其中，在 SIMD 计算模型上的并行算法，其复杂性是指在最坏情况下，算法的运行时间 $T(n)$ 和所需的处理器的个数 $P(n)$，n 为问题的规模，其复杂性度量是确定 $T(n)$ 和 $P(n)$ 的上界。

在 MIMD 计算模型上，对于并行计算的性能评价主要从三个指标入手：并行算法的成本 $C(n)$、加速比 $S_p(n)$ 和效率 $E_p(n)$。其中，定义并行算法的成本等于程序运算时间 $T(n)$ 与所需的处理器个数 $P(n)$ 的乘积，即 $C(n)=T(n)\cdot P(n)$。一般定义加速比 $S_p(n)=T_s(n)/T_p(n)$，其中 $T_s(n)$ 表示最快的串行算法在最坏的情况下的程序运行时间，$T_p(n)$ 表示求解某个问题时的并行算法在最坏的情况下的程序运行时间。由此可知，加速比 $S_p(n)$ 越大，表示并行算法越好。定义并行算法的效率 $E_p(n)$ 为算法的加速比 $S_p(n)$ 与处理器的个数 $P(n)$ 之比，即 $E_p(n)=S_p(n)/P(n)$，并行计算的效率反映了处理器的利用情况，且 $E_p(n)$ 的取值范围为 $(0, 1]$。并行算法的表达方式如下：

```
//n 个不同节点并行完成 for 循环
for i = 1 to n par-do
    ……
end
//执行节点一旦收到来自节点 n 的消息 Q 后，就执行相应的操作
uponm receiving Q message from n do
……
//执行节点把信息 Q 传送给 s
send Q message to s
```

4.1.2.3 BIM 云平台中的并行计算

土木与建筑工程中常用的 BIM 云平台需要处理的数据量大，同时由于面向的工程参与角色多，用户数和并发访问数大，因此，通过引入并行计算解决数据应用的瓶颈问题，

具有典型的代表性。例如，图4-15展示了面向BIM数据云存储的一种基于自然语言处理的智能数据检索与表示方法，为不同专业、地区人员提供统一数据源（如图4-15所示）。

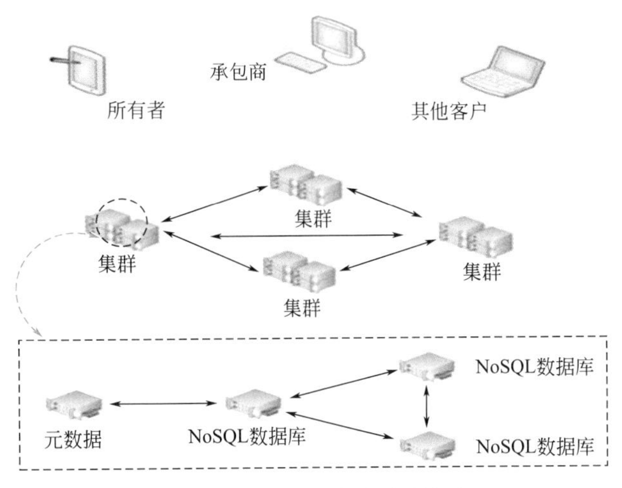

图4-15　基于云的数据存储框架

由图4-15可知，云由若干服务器集群组成，这些集群为所有者、承包商和其他客户端提供信息和数据操作功能。每个服务器集群由元数据和一组NoSQL数据库组成，其中元数据定义了该集群中存储的信息类型，NoSQL数据库以IFC格式BIM保存数据。

在MongoDB中，相同类型的对象存储在集合中，每个对象被序列化为集合中的Bson文档。如果对象的属性是简单类型，如字符串或整数，则可以序列化为单个值。而对于复杂类型，则将其序列化为嵌套子文档或另一个集合中的文档（如图4-16所示）。

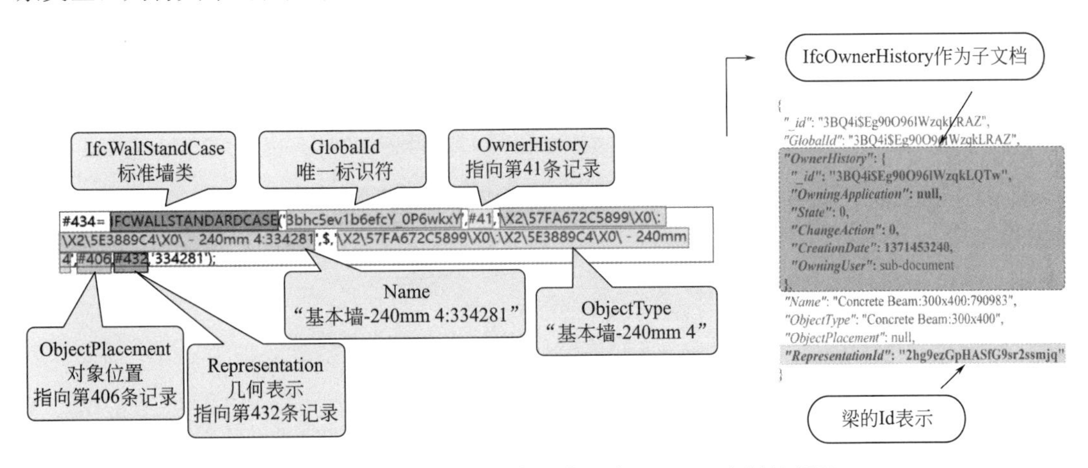

图4-16　在MongoDB中序列化一个IfcBeam实例的例子

从图4-16可见，在MongoDB上设计基于IFC的数据库时，应该采用不同的序列化策略。IFC数据模型中的实体可以分为以下五个部分：

$$M=\bigcup\{O,RL,P,G,PLx\}$$

经过测试表明：MongoDB的数据插入速度比SQL Server快4倍，数据更新速度比SQL Server快6倍，而MongoDB的查询速度约为SQL Server的一半。基于上述策略，在 MongoDB 上建立的基于 IFC 的数据库是一个半结构数据库。实体的大部分属性将嵌入到实体的主文档中，从而可以灵活和快速地访问模型中对象的属性。

由于 MongoDB 不提供任何类似于关系数据库中连接的操作，如果实体 B 被实体 A 引用，而它们存储在不同的集合中，则需要两次查询调用才能同时获取它们。为了在客户端消除这种类型的调用，可采用基于 MapReduce 框架的预连接方法，如图 4-17 所示，集合 B 中的数据连接到集合 A 中，实现了不同文档的快速关联。

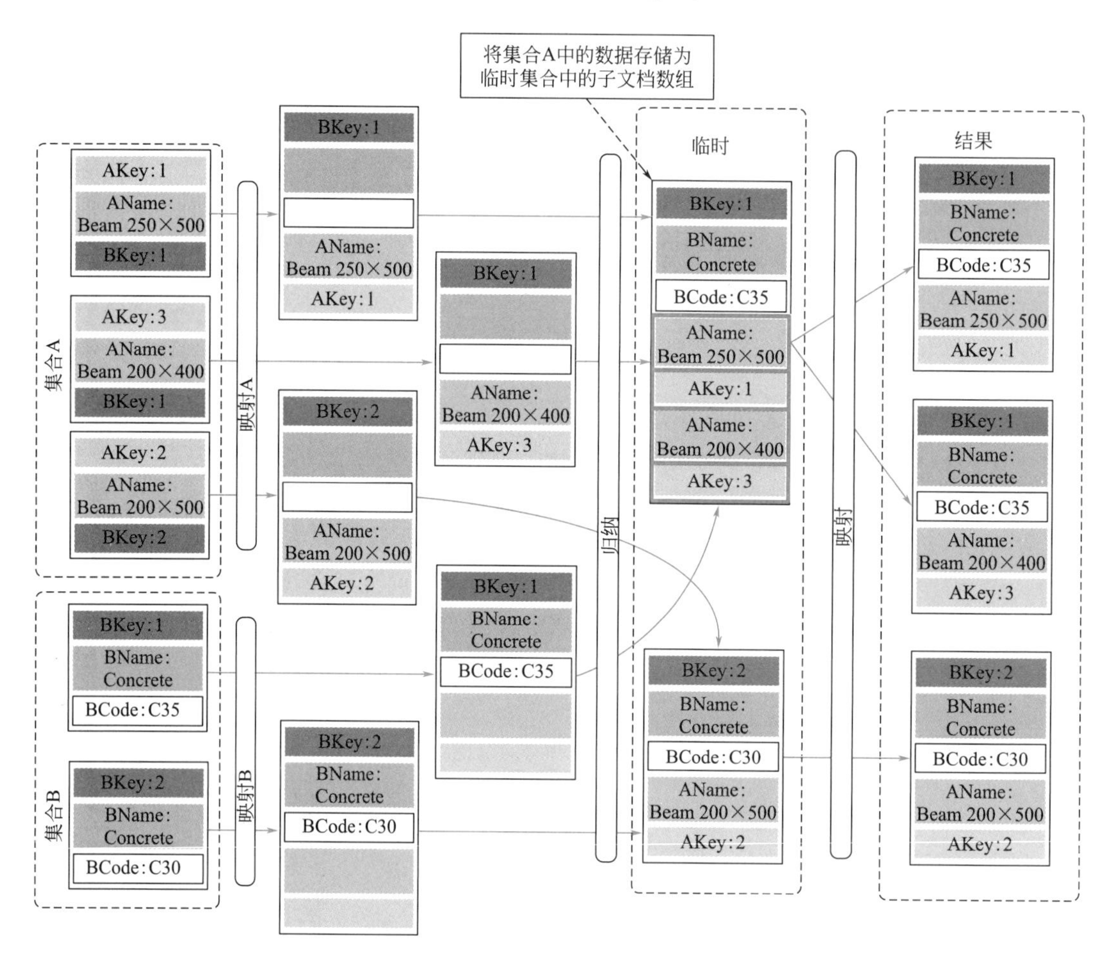

图 4-17　MapReduce 处理：将集合 B 中的数据连接到集合 A

4.2　有限元方法

有限元方法是一种数值离散化方法，是力学和计算机技术相结合的产物，是 CAD 和 CAE 的重要组成部分。

有限元方法的基本原理是：将整个结构划分为若干数量和尺寸有限的规则小块，称为“单元”。这些“单元”可以是杆件、多边形、多面体等，同时假设这些“单元”与“单元”之间在节点上相连接，且这些“单元”内部材料性质单一。以上这一步便是离散化的主要过程。随后，把作用在节点上的力或位移作为未知数（分别称为结构力学求解方法中的力法和位移法），将单元内部的应力表达成节点力或节点位移的函数。最后在单元内和总体结构满足平衡、连续、协调条件下，求出节点力或节点位移，并反算各单元的应力，从而实现复杂结构体系的计算分析。

有限元方法将复杂对象（形状复杂、组成复杂、外部边界复杂等）分解为数量大、尺度小、组成简单的对象进行近似计算，在土木、建筑、水利、海工、机械、航天等众多领域具有广泛的通用性。由于其计算量巨大，因此主要通过开发有限元分析系统完成计算分析任务。目前比较成熟的有限元分析系统包括：国外的 Abqus、Adina、ANSYS、Etabs、SAP2000、Marc、Nastran、OpenSees 等，以及国内的 PKPM、YJK 等。一个典型的有限元分析系统的基本结构如图 4-18 所示，包括交互式界面、原始数据输入模块、前处理模块、有限元分析模块、后处理模块以及输出模块。

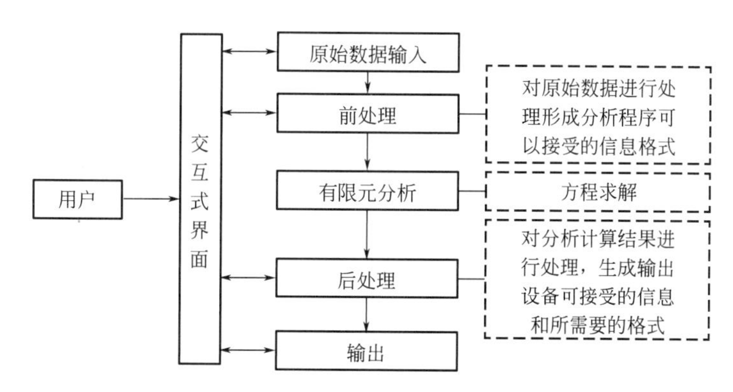

图 4-18　有限元分析系统的基本结构

4.2.1　前处理技术

有限元分析系统的前处理应用到很多计算机系统、数值模型、文件格式、图形显示等技术，例如：交互式构造结构的几何模型、几何模型离散化、交互式生成有限元模型的属性数据：包括材料特性和单元截面特性、有限元模型及数据的自动检查、有限元模型的真实图形显示和查询、建立有限元模型公共数据库（或规则化数据文件）、生成有限元分析系统数据输入格式。本书仅详细讨论几何模型离散化技术和规则化数据文件。

（1）几何模型离散化

几何模型离散化过程将生成由有限元单元和节点组成的有限元网格，单元和单元之间用节点相连，此外还需要进行单元编码和节点优化排序（如图 4-19 所示）。

其中，有限元网格划分的基本原则包括：

1）各个有限元节点必须相连，使得公用节点的重叠单元可以传递信息（例如力的平衡和变形协调），如图 4-20 所示。

2）单元不能奇异，即单元中的边长不能相差太大，或者有过大的钝角或过小的锐角。

3）单元的大小、数目取决于计算精度要求和计算容量限制。因此，在划分网格时首先满足计算精度的要求，同时可利用结构的对称性、循环对称性等特点，从复杂结构中取出一部分进行分析，或者对有应力集中的构件，采用疏密不同的网格剖分。也可以采用子结构法。

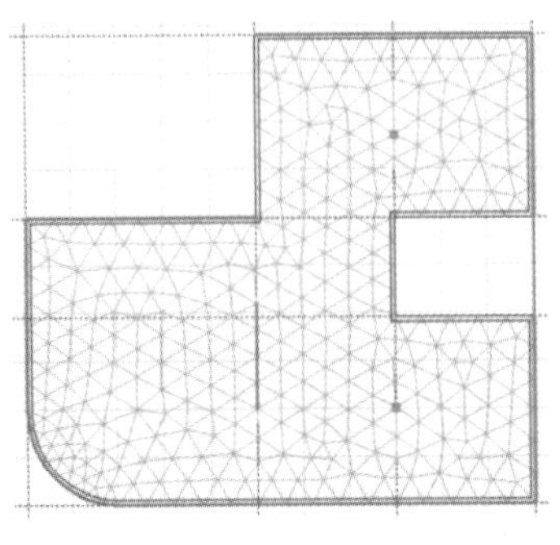

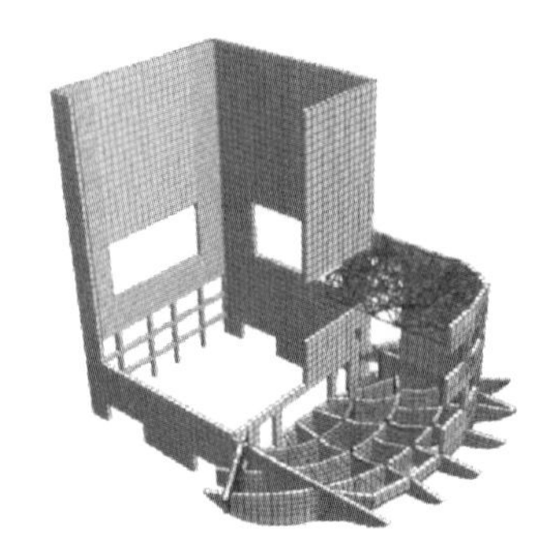

实体网格划分

图 4-19　有限元网格划分示例

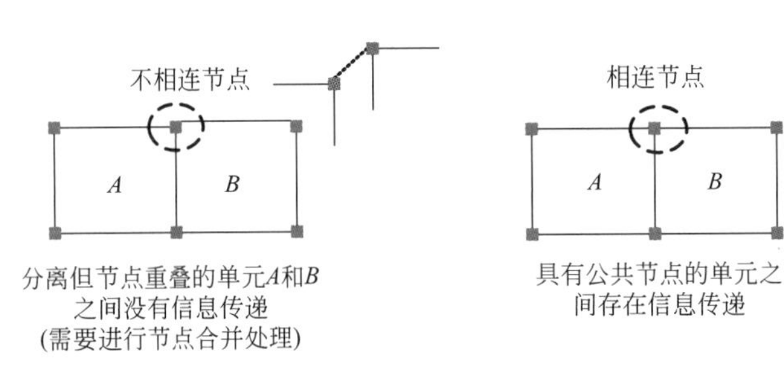

图 4-20　有限元网格划分时节点必须相连

4）同一单元内的结构，几何特性与材料特性相同。即不应把厚度不同或材料不同的对象区域划分在同一个单元里。

在编写有限元软件分析程序的前处理模块中，其中一个核心的算法问题是如何实现有限元网格的自动生成。通常，可以采用映射法、栅格法、拓扑分割法、节点联元法和几何分解法等算法实现有限元网格的自动生成。

1）映射法（Mapping-based Approach）

映射法的基本思路为：首先，通过适当的映射函数将待剖分物理域映射到参数空间中形成规则参数域。其次，对规则参数域进行网格剖分。最后，将参数域的网格反向映射回物理空间，从而得到物理域的有限元网格（如图 4-21 左侧所示）。

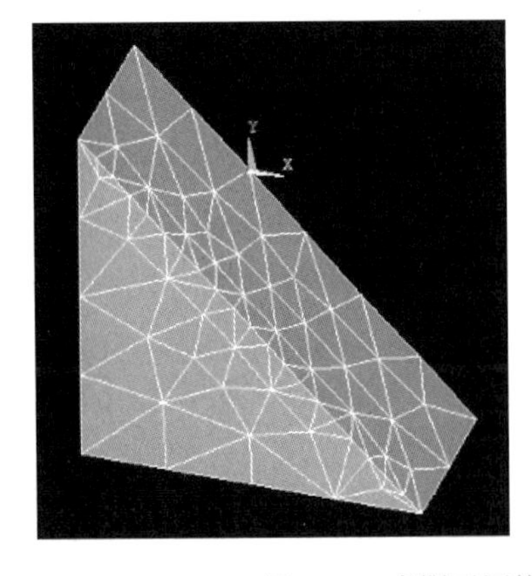

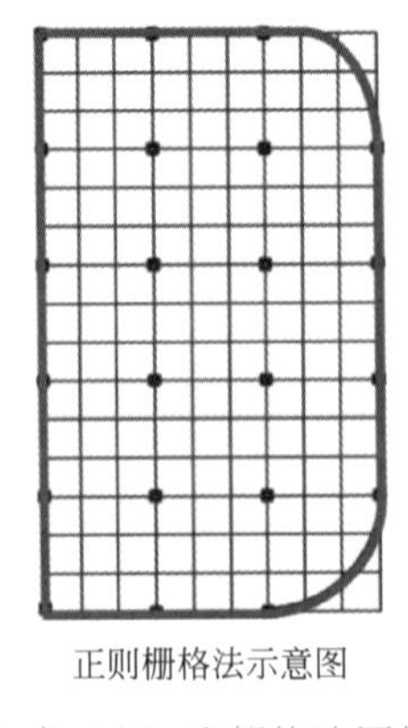

有限四叉树法示意图(高层建筑筏形基础)

图 4-21　有限元网格生成（左）和栅格法网格划分算法示意图（右）

映射法的特点是：①算法简单、速度快、单元质量好、密度可控制；②既是结构化网格生成方法，又是非结构化网格生成方法；③既可生成四边形单元网格，又可生成六面体网格；④可用于曲面网格生成，还可与形状优化算法集成；⑤一般可处理单连通域问题，但对于复杂多连通域问题，需要先用手工或自动方法将待剖分域分解成几何形状规则的可映射子区域。

映射法还可以进一步划分为以下三类：

① 保角映射法（Conformal Mapping Approach）：能够处理多于 4 条边的单连通域问题，但难以控制单元形状和单元密度，不能直接应用于三维问题。

② 基于偏微分法（P. D. E. -based Method）：通过数值求解偏微分方程得到参数空间与物理空间的映射关系，包括椭圆型、抛物线型、双曲线型。

③ 代数插值法（Algebraic Interpolation Method）：通过代数插值描述参数空间与物理空间的映射关系。

2）栅格法（Grid-based Approach）

栅格法的基本思路为：首先，用一组不相交的尺寸相同或不同的栅格覆盖在目标区域上面，保留完全或部分落在目标区域的栅格，删除完全落在区域之外的栅格；其次，对与物体边界相交的栅格进行调整、裁剪、再分解等操作，使其更准确地逼近目标区域；最后，对内部栅格和边界栅格进行栅格级的网格剖分，进而得到整个目标区域的有限元网格。

其主要步骤是：①生成一个包含整个边界的多边形网格网；②对多边形网格的单元与节点进行编号；③判断各个节点与边界的关系（节点在边界上、边界内、边界外）；④判断各个四边形单元与边界的关系（单元在边界上、边界内、边界外）；⑤对于在边界上的单元，求其和边界线的交点，将该单元切割为边界内多边形与边界外多边形；⑥切割后生成的边界内多边形，再剖分成若干个凸四边形与三角形；⑦删除所有的边界外多边形，得到有限元网格；⑧对有限元网格的节点与单元进行优化编号。

根据上述步骤①中所采用的不同多边形网格，栅格法又可以进一步划分为正则栅格法和有限四（八）叉树法等。其中，正则栅格法采用尺寸相同的正则栅格覆盖目标区域（如图 4-21 右侧所示），而有限四（八）叉树法则采用基于四（八）叉树数据结构的可递归细分的变尺寸栅格覆盖目标区域，以达到更好的协调边界，逼近精度与生成单元数量之间平衡的目的（如图 4-21 右侧所示）。

3）拓扑分割法（Topology Decomposition Approach）

“拓扑”，即把实体抽象成与其大小、形状无关的“点”，而把连接实体的线路抽象成“线”，进而以图的形式来表示这些点与线之间关系的方法，其目的在于研究这些点、线之间的相连关系。比如总线型拓扑结构、星型拓扑结构以及环型拓扑结构。

拓扑分割法是从形体的拓扑因素着手进行分割，其基本思路为：假定网格顶点全部由目标边界顶点组成，则可以用一种三角形算法将目标用尽量少的三角形完全分割覆盖。这些三角形主要由目标的拓扑结构决定，则目标的复杂拓扑结构被分解成简单的三角形拓扑结构。单纯采用这种方法生成的网格相对粗糙，需与其他方法相结合。目前，拓扑分割法已发展为普遍适用的目标初始三角化算法，用以实现从实体表述到初始三角化表述的自动化转换。

假设人眼图像与人眼注视点，由于人眼图像是高维特征，想要找到人眼图像的拓扑结构，可以根据人眼的注视点坐标得到。因为每个人眼图像对应着一个注视点的坐标（头部静止的情况下），所以可以用注视点的坐标之间的拓扑结构表示人眼图像之间的拓扑结构。首先有一 test 人眼图像，目的就是找到这个 test 的最近邻的人眼图像。为得到近邻，计算 test 人眼图像与样本人眼图像之间的距离，找到距离最小的三个点（能构成三角形的三个点），然后根据找到的 k 个近邻，采用与三角形点相连接的点，可以认为是 test 的近邻，直到找到 k 个近邻（如图 4-22 所示）。

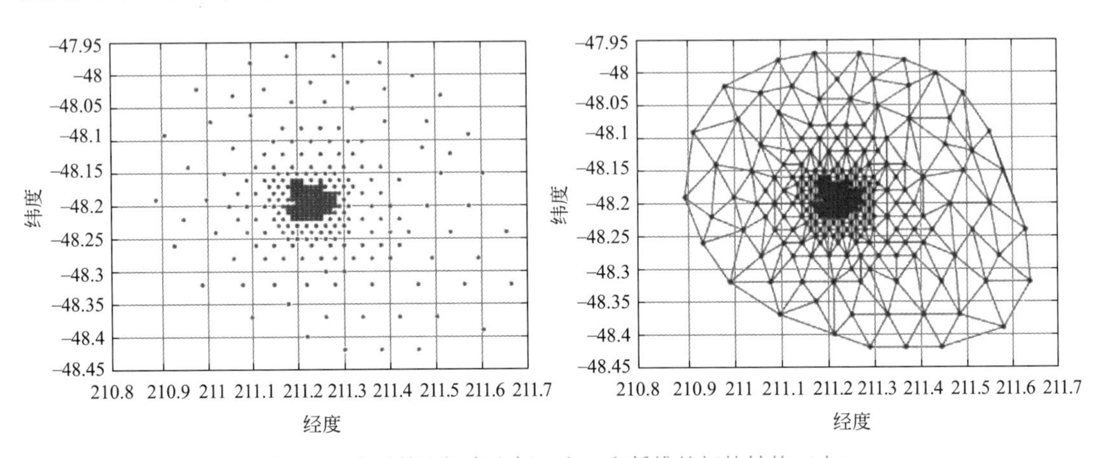

图 4-22　人眼的注视点坐标（左）和低维的拓扑结构（右）

4）节点联元法（Node Connection Approach）

节点联元法的基本思路为：在需要网格划分的对象区域内生成一定数目的节点，且这些节点要求基本均匀，节点之间的连线不能交叉。再通过适当的算法连接节点，从而形成有限元单元。

其主要步骤是：①在对象边界上均匀地生成节点（如等分点）；②根据上述节点生成等距扫描线（如平行于 x 轴的若干等距扫描线）；③求扫描线与图形内外边界的交点；④对同一扫描线上的交点进行排序，构成可分布线段；⑤在可分布线段上均匀布点，生成内部节点；⑥进行三角剖分。

其中三角剖分又包括如下主要步骤：①生成初始三角形，该三角形应包含所有离散点（根据 X_{min}、Y_{min}、X_{max}、Y_{max} 生成包容盒的外接圆 C，再求 C 的外切三角形）；②从初始三角形内找出第一点 O，分别与三角形的三个顶点相连，形成三个新的三角形（OAB、OBC、OCA）；③如图 4-23 所示，找出第二个离散点 P 所在的三角形，生成新的三角形（POB、PBC、PCO），若 P 落在三角形边上（如 OB 上），则可找出与 OB 相邻且异于 OBC 的三角形如 OAB，然后连接 AP 及 PC；④重复；⑤直到遍历完最后一个内部点（如图 4-23 所示）。

5）几何分解法（Geometry Decomposition Approach）

几何分解法的基本思路为：在这种方法中，节点与单元同步生成，与拓扑分解法不同的是在实体分解过程中，考虑了所生成的单元形状及大小，确保生成的单元质量。

几何分解法其可分为：区域递归细分法（Recursive Subdivision Method）、单元迭代移去法（Element Removing Method）、子区域移去及其网格化法（Sub-domain Removing

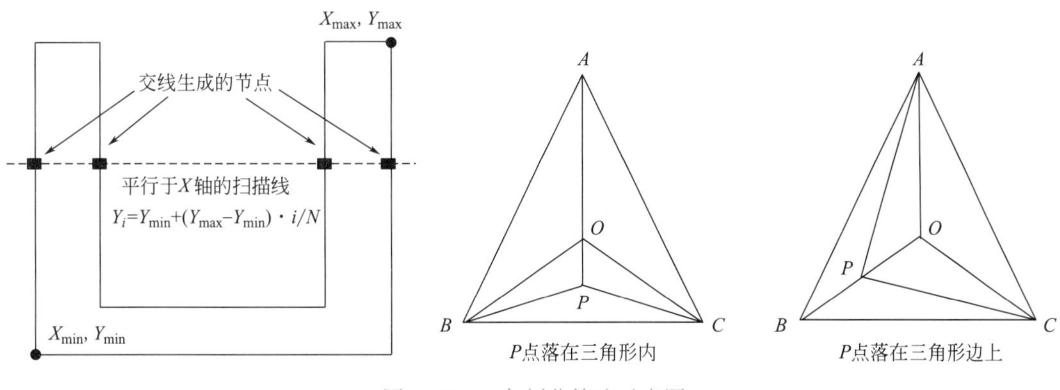

图 4-23　三角剖分算法示意图

Method）等。接下来进行区域递归细分法中的四窗口递归细分，过程如图 4-24 所示。

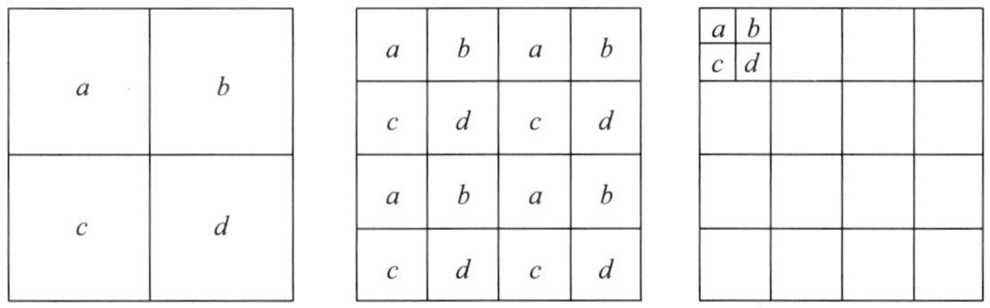

图 4-24　区域递归法过程示意

由图 4-24 可以看出，每次将区域分割为四块大小相等的矩形。该方法类似于组织一棵四叉树。即使是对一个 1024×1024 分辨率的视图细分 10 次以后，也能使每个单元覆盖一个像素。一个表面与一个细分后的观察平面区域的关系有内表面、外表面、重叠面和包围面四种（如图 4-25 所示），可用下列分类来叙述这些相关表面位置。

① 内表面：完全在该区域内的表面；

② 外表面：完全在该区域外的表面；

③ 重叠面：部分位于该区域内，部分位于该区域外的表面；

④ 包围面：完全包含该区域的表面。

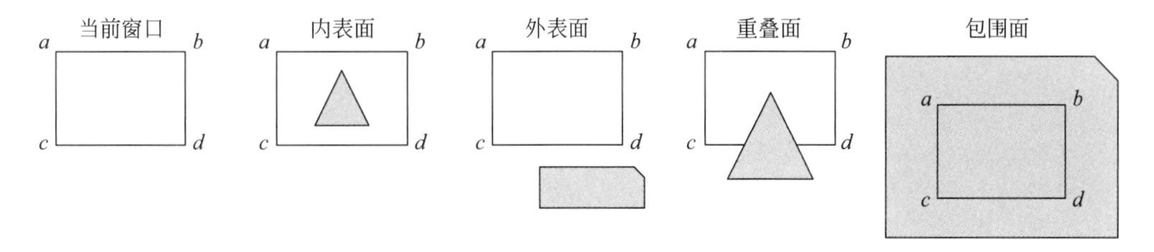

图 4-25　多边形表面与观察平面矩形区域之间可能的关系

（2）规则化数据文件

由于在有限元分析软件进行建模是一项复杂且重复性高的工作，为了提高建模效率、便于模型调整与修改，有限元分析软件通常都支持采用“脚本”的形式进行建模。即通过类似于软件开发语言一样，编辑一份满足一定的格式、标注和数据录入标准的文本文档，再在有限元分析软件中执行“导入”命令，完成命令流式的快速建模。这样的文本文档，便是规则化的数据文件。本节详细介绍 ANSYS 和 Etabs 软件的规则化数据文件。

1）ANSYS 数据文件解析

APDL 是 ANSYS 参数化设计语言（ANSYS Parameter Design Language）的简称，它是一种类似 FORTRAN 的解释性语言，可作为 ANSYS 的二次开发工具。APDL 编写的脚本程序可完成大部分图形用户界面（GUI）操作任务，以及某些 GUI 无法实现的功能，因此特别适用于复杂模型及模型需要多次修改重复分析的问题。例如，通过 APDL 可以实现重复执行一条命令，编辑和管理宏程序，实现选择结构 if-then-else，实现循环结构 do-loop，实现对标量、矢量、矩阵等进行代数运算，实现对 ANSYS 的有限元数据库进行访问等。而且，这样的 APDL 文件和语言不受 ANSYS 软件版本和系统平台的限制。

以下代码是一个生成圆环体的 APDL 脚本建模示例。

```
FINI                          ! 退出以前的模块
/CLEAR, START                 ! 清除系统中的所有数据，重新读取启动文件设置
/FILNAME, EG1_1, 1            ! 指定文件名，启动新的日志文件和错误文件
RI = 20                       ! 圆环体的内径
RO = 80                       ! 圆环体的外径
RM = 200                      ! 圆环体的主半径
/PREP7                        ! 进入前处理模块
TORUS, RI, RO, RM, 0, 360     ! 建一个完整的轮环体
/VIEW, 1, 1, 1, 1             ! 改变视图方向
/REP                          ! 重新绘图
FINI                          ! 退出前处理模块
```

APDL 脚本常用的命令包括：

（a）设定单元类型的命令

ET，单元类型编号 Itype，单元类型名称 Ename，单元选项 KOP1，单元选项 KOP2，单元选项 KOP3，单元选项 KOP4，单元选项 KOP5，单元选项 KOP6，压缩单元输出 INOPR
举例：ET，1，BEAM3 ET，3，SHELL93，1

（b）实常数定义命令

R，实常数编号 NSET，对应数值 R_1，对应数值 R_2，对应数值 R_3，对应数值 R_4，对应数值 R_5，对应数值 R_6
举例：R，1，0.002

（c）一般材料定义命令

MP，材料属性关键字 Lab，材料编号 MAT，相应数值 C_0，相应数值 C_1，相应数值 C_2，相应数值 C_3，相应数值 C_4
举例：MP，EX，1，70E9　！定义弹性模量 MP，NUXY，1，0.35　！定义泊松比 MP，DENS，1，1E-6　！定义密度

（d）非线性材料定义命令

<table>
<tr><td>定义省略（需要用到TB命令激活材料数据表和TBDATA命令来定义相应的数据表）</td></tr>
<tr><td>举例：MP，EX，1，12E6　　　　! 定义弹性模量
MP，NUXY，1，0.25　　　　! 定义泊松比
MP，GXY，1，15E6　　　　! 定义剪切模量
TB，BISO，1　　　　! 激活双线性等向强化材料定义
TBDATA，1，30e3，2e6　　　　! 定义屈服应力和切向模量
/XRANGE，0，0.01　　　　! 设定图形显示的X轴取值范围
TBPLOT，BISO，1　　　　! 图形显示定义的材料参数</td></tr>
</table>

（e）生成关键点和线的命令

<table>
<tr><td>K，关键点编号，X坐标，Y坐标，Z坐标
L，关键点P_1编号，关键点P_2编号
LARC，关键点P_1，关键点P_2，关键点P_3，半径RAD（由三个关键点生成弧线）</td></tr>
<tr><td>举例：K，1，0，0，0
L，1，2
LARC，1，3，2，0.05!PC用来控制弧线的凹向</td></tr>
</table>

（f）生成面的命令

<table>
<tr><td>A，关键点P_1，关键点P_2，关键点P_3，关键点P_4，关键点P_5，关键点P_6，关键点P_7…
AL，线L_1，线L_2，线L_3，线L_4，线L_5，线L_6，线L_7…
RECTING，矩形左边界坐标X_1，矩形右边界坐标X_2，矩形下边界坐标Y_1，矩形上边界坐标Y_2</td></tr>
<tr><td>举例：A，1，2，3，4
AL，5，6，7
RECTING，0，5，0，3</td></tr>
</table>

（g）网格划分的命令

<table>
<tr><td>KATT，MAT，REAL，TYPE，ESYS（指定关键点的单元属性）
LATT，MAT，REAL，TYPE，--，KB，KE，SECNUM（指定线的单元属性）
AATT，MAT，REAL，TYPE，ESYS（指定面的单元属性）
VATT，MAT，REAL，TYPE，ESYS（指定体的单元属性）
MSHAPE，KEY，Dimension（网格形状的控制）
MSHKEY，KEY（网格划分方式的控制）
ESIZE，SIZE，NDIV（网格尺寸的控制）
SMARTSIZE，SIZLVL，FAC，EXPND，TRANS，ANGL，ANGH，GRATIO，SMHLC，SMANC，MXITR，SPRX（智能网格划分）
KMESH，NP1，NP2，NINC（对关键点划分生成点单元）
LMESH，NL1，NL2，NINC（对线划分生成线单元）
AMESH，NA1，NA2，NINC（对面划分生成面单元）
VMESH，NV1，NV2，NINC（对体划分生成体单元）</td></tr>
</table>

2）Etabs 数据文件解析

Etabs 是由美国 CSI 公司开发研制的房屋建筑结构分析与设计软件，是房屋建筑结构分析与设计软件的业界标准之一。Etabs 可以将所建立的模型保存成文本文件（扩展名为 . e2k），供外部程序读取。同样，Etabs 也能读取 . e2k 文本文件，重新生成结构分析模型。. e2k 文件是一个存储数据的文件，可以使用文本编辑器打开，打开后可以对其中的数据进行编辑，以达到快速修改模型的目的。以下脚本代码是一个 . e2k 文件的部分内容。

```
$ File D：\test. e2k saved 7-3-2019 14：22

$ PROGRAM INFORMATION
PROGRAM “ETABS” VERSION “9. 2. 0”

$ CONTROLS
UNITS “N” “MM”
TITLE1 “Sample”
PREFERENCE MERGETOL 100
RLLF METHOD “CHINESE GB 50009-2012”

$ STORIES-IN SEQUENCE FROM TOP
STORY “STORY4” HEIGHT 3000 MASTERSTORY “Yes”
STORY “STORY3” HEIGHT 3000 SIMILARTO “STORY4”
STORY “STORY2” HEIGHT 3000 SIMILARTO “STORY4”
STORY “STORY1” HEIGHT 3000 SIMILARTO “STORY4”
STORY “BASE” ELEV 0

$ DIAPHRAGM NAMES
DIAPHRAGM “D1” TYPE RIGID

$ GRIDS
COORDSYSTEM “GLOBAL” TYPE “CARTESIAN” BUBBLESIZE 1250
GRID “GLBPLAN” LABEL “A” DIR “X” COORD 0 GRIDTYPE “PRIMARY” BUBBLELOC “DEFAULT” GRIDHIDE “NO”
GRID “GLBPLAN” LABEL “B” DIR “X” COORD 6000 GRIDTYPE “PRIMARY” BUBBLELOC “DEFAULT” GRIDHIDE “NO”
GRID “GLBPLAN” LABEL “C” DIR “X” COORD 12000 GRIDTYPE “PRIMARY” BUBBLELOC “DEFAULT” GRIDHIDE “NO”
GRID “GLBPLAN” LABEL “1” DIR “Y” COORD 0 GRIDTYPE “PRIMARY” BUBBLELOC “DEFAULT” GRIDHIDE “NO”
GRID “GLBPLAN” LABEL “2” DIR “Y” COORD 4000 GRIDTYPE “PRIMARY” BUBBLELOC “DEFAULT” GRIDHIDE “NO”
GRID “GLBPLAN” LABEL “3” DIR “Y” COORD 8000 GRIDTYPE “PRIMARY” BUBBLELOC “DEFAULT” GRIDHIDE “NO”
```

通过对上述输入文件的修改，可以快速实现模型的修改。例如，如果要增加两层标准层，可以将上述命令中的“$ STORIES”模块修改为如下即可。

```
$ STORIES-IN SEQUENCE FROM TOP
STORY “STORY6” HEIGHT 3000 MASTERSTORY “Yes”
STORY “STORY5” HEIGHT 3000 SIMILARTO “STORY6”
STORY “STORY4” HEIGHT 3000 SIMILARTO “STORY6”
STORY “STORY3” HEIGHT 3000 SIMILARTO “STORY6”
STORY “STORY2” HEIGHT 3000 SIMILARTO “STORY6”
STORY “STORY1” HEIGHT 3000 SIMILARTO “STORY6”
STORY “BASE” ELEV 0
```

.e2k 文本文件由 38 个分项组成，包括：文件、程序、控制、楼层、材料、截面、点、线、面等。符号说明以及详细解析分如表 4-1 和表 4-2 所示（仅列出与建模相关的条目）。

符号说明　　表 4-1

符号	符号说明
(　　)	分类题目
{　　}	变量/参数
[A/B/C...]	可选 A/B/C...
﹏﹏﹏	可有可无
①/②/...	情况①/情况②/…
═══	相似数组

分项详细解析　　表 4-2

分项	解析
文件信息(FILE INFORMATION)	—
程序信息(PROGRAM INFORMATION)	—
控制信息(CONTROLS)	• UNITS {force} {length} • TITLE1 {title} • PREFERENCE MERGETOL {tol} • RLLF METHOD {method name}
楼层信息(STORIES-IN SEQUENCE FROM TOP)	• STORY {name} [HEIGHT/ELEV]{value} MASTERSTORY "Yes" SIMILARTO "sname"
刚性隔板信息(DIAPHRAGM NAMES)	• DIAPHRAGM {name} TYPE [RIGID/SEMIRIGID]
网络信息(GRIDS)	• COORDSYSTEM "GLOBAL" TYPE ["CARTESIAN"/"CYLINDRICAL"] BUBBLESIZE {size} • GRID "GLOBAL" LABEL {name} DIR ["X"/"Y"] COORD {coord} • GRIDTYPE ["PRIMARY"/"SECONDARY"] BUBBLELOC ["DEFAULT"/"SWITCHED"] • GRIDHIDE ["NO"/"YES"] • REFERENCEPLANE Z {elev}

续表

分项	解析
材料属性(MATERIAL PROPERTIES)	• MATERIAL {name} M {mass} W {weight} • TYPE["ISOTROPIC"①/"ORTHOTROPZC"②]
框架截面信息(FRAME SECTIONS)	• FRAMESECTION {name} MATERIAL {mat} SHAPE {系统默认截面类型/"Rectangular"①/"Channel"/"Tee"/"Angle"/"Box/Tube"②/"Double Angle"③/"Pipe"④/"Circle"⑤/"General"/"SD Section"/"Nonprismatic"/"I/Wide Flange"⑦ } • FRAMESECTION {name} SHAPE "Auto Select List" • FRAMESECTION {name} SHAPE "Nonprismatic" • FRAMESECTION {name} AMOD {a} A2MOD {a} A3MOD {a} JMOD {j} I2MOD {i} I3MOD {i} MMOD {m} WMOD {w}
自动选择截面列表信息(AUTO SELECT SECTION LISTS)	• AUTOSECTION {name} {sname1}{ sname2}...
钢筋定义信息(REBAR DEFINITIONS)	• REBAR DEFINITIONS {name} AREA {area} DIA {d}
混凝土截面信息(CONCRETE SECTIONS)	• CONCRETESECTION {name} TYPE ["COLUMN"①/"BEAM"②]
自定义截面信息(SECTION DESIGNER SECTIONS)	• 墙板属性 (WALL/SLAB/DECK PROPERTIES) SHELLPROP {name} MATERIAL ["CONC"/"STEEL"/"OTHER"]PROPTYPE["WALL"/"SLAB"①/"DECK"②]
连接属性(LINK PROPERTIES)	—
支模/外墙名(PIER/SPANDREL NAMES)	• 点坐标 (POINT COORDINATES) POINT {name} {x} {y}... • 线连接 (LINE CONNECTIVITIES) LINE {name} [COLUMN/BEAM/BRACE] {pt1Name} {pt2Name} {Is Start Pt Below Story} • 面连接 (AREA CONNECTIVITIES) AREA {name} {type} [FLOOR/AREA] {Number of Points} pt Name Is Below Story
组(GROUPS)	• 点指定 (POINT ASSIGNS) POINTASSIGN {name} {p story} • 线指定 (LINE ASSIGNS) LINE ASSIGNS {line Name} {story} SECTION {sec Name} ANG {angle} MINNUMSTA {minnumsta} • 面指定 (AREA ASSIGNS) AREA ASSIGNS {"area"} {"story"} SECTION {sec Name①/"NONE"②} (根据{type}后面可能还有参数) PIER {P Name} • 静荷载 (STATIC LOADS) • 点荷载 (POINT OBJEST LOADS) • 线荷载 (LINE OBJECT LOADS) • 面荷载 (AREA OBJECT LOADS)

续表

分项	解析
组(GROUPS)	• 分析设置 (ANALYSIS OPTIONS) • 函数(FUNCTIONS) • 反应谱(RESPONSE SPECTRUM CASES) • 静态非线性(STATIC NONLINEAR CASES) • 荷载组合(LOAD COMBINATIONS) • 一般设计设置(GENERAL DESIGN PREFERENCES) • 钢结构设计设置(STEEL DESIGN PREFERENCES) • 混凝土设计设置(CONCRETE DESIGN PREFERENCES) • 组合结构设置(COMPOSITE DESIGN PREFERENCES) • 墙结构设计设置(WALL DESIGN PREFERENCES) • 标准线 (DIMENSION LIMES) • 展开立面定义(DEVELOPED ELEVATIONS)

3）小结

规则化数据文件是绝大多数有限元分析软件会提供的快速建模和分析控制方式，其建模过程也大同小异，只是对一些文本的规定和细节的处理有所不同。表4-3对比了多种有限元分析软件对于建模过程中的几何、材料、截面信息定义的方式。

不同有限元分析软件的大纲解析对比　　表4-3

<table>
<tr><td></td><td colspan="5">信息表达</td></tr>
<tr><td>文件类型</td><td colspan="5">Etabs(*.e2k)　SAP2000(*.s2k)　Midas (*mgt)　ANSYS(*mac)　IFC(*ifc)</td></tr>
<tr><td rowspan="9">几何信息</td><td rowspan="2">Etabs</td><td>Point "pt name" {x} {y}</td><td colspan="3">Line "line name" [Column/Beam/Brace] "pt1" "pt2" [1/0] [1/0]</td></tr>
<tr><td colspan="4">Area "area name" [Floor/Panel] {number} "pt1" "pt2" "pt3" "pt4"... [1/0] [1/0] [1/0] [1/0]...</td></tr>
<tr><td rowspan="2">SAP2000</td><td colspan="4">Joint={pt name} CoordSys=Global CoordType=[Cartesian/Cylindrical] XorR={value} Y={value} Z={value}</td></tr>
<tr><td colspan="4">Frame={line name}JointI={pt1} JointJ={pt2} IsCurved=[Yes/No] Length={value} Area={area name} NumJoints={number} Joint1={pt1} Joint2={pt2}... Perimeter={value}AreaArea={value}</td></tr>
<tr><td rowspan="2">Midas</td><td>{pt name},{X},{Y},{Z}</td><td colspan="3">{line name},"Type",{mat number},{sec number },{pt1},{pt2},{angle}</td></tr>
<tr><td colspan="4">{area name},"Type",{mat number},{sec number },{pt1},{pt2},{pt3},...,{[1/2],1-thick,2-thin}</td></tr>
<tr><td>ANSYS</td><td>K,{point number},{X},{Y},{Z}</td><td>LSTR,P1,P2</td><td>A, P1, P2, P3, P4...</td><td>V,P1,P2,P3,P4...</td></tr>
<tr><td>IFC</td><td colspan="4">IFCProduct—ObjectPlacement:spatial location information + Representation:geometric shape information</td></tr>
</table>

续表

<table>
<tr><th></th><th colspan="3">信息表达</th></tr>
<tr><th>文件类型</th><th colspan="3">Etabs(*.e2k) SAP2000(*.s2k) Midas (*mgt) ANSYS(*mac) IFC(*ifc)</th></tr>
<tr><td rowspan="5">材料信息</td><td>Etabs</td><td colspan="2">Material "mat name" M{mass} W{weight} Type ["Isotropic"/"Orthotropic"] E{e} U {u} A{a}</td></tr>
<tr><td>SAP2000</td><td colspan="2">Material={mat name} Type=[Concrete/Steel/...]Sym Type=[Isotropic/Orthotropic/...] TempDepend=[Yes/No]</td></tr>
<tr><td>Midas</td><td colspan="2">{mat number},{Type[Concrete/Steel/...]},<Data></td></tr>
<tr><td>ANSYS</td><td colspan="2">MP,[ex/alpx/prxy/gxy/dens/...],[material number],C0,C1,C2,C3,C4... {value}</td></tr>
<tr><td>IFC</td><td colspan="2">IFCMaterialProperties</td></tr>
<tr><td rowspan="7">截面信息</td><td rowspan="2">Etabs</td><td colspan="2">Framesection "sec name" Material "mat name" Shape "type"{parameters}</td></tr>
<tr><td colspan="2">Shellprop "sec name" Material "mat name" Proptype ["Wall"/"Slab"...] Type ["Shell"/"Plate"] {thickness}</td></tr>
<tr><td rowspan="2">SAP2000</td><td colspan="2">SectionName={sec name} Material={mat name} Shape=[Rectangular/Circle...] {parameters}</td></tr>
<tr><td colspan="2">Section={sec name} Material={mat name} MatAngle={value} AreaType=[Shell/Plane/Asolid] Thickness={value}</td></tr>
<tr><td>Midas</td><td>{sec number},{type},{shape name},<OFFSET>,{SHAPE},<DATA></td><td rowspan="4">ABC—属性名称
{Value}—属性值
[A/B/...]—可选值</td></tr>
<tr><td>ANSYS</td><td>Sectype,Secid,Type[Beam/Joint/Shell/...],Subtype[Secdata/Secoffset],Name</td></tr>
<tr><td>IFC</td><td>IFCProfileProperties—IFCProfileProperties + IFCRibPlateProfileProperties</td></tr>
<tr><td colspan="3">荷载/约束/其他信息...</td></tr>
</table>

4.2.2 有限元分析

在有限元分析软件中完成建模后，即可进行有限元分析求解。而有限元分析的效率在很大程度上取决于求解刚度方程的效率。

(1) 单元刚度方程

考虑平面应力应变问题，以三角形单元生成有限元网格。如图 4-26 所示，单元有三个节点，记为 i，j，m。每个节点存在两个方向上的位移，记为 (u, v)。单元位移可表示为 $\boldsymbol{\delta}=(u_i, v_i, u_j, v_j, u_m, v_m)$，且单元内任意一点位移，可由节点位移线性表示。

在有限元法中，只考虑节点荷载，对于非节点荷载需转换为等效节点荷载，处理方法这里不详细说明。在每个节点上存在两个方向上的荷载，如图 4-27 所示，记为 (x, y)，单元荷载可表示为 $\boldsymbol{F}=(x_i, y_i, x_j, y_j, x_m, y_m)$，则节点的刚度方程可表示为 $\boldsymbol{F}=\boldsymbol{K\delta}$，其中，$\boldsymbol{K}$ 被称为单元刚度矩阵，由虚功原理可推导得到：

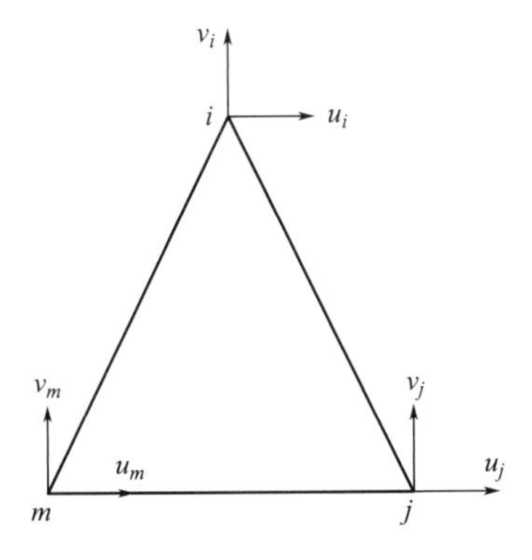

图 4-26　单元刚度方程（一）

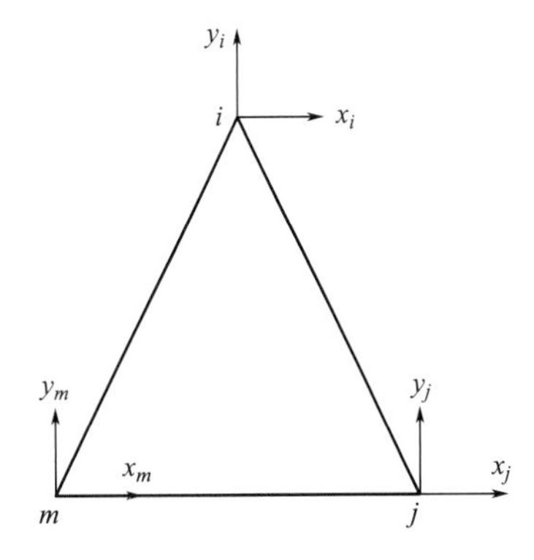

图 4-27　单元刚度方程（二）

$$\boldsymbol{K}=\begin{bmatrix}\boldsymbol{K}_{ii} & \boldsymbol{K}_{ij} & \boldsymbol{K}_{im}\\ \boldsymbol{K}_{ji} & \boldsymbol{K}_{jj} & \boldsymbol{K}_{jm}\\ \boldsymbol{K}_{mi} & \boldsymbol{K}_{mj} & \boldsymbol{K}_{mm}\end{bmatrix}\qquad [\boldsymbol{K}_{ij}]=\begin{bmatrix}k_{ij}^{11} & k_{ij}^{12}\\ k_{ij}^{21} & k_{ij}^{22}\end{bmatrix} \tag{式 4-1}$$

其中，上标 1 代表水平方向自由度，上标 2 代表竖直方向自由度；k_{ij}^{11} 代表节点 j 产生单位水平位移时，节点 i 处的水平节点力分量；k_{ij}^{21} 代表节点 j 产生单位水平位移时，节点 i 处的竖直节点力分量。

单元刚度矩阵表达了单元抵抗变形的能力，其元素值为单位位移所引起的节点力，与弹簧的刚度系数具有相同的物理本质。

由功的互等定理中的反力互等可知 $k_{ij}^{12}=k_{ji}^{21}$，因此单元刚度矩阵 $\boldsymbol{K}$ 为对称矩阵。

(2) 总体刚度方程

总体刚度方程实质就是所有节点的平衡方程，单元刚度方程集合成总体刚度方程需要满足以下原则：①各单元在公共节点上具有相同的位移；②结构的各节点离散出来后应满足平衡条件，即环绕某一节点的所有单元作用于该节点的节点力之和应与该节点的节点荷载平衡。以图 4-28 所示为例。

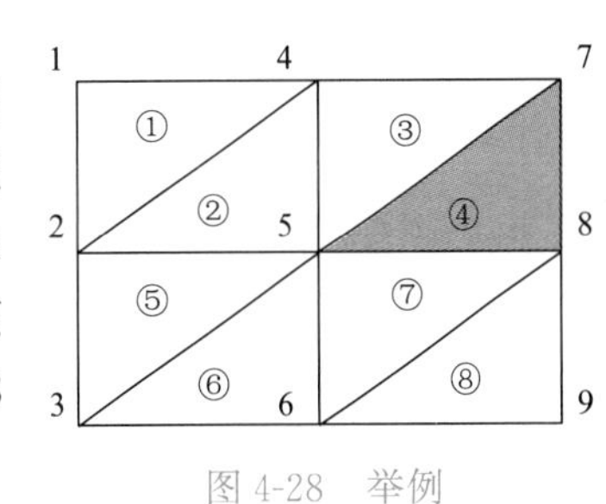

图 4-28　举例

单元④对应 5，7，8 号节点，表达式为

$$\boldsymbol{K}^4=\begin{bmatrix}k_{55}^4 & k_{57}^4 & k_{58}^4\\ k_{75}^4 & k_{77}^4 & k_{78}^4\\ k_{85}^4 & k_{87}^4 & k_{88}^4\end{bmatrix} \tag{式 4-2}$$

式（4-2）的扩展如图 4-29 所示。

这里，单元荷载 $\boldsymbol{F}^4=(x_5^4,\ y_5^4,\ x_7^4,\ y_7^4,\ x_8^4,\ y_8^4)$，且可扩展为：

$$\boldsymbol{R}^4=\left(\underset{1}{\underline{0,\ 0}},\ \underset{2}{\underline{0,\ 0}},\ \underset{3}{\underline{0,\ 0}},\ \underset{4}{\underline{0,\ 0}},\ \underset{5}{\underline{x_5^4,\ x_5^4}},\ \underset{6}{\underline{0,\ 0}},\ \underset{7}{\underline{x_7^4,\ x_7^4}},\ \underset{8}{\underline{x_8^4,\ x_8^4}},\ \underset{9}{\underline{0,\ 0}}\right) \tag{式 4-3}$$

注：此时下标代表 1～9 号节点。节点位移是未知量，可以直接写成 $2n$ 维的待求解向量 $\boldsymbol{\delta}$。

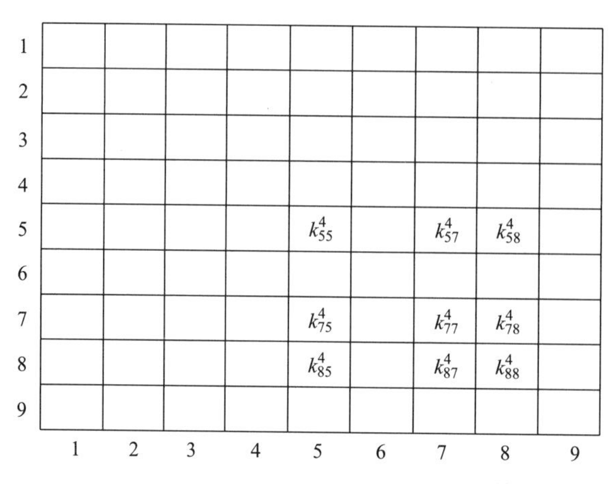

图 4-29 单元④表达式扩展

通过单元刚度方程叠加，得到总体刚度方程：$\boldsymbol{K\delta}=\boldsymbol{R}$。其中 $\boldsymbol{K}$ 为总体刚度矩阵：$\boldsymbol{K}=\sum_m K^m$，$\boldsymbol{R}=\sum_m R^m$，$\boldsymbol{R}$ 为总体节点荷载向量。

（3）总体刚度矩阵

单元分析的任务是建立单元刚度方程，从而形成单元刚度矩阵。而对于整体分析，其任务是将单元整合成总体，进而单元刚度矩阵可按照刚度集成规则形成总体刚度矩阵。总体刚度矩阵具有以下特性：

1）稀疏性

① 互不相关的节点在矩阵中产生零元；

② 网格划分越细，节点越多，矩阵越稀疏。

2）带状性

① 非零元素分布在以主对角线为中心的带状区域内；

② 集中程度与节点编号方式有关；

③ 为方便计算，应使带宽尽可能地小；

④ 节点编号应沿短边进行，且使相邻节点差值最小。

3）对称性和奇异性

可以根据单元刚度矩阵是奇异矩阵进行推导，总体刚度矩阵也是奇异矩阵，且也是对称矩阵（如图 4-30 所示）。

在图 4-30 中，有阴影部分的矩形代表矩阵中非零元素，空白矩形代表矩阵中的零元素。通过更改编码，也就是交换行列，可以将矩阵中非零元素的位置进行调整。图 4-30 中，矩阵的非零元素分布在以对角线为中心的带形区域内，称为带形矩阵。在半个带形区域中（包括对角线元素在内），每行具有的元素个数叫作半带宽，用 d 表示。半带宽 d 的一般计算公式是：

$$半带宽\ d=(相邻节点码的最大差值+1)\times 2 \qquad (式\ 4\text{-}4)$$

图 4-30 左侧图中相邻节点码的最大差值为 2，故 $d=(2+1)\times 2=6$，右侧图中相邻节点码的最大差值为 6，故 $d=(6+1)\times 2=14$。

特别地，同一网格中，如果采用不同的节点编码，则相应的半带宽 d 也可能不同。如

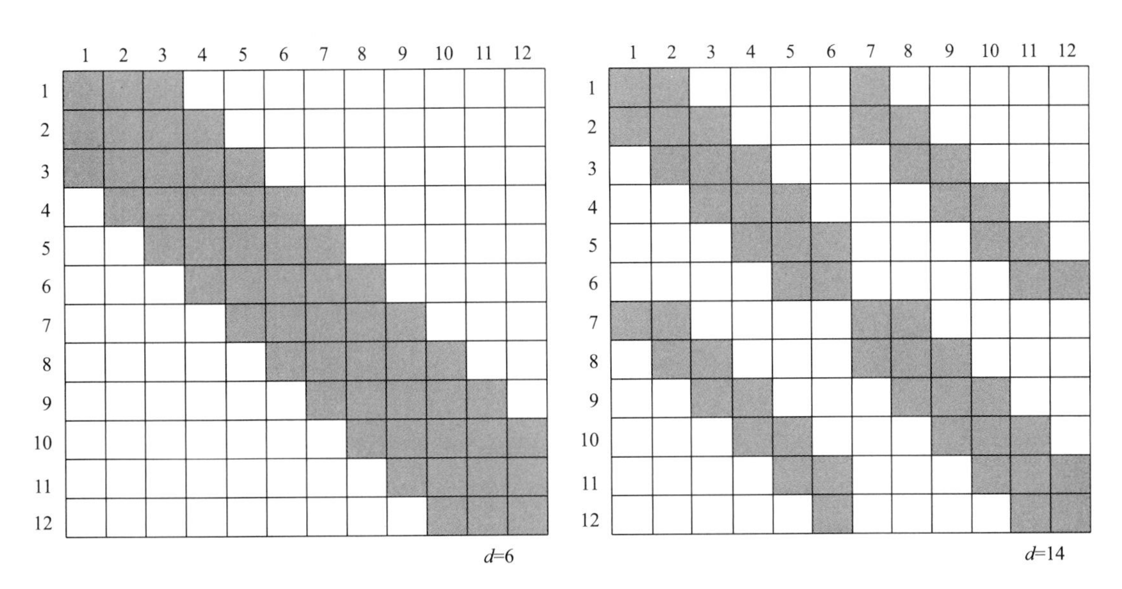

图 4-30　典型的总体刚度矩阵（左）和更改编码后的总体刚度矩阵（右）

图 4-31 所示，是同一网格的三种节点编码，相邻节点码的最大差值分别为 4、6、8，半带宽分别为 10、14、18。因此，应当采用合理的节点编码方式，以便得到最小的半带宽，从而节省存贮容量。

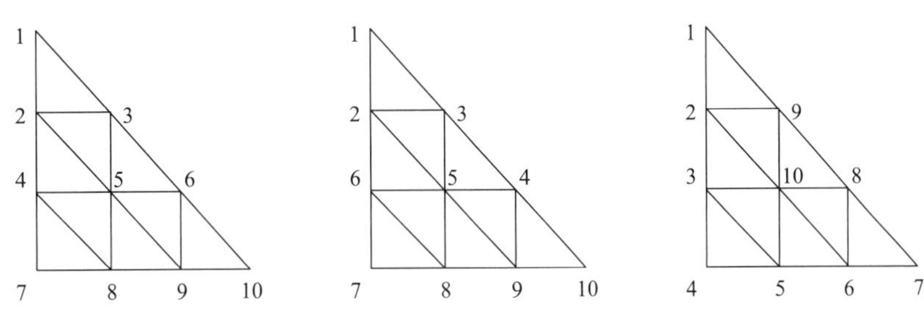

图 4-31　同一网格的三种节点编码

（4）位移边界条件的处理

在没有任何约束的条件下，结构可产生任意刚体位移，即总体刚度方程没有唯一解。而当引入位移边界条件，才能求解总体刚度方程。比如 7 号节点位移为已知量 $\delta_7=c_7$。则引入自由度约束的总体刚度方程为：

$$\begin{bmatrix} k_{11} & k_{12} & \cdots & 0 & \cdots & k_{1n} \\ k_{21} & k_{22} & \cdots & 0 & \cdots & k_{2n} \\ \vdots & \vdots & & \vdots & & \vdots \\ 0 & 0 & \cdots & 1 & \cdots & 0 \\ \vdots & \vdots & & \vdots & & \vdots \\ k_{n1} & k_{n2} & \cdots & 0 & \cdots & k_{nn} \end{bmatrix} \begin{bmatrix} \delta_1 \\ \delta_2 \\ \vdots \\ \delta_7 \\ \vdots \\ \delta_n \end{bmatrix} = \begin{bmatrix} R_1-k_{17}c_7 \\ R_2-k_{27}c_7 \\ \vdots \\ c_7 \\ \vdots \\ R_n-k_{n7}c_7 \end{bmatrix} \quad (式 4-5)$$

（5）刚度方程的解法

求解过程中，首先要定义加载条件和模型的边界约束，从而定义边界约束条件以锁定自由度，以及施加单元和节点荷载以模拟现实工况。其次，要设定计算参数，例如设定非线性迭代收敛准则和最大循环次数，划分荷载加载过程并设定荷载步等。有些有限元分析软件也有其特定的参数设定，例如若要在 ANSYS 中进行弹塑性分析需要打开其“大变形计算开关”。完成这些步骤后，便可交给程序进行求解。

求解的原理可简单总结为：根据所建立模型的刚度矩阵 $\boldsymbol{K}$ 和荷载与约束所组成的边界条件矩阵 $\boldsymbol{R}$，根据公式 $\boldsymbol{K}\cdot\boldsymbol{\delta}=\boldsymbol{R}$，求解其位移矩阵 $\boldsymbol{\delta}$，再反算每个单元节点的应力应变。其详细的原理可参考《程序结构力学》等相关教材。

求解的方法又根据求解的内容划分为多种，包括：求解线性代数方程组、子空间迭代法求自振频率、振型分解反应谱法求解地震响应、逐步积分法计算动力响应、等弧长法跟踪平衡路径、矩阵的半带宽优化等。

上述求解原理中，$\boldsymbol{K}$、$\boldsymbol{R}$、$\boldsymbol{\delta}$ 通常都是大型矩阵，因此有限元分析的效率很大程度上取决于求解这个庞大的线性代数方程组，且解方程组的时间在整个解题时间中占有很大比重。求解这一方程组的方法可以划分为直接法和迭代法两种。其中，直接法是通过有限个算术运算来求出方程组的解。针对低阶矩阵，可采用高斯消去法、三角分解法。针对高阶矩阵，可采用以这两种方法为基础的波前法、块追赶法和子结构法。而当方程阶数过高时，由于计算机有效位数的限制，直接法中的舍入误差，消元中的有效位数的限制，会影响求解的精度，这时可采用迭代法。迭代法是用某极限过程去逐步逼近真实解，如塞德尔法和超极限法。

1）高斯消去法求解线性代数方程组

高斯消去法的基本思想是逐步逐次消去一个未知数，最后将原方程变成一个等价的三角形方程，再逐个回代，单元能解出全部的未知数。假设刚度方程组为：

$$\begin{bmatrix} K_{11} & \cdots & K_{1n} \\ \vdots & \ddots & \vdots \\ K_{n1} & \cdots & K_{nn} \end{bmatrix} \begin{bmatrix} \delta_1 \\ \vdots \\ \delta_n \end{bmatrix} = \begin{bmatrix} R_1 \\ \vdots \\ R_n \end{bmatrix} \tag{式 4-6}$$

其等价于：

$$\begin{cases} K_{11}\delta_1 + \cdots + K_{1n}\delta_n = R_1 \\ \qquad\qquad \vdots \\ K_{n1}\delta_1 + \cdots + K_{nn}\delta_n = R_n \end{cases} \tag{式 4-7}$$

则可求得：

$$\delta_1 = -\frac{K_{12}}{K_{11}}\delta_2 - \cdots - \frac{K_{1n}}{K_{11}}\delta_n + \frac{R_1}{K_{11}} \tag{式 4-8}$$

回代后得到：

$$\begin{cases} \delta_1 + \dfrac{K_{12}}{K_{11}}\delta_2 + \cdots + \dfrac{K_{1n}}{K_{11}}\delta_n = \dfrac{R_1}{K_{11}} \\ \left(K_{22} - \dfrac{K_{21}K_{12}}{K_{11}}\right)\delta_2 + \cdots + \left(K_{2n} - \dfrac{K_{21}K_{1n}}{K_{11}}\right)\delta_n = \left(R_2 - \dfrac{K_{n1}}{K_{11}}\right)R_1 \\ \qquad\qquad \vdots \\ \left(K_{n2} - \dfrac{K_{n1}K_{12}}{K_{11}}\right)\delta_2 + \cdots + \left(K_{nn} - \dfrac{K_{n1}K_{1n}}{K_{11}}\right)\delta_n = \left(R_n - \dfrac{K_{n1}}{K_{11}}\right)R_1 \end{cases} \tag{式 4-9}$$

矩阵形式为：

$$\begin{bmatrix} 1 & \dfrac{K_{12}}{K_{11}} & \cdots & \dfrac{K_{1n}}{K_{11}} \\ 0 & K_{22}-\dfrac{K_{21}K_{12}}{K_{11}} & \cdots & K_{2n}-\dfrac{K_{21}K_{1n}}{K_{11}} \\ 0 & K_{n2}-\dfrac{K_{n1}K_{12}}{K_{11}} & \cdots & K_{nn}-\dfrac{K_{n1}K_{1n}}{K_{11}} \end{bmatrix} \begin{bmatrix} \delta_1 \\ \delta_2 \\ \vdots \\ \delta_n \end{bmatrix} = \begin{bmatrix} R_1^{(1)} \\ R_2^{(1)} \\ \vdots \\ R_n^{(1)} \end{bmatrix} \tag{式 4-10}$$

上式中右上标（1）表示第一次消元，这样 K 阵成为第一列元素，除对角为 1 外其余均化为零。

第二次消元时：对降过一阶的矩阵进行同样的化简，此时：

$$K_{22}^{(1)} = K_{22} - \frac{K_{21}K_{12}}{K_{11}} \tag{式 4-11}$$

在有限元方法中，由于刚度矩阵为正定矩阵，即：

$$K_{11} > 0，\begin{vmatrix} K_{11} & K_{12} \\ K_{21} & K_{22} \end{vmatrix} > 0，\begin{vmatrix} K_{11} & K_{12} & K_{13} \\ K_{21} & K_{22} & K_{23} \\ K_{31} & K_{32} & K_{33} \end{vmatrix} > 0\cdots \tag{式 4-12}$$

则 $K_{22}^{(1)}>0$。如此重复，就可使得矩阵 $\boldsymbol{K}$ 转换为对角线元素均为 1 的三角阵。这个过程便是消元的过程。最终得到的结果是：

$$\begin{bmatrix} 1 & \widetilde{K}_{12} & \widetilde{K}_{13} & \cdots & \widetilde{K}_{1n} \\ & 1 & \widetilde{K}_{23} & \cdots & \widetilde{K}_{2n} \\ & \cdots & \cdots & \cdots & \cdots \\ & & & 1 & \widetilde{K}_{n-1n} \\ & & & & K \end{bmatrix} \begin{bmatrix} \delta_1 \\ \delta_2 \\ \vdots \\ \delta_{n-1} \\ \delta_n \end{bmatrix} = \begin{bmatrix} \widetilde{R}_1 \\ \widetilde{R}_2 \\ \vdots \\ \widetilde{R}_{n-1} \\ \widetilde{R}_n \end{bmatrix} \tag{式 4-13}$$

因此高斯消去法求解方程时包括两个步骤。第一步是消元，即将刚度矩阵转换为对角元为 1 的上三角阵；第二步是回代求解方程组，即根据对角元为 1 的单位阵，求节点未知量，其过程可归纳为如下公式：

$$\delta_i = \widetilde{R}_i - \sum\nolimits_{r=i+1}^{n} \widetilde{K}_{ir}\delta_r (i = n-1，n-2，\cdots 1) \tag{式 4-14}$$

2）三角分解法求解线性代数方程组

利用三角分解，将刚度矩阵 $\boldsymbol{K}$ 转换为三角阵 $\boldsymbol{K}=\boldsymbol{LU}$ 的一种做法，如下公式：

$$\begin{bmatrix} a_{11} & a_{12} & a_{13} \\ a_{21} & a_{22} & a_{23} \\ a_{31} & a_{32} & a_{33} \end{bmatrix} = \begin{bmatrix} l_{11} & 0 & 0 \\ l_{21} & l_{22} & a_{23} \\ l_{31} & l_{32} & l_{33} \end{bmatrix} \begin{bmatrix} u_{11} & u_{12} & u_{13} \\ 0 & u_{22} & u_{23} \\ 0 & 0 & u_{33} \end{bmatrix} \tag{式 4-15}$$

与高斯法相比，由于三角分解后，一个成为上三角阵，另一个成为下三角阵，需要两次回代即可求得方程组的解，因此计算耗时少。

3）共轭梯度法求解线性代数方程组

共轭梯度法是方程组求解的一种迭代方法，求出的解并不是方程组的真实解，而是用某一近似值代入，逐步迭代。使近似值逐渐逼近，当达到规定误差时，取其为方程组的解。这种方法特别适合有限元分析求解，因为其要求系数矩阵为对称正定矩阵。同时，共轭梯度法也适合并行计算。其算法思路如下：

假定要求解的对称线性方程组是：$\boldsymbol{Ax}=\boldsymbol{b}$，其中 $\boldsymbol{A}$ 是对称正定的系数矩阵。同时，构造一个二次函数 $\Phi(\boldsymbol{x})=\frac{1}{2}\boldsymbol{x}^{\mathrm{T}}\boldsymbol{Ax}-\boldsymbol{b}^{\mathrm{T}}\boldsymbol{x}$，对该函数求导，并令导数为零，可得 $\nabla\Phi(\boldsymbol{x})=\boldsymbol{Ax}-\boldsymbol{b}=0$。可以发现，使得该函数导数为零的 $\boldsymbol{x}$ 即为方程组 $\boldsymbol{Ax}=\boldsymbol{b}$ 的解，求解线性方程的问题也就转化为求二次函数极值的问题。

对于一组向量 $\{\boldsymbol{d}_0, \boldsymbol{d}_1, \cdots, \boldsymbol{d}_{n-1}\}$，若任意两个向量间满足 $\boldsymbol{d}_i^{\mathrm{T}}\boldsymbol{Ad}_j=0$ $(i\neq j)$，则称这组向量与对称正定矩阵 $\boldsymbol{A}$ 共轭。

取初始值 x_0：

$$\begin{aligned}\boldsymbol{g}_0&=\nabla\Phi(\boldsymbol{x}_0)=\boldsymbol{Ax}_0-\boldsymbol{b}\\ \boldsymbol{d}_0&=-\nabla\Phi(\boldsymbol{x}_0)=-\boldsymbol{g}_0\end{aligned} \quad \text{（式 4-16）}$$

根据如下公式组迭代进行，直到 $|\boldsymbol{g}_k|<\varepsilon$，即误差允许范围之内。

$$\begin{aligned}\alpha_k&=\frac{\boldsymbol{g}_k^{\mathrm{T}}\boldsymbol{g}_k}{\boldsymbol{d}_k^{\mathrm{T}}\boldsymbol{Ad}_k}\\ \boldsymbol{x}_{k+1}&=\boldsymbol{x}_k+\alpha_k\boldsymbol{d}_k\\ \boldsymbol{g}_{k+1}&=\boldsymbol{g}_k+\alpha_k\boldsymbol{Ad}_k\\ \beta_k&=\frac{\boldsymbol{g}_{k+1}^{\mathrm{T}}\boldsymbol{g}_{k+1}}{\boldsymbol{g}_k^{\mathrm{T}}\boldsymbol{g}_k}\\ \boldsymbol{d}_{k+1}&=-\boldsymbol{g}_{k+1}+\beta_k\boldsymbol{d}_k\end{aligned} \quad \text{（式 4-17）}$$

其中，$\boldsymbol{g}_k=\nabla\Phi(\boldsymbol{x}_k)$，$k=0, 1, \cdots, n-1$。

4.2.3 求解后处理

对结构有限元分析的结果数据进行加工后处理时，需要根据分析计算所得到的节点位移和应力应变，按照一定的强度准则求出设计要求的各种应力值。有限元程序应按照用户要求有选择地组织、输出有关结果数据，生成表格和文档，并提供多种数据输出和编辑功能。对有限元数据进行图形表示时，可以以二维或三维图形方式，显示计算结果，直观、形象地反映结构受力特性及其状况，如结构变形图、内力图等。

网格图是最简单的有限元后处理图形之一，只需按边线定义的节点索引将相关节点用直线相连，即可获取网格图。彩色云图适合显示标量数据在结构表面的分布情况。有限元分析中很多结果通过彩色云图才能清晰表达，如位移、应力分量等（如图 4-32 左侧所示）。等值线图是将结构表面上具有相同标量数据值的点相连接，形成一条曲线。等值线可以是封闭的曲线，或在结构表面的边界终止。变形图是将结构的变形叠加到结构模型中，只需将每个节点的坐标加上该节点的位移即可，位移分量需按适当比例放大（如图 4-32 右侧所示）。

动画用来显示随时间变化的数据场，如有限元分析中，模态分析结果、时程响应分析结果、优化各迭代步的结果等，实际是将一系列的图形按一定的时间间隔连续地绘制出来，利用人眼的视觉残留特点，给人以屏幕图像连续变化的印象。

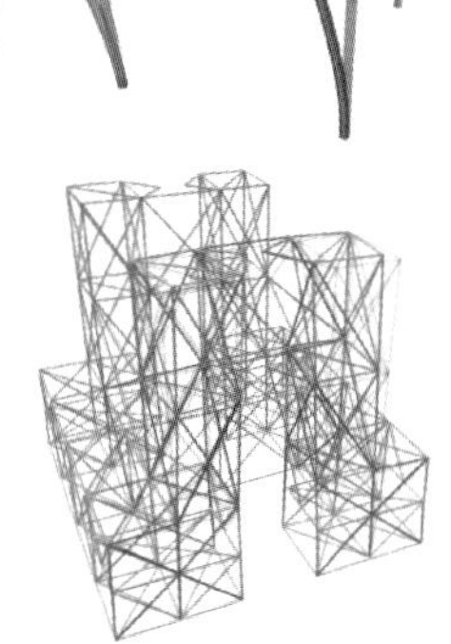

图 4-32　彩色云图（左）和变形图（右）

4.3　离散事件模拟

离散事件是指在特定的时间点发生的事件，离散事件的发生将引起系统状态的变化。如图 4-33 所示，上课与下课可以视为离散事件，该事件的发生将引起老师与同学状态的变化。

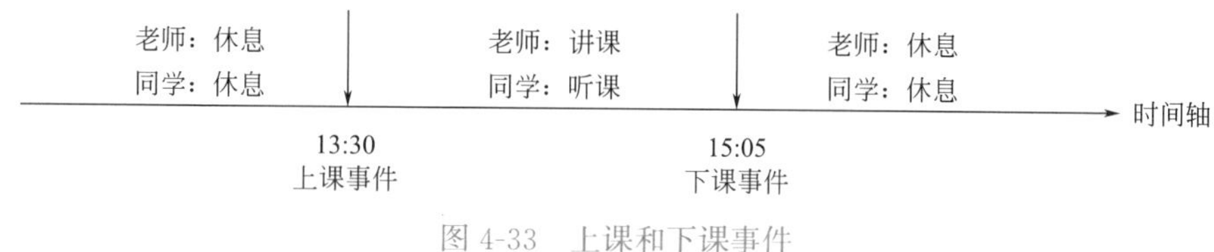

图 4-33　上课和下课事件

离散事件模拟就是把现实世界中连续的事件变成离散事件。在土木建筑领域，离散事件模拟可以用于模拟不同施工现场规划方案下，各功能区域的形状、大小及位置对施工过程的影响。本节介绍离散事件模拟系统及一些典型的核心算法。

4.3.1　离散事件系统

离散事件系统是由一系列离散事件驱动、状态随时间动态演化的系统，系统的状态只能通过离散事件的发生改变，且通常状态变化与事件发生的关系是一一对应的。两个相邻的事件之间，系统的状态维持前一个事件发生后的状态不变。由于事件发生的时间点是离散的，因此称这类系统为离散事件系统。比如某车站售票厅只有一名售票员，在正常上班时间内，若车站没有乘客，则售票员空闲；若有乘客，则售票员应售票给乘客。若乘客到达车站时，售票员正在为其他乘客售票，则新来的乘客就需要在一旁排队等候。显然，每个乘客到达车站的时间是随机的，而售票员处理乘客请求的时间长短也是随机的，因此每个乘客排队等待的时间长短也是随机的。构成离散事件系统的基本要素包括实体、事件、属性、活动、进程、仿真钟以及随机变量。

（1）实体

实体是指有区别性并且是独立存在的某种事物，是组成系统的各种成分，可分为临时实体和永久实体。

临时实体是指在系统中只存在一段时间的实体，比如上述例子中的乘客，根据一定的规律到达，然后经过售票员服务（可能会排队一段时间），最后离开系统。注意：某些乘客虽然到达，但没有进入车站的不能成为该系统的临时实体。

永久实体是指始终驻留在系统中的实体，比如服务台，或者上述例子中的售票员，只要系统处于活动状态，这些实体就始终存在。

在一个仿真系统中，临时实体根据一定的规律处在系统中，引起永久实体状态的变化，同时又在永久实体的作用下离开系统，因此整个仿真系统呈现出一种动态变化的过程。

（2）事件

事件是引起系统状态发生变化的行为，如上述例子中可以定义乘客到达为一类事件。由于乘客到达，系统的状态发生了变化——售票员的状态可能从闲变为忙，或者导致另一种系统状态发生变化——排队的乘客人数发生变化（排队人数加 1）。与此同时，也可以定义乘客接受服务后离开车站系统为一类事件（即乘客离开），则此事件导致系统的状态发生了变化——售票员的状态可能从忙变为闲。

（3）属性

实体的状态由属性的集合来描述，如上述例子中的乘客是一个实体，乘客的性别、体重、到达事件、离开事件等即为乘客的属性。

（4）活动

活动是指两个相邻事件之间发生的过程，活动因某一事件的发生而开始，因下一事件的发生而结束。如在上述例子中，“乘客到达”与“服务开始”这两个事件中存在一个活动——“排队等候”，而在“服务开始”与“服务结束”这两个事件中存在一个活动——“售票服务”。当排队等候活动开始和结束时，都代表着乘客排队状态的变化；而当售票服务活动开始和结束时，都代表着售票员状态的变化。

（5）进程

进程是由若干事件和若干活动组成，用于描述一个临时实体从进入系统到离开系统所经历的完整过程。如在上述例子中，一个乘客到达车站系统到排队到售票员服务乘客接受服务完毕后离开车站系统，该过程可视为一个进程。其中，关于事件、活动和进程三者之间的关系可以用图 4-34 来表示。

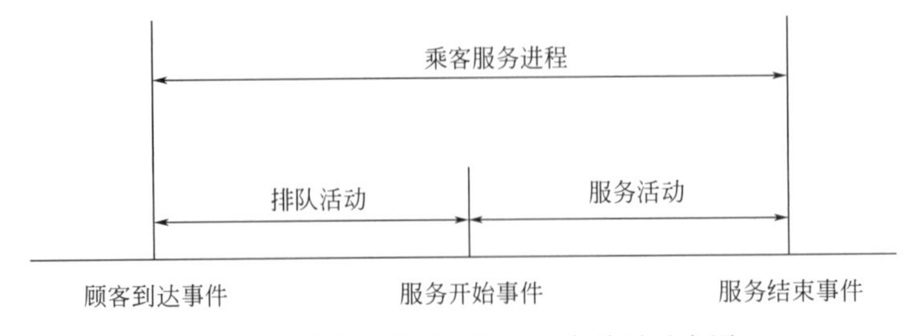

图 4-34　事件、活动和进程三者关系示意图

（6）仿真钟

仿真钟用于表示系统当前的运行时间。在离散事件系统仿真中，由于系统状态的变化是不连续的，任何相邻两个事件发生之间，系统的状态不会发生变化，所以仿真钟可以跨越这些“不活动”区域，直接从上一事件发生时刻推进至下一事件发生的时刻。仿真钟的推进方式包括固定步长时间推进法和下次事件时间推进法。由于事件的发生具有随机性，因此仿真钟的步长推进也是随机的。

（7）随机变量

复杂的现实系统中通常含有一些随机因素，对有随机因素影响的系统进行仿真时，需要建立随机变量模型，确定系统的随机变量以及这些随机变量的分布类型和参数。

4.3.2　仿真与离散事件模拟

仿真是应用模型对现实事物的再认识，它既可以认识事物的外在表现，也可以认识事物的内在规律。仿真模拟是采用数学模型描述系统的结构与行为，以理解系统演变规律，或预测系统后续状态。离散事件模拟（Discrete Event Simulation，DES）是将现实活动抽象为离散事件系统，基于离散事件系统对现实行为进行模拟。每个事件都在特定时刻发生，并标记系统中的状态变化。

DES更关注的是事物的内在规律。仿真与离散事件模拟是一种用计算机对离散系统进行仿真实验的方法。这种仿真实验的步骤包括：画出系统的工作流程图、确定到达模型、服务模型和排队模型（三者构成离散事件系统的仿真模型）、编制描述系统活动的运行程序并在计算机上执行这个程序。仿真与离散事件模拟广泛用于交通管理、生产调度、资源利用、计算机网络系统的分析和设计方面。

其中，到达模型是用来描述临时实体（“顾客”）到达时间的特性。服务模型是用来描述永久实体（“服务台”）为临时实体服务的时间特性。排队模型，即系统按照一定的规则从等候服务的队列中挑选下一个接受服务的临时实体，这种规则就称作排队模型。运行程序是指在建立离散事件系统的模型后还必须编制描述系统活动的运行程序。根据描述方法的不同，运行程序可分为面向事件、面向活动和面向进程三类。

离散事件系统仿真策略包括事件调度法、活动扫描法、进程交互法和简化离散事件模拟方法（SDESA，Simplified Discrete-Event Simulation Approach）。

4.3.2.1　事件调度法

事件调度法（Event Scheduling）是面向事件的方法，即通过定义事件，并按照时间顺序处理所发生的一系列事件。由于事件都是预定的，状态变化发生在明确的预定时刻，所以这种方法适合于活动持续时间比较确定的系统。事件调度法的仿真过程如下：

（1）初始化：置仿真的开始时间 t_0 和结束时间 t_f；置各实体的初始状态；事件表初始化。

（2）置仿真时钟 TIME$=t_0$。

（3）如果 TIME$\geqslant t_f$，转至（4），否则，在操作事件表中取出发生时间最早的事件 E；执行 E 相应的事件处理模块；仿真事件推进到此事件的发生时间，即置 TIME$=t_E$；更新系统状态，策划新的事件，修改事件表；重复执行第（3）步。

（4）仿真结束。

以排队系统为例，假设 c 个服务台并联服务，顾客源无限，随机选择空闲服务台，形成一个多服务台单队列排队系统（如图 4-35 所示）。

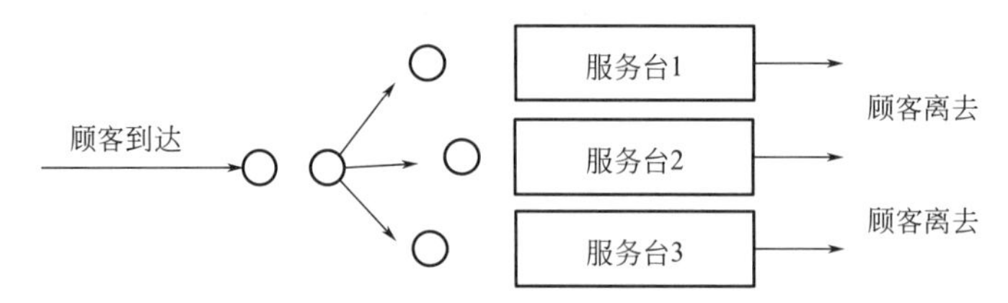

图 4-35 多服务台单队列排队系统

构造模拟主程序的流程如图 4-36 所示。

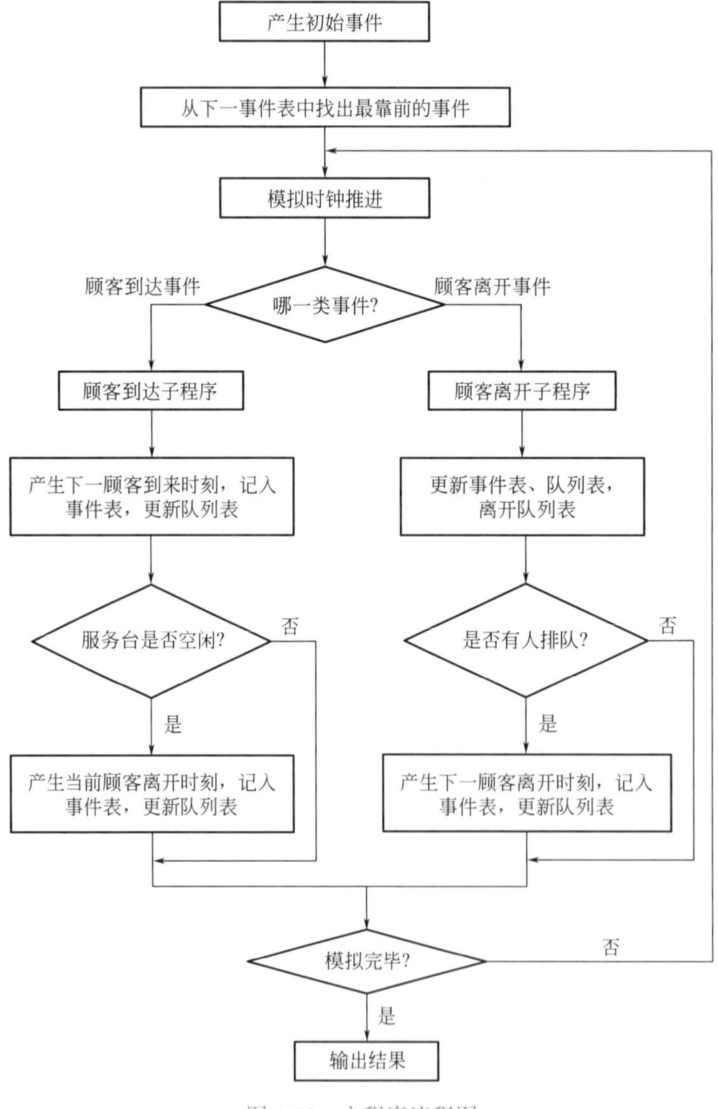

图 4-36 主程序流程图

4.3.2.2　活动扫描法

活动扫描法是以“活动”作为分析系统的基本单元，认为仿真系统的运行是由若干活动构成，每一活动对应一个活动处理模块，处理与活动相关的事件。一个活动可以由“开始（激发）”和“结束（终止）”两个事件表示，每一事件都有相应的活动处理模块。处理中的操作能否进行取决于时间及系统状态。一个实体可以有几个活动处理模块。每一个进入系统的主动实体都处于某种活动的状态。活动的激发与终止都会形成新的事件。活动扫描法的仿真机制如图 4-37 所示。

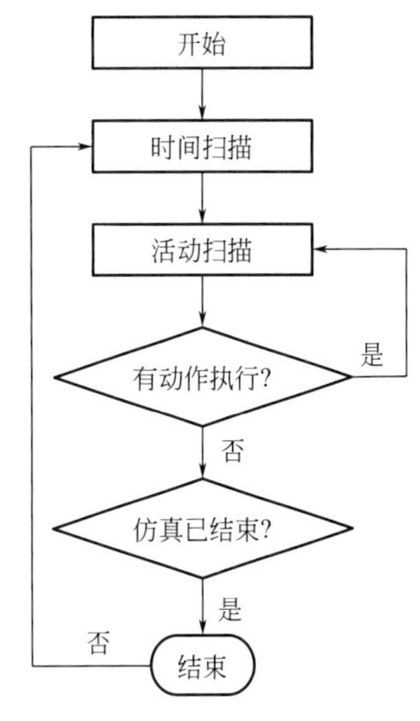

图 4-37　活动扫描法的仿真执行机制

仍然以单服务台排队系统为例，主要考虑三个活动处理模块，其中包括顾客到达/服务开始/服务结束（如图 4-38 所示）。

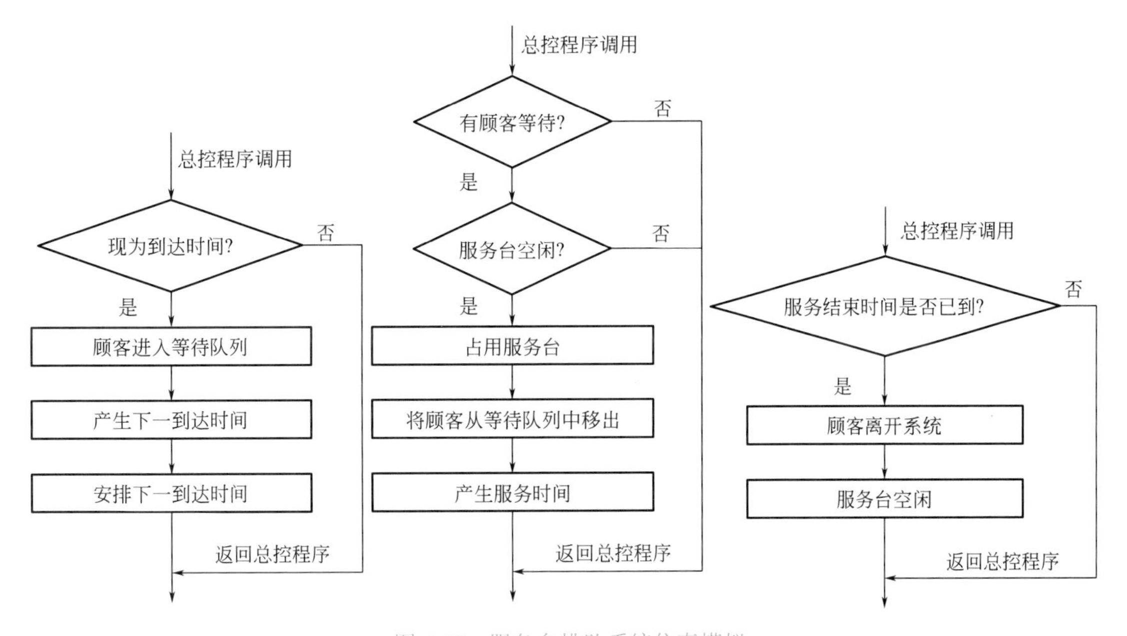

图 4-38　服务台排队系统仿真模拟

4.3.2.3　进程交互法

进程交互法，基本模拟单元是进程。进程是由有序的事件与活动组成的过程，描述了其中的事件、活动的相互逻辑关系和时序关系。一个进程中要处理实体流动中发生的所有事件，包括确定事件和条件事件（如图 4-39 所示）。例如一种物品进入仓库，经过在货位的存储，直到从仓库中出库，物品经历了一个进程。

进程交互法的特点是为每个实体建立一个进程，以反映某个实体从产生开始到结束为止的全部活动。进程交互法中的每个实体进程不断推进，直到某些延迟发生后才暂停，其中延迟可分为无条件延迟和条件延迟。无条件延迟是指实体停留在进程中的某点不再向前

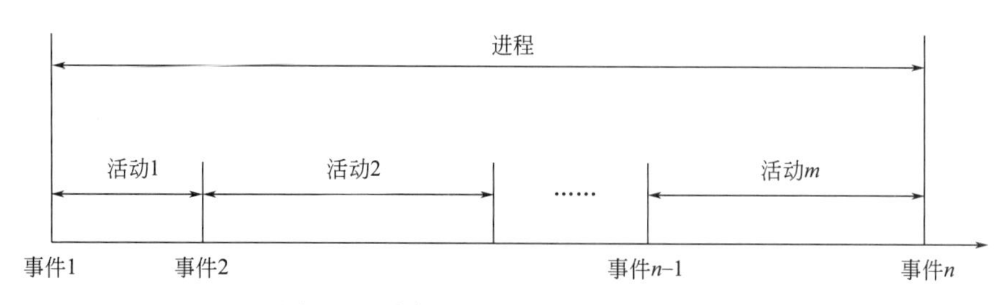

图 4-39　事件、活动与进程之间的关系

移动，直到预先确定的延迟期满。例如，顾客停留在服务台，直到服务完成。条件延迟是指延迟期的长短与系统的状态有关，事先是无法确定的。当条件延迟发生后，实体停留在进程中的某点，直到满足条件后继续向前移动。例如，队列中的顾客一直在排队，直到位于队首且服务台空闲时才能将顾客从等待队列中移出并接受服务。

算法实现时，系统仿真钟的控制程序采用两张事件表：一种是当前事件表 CEL（Current Events List），它包含了从当前时间点开始有资格执行的事件的记录，但是该事件是否发生的条件（如果有的话）尚未判断，存放的是当前可以解锁的无条件延迟的实体记录；一种是将来事件表 FEL（Future Events List），它包含在将来某个仿真时刻发生的事件记录，存放的是处于无条件延迟的实体记录。仿真执行过程中首先扫描 FEL，确定下一最早发生事件，调度相关实体进行推进，直到发生延迟为止。然后扫描所有 CEL 中的实体，如满足实体复活条件，将激活实体，沿进程周期向前推进，直到发生延迟为止。基于 CEL 和 FEL 的进程交互仿真可以根据当前定义的不同进程模块实现不同的 FEL 和 CEL 的事件处理进程，支持进程交互仿真。

以单服务台排队系统为例，顾客生命周期的进程如图 4-40 所示。

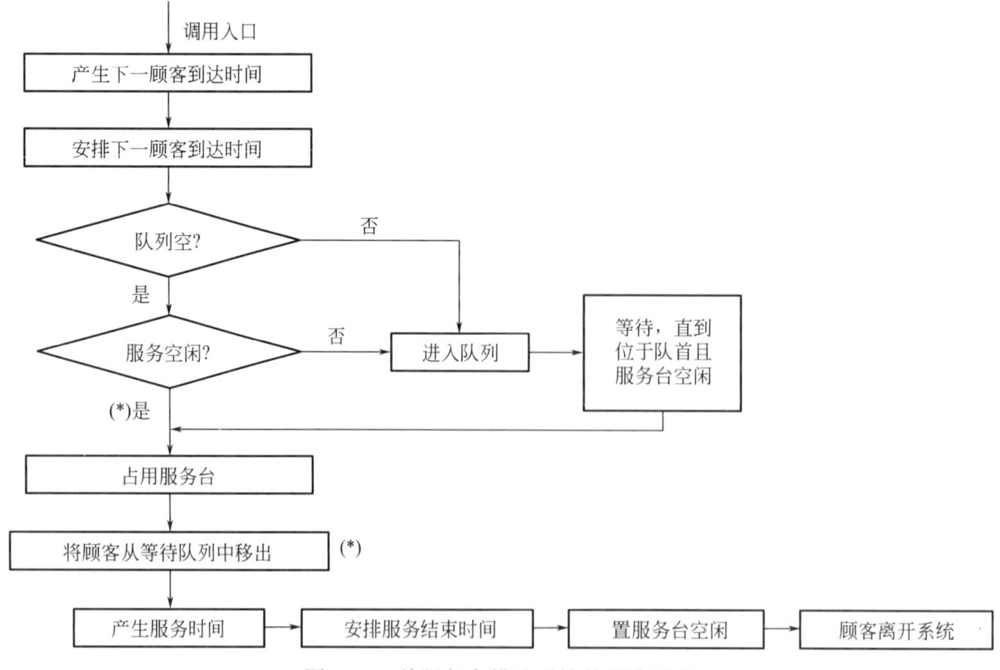

图 4-40　单服务台排队系统的顾客进程

其过程可大致归纳为以下几步：①顾客到达；②排队等待，直到位于队首；③进入服务通道；④停留于服务通道之中，直到接受服务完毕离去。

4.3.2.4 SDESA 方法

SDESA（Simplified Discrete-Event Simulation Approach）是一种简化的活动扫描法，由加拿大阿尔伯塔大学的鹿明教授提出，并与清华大学张建平教授联合开发了相应的模拟系统，并成功应用在了包括国家体育场“鸟巢”在内的多个工程项目中。SDESA 执行程序的核心是通过对流动实体队列和资源实体队列两个动态队列的操作来控制仿真操作。其中，资源实体是指建造过程中使用的资源，比如卡车、搅拌机等，它具有资源类比、允许使用时间、可用性和可重复性等属性；流动实体是需要占用资源才能完成的工作，比如支模、浇筑等，它具有到达时间、持续时间和离开时间等属性。SDESA 系统的仿真流程如图 4-41 所示。

流程图从流动实体队列和资源实体队列的初始化开始。其中，资源实体队列的初始化需要为模拟指定可用资源和初始准备服务时间。流动实体队列的初始化与系统的初始条件相关，并通过安排流动实体到达仿真模型中的某些活动来执行。

在初始化之后，执行者从流动实体队列中选择一个未处理的流动实体，并调用活动的“开始服务”事件。对于选定的流动实体，执行者首先根据模型定义判断流动实体所到达的活动是否需要任何资源实体。

情况 1：如果不需要任何资源实体，执行者设定活动开始时间 BT（Begin Time）等于流动实体到达时间 AT（Arrival Time）、确定性或随机性生成参与时间或活动持续时间 DUR（Duration），并确定活动结束时间 ET（End Time）由如下公式计算：ET＝BT＋DUR，然后程序流程直接移动到图 4-41 中的“结束服务”事件。

情况 2：如果活动需要某些资源实体，执行者将尝试根据上一节“资源实体队列”中描述的过程从资源实体队列中获取所需的所有资源。如果这种尝试由于某些资源实体不可用而失败，执行人员返回到流动实体队列，并尝试选择下一个在队列中等待的未处理的流动实体。如果当前流动实体是流动实体队列中最后一个未处理的流动实体，则模拟终止；否则，选择下一个流动实体，程序流重新定向到判断活动是否需要资源实体的步骤，如图 4-41 所示。一旦当前流动实体所需的资源实体都得到了保护，执行者就会进入确定活动开始时间 BT 的步骤，即 BT＝max{AT，RST(i)}，其中 RST（i）表示活动中涉及的第 i 个资源实体的到达时间。流动实体在活动上等待的时间 WT（Waiting Time）和每个资源实体在活动开始之前保持空闲的时间 IDT（Idle Time）可表示为：WT＝BT－AT、IDT（i）＝BT－RST（i），从而可确定活动结束时间 ET。获取 ET 后，更新资源实体队列中涉及的所有资源实体的参数，最后程序流程直接移动到图 4-41 中的“结束服务”事件。

SDESA 模拟方法的核心内容在于解决了离散事件和排队时间的处理。对于离散事件，系统中增加了随机变量，于是在同样的参数条件下，同一施工过程将会因为随机因素而产生不同的模拟结果。利用这点，反复多次模拟后可以得到该施工总工期的概率曲线，从而求出概率最大的总工期；对于排队时间的处理，SDESA 模拟方法遵循：①所有资源必须齐备才能进行活动/工序；②“先进先出”原则。

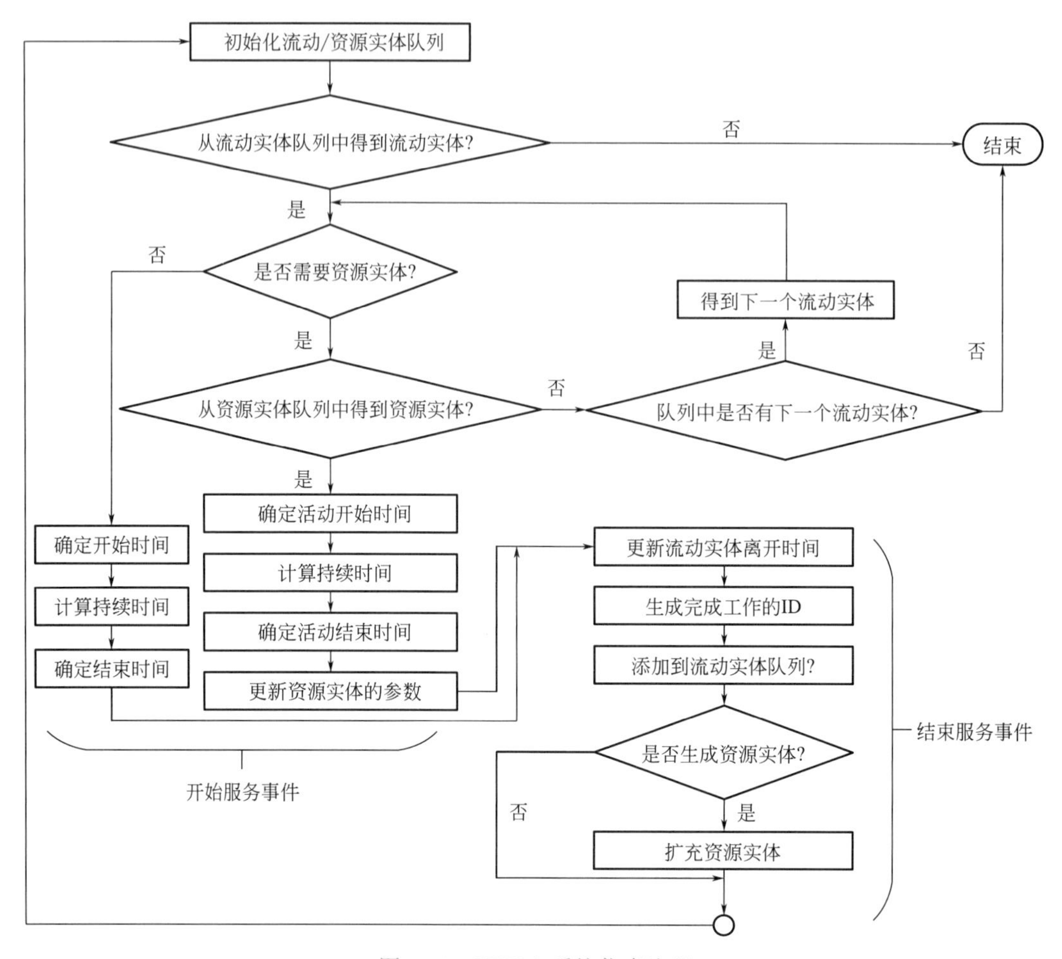

图 4-41　SDESA 系统仿真流程

习题

1. 分布式存储与传统存储有什么区别?
2. 什么是元数据? 常见的元数据管理可分为哪几种?
3. 并行计算与串行计算在算法设计中的主要不同点在哪里?
4. 请基于 MapReduce 模型统计以下英文文档的词频。

```
One world
One dream
Hello Hadoop
Hello World
Hello Math
Hello CAE
```

5. 在 Hadoop HDFS 中，集群中的 DataNode 节点需要周期性地向 NameNode 发送什

么信息？

6. MapReduce是什么？MapReduce的处理过程分为哪两部分？

7. 谈一谈对MapReduce中数据倾斜的理解，以及如何解决。

8. 有限元法是一种数值离散化方法，请简单阐述它的基本原理。

9. 什么是拓扑？拓扑分割法是从什么着手进行分割的？

10. 浅谈正则栅格法和有限四（八）叉树法的优点与缺点。

11. 在采用节点联元法进行有限元网格划分时，如何判断 P 点落在哪个三角形内部或边上？

12. 在Matlab上编程实现高斯消去法求解方程组。

13. 在单元刚度方程中，平面节点的位移有几个分量？

14. 刚度矩阵的迭代解法收敛性如何保证？

15. 请用离散系统表示某船只过闸活动，并指出该系统中的实体和状态。

16. 假设某银行有3个窗口营业，且从早上开门就不断有客户进入银行。在同一时刻每个窗口只能接待一个客户，对于刚进银行的客户，假如某个窗口的业务员空闲，则可办理业务；反之就需要排在人数最少的队伍后面。现在需要编制一个程序用于模拟银行的柜台业务活动并计算一天客户在银行逗留的平均时间。

17. 课外拓展：

（1）编写一个程序，可以实现用三角形或四边形为单元对任意多边形进行网格划分；

（2）设计一个统一数据格式（数据库或文本皆可），用于保存有限元前处理的模型信息，并针对Etabs和ANSYS，开发模型接口；

（3）选择同一个超高层建筑模型，在至少3个不同的结构分析软件中建立模型，并采用弹塑性时程分析方法计算地震作用，同时，需要分析不同软件间的优缺点；

（4）编写一个程序，实现简支梁的受力分析，并用应力云图方式表现其内力分布，用位移图方式表现其挠度。

参考文献

[1] 胡振中. 基于BIM和4D技术的建筑施工冲突与安全分析管理[D]. 北京：清华大学，2009.

[2] LU M，ZHANG Y，ZHANG J P，et al. Integration of four-dimensional computer-aided design modeling and three-dimensional animation of operations simulation for visualizing construction of the main stadium for the Beijing 2008 Olympic games [J]. Canadian Journal of Civil Engineering，2009，36（3）：473-479.

[3] LU M，LAM H C，DAI F. Resource-constrained critical path analysis based on discrete event simulation and particle swarm optimization [J]. Automation in Construction，2008，17（6）：670-681.

[4] LU M. Simplified discrete-event simulation approach for construction simulation [J]. Journal of Construction Engineering and Management，2003，129（5）：537-546.

[5] LU M，LAM H C. Critical path scheduling under resource calendar constraints [J].

Journal of Construction Engineering and Management，2008，134（1）：25-31.
[6] EBERHART R，KENNEDY J. Particle swarm optimization，proceeding of IEEE International Conference on Neural Network [J]. Perth，Australia，1942，1948：1995.
[7] LU M，CHAN W H. Modeling concurrent operational interruptions in construction activities with Simplified Discrete Event Simulation Approach（SDESA）[C] //Proceedings of the 2004 Winter Simulation Conference，2004. IEEE，2004，2：1260-1267.
[8] LIN J R，HU Z Z，ZHANG J P，et al. A natural-language-based approach to intelligent data retrieval and representation for cloud BIM [J]. Computer-Aided Civil and Infrastructure Engineering，2016，31（1）：18-33.

第五章　CAE 系统的虚拟化技术

虚拟，用于对现实的模拟、仿真，于是便有了虚拟现实一词和相应一系列技术的发展。虚拟现实技术通常包含多个技术分支，包括 VR/AR/MR/XR 等。

VR 是 Virtual Reality 的缩写，即虚拟现实。VR 为用户提供了完全沉浸式的体验，使用户有一种置身于真实世界的感觉，是一种高级的、理想化的虚拟现实系统。

AR 是 Augmented Reality 的缩写，即增强现实，指通过设备识别和判断（二维、三维、全球定位系统 GPS、体感、面部等识别物）将虚拟信息叠加在以识别物为基准的某个位置，并显示在设备屏幕上，从而实时交互虚拟信息。

MR 是 Mixed Reality 的缩写，即混合现实，指合并现实和虚拟世界而产生的新的可视化环境。在新的可视化环境里，物理和数字对象共存，并实时互动。

XR 是 Extended Reality 的缩写，即扩展现实。实际上，XR 是 AR/VR/MR 等各种形式的虚拟现实技术的总称。它分为多个层次，包括从通过有限传感器输入的虚拟世界到完全沉浸式的虚拟世界。本章重点讲解 VR、AR 和 MR。

5.1　虚拟现实技术

VR 技术是发展到一定水平的计算机技术与思维科学相结合的产物，它在制造业、建筑业等工业领域有着广泛应用。VR 和可视化之间有着密切关系，VR 技术是可视化技术的一部分，而可视化技术不一定是 VR 技术，但二者都被视为现代图形学的应用主流以及技术生长点。本节介绍 VR 技术的相关概念、原理、技术特征以及应用场景。

5.1.1　基本概念与原理

1989 年，美国 VPL Research 公司创始人 Jaron Lanier 提出了“Virtual Reality”（虚拟现实）的概念（VISC-1986），又称“Virtual Environment”（虚拟环境），是一种 20 世纪 70 年代萌芽于美国大学和军方实验室、90 年代逐渐发展完善、21 世纪走向大规模应用的沉浸式（Immersion）交互技术。狭义上，VR 技术是指以计算机技术为核心，使用计算机图形学等技术仿真生成融合图像、声音等多维信息的虚拟环境，使用人机交互技术采集行为信息，模拟人的视觉、听觉等，允许用户与环境进行交互的技术。广义上，VR 技术是指基于“虚拟存在”与“现实的临场感”之间的网真（Telepresence）技术，是使主体产生存在于环境中感觉的中介技术。

VR 系统是指实现 VR 功能所需的完整的软硬件系统，包括硬件设备、软件工具、交互逻辑和应用环境等。“虚拟”是指环境由计算机建模生成，并非真实环境；而“现实”是指用户在虚拟世界中可以体验到近乎真实的感受。为了让人在虚拟世界中身临其境，除了生成出足够精确的虚拟环境，仿真出真切的感知系统外，还应具备可靠的人机交互系统，使用户通过操作能得到虚拟环境中自然的感官反馈，与系统灵活交互。因此，VR 系统囊括了仿真技术、动态环境建模技术、传感器技术、立体显示技术、系统集成技术等，需要硬件与软件的周密结合。

（1）发展历程

回溯 VR 技术的发展，其发展历程可以细分为五个阶段。

1）概念阶段（1960 年以前）

发明家 E. A Link 于 1929 年发明出一种可以提供仿真飞行体验的飞行模拟器，标志着人类对仿真现实领域的初次探索。此后人们相继开发出其他仿真设备。Morton Heiling 于 1956 年发明出一种具有三维显示与立体声的摩托车模拟器 Sensorama，已初步显现出 VR 的概念。仿真模拟器的发展促进了 VR 技术的萌芽。

2）萌芽阶段（1960—1975 年）

1965 年，Ivan Sutherland 博士发表论文“The Ultimate Display”，首次提出了模拟现实世界的思想，启发了多种人机交互设备的研究。1968 年，Sutherland 博士等人使用阴极射线管（CRT）开发出第一个头盔显示器（Head Mounted Display，HMD）及头部位置跟踪系统，作为三维立体显示技术的里程碑，奠定了 VR 技术发展的基础。20 世纪 70 年代初，研究人员将头盔显示器系统逐步完善，1973 年 Myron Krueger 则提出了“Artificial Reality”一词，作为较为早期的 VR 词汇。

3）初步形成阶段（1975—1990 年）

1977 年，Dan Sandin 等人制作了 Sayre Glove 数据手套。1983 年，美国国防部下属的高级项目研究计划局（DARPA）启动了 SIMNET（Simulation NETworking）计划，对分布式交互仿真技术进行探索。1984 年，美国国家航空航天局（NASA）的 M. McGreevy 和 J. Humphries 等人开发了虚拟环境显示器，模拟了火星表面的三维环境。同年，Jaron Lanier 首次提出 VR 的概念。1985 年以后，Fisher 等人在 Jaron Lanier 的程序接口的基础上进一步研究，开发出的虚拟交互环境工作站（VIEW）项目成为第一个真正意义的 VR 系统。此后，Fisher 和 Foley 等人在 NASA 工作站的基础上发表了多篇文章，阐述了 VR 系统的原理、功能以及应用意义。1989 年，Jaron Lanier 提出“Virtual Reality”一词来描述 VR，并被广泛接受。

4）探索完善阶段（1990—2005 年）

20 世纪 90 年代后，计算机相关技术不断获得突破，VR 技术随之高速发展。1992 年，Sense8 公司开发了 VR 技术工具包 World Toolkit（WTK）。1994 年，Burdea G 与 Coiffet P 出版《Virtual Reality Technology》一书，总结了 VR 技术的三个特性：沉浸性（Immersion）、交互性（Interaction）与构想性（Imagination）。同年在日内瓦召开的 WWW 大会提出了 VRML（Virtual Reality Modeling Language，VR 建模语言）一词，此后 X3D、Java3D 等三维显示技术不断涌现。

我国科研机构在 20 世纪 90 年代也开始对 VR 技术进行了研究，发表了相关著作和综述。1996 年，国家“863”计划确立了重点项目“分布式虚拟环境”，并开始实施 DVENET 计划。此后我国多所高校和科研院所在 VR 的理论完善、技术创新、应用探索等领域取得了一定成就。

5）全面应用阶段（2005 年至今）

2005年后，随着芯片技术和制造工艺水准的突飞猛进，VR技术在军事训练、工业制造、航空航天、医学等专业领域扎稳脚跟，并逐渐向消费电子市场迈进。2011年，日本索尼推出了HMZ头戴式3D显示器，成为首款成功商用的消费级头戴显示设备。2014年前后，随着GPU（图形处理器）的渲染能力不断提升，诸多消费级VR头显（以下简称头显）如Oculus Rift、HTC Vive、三星Gear VR、索尼PSVR等相继问世。2016年，Intel和高通相继宣布了芯片层次对VR的支持，VR软件生态也逐步建立，并在电子游戏、影视、教育等方面井喷式发展。2018年后，5G通信技术、人工智能技术和云技术赋予了VR更广阔的应用前景。

（2）组成与实现原理

现阶段下，VR是由技术创造的看似真实的模拟环境，在该模拟环境中，用户可以通过视觉、听觉等感知环境并自然地进行行为活动，同时环境通过传感设备采集用户的行为动作与用户交互。故VR包括如下细分概念。

1）虚拟环境：指计算机生成的实时动态模拟环境。环境可以是对现实世界的模拟，也可以是虚拟构想的世界。虚拟环境应为三维立体环境模型，其建模精度和刷新率应满足双目三维视觉、三维听觉，甚至触觉和嗅觉等要求。

2）多感知：VR系统应满足人对环境的多种感知需求。现阶段VR感知以计算机图形学生成双目三维环境满足视觉感知、三维多声道音频满足听觉感知为主，并在触觉、运动、嗅觉甚至味觉等感知模拟有一定进展。目前常用的感知设备为头显或CAVE（Cave Automatic Virtual Environment）投影系统（如图5-1所示）。

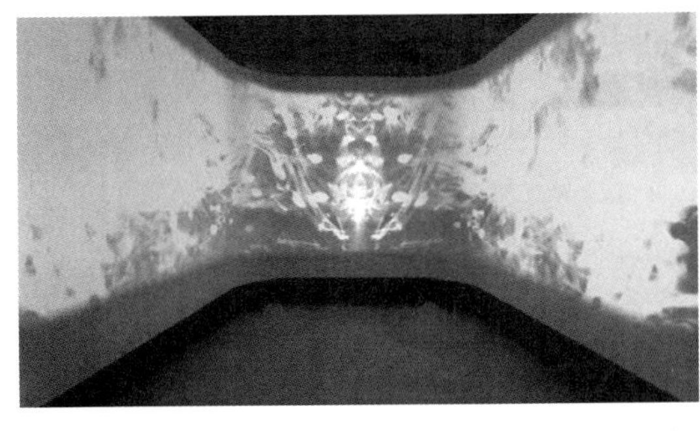

图5-1 常用的感知设备

3）行为动作：指能被VR系统采集分析的人体行为动作，包括触摸、挥手、说出口令等。

4）传感设备：指采集用户行为动作的传感器。借助传感设备，VR环境可以方便地与用户进行三维交互。常用的传感设备有眼球追踪传感器、数据手套、数据衣、操作手柄、动作捕捉摄像机等。

5）交互：用户通过多感知设备获取实时环境信息，环境采集用户动作行为并实时变化。如此，用户与环境便建立了行为与感知的动态联系，从而与环境相互作用，发生交互。把上述概念抽象起来可见，VR技术的本质是模拟人与现实环境的交互方式，实现人与机器的交互。与传统人机图形交互技术相比，VR技术的优势体现在实时的三维环境感知和自然便利的交互系统，VR系统的组成与实现原理如图5-2所示。

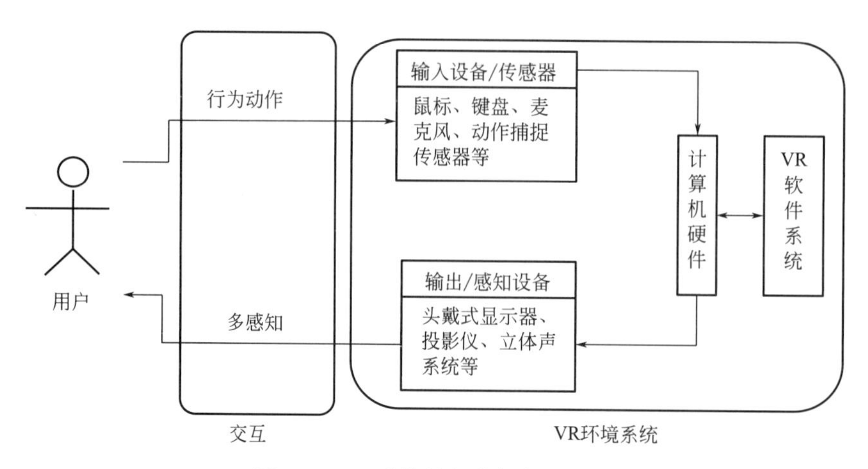

图 5-2　VR 系统的组成与实现原理

VR 环境显示的基本原理是计算机图形学。以 HMD 为例，显示效果应具备立体视觉与深度效果，因此系统以左、右眼位置为视点，分别实时生成两幅略有差异的图像，显示在左眼、右眼对应的屏幕上，使视觉效果呈现出立体感和深度感。图像具备一定的刷新率，若眼球或头部发生转动，系统迅速计算生成出新位置对应的图像，给人沉浸感。

VR 人机交互的基本原理是行为动作捕捉与三维环境实时显示感知，依赖于传感器、计算机图形学原理和显示技术。现阶段采用多种感知设备与传感器包括头显、姿势追踪摄像机、头部跟踪传感器、眼球追踪、三维音频与触觉反馈设备、力与振动反馈设备等，涉及软硬件种类众多。

VR 软件系统的核心是沉浸与环境感知的仿真。VR 软件的基本架构与传统图形软件类似，但使用逻辑和现实效果有较大区别。传统图形软件中，用户是观察者视角，通过尺寸有限的监视器窥探软件的运行；VR 软件中，显示区域大幅增加，软件界面可以显示在整个视野，甚至是整个虚拟环境中，用户作为 VR 系统的主体，可以使用更广阔的视角，更自然的操作手段与软件进行交互。

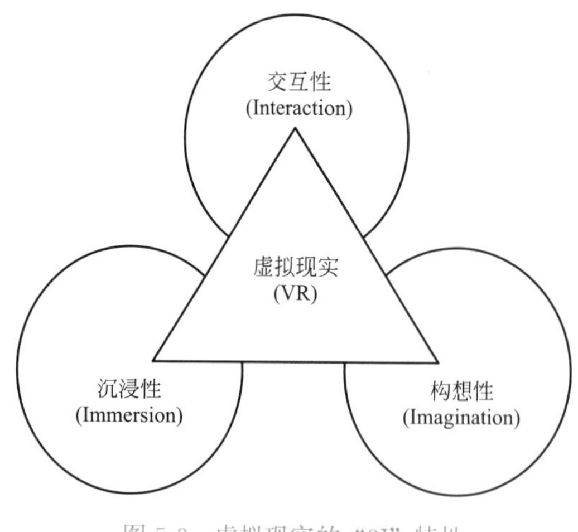

图 5-3　虚拟现实的“3I”特性

（3）技术特征

VR 技术应具备三个基本特性，即沉浸性、交互性与构想性，如图 5-3 所示，简称为“3I”。“3I”特性已作为区分 VR 技术与其他可视化技术的重要特征，广泛被学界接受。

1）沉浸性。沉浸性是 VR 技术最主要的特征，指用户浸入虚拟环境中，获得的感受如同身在现实世界，用户俨然已成为虚拟世界的参与者，可以全身心投入其中。若用户对虚拟世界产生了对现实世界相似的存在意识，便会对环境产生沉浸感。沉浸感来源于 VR 系统的多重感官感知。理想中，VR 系统可以模拟人在客观世界的一切感官感受；现有条件下，三维视觉沉浸、听觉沉浸、触觉沉浸技术已经较为成熟，可以基本满足多感官的沉浸效果（如图 5-4 所示）。

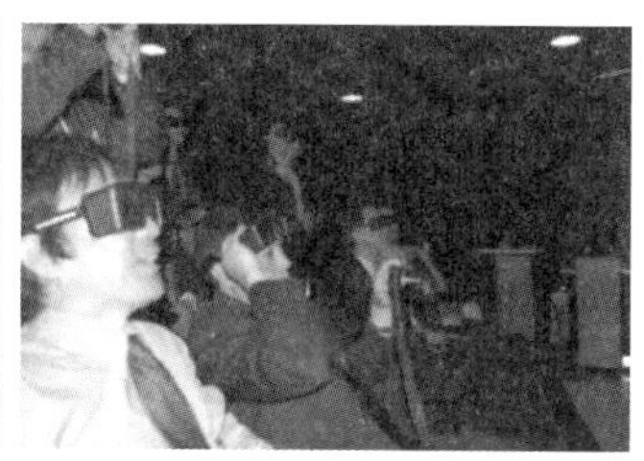

图 5-4　沉浸性展示

2）交互性。交互性指用户可以通过自然的行为动作，从虚拟环境中得到操作反馈。传统人机交互依赖如鼠标、键盘、显示器等输入、输出设备，而 VR 交互强调人感官和行为动作的自然，利用传感器捕捉识别人的走动、眼球的转动、手的移动等动作，并产生可多感官感知的反馈。

3）构想性。构想性指 VR 的虚拟环境通常由人类设想并建模实现，虚拟环境可以是超现实的想象空间，而不一定是对现实存在的真实环境的模拟。

虚拟环境可以反映设计者的思想，但通常可以有一定程度的夸张，以强化设计者的意图，从而满足诸多特殊功能。例如，为军事训练设计的虚拟环境可以着重显示军事相关信息，而减少其他的无关紧要的环境信息。此外，虚拟环境还可以完全超现实化，克服现实环境的局限性，实现现实中条件受限或根本无法实现的事情。例如，在桥梁的方案比选中，可以将多种方案转化为虚拟模型，在虚拟环境中进行模拟漫游，让非专业人士也能直观地比对不同桥梁方案的空间效果。

5.1.2　虚拟现实硬件设备

5.1.2.1　硬件设备分类

VR 技术以现有的通用计算与 GPU 图形技术渲染为基础，借助高分辨率屏幕技术的发展，配合光学成像技术和算法，满足视觉图像输出要求；再借助动作追踪设备等设备，实现交互。综上，VR 技术必备的硬件主要可以分为计算设备、展示设备、交互辅助设备三类。

（1）计算设备

计算设备是虚拟世界的场景生成设备，被称为“VR 引擎”。计算设备的性能可以直接决定生成虚拟场景的质量，从而对 VR 的沉浸效果有着直接影响。虚拟世界的复杂性与实时性对计算机性能提出了极高的要求。

早期，单组中央处理器（Central Processing Unit，CPU）和图形处理器（GPU）的性能无法满足环境的实时性要求，故研究人员设计了多处理器计算系统，开发大规模并行计算的算法来满足性能要求，导致 VR 计算设备庞大而昂贵，难以推广。21 世纪，图形处理器及其算法的进步使这一局面彻底发生变化。GPU 作为专用图形计算芯片，其高度并行的计算结构尤其适合图形计算和图像处理，处理大型数据块效率远高于中央处理器。随着 GPU 技术的迅猛发展，VR 系统计算硬件水平不断提高，消费级 VR 的应用在 2016 年后迎来了快速增长。

目前，VR 系统常用的计算设备包括个人计算机、图形工作站、超级计算机与移动技术设备等种类。

（2）展示设备

展示设备为系统的信息输出设备。VR 系统通过展示设备，将环境信息转换为用户多种感官的感知信息。现阶段的感知设备包括视觉感知设备、听觉感知设备、触觉感知设备等。常用的视觉感知设备包括显示器＋立体眼镜、头戴显示器、墙式显示设备、CAVE 与光场显示设备等。常用的听觉感知设备包括耳机和音响系统，两者均应满足多声道要求，可以实现三维立体声效果。触觉感知设备形式多样，目前以手指触觉反馈装置为主，多采用数据手套的形式，按照实现原理可分为充气式、振动式和力反馈式等。

（3）交互辅助设备

用户通过交互辅助设备对虚拟环境进行控制，换言之，交互辅助设备是 VR 系统的输入设备。VR 系统可用的交互方式众多，可以基于语音、姿势、手势等，输入设备的原理也各不相同。目前常用交互辅助设备则包括输入手柄、数据手套、人体运动捕捉系统、三维交互设备等几种。部分头显本身也是重要的交互设备。头显可以内置眼球追踪、陀螺仪、头部追踪、麦克风阵列等传感设备，直接捕捉用户左右眼视点的位置变化和语音口令等行为信息。

5.1.2.2 主流硬件方案

主流的 VR 硬件区分为入门级、消费级、专业级三个层次。

（1）入门级硬件

入门级硬件的主要特征是体系简单，价格低廉，易于推广，其亲民的价格使其可以迅速占领市场。常见的入门级 VR 设备包括入门级移动端 VR 眼镜、入门级 VR 一体机等。

1）入门级移动端 VR 眼镜

入门级移动端 VR 眼镜是基于智能手机的 VR 计算和显示设备，又称为 VR 眼镜盒子。原理是将智能手机放入眼镜支架中，利用凸透镜给两眼造成视差，从而实现伪立体效果。

2）入门级 VR 一体机

VR 一体机指具备独立计算能力以及输入和输出功能头显（如图 5-5 所示）。此类硬件对厂商设计、集成能力有较高要求。

图 5-5 PC 端 VR 头显产品使用形态（左）和 VR 多自由度输入手柄（右）

（2）消费级硬件

消费级 VR 硬件直接面向个人用户开发，重视沉浸体验与交互效果。该领域中存在

VR一体机、电脑（PC）端VR头显和游戏主机端VR头显等多种设备形式。

1）消费级VR一体机

消费级VR一体机的技术原理和产品形态与入门级VR一体机类似，但硬件性能有着很大差距。

2）PC端VR头显设备

PC端VR头显设备本质上是个人计算机的显示设备，VR的实时场景由具备桌面操作系统的个人计算机生成，并将图像实时传输到头戴式显示设备，从而与用户进行交互，如图5-5所示。此类VR头显专注于显示效果与交互功能，多数具备高精度空间定位与追踪等功能，技术含量高，立体显示效果自然，沉浸性好，交互效果优秀。由于设备基于Windows等桌面系统，其图形计算技术成熟，软件开发相对便利，广泛用于游戏、教育、商务展示等领域。此类设备屏幕分辨率高、可视角度广、常具备90Hz甚至更高的刷新率，视觉体验良好，但是价格较高，且受计算机和数据线缆限制，便携性较差，活动范围有限。

3）游戏主机端VR头显

游戏主机端VR头显的形态和效果与PC端VR头显设备类似，但其运行环境为具备封闭系统的游戏主机。此类设备针对特定游戏主机特别优化，相比PC端VR头显设备，其成本较低，性能更为成熟稳定，但系统封闭，只能兼容特定设备。

4）辅助操作设备

PC端和游戏主机端VR头显常需要一些辅助设备配合使用，如多自由度手柄（如图5-5右所示）、定位器、万向跑步机等。全向跑步机可以在小空间内实现跑步、走路等行为，并进行动作捕捉。

（3）专业级硬件

专业级硬件是为针对部分行业的特殊用途而开发的，满足特定场景对VR的要求，而不一定需要实现高度的沉浸效果，故设备形态可能与消费级设备常用的头显完全不同。常用的专业级硬件有墙面互动投影系统、CAVE投影系统、座舱式VR系统等（如图5-6所示）。

图5-6　从左至右依次为：墙面投影VR系统、CAVE投影VR系统和座舱式VR系统

墙面互动投影包括平面投影、曲面投影和环幕投影等，其本质是利用投影技术、空间定位与追踪技术，实现大范围的VR效果。此类设备可以使多人沉浸在同一个场景中，多用于博物馆展示、广告互动、综艺节目制作等。

CAVE投影系统是一套房间式多面投影立体显示方案。房间的形状通常为立方体，宛若一个封闭洞穴，三面以上的实时显示投影图像可以突出立体显示效果，其沉浸感较强，且无需佩戴头显；同时配备空间定位与动作追踪设备等便于交互，使用体验较为舒适。CAVE 系统多数基于 PC、PC 集群与图形工作站，价格较为昂贵，多用于模型展示与专业技能培训。

座舱式 VR 系统具备座舱系统，以满足仿真目的。常见的座舱式 VR 设备包括飞行模拟机、驾驶模拟机等，多用于专业技能培训。

5.1.3 虚拟现实软件技术

VR 软件技术涉及图形技术、软件交互技术和内容制作等。其中，图形技术涉及底层规范、图形库与实时渲染引擎等；交互技术涉及硬件开发工具包、开发平台以及交互引擎等；内容制作多涉及虚拟建模技术、实景拍摄与后期制作技术、内容平台等。以下从底层语言与图形库、主流开发工具、VR 游戏引擎和 VR 开发平台四个部分进行介绍。

5.1.3.1 底层语言与图形库

VR 软件系统多采用高级语言（High-level Programming Language）和脚本语言（Script Language）交叉结合，调用底层的图形程序接口（API）进行开发。相对于汇编语言而言，高级语言是更接近自然语言和数学公式的指令集体系，常用的高级语言有 Java、C++、Python 等；脚本语言则是一类以组件为基础，用来控制软件程序的解释型语言；图形程序接口是一类用于渲染计算机图形的程序库，是图形渲染性能的关键。借助图形 API，开发人员可以专注于图形的构造，而不必从零开始创建和优化图形程序。

VR 软件系统常用的图形库包括 OpenGL、DirectX 和 Vulkan，其中 OpenGL 和 DirectX 已经在第二章中做了详细介绍。

Vulkan API 是由维护 OpenGL API 标准的 Khronos Group 开发，与 OpenGL 一样是一个跨平台的图形 API。Vulkan 起源于 AMD 公司 Mantle（地幔）API，具备平台兼容性，可在 Windows、Linux、Android 等系统上运行，曾被认为是 OpenGL 的继任者或称之为“glNext”。Vulkan 和 DirectX 12 理念类似，能节约 CPU 开销，对 GPU 进行更直接的控制，为 VR/AR 技术加速，故又被认为是“新一代图形 API”。相比于传统图形 API，Vulkan 能完美适配桌面端和移动端，通过批量处理（Batching）减少了 CPU 负载，强化了对多核心和多线程的优化，还减少了 GPU 驱动程序的开销与维护。但其远比传统的 OpenGL 复杂，对开发者的技术要求较高。

5.1.3.2 主流开发工具

VR 场景的实现离不开逼真的三维模型，而三维模型的创建则离不开三维建模工具。三维建模软件类型众多，各有特色，目前 VR 领域比较流行的有 Maya、3ds Max、Blender、Sketch up 等，此外一些工业和 BIM 建模软件（如 SolidWorks、CATIA、Revit 等）也可用于 VR 场景的创建。以下分为两个类型进行介绍。

（1）艺术视觉类建模软件

艺术视觉类建模软件以 3ds Max、Maya、Blender 和 Cinema 4D 为代表，技术上以多边形建模（Polygonal Modeling）为主，方便用于较低精度的快速构思和渲染。此类建模软件可以让开发人员方便地构建出逼真的 VR 环境，且建模精度足以满足虚拟视觉动画要求。因此，此类软件是 VR 开发中最为常用的三维建模工具，也是广告动画、游戏影视、平面设计、建筑室内设计等艺术视觉类行业的主流，但是其局限性是精度较低，应用范围也因此受限。

（2）工业建模软件

支持 VR 内容的工业建模软件又可以大致分为三个小类。第一小类为计算机辅助工业设计软件，代表性的有 Alias 和 Rhino 等。此类软件技术上以曲面建模（Surface Modeling）为主，建模自由度高，且精度较高，便于不规则曲面的建立，常用于建筑和工业设计领域，在 VR 内容创作领域也具备较高的应用前景。

第二小类为计算机辅助设计/制造软件，代表性的包括 Solidworks、UG、ProE 等。此类软件技术上以实体建模（Solid Modeling）为主，着重于三维实体对象的生成，更能对应制造业的需求，便于产品生产。

第三小类为综合协同类建模软件，此类软件技术上以 BIM 为主，是上述第二类软件的延伸，包括 CATIA、Revit、Bentley 等。此类软件除了可以进行模型的建立外，还支持工程管理，支持跨部门的协同设计，便于大型项目的建模。

除上述两类建模软件外，能被用于 VR 内容制作的建模软件还包括 Sketch up、ZBrush、PhotoMesh 等。

5.1.3.3　VR 游戏引擎

游戏引擎是指一类交互式实时应用程序的核心组件，是能被共用的系统组件或开发工具，为运行虚拟交互环境设计出的能够被机器识别的代码（指令）集合，包含物理系统、图像渲染系统、输入输出系统、脚本系统、场景管理等多个子系统。借助游戏引擎，开发者可以专注于三维场景、视听内容、情节玩法等核心内容，利用少量的脚本代码快速开发出游戏。

3D 游戏引擎通常支持实时的三维视觉模拟，并能形成交互式体验，契合 VR 的软件开发需求。多数民用 VR 软件开发和 VR 影视内容制作都选用商业 3D 游戏引擎作为基础平台。

常用的 VR 开发商业游戏引擎有 Unity 3D 和虚幻引擎（Unreal Engine，UE）两种，如图 5-7 所示。其中，Unity 3D 开发易于上手，采用 C# 语言，开发难度小，但渲染质量和流畅度较差，适合 VR 产品展示、互动等较为简单轻巧的 VR 软件开发。虚幻引擎渲染的画面更加流畅，渲染效果逼真，但采用 C++ 语言，开发成本高，难度大，适合较为大型专业 VR 软件的开发。

5.1.3.4　VR 开发平台

VR 软件的开发需要以相关硬件操作系统的软件开发工具包（Software Development Kit，SDK）作为平台，这些开发工具包被称为 VR 开发平台（狭义），即 VR SDK，可以直接与 VR 硬件设备相连。

如果说游戏引擎是使用素材资源，调用底层图形 API 实现软件 VR 效果的利器，则 VR 开发平台就是使游戏引擎等上层软件能在 VR 硬件设备上顺利运行的依托。

广义上的 VR 开发平台是指 VR SDK 和游戏引擎等多个部分的集成体，其可以囊括整

图 5-7　基于 Unity 3D 引擎实现建筑可视化（左）和基于 UE5 实现沙滩海浪渲染（右）

个 VR 系统的软件部分。开发者只需依托素材和开发平台，即可为特定硬件开发出对应的小型 VR 软件。VR 的软硬件系统结构如图 5-8 所示。

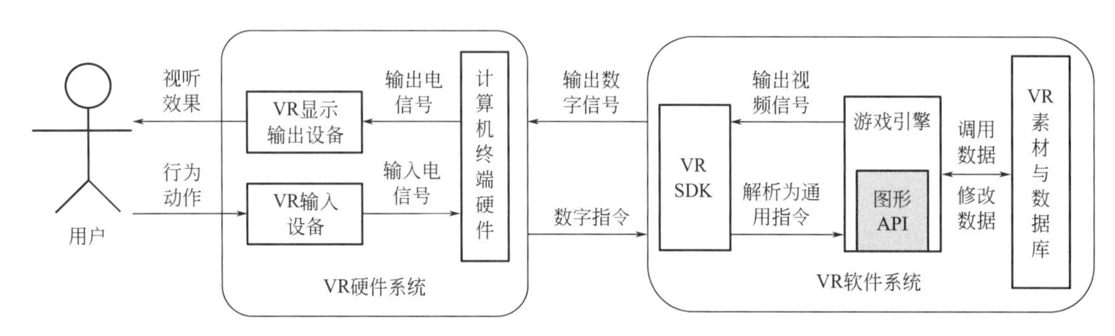

图 5-8　VR 软硬件系统结构图

随着 VR 领域高速发展，市场上的 VR 开发平台呈现出百花齐放的局面，以下列举部分影响力较大的 VR 开发平台和工具进行介绍。

（1）VIVE Wave VR SDK。VIVE Wave 是 HTC 公司为 VIVE 系列 VR 硬件配备的开放式 VR 开发平台。VIVE Wave VR SDK 兼备完善的开发工具，支持 Unity 3D 和 Unreal Engine 4 引擎，内置 OpenVR 等行业标准格式的 API，跨平台支持众多移动端 VR 设备与配件。

（2）Steam VR 和 Open VR SDK。Steam VR 是美国 Value 公司与 HTC 合作开发的开放性 VR 平台。Steam VR 依赖 Steam 游戏平台建立，专注于 VR 游戏娱乐领域，具备 VR 内容优势，能支持多家主流厂商的 VR 硬件，开放性好。Steam VR 中的 OpenVR SDK 为 VR 游戏提供了统一的数据接口，便于跨平台 VR 软件的开发。

（3）Cardboard SDK 和 Google VR SDK。Cardboard SDK 是谷歌为智能手机与纸盒支架组合成的廉价 VR 头显打造的开发工具包，曾凭借成本优势在全球风靡。谷歌后续将 Cardboard SDK 开源，并进一步开发了 Daydream VR 平台和 Google VR SDK，支持更高质量 VR 软件的开发，并逐渐将重心转向增强现实。

（4）Oculus 系列 SDK。Oculus 系列 SDK 指 Oculus 公司为其推出的系列 VR 硬件配备的一系列软件开发工具，包括 Oculus Platform SDK、Oculus PC SDK、Oculus Mobile SDK 等，支持多个硬件平台。

（5）HUAWEI VR平台。HUAWEI VR是华为面向VR内容开发者开放的一站式软件内容开发和上传平台。该平台集成了HUAWEI VR SDK，除了支持智能手机、个人PC外，还支持分布式的Cloud VR云技术，在5G时代具备广阔的应用前景。

（6）百度VR平台。百度VR与华为VR类似，也是一站式软件技术开发平台。其包括VR Studio开发环境、VR Suite开发套件、VR管理系统、VR内容展示SDK和网页渲染引擎五大组成部分，功能覆盖全面。

（7）WebVR和WebXR。WebVR最初指使用浏览器体验网页VR的方式，现已发展成为一种基于WebGL的VR开放标准，并获得了Chrome和Firefox两大浏览器的支持。后来，基于WebVR进一步推出了WebXR标准，引入了对增强现实和混合现实的支持。

（8）VRworks SDK。VRworks是NIVIDA公司为开发者推行的VR开发工具包，其内置了可变速率着色（Variable Rate Shading）和多视图渲染（Multi-View Rendering）等NIVIDA最新的图形技术，能为VR应用带来性能优化。

5.1.4　虚拟现实应用场景

VR在土木与建筑工程中的应用范围宽广，且可以与GIS（地理信息系统）、BIM等技术相结合，不断拓展应用广度与深度，已成为土木工程可视化领域的重要部分。

（1）VR在土木工程中的基础应用场景

VR技术，作为一项先进的可视化技术本身，在土木工程中的主要应用有：VR辅助设计、VR施工模拟与管理、VR运营维护、VR防灾演练等。

1）VR辅助设计。在20世纪末，VR便被探索用于计算机辅助设计（CAD）领域，辅助设计师进行产品设计。2000年后VR底层软件技术逐渐成熟，3D的建筑模型可以被方便地转为VR模型，进行逼真的可视化展示，如图5-9左侧所示。VR技术也可以被直接用于CAD模型的创作。VR化的CAD软件具备出色的可视化效果，交互一定程度上解放了传统结构设计繁重的键鼠操作，已逐渐成为土木工程师有力的设计工具。

2）VR施工模拟与管理。VR在施工领域的应用同样最早出现在20世纪末，工程师借助VR技术，可以提前模拟出施工现场的空间分布情况，以及模拟施工过程的人员和机械活动，便于规划施工方案。施工过程中，VR技术可以用于施工可视化指导、施工过程中人力物力的展示与管理，以及施工安全隐患的识别。VR施工可视化指导如图5-9右侧所示。

图5-9　VR建筑可视化展示效果（左）和VR施工可视化指导示意（右）

3）VR 运营维护。VR 技术也常被用于包括电力设施等工程项目的运营维护中。传统的工程运营维护在检查维修地下管线或隐蔽工程时，检修人员难以直接确定管线设施的位置，而借助 VR 技术，利用预先制作的 VR 模型进行培训，即使是新接手的检修人员也能清晰地识别隐蔽管线的特征和空间位置，从而方便地对工程进行运营维护。

4）VR 防灾减灾。VR 技术可以实时动态地渲染出逼真的虚拟自然灾害画面，并同时与用户交互，模拟出人员活动，从而对用户进行防灾演练，达到有备无患的目的。目前，VR 已实现地震、火灾、洪水、泥石流等灾害的模拟，各地可基于实地自然条件制定灾害预案，进行人员的 VR 防灾培训。例如，模拟建筑的火灾场景时可以进行虚拟现实火灾场景的分解，包括建筑物、火焰和烟气的模拟。其中，火焰和烟雾的模拟是建筑火场的关键技术。火焰的可视化技术是基于纹理循环渲染方法实现的，它通过一段火场视频获取多帧静态火场图片，利用图像处理软件将火场图片中非火焰的部分去除后得到多幅静态的火焰图片。

烟雾的可视化效果是基于粒子系统原理实现的，它通过每个粒子自身的烟雾纹理循环渲染，就可以营造动态的效果。具体来说，烟雾效果会根据 FDS 火灾场模拟的结果（FDS 是一种火灾动力学模拟工具），提取建筑物中烟气分布和变化的规律，以此为基础，控制粒子系统的生命周期、粒子数目、粒子源、限定框、粒子大小、粒子贴图等各种属性的变化，可以得到很好的烟气分布和扩散可视化效果，如图 5-10 左侧所示。

建筑结构反应模拟是基于相关结构火灾反应计算结果的，它以线段代表结构杆件，模拟火灾发展过程中建筑结构变形情况。如图 5-10 右侧所示，红色越深说明建筑结构变形程度越大。需要注意，建筑结构反映模拟需要建筑结构杆件等实体在虚拟环境中发生形变，这是区别火场模拟的最大特征。

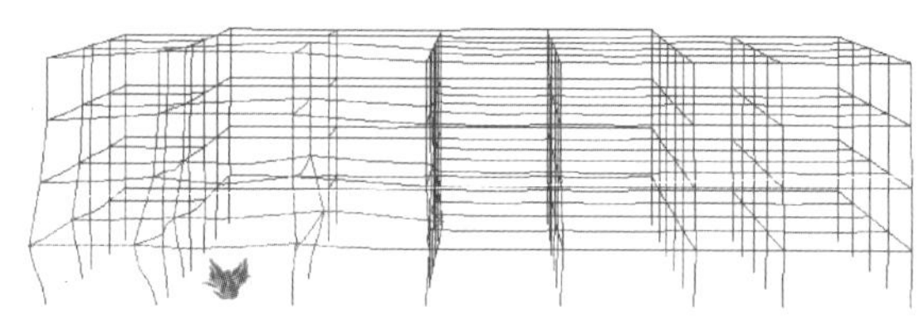

图 5-10 烟气羽流和顶棚射流（左）和结构变形控制方法实现的结构变形情况（右）

以一个具体的二层轻钢框架结构住宅为例，模拟一层客厅沙发着火引发的火灾，模拟时间为 15 分钟。建筑结构变形和火场情况如图 5-11 所示。

由图 5-11 可知，在着火 1 分钟左右，只有少量烟雾从起火房间的窗户（建筑右侧墙体）冒出，结构升温不明显，尚未发生结构变形。在着火 8 分钟左右，烟雾明显增多，同时在相邻房间的窗户也有烟雾流出，而且受火房间内的梁柱已经发生变形，部分节点红色较凸显，表明建筑结构变形较大。在着火 15 分钟左右，火势完全发展起来，相邻房间也有蔓延的趋势，并且在起火房间的左右两侧有明显的火苗，与此同时，结构变形明显，起火房间的部分梁整体变成了红色，表明变形严重，建筑结构面临坍塌的危险。还可以观察起火房间室内的结构变形和火场情况，当着火 10 分钟左右时，起火房间的顶部已经形成了较厚的烟雾层，且无法看清墙壁的情况，从火场与结构变形的同步模拟中可以看出两个

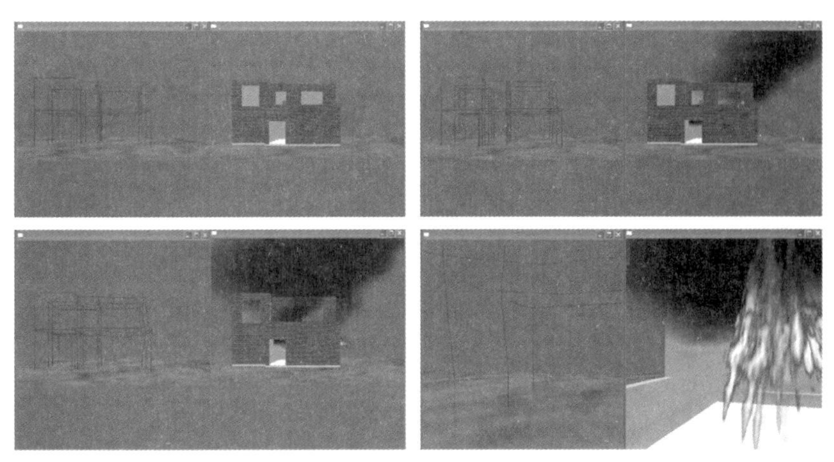

图 5-11 从左至右依次为着火 1 分钟、8 分钟、15 分钟时建筑结构变形和火情，以及着火 10 分钟时受火房间室内的结构变形和火情

梁柱节点的变形比较大，梁整体呈现红色，建筑结构存在很大的局部坍塌性。

（2）VR+GIS 技术应用

从可视化的角度出发，通过 VR、GIS 等技术构建出可自由漫游的城市模型，但这个模型是静态的，而不是基于地震计算的。通过合理简化的方法，可计算出地震下城市房屋楼层的位移和破坏程度，这种计算是基于数值的，而庞大的计算结果并不能产生直观的印象。因此，可将城市仿真与建筑物地震分析相结合，进行城市建筑地震波动模拟（如图 5-12 所示）。

图 5-12 带纹理的建筑模型（左）和带颜色的建筑模型——用不同颜色表示建筑破坏程度（右）

此外，针对建筑工程多灾种灾变行为的仿真模拟，可通过 VR/GIS 技术构建次生火灾蔓延模拟系统。图 5-13 为基于 GIS 的地震次生火灾蔓延模拟系统中初始时刻、1 小时后、2 小时后、3 小时后、4 小时后、5 小时后燃烧建筑和倒塌建筑的情况。

从图 5-13 中可以看出，初始时刻时，燃烧建筑 4 栋，倒塌建筑 0 栋；1 小时后燃烧建筑 25 栋，倒塌建筑 0 栋；2 小时后，燃烧建筑 58 栋，倒塌建筑 0 栋；3 小时后，燃烧建筑 69 栋，倒塌建筑 20 栋；4 小时后，燃烧建筑 80 栋，倒塌建筑 54 栋；5 小时后，燃烧

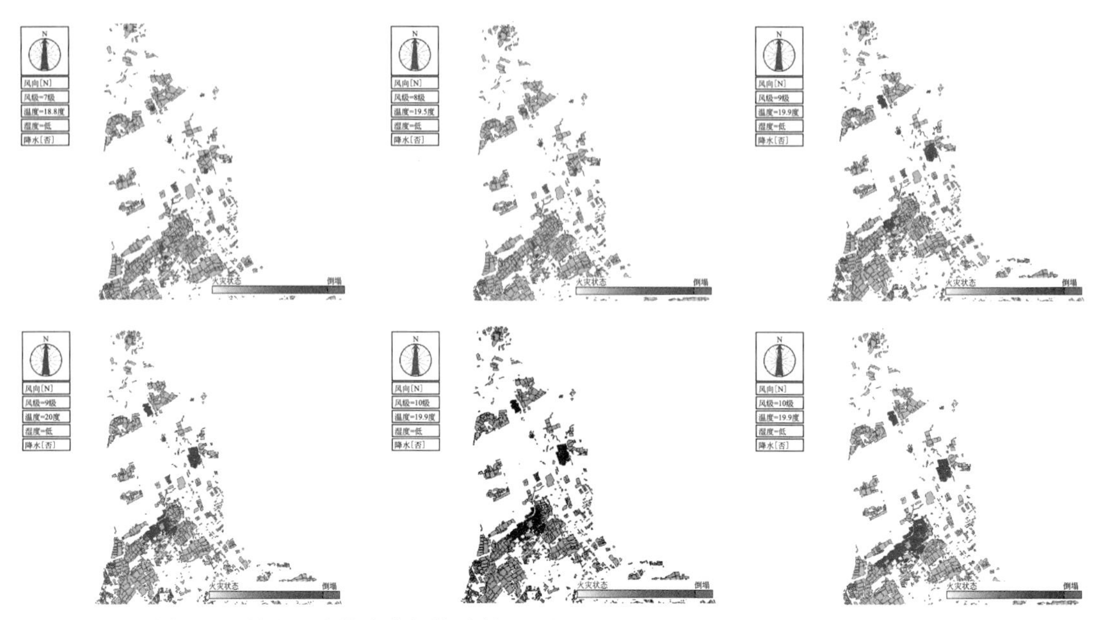

图 5-13　从左至右依次为初始时刻、1 小时后、2 小时后、3 小时后、4 小时后、5 小时后燃烧建筑和倒塌建筑的情况

建筑 85 栋，倒塌建筑 82 栋。

（3）VR+BIM 应用

BIM 可以集成建筑物的全部数据信息，其与 VR 技术结合，可以将建筑物完整地在虚拟空间中模拟出来，并且可以与人交互，实现耳目一新的建筑信息可视化表达效果。BIM 技术基于计算机三维模型和开放的标准，强调可视化特性，因此 VR 技术可以明显增强 BIM 可视化体验。

Revit 等 BIM 软件已经可以与 Unity、Unreal 游戏引擎实现数据对接，BIM 的 VR 应用开发十分便利。目前，VR+BIM 技术已被用于可视化建筑设计与结构设计、招投标可视化展示、施工模拟与施工管理、运营维护指导、工程质量管理等多个领域。

5.2　增强现实技术

AR 技术同样是可视化的辅助系统，为可视化带来了更多新的可能，为不同领域的客户带来了效益的提升，也为企业数字化转型提供了可视化的技术支撑。项目规划、自动测量、团队协作以及安全培训等都是 AR 技术在土木与建筑领域中的典型应用。本节介绍增强现实技术的基本概念、相关原理和关键技术。

5.2.1　基本概念与原理

AR 技术发展自 VR 技术，是一种将虚拟信息融合在真实环境中进行可视化展示的技术手段，可以实时地将计算机生成的文字、图像、视频、物体等虚拟信息显示到真实环境中，并能支持用户与之进行互动，从而对现实进行“增强”。

VR 技术核心是虚拟环境的营造，这个虚拟环境与现实环境是相互割裂的，但可以让使用者完全沉浸在虚拟环境中，无法感知周边的真实环境，有沉浸性要求；而 AR 技术的核心是在真实环境中融合展示虚拟信息，且这些信息能被用户感知，它强调对“现实”环境的“增强”效果，带给用户超越现实的感官体验。

VR 技术的沉浸特性突出了虚拟世界的沉浸体验效果，但也限制了其应用范围；AR 技术的无沉浸性要求使其应用更加广泛，使用更加安全。

AR 的发展历程大致可以分为起步期（2000 年之前）和发展期（2000 年至 2020 年）两个阶段。

（1）发展历程

1992 年，波音公司的 Tom Caudell 等人首次提出“AR（Augmented Reality）”一词，并用于可穿戴计算机设计的虚拟布线系统。在这个系统借助头显（S-HMD），可以实时地把布线方案用线条和文字展示出来，辅助工程人员装配。1997 年，RT Azuma 在发表的 A surey of argmented reality 一文对 AR 早期应用做了介绍，标志着 AR 的技术原理与行业应用方式已经基本成熟，但此时其软硬件成本较为高昂，导致应用范围受限。

20 世纪后，AR 的软硬件技术进入了高速发展阶段，应用领域也不断拓展。2000 年，Bruce Thomas 等人基于桌面计算机游戏 Quake，开发了第一款 AR 移动室外游戏 AR-Quake。该游戏采用第一人称视角，具备六自由度跟踪系统。2005 年，摄像头系统结合深度传感器，能分析物体的空间位置，为 AR 的进一步发展提供了技术基础。此后，随着互联网时代的到来以及智能手机的普及，AR 硬件不再局限于头盔显示器，AR 应用程序可以方便地在智能手机、平板电脑等设备中运行，因此 AR 的应用范围也被大幅拓展到了教育、娱乐、购物、计算机辅助设计、施工管理、导航、医疗诊断等领域，为人们的工作和生活带来新变化。

（2）原理与关键技术

AR 技术的原理是通过摄像头、深度传感器等空间感知设备采集空间点的位置，并用陀螺仪等感知自身视点的姿态，依此对虚拟物体的坐标进行连续实时标定，从而可以实时生成三维虚拟对象，使得该对象始终出现在既定的现实位置，且对象的姿态随着视点位置变化而改变，观感宛如现实物体。综上，可以将 AR 技术归纳为 4 步：获取真实空间信息，实时分析真实空间与视点的相对位置，计算生成虚拟物体图像和将虚拟物体图像合并到现实。

AR 关键技术包括视觉显示技术、空间定位追踪技术以及交互技术三类。

1）视觉显示技术

视觉显示技术是 AR 系统产生虚拟物体融入真实环境的关键。常用的 AR 视觉显示系统有头戴式、手持式和空间 AR 三种，技术原理可分为视频透视、光学透视和直接投影三类。其中，视频透视是指使用摄像头直接记录真实世界图像信息，计算机合成后直接通过不透明的显示设备进行显示，其原理如图 5-14 所示。目前 VR 头显和智能手机、平板电脑等移动设备均可用此方式实现 AR 功能。

光学透视技术采用光学方式，让用户能在看到显示环境的同时也能看到虚拟图像。目前较主流的光学透视技术类型有光波导（Optical Waveguide）和自由曲面或 Birdbath 分光两类。光波导技术采用微投影仪在光学透视材料的某位置显示图像，利用光学材料的内全反射特性传递光学图像，让光线在既定的位置出射，原理如图 5-14 所示。而自由曲面或

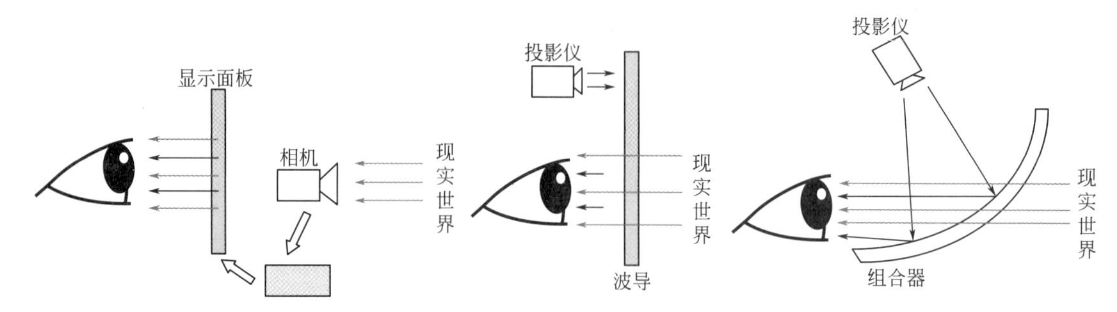

图 5-14 从左至右依次为视频透视原理、光波导原理和自由空间投影原理

Birdbath 分光系统利用投影和分光镜技术，让微显示器投射的光线在复杂的分光镜片上反射入眼，原理如图 5-14 所示。以上两者均离不开微型显示器技术。

2）空间定位追踪技术

AR 空间定位追踪技术包括视点空间定位追踪和虚拟物体在环境中的定位追踪。为确定 AR 视点与实际空间的相对位置关系，AR 硬件通常内置陀螺仪、加速度传感器、摄像头、深度相机等组件，用于定位追踪。

视点空间定位追踪的目的是实时确定 AR 显示硬件自身的位置，其多同时采用传感器跟踪、视觉图像分析和深度测量等多种手段，测量自身视角位置变化的同时，通过分析环境特征点随时间的相对位置变化，减小误差，从而较为精确地确定视点的实际位置。

虚拟物体在环境中的定位追踪是为了确定虚拟物体实际显示出来的位置和姿态。在确立了视点相对变化后，实时标定系统坐标，再结合摄像头视觉追踪与深度追踪，标定出周边环境各特征点的空间定位，进而计算出空间位置的变化以及虚拟物体的视角变化，实时重构虚拟物体的显示形态，从而保证虚拟物体的自然显示。这一过程需要大量的实时计算，对软硬件要求均较高。

3）交互技术

AR 交互方式可分为传统硬件交互、多模式交互和移动交互三种类型。

传统硬件交互指利用鼠标、键盘、手柄等实体操作输入硬件与 AR 系统进行交互，技术成熟，操作准确，但实体操作设备的存在使得用户无法在操作 AR 设备的同时用双手进行其他工作，导致 AR 实用性受限。

多模式交互技术除了传统硬件交互外，还附加通过动作捕捉、手势识别、语音识别等，识别用户头部位置变化、手部动作和语言命令，以多模式地实现人机交互。

移动交互则强调 AR 设备的移动性，常见于智能手机 AR 应用中。由于智能手机等移动 AR 设备屏幕大小有限且不具备额外的实体输入硬件，因此移动 AR 交互强调简单易用，用户仅通过点击、触摸屏幕以及改变设备的位置等简单操作，即可实现交互。

（3）技术特点

AR 技术具备以下三个突出特点。

1）集成真实环境与虚拟信息。AR 技术可以在真实环境中展示虚拟信息，使用户同时感知真实与虚拟的信息。VR 技术的重心是虚拟世界，强调人在虚拟世界的存在感，而 AR 技术重心是让虚拟信息与真实环境相互融合，强调虚拟信息在真实环境中的存在感。

2）实时交互性。实时交互的特性由 VR 技术继承而来，并在 AR 技术中被进一步强化。AR 应用中虚拟物体要和真实环境相匹配，并与真实环境中的人物形象进行交互，甚至与多个 AR 用户协作，交互技术更加复杂。

3）三维尺度下的实时追踪。AR 采用三维环境标定技术，在系统中设备视点、环境特征点与虚拟物体均由三维坐标描述。唯有三维尺度下的实时定位追踪，才能使虚拟物体在多个视点变化的情况下仍然能保持存在感和真实感。

5.2.2　增强现实软硬件

5.2.2.1　硬件设备

AR 技术以 VR 技术为基础，涉及了计算机图形和图像处理、光学元件设计、微型显示器设计、计算机网络与移动计算等技术领域。其硬件体系主要包括计算设备、显示设备、跟踪定位设备、交互设备、通信设备、存储设备等类型。

其交互、计算、通信、存储等设备的情况与 VR 相关硬件大体类似，5.1 节已经做过介绍了。以下分别对涉及 AR 关键技术的显示设备和跟踪定位设备进行介绍。

（1）显示设备

如前文所述，AR 显示系统大致有头戴式、手持式和空间 AR 式三种，相应的显示设备则有移动显示设备、头戴式显示设备和空间投影设备等多种类型。

1）移动显示设备

随着互联网技术和移动计算高速发展，智能手机和平板电脑等移动计算平台已普及到千家万户，并成为 AR 技术的主要应用载体。这些移动设备均内置摄像头、加速度传感器、地磁感应器、陀螺仪等组件。将视频图像与传感器数据复合分析便能得到该设备的六自由度姿态。移动设备本身具备高质量的屏幕，无需额外配合其他设备，故可作为简易的一体式的 AR 显示设备，实时将摄像头拍摄的环境场景与虚拟信息融合显示在屏幕上。其开发成本较低，应用前景广阔，但较小的屏幕使其 AR 应用的专业性不足。

2）头戴式显示设备

AR 采用的头戴式显示设备种类繁多，且技术原理各异，以下重点介绍四类。

第一类是技术发展较为成熟的采用视频透视技术的 VR 头戴显示器。此类头显是在主流 VR 头显的基础上集成摄像头等组件，从而可以将实际场景连同虚拟物体融合直接显示到屏幕中。其模糊了 VR 与 AR 的概念，是传统 VR 头显的应用扩展。

第二类是目前高端 AR 产品的主流光波导式 AR 头显。光波导是指引导光波在介质中传播的技术，其技术可进一步细分为几何光波导和衍射光波导两类，后者技术更加成熟，是目前光波导显示技术的主流。衍射光波导技术又可以细分为表面浮雕光栅波导与全息体光栅波导，如图 5-15 所示。

图 5-15　从左至右依次为微软 HoloLen 系列、Magic Leap One 和 Daqri 智能头盔

总体而言，光波导可利用波导镜片像光纤一样将图像传导到人眼中，其外界透光率高，视场角大，亮度高，镜片非常轻薄，非常适合做成 AR 眼镜形态，但其显示色彩与对比度稍差，且目前光学设计困难，生产技术复杂，总体成本较高。

第三类是自由曲面或 Birdbath 式 AR 头显。此类显示器由分光棱镜式 AR 显示器（例如 Google glass）改进而来，通过曲面分光镜反射微显示器光纤实现视觉透视。此类 AR 头显技术较为成熟，对比度好，色彩好，视场角大，且功耗较低，已成为目前市场上的主流之一，其缺点是亮度较低，在室外环境效果较差，如图 5-16 所示。

图 5-16　ODG 系列 AR 眼镜（左）和爱普生 AR 眼镜（右）

第四类是激光全息式 AR 眼镜。此类眼镜原理是其眼镜一侧产生显示虚拟图像的激光，再通过镜片上的全息反射薄膜将激光反射入人眼中，并在视网膜上成像。此类 AR 显示产品体积小，功耗低，但其视场角小，且色彩较差，对比度较低，成像效果尚不理想。

综上，各类光学透视 AR 头显的特点总结如表 5-1 所示。

各类光学透视 AR 头显特点　　表 5-1

AR 头显种类	光学显示技术	特点
采用视频透视技术的 VR 头显	OLED 等常规 VR 显示技术	技术成熟但较为庞大笨重，视频透视效果上不如光学透视
光波导式 AR 头显	LcoS/DLP+波导	其外界透光率高，视场角大，亮度高，轻薄，但色彩与对比度稍差，成本高昂
自由曲面 AR 头显	Micro OLED+自由曲面反射	对比度好、分辨率高、色彩好、视场角大，但亮度低，透光率低
激光全息式 AR 眼镜	LBS/LCoS+全息反射膜	体积小，透光率高，但视场角小，对比度低，色彩差，显示效果差

3）空间投影设备

空间 AR 技术多借助投影机等空间投影设备将光线投射至全息镜片、全息薄膜、水雾等投影介质，实现虚拟图像的显示效果。其投影机原理与传统的激光投影机等类似，而实现空间显示效果的关键在于全息反射介质或水雾等空间分布颗粒。目前，全息反射薄膜常用于室内的大型综艺演出等活动，水雾投影常用于主题公园等具备水上演出需要的场景。

（2）跟踪定位设备

为保证虚拟物体与真实环境的融合效果，AR 系统必须实时确定自身视点的位置与姿态，以及跟踪空间环境特征点的位置。AR 系统多采用一系列传感器组件综合确定空间位置与姿态，它们大体上可分为环境感知与自身姿态感知两类。

对周边环境的实时三维感知是 AR 系统的核心技术，它既能直接确定环境特征点位的变化，又能间接推定 AR 硬件自身姿态的变化，在 AR 跟踪定位中十分重要。目前常用的三维感知硬件方案有机器视觉相机、飞行时间（Time of Flight，TOF）模组、结构光模组和超声波传感器四类（双目立体视觉和 TOF 内容在 5.3.1 节进行详细介绍）。

除进行三维环境感知外，AR 系统同样需要利用各种 MEMS 传感器实时感知自身的运动姿态（注：MEMS，即微机电系统，也称为微系统技术，是一类制造方式特殊且尺寸很小的器件，其特征长度从 1mm 到 1μm），从而进行自身坐标的标定。其常内置的相关传感器主要有加速度传感器、陀螺仪、磁场传感器、卫星定位组件等。其中，加速度传感器采用惯性原理，可测出 AR 硬件自身实时的加速度矢量；陀螺仪传感器多为光纤式，可测出 AR 硬件实时的角速度，与加速度传感器结合可积分得出倾角等物理量；磁场传感器多为霍尔元件，通过测定当地的地磁场可判定 AR 硬件的朝向；卫星定位组件则可以方便地给出 AR 硬件的实际位置坐标。

5.2.2.2　软件工具

AR 的软件体系同样是在 VR 软件体系的基础上发展扩充而来，其开发体系包括底层图形库、开发工具包（SDK）、AR 开发平台（AR Platform）、开发工具软件（游戏引擎）、AR 软件框架等部分，与 VR 软件框架类似。现有的底层图形库与游戏引擎等在 VR 部分已做介绍，下文从开发工具包与开发平台、开发工具软件以及 AR 软件框架三部分进行介绍。

（1）开发工具包与开发平台

AR 开发工具包包含了大量 AR 开发中的基本功能，能为开发者减少重复工作，降低 AR 应用开发的难度，促进 AR 软件发展。通常，AR 开发平台集成了一系列软件开发工具包，可为 AR 软件开发的全过程提供辅助。随着 AR 软件技术高速发展，AR 开发工具百花齐放，有代表性的 AR 开发工具包与开发平台如下。

1）ARToolkit

ARToolkit 最早由日本广岛城市大学和美国华盛顿大学联合开发，是典型的早期 AR 二次开发包。其由 C/C＋＋语言编写，现已完全开源，能在 PC Linux、Mac OS、Windows 的计算机操作系统，以及智能手机平台、Flash 平台、Unity 引擎上运行，甚至提供了 Matlab 和 Java 版本。ARToolkit 功能包含了摄像机定标、矫正、目标识别和跟踪、三维场景实时渲染等模块，目前依然富有生命力。下面以 NFT（自然图片追踪，Natural Feature Tracking）为例，简述 ARToolkit 系统核心思路（如图 5-17 所示）。

① 通过相机校准，获取因为相机制造工艺偏差而造成的畸变参数，也就是相机内参（Intrinsic matrix），进而复原相机模型的 3D 空间到 2D 空间的一一对应关系；

② 根据相机本身的硬件参数，计算出相应的投影矩阵（Projection Matrix）；

③ 对待识别的自然图片（即任意的一张二维图片）进行特征提取，获取到一组特征点 $\{P_1\}$；

④ 对相机实时获取到的图像进行特征提取，也是一组特征点 $\{P_2\}$；

⑤ 使用 ICP（Iterative Closest Point）算法迭代求解两组特征点的 RT 矩阵（即 Pose 矩阵），也是计算机图形学 CG 中常说的模型视图矩阵（Model View Matrix）；

⑥在 MVP 矩阵（模型、视图、投影三个矩阵的合称）的基础上进行图形绘制。

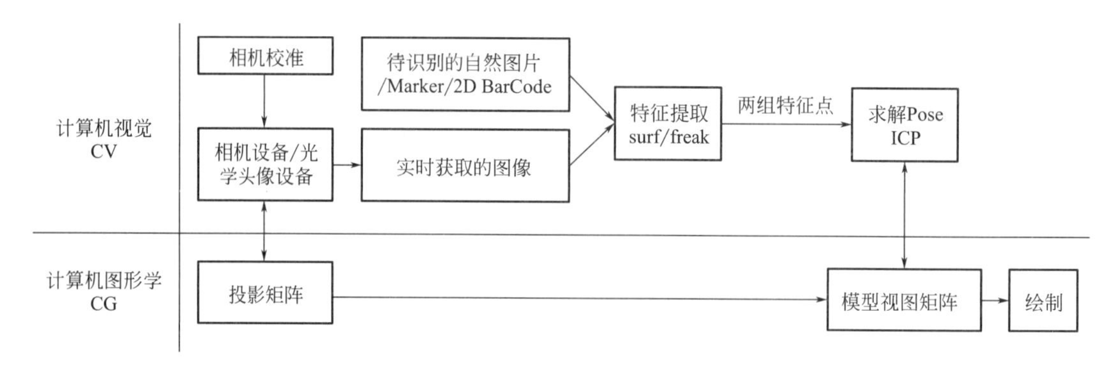

图 5-17　自然图片追踪流程

2）Vuforia

Vuforia 是目前应用最为广泛，效果最为出色的主流 AR 开发平台之一，其核心工具包由高通公司在 2010 年推出，后被物联网软件开发商 PTC 收购并运营至今。Vuforia 平台主要面向移动市场，支持 iOS、Android 操作系统和 Unity 游戏引擎，具备物体三维形状识别与标记、平面识别等一系列功能组件，功能强大且性能出色，但收费较为昂贵。

3）ARkit

ARkit 是苹果公司在 2017 年的 WWDC 上推出的商业 AR 开发平台，源自德国著名 AR 开发引擎 Metaio。ARkit 继承了 Metaio 完善的功能与出色的效果，具备视觉惯性测量、场景识别和光照评估、高效硬件渲染优化等功能，能实现对人物动作的实时捕捉与出色的画面渲染，让使用者以全身姿态进入 AR 影像中，功能成熟完善。但 ARkit 仅支持苹果公司的 iOS、iPad OS 等系统以及 Unity、Unreal Engine 引擎，且目前只能用于苹果旗下的 iPhone、iPad 等移动设备的 AR 应用开发。

4）ARcore

ARcore 是谷歌公司在苹果 ARkit 发布仅两个月后与之针锋相对推出的 AR 开发工具。与 ARkit 类似，它针对移动平台设计，集成了 Google Tango 项目的成果，支持 Android 7.0 以上系统和 Unreal Engine、Unity 引擎，具备运动跟踪、环境监测和光照估测等功能，现已成为移动领域主流的 AR 开发平台之一。

5）视＋AR

视＋AR 是国内 AR 领先的企业视辰信息推出的 AR 开发服务平台，它囊括了视＋AR 编辑器、浏览器、EasyAR SDK 等部分，支持移动操作系统、微信小程序、Web 应用等平台，可以为移动设备和 AR 眼镜提供软件开发解决方案。

其他常用的 AR 开发平台和软件包还包括 HUAWEI AR Engine、Kudan SDK、Wikitude SDK 等，其功能多和上述开发平台类似。

（2）开发工具软件（游戏引擎）

常用的 AR 开发工具包括 Unity 3D、Unreal Engine、CryEngine、AppGameKit、Amazon Lumberyard 等游戏引擎，其中以 Unity 3D 和 Unreal Engine 最为常用，其余游戏引擎的功能也大多相似。在前文 VR 部分中已对 Unity 3D 和 Unreal Engine 4 等有介绍。

（3）AR 软件框架

AR 软件工具包和开发平台能为 AR 软件大多数的基础功能提供帮助，但更复杂的

AR应用开发需要更为系统的技术框架。AR软件框架囊括了AR应用中多数可重用的部分，可以加速AR应用开发。目前常用的AR框架有DroidAR、React 360等。

DroidAR是在Github上开源的免费AR框架，现已成为Android系统上使用最为广泛的AR框架之一。

React 360则是Facebook和Oculus共同发布的VR/AR程序框架，可以同时支持Web、PC和移动设备平台。同时，官方提供了构建工具react-360-cli，内部使用和React Native一样的打包工具Metro，基于JS Bundle在自己的JS Runtime中进行解析，通过事件机制与客户端通信。构建一个React360应用程序需要完成两部分，需要渲染的React组件和Runtime定义（这种角色划分直接借鉴于React Native），其工作流程图如图5-18所示。

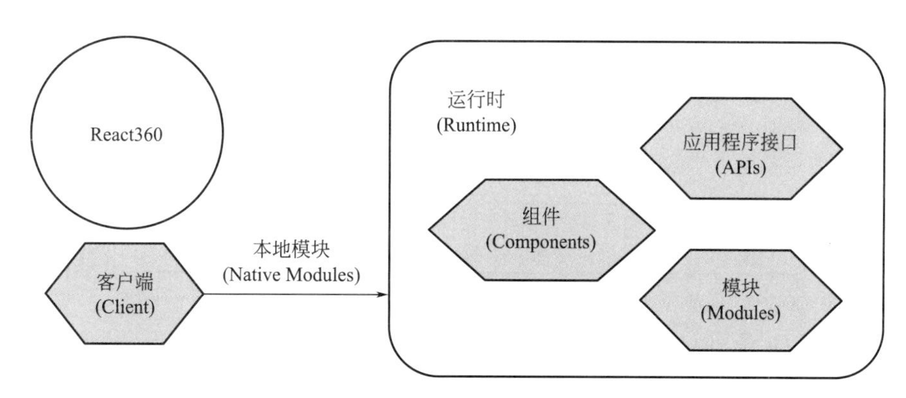

图5-18　React 360工作流程图

React360提供了运行时Runtime需要的应用程序接口APIs，支持在客户端（头戴设备、移动端、浏览器等）完成界面构建，基于开源的Three.js框架在Web端实现三维可视化，并可以通过框架提供的本地模块Native Modules实现数据共享。

5.2.3　跟踪注册技术

在虚拟化环境中，跟踪是指系统在真实场景中根据目标位置的变化来实时获取传感器位置，并按照使用者的当前视角重新建立空间坐标系，将虚拟场景渲染到真实环境中准确位置的这一完整过程；而将虚拟场景准确定位到真实环境中的过程称为注册。其中，三维环境中的注册技术包含摄像机注册和虚拟物体注册，前者用于确定虚拟摄像机在空间的位置和方位，后者则用于确定虚拟物体在真实空间的位置和方位。以上两个过程紧密联系，且需要通过真实摄像机得到真实场景的信息，并通过虚拟摄像机来对虚拟物体进行观察，因此注册的实际内容就是实现虚拟摄像机模型和真实摄像机的配准。

一般AR的注册过程如图5-19所示，其关键是要明确各个坐标系之间的关系。

跟踪注册技术通常可以分为四种：人工标识跟踪注册、自然特征跟踪注册、硬件传感器跟踪注册和混合跟踪注册。

（1）人工标识跟踪注册技术：具有较高的鲁棒性和较低的处理能力要求。该技术首先在真实场景中放置人工标识，然后用摄像机识别图像中的标识，同时结合摄像机标定原理，完成虚拟信息的跟踪注册。其中虚拟信息的跟踪注册流程如图5-20所示。

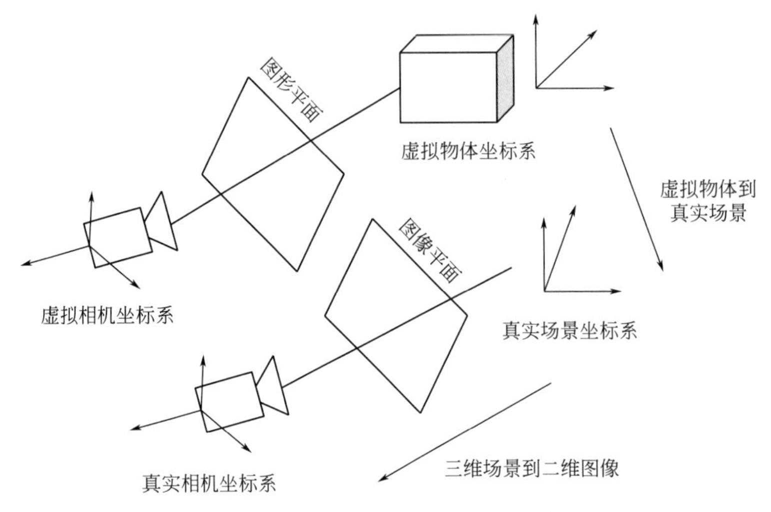

图 5-19　增强现实三维注册过程示意图

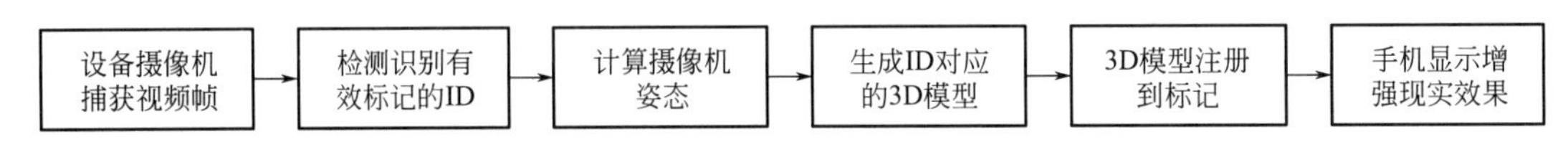

图 5-20　虚拟信息跟踪注册流程

（2）自然特征跟踪注册技术：实现原理与基于人工标识的跟踪注册技术本质上是相同的，只是基于自然特征的跟踪注册技术不需要预先放置标识物，而是直接利用真实场景中的一些自然特征来提取基准点，进行跟踪注册。

（3）硬件传感器跟踪注册技术：包括磁场跟踪注册技术、机械式跟踪注册技术、声学跟踪注册技术、光学跟踪注册技术、GPS 跟踪注册技术以及惯性跟踪注册技术。基于该技术的移动增强现实系统大部分根据 GPS 获得当前位置信息，并由方向传感器确定移动智能设备摄像头朝向和指南针确定的视角朝向，通过移动智能设备的摄像头对准现实场景，使得虚拟增强信息叠加在移动智能设备显示屏上。

（4）混合跟踪注册技术：利用两种或两种以上的三维跟踪注册技术来确定物体的姿态和位置，包括机器视觉结合惯性传感器、机器视觉结合 GPS、机器视觉结合多种传感器等，从而解决单一跟踪注册技术无法全面解决 AR 应用中的跟踪注册难题，实现更好的效果。混合跟踪注册技术首先使用电子罗盘与 GPS 进行初步定位，再利用视频检测方法实现更精确的跟踪注册。

AR 应用开发需要根据实际情况选择跟踪注册方法，表 5-2 对上述几种跟踪注册方法进行了对比。

不同跟踪注册方法对比　　表 5-2

跟踪注册方法	优点	缺点
人工标识注册技术	该方法比基于自然特征跟踪注册方法具有更高的实时性、更低的计算复杂度，精确性比基于传感器的方法高	计算复杂度比基于传感器的跟踪方法更高，同时稳定性较差，跟踪注册过程存在漂移和遮挡的问题

续表

跟踪注册方法	优点	缺点
自然特征注册技术	该方法比基于传感器的跟踪注册方法具有更高的匹配精度，实现方便，弥补基于标识方法破坏真实场景完整性的缺陷，应用范围更广	计算复杂度较之前两种方法更高、实时性更差，系统时延较高，跟踪注册难度更高
硬件传感器注册技术	相比基于机器视觉的跟踪注册方法具有更小的延迟，稳定性、实时性更高，计算量更小	跟踪注册存在抖动问题，精度低、校准难、易受环境影响
混合跟踪注册技术	结合不同跟踪注册方法，具有更高的定位精度、鲁棒性和实时性	系统开发成本更高，难度更大

5.2.4　增强现实应用场景

AR应用涉及了图像处理、计算机图形学、计算机视觉、信息可视化、人机界面设计等技术领域，可以与GIS、BIM等技术相结合，在土木与建筑工程领域拓展其应用的广度与深度。以下分为AR+GIS、AR+BIM技术介绍。

（1）AR+GIS技术

GIS能将地形、地物等地理信息转化为数据并加以利用，因此，AR+GIS能为AR提供真实场景的现有三维点位信息与空间特征，从而拓展AR技术的应用范围，强化可视化效果。例如，基于三维GIS系统和定位技术，AR技术可以强化环境感知功能，快速识别物体，从而自动读取路况等环境信息，将导航的引导信息融合到真实环境中，实现AR导航等。

（2）AR+BIM技术

BIM可以提供建筑物全生命期内的信息数据，为AR技术提供完整的信息模型。AR可视化技术能将BIM信息提取出来，一方面可用于BIM数据的可视化展示，另一方面可借助AR交互手段进行辅助设计，以所见即所得的方式创建BIM模型。因此，AR+BIM技术已应用于建筑设计、城市规划、工程项目招投标、BIM模型可视化展示、施工指导、隐蔽工程质量控制、安全管理、运营维护指导等方面。

例如，在规划设计阶段，AR+BIM的可视化设计技术能模拟出不同图纸方案的三维模型，并定位到图纸或真实环境中查看实际视觉效果，如图5-21左侧所示，便于专业团队与外行人士进行更高效的交流讨论，能将工程人员从繁重的绘图改图工作中解放出来。

在施工前以及施工过程中使用AR+BIM进行可视化指导，如图5-21右侧所示，可以避免从二维图纸到三维空间结构的翻译过程中容易出现的错误和疏漏，使得设计方案的空间结构更易于理解，复杂节点的表达更加清晰。借助高精度室内定位技术，可以将1∶1的AR模型以厘米级精度定位到真实环境中，在指导施工人员操作的同时便于施工质量检查比对，可以大幅提高监理与验收效率。

在运营维护阶段，移动AR技术可以将该时间段的BIM模型的局部节点信息细化展示，高效地将维护某一区段所需的工程信息资料传递到运营维护人员的智能终端上，便于运营维护工作的开展。检修过程中，AR技术可以定位展示管道等隐蔽工程的三维模型，

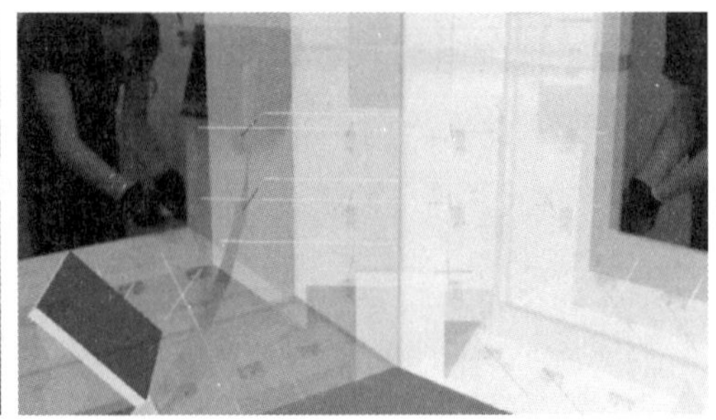

图 5-21　AR 可视化展示效果（左）和 AR 指导模板施工（右）

便于高效地找出损坏的部件，并对其进行拆除、清理、加固、托换等工作。

5.2.5　增强现实应用开发

AR 技术改变了人们观察世界的方式，随着 Pokemon GO 的成功，AR 已不再是科技影片采用的技术。各个行业都在采用增强现实来提高效率、简化运营、提高生产力和提升客户满意度。以下介绍几个 AR 框架，帮助研发人员快速实现复杂的功能。值得注意的是，每个 AR 框架都有自己的特点和优缺点。

（1）Vuforia

Vuforia 是一个用于创建 AR 应用程序的软件平台，是全球最广泛使用的 AR 平台之一，Vuforia 得到了全球生态系统的支持。开发人员可以轻松地为任何应用程序添加计算机视觉功能，使其能够识别图像和对象，或重建现实世界中的环境。Vuforia 适用于构建企业应用程序以提供详细步骤的说明和培训，创建交互式的营销活动或产品可视化，以及实现购物体验等。Vuforia 框架支持快速开发应用程序，实现选择对象、图像、圆柱体、文本、盒子、地形等功能。

Vuforia 的 SDK 支持多平台，包括 Android、iOS 和 Windows 应用程序。Vuforia 应用程序可以使用 Android Studio，XCode，Visual Studio 和 Unity 等集成开发环境构建，并支持微软的 Hololens 和 Windows 10 设备，也支持来自 Google 的 Tango 传感器，以及 VuzixM300 智能眼镜等设备。

（2）Wikitude

Wikitude 提供了一体式 AR SDK，可以在可扩展的 Unity、Cordova、Titanium 和 Xamarin 框架基础上，结合基于 SLAM 的 3D 跟踪、图像识别以及移动设备定位等技术，实现基于位置、标记或无标记的 AR 体验。Vuforia 的 SDK 同样也支持多平台，可开发适用于 Android、iOS 等智能手机、平板电脑、智能眼镜的 AR 应用程序。

Wikitude 最主要的功能包括以下几个方面：①即时跟踪：可以映射环境并显示 AR 内容，无需目标图像，适用于室内和室外环境；②扩展跟踪：一旦目标图像被识别，用户可以通过自由移动设备来继续 AR 体验，而不需要将标记保持在相机视图中，此功能现在拥有与 Wikitude 即时跟踪功能相同的 SLAM 算法，为基于 Wikitude 的应用提供了强大的性能；③图像识别和跟踪：最多可以拍摄 1000 张离线识别 Wikitude SDK 的内嵌图像，支持开发人员在实时摄像机图像中增强识别的图像和地理位置兴趣点之间的无缝切换；④基于位置的服务：Wikitude SDK 提供了简化使用地理参考数据的功能，用户可定制兴趣点的设计和布局；⑤3D增强：可以在AR场景中加载和渲染3D模型，支持包括Autodesk Maya 3D或Blender等工具创建的3D模型，并提供了一个用于Unity 3D框架的插件，因此开发者可以将Wikitude的计算机视觉引擎整合到基于Unity 3D的游戏或应用程序中；⑥云识别服务：支持开发人员处理云中托管的数千个目标图像，并具有响应时间快、识别率高等特点。

（3）ARToolKit

ARToolKit是一个基于LGPLV3.0许可证的免费开源SDK，可以完全访问其计算机视觉算法，以及自主修改源代码以适应自己的特定应用，允许AR社区将其用于商业产品软件以及研究，教育和业余爱好者开发。ARToolKit使用了现代计算机视觉技术，以及DAQRI内部开发的分钟编码标准和新技术，可让计算机在周围的环境中查看和了解更多信息。它支持的平台包括Android、iOS、Linux、Windows、Mac OS和智能眼镜等。

（4）Kudan

Kudan提供了先进的计算机视觉技术，以及可用于AR/VR、机器人和人工智能应用程序的SLAM跟踪技术。其特点突出表现在图像识别、低内存占用、敏捷开发和无限数量的标记等，支持计算机获取、处理、分析和理解数字图像、映射3D环境。

KudanAR SDK的特征包括：①不依赖服务器/云，实时输出结果，可以在没有网络连接的情况下使用；②多源传感器，支持单声道、立体声、相机、深度传感器等；③稳定的操作，无抖动的图像和出色的黑暗环境性能；④适用于iOS和Android本机以及Unity跨平台游戏引擎。

（5）XZIMG

XZIMG提供了可自定义的HTML5、桌面、移动和云解决方案，其目的是从图像和视频中提取智能。XZIMG提供了增强面部解决方案，可用于识别和跟踪基于Unity的面孔。XZIMG还提供了增强视觉的解决方案，用Unity识别和跟踪平面图像。

XZIMG支持的平台包括PC、Android、iOS、Windows和WebGL等。

5.3　混合现实技术

MR技术将虚拟世界和真实世界合成一个无缝衔接的虚实融合世界。其中，物理实体和数字对象满足真实的三维投影关系，表现出“实幻交织”。本节介绍MR技术的基本概念、原理及技术特点。

5.3.1　基本概念与原理

MR是一种将虚拟事物引入现实场景，能将虚拟环境无缝地放入真实世界中，形成现实和虚拟混合环境的可视化技术，强调在虚拟与现实之间搭建起实时交互反馈的回路，实现虚拟与现实的混合效果。

相对于VR和AR而言，广义的MR涵盖了VR与AR的现实世界、虚拟物品以及虚拟世界范畴，如图5-22所示，是VR和AR技术的进一步发展。其中，VR技术实现虚拟世界沉浸式的可视化效果，是对虚拟世界的可视化展示技术；AR技术可以在真实世界中投射虚拟物体，用虚拟的信息“增强”现实环境；而MR技术集成了VR和AR两者的优

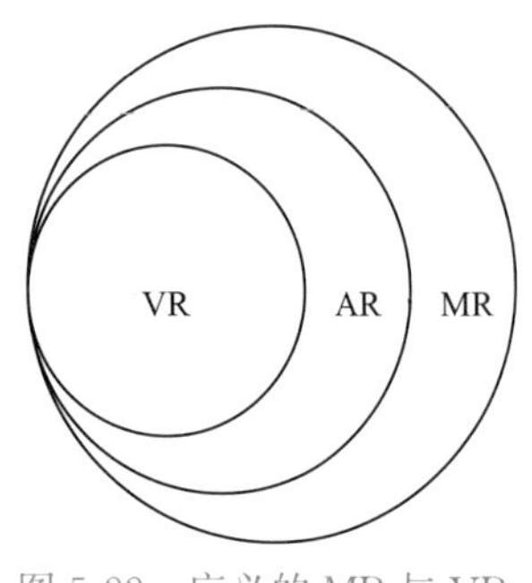

图 5-22 广义的 MR 与 VR、AR 关系图

势，能在现实世界中投射虚拟环境，并使现实与虚拟世界混合并存。

（1）发展历程

MR 的发展历程与 AR 类似，可以被划分为概念阶段和发展阶段。

1992 年，Louis Rosenberg 在美国空军研究实验室开发了首个沉浸式的 MR 平台 Virtual Fixtures，奠定了 AR 技术的雏形；1994 年，Paul Milgram 等人在 A taxonomy of mixed reality visual displays 一文中为 MR 一词给出了早期的定义与解释；多伦多大学教授 Steve Mann 曾在 20 世纪 70 至 80 年代研究了可穿戴计算硬件，并在 90 年代提出了介导现实（Mediated reality）一词，对 MR 的概念进行进一步丰富与完善。

2000 年至 2020 年间，计算机、互联网等领域的高速发展为 AR 技术提供了发展机遇，并使之走向 MR。此阶段，VR 和 AR 软硬件技术不断进步带动了 MR 的发展，自由曲面、光波导等 AR 显示技术具备 MR 领域的应用前景，部分 AR 硬件例如微软 HoloLens 系列、Magic leap one 等也可同时作为 MR 硬件，可实现一定的 MR 效果。

（2）原理与关键技术

作为 VR 与 AR 技术的集大成者，MR 技术的原理是在 AR 的基础之上，采用空间感知、光线感知、图像分析等手段来采集真实空间特征，获得周围环境的三维特征数据，对真实环境特性进行连续实时标定。同时借助 VR 技术原理，通过图形计算等手段，结合环境信息，实时渲染生成能与真实环境融合的虚拟环境图像等，并将虚拟图像等信息融合到真实环境中。

MR 涉及的关键技术与 AR 和 VR 的对应技术是相通的，其关键技术包括可视化显示、虚拟环境实时生成、环境注册定位追踪、虚实融合、混合环境交互等。其中虚拟环境实时生成技术与 VR 部分的相关技术类似，显示技术、环境注册定位追踪技术和交互技术与 AR 部分的技术类似。

相比 AR 技术，MR 技术中需要将虚拟对象更真实地融入现实环境，其融合要求远高于 AR，表现在除了满足几何形体与空间位置要求外，还需要满足光照、色彩的一致性。其中，几何形体与空间位置的一致性需要高效的 SLAM 算法、双目机器视觉、TOF 等技术支撑。

双目视觉通过左右两部摄像机获得图像信息，计算出视差，从而使计算机能够感知到三维世界。一个简单的双目立体视觉系统原理如图 5-23 所示。其中，分别以下标 l 和 r 标注左、右摄像机的相应参数。世界空间中一点 $p(x, y, z)$ 在左右摄像机的成像面 C_l 和 C_r 上的像点分别为 $p_l(u_l, v_l)$ 和 $p_r(u_r, v_r)$。这两个像点是世界空间中同一个对象点 p 的像，称为“共轭点”。在此基础上，分别作它们与各自相机的光心 O_l 和 O_r 的连线，即投影线 p_lO_l 和 p_rO_r，它们的交点即为世界空间中的对象点 $p(x, y, z)$。

TOF 是一种测距方法，其原理是利用 TOF 传感器发出红外光或者激光，其中产生的光会从任何物体反弹并返回到传感器。根据光的发射与被物体反射后返回传感器之间的“飞行时间”差，测量出物体与传感器之间的距离（如图 5-24 所示）。

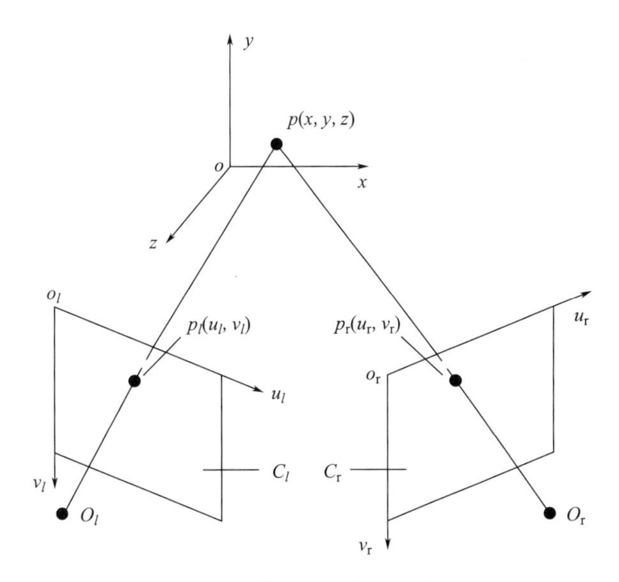

图 5-23　立体视觉系统的基本原理

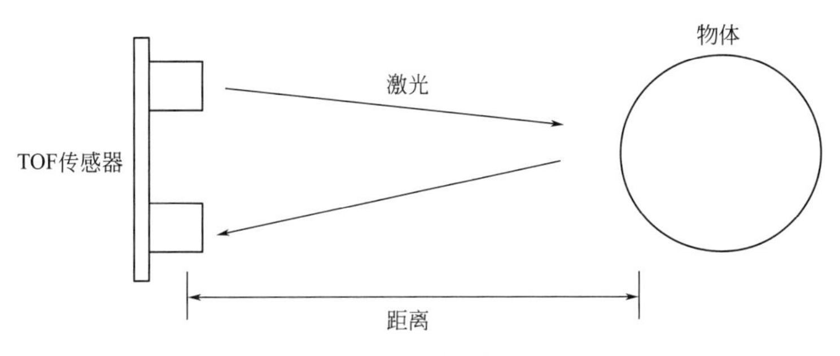

图 5-24　TOF 的测距原理

光照一致性的实现依赖机器视觉、光线感知等技术对实际光线进行追踪，再采用全局或局部光照计算推得虚拟对象的光照情况。色彩一致性则依赖于机器视觉、色温传感器等对环境色彩情况进行实时分析，再采用空间数据插值等方式对虚拟物体的色温与色彩进行矫正。

（3）技术特点与优势

MR 原理与 AR 技术大体相似，而技术上参考了 VR 的优势，效果更加强大完善。MR 技术主要体现出如下几个特点。

1）虚拟与现实的融合效果：AR 与 VR 技术分别专注于现实世界与虚拟世界，而 MR 技术齐具两者优势，将虚拟世界与现实世界融合，使混合环境兼具虚拟世界的构想性、沉浸性与现实世界的真实性，能同时覆盖 AR 与 VR 的应用场景。

2）三维环境感知与显示效果：现阶段的 AR 技术多采用三维追踪特征点，以在真实世界中显示二维信息的方式对现实进行“增强”；而 MR 技术则采用三维环境感知和三维虚拟显示，大幅度强化了虚拟物品的可视化效果，使其虚拟环境自然地与真实环境混合，其显示效果不弱于沉浸式的 VR 系统。

3）实时渲染与交互：混合系统中对真实环境的跟踪感知、虚拟环境的渲染生成都是实时进行的，用户也可以实时与系统进行交互，其高帧率的实时渲染和高频实时采样可以使得混合环境如同真实环境一样自然，确保 MR 系统的融合感与连续性。

5.3.2 混合现实软硬件

5.3.2.1 硬件设备

MR 技术涉及的技术领域大部分与 AR 和 VR 相通，其特有的技术则包括光照感知、色彩感知以及更加强大的三维环境定位跟踪。MR 硬件体系同样与 VR 和 AR 类似，包括计算设备、显示设备、空间姿态感知设备、光线感知设备、交互设备、通信设备、存储设备等。

MR 的商业硬件方案总体还处于探索阶段，目前 MR 开发的硬件思路主要分为两类。其一是使用视频透视技术，以 VR 硬件方案为基础，将 VR 硬件技术拓宽到 MR 硬件领域。此思路技术较为成熟，代表性的厂商有三星、Oculus、HTC 等。其二是采用光学透视原理，以光学透视 AR 硬件为基础探索 MR 硬件方案，其效果好但技术门槛高，相关硬件厂商较少，代表厂家有微软、Magic leap、Daqri 等。无论是哪种思路，多数硬件设备的技术方案与前文 VR 和 AR 部分的相关硬件大体类似，因此本节主要对显示硬件与计算渲染两类进行介绍。

（1）显示设备

MR 显示设备有头戴式和裸眼式两种，前者借助头显实现，技术形态较为成熟；后者多借助全息光场、空间投影等技术实现，硬件形态多样，效果各异。

1）视频透视头显

此类头显由 VR 头显改进而来，其在原有 VR 头显的基础上增设了摄像头等环境感知组件，加强环境定位感知功能，可依照现实的空间数据建立虚拟环境，实现 MR 效果。然而，这类产品实际上与视频透视的 AR 头显并不存在明显的技术区别，因此也可被归于 AR 范畴。

2）光学透视头显

此类头显多采用光波导和微机电系统 MEMS 技术，具体的技术原理可以参见本文 AR 部分的头显介绍。此类显示器在确保视觉透视的同时，可以兼顾亮度和视场角，且其硬件设备大小适中，镜片轻薄，是目前 MR 头显技术中效果最为出色的产品形态之一，可以实现出色的透光与显示效果。其代表性产品包括微软 HoloLens 系列、Magic Leap One 和 Daqri 头盔。其中，HoloLens 设备属于穿戴一体式全息计算设备，具有光波导显示组件和独立的计算单元，可以进行实时手势、运动跟踪、感知环境等解算。

3）全息光场显示设备

目前大尺寸三维显示技术主要有狭缝光栅与显示屏、投影仪阵列、全息光场显示等几类，但前两者有亮度不足的缺点。全息光场显示技术有望摆脱头显的束缚，可以在裸眼条件下实现大视角、大尺寸、多视点的三维显示效果，扩展混合现实的应用范围。目前 Futurus 公司已研发出以汽车前挡风玻璃为全息介质的全息光场全景 MR 显示技术。

（2）计算渲染设备

相比于 VR 和 AR 技术，MR 技术对空间实时感知与虚拟环境渲染的精度与刷新率提出了更高的要求，这需要高性能芯片的支持。芯片组需要在满足实时渲染性能的同时，满足可穿戴设备较低的功耗要求。目前 MR 系统中主要的计算芯片包括两类，第一类为传统的 CPU、GPU 以及集成 CPU 与 GPU 等芯片的片上系统（System on a Chip，SoC），第二类为特殊架构的定制芯片。

系统级 SoC 芯片为当前域控制器的主流方案，SoC 方案比 CPU、GPU 方案具备更高的集成度和更优的能效比。例如 Magic Leap One 采用了英伟达的 Tegra X2 处理器，其集成了 ARM 架构的 CPU 与 NVIDA Pascal 架构的 GPU；微软曾在 HoloLens 1 中使用了 Intel 的 Atom 处理器，HoloLens 2 中则采用了高通骁龙 850 SoC。

特殊架构的定制芯片能在某些专业的计算领域发挥强大的作用。例如微软为 HoLens 系列硬件开发了两代专用的全息处理器（Holographic Processing Unit，HPU），这两代 HPU 均采用 Tensilica 架构，能高效地实时处理定位追踪传感器获取的数据，大幅增强系统对环境的感知能力。

5.3.2.2　软件工具

MR 的软件体系同样是在 VR、AR 基础上发展而来，其总体与 AR 软件体系颇为相似。具体包括底层图形库 API、软件开发工具包 SDK、MR 开发平台、游戏引擎、MR 框架等。

事实上，MR 开发中多直接采用 AR 的工具包或开发平台。而底层图形库、游戏引擎以及 MR 开发用到的多数 SDK 等在前文 VR、AR 部分已做介绍。以下分别对 Magic Leap 和微软的开发工具与软件平台进行介绍。

（1）Lumin Runtime 和 Lumin SDK

Magic Leap 公司为旗下首款 AR/MR 设备 Magic Leap One 开发了一套 Lumin OS 操作系统，而为该系统开发 MR 软件则需要用到 Lumin Runtime 和 Lumin SDK。

其中，Lumin Runtime 是基于 Lumin OS 系统的一款简易的开发引擎，开发者可以借助 Lumin Runtime 的一系列渲染工具，方便地开发出与 Lumin 系统风格一致的应用程序。Lumin SDK 作为开发工具包，除了提供手势识别等功能外，还提供了系列 API 来与 Unity 3D、Unreal Engine 4 对接，进行需求更复杂的功能开发。

（2）MRTK 开发套件

MRTK（Mixed Reality Toolkit）是微软提供的一款开源 MR 开发工具，功能相对完善，也具备较强的兼容性，同时支持 x86 与 ARM 架构的 VR、AR、MR 开发，能跨平台使用。MRTK 除了支持微软 HoloLens 系列外，还能支持 HTC Vive、Oculus Rift 等其他设备的应用开发，且工具代码完全开源，便于开发者使用。

MRTK 在提供传统的空间定位追踪功能的同时，还提供了 Azure Spatial Anchors 功能，能将感知到的空间信息在不同 MR 设备中共享，并能与 ARkit 和 ARcore 等其他 AR 工具实现对接。

（3）Windows MR

Windows MR 是微软基于 Windows 系统推出的 VR/MR 开发平台，支持采用视频透视的多种 PC VR 头显，并为之提供 VR/AR/MR 开发套件。相比于 MRTK，Windows MR 只为 VR 头显提供开发套件，实质更接近于 VR/AR 开发平台。

5.3.3 混合现实应用场景

相比于 AR 技术，MR 强化了环境感知、视觉显示与交互效果，但目前必须借助头显或全息光场投影设备实现，不能直接运行在移动设备上，失去了移动端 AR 的低成本推广优势。目前，MR 在土木与建筑工程中常与 BIM、GIS、三维扫描等数字化技术结合，为工程人员提供数字化与可视化工具，应用场景囊括了规划设计、招投标方案展示、施工指导与管理、运营维护等领域。

（1）MR 规划设计

传统的 CAD 设计过程中，工程设计人员图纸绘制工作繁重，且二维图纸信息传达存在很多局限性；在 BIM 技术应用中，工程设计人员多在各自的办公区域对三维 BIM 模型进行创建修改，效率有了一定提升；而 MR 技术与 BIM 结合，借助微软 HoloLens 系列头显，多名工程人员可以协同对三维 BIM 模型进行修改，如图 5-25 所示，其数据信息呈现更为直观。此外，MR 与 GIS 技术结合可展示地理信息与大范围的城市三维模型，便于城市规划分析等。

图 5-25　MR 可视化辅助建筑方案讨论

（2）MR 招投标展示

MR 作为可视化交互技术，最基本的功能就是可视化展示。目前由 Revit 创建的 BIM 模型可以以 FBX 格式（一种 3D 文件格式）导入到 3ds Max 软件和 Unity 3D 等游戏引擎，从而便于开发出适用于 MR 环境的应用程序。招投标过程中，MR 技术以接近真实的三维虚拟模型展示设计方案，使得甲方、评标人和施工方可以直观地看到设计方案的具体细节，后续各方技术交流也更加充分。

（3）MR 施工指导与管理

与 AR 技术一样，MR 技术可应用于施工指导和管理。借助 BIM 技术，施工人员可以调出 BIM 数据库中的施工信息指导施工，并利用 MR 环境感知技术感知的实际施工情况，记入 BIM 数据库进行施工管理。目前 Bentley 为 HoloLens 推出了 MR 建筑软件 SYNCHRO XR，能直接将建筑模型投射在施工现场中，并能直观交互，以实现施工计划与实际情况的比对和追踪，为施工管理和审查工作提供了便利。

（4）MR 运营维护

传统的运营维护阶段工程技术人员多采用数据手册进行记录，其数据信息较为繁杂，给技术人员带来了一定的困难。虽然 BIM 技术可为运营维护提供直观的数据管理平台，但数据与现实的关系依然不够明确。借助 MR 设备，BIM 模型的数据可以在维护过程中被实地可视化展示，便于对维修进行指导，且同时 MR 设备具备强大的环境感知能力，工程人员可以借助 MR 设备的诸多传感器组件采集实际环境信息，实时分析工程设施的实际状态。

此外，MR 技术可以在日常工作的真实环境中为工人提供他们最为需要的信息，包括岗位操作培训、设备维护手册、IoT（物联网）数据展示，以及远程专家指导等。用户在使用头戴式 MR 眼镜的时候，完全不影响他们对身边真实环境的观察，并能解放出双手进行操作。

以下是一个典型的工业应用场景：

工作人员戴上 MR 眼镜在生产环境中进行巡检，其眼前的机器设备上会自动浮现出该设备当前的运行数据； 巡检员如果发现异常，可以通过眼镜进行情况记录，并完成问题上报； 随后，他可以根据故障信息调取相关问题的处置方案或全息维修指导手册，设备的维修指导信息会一步一步地呈现在他的面前，并准确地指出每个步骤操作的具体位置； 如果全息维修指导手册没办法帮他解决问题，他可以马上通过眼镜呼叫远程的技术专家； 专家通过分析眼镜端捕捉的画面后，为现场员工提供精确的专业指导，协助完成问题的处置。

在整个流程中，参与人员仅需一副 MR 眼镜就可实现所有的功能。

（5）展览应用

在 MR 技术刚出现的时候，最多的应用场景就是展览和展示。在当时，对于所有人来说，MR 绝对是酷炫和黑科技的代名词。用黑科技来展示自家的产品，或用来宣传企业形象绝对是一个不错的选择。从功能上讲，MR 技术应用于展览行业的最大优势是交互式的全息可视化内容所能带给观众的冲击，这是一种类似科幻影片走进现实的震撼感受。MR 技术适合展示体积庞大、结构复杂、精密昂贵的产品（建筑是其中的典型代表），这些产品不便于携带和拆解，很难让观众看到实物，或者了解其内部结构。通过 MR 技术为这些产品制作 3D 全息化的内容，就可以非常方便地在任何地方、任何场合展示产品的细节。

此外，在传统展台上经常会使用各种实物沙盘，用于展示城市规划、园区设计或建筑方案，但这些实物沙盘通常是静态的，无法产生大量动态内容。基于 MR 的虚实结合功能，可以将实物沙盘升级为混合现实沙盘，参观者通过 MR 眼镜将能看到建筑的施工过程、3D 交通工具的穿行效果、目标对象的详细介绍等。各种各样丰富有趣的可视化内容可以让静态的沙盘动起来。

综上，图 5-26 对真实现实、MR 和 VR 三者进行对比总结，其中浅色代表虚拟成分，深色代表真实成分。

（1）当只有真实世界信息的时候，属于纯粹的真实现实，典型的就是带摄像功能的手机，以及人们佩戴的普通眼镜；

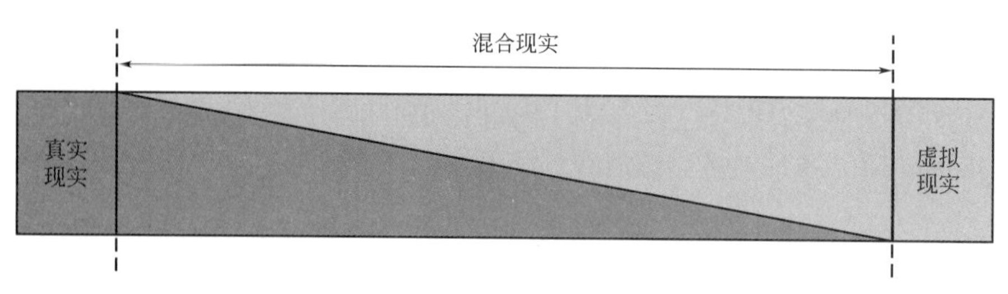

图 5-26　三者区别

（2）当系统中既有真实信息又有虚拟信息的时候，叫作 MR；

（3）如果虚拟信息是服务于真实世界的，且数量较少，占次要地位，则归为 AR，典型系统是手机导航系统；

（4）如果虚拟信息是主体，而真实信息是为虚拟信息服务的，则称为增强虚拟；

（5）如果信息全为虚拟，则是 VR，典型系统是各类 VR 游戏。

习题

1. 什么是虚拟现实技术？
2. 简述典型的虚拟现实系统的工作原理。
3. VR 软件的基本架构与传统图形软件的区别在哪里？
4. 虚拟现实的技术特征是什么？
5. 简述常用的虚拟现实硬件设备。
6. AR 视觉显示技术原理可分为哪几类？简单阐述它们的区别。
7. 常用的 AR 交互方式有哪几种？并进行举例说明。
8. 举例说明常用的 AR 显示设备、跟踪定位设备以及交互设备。
9. 简述 VR、AR、MR 三者的区别与联系。
10. 采用合适的建模和开发平台，创建一个虚拟可视化环境，并实现虚拟现实浏览。

参考文献

[1] MANDAL S. Brief introduction of virtual reality & its challenges [J]. International Journal of Scientific & Engineering Research，2013，4（4）：304-309.

[2] BURDEA G C，Coiffet P. Virtual reality technology [M]. New York：John Wiley & Sons，2003.

[3] BURDEA G C，BROOKS F P. Force and touch feedback for virtual reality [M]. New York：John Wiley & Sons，1996.

[4] SHARPLES S，COBB S，MOODY A，et al. Virtual reality induced symptoms and effects（VRISE）：Comparison of head mounted display（HMD），desktop and projection display systems [J]. Displays，2008，29（2）：58-69.

[5] 陈雪燕．基于 Kinect 深度图像的互动投影系统及其滤波算法研究 [D]. 苏州：苏州

大学，2018.
[6] DEFANTI T A，DAWE G，SANDIN D J，et al. The StarCAVE，a third-generation CAVE and virtual reality OptIPortal [J]. Future Generation Computer Systems，2009，25 (2)：169-178.
[7] WHYTE J，BOUCHLAGHEM N，THORPE A，et al. From CAD to virtual reality：modelling approaches，data exchange and interactive 3D building design tools [J]. Automation in Construction，2000，10 (1)：43-55.
[8] AZUMA R T. A survey of augmented reality [J]. Presence：Teleoperators & Virtual Environments，1997，6 (4)：355-385.
[9] SUTHERLAND I E. The ultimate display [J]. Multimedia：From Wagner to Virtual Reality，1965，1.
[10] PIEKARSKI W，THOMAS B. ARQuake：the outdoor augmented reality gaming system [J]. Communications of the ACM，2002，45 (1)：36-38.
[11] THOMAS B，KRUL N，CLOSE B，et al. Usability and playability issues for ARQuake [M]. Berlin：Springer，2003.
[12] 姚远．增强现实应用技术研究 [D]. 杭州：浙江大学，2006.
[13] 孙源，陈靖．智能手机的移动增强现实技术研究 [J]. 计算机科学，2012，39 (B06)：6.
[14] UREY H，ULUSOY E，Kazempourradi S M，et al. Wearable and augmented reality displays using MEMS and SLMs [C]. International Society for Optics and Photonics，2016.
[15] 任波，管涛，李利军，等．基于ARToolKit的增强现实系统开发与应用 [J]. 计算机系统应用，2006 (01)：81-84.
[16] MILGRAM P，KISHINO F. A taxonomy of mixed reality visual displays [J]. IEICE TRANSACTIONS on Information and Systems，1994，77 (12)：1321-1329.
[17] MANN S. Wearable computing：A first step toward personal imaging [J]. Computer，1997，30 (2)：25-32.
[18] STARNER T，MANN S，RHODES B，et al. Augmented reality through wearable computing [J]. Presence：Teleoperators & Virtual Environments，1997，6 (4)：386-398.
[19] MANN S. Mediated reality with implementations for everyday life [J]. Presence Connect，2002，1.
[20] 刘佳，王强，张小瑞，等．移动增强现实跟踪注册技术概述 [J]. 南京信息工程大学学报：自然科学版，2018，10 (2)：10.
[21] 魏智勇．混合现实系统设计及关键技术研究 [D]. 上海：上海交通大学，2017.
[22] 高鑫磊．基于视觉定位的混合现实框架 [D]. 西安：西安电子科技大学，2019.
[23] 周勋甜，黄俊惠，钱凯．MR技术在BIM领域中的适用性研究 [J]. 科技风，2019 (09)：83-84.
[24] 初毅，邵兆通，武涛．基于MR+BIM技术的信息化建筑工程应用探讨 [J]. 土木

建筑工程信息技术，2017，9（05）：94-97.
[25] 龚赤兵．HoloLens 混合现实技术在建筑行业中的应用研究［J］．现代信息科技，2019，3（04）：147-149.
[26] WANG W，WU X，CHEN G，et al. Holo3DGIS：leveraging Microsoft HoloLens in 3D geographic information［J］．ISPRS International Journal of Geo-Information，2018，7（2）：60.

第六章　CAE系统的网络化技术

网络是一个可伸缩的概念，小至两台可以彼此相互通信的设备相连，大至全球亿万设备的互通，都可以归类于网络的范畴。在这些网络中，互联网（Internet，又译因特网）是当今世界上最大的网络，它由数量巨大的小型网络互相连接而成，通过电缆、光纤与无线等技术，连接了全球几乎所有的计算机与相关设备。本章所介绍的各类网络技术，均基于互联网发展而来。

网络化技术是指在某个区域内，把分散的微机和工作站系统、大容量存储装置、高性能图形设备以及通信装置，通过通信协议连接起来，实现相互通信、协调合作和资源共享的技术。在信息化技术不断发展的今天，网络技术已经渗透到人们生产生活的方方面面，极大地丰富与便利了人们的生活。信息搜索、远程聊天、移动支付等功能，无不需要网络技术的支撑。同样，在土木与建筑工程领域，网络技术同样具有诸多应用，例如传感器的数据传输、BIM信息的终端查看、设计成果的远程交付等等。通过网络技术，CAE系统可由单个终端扩展到终端网络，由机器与人的交互扩展到人与人的交互，使得在一个区域、一个组织中应用CAE系统成为可能。本章重点介绍万维网、移动互联网以及云计算三类常用的网络技术。

6.1　万维网技术

万维网（World Wide Web，又称为WWW、Web）是存储在Internet计算机中数量巨大的文档的集合，是运行在互联网上的、超文本文档相互连接形成的一种超大规模的分布式系统。万维网技术的诞生给全球的沟通交流带来了革命性的变化，建筑物远距离浏览、电子商务、混凝土大面积施工质量控制以及高层建筑垂直度控制等都是万维网技术在土木工程中的典型应用。本节介绍网络通信的基础知识、网站的开发、部署与维护。

6.1.1　万维网概述

万维网是将Internet上的各种资源以相关联形式组织起来的信息网络。通过Web浏览器所能访问的各类网页，便是通过万维网进行会话的结果。万维网由英国科学家Tim Berners-Lee于1989年创建。从那时起，万维网技术不断发展，并受到公众的广泛欢迎。时至今日，万维网已经成为Internet中最为活跃、流行以及重要的服务之一。

Berners-Lee在创建万维网时，融合了当时正在发展的三种技术，创造了一个精巧而复杂的信息系统。这些技术成为万维网的基本要素，使得万维网成为一个具有统一标准的信息系统，而不是信息与资源的散乱链接。这些技术包括：

（1）统一资源标志符（URI）：用于标记网络资源的字符串。最为常见的URI是统一资源定位符（URL），后者即网页地址。

（2）超文本标记语言（HTML）：描述文档结构的标记语言，它使用一些约定的记号，对万维网上的各种信息进行标记，以便显示网页。

（3）超文本传输协议（HTTP）：用于规定客户端与服务端间请求与应答的标准。

在上述定义中，“超文本”（Hypertext）是指内部嵌有连接的文本。这些连接指向文本的其他字段，或是其他的文档，并可通过点击、触摸或其他方式触发，也被称为超链接。通过超链接，超文本打破了传统文本的顺序阅读方式，将文本按语义组织成了网状结构，使得信息的浏览与检索更为便利。超文本技术在 20 世纪 60 年代被提出，而万维网将超文本与 Internet 结合起来，并对其做出了一系列规定。其中，对超文本的标记格式做出的规定便是 HTML，而对超文本在设备间传输方式的规定便是 HTTP。

下面以通过 Internet 访问特定网站为例，介绍万维网的工作过程，并说明上述技术在这一过程中所起的作用。例如，在连接清华大学官方网站时，计算机执行了以下工作流程：

（1）启动 Web 客户端：为了访问网页，计算机将首先执行 Web 客户端软件。Web 浏览器便是一类常用的 Web 客户端，例如 Firefox、Google Chrome、Edge、Safari 等。

（2）连接（Connection）：用户需要在客户端中输入特定网页的地址，即 URL，以指明其想访问的网络资源。例如，清华大学官方网站的 URL 是 http：//www. tsinghua. edu. cn。客户端软件将以该 URL 所隐含的地址，连接到万维网服务器所在的主机。至于客户端以何种方式、如何连接到服务器，则在 HTTP 协议中规定。

（3）提出服务请求（Request）：建立连接后，客户端向服务器发送请求，要求读取相应文件。在这一过程中，请求需要遵循特定的格式，这些格式同样在 HTTP 中规定。

（4）送回服务成果：服务器根据 HTTP 协议，对客户端发送的请求进行解析，并回送所需求的文件内容给客户端。同样，在送回服务成果的过程中，服务器也需要遵循 HTTP 所定义的规则。服务器所送回的文件包含文字、图片、音视频等多种信息，将这些信息组织起来需要遵循特定格式，这些格式则在 HTML 中描述。

（5）接受并显示文件：用户端软件将所接收到的文件资料，按照其内含的 HTML 描述方式进行解析，并将其中的信息显示到用户屏幕上。

通过上述过程，便完成对特定网站的访问，如果没有继续请求，服务器将关闭连接。

从上述流程中可以看到，在万维网的工作过程中，两台相连接设备的地位并不是同等的。发送请求、接收文件的设备称为客户端。区别于桌面版网络应用程序，此类设备的客户端也称作网页客户端；接收请求、发送文件的一端称为服务端。基于这种客户端-服务端的架构，Web 可以包含双向的信息，既可以通过浏览器（客户端）请求与浏览自己所需要的信息，也可以通过 Web 服务器（服务端）建立自己的站点并发布信息。

只要安装有浏览器，并知道对应的网址，在 Web 中获取所需的信息便是一件容易的事。而建立站点并发布信息则需要一定的 Web 应用程序开发知识。事实上，构造一个基于 Web 的 CAE 系统的主要方法正是 Web 应用程序开发。本节后续内容将介绍如何开发一个 Web 应用程序，并将其部署于服务端。

6.1.2 通信协议

在学习网站开发前，需要对网络通信的基础知识有一定了解。人与人之间的交流需要讲相同的语言、遵循特定的语法，同样，计算机与计算机之间的交流也需要遵循一定的规则，这些规则便被称为通信协议。正是由于通信协议的存在，网络中的信息才可以跨越不同时间、地点与语言与操作系统，为不同设备所理解。万维网是基于 Internet 的一项服务，而 Internet 根据 TCP/IP 通信协议族工作。实际上，万维网所采用的 HTTP 协议，正是 TCP/IP 协议族的一员。

6.1.2.1　TCP/IP 协议族

两台计算机在网络中相连实质上是它们通过介质（如金属导线、光纤或无线网络等）相连，而数据在计算机之间的流通，实质上是电脉冲、光脉冲或无线电等的交换。如何将待传输的数据转化为脉冲，如何将脉冲传递至目标计算机，并映射为给定的信息，是一个相当复杂的过程。而 TCP/IP 便是这么一套定义信息如何在网络中处理、传输和接收的系统。TCP/IP 是 Internet 所使用的标准协议，并随着 Internet 的流行而成为最为通用的网络协议之一。

具体来说，TCP/IP 是一个由多项通信协议组成的通信协议族，它得名于协议族中两项核心协议：TCP（传输控制协议）和 IP（网际协议）。TCP/IP 将信息在网络中通信的过程划分为四个层次，每个层次都具有特定的功能，将这种层次结构称为 TCP/IP 模型，如图 6-1 所示。而协议族下的每项协议，都可以划分至不同的层次中。HTTP 协议位于 TCP/IP 模型的最顶层——应用层之中。

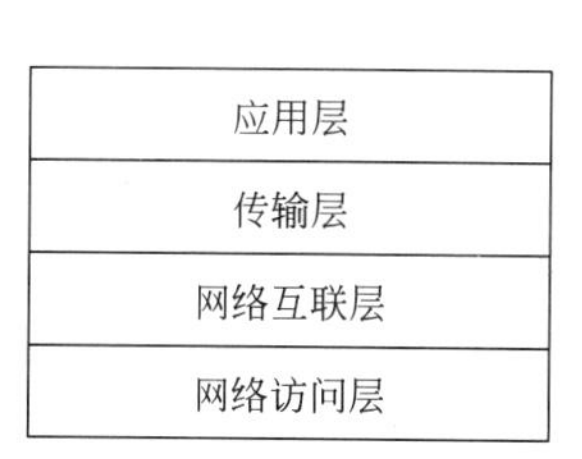

图 6-1　TCP/IP 模型结构

（1）网络访问层：网络访问层是 TCP/IP 模型的最底层，它提供了与网络硬件和传输介质交互的接口。需要注意的是，网络访问层只是提供了到物理网络的接口，而物理网络并不属于 TCP/IP 模型的范畴。

（2）网络互联层：网络互联层负责控制局域网段之外的网络中信息的传递，即控制数据如何由源网络传递至目标网络的过程。IP 协议即位于网络互联层。

（3）传输层：传输层提供了一系列功能，包括对来自应用层的数据进行分段、检查数据的完整性、对乱序数据进行重新排序等。常见的传输层协议包括 TCP 以及 UDP（用户数据协议）。

（4）应用层：应用层是 TCP/IP 模型的最高层，也是大部分程序在连接网络时所使用的层，它规定了各类应用程序如何使用网络所提供的服务。除 HTTP 之外，应用层的常见协议包括 Telnet 协议、FTP（文件传输协议）、SMTP（简单邮件传输协议）、DNS（域名系统）等。

图 6-2 展示了计算机与应用程序如何采用 TCP/IP 协议族进行网络通信。在数据由计算机 A 传递至计算机 B 的过程中，所经历的流程如图 6-2 所示。

（1）应用程序将首先调用应用层的接口，将数据传递至传输层。

（2）传输层将来自不同应用程序的数据区分开来，并对数据进行分段与封装。

（3）网络互联层在数据中添加目标计算机的地址信息，并对数据进行重新封装。

（4）数据通过网络访问层传递至网络硬件，并进一步转换为比特流，通过传输介质传递至目标计算机。

（5）在目标计算机，数据经历了上述过程的逆过程，最终被发送给目标应用程序。

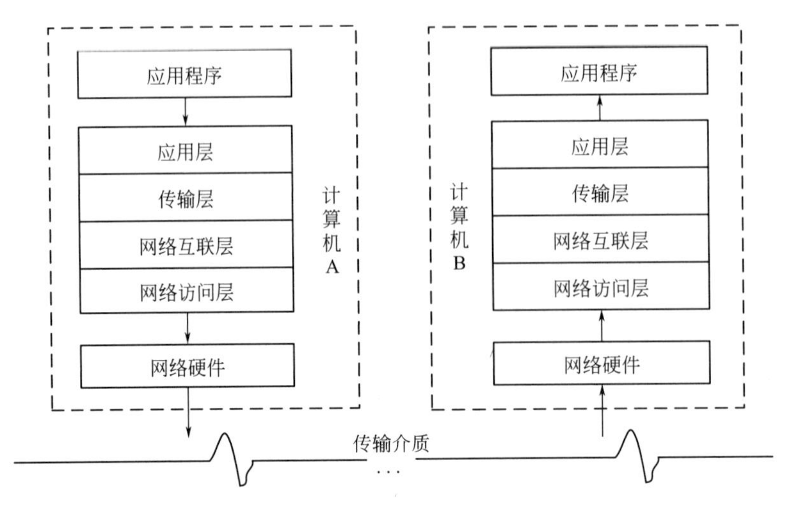

图 6-2　基于 TCP/IP 协议进行通信的基本流程

上述流程只是对 TCP/IP 模型的概要总结，在实际应用中，数据所经历的处理步骤比上述描述复杂得多。所幸的是，目标是实现 CAE 系统的网络化，而并非从零开始构造一个网络系统。因此，在大部分情况下，可以将 TCP/IP 模型当作黑箱使用。

6.1.2.2　HTTP 协议

HTTP 是万维网用于数据通信的基础协议，位于 TCP/IP 协议族的应用层，它规定了客户端与服务端之间的应答规范。对于一个遵循 HTTP 通信协议的网络资源，其 URL 总是以“http：//”开始的。

在 TCP/IP 协议中，建立连接的两台计算机的地位通常是对等的，如图 6-2 所示，计算机 A 可以向计算机 B 发送信息，而计算机 B 同样可以向计算机 A 发送信息。而在 HTTP 协议中，建立连接的设备被区分为客户端与服务端。客户端在连接中处于主动地位，它会主动向服务器端发送请求，并等待服务器的回应（尽管服务端也可以没有回应）。而服务端则在连接中位于被动位置，它在接收到来自客户端的请求之前是不会向客户端主动发送信息的。通过这样一种结构，人们可以在资源拥有者不进行操作的情况下，连接到网络资源，这也是万维网可以连接网络中成千上万资源的原因。

为了进一步说明 HTTP 所做出的通信规定，需要了解在客户端与服务端连接的过程中，二者究竟传输了什么数据。例如，在访问清华大学官方网站，并请求获取其首页（https：//www. tsinghua. edu. cn/publish/thu2018/index. html）时，客户端浏览器向服务器发送了如下数据：

```
GET publish/thu2018/index.html HTTP/1.1
Host：www.tsinghua.edu.cn
Accept：text/html
Accept-Language：zh-CN
```

从上述数据可以看出，在访问网页时，浏览器所发出的请求，实际上是一串文本，这串文本被称为请求报文。请求报文由请求行、请求头以及请求正文三部分组成：

（1）请求行位于请求报文的第一行，它用于说明请求方法、请求文件所在的 URL 以及 HTTP 协议以及版本。对于上述例子，采用的请求方法是 GET，它代表向特定资源发出请求，请求资源的 URL 是 publish/thu2018/index. html，而采用的协议是 HTTP1. 1。除 GET 外，另一种常用方法是 POST，它用于向特定资源提交数据。

（2）请求头位于请求行之后，它采用“属性：属性值”的形式，为请求添加一些附加信息。例如，在上述例子中，Host 指服务器所在的域名，Accept 指该客户端能够接收的内容类型，而 Accept-Language 指客户端能够理解的语言类型。

（3）请求正文与请求头间隔一个空行，它用于传递向服务器提交的数据。对上述例子，只是向服务器请求网页，因此请求正文为空。而当传递数据时，例如登录网站的用户名和密码时，它们便记录在请求正文中。

服务器在接收到请求后，将对发出请求的客户端做出应答。同样地，服务器所做出的应答也以文本的形式发出，这串文本被称为响应报文。对于上述例子，服务器返回的响应报文是：

```
HTTP/1. 1 200 OK
server：Tsinghua WebServer/1. 2. 3
date：Sun，12 May 2019 13：26：39 GMT
content-type：text/html

<html>
  ...
</html>
```

响应报文由状态行、响应头和响应正文三部分组成，它们的具体格式分别是：

（1）状态行位于响应报文的第一行，它用于说明服务器所遵循的 HTTP 协议版本，以及服务器的响应状态。本例中，服务器的响应状态码是 200，它表示服务器响应成功。一些常见的状态代码在表 6-1 中列出。

常见相应状态码　　表 6-1

状态码	状态码名称	含义
200	OK	请求成功
301	Moved Permanently	请求的网页已永久移动到新位置
302	Found	请求的网页暂时移动到其他位置
404	Not Found	服务器无法找到客户端请求的资源
500	Internal Server Error	服务器内部发生错误
502	Bad Gateway	接收到上游服务器的无效响应

（2）响应头位于状态行之后，与请求头相似，它为应答添加了一些附加信息。在上文中响应头共记录了三个属性。其中，server 指服务器的名称，date 指当前的时间，而 content-type 指响应正文的格式。

（3）响应正文位于响应头之后，与响应头以空行隔开。它记录了服务器送回客户端的具体内容。在上述例子中，服务器送回的响应正文是以<html>开头，以</html>结尾的一串文本。在接下来的一节中会了解到，这是 HTML 所规定的格式，服务器所送回的即是一个 html 文件。

尽管 HTTP 协议是万维网广泛使用的协议，但它也暴露出一些问题。例如，由于通信报文使用明文（不加密的文本），通信数据可能被窃听，造成用户隐私泄露等。因此，近年来，HTTP 逐渐被 HTTPS（Hypertext Transfer Protocol Secure，超文本传输安全协议）所取代。HTTPS 仍然通过 HTTP 进行通信，但对传输数据进行了加密，并增加了身份认证、数据完整性验证等步骤。在敏感信息的通信，如网上支付等领域，HTTPS 协议已广泛使用。

6.1.3 静态网页开发

基于万维网实现 CAE 系统网络化的主要途径是 Web 应用程序开发。Web 应用程序是构建在万维网上、使用 Web 开发环境所建立的应用程序，是一系列网页的集合，这些网页协同工作，为用户提供相关服务与功能。Web 应用程序一般部署在服务器上，用户通过网页浏览器对其进行访问。这种通过浏览器连接服务器，进而获取应用服务的结构，被称为 B/S 架构。在 B/S 架构中，用户通常不必安装额外的软件即可运行程序，同时由于程序计算大部分在服务器中完成，客户端的负载得以减轻，这些因素使得 Web 应用程序受到了广泛欢迎。

由于万维网是由超文本相互连接组成的信息网络，因此 Web 应用程序也可视为一种基于 Web 的信息处理系统。根据信息处理方式的不同，Web 应用程序也可分为两种模型：

（1）信息传递模型：在万维网的早期，所有信息内容是以 HTML 语言编写的静态网页文件。在用户访问服务器时，服务器将静态文件发送给用户，完成信息的传递。信息传递模型的弊端在于，服务器与用户间只能传递静态的内容，而不能根据用户的指令进行互动。

（2）信息处理模型：随着万维网的发展，一系列技术，如 Java 服务器页面（Java Server Pages，JSP）、动态服务器页面（Active Server Pages，ASP）、超文本预处理器（Hypertext Preprocessor，PHP）等赋予了网页处理信息的能力，这样的网页被称为动态网页。在信息处理模型中，所有信息内容都是动态产生，可以随时间、用户或操作进行变化。服务器不仅可以传递数据，而且是一个信息处理系统的执行平台。用户可在阅读网页内容的同时，与网站进行互动。图 6-3 展示了两类模型的区别。

由于动态网页具有功能丰富、可交互性强等优势，成为当前 Web 应用程序的主流。动态网页是静态网页与各项动态编程技术的融合，因此，需要对静态网页的相关基础知识有所了解。

6.1.3.1 HTML 语法基础

如字面意义所述，超文本标记语言 HTML 是一种对超文本的格式进行规范的语言，它使用一些约定的标记对 WWW 上的各类信息进行标记。HTML 文件一般发布于服务器端，在用户请求的情况下，下载到用户的 Web 浏览器。浏览器会自动解释这些标记的含义，并按照一定的格式在屏幕上显示文件中的信息，而 HTML 的标记符号并不显示在屏幕上。

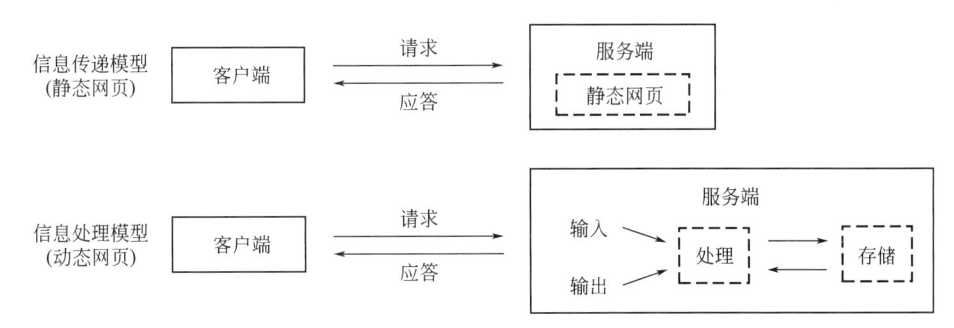

图 6-3　Web 应用程序的两种模型

事实上，HTML 的标记总是封装于符号“< >”之间，将这种标记称为标签。对于一个标准的 HTML 文件，<html>、<head>与<body>三个标签是必不可少的，它们组成了 HTML 文件的基本结构。其中，<html>标签位于文件的开始与结尾，它用于标识一个 HTML 网页，并说明 HTML 文件起始与结束的位置。<head>与<body>标签则位于<html>内部，<head>标签用于标记网页头，其内部包含 HTML 网页的基本定义，如标题、作者等，而<body>标签中含有网页的主体内容。

例如，新建一个 HTML 文件，输入以下文本：

```
<html>
    <head>
          <title>html 示例</title>
    </head>
    <body>
        <h1>CAE 系统的网络化</h1>
        <h3>万维网技术</h3>
        <p>
        要学习万维网技术，<br>
        就需要学习 html<br>
        </p>
    </body>
</html>
```

由于 HTML 文件是一串文本，实际上可以用记事本或任意文本编辑软件进行编写 HTML，也可以使用一些专业的网页设计工具对其进行编写。在 HTML 文件创建完成后，使用任意一个浏览器打开它，可以看到如图 6-4 所示显示效果。

通过上述操作，便成功创立了一个 html 文件，它可以被 Web 浏览器识别与打开。事实上，平日在万维网中浏览的各种网页，尽管内容更为复杂，但基本结构与上述示例是相同的。

CAE系统的网络化

万维网技术

要学习万维网技术，
就需要学习html

图 6-4　HTML 文件示例

在大部分情况下，html 中的标签是成对出现的，对<html>与<h1>，分别有</html>和</h1>与之对应，这样的两个标签被称为开始标签与结束标签，在开始标签与结束标签之间，可以包含文本或其他的标签对。同时，也有一些标签单独出现，例如
，单独出现的标签不能包含内容。这样的由开始标签-内容-结束标签，或是单独标签构成的结构，被称为一个 html 元素，而 html 文档便是由嵌套的 html 元素构成的。

标签还可以具有一些属性，这些属性在"< >"内部、关键词之后给出。一般地，一个 html 元素可以表示为如下形式。

```
<tag attribute = value>content<\tag>或者
<tag attribute = value>
```

标签是 HTML 语言中基本的内容。不同的 HTML 标签具有不同的关键词，在网页中发挥着不同的功能。一些最为常见的 HTML 标签介绍如下。

（1）<h1>-<h6>：标签<h1>-<h6>用于标注网页文本的标题。其中，数字越小代表标签等级越高，<h1>是一级标题，<h2>是二级标题，以此类推。

```
<h2>文本标题</h2>
<h4>文本标题</h4>
```

（2）<p>：标签<p>用于标记网页正文中的一段，如下所示。

```
<p>文本段落</p>
```

（3）<a>：标签<a>用于标记网页文本中的超链接。链接标签需要具有属性 href，以便指定链接的 URL。一个链接示例如下所示。

```
<a href = "www.tsinghua.edu.cn" >清华大学官方网站</a>
```

（4）<img>：标签<img>用于标记网页中的图片。它需要具有属性 src 以指明图片的位置。一个图片示例如下所示。

```
<img src = "image.jpg" ></img>
```

（5）
：标签
用于对网页的文本进行换行，它不需要结束标签与之匹配。

```
<p>第一行<br>第二行</p>
```

通过上面几类标签，便可以编写一个基本的 HTML 网页。表 6-2 中列出了一些常见的 HTML 标签，对于它们的详细用法以及更多的标签，读者可以查阅 HTML 的相关书籍。

常见 HTML 标签　　表 6-2

标签	介绍	标签	介绍
<b>	标记加粗的文本	<pre>	标记预格式化的文本
<div>	用于网页内容分区	<script>	标记网页中的脚本

续表

标签	介绍	标签	介绍
<font>	设置字体样式	<span>	标记文中部分内容
<hr>	分割横线	<strong>	加粗并强调文本
<i>	标记斜体文本	<table>	定义表格
<li>	定义列表项目	<title>	标记网页名称
<link>	为网页连接文件	<u>	标记带下画线的文本
<ol>	定义有序列表	<ul>	定义无序列表

6.1.3.2 样式及CSS

为了制作出界面美观的网页，需要为HTML元素指定样式。样式就是元素在网页中显示的方式，它决定着元素在网页中的颜色、大小、字体、位置等，例如可以采用“height”和“width”属性指定元素的长度与宽度。大部分的样式统一在属性“style”中设定。

为了理解样式的作用，新建一个HTML文件，并输入如下文本：

```
<html>
    <head>
        <title>样式示例</title>
    </head>
    <body>
        <div style="background-color: yellow" >
            <h3 style="color: blue" >黄底蓝字</h3>
            <h3 style="color: green" >黄底绿字</h3>
        </div>
        <div style="background-color: red" >
            <h3 style="color: blue" >红底蓝字</h3>
            <h3 style="color: green" >红底绿字</h3>
        </div>
    </body>
</html>
```

使用浏览器打开该文件，便可以观察到元素的颜色改变。除了设置颜色外，style属性还可设置元素的多种样式。例如“font-family”属性用于设定文本字体，“font-size”属性用于设置文本大小，“text-align”属性用于设置文本对齐。而元素的相对位置则由“margin”“border”“padding”和“content”系列样式设定。

除对每一个元素单独设定样式外，HTML还提供了一种集中设定样式的方法：CSS样式表。CSS可以灵活、集中地设定网页样式，并减少Web应用程序的代码数量。下文给出了一个利用CSS设定样式的示例。

首先，新建一个HTML文件，输入如下文本：

```
<html>
    <head>
        <title>CSS示例</title>
        <link rel = "stylesheet" type = "text/css" href = "MyCSS.css" >
    </head>
    <body>
        <div id = "div1" >
            <h3>黄底蓝字</h3>
            <h3>黄底绿字</h3>
        </div>
        <div id = "div2" >
            <h3>红底蓝字</h3>
            <h3>红底绿字</h3>
        </div>
    </body>
</html>
```

在该 HTML 文件的同级目录下，新建名为“MyCSS.css”的 CSS 文件，输入如下内容：

```
#div1 {
    background-color: blue;
}
#div2 {
    background-color: gray;
}
h3 {
    color: purple;
    font-family: 宋体, serif;
    text-align: center;
}
```

CSS 通过元素的属性，如 id、class 或标签等，批量地选中元素并设定样式。使用浏览器打开 HTML 文件，可以发现 HTML 中的元素样式由 CSS 文件指定。

6.1.3.3 网页设计工具

尽管可以采用任意文本编辑软件来编写 HTML，但采用专业的 HTML 开发工具可以帮助提高效率。除文字外，网页中也常常包含图像、声音、视频等内容，这些内容也需要专业的多媒体工具进行编辑与管理。本节将对一些网页开发过程中的常用工具进行介绍。

Visual Studio：Visual Studio 是 Windows 平台最流行的集成开发环境，提供了对多种编程语言的支持，同时也支持 HTML 的开发。在下文的动态网页开发中，便是选用 Visual Studio 完成网站的构建。

Webstorm：一款轻量的网页开发软件，为网页编写的一系列过程，如脚本编写、图片编辑等提供了辅助功能和智能优化，提升网页编写效率。

Sublime Text3：一款代码编辑器，具有美观的界面以及强大的功能。除支持 HTML 外，还支持 C、C++、Python 等一系列语言。

Adobe Creative Cloud：由 Adobe 公司提供的云端软件合集，包含一系列与网页设计相关的工具，为网页设计的各个流程提供支持。Dreamweaver 便是 Creative Cloud 的软件套装之一，是一款强大的可视化网页设计和网站管理软件，支持一系列最新的 Web 技术，包含 HTML 检查、HTML 格式控制、HTML 格式化选项、可视化网页设计和图像编辑等一系列功能。除 Dreamweaver 外，Adobe Creative Cloud 一些常用的软件还包括：

（1）Photoshop：用于对图片进行编辑。

（2）Premiere：用于对视频进行剪辑。

（3）Audition：用于录音以及音频剪辑。

（4）Animate：用于设计 Flash 动画。

6.1.4　动态网站开发

在上一节中，对 HTML 网页编写的基本方法进行了介绍。通过这些技术，可以将想要表达的信息记录在网页中。如果这些 HTML 文件部署于服务器上，用户便可看到编写的内容。然而，这些技术还不足以支撑 Web 应用程序中对数据的处理和存储，以及与用户的交互等常规功能需求。为此，本节将对动态网站开发的相关技术进行介绍。

6.1.4.1　动态网站开发框架

一般借助动态网站开发框架来开发动态网页。这些框架在 HTML 的基础上融合了编程语言，并提供了可复用的代码与方法，不必从零开始编写程序。一些常用的动态网站框架包括 ASP 和 ASP. NET、JSP 和 PHP。

ASP（Active Server Pages）和 ASP. NET：ASP 是 Microsoft 推出的一套服务器端脚本环境。通过 ASP 可以结合 HTML 网页、ASP 指令和 ActiveX 元件建立动态、交互、高效的 Web 服务器应用程序。ASP. NET 是 ASP 3.0 的后续版本，在 ASP 的基础上添加了更多功能，成为编写动态 Web 网页的强大工具。

JSP（Java Server Pages）：JSP 是由 Sun Microsystem 倡导、许多公司参与一起建立的一种动态网页技术标准。JSP 技术有点类似于 ASP 技术，在传统的网页 HTML 中，插入 Java 程序段和 JSP 标记，从而形成 JSP 文件。用 JSP 开发的 Web 应用是跨平台的，可在各类操作系统上运行。

PHP（Hypertext Preprocessor）：PHP 是一种 HTML 内嵌式的语言，它混合了 C、Java、Perl 以及 PHP 自创新的语法，易于学习，并可以比 CGI 或者 Perl 更快速地执行动态网页。

6.1.4.2　ASP. NET 介绍

ASP. NET 是 Microsoft 在 . NET Framework 中提供的类库，为 Web 应用程序的开发提供框架支持，具有强大的功能和一系列便利的特性。

（1）强大的工具支持：ASP. NET 框架以及庞大的 . NET Framework 函数库，以及 Visual Studio 集成开发环境中的大量工具和设计器。

（2）较高的执行效率：ASP.NET 使用编译语言 Visual Basic 或 C＃，程序代码先编译成一种中间程序语言 MSIL（Microsoft Intermediate Language），在执行程序时，MSIL 将转换为机器语言并执行。

（3）与程序语言无关：ASP.NET 与程序语言无关，可以选择最熟悉和适合的程序语言来编写程序，或跨多种语言分割应用程序，支持现有的 COM 组件。

（4）强大的服务器端功能：ASP.NET 的 HTML 和 Web 控件完全在服务器端处理，能够保留用户状态，提供客户端更佳的控制机制。

（5）一系列便利的特性：如编程的简易性、自定义性和扩展性、安全性等。

ASP.NET 支持 Web Pages 模式、MVC（Model-View-Controller）模式以及 Web Forms 三种开发模式：

（1）Web Pages 模式：采用特定标记将代码嵌入 HTML 文件中。这种标记语法被称为 Razor。通过 Razor，网页中的代码被识别与执行，赋予网页动态的内容。

（2）MVC 模式：MVC 模式将 Web 应用程序分为三个部分：负责记录数据的模型（Model）、负责显示网页的视图（View）以及负责数据处理与输入输出的控制器（Controller）。三者协同工作，执行应用程序。

（3）Web Forms 模式：Web Forms 模式是一种基于事件驱动的开发模式，与传统的桌面应用开发相似。在这种模式下，建立窗体并添加一系列控件。在控件被触发时，执行其对应的后台代码，实现动态内容的显示。

Web 应用程序开发的首选方式逐渐从 Web Forms 转为 MVC 模式。以下将采用 ASP.NET 的 MVC 模式，介绍 Web 应用程序的开发。对于 ASP.NET 的初学者，可以遵循如图 6-5 所示的框架进行 Web 应用程序的开发。

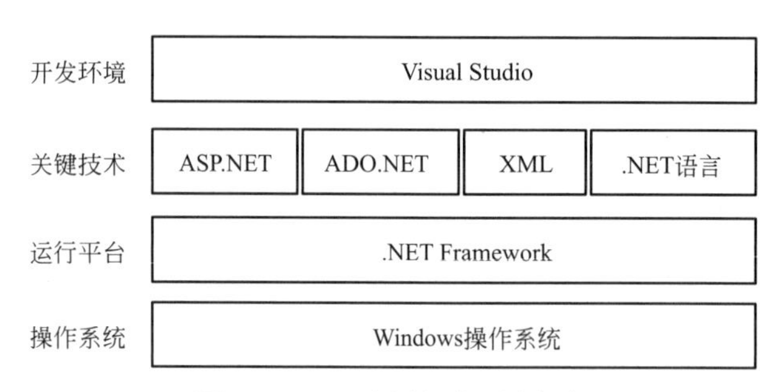

图 6-5　Web 应用程序开发框架

（1）Windows 操作系统：尽管 .NET 程序可以跨平台（如 Linux 或 Mac OS 系统）运行，但作为 .NET Framework 的原生系统，Windows 对 NET Framework 提供最为完美的支持。

（2）.NET Framework：Microsoft 推出的程序开发平台，支持 Visual Basic 和 C＃等多种语言。ASP.NET 是 .NET Framework 的组件之一，基于 ASP.NET 技术建立的应用程序需要在 NET Framework 框架上运行。

（3）ADO.NET：ADO.NET 是基于 ADO（ActiveX Data Object）推出的技术，同样是 .NET Framework 的组件之一。它提供了一致的数据处理方式，可在 .NET Framework 平台存取和编辑数据。ASP.NET 可以使用 ADO.NET 进行数据库存储，建立网络数据库。

（4）XML 可扩展标记语言：XML（Extensible Markup Language）是由 W3C 制定的，用于标记电子文件，使其具有结构性的标记语言。XML 与 HTML 均属于标记语言，它们的语法与结构也类似。XML 能有效地实现数据的结构化存储，以及将内容和表现形式的分离，被 Access、SQL Server、Oracle 等众多数据库管理系统所支持，适合于作为文档信息的电子传输格式。

（5）.NET 语言：.NET Framework 支持超过 40 种语言。其中，C# 是 Microsoft 推出的基于 .NET Framework 的高级编程语言，被认为是 .NET 开发的首选语言。本章将以 C# 为编程语言，介绍 ASP.NET 开发的相关技术。

（6）Visual Studio：Microsoft 推出的一个集成开发环境，也是目前最为流行的 Windows 平台应用程序开发环境之一，为应用程序开发提供一系列工具。作为 Microsoft 推出的产品，Visual Studio 对 .NET 程序的开发提供了很好的支持。

下面将以一个“个人学术网站”的网页应用程序开发为例，介绍 ASP.NET 的相关技术。

6.1.4.3　ASP.NET 中的视图与数据传递

作为程序开发的第一步，本节中将对该网站的视图进行创建，并实现数据由模型至视图的传递。在编写程序之前，须先完成 Visual Studio 的安装。本书采用的 Visual Studio 版本为 VS 2017，读者也可选用其他版本，操作流程可能略有不同。

（1）创建 ASP.NET 项目

首先在 Visual studio 中新建一个 ASP.NET 项目。在 Visual Studio 起始页单击“文件”｜“新建”｜“项目”，打开“新建项目”对话框。在对话框中选择“Visual C#”｜“Web”｜“ASP.NET Web 应用程序（.NET Framework）”。

如果 Visual Studio 中没有发现可用的 ASP.NET 项目，可启动 VS 安装程序，并安装“ASP.NET 和 Web 开发”模块。在下方文本框中输入应用程序的名称，如“MyWebsite”。单击确定，并选择项目模板为 MVC，将生成一个新的 ASP.NET MVC 项目。

（2）项目的文件目录

在项目创建过程中，Visual Studio 将生成一系列文件与文件夹。打开解决方案资源管理器，可以看到这些文件的名称，如图 6-6 所示。ASP.NET MVC 项目对文件夹的命名与用途制定了一系列规则。通过这些规则，程序可以减少代码量，并有助于对程序代码的理解。

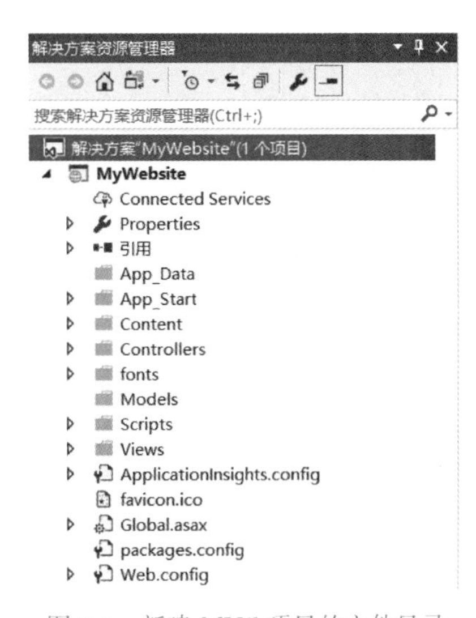

图 6-6　新建 MVC 项目的文件目录

图 6-6 显示了主要的文件与文件夹。其中，Content 文件夹存放静态文件，如 css 文件或图片文件等；Controllers 文件夹存放控制器类；Models 文件夹存放模型类；Scripts 文件夹存放 JavaScript 脚本；Views 文件夹存放视图类；而 Web.config 是一个 XML 文件，存储了与网络连接相关的设置。

(3) 视图布局

视图类的文件存储在 Views 文件夹下。其中,“Views” | “Home” | “Index. cshtml” 是打开网站时被首先显示的主页。将 Index. cshtml 的内容全部删除,点击运行,发现浏览器仍将运行并显示了一些内容。这些内容是由布局组件所定义的。具体而言,布局是每个视图的共有内容,它为网站的不同网页设定了统一风格。

现在,打开“Views” | “ _ ViewStart. cshtml”,显示代码如下:

```
@ {
    Layout = "~/Views/Shared/ _ Layout. cshtml";
}
```

_ ViewStart. cshtml 是视图类的启动文件,它会在所有的 View 被执行前执行,用于对所有的视图设定统一操作。默认的 _ ViewStart. cshtml 中设定了布局文件为 _ Layout. cshtml,即在所有的 View 被执行前,都将被添加 _ Layout. cshtml 所规定的布局。

打开“Views” | “Shared” | “ _ Layout. cshtml”,可以看到布局所作出的具体规定。在该文件中,有一些文本以“@”开头,便是 ASP. NET 嵌入 HTML 的代码段。其中有如下两个函数:

1) Html. ActionLink:该函数用于生成一个超链接,指向其他页面;

2) RenderBody:页面的主题内容将在 RenderBody 处显示。

为了制作个人主页,修改 _ Layout. cshtml 的如下两行:

```
<title>@ViewBag. Title-我的主页</title>
```

以及

```
<p>&copy; @DateTime. Now. Year-李华</p>
```

这样,所有页面中标题与版权声明均将改变。

(4) 静态视图制作

可以用静态网页相关技术来编制个人网站的主页。打开“Views” | “Home” | “Index. cshtml”,输入如下代码,便可以轻松实现静态网页的显示。

```
<h2>我的主页</h2>
<h4>下面是我最近的新闻</h4>

<table class = "table" >
    <tr>
        <td colspan = "3" >
            <h3>ASP. NET 学习</h3>
        </td>
    </tr>
    <tr>
```

```
<td>
    <img src = "~/Content/images/image1. jpg" height = "120" width = "200"  />
</td>
<td>2019-05-24</td>
<td>今天，我学习了 ASP. NET 的开发</td>
```

（5）数据传递

网站的数据通常并不完全储存于静态页面中，而是需要实现数据的动态传递。在 MVC 框架中，数据在 Model 中定义，而数据的处理在 Controller 中实现。因此，MVC 三者的关系如图 6-7 所示。

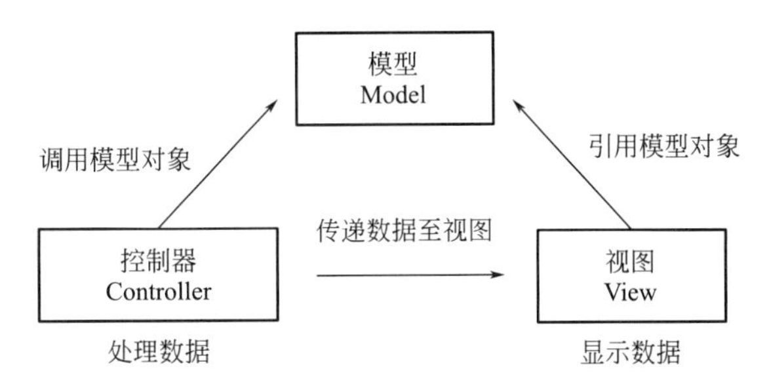

图 6-7　MVC 中模型、视图与控制器的关系

在“Models”文件夹中建立 NewsModel 类，该类定义了显示新闻所需的相关数据。

```
public class NewsModel
{
    public int ID { get; set; }
    public string Title { get; set; }
    public string MainText { get; set; }
    public string Picture { get; set; }
    public DateTime Date { get; set; }
}
```

接下来，打开“Controllers” | “HomeController. cs”，修改其 Index 函数。通过如下修改，建立一个用于储存新闻数据的列表，并将列表传递至视图中。

```
public ActionResult Index ()
{
    List<NewsModel> NewsList = new List<NewsModel> ();
    NewsList. Add (new NewsModel ()
     {
        ID = 1,
        Date = new DateTime (2015, 5, 26),
        Title = "ASP. NET 学习",
        MainText = "今天，我学习了 ASP. NET 的开发",
```

```
        Picture = "~/Content/Images/image1.jpg"
    } );
    return View (NewsList);
}
```

注意，需要在“Content” | “Images”文件夹中添加图片源“image1.jpg”文件。然后对“Views” | “Home” | “Index.cshtml”进行修改。使用@model定义传递信息的类别，并使用变量Model指代传递的数据。

```
@model IEnumerable<MyWebsite.Models.NewsModel>

<h2>我的新闻</h2>

<table class = "table" >
    @foreach (var item in Model)
     {
        <tr id = "tr@ (item.ID)" >
            <th colspan = "4" >
                <h3>@Html.DisplayFor (modelItem => item.Title) </h3>
            </th>
        </tr>
        <tr id = " tr@ (item.ID) " >
            <td>
                    < img src = "@ Url.Content (item.Picture)" height = "120" width =
"200" >
            </td>
            <td>
                @Html.DisplayFor (modelItem => item.Date)
            </td>
            <td>
                @Html.DisplayFor (modelItem => item.MainText)
            </td>
            <td>
                <a href = "javascript: void (0)" >查看评论</a>
            </td>
        </tr>
    }
</table>
```

6.1.4.4 ADO.NET 技术与数据库

Web应用程序往往需要对数据库进行频繁的操作。数据库是应用程序存储数据的仓库，其性能的好坏将直接影响整个应用程序的性能。在“个人学术网站”中新闻和评论模块中，可以采用对数据库进行读写的方式实现增加、修改和删除新闻或评论的功能。

ADO. NET支持多种格式的数据库，以下例子选择SQL Server作为Web应用程序的数据来源。SQL Server是Microsoft推出的数据库操作系统，支持以SQL语言对数据库操作。其中，使用了SQL Server 2017，以及SQL Server的集成管理平台SQL Server Management Studio（SSMS）18.0。

（1）采用图形化方法创建数据库和表

在SSMS的对象资源管理器中，右键单击“数据库”，选择“新建数据库”选项。在弹出的新建数据库页面中，输入数据库名称“NewsData”，完成数据库的创建。

下拉新建的数据库，右击“表”选项，选择“新建”｜“表”命令，建立用于存储新闻的表单。为了储存一条新闻信息，需要建立如图6-8所示的几个字段。

	列名	数据类型	允许Null值
▶🔑	ID	int	☐
	Title	text	☑
	Maintext	text	☑
	Picture	text	☑
	Date	date	☑

图6-8　创建新闻字段

设置ID为主键，并保存表单，表名设定为“NewsModels”，即可完成表格的创建。

（2）编辑表数据

SPSS同样提供了图形化方法编辑表中数据，在“表”的下拉列表中，右击新创建的表“dbo. NewsModels”，并选择“编辑前200行”选项，即可进行编辑。在新建立的表中，键入如图6-9所示的几条个人新闻。

	ID	Title	Maintext	Picture	Date
▶	1	CAE学习1	李华同学学习了计算机图形学部分的内容	~/Content/images/image1.jpg	2019-05-23
	2	CAE学习2	李华同学学习了网络化部分的内容	~/Content/images/image2.jpg	2019-08-14
	3	新的学期	李华同学迎来了新的学期	~/Content/images/image3.jpg	2019-09-01

图6-9　编辑表数据

现在，成功地将这些信息存入数据库中。需要说明的是，除了图形化方法，也可以采用SQL语言完成上述操作。SQL语言可以嵌入代码中，从而实现程序对数据库的操作，感兴趣的读者可以查询SQL语言的相关教材和说明文件。

（3）设置登录账户

在使用SSMS连接至SQL Server时，使用的是Windows身份验证，这意味着SQL Server通过验证操作系统用户来判断登录用户。这种方法具有较高的安全性，但同时也较为繁琐，因为它需要为计算机上的所有用户创建账户。对于当前的Web应用程序，选择通过SQL Server账号密码进行验证。为此，需要在SSMS中设置登录账户。

首先，仍然以Windows身份验证登录数据库。点击“安全性”菜单下的“登录名”选项，将看到当前所创建的所有账户。其中，账户“sa”是默认存在的管理员账户。选择账户“sa”，右击选择属性，设置登录密码。在本例中，将密码设置为“sa”。

在设置登录账户后，需要启动这一账户。在sa的属性中，选择“状态”页，并设置登录名为启用。同时，右击 SQL Server，选择属性。在属性的“安全性”页中设置服务器身份验证为 SQL Server 和 Windows 身份验证模式。

（4）在 Web 应用程序中连接数据库

打开 Web 应用程序中的 Web. config 文件，可以配置数据库的信息。在<configuration>一级下，添加<connectionStrings>节点，记录以下信息：

```
<configuration>
  <connectionStrings>
    <add name = "NewsContext" connectionString = "Data Source = localhost; Initial Catalog =
NewsData; User ID = sa; Password = sa" providerName = "System. Data. SqlClient" />
  </connectionStrings>
  ...
</configuration>
```

接下来，需要建立用于连接至数据库的类。在项目中新建 DAL 文件夹，再在该文件夹下新建类 NewsContext. cs，用于从 NewsData 数据库中获取数据。

采用 ADO. NET Entity Framework（EF）技术进行数据库连接。为此，需要首先对 EF 库进行引用。对 Visual Studio，打开菜单“工具”｜“NuGet 包管理器”｜“程序包管理器控制台”，输入以下语句：

```
Install-Package EntityFramework-IncludePrerelease
```

再在 DAL/NewsContext. cs 中，输入如下代码：

```
using MyWebsite. Models;
using System. Data. Entity;

namespace MyWebsite. DAL
{
    public class NewsContext: DbContext
     {
        public NewsContext (): base ("NewsContext" )
        {
        }

        public DbSet<NewsModel> News { get; set; }

        protected override void OnModelCreating (DbModelBuilder modelBuilder)
        {
        }
    }
}
```

NewsContext 在调用构造函数时，向它的父类 DbContext 传递了一个参数“News-

Context"，这个参数对应于在 Web. config 文件中设置的节点名称。而在 NewsContext 下定义的 DbSet<NewsModel> News 变量则对应于 NewsData 数据库下的 NewsModels 表单。若一个数据库下储存了多张表，则需要定义多个 DbSet 属性的变量与之对应。

希望在控制器中调用上述类，以实现与数据库的交互。为此，需要修改 Controller/HomeController 中的代码：

```
public class NewsController：Controller
{
    private NewsContext db = new NewsContext ()；

    //GET：News
    public ActionResult Index ()
    {
        return View (db. news. ToList () )；
    }
    ...
}
```

现在，数据库中的新闻数据被控制器获取，并传递至视图中。在"～/Content/images/"中设置对应的照片。运行网页，效果如图 6-10 所示。可见 Web 应用程序已从数据库中获取信息，并显示在了网页中。

图 6-10 网页的显示效果

6.1.4.5 评论模块开发实践

（1）创建环境

评论模块可以支持游客对新闻的评论。选取一条评论，可查看与发表对其的相关评论。评论功能的查看部分与新闻显示相似。

1）在 Models 文件夹中新建 CommentsModel. cs 类。该类将记录与评论相关的信息，包括评论的 ID、用户名、电子邮箱、评论内容，以及对应的新闻 ID。可以使用数据标注技术为数据添加额外的属性。例如，在下方的示例中，采用［Required］字段说明 UserName 变量是提交数据时所必需的，而［Display］字段说明了 UserName 变量对应着“用户名”这一字符串。

```
using System.ComponentModel.DataAnnotations;
[Required]
[Display (Name = "用户名" ) ]
public string UserName { get; set; }
```

2）在 Web. config 的<connectionStrings>中新增一个节点，用于说明如何连接到评论数据库。将节点的 name 属性设置为“CommentsContext”，将 connectionString 中的 Initial Catalog 参数设置为 CommentsData。其他信息与新闻数据库相同。

3）在 DAL 文件夹中新建 CommentsContext. cs 类。CommentsContext 类与 NewsContext 类相似，它继承了 DbContext 类，并在构造函数中向父类传递参数“CommentsContext”。再创建一个 DbSet<CommentsModel>类型的变量，用于获取数据库中的表。

（2）利用基架创建控制器

在完成上述步骤后，下一步需创建控制器及对应的视图。可以手动创建与编辑这些文件，但 Visual Studio 提供了一种更为便捷的方法。右击 Controllers 文件夹，选择“添加”|“新搭建基架的项目”，在弹出的对话框中选择“包含视图的 MVC5 控制器”。

点击添加，设置模型类为 CommentsModel，数据类为 CommentsContext，控制器名为 CommentsController，点击添加按钮便生成了 Comments 控制器和视图。

在“Views”|“Comments”文件夹下，Visual Studio 自动生成了多个视图，分别对应评论数据的显示、创建、编辑、删除等功能。其中，仅需要评论的显示与创建功能。保留 Index. cshtml 和 Create. cshtml，将其他视图删除。对应地，删除 Index. cshtml 中指向被删除视图的 Html. ActionLink 链接，并删除 CommentsController. cs 中与其同名的函数。

（3）视图间的链接与数据传递

在“个人学术网站”的主页“Home”|“Index. cshtml”中，将超链接改为：

```
@Html.ActionLink ("查看评论","Index","Comments", new { newsID = item.ID }, null)
```

这行代码表示生成一个连接至“Comments”|“Index”的超链接，并将参数 newsID 传递至对应的控制器。为此，需要在控制器中设置形参，以接收这项数据。对 CommentsController 进行如下改写：

```
public class CommentsController: Controller
{
    private NewsContext newsdb = new NewsContext ();
    private CommentsContext db = new CommentsContext ();
```

```
        public ActionResult Index (int newsID)
        {
            ViewBag.newsID = newsID;
            var newsList = newsdb.News.ToList ();
            foreach (NewsModel n in newsList)
                if (n.ID = = newsID)
                    ViewBag.newsTitle = n.Title;

            var commentList = db.Comments.ToList ();
            for (int i = commentList.Count - 1; i >= 0; i--)
                if (commentList [i]. NewsID ! = newsID)
                    commentList.Remove (commentList [i] );
            return View (commentList);
            }

            //...
    }
```

这样，Index函数便接收了newsID参数，并将对应的新闻名称、ID和评论传递至视图。在传递新闻名称时，采用了一种新的传递方式ViewBag，它将数据以键/值的方式存储于字典中，在视图中可以通过相同方式调用。

对应地，将“Views”｜“Comments”｜“Index. cshtml”修改为：

```
    @model IEnumerable<MyWebsite.Models.CommentsModel>

    <h2>@ViewBag.newsTitle</h2>
    <h4>评论</h4>

    @if (Model.Count () = = 0)
    {
        @：当前没有评论
    }

    <table class = "table" >
        @foreach (var item in Model)
         {
            <tr>
                <th>@Html.DisplayNameFor (model => model.UserName) </th>
                <th>@Html.DisplayNameFor (model => model.UserEmail) </th>
            </tr>
            <tr>
                <td>@Html.DisplayFor (modelItem => item.UserName) </td>
```

```
                <td>@Html.DisplayFor (modelItem => item.UserEmail) </td>
            </tr>
            <tr>
                <th colspan="4" >@Html.DisplayNameFor (model => model.Message) </th>
            </tr>
            <tr>
                <td colspan="4" >@Html.DisplayFor (modelItem => item.Message) </td>
            </tr>
        }
    </table>

    <p style="display: nline-block; width: 100px;" >
        @Html.ActionLink ("发表评论","Create","Comments", new { newsID = ViewBag.newsID },
null)
    </p>
    <p style="display: inline-block; width: 100px;" >
        @Html.ActionLink ("返回","Index","Home" )
    </p>
```

上述 html 将以表格形式展示评论数据，并添加了发表评论和返回主页的链接。如果没有数据，网页将显示“当前没有评论”。

在链接到发表评论的超链接中，将参数 newsID 传递至 Create 对应的控制器。为此需要对 CommentsController 中的 Create 函数进行改写。该函数接收新闻 ID，并查找出新闻名称，最终将新闻 ID 和名称记录于 ViewBag 中，在 Create. cshtml 中对新闻的名称进行显示。事实上，在 Index 中已经完成了上述代码，这一步骤将留给读者完成。

（4）数据上传至数据库

发表评论功能需要接收用户输入的评论，并将评论上传至数据库中。在 MVC 模式下，该功能按以下流程实现：首先由视图接收用户输入，并将数据传递至控制器中；随后控制器调用上下文类，将数据提交至数据库。

有多种方法可以实现由 View 向 Controller 的参数传递。在 Create. cshtml 中，Visual Studio 默认采用基于 Form 的传值方法。Form 是 HTML 的标签之一，用于为用户提供输入，并将输入的数据传递至服务器。一般来说，可以采用如下方法输入并提交数据：

```
    <form action="/Comments/Create" method="post" >
        <p>用户名：<input name="UserName" type="text" /></p>
        <p>电子邮箱：<input name="UserEmail" type="text" /></p>
    <input type="submit" value="Create" />
    </form>
```

ASP. NET 提供了方法动态地创建 HTML 元素，因此在 Create. cshtml 中，<Form> 标签并没有显示地出现。其中，Html. BeginForm 函数用于创建 Form 元素，而 Html. EditorFor 函数则用于创建 Input 元素。由于 NewsID 属性并不由用户输入，而是程序在后台自动添加，因此需要将负责 newsID 输入的 div 元素修改为：

```
<div class = "form-group" >
    <div class = "col-md-10" height = "500" >
        @Html.EditorFor (model => model.NewsID, new { htmlAttributes = new { @class =
"form-control", @type = "hidden", @value = ViewBag.newsID } } )
    </div>
</div>
```

将负责 newsID 输入的 Input 改为“hidden”类型，这样便不会出现在视图中。

在视图提交数据后，数据将被传递至控制器中。Visual Studio 预先创建了接收数据的函数来负责调用上下文实例，在数据库中保存更改，并定向至 Index 页面。由于 Index 页面接收 newsID 作为形参，此处，需要对返回函数进行修改：

```
return RedirectToAction ("Index", new { newsID = commentsModel.NewsID } );
```

6.1.5　网站的部署与维护

截至目前，开发的 Web 应用程序仅能在 Visual Studio 中运行，还不能在离开 Visual Studio 的环境下被打开，也不能被其他的计算机终端所访问。若想将 Web 应用程序真正地链接于万维网中，需要对网站进行部署。

（1）发布 Web 应用程序

部署网站的第一步，是发布 Web 应用程序，即生成 Release（发布）版本的程序。在此前编写与调试代码的过程中，一直生成的是 Debug（调试）版本的 Web 应用程序。Debug 版的程序包含调试所需的信息，便于开发者调试。一般在完成程序开发后，将应用程序发布为 Release 版本，从而在编译时优化代码的大小和运行速度，提升用户的使用体验。

在解决方案资源管理器中，右击网站项目，并选择发布选项。在弹出的发布界面中，选择文件夹，并输入希望发布的文件夹路径。需要说明的是，Visual Studio 各个版本中发布网站的操作差异较大，若操作界面不同，可利用搜索引擎自行查询相关方法。

（2）配置 IIS 服务

在安装了 Windows Server 的服务器上，可以使用 Microsoft 提供的 IIS（Internet Information Services，互联网信息服务）功能来发布网页。打开控制面板，并进入“程序”|“程序和功能”页面。在页面的左侧选择“启用或关闭 Windows 功能”连接，并在弹出的页面选中 Internet Information Services 选项。

需要注意的是，当 IIS 服务默认选中时，其并不提供对 ASP. NET 的支持。因此，应在点选 IIS 服务后，再手动选中“Internet Information Services”|“万维网服务”|“应用程序开发功能”中对应的 ASP. NET 选项。

（3）利用 IIS 部署网站

在 IIS 功能安装完成后，返回控制面板，打开管理工具中的“Internet Information Services（IIS）管理器”。在左侧边栏中右击网站，选择添加网站选项。在弹出的窗口中，输入网站的名称、Release 版本 Web 应用程序所在的地址以及端口（图 6-11）。若网站部署于云服务器上，并购买了域名，则还应输入对应的 IP 地址和主机名。

点击确定，网站便完成了部署。以端口 8080 为例，打开浏览器，输入地址 http：//localhost：8080，将看到此前开发的网站。

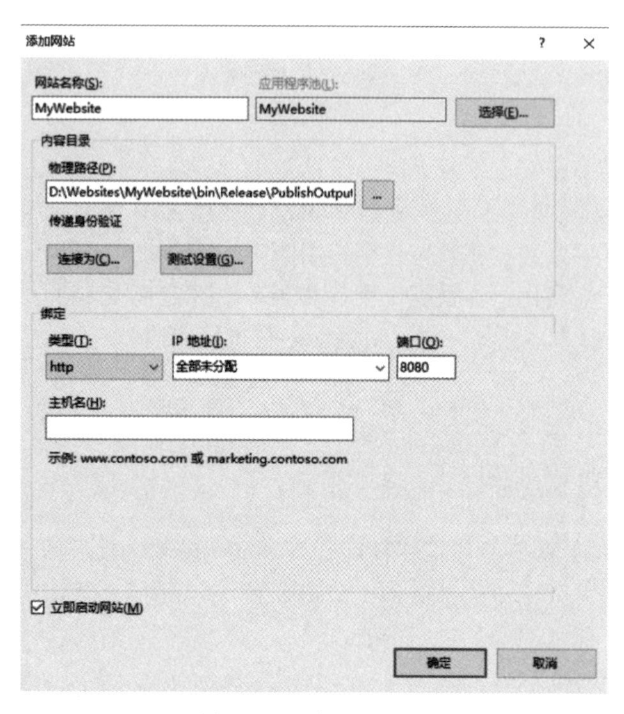

图 6-11　添加网站示例

除了在本地主机中查看，互联网中的其他用户也可通过 IP 访问发布的网站。本机的 IP 可利用 ipconfig 命令在命令行中查看。假设设置的端口为 8080，计算机的 IP 为 xxx. xxx. xxx. xxx，则通过互联网访问 Web 应用程序的地址为 xxx. xxx. xxx. xxx：8080。需要注意的是，windows 操作系统的防火墙可能会对来自外部的连接进行拦截，使得网站的访问受阻。针对上述问题，可在防火墙中设置放行端口加以解决。

（4）网站维护

在网站成功部署后，需要对其进行定期或不定期的维护。网站维护是指对网站的内容进行更改，以达到更新显示信息、修正程序错误等目的。一个好的网站只有不断地进行维护，才能维持正常运行、吸引更多浏览者访问。常见的网站维护操作包括如下四类。

1）内容维护：是网站中最为频繁的维护工作，运维人员需不断更新网站显示内容。网站的数据一般存在于数据库或数据文件中，内容维护的主要方式便是对数据库或数据文件进行更改。

2）程序维护：在需要修正 Web 应用程序错误，或优化程序性能、采用新技术时，就需要对程序进行维护。由于 Release 版本的程序无法进行更改，此时需要对程序的源码进行更改，并重新发布与部署。

3）安全维护：维护人员需要时刻保证网站的安全，其措施包括对网站数据的定期备份，以及对网站攻击的紧急抵御等。

4）除此以外，网站的维护还包括其他内容，如域名的维护、服务器软硬件的维护、垃圾文件的清理等。

6.2　移动互联网技术

移动互联网指移动通信终端与互联网相结合成为一体，是用户使用手机等无线终端设备，通过速率较高的移动网络，在移动状态下随时、随地访问信息网络以获取信息，使用商务、娱乐等各种网络服务。它包含了移动网络、移动终端和应用服务等内容。施工现场实时监控、施工人员跟踪、施工环境监测以及建筑资源（如钢地基、水泥、重型设备部件等）监控等都是移动互联网技术在土木与建筑行业中的典型应用。

6.2.1　移动互联网概述

在 Internet 形成的早期，接入网络的设备以台式计算机和服务器等固定终端为主，设备之间主要通过电缆、光纤等有线方式连接。这样的网络结构虽然可以满足信息传输的需求，但具有设备移动能力受限和受空间约束等弊端。随着移动通信的高速发展使得人们的通信越来越便捷，移动终端的计算能力与功能越来越强，且移动通信系统的建设也在不断完善，移动互联网的概念应运而生。移动互联网使得用户可以使用移动终端接入互联网，摆脱笨重的固定通信设备，随时随地享受互联网服务，为传统互联网带入了新的机遇与活力。

根据第 50 次《中国互联网络发展状况统计报告》显示，截至 2022 年 6 月，我国网民规模达 10.51 亿，其中使用手机上网的网民比例达 99.6%。移动互联网已经成为人们接入网络最为主要的方式。在 2021 年，我国移动互联网的接入流量达 2216 亿 GB，是 2012 年的 252 倍，如图 6-12 所示。移动互联网的发展速度远远超过桌面互联网，展现出蓬勃生机与巨大潜力。

图 6-12　我国 2012—2021 年移动互联网接入流量变化

6.2.1.1　移动互联网的特征

移动互联网由互联网与移动通信两种技术融合发展而来，在二者的基础上，移动互联网也发展出了自身独特的特性，包括：

（1）社交化：互联网强大的通信能力与移动终端的便捷性结合，赋予了移动互联网社交化的属性。基于移动互联网的社交应用已经成为许多人进行社交的首要选择。

（2）碎片化：移动终端便于携带与启动，使得人们可以随时随地开启设备并接入互联网，碎片时间得以充分利用。

（3）自媒体化：移动互联网降低了互联网的接入门槛，使得更多人能够享受网络服务，同时在网络中创建与发布信息也变得简单。在传统网络中，发布信息的渠道多由大型机构组织掌握；在移动互联网中，越来越多的个人和小团队开始走向自媒体运营新模式。

（4）个性化：移动终端的私密性带来了移动互联网的个性化。人们可以通过照相、摄像、定位等方式记录自身的独特信息，在互联网中获取个性化的信息与服务。

（5）开放、免费与多媒体化：互联网提供的资源覆盖了从文字、图片到音频、视频与游戏等多种多媒体形式。在开放的互联网中，只要拥有通信终端，任何人都可以接入互联网，并获取网络中的海量免费资源。

（6）便携性与私密性：一台计算机可能被多个用户共用，但移动终端几乎全部为个人私有，使得移动互联网具有便携性与私密性的特征。

需要说明的是，移动互联网并非是与互联网独立的另一套网络系统，而是互联网的一个子集。通过互联网，既可以实现移动终端间的通信，也可以将移动终端与固定终端相连。移动互联网的加入使得互联网的规模进一步扩大。

6.2.1.2 发展历史

移动互联网基于移动通信技术发展而来，其发展历史也与移动通信技术密不可分。移动通信的发展历程大致可分为以下几个阶段。

第一代移动通信技术（1G）是采用模型调制的移动电话系统，它在 20 世纪 70～80 年代使用，实现了通过移动终端进行语音通信。

第二代移动通信技术（2G）是采用数字技术对信号进行调制，允许同一带宽传输更多的信息。此外，某些 2G 系统还引入了短信与电子邮件的传输功能。2G 作为一种稳定可靠的技术，在 20 世纪末风靡全球。

第三代移动通信技术（3G）相比于 2G 大幅提升了数据传输速度，其速率约几百千比特/秒（kbps）。由于传输速度的增加，除发送语音外，3G 还可处理图像、音乐、视频等多媒体信息。同时，互联网技术也正是在 3G 时代开始与移动通信融合，形成移动互联网，在本世纪初被广泛使用。

第四代移动通信技术（4G）数据传输速度可达 100 兆比特/秒（Mbps）以上。4G 使得用户可以享受更高品质的信息服务，如观看高质量影像、即时视频通信等，也促进了移动互联网的繁荣和发展。

第五代移动通信技术（5G）是 4G 技术的延伸，也是我国目前推广的移动通信技术，下载速度最高可达 2 千兆比特/秒（Gbps），数据传输速度远高于此前的通信技术。截至 2022 年底，我国 5G 用户达 5.61 亿户，是全球平均水平（12.1%）的 2.75 倍；我国累计建成并开通 5G 基站 231.2 万个，基站总量占全球 60%以上，位居全球第一。

2020 年 11 月，华为提出 5.5G 概念。5.5G 是移动通信技术自然演进的结果，其网速比 5G 快 10 倍，峰值速度从 1Gbps 提升到 10Gbps，可以实现毫秒级响应。不仅如此，我国的 6G 研发也在同步进行之中，目前拥有的 6G 专利数占比高达 40%，位居世界第一。2023 年 4 月 19 日，国内完成首次太赫兹轨道角动量的实时无线传输通信实验，最大限度提升了带宽利用率，为中国 6G 通信技术发展提供重要保障和支撑。

6.2.1.3　移动终端

移动终端是移动互联网技术的前提和基础。随着硬件技术的不断进展，移动终端的种类越来越丰富，功能也越来越强大。目前的移动终端已经可以完成计算机所能执行的大多数日常功能。一些典型的移动终端产品包括如下几款。

智能手机：在手机基本的通信功能基础上，添加独立的操作系统，具有接入移动互联网能力，允许用户安装第三方软件，提供多种扩展功能的手机类型。智能手机功能强大、便于携带，是当下最为普及的移动终端。

笔记本电脑：一种体积小、重量轻、便于携带的个人电脑，具有计算机的基本功能，并具有无线通信和网络访问的能力。相比智能手机，笔记本电脑的功能和性能都更为强大，并可配备鼠标、键盘等外部设备。

平板电脑：一种小型、便携的，主要依靠触摸屏技术与用户实现交互的个人电脑，具有不亚于笔记本电脑的计算能力，但机身更加轻便。

除此以外，一些其他的移动终端还包括PDA、电子书、掌上游戏机、车载电脑等。这些设备易于携带，功能丰富，并且均具有无线通信的能力，为用户提供了个性化选择。

6.2.1.4　智能手机操作系统

智能手机的各项应用需要操作系统为其提供支撑。在智能手机兴起的早期，市场中一度活跃着多种移动操作系统，但经历了多年激烈的竞争，目前主流的操作系统有Android（谷歌）、iOS（苹果）、Windows Mobile（微软）、Harmony OS（华为鸿蒙系统）以及MIUI（米柚）等，其中Android系统由于其开放的特性，市场份额最大。

Android是由谷歌与开放手机联盟开发的基于Linux内核的操作系统，主要应用于智能手机，并逐步扩展到平板电脑、智能手表与电视等其他设备。开发者可以使用Java语言，基于Android SDK平台开发Android应用程序。

iOS是由苹果公司开发的移动设备操作系统，主要应用于苹果公司开发的一系列移动设备，包括iPhone、iPad与Apple TV等。对iOS应用程序的开发主要采用Objective-C语言，并以xcode为集成开发环境。

Windows Mobile（简称：WM）是微软针对移动设备而开发的操作系统。该操作系统的设计初衷是尽量接近于桌面版本的Windows，微软按照电脑操作系统的模式来设计WM，以便能使得WM与电脑操作系统一模一样。

Harmony OS（华为鸿蒙系统）是一款基于微内核面向全场景的分布式操作系统，主要支持Java、JS和C/C++三种编程语言，同时也支持多种混合语言。该系统创造了一个超级虚拟终端互联的世界，将人、设备、场景有机地联系在一起，将消费者在全场景生活中接触的多种智能终端，实现极速发现、极速连接、硬件互助、资源共享，用合适的设备提供场景体验。

MIUI（米柚）是小米公司旗下基于Android系统深度优化、定制、开发的第三方手机操作系统，能够带给国内用户更为贴心的Android智能手机体验。

6.2.2　Android应用程序开发

6.2.2.1　Android简介

Android一词在英语中的原意是“机器人”。2007年，谷歌采用该词命名其所推出的移动操作系统。Android 系统基于 Java 语言，运行于 Linux 内核上。它包括一个操作系统、中间件和一些关键应用。由于其平台的开放性、硬件的兼容性、具有海量而优质的应用等特点，Android 操作系统迅速地受到了市场用户的欢迎。目前，Android 是全球市场份额最大的手机操作系统。Android 开发环境的特点有：

（1）优化的图形能力支持 2D、3D 图形（OpenGL ES 1.0）。

（2）SQLite 作为结构化数据存储。

（3）多媒体支持多种音频、视频格式。

（4）支持蓝牙 Bluetooth，3G 和 Wi-Fi。

（5）支持照相机、GPS、指南针和加速度仪等传感器硬件。

（6）丰富的开发环境。包括模拟机、调试工具、内存运行检测，以及为 Eclipse IDE 所写的插件。

Android 的优势在于源代码是遵循 Apache V2 软件许可开源的，且具有强大的 Linux 社区支持，有利于商业开发。Android 应用程序的用户群极大，受到运营商的大力支持和产业链条的热捧。同时，Android 应用程序具有良好的盈利模式，运营、制造、独立软件商都可获利益。不足之处是现有应用完善度不太够，需要的开发工作量较大，基于 QEMU 开发的模拟器调试手段也不十分丰富，界面开发需要根据不同的操作系统版本进行修改。

Android 的系统架构如图 6-13 所示。其可分为四层架构、五块区域：

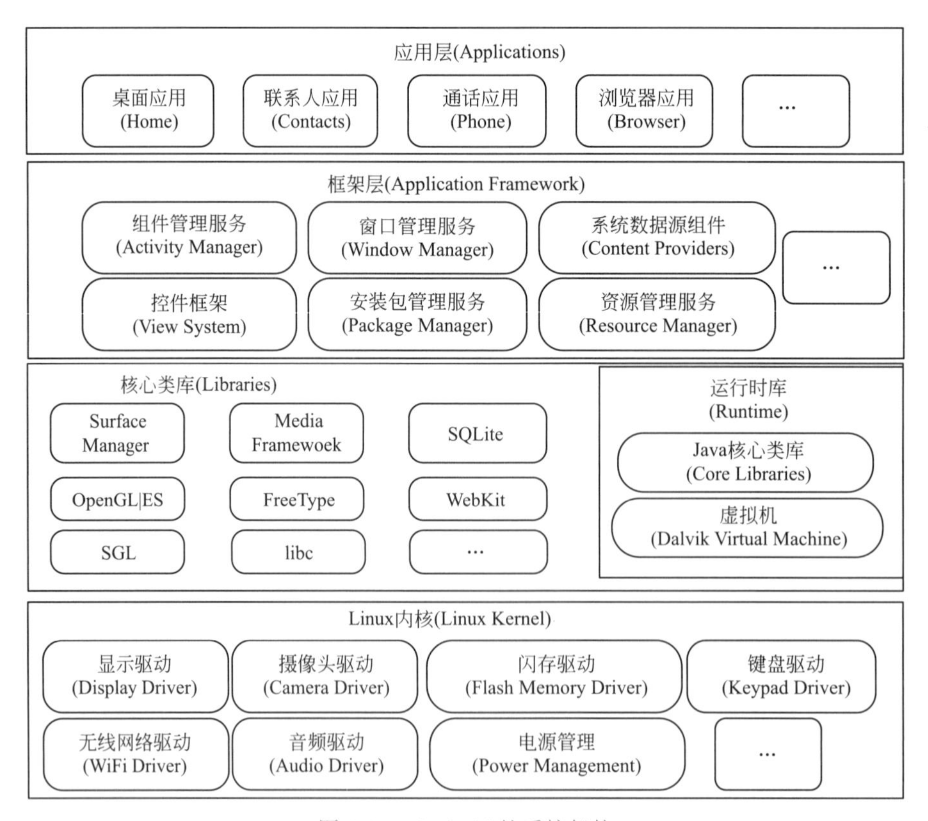

图 6-13　Android 的系统架构

Linux内核（Linux Kernel）：Android操作系统基于Linux2.6内核。Linux内核层提供了Android系统的核心服务，如安全机制、内存管理、进程管理以及网络和硬件驱动等。Linux内核也同时作为硬件层和系统其他层次之间的抽象层。虽然Android基于Linux内核，但它也对Linux内核进行了一系列改动，因此，Android并不是Linux操作系统。

核心类库（Libraries）：Android中包含一些C/C++库，它们可以被各种Android组件使用，通过应用程序框架，开发者也可以使用其功能。一些核心的程序库包括：

（1）媒体库：该库为音频、视频提供播放与录制支持。其支持的格式包括MPEG4、H.264、MP3、JPG、PNG等。

（2）WebKit/LibWebCore库：该库提供了一个Web浏览引擎。

（3）SQLite库：该库提供了一个轻型的关系型数据库引擎。

（4）2D、3D图形库：提供了底层的2D、3D图形引擎。

运行时库（Runtime）：Android中所包含的一个核心库，它提供Java编程语言核心库的大多数功能，并提供运行Java的Dalvik虚拟机。对每一个Android应用程序，它都将在自己的Dalvik虚拟机实例中运行。在这个虚拟机中，Java文件被编译为dex文件，并由虚拟机执行。Dalvik虚拟机依赖于Linux内核的一些功能。

框架层（Application Framework）：包含了构建应用程序时所使用的API框架。Android自带的一些核心应用程序是使用这些API完成的，开发者可以访问这些API自己构建的应用程序。通过这种架构设计，组件可以得到重复利用。一些常用的API包括：

（1）控件框架（View System）：用于构建应用程序，它提供了列表、网格、文本框与按钮等组件。

（2）组件管理服务（Activity Manager）：用来管理应用程序生命周期，并提供导航回退功能。

（3）资源管理服务（Resource Manager）：提供对非代码资源的访问，如本地字符串、图形以及布局文件。

应用层（Applications）：所有运行于Android手机中的程序均属于该层，这些程序包括Android提供的一些核心的应用程序，如联系人、电子邮件、浏览器、日历与地图等，也包括开发者所开发的各种应用程序。

Android应用程序需要在Java虚拟机中运行，因此传统的Android应用程序均采用Java编写。Java是由Sun Microsystems公司（已被Oracle收购）推出的高级程序设计语言，也是一门优秀的面向对象编程语言。它具有功能强大、简单易用的特征，并可通过JVM（Java Virtual Machine）在多平台移植与运行，是当今最受欢迎的编程语言之一。

近年来，一些开发者尝试采用Kotlin语言进行Android开发。Kotlin是由JetBrains公司推出的静态编程语言，能够编译为Java字节码，在JVM中运行。Kotlin允许调用Java代码，或者在Java中调用Kotlin，实现了对Java的兼容。同时，Kotlin相比于Java更为安全简洁。2017年，谷歌宣布Kotlin为Android开发的官方语言。

虽然Kotlin具有一系列优秀特性，并得到了Android官方的大力支持，但目前大部分的Android应用仍然由Java开发。此外，Java作为最为通用的编程语言之一，拥有众多的开发者与庞大的社区资源，可以为Java学习者提供各类问题的解决方案。因此，作为对 Android 开发的入门介绍，本节将采用 Java 语言进行应用开发。

6.2.2.2 Android 开发环境搭建

开发移动端应用程序相比于开发桌面和 Web 应用程序，由于开发机器与执行机器不同，具有一定的困难性。因此，对移动端程序开发，对开发环境的配置至关重要。

为了完成 Android 开发环境的搭建，需要准备以下工具 JDK（Java Development Kit）、Android SDK 和 Android Studio。

其中，在搭建 Android 开发环境时，需首先安装 JDK 包并完成 Java 环境的配置。DK 是 Java 的软件开发工具包，包含了 Java 的运行环境（Java Runtime Environment，JRE）、Java 工具以及 Java 基础的类库。JDK 安装完成后，还需对环境变量进行配置，具体操作包括：

（1）在“控制面板”｜“系统和安全”“系统”中，选择“高级系统设置”｜“环境变量”选项。

（2）在“系统变量”中新建一个名为 JAVA_HOME 的变量，变量值为 JDK 的安装路径。

（3）在系统变量下的 Path 变量中，添加以下路径（若不存在，则新建 Path 变量）：“%JAVA_HOME%\bin;%JAVA_HOME%\jre\bin;”。

（4）在系统变量下的 CLASSPATH 变量中，添加以下路径（若没有，则新建 CLASSPATH 变量）：“.;%JAVA_HOME%\lib\dt.jar;%JAVA_HOME%\lib\tools.jar;”。

（5）在命令行中输入 java 命令，若出现用法说明，则说明安装成功。

Android SDK 提供了 Android 应用程序所需的 API 库以及用于构建、测试与调试程序的一系列工具。Android SDK 可以手动下载并进行安装，而 Android Studio 则提供了更为便捷的配置方法。

Android Studio 是由谷歌官方推出的 Android 开发工具，可以为 Android 程序的开发提供强大的支持。安装 Android Studio 完成后，Android Studio 将在配置向导中提供 Android SDK 的下载选项。

Android Studio 一般能够自动识别出 JDK 与 Android SDK 的路径。也可以通过启动界面的“Configure”｜“Project Defaults”｜“Settings”选项手动指定 JDK 与 Android SDK 的位置，从而完成 Android 的开发环境的搭建。

Android Studio 并非是唯一的 Android 集成开发环境。Java 开发平台 Eclipse 同样可以用于 Android 的应用开发。若希望在 Eclipse 中开发 Android，需要为其安装 Android Developer Tools（ADT）插件。Eclipse+ADT 的开发模式一度是 Android 程序开发的主流选择，但由于其安全性等问题，谷歌停止了对 ADT 的支持。

6.2.2.3 第一个 Android 应用

（1）创建 Android 项目

在 Android Studio 中，选择 Start a new Android Studio project 以创建一个新的工程。选择 Activity 为 Empty Activity，输入项目的名称、包名和保存路径，并选择编程语言为 Java。

（2）项目文件结构

点击 Finish 后，Android Studio 将创建一个新的项目。对于一个 Android Studio 工程，项目的初始文件结构如图 6-14 所示。

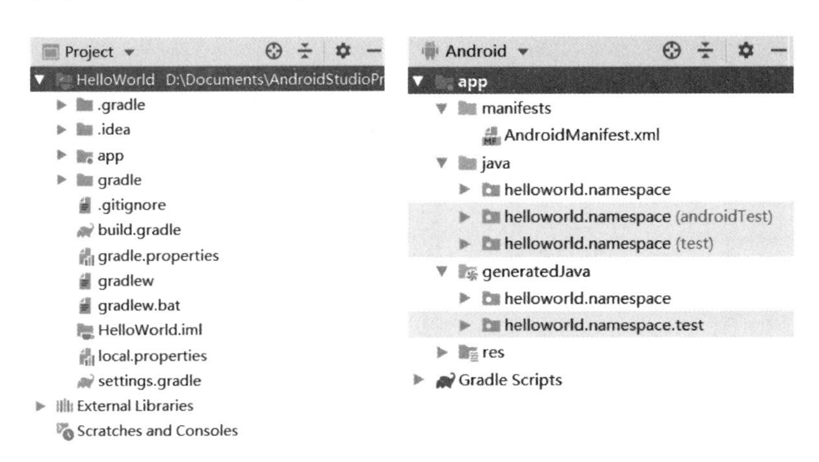

图 6-14　Android Studio 项目文件目录

. gradle 与 . idea 文件夹用于存放 Android Studio 自动生成的一些文件，一般不需手动编辑；app 文件夹是主要的需要进行编辑的文件夹，储存了项目中的代码与资源等内容；gradle 文件夹用于储存 gradle wrapper 的配置文件。其中，gradle 是一款用于项目构建的开源工具，Android Studio 采用 Gradle 来完成应用的构建。

Project 视图展现了工程的详细文件结构，若希望快速定位至常用文件，可以点击左上角的 Project，并切换至 Android 视图。Android 视图下的文件包括：manifests 文件夹用于储存 Android 程序功能清单；java 文件夹用于储存程序的源代码；res 文件夹用于储存图片、布局、图表等资源。

（3）编写“Hello World”程序代码

在 Android 视图下，打开“java”|“helloworld. namespace”|“MainActivity. java”。修改 onCreate 函数的代码：

```
import android. widget. TextView;
protected void onCreate (Bundle savedInstanceState) {
    super. onCreate (savedInstanceState);
    TextView tv = new TextView (this);
    tv. setText ("Hello World" );
    setContentView (tv);
}
```

（4）采用 AVD（Android Virtual Device）运行程序

Android Studio 提供了两种方法用来在计算机中调试 Android 应用程序，分别是创建模拟器或连接至实体手机。

采用创建模拟器方法运行 HelloWorld 程序，可以点击工具栏中的 AVD Manager 图标 ，用来管理现有的 Android 虚拟设备。在弹出的界面中，点击 Create Virtual Device 选项，并在配置选项中选择 AVD 的目标机型以及操作系统，再点击 Finish 完成 Android Virtual Device 的创建。此时便可以在虚拟机中运行 Android 程序。点击工具栏中的 Run app 图标▶，并指定对应的 AVD。若是第一次运行虚拟机，AVD 的启动可能需要较长的时间。待 AVD 启动后，便可以看到 Android 程序的运行结果（图 6-15）。

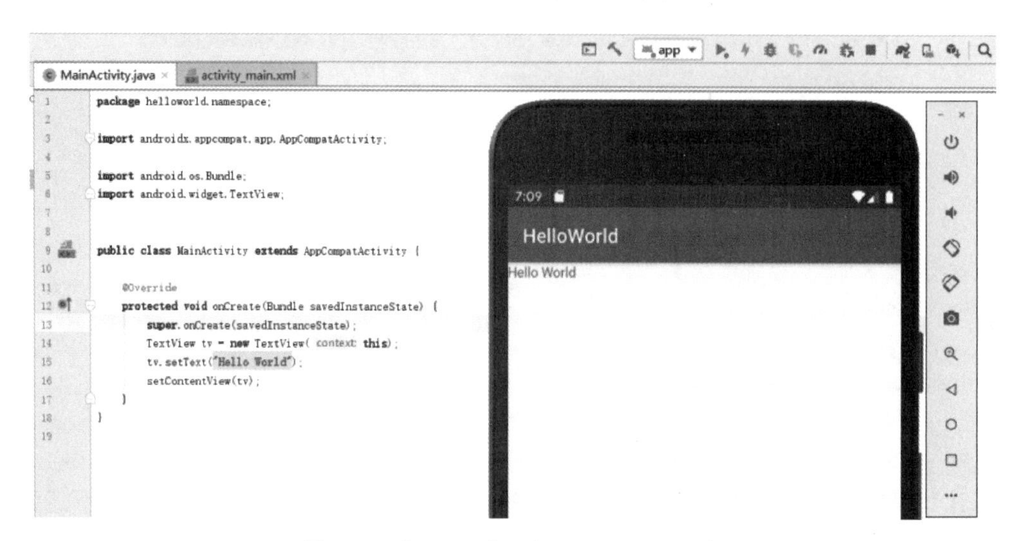

图 6-15　在 AVD 中运行 HelloWorld 程序

6.2.2.4　Android 开发基础

本节以一个计算身体质量指数（BMI）的简单 Android 程序为例，介绍 Android 开发的一些基础技术。在 Android Studio 中，新建一个 Empty Activity 项目，项目名称命名为“BMICalculator”。

（1）Activity 介绍

Activity 是 Android 程序最为基本的组件，也是 Android 的四大组件之一，提供一个用户可利用的界面组件实现与程序进行交互。一个 Android 应用便是由多个彼此联系的 Activity 组成，每个 Activity 都对应有一个窗口，用于绘制用户交互界面。其中，在应用启动时首先显示的 Activity 被称为 Main Activity。Main Activity 可在“app”|“manifests”|“AndroidManifest.xml”配置文件中设定。

在 Android Studio 中新建 Activity 的方法如下：鼠标右击包，例如新建的“java”|“bmicalculator.namespace”，在弹出菜单中选择“New”|“Activity”|“Empty Activity”，输入 Activity 名称为 ResultActivity，即完成 Activity 的创建。

除 Activity 外，Android 的其他三大组件包括：1）Service：运行在后台，用于执行需要较长时间的事务，如下载文件等；2）Broadcast Receiver：用于接收在应用之间传递的讯息；3）Content Provider：用于存储数据，并向其他应用提供数据的访问接口。

（2）用户界面设计

打开“res”|“layout”下对应的 xml 文件。对 Main Activity，打开 activity_main.xml，有 Design 和 Text 两个可以互相切换的按钮，分别对应着用户界面的两种设计方法。Design 对应于可视化设计，而 Text 对应于 xml 文本设计方式。

采用可视化方法进行设计。切换至 Design 选项，在用户界面中添加如下控件：

1）添加一个 TextView 控件，设置其 Text 属性为 BMI Calculator，textSize 属性为 36sp，gravity 属性为 center。

2）添加一个 TextInputLayout 控件，设置其 hint 属性为 Input your height，id 为 input _ height。

3）添加一个 TextInputLayout 控件，设置其 hint 属性为 Input your weight，id 为 input _ weight。

4）添加一个 Button 控件，设置 Text 属性为 Click Here，id 属性为 button _ result。

在将控件拖入布局后，还需为控件指定相应的位置。Android Studio 的设计界面具有两个窗口，白色窗口是程序的主布局，而黑色窗口被称为 Constraint Layout，用于为控件添加位置约束。在 Constraint Layout 指定控件位置的方法有多种。可以设置控件的 Layout 属性，指定控件距上下左右的距离。也可以选择更为便捷的方法，即将构件拖动至合适位置后，选择 Infer Constraints 图标，Android Studio 将自动完成这一过程。最终布局如图 6-16 所示。

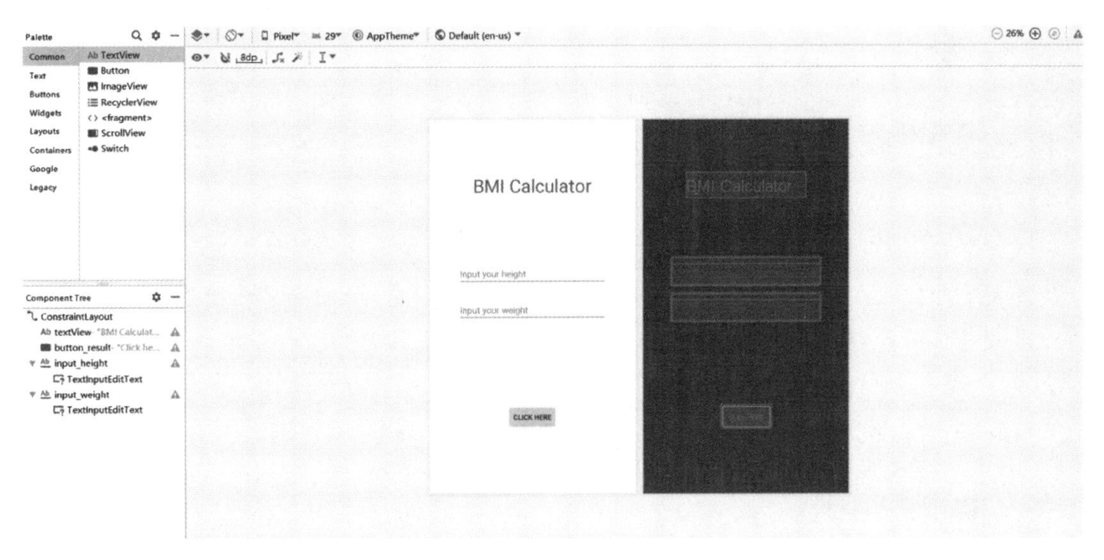

图 6-16　设计主活动布局

类似地，在 activity _ result. xml 中添加如下控件，并添加位置约束。

1）添加一个 TextView 控件，设置其 Text 属性为 "The result is:"，textSize 属性为 24sp，gravity 属性为 center。

2）添加一个 TextView 控件，设置其 Text 属性为空，textSize 属性为 24sp，gravity 属性为 center，id 为 text _ result。

3）添加一个 Button 控件，设置 Text 属性为 Return，id 属性为 button _ return（图 6-17）。

（3）交互逻辑设计

通过用户界面设计，已经声明并配置了一系列控件。为了使它们协同工作，完成预设的功能，还需对交互逻辑进行编写。

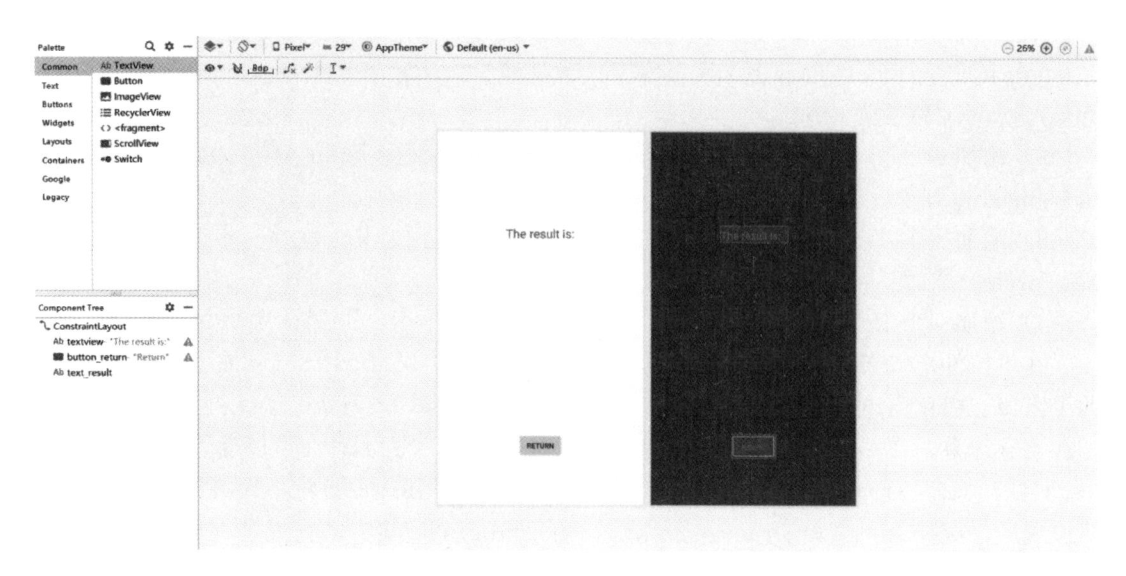

图 6-17　设计结果显示布局

1）在代码中获取控件

为了编写控件的交互逻辑，首先需要在代码中获取这些控件。可以通过查找控件 id 的方式，实现对控件的获取。切换至 MainActivity.java，在 OnCreate 函数中输入如下代码：

```
Button goResultButton = (Button) findViewById (R.id.button_result);
```

通过上述代码，便获取了 id 为 button _ result 的按钮。类似地，也可以获取其他控件。获取身高输入控件，并由控件获取用户输入的值的代码为：

```
TextInputLayout heightInput = findViewById (R.id.input_height);
String heightString = heightInput.getEditText ().getText ().toString ();
```

2）为控件绑定事件

本例中的 Android 程序采用事件驱动模型工作。为控件添加相应的监听事件后，在事件被触发时，程序将执行事件绑定的函数，完成交互行为。为 Button 添加单击事件的代码为：

```
goResultButton.setOnClickListener (new View.OnClickListener () ) {
    @Override
    public void onClick (View view) {
        //此处添加相应代码
    }
}
```

3）Activity 的跳转与传值

用户点击 Click Button 后，程序应该跳转至结果显示窗口。在 Android 应用中窗口的切换，实际上便是 Activity 之间的跳转。为此，需要使用 Intent 对象。

Intent是一个消息传递对象，它提供了多种方式用于组件之间的通信。在Intent跳转Activity时，可以将其理解为一个栈，栈中存储着不同Activity。可以通过入栈和出栈操作，实现Activity的切换。其中，入栈对应的函数为startActivity，出栈对应的函数为finish。Intent还提供了putExtra函数，用于Activity间的数据传递。具体地，需要在Click Button的单击事件中，添加如下代码：

```
Intent intent = new Intent (MainActivity.this, ResultActivity.class);
intent.putExtra ("height", height);
intent.putExtra ("weight", weight);
startActivity (intent);
```

同时，在ResultActivity.java的onCreate函数中，添加如下代码，以实现身高体重数据的接收：

```
Intent intent = getIntent ();
float height = intent.getFloatExtra ("height", 0);
float weight = intent.getFloatExtra ("weight", 0);
```

在接收数据后，计算BMI，并显示在id为text_result的文本框中：

```
float BMI = weight /height /height;
TextView textResult = findViewById (R.id.text_result);
textResult.setText (String.valueOf (BMI) );
```

最后，为ResultActivity中的Return按钮添加事件，以实现回退至主界面：

```
Button goMainButtton = findViewById (R.id.button_return);
goMainButtton.setOnClickListener (new View.OnClickListener () {
    @Override
    public void onClick (View view) {
        Finish ();
    }
} );
```

如此，便完成了交互逻辑的设计。

（4）连接至实体设备进行调试

通过模拟器调试将占用大量的内存，在计算机配置不足的情况下易出现卡顿情况，影响开发进程，因此可以选择连接至实体设备进行调试。首先，在Android Studio中的“File”|“Settings”|“System Settings”|“Android SDK”|“SDK tools”选项中，安装Google USB Driver一项，为手机提供必要的驱动。

随后，通过USB线将手机连接至电脑，并在手机的开发人员选项中，启用USB调试选项。再次点击Run app按钮▶，将在设备选择界面看到自己的手机。

点击OK按钮，将在手机中看到此前开发的程序。输入身高与体重，程序将计算出当前的BMI指数（图6-18）。

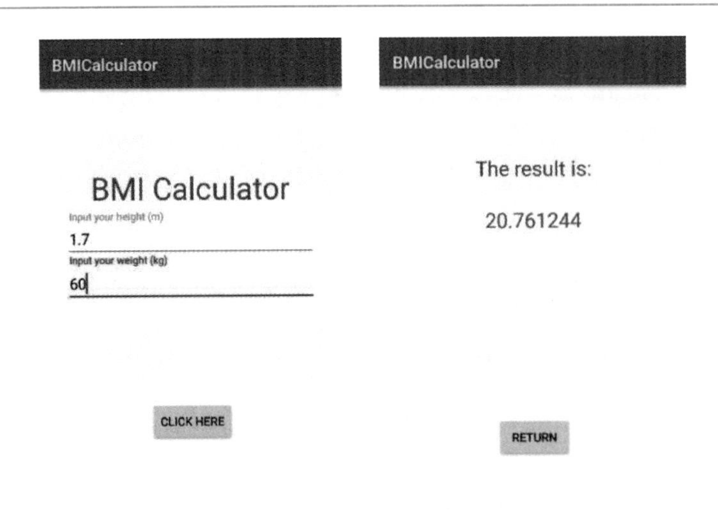

图 6-18　Android 程序运行界面

6.2.3　iOS 应用程序开发

6.2.3.1　iOS 简介

iOS 是苹果公司开发的基于 Unix 的移动设备操作系统。最初这一系统名为 iPhone OS，被设计用于支持苹果推出的手机产品 iPhone。随后，iOS 系统被应用于 iPad、IPod touch、Apple TV 等一系列苹果公司的移动产品。随着苹果的移动产品畅销全球，iOS 也成为市场份额第二高的移动操作系统。

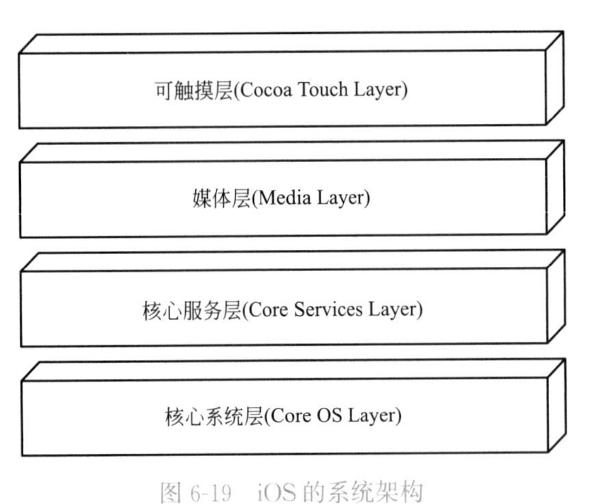

图 6-19　iOS 的系统架构

iOS 的系统架构可分为四个层次，如图 6-19 所示。

（1）可触摸层（Cocoa Touch Layer）提供了开发 iOS 应用所需的各种常用开发框架，如 UIKit 框架、MapKit 框架、Address Book UI 框架等。

（2）媒体层（Media Layer）提供了图像、视频和音频的相关技术，可以实现音频与视频的录制播放、图形的绘制以及动画效果的创建等功能。

（3）核心服务层（Core Services Layer）为 iOS 应用提供基础服务，如访问电话本、访问数据库、网络连接服务以及地理位置服务等。

（4）核心系统层（Core OS Layer）包含操作系统的内核环境、驱动和接口，负责内存管理、文件系统、电源管理等任务，并直接和硬件设备进行交互。

传统的 iOS 应用开发采用 Objective-C 语言，该语言与 C++类似，均是在 C 语言基础上添加面向对象特性而开发的，但相较于 C++，Objective-C 的体量相对较小。Objective-C

主要用于MAC OS X与iOS平台应用的开发，并随着苹果公司的发展而发展壮大。2014年，苹果在其开发者大会上推出了Swift语言，用于替代Objective-C。它在兼容Objective-C的同时，在语法上更安全、更简洁，并具有更好的可读性。虽然采用Swift语言是iOS开发的趋势，但由于Objective-C已经应用了数年，其间积累了大量的代码。因此，目前Objective-C与Swift在iOS开发中均有应用。以下案例将采用Swift语言进行iOS开发，但并不涉及具体的语法教学。

6.2.3.2　iOS开发环境搭建

苹果在自家的Mac OS X操作系统中为iOS应用的开发提供了良好的支持。为了开发iOS应用，需要一台Mac计算机，并在App Store中获取Xcode软件。Xcode与Visual Studio类似，是一款功能强大的软件开发IDE，为iOS应用的开发提供了一系列支持。

6.2.3.3　第一个iOS应用

（1）创建iOS项目

在Xcode中，选择Create a new Xcode project以创建一个新的项目。选择Application为iOS下的Single View App模板，输入项目的名称，并选择编程语言为Swift。

设定项目的路径，并点击Create，一个新的iOS项目便创建成功。

（2）在视图中创建控件

与Android类似，iOS同样提供了可视化设计视图的工具。为了编辑程序的主视图，打开“HelloWorld”|“Main. storyboard”文件，Xcode将打开可视化视图编辑器Interface Builder，如图6-20所示。

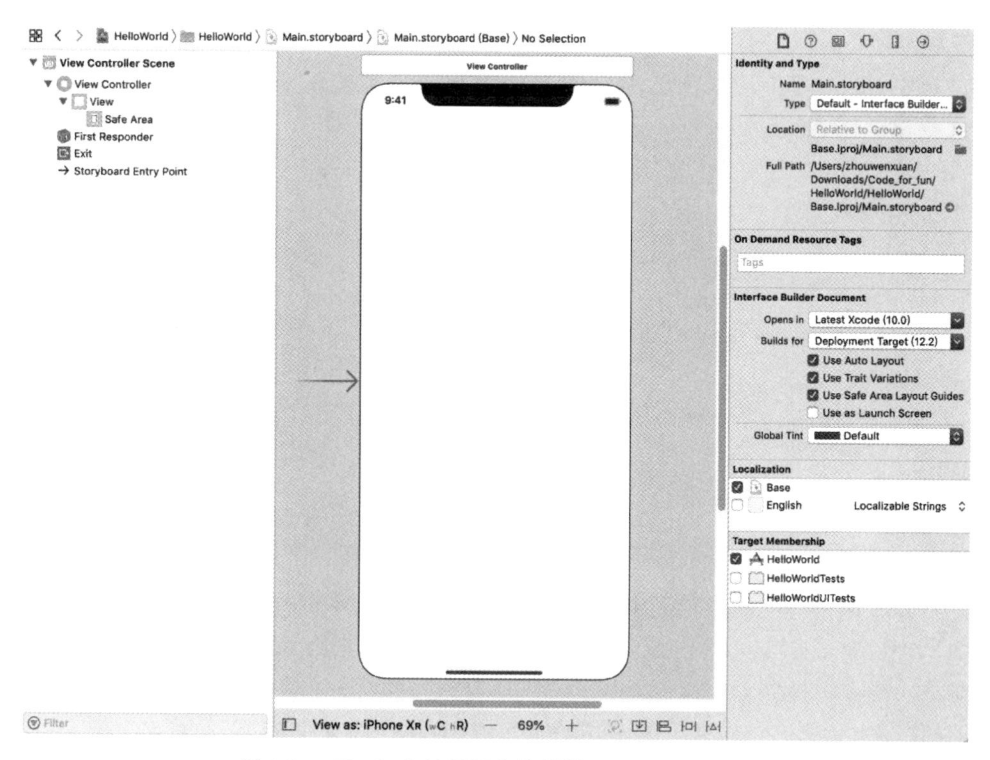

图6-20　Xcode中的可视化编辑器Interface Builder

Interface Builder 由左侧的大纲视图、中间的画布以及右侧的检查面板三部分组成。它们的功能包括：1）大纲视图用于管理添加至视图中的对象，添加的视图与控件均可在此处查看；2）画布用于可视化用户设计，可将一系列控件拖入画布中，并调整其位置；3）检查面板用于编辑文件或对象的属性。

为了向视图中添加控件，点击右上方的 Library 按钮◎，选择一个 Label 并将其拖入画布。双击 Label，将其文本改为“HelloWorld”，如图 6-21 所示。

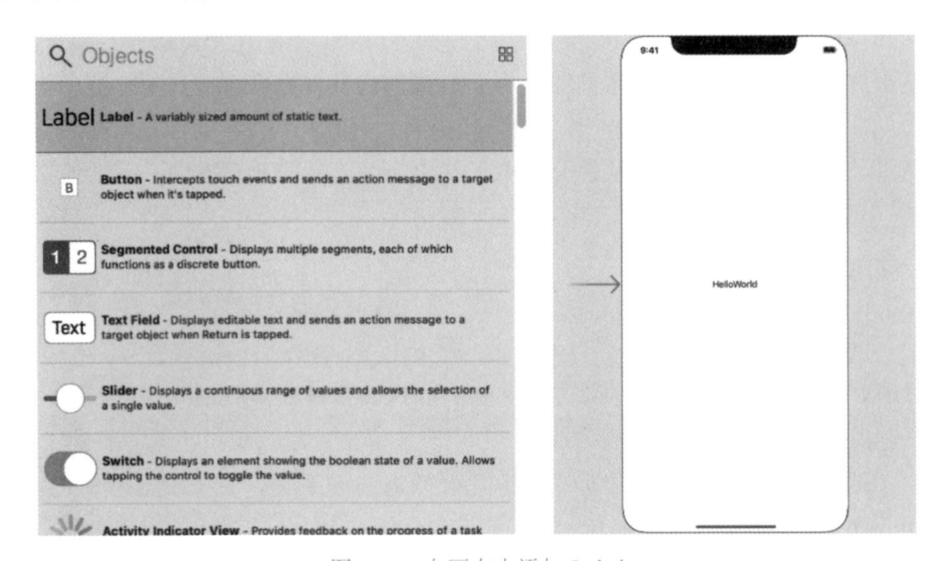

图 6-21　向画布中添加 Label

（3）为控件添加位置约束

为了保证控件在不同尺寸的屏幕中显示正常，需要为控件添加位置约束。Interface Builder 提供了用于控制布局的工具 Auto Layout，位于画布的左下角。此处，选择 Auto Layout 中的 Align 工具，该工具用于设置构件对齐。在 Align 中设置 Label 位于画布的正中心。

（4）运行程序

Xcode 提供了运行 iOS 的虚拟环境。为了运行程序，只需点击左上角的运行图标▶，Xcode 将自动对程序进行编译，并在模拟器环境中运行。

6.2.3.4　iOS 开发基础

本节以一个能够提出问题，并查看答案的简单 iOS 程序为例，介绍 iOS 程序开发的一些基本技术。

在 Xcode 中，新建一个 Single View App 项目，并将项目命名为“Questions”。

（1）视图与视图控制器

在 iOS 应用中，视图指界面中用户可见的对象，如文本框、按钮与滑动条等。在程序实现中，它们属于 UIView 或 UIView 的子类对象。为了实现对视图的管理，每个视图需要对应于一个视图控制器。视图控制器属于 UIViewController 或其子类对象，它负责管理视图的层次结构，并处理视图中用户触发的事件。如果读者阅读了 6.1 节所介绍的 MVC 的相关知识，应该不会对这种 View-Controller 的架构感到陌生。

每个 iOS 应用均有一个 UIWindow 对象作为承载视图的容器，称之为窗口。UIWindow 同样继承自 UIView，因此窗口也是一种特殊的视图。在一个 iOS 应用启动完毕后，窗口将被首先创建，随后根视图控制器被创建，并将其对应的视图添加至窗口中。特别地，在一个 Single View App 项目被创建时，Xcode 将生成默认的根视图控制器 ViewController. swift 与对应的视图 Main. storyboard。可以在 AppDelegate. swift 中对根视图控制器进行修改。

在切换用户界面时，应用程序也将首先进行视图控制器的跳转，并随后在窗口中显示其对应的视图。为了向 iOS 应用中添加新的用户界面，首先在 Xcode 中添加一个新的视图控制器。在 Xcode 的 Project Navigator 中，右击 Question 文件夹，并选择 New File 选项。在创建文件界面，选择 iOS 下的 Cocoa Touch Class。设定类继承自 UIViewController，名称为"AnswerViewController"。可以选择 Also create XIB file 选项，该选项可以让 Xcode 自动生成视图控制器所对应的视图。

为了创建视图，再次选择 New File 选项，并选择 iOS 下的 View 模版。视图名称一般与视图控制器相同，此处填入 AnswerViewController，将创建得到一个视图文件。读者可以注意到，在 Single View App 项目被创建时，Xcode 生成的视图文件为 . storyboard 格式，而手动创建的视图文件为 . xib 格式。事实上，. storyboard 文件描述了多个 . xib 文件的集合。

采用 File's Owner 功能作为连接视图与视图控制器的桥梁。首先建立 File's Owner 与视图控制器的连接。打开 AnswerView. xib 文件，在大纲视图中选择 File's Owner 选项，并在检查面板中选择 Identity Inspector 页面，将"Custom Class"|"Class"设置为 Answer View Controller，如图 6-22 左侧所示。随后，建立视图与 File's Owner 的连接。在大纲视图中右击 View 选项，将"Referencing Outlets"|"New Referencing Outlet"拖动至 File's Owner 处，如图 6-22 右侧所示，在弹出的菜单中选择 View 选项。

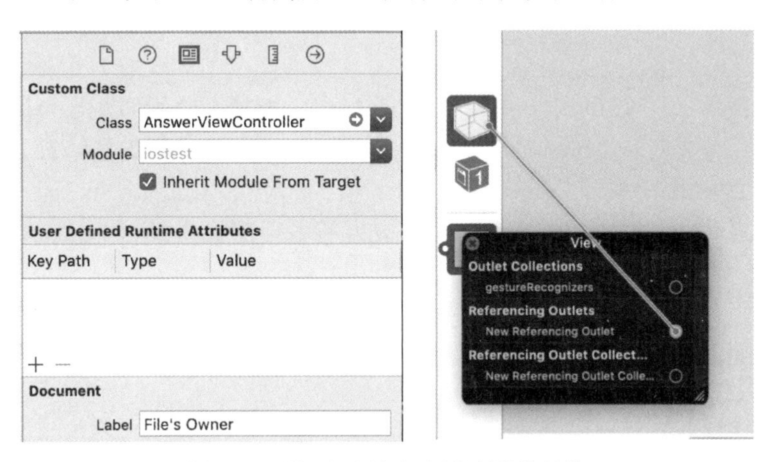

图 6-22　设置视图与视图控制器的链接

（2）在视图中创建控件

接下来需要向视图中添加控件，其步骤在上小节中已提及。向"Main. storyboard"|"View Controller"和"AnswerView. xib"中分别添加 Label 与 Button 控件，达到如图 6-23 所示效果。在添加控件后，同样应使用 Auto Layout 为控件添加约束。

图 6-23 向视图中添加控件

（3）为控件创建关联

需要在视图控制器中为控件创建关联，以便编写控件的交互逻辑。Interface Builder 提供了两种关联控件的方式：Outlet 与 Action。前者将创建一个指向控件的指针，而后者将创建一个监听事件的方法。再打开 ViewController. swift，删除 Xcode 自动生成的代码，并输入如下代码：

```
class ViewController: UIViewController {
    @IBOutlet var quesLabel: UILabel!
    @IBAction func checkAnswer (sender: AnyObject) {
    }
    @IBAction func changeQues (sender: AnyObject) {
    }
}
```

上述代码声明了一个 Outlet 变量和两个 Action 变量，分别对应于 Main. storyboard 中的一个 Label 与两个 Button。为了将变量与视图中的空间添加关联，打开 Main. storyboard，并在大纲视图中展开“View Controller”|“View”，右击 Label 控件，选择“Referencing Outlets”|“New Referencing Outlet”，并将鼠标拖动至 ViewController，如图 6-24

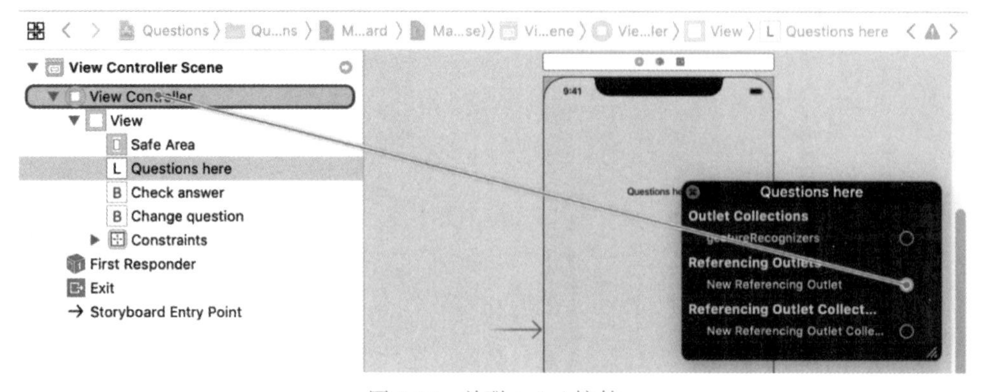

图 6-24 关联 Label 控件

所示。在弹出的菜单中选择 quesLabel，即可将 quesLabel 变量与 Label 关联。对于 Button，采用同样的方法，将其“Sent Events” | “Touch Down”属性关联至 Action 变量。

在创建关联后，便可以对控件的属性进行修改。将 Label 的文本随机设置为三个预设问题中的一个，并在 Change Questions 按钮被按下时随机切换，需要添加的代码如下所示。其中，ViewDidLoad 函数在视图控制器被加载后调用，通常用于执行界面的初始化操作。

```
class ViewController: UIViewController {
    @IBOutlet var quesLabel: UILabel!
    let questions: [String] = [
        "Which day is Children's day?",
        "How long is the Great Wall?",
        "Which province is Guangzhou located in?"
]
var randomIndex: Int = Int (arc4random () % 3)
    @IBAction func changeQues (sender: AnyObject) {
        randomIndex = Int (arc4random () % 3)
        quesLabel.text = questions [randomIndex]
    }
    override func viewDidLoad () {
        super.viewDidLoad ()
        quesLabel.text = questions [randomIndex]
    }
}
```

对于 AnswerView 中的控件，可以采用同样的方法与视图控制器关联，并修改 Label 中的显示文字。此处给出 AnswerViewController 中的代码：

```
class AnswerViewController: UIViewController {
    @IBOutlet var ansLabel: UILabel!
    let answers: [String] = [
        "June 1",
        "About 20, 000 kilometers",
        "Guangdong province"
    ]
    var index: Int!
    @IBAction func back (sender: AnyObject) {}
    override func viewDidLoad () {
        super.viewDidLoad ()
        ansLabel.text = answers [index]
    }
}
```

(4) 视图控制器的切换与传值

希望在按下 Check Answer 按钮时，用户界面切换至答案窗口，并在按下 back 按钮后返回。为了切换至 AnswerView 界面，需要在 ViewController. swift 声明一个 Answer-ViewController 类型的变量，并使用 present 函数进行切换，代码如下所示。

```
@IBAction func checkAnswer (sender: AnyObject) {
    let ansVC = AnswerViewController (nibName:"AnswerViewController", bundle: nil)
    ansVC. index = randomIndex
    present (ansVC, animated: true, completion: nil)
}
```

在声明 AnswerViewController 变量时，需要显式地声明 nibName 参数，该参数对应于视图文件的名称 AnswerViewController. xib。nib 文件是 xib 文件的前身，在声明视图控制器时仍然沿袭 nib 的名称。

为了在按下 back 按钮后返回，需要在 AnswerViewController. swift 中调用 dismiss 函数。

```
@IBAction func back (sender: AnyObject) {
    self. dismiss (animated: true, completion: nil)
}
```

(5) 运行完成的应用

与此前一样，点击 Build and then run the current scheme 图标▶，程序即可被编译与运行。若程序编译产生问题，这些问题将在 Xcode 的 Issue Navigator ⚠ 中显示，开发人员可以根据问题提示，对这些问题进行更正。程序正确运行的效果如图 6-25 所示，用户可以点击 Change Question、Check Answer 与 Back 三个按钮，体会输入的代码所产生的作用。

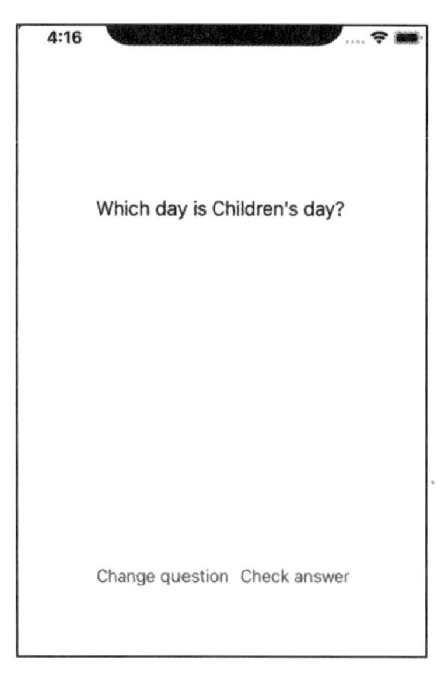

图 6-25　应用程序运行效果

6.3　云计算技术

云计算技术是基于互联网和网络的下一代技术，是指通过计算机网络形成的计算能力极强的系统，可存储和集成相关资源并可按需配置，向用户提供个性化的、不同方式的服务，是分布式计算、效用计算、负载均衡、并行计算、网络存储、热备份冗杂和虚拟化等计算机技术混合演进并跃升的结果。建筑生产设施的全方位监控和管理、智慧建筑、智能建造、智能运维、智慧城市等都涉及云计算技术的应用。本节主要介绍云计算技术类型、关键技术以及相关平台。

6.3.1　云计算技术概述

传统计算模式中，若想应用一套软件，需要购买与之配套的硬件系统。为了满足软件运行的要求，这些硬件往往具有较高的性能，因此需要付出高昂的成本，有些时候甚至需要配套专业的软硬件维护人员。同时，由于软件并非每时每刻都在运行，在计算机闲置时，硬件性能和资源也会被浪费。

在这种困境下，一些服务商开始构想提供一种服务，使得软件的使用与硬件分离。正如享受自来水与电力服务，不必家家户户配备取水设施与发电设备一样，这种服务能够使用软件的功能，但无需购买高性能的硬件设备，这便是云计算技术的基本思想。

云计算技术由并行计算（Parallel Computing）、分布式计算（Distributed Computing）和网格计算（Gird Computing）技术发展而来，是一种基于互联网的计算方式。该方式可将共享的软硬件资源和信息按需提供给客户端设备。同时，云计算也可以指一种商业模式和服务方式，用户按照需求弹性地向云计算提供商购买资源和空间进行计算、存储及其他服务。其中，云计算的“云”字是一种比喻性的说法，它指通过互联网连接的大型服务集群。因此，云计算也与互联网技术密不可分。

云计算技术的目标便是让用户像使用电、自来水和煤气一样使用软件服务。基于云计算服务，用户可以在任何地点使用个人电脑、手机、iPad等设备连接网络获取所需的软件服务，从而无需购买高性能、大容量的服务器，也无需携带大量的数据和信息。用户的本地终端几乎不需要进行处理，绝大部分的计算工作将在云端完成。

中国信息通信研究院发布的《云计算白皮书（2022年）》显示，截至2021年，全球云计算市场规模达到3229亿美元，较2020年增长54.4%。在可预见的未来，云计算市场预计将继续保持稳定增长，为越来越多的用户提供便利。

相比于传统的计算模式，云计算具有如下一系列特性，为其带来了强大的市场竞争力。

（1）超大规模：云计算服务商所提供的服务集群已经具有相当的规模，例如Google云计算拥有超过千万台量级的服务器，能赋予用户前所未有的计算能力。

（2）虚拟化：云计算支持用户在任意位置、使用各种终端，获取来自于虚拟服务器的服务。这些虚拟服务器由成千上万台服务器通过网络有机组合形成，用户无需知道其使用的服务来自哪里。

（3）高可靠性：“云”使用了数据多副本容错、计算节点同构可互换等措施来保障服务的高可靠性。即使单个节点发生异常，用户的计算数据也不会丢失。使用云计算比使用本地计算机更加可靠。

（4）高可伸缩性：服务集群可以加入或删除计算节点，因此“云”的规模可以动态伸缩，满足应用和用户规模增长的需求。

（5）按需服务：云计算的超大规模使其具有海量的计算能力，“云”成为一个庞大的资源池。用户可按需购买计算资源，使用像自来水、电和煤气一样付费。

（6）极其廉价：由于云计算中心本身规模巨大，其规模效应将提升资源利用率，降低计算成本。另外，用户还将节省购买设备和软件的高额一次性投入。

6.3.2 云计算的类型

6.3.2.1 云计算的服务类型

云计算技术基于计算硬件与互联网，为用户提供各项服务，其架构如图 6-26 所示。对普通用户而言，目前市场上主流的云计算服务可划分为三种类型，分别是基础设施即服务（Infrastructure as a Service，IaaS）、平台即服务（Platform as a Service，PaaS）以及软件即服务（Software as a Service，SaaS）。此外，面向云计算提供商的云管理服务也是云计算的服务类型之一。

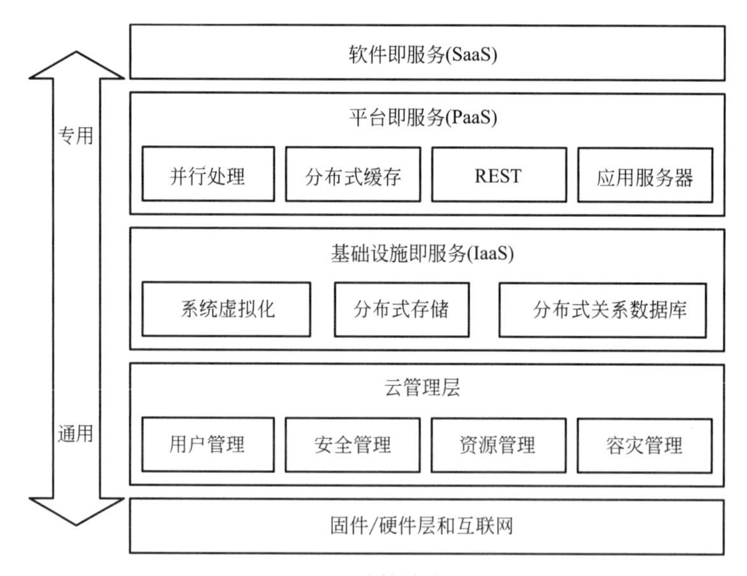

图 6-26　云计算技术的架构

（1）云管理

云管理面向的对象是云计算提供商，其服务内容为云计算资源的运营维护，包括用户管理、安全管理、资源管理与容灾管理等。云管理的任务是确保整个云计算中心的安全和稳定，并使其能够被有效地管理和应用。在云管理之上，各类云计算服务被高效地提供给用户。

（2）IaaS

IaaS 位于云计算服务的底层，它容许用户从供应商处按需租用处理、存储、网络等计算资源，用来装载自己的相关应用。用户只需为其租用的资源付费，而将专业、繁琐和复杂的资源管理和硬件维护工作交给 IaaS 提供商负责。IaaS 服务可以为用户提供很高的自由度，允许用户在一定程度上控制基础设施，并部署任何自己所需要的服务和应用，但用户需要自行实现基础设施的使用逻辑，如在多台机器中实现协同工作和并行计算等。

一些典型的 IaaS 产品包括 Amazon EC2、IBM Blue Cloud、Cisco UCS 和 Joyent 等。

（3）PaaS

PaaS 介于 IaaS 层与 SaaS 层之间，它为用户提供程序开发和运行的环境，方便用户编写和部署基于云计算的应用程序。在 PaaS 模式下，用户将主要关心自身业务逻辑以及应用程序的部署，而底层的计算资源将交给云计算服务商管理。

PaaS 产品面向的用户是开发人员。开发人员通过 PaaS 将其开发的软件平台部署于云端，再通过 SaaS 的模式交付于用户。PaaS 的出现简化了程序的开发、部署与维护工作，加快了 SaaS 应用的开发速度。

一些典型的 PaaS 产品包括 Google App Engine、Microsoft Windows Azure 以及开源的 Hadoop 和 Eucalyptus 等。

（4）SaaS

SaaS 是指将应用部署于云端，并以基于网络的方式提供给用户的服务模式。SaaS 专业性很强，一些常见的应用包括基于云端的邮件、杀毒、财务管理和管理客户关系等。相比于传统软件使用模式，SaaS 使用户省去了购买软件和配置企业服务器的成本。同时，只要具有联网终端，用户便可随时随地地使用软件。一些典型的 SaaS 产品包括 Salesforce.com 的在线客户关系管理 CRM 服务、Google Apps、Office Web Apps 和 WPS Office 等。

图 6-27 更形象地区分云计算的不同服务类型。其中，IasS 是最灵活的云计算模型，轻松实现存储、网络，服务器和处理能力的自动部署，具有高度可扩展性；PaaS 的优势在于它可以使应用程序的开发和部署变得简单经济高效，开发人员能够创建自定义应用程序，无需维护软件，大大减少了编码量，并可以轻松地迁移到混合模型中；SaaS 的优势在于大大减少了安装、管理和升级软件。三种不同的云计算模式，区别在于供应商提供的资源的多少，提供的越多，你为了得到服务所需要做的就越少，提供的越少，你为了得到服务所需要做的就越多。

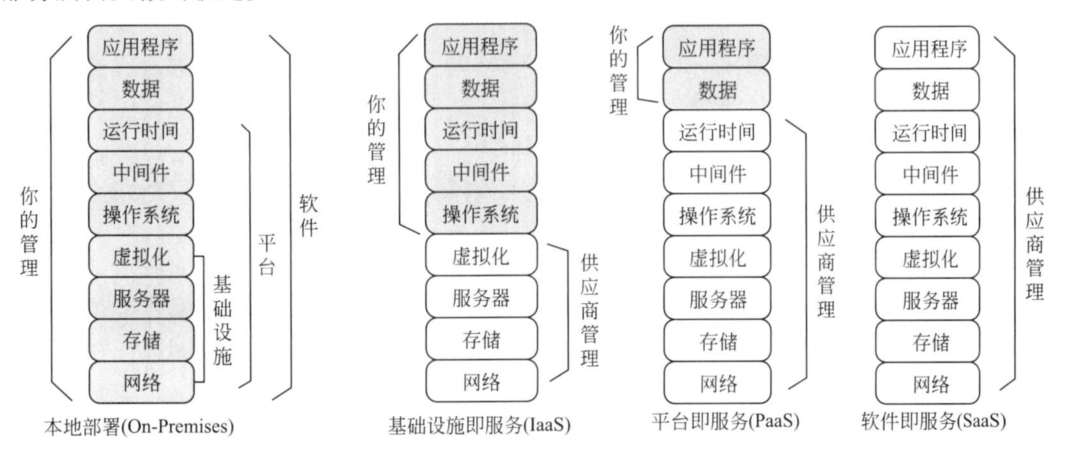

图 6-27　云计算服务类型图示

6.3.2.2 云计算的部署模式

根据部署模式的分类，云计算又可分为四大类型，包括公有云、私有云、混合云以及行业云。在这些部署模式下，云计算后台的部署位置各不相同，其服务对象与服务提供者也有所区别。

(1) 公有云

公有云是一种对公众开放的云服务。在这种模式下，云计算资源将提供给外界公众使用，而并非企业内部人员。公有云由云供应商运营，负责从应用程序、软件运行环境到物理基础设施等 IT 资源的安全、管理、部署和维护。

对用户而言，公有云具有一系列优势。其最大的优势在于计算资源由云计算供应商提供，用户无需为计算软硬件进行投资与维护。此外，公有云的规模一般较大，能支持庞大的数据请求，而且因为规模优势，其成本较低。同时，公有云还具有灵活和功能全面的优势，已成为最受欢迎的云服务模式之一，也被认为是将来云计算的主流模式。公有云的不足之处在于用户对自身数据的可控性缺乏信任以及不支持遗留环境，导致对某些特殊需求的用户和企业吸引力仍然不够。

目前，典型的公有云服务包括阿里云、百度云、腾讯云、华为云，以及国外厂家 Amazon 的 AWS、Google 的 Apps 和 App Engine、Microsoft 的 Windows Azure 等。

(2) 私有云

私有云在企业内部架设云计算服务器和平台，供企业内部人员使用，是一种为企业内部提供的云计算服务，不对公众开放。企业的信息技术部门人员负责对其数据、安全性和服务质量进行控制。

私有云的优势包括数据安全、服务质量不受互联网限制，充分利用现有硬件资源，支持定制和遗留应用以及不影响企业现有的 IT 管理流程和组织。私有云的不足之处在于成本较高，购买软硬件设备需要大量的资金投入，对这些设备的运营维护也需要人力和资金。私有云比较适合于大中型企业或政府部门。

目前，私有云主要有两大联盟：其一是 IBM 与其合作伙伴，其主要产品为 IBM Blue Cloud 和 IBM CloudBurst；其二是 VMware、Cisco 和 EMC 组成的 VCE 联盟，其主要推广 Cisco UCS7 与 vBlock。

(3) 混合云

混合云是把公有云和私有云结合到一起的云计算模式。它容许企业将非关键的应用部署到公有云中，而将安全性要求较高、关键的核心应用部署到安全私密的私有云上。

混合云可以发挥公有云与私有云各自的优势，既可以让企业享受接近私有云的私密性，也可以降低云计算的成本。混合云的发展刚刚起步，成熟的产品较少，主要有 Amazon VPC 和 VMware Cloud，但它们的私密性和成本均不够理想。

(4) 行业云

行业云是指专门为某一个行业的业务设计的云，并且开放给很多该行业内的企业和用户。行业云适合相关政府部门或行业协会运营，为整个行业提供专门的优质信息服务。

行业云尚无成熟的例子，盛大的云平台颇具行业云的潜质。行业云能够促进行业单位之间的数据和信息共享，为用户提供方便、降低成本。但由于行业云的支持范围小、用户群小，相对公有云而言，每个用户的平摊成本较高。

四种部署模式的特征总结如表 6-3 所示。

云计算四种部署模式特征　　表 6-3

类别	公有云	私有云	混合云	行业云
规模	极大	较小	较大	较大
用户成本	很低	很高	较高	较低
性能	很高	不一定	高	很高
数据可控性	差	很好	好	较差
遗留环境	不支持	支持	支持	可支持
成熟度	成熟	比较成熟	不成熟	刚起步

6.3.3　云计算平台

(1) Amazon 云平台

Amazon 公司是全球最大的线上零售商。依靠其在电子商务领域的技术积累与庞大的用户群体，Amazon 很早便进入了云计算产业，并一直占据领先地位。

Amazon 将他们的云计算产品命名为 AWS（Amazon Web Service），为用户提供包括计算、存储、联网、分析和机器学习在内的一系列的云端服务。目前，AWS 的主要产品包括弹性云计算服务 EC2、简易存储服务 S3、简单数据库服务 Simple DB、简单队列服务 SQS、内容推送服务 CloudFront、关系型数据库 Aurora 以及代码运行平台 Lambda 等。

其中，亚马逊弹性计算云（Elastic Compute Cloud，EC2）是 AWS 的核心。EC2 是一个允许用户租用云端计算资源的公有云系统。它向用户提供了一个虚拟计算环境，用户可在虚拟机中启动多种操作系统，并运行自己所需的软件。EC2 采用虚拟化技术，每个虚拟机能够运行小、大、极大三种级别的虚拟私有服务器，并可动态地调整云计算能力，为流量达到峰值的应用分配更多资源以维持性能。简易存储服务（Simple Storage Services，S3）为任意类型的文件提供临时或永久的存储服务，其设计思路见图 6-28。

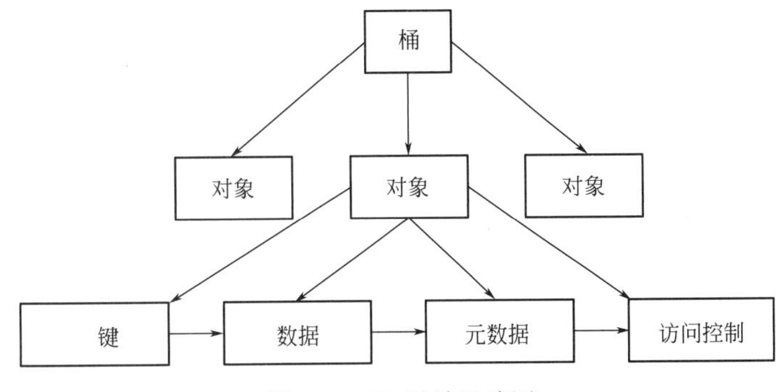

图 6-28　S3 设计思路图

在图 6-28 中，桶是存储对象的容器，每个用户最多创建 100 个桶。对象是 S3 的基本存储单元（数据的数据），其数据类型是任意的，键是对象的唯一标识符。简单数据库服务 Simple DB 是为结构化数据建立的，支持数据的查找、删除、插入等操作，而 S3 是专为大型非结构化的数据块设计的。

Simple DB 的基本结构如图 6-29 左侧所示。简单队列服务（Simple Queue Service，SQS）的目标是解决低耦合系统间的通信问题，支持分布式计算机系统之间的工作流，基本结构如图 6-29 右侧所示。

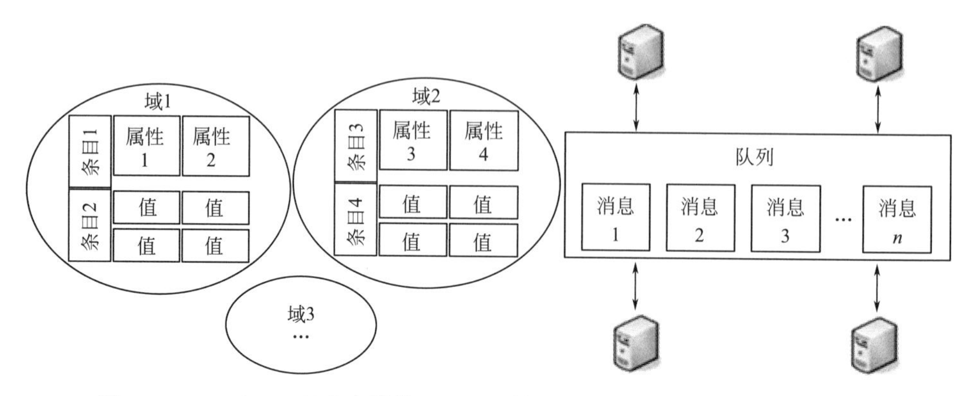

图 6-29　Simple DB 的基本结构（左）和简单队列服务 SQS 的基本结构（右）

（2）Microsoft Azure 平台

随着云服务的兴起，Microsoft 也推出了企业级公有云计算平台 Microsoft Azure，主要面向开发者提供 PaaS 服务。Azure 可以理解为全球云、智能云、混合云、开放云和可信云的结合。Azure 由云计算操作系统、运管系数据库、云中间件以及其他的辅助服务组成。Azure 延续了 Microsoft Windows 平台的许多特点，用户的 Windows 应用程序可以相对平滑地迁移到 Azure 平台上运行。Azure 支持各类服务器操作系统、编程语言、框架、软件包与开发工具等，且除了提供计算、存储、网络等基础服务外，还提供了人工智能计算与物联网等前沿服务。因此，Azure 是一个开放、全面、灵活的平台。

（3）Google 云平台

Google 是全球最大的搜索引擎公司，同时也具有 Google Earth、Gmail、YouTube 等一系列业务。Google 搭建了先进而庞大的云平台 App Engine，以向全球用户提供实时 SaaS 服务。Google 云平台由分布式文件系统 GFS、分布式计算框架 Hadoop、并行计算模型 MapReduce 以及分布式数据库 BigTable 组成，详见第四章中的 4.1 节相关介绍。

近年来，Google 也推出了自己的 PaaS 产品 Google Cloud Platform（GCP），以提供数据计算、存储与分析等一系列功能。通过 GCP，用户可与 Google 应用使用相同的基础架构构建自己的程序。

（4）阿里云

阿里云由中国电子商务公司阿里巴巴集团创建，随着云计算技术的普及，阿里云的市场份额迅速增长。目前，阿里云已经是中国最大的云计算平台，服务着制造、金融、政务、交通、医疗、电信、能源等众多领域的领军企业。

阿里云自主研发了云计算底层操作系统飞天（Apsara），集中了遍布全球的百万级服务器的计算资源，从而可以提供强大的计算能力，通用的计算能力和普惠的计算能力。在此之上，阿里云为用户提供了弹性计算、数据库、存储、网络、大数据、人工智能、云安全、互联网中间件、数据分析、管理与监控、应用服务、视频服务、移动服务、云通信、域名与网站、行业解决方案等一系列产品和服务。

（5）广联云

广联云是由广联达股份有限公司推出的云产品，其主要面向建筑行业，采用云计算技术解决当前建筑行业的挑战与问题，是建筑领域行业云的代表之一。

广联云主要向用户提供 SaaS 服务。它以土建施工中的多方协作为切入点，建立一个虚拟的项目协作环境，连接工程项目中跨组织的人员、数据和流程。用户可将土建施工中的数据、文档与图纸上传至云端，实现文件的集中管理、模型的在线浏览，团队的沟通协作，以及数据的多端同步等功能。为建筑行业从业者提供便利。

习题

1. 简述“超文本”与普通文本的区别。
2. 简述通过 Web 浏览器访问特定网站的工作原理。
3. TCP/IP 协议族由哪几个层次组成？各个层次分别有什么功能？
4. 说明静态网页开发与动态网站开发的异同。
5. 目前主要的动态网站开发框架都有哪些？它们分别有什么特点？
6. 相比于桌面互联网，移动互联网的特征都有哪些？
7. 目前主流的移动终端操作系统都有什么？它们分别具有什么特点？
8. 简述 Android 与 iOS 应用的系统架构。
9. 简述云计算的工作原理。
10. 按服务类型分类，云计算可分为哪几类？按部署模式分类，云计算又可分为哪几类？
11. 简要介绍目前主流的云服务商及其提供的产品。
12. HTML 与 XML 均属于标记语言，查询资料，说明标记语言与编程语言，如 C、C++、Java 等有什么区别。
13. 从开发语言、开发环境、UI 设计、窗口切换以及数据传递等方面，比较 ASP.NET 程序开发、Android 程序开发与 iOS 程序开发的异同。

参考文献

[1] 陈虹，李建东 . 网络协议实践教程［M］. 北京：清华大学出版社，2012.
[2] JOE C，井中月，巩亚萍 . TCP/IP 入门经典［M］. 北京：人民邮电出版社，2012.
[3] 李华 . ASP. NET（C#）程序设计［M］. 北京：清华大学出版社，2014.
[4] 李长云，文鸿，翁艳彬，等 . 移动互联网技术［M］. 西安：西北工业大学出版社，2016.
[5] 杨谊 . Android 移动应用开发［M］. 北京：人民邮电出版社，2017.
[6] CHRISTIAN K，AARON H，王凤全 . iOS 编程［M］. 武汉：华中科技大学出版社，2017.
[7] 吕云翔，张璐，王佳玮 . 云计算导论［M］. 北京：清华大学出版社，2017.
[8] 李长明，青岛英谷教育科技股份公司 . 云计算与大数据概论［M］. 西安：西安电子科技大学出版社，2017.

第七章　CAE 系统的自动化技术

自动化是传感器、控制器和执行装置的集成，旨在以最小或无需人工干预的代价以执行特定功能。自动化是跨学科的产物，结合了机械、电子计算机、电子系统及智能算法等。所有的自动化系统都包含三个基本的元素，即感知系统、执行机制及闭环反馈。在当代社会中，随着人们对于自动化任务的不断集成，自动化系统也在不断发展演进。本章从物联网的相关概念入手，介绍自动化技术的几个主要构成要素以及 Arduino 开发平台和基础操作。

7.1　物联网概述

物联网（Internet of Things，IoT）的概念最初在 1999 年被提出：通过射频识别(RFID)、红外感应器、全球定位系统、激光扫描器、气体感应器等信息传感设备，按约定的协议，把任何物品与互联网连接起来，进行信息交换，以实现智能化识别、定位、跟踪、监控和管理的一种网络。简而言之，物联网就是“物物相连的互联网”，使得各个环节和主体具备信息化、自动化和智能化，极大程度地推动工业自动化和信息化的相互融合，为社会经济发展提高效率和节约成本。同时，与物联网紧密相关的云计算，为物联网海量的网络通信和计算存储需求提供了强大的计算与存储资源保障，物联网和云计算已成为新型智慧城市建设的技术基础。

随着近年来无线传感技术、网络通信技术以及智能处理技术的高速发展，物联网作为新一代网络技术的重要组成部分，受到了世界各国政府、高校、研究机构、企业等的高度重视，并引发了继个人计算机、互联网以及移动通信之后的全球信息产业第三次浪潮。运用物联网技术感知城市各类设施（建筑、公路、桥梁、给排水、电网和管道等）的各种信息，并利用云计算提供的网络、存储和计算等虚拟资源对海量信息智能处理、分析、可视化及共享，可实现智慧城市“高效、健康、便捷、安全”的新型管理目标。本节介绍物联网的发展、特征及结构。

7.1.1　物联网的发展

IoT 萌芽于 20 世纪 90 年代末，其概念最早由麻省理工学院 Auto-ID 中心的 Ashton 提出，用 RFID 技术实现终端感知，并通过互联网实现信息的共享。

2003 年，美国 SUN 公司的 Meloan 指出通过 RFID 技术，计算机可自动感知各个物体，并对相关信息进行监控和管理，即形成 IoT。早期的 IoT 是面向物流行业的，其核心是通过 RFID 技术替代传统的条码识别，实现智能化的物流管理。

2005 年，国际电信联盟（International Telecommunication Union，ITU）重新定义了 IoT 的概念，并对 IoT 的形态特征、相关技术以及未来展望等做了总结。ITU 指出，随着 IoT 时代的到来，人与物、物与物均可相互连接和通信，不受限于时间和空间。根据国际电信联盟（ITU）的定义，IoT 主要解决物品与物品（Thing to Thing，T2T），人与物品（Human to Thing，H2T），人与人（Human to Human，H2H）之间的互连。但是与传统互联网不同的是，H2T 是指人利用通用装置与物品之间的连接，从而使得物品连接更加简化，而 H2H 是指人之间不依赖于 PC 而进行的互连。因为互联网并没有考虑到对于任何物品连接的问题，故使用 IoT 来解决这个传统意义上的问题。从本质上而言，在人与机器、机器与机器的交互，大部分是为了实现人与人之间的信息交互。因此，IoT 是指通过各种信息传感设备，实时采集任何需要监控、连接、互动的物体或过程等各种需要的信息，与互联网结合形成的一个巨大网络，其目的是实现物与物、物与人，所有的物品与网络的连接，方便识别、管理和控制。此后，IoT 被看作信息领域新一代的变革，引起世界各国的高度重视，并被列为国家战略计划。

2009 年 1 月，美国 IBM 公司提出“智慧地球”，设想通过 IoT 改变各部门和各角色间的交互，以期实现更全面的智能化和信息化。该设想受到奥巴马政府的积极回应，并列为振兴美国经济的主要产业。6 月，欧盟在《Internet of things—an action plan for Europe》中规划了 IoT 未来研究的方向和重点，提出 12 项措施加快 IoT 技术的发展。7 月，日本在《i-Japan strategy 2015》中指出将信息技术全面应用于政府管理、医疗以及教育等领域，并形成基于 IoT 的智能服务体系，以提升其信息技术领域的竞争力。10 月，韩国制定了《物联网基础设施构建基本规划》，确立了 12 项课题促进 IoT 基础设施的建设，保障信息产业和社会经济的发展动力。同年，我国提出“感知中国”，时任总理温家宝在视察无锡物联网研究中心后强调，应尽快提升 IoT 技术及应用水平。之后，国务院、国家发展改革委、工信部以及科技部等相继发布了 IoT 发展的政策，将其作为国家战略发展的新兴产业，并提出了一系列国家级重大课题、专项等来支持相关技术研究。此外，多部委组织并开展智慧城市关键技术研究和实际工程应用，通过 IoT、云计算以及人工智能等新型信息技术，推进城市从规划建设到管理服务全周期的智能化。

党的十九大提出网络强国战略，并强调将 IoT、云计算、移动互联网和大数据等信息技术全面应用于城市管理和服务。此外，国内的各大高校、科研机构、电信运营商以及企业也开展了广泛的研究。IoT 的概念在国内逐渐推广，引发了新的信息产业浪潮，并促进了中国 IoT 技术的发展。

7.1.2 物联网的特征

和传统的互联网相比，IoT 有其鲜明的特征：

（1）IoT 是各种感知技术的广泛应用。IoT 部署了海量的多种类型传感器，每个传感器都是一个信息源，不同类别的传感器所捕获的信息内容和信息格式不同。传感器获得的数据具有实时性，按一定的频率周期性地采集环境信息，不断更新数据。

（2）IoT 是一种建立在互联网上的泛在网络。IoT 技术的重要基础和核心仍旧是互联网，通过各种有线和无线网络与互联网融合，将物体的信息实时准确地传递出去。在 IoT 上的传感器定时采集的信息需要通过网络传输，由于其数量极其庞大，形成了海量信息，在传输过程中，为了保障数据的正确性和及时性，必须适应各种异构网络和协议。

（3）IoT 不仅仅提供了传感器的连接，其本身也具有智能处理的能力，能够对物体实施智能控制。IoT 将传感器和智能处理相结合，利用云计算、模式识别等各种智能技术，扩充其应用领域。从传感器获得的海量信息中分析、加工和处理出有意义的数据，以适应不同用户的不同需求，发现新的应用领域和应用模式。

（4）IoT 的实质是提供不拘泥于场合和时间的应用场景与用户的自由互动，它依托云服务平台和互通互联的嵌入式处理软件，弱化技术色彩，强化与用户之间的良性互动。更佳的用户体验、更及时的数据采集和分析建议、更自如的工作和生活，是通往智能生活的物理支撑。

此外，IoT 技术包括全面标识、动态感知、可靠传送和智能控制四个显著特点，这四个显著特点可以帮助实现人类社会和世界的有机结合，促进社会信息化能力的整体提高。其中，全面标识主要是利用 RFID 标签、条形码、数字芯片等方式对所有的对象进行标识；动态感知主要是利用 RFID 装置、条码扫描枪、传感器、卫星、微波，及其他各种感知设备随时随地、或主动或被动地采集各种动态对象，全面感知世界；可靠传送主要是通过前端感知层收集信息，然后利用以太网、无线网、移动网将感知的信息进行实时传送，信息运输方式具有防干扰能力，防攻击性能也较强；智能控制主要是对物体实现智能化的控制和管理，真正达到人与物的沟通，智能控制包括各种类型的服务器以及机房中的服务器。

7.1.3 物联网的体系结构

借鉴计算机网络体系结构模型，IoT 系统组成部分按照功能分解成若干层次，如图 7-1 所示。由下（内）层部件为上（外）层部件提供服务，上层部件可以对下层部件进行控制。因此，若从功能角度构建 IoT 体系，可划分为感知层、网络层和应用层三个层级。依照工程科学的观点，为使 IoT 系统的设计、实施与运行管理做到层次分明、功能清晰，有条不紊地实现，再将感知层细分成感知控制、数据融合两个子层；网络层细分成接入、汇聚和核心交换三个子层；应用层细分成管理服务、行业应用两个子层。考虑到 IoT 的一些共性功能需求，还应有贯穿各层的网络管理、服务质量和信息安全三个面。

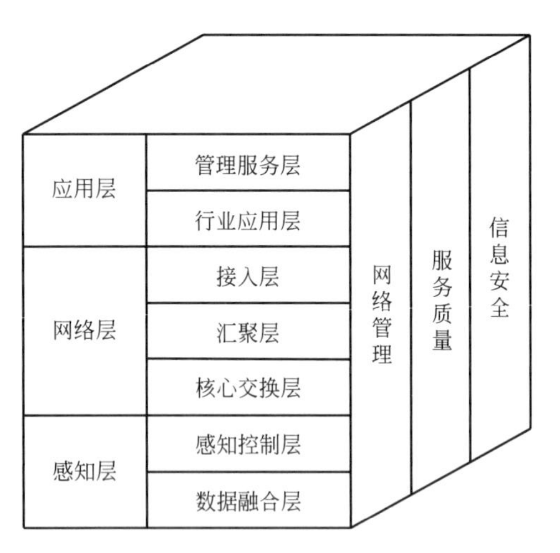

图 7-1 物联网体系结构模型

（1）感知层

感知层位于底层，是实现 IoT 的基础，是联系物理世界与虚拟世界的纽带。感知层的作用相当于人的眼、耳、鼻、喉和皮肤等神经末梢，主要功能是信息感知、采集与控制。感知层可分为感知控制和数据融合两个子层，它是 IoT 识别物体、采集信息的来源。感知层的主要特征是“全面感知”，通过 RFID、传感器、GPS 以及短距离无线通信等技术，实现各实体的信息采集、状态捕获以及标签识别等。

1）感知控制层

作为 IoT 的神经末梢，感知控制层的主要任务是实现全面感知与自动控制，即通过实现对物理世界各种参数（如环境温度、湿度、压力、气体浓度等）的采集与处理，再根据需要进行行为自动控制。感知控制层的设备主要分为两大类型：

① 自动感知设备。这类设备能够自动感知外部物理物体与物理环境信息的设备，主要包括二维码标签和识读器、RFID 标签和读写器、传感器、GPS，以及智能家用电器、智能测控设备、智能机器人等。

② 人工生成信息的智能设备。这类设备主要包括智能手机、个人数字助理（PDA）、计算机、视频摄像头/摄像机等。

2）数据融合层

在许多应用场合，由单个传感器所获得的信息通常是不完整、不连续或不精确的，需要其他信息源的数据协同。数据融合子层的任务就是将不同感知节点、不同模式、不同媒质、不同时间、不同表示的数据进行相关和综合，以获得对被感知对象的更精确描述。融合处理的对象不局限于接收到的初级数据，还包括对多源数据进行不同层次抽象处理后的信息。

（2）网络层

网络层（运输层），是整个 IoT 的中枢，包括接入层、汇聚层和核心交换层，负责传递和处理感知层信息。网络层的核心组成是传输网，由传输网承担感知层与应用层之间的数据通信任务。网络层的主要特征是“可靠传递”，通过互联网、有线接入网、无线接入网以及移动通信网等众多网络融合，实现 IoT 中数据、信息的传输。并且随着 IoT 协议第 6 版（IPv6）的推出，IoT 数据传输的安全性和可靠性将大大提升。

1）接入层

接入层是指直接面向用户连接或访问 IoT 的组成部分，其主要任务是把感知层获取的数据信息通过各种网络技术进行汇总，将大范围内的信息整合到一起，以供传输与交换。接入层的重点是强调接入方式，一般由基站节点或汇聚节点（Sink）和接入网关（Access Gateway）等组成，完成末梢各节点的组网控制，或完成向末梢节点下发控制信息的转发等功能。

2）汇聚层

将位于接入层和核心交换层之间的部分称为汇聚层。该层是区域性网络的信息汇聚点，为接入层提供数据汇聚、传输、管理、分发。汇聚层应能够处理来自接入层设备的所有通信量，并提供到核心交换层的上行链路。同时，汇聚层也可以提供接入层虚拟网之间的互连，控制和限制接入层对核心交换层的访问，保证核心交换层的安全。

3）核心交换层

一般将网络主干部分划归为核心交换层，主要目的是通过高速转发交换，提供优化、可靠的骨干传输网络结构。传感网与移动通信技术、互联网技术相融合，完成 IoT 层与层之间的通信，实现广泛的互联功能。

（3）应用层

应用层是 IoT 和用户的接口，也是 IoT 发展的体现。包括管理服务层和行业应用层两类。应用层的主要特征是“智能处理”，通过云计算、大数据分析等信息技术，实现海量信息的存储、智能处理，并为业务应用和管理决策提供支持。

1）管理服务层

管理服务层主要通过中间件技术来进行数据的存储、数据挖掘以及云计算技术支持。管理服务层对下层网络层的网络资源进行认知，进而达到自适应传输的目的。对上层的应用接口层提供统一的接口与虚拟化支撑（虚拟化包括计算虚拟化和存储资源虚拟化等）。

2）行业应用层

行业应用层主要是为不同行业提供技术服务，实现 IoT 的智能应用。它主要是由应用层协议组成，且不同行业需要不同的应用层协议。行业应用层的协议一般由语法、语义与时序组成。语法规定智能处理过程的数据与控制信息的结构及格式；语义规定需要发出什么样的控制信息，以及完成的动作与响应；时序规定事件实现的顺序；对不同的 IoT 应用系统制订不同的行业应用层协议。

7.2 物体标识技术

在 IoT 中，为了实现人与物、物与物的通信以及各类应用，标识技术被发展出来以对人和物等对象、终端和设备等网络节点以及各类业务应用进行识别，并通过标识解析与寻址等技术进行翻译、映射和转换，以获取相应的地址或关联信息。物体标识技术用于在一定范围内唯一识别 IoT 中的物理和逻辑实体、资源、服务，使网络、应用能够基于其对目标对象进行控制和管理，以及进行相关信息的获取、处理、传送与交换。建筑工程中的碰撞检查、工程项目全生命期的管理以及建筑标识设计等都是标识技术在土木与建筑工程领域中的应用。

7.2.1 物联网标识概述

基于识别目标、应用场景、技术特点等不同，IoT 标识可以分成对象标识、通信标识和应用标识三类。一套完整的 IoT 应用流程需由这三类标识共同配合完成。

（1）对象标识

对象标识主要用于识别被感知的物理或逻辑对象，例如人、动物、茶杯、文章等。该类标识的应用场景通常为基于其进行相关对象信息的获取，或者对标识对象进行控制与管理，而不直接用于网络层通信或寻址。根据标识形式的不同，对象标识可进一步分为自然属性标识和赋予性标识两类。

1）自然属性标识：指利用对象本身所具有的自然属性作为识别标识，包括生理特征（如指纹、虹膜等）和行为特征（如声音、笔迹等）。该类标识需利用生物识别技术，通过相应的识别设备对其进行读取。

2）赋予性标识：指为了识别方便而人为分配的标识，通常由一系列数字、字符、符号或任何其他形式的数据按照一定编码规则组成。这类标识的形式可以为：以一维条码作为载体的 EAN 码（European Article Number，是国际物品编码协会制定的一种商品用条码，标准码由 13 位数字构成）、UPC 码（Universal Product Code，是美国统一代码委员会制定的一种条码，标准码由 12 位数字构成），以二维码作为载体的数字、文字、符号，以 RFID 标签作为载体的 EPC（Electronic Product Code，即产品电子代码，是新一代的与EAN/UPC码兼容的编码标准，可对每个产品都赋予一个全球唯一编码）、uCode（是为了识别物品而赋予其的独特的固有识别码）、OID（Optical Identify，即光学辨别编码）等。网络可通过多种方式获取赋予性标识，如通过标签阅读器读取存储于标签中的物体标识，通过摄像头捕获车牌等标识信息。

（2）通信标识

通信标识主要用于识别IoT中具备通信能力的网络节点，例如手机、读写器、传感器等终端节点以及业务平台、数据库等网络设备节点。这类标识的形式可以为E.164号码、IP地址等。通信标识可以作为相对或绝对地址用于通信或寻址，用于建立到通信节点连接。对于具备通信能力的对象，例如IoT终端，可既具有对象标识也具有通信标识，但两者的应用场景和目的不同。

（3）应用标识

应用标识主要用于对IoT中的业务应用进行识别，例如建筑运维服务、工程管理服务、材料运输追踪应用等。在标识形式上可以为域名、统一资源标识符URI等。

7.2.2 物联网识别技术

以条码技术和RFID技术为代表的物体标识技术在各个领域中发挥着重要作用。

7.2.2.1 条码技术

条码技术诞生于20世纪40年代，但得到实际应用和迅速发展还是在21世纪以来。信息编码（代码）是作为物体的唯一标识，由一组有序字符组合而成，便于计算机和人识别、处理。信息编码可以唯一地标识一个物体，能够被计算机系统识别、接收和处理，同时信息编码方便于存储和检索，节省存储空间，使数据的表达标准化，简化处理程序，提高处理效率。条码技术的研究对象主要是考虑如何将需要向计算机输入的信息用条码这种特殊的符号加以表示，以及如何将条码所表示的信息转变为计算机自动识读的数据。常见的条码采集识别设备包括接触式（光笔、卡槽式条码扫描器）和非接触式［CCD扫描器(Charge-coupled Device，即电荷耦合元件)、激光扫描器］、固定式和手持式、图像采集式和拍摄式等（如图7-2所示）。射频识别是一种非接触式的自动识别技术，通过射频信号自动识别目标对象并获取相关数据，识别工作无需人工干预，可工作于各种恶劣环境，可识别高速运动物体并可同时识别多个标签。

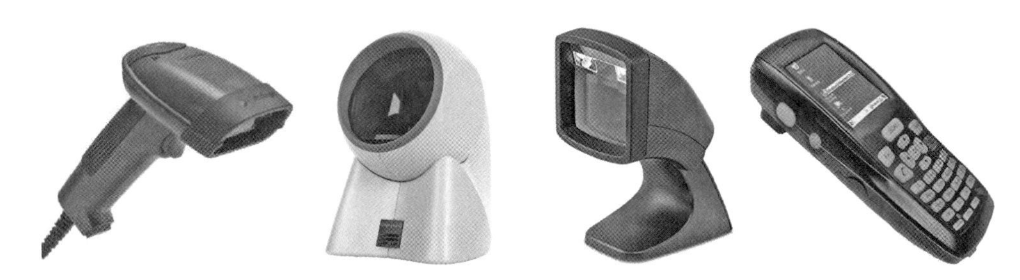

图7-2 从左至右依次为条码扫描器、激光扫描器、固定式和手持式条码采集识别设备

从超市买回来的商品包装上通常都会带有一维条码，这是应用广泛的对象标识技术，其主要优点包括：条码符号制作容易，扫描操作简单易行；信息采集速度快，普通计算机

的键盘录入速度是每分钟 200 字符，而利用条码扫描录入信息的速度是键盘录入的 20 倍；采集信息量大，一次可以采集几十上百位字符的信息，而且可以通过选择不同码制的条码增加字符密度，使录入的信息量成倍地增加；设备结构简单，成本低。

一维条码由一个接一个的“条”和“空”排列组成，条码信息靠条和空的不同宽度和位置来传递，信息量的大小则由条码的宽度和印刷的精度决定。条码越宽，包容的条和空越多，信息量越大；条码印刷的精度越高，单位长度内可以容纳的条和空越多，传递的信息量也就越大。这种条码技术只能在一个方向上通过“条”与“空”的排列组合来存储信息，所以叫它“一维条码”。

(1) 一维条码的结构

一个完整的一维条码通常都是由两侧的空白区、起始符、数据字符、校验符（可选）、终止符和供人识别字符组成。一维条码符号中的数据字符和校验符是代表编码信息的字符，扫描识读后需要传输处理，左右两侧的空白区、起始符、终止符等都是不代表编码信息的辅助符号，仅供条码扫描识读时使用，不需要参与信息代码传输。

(2) 一维条码的编码方法

条形码将要输入计算机内的所有字符，以宽度不一的线条及空白组合来表示每一字符相对应的码。其中空白亦可视为一种白色线条，不同的一维条形码规格有不同的线条组合方式。在一个条形码的起头及结束的地方，都会放入起始码及结束码，用以辨识条形码的起始及结束。不过，不同条形码规格的起始码及结束码的图样并不完全相同。具体的，每一种条形码规格规定了下列七个要项：

1）字符组合：每一种条形码规格所能表示的字符组合，有不同的范围及数目，有些条形码规格只能表示数字，如 UPC 码、EAN 码；有些则能表示大写英文字及数字，甚至能表示出全部 ASCII（American Standard Code for Information Interchange，即美国信息交换标准代码）字符表上的 128 字符，如 39 码、128 码。

2）符号种类：依据条形码被解读时的特性可将条形码规格分成两大类。第一类是分布式，即每一个字符可以独自地译码，打印时每个字符与旁边的字符间，是由字间距分开的，而且每个字符固定是以线条作为结束。然而，并不一定每一个字间距的宽度大小都必须相同，可以容许某些程度的误差，只要彼此差距不大即可，如此，对条形码打印机的机械规格要求可以比较宽松。第二类是连续式，即字符之间没有字间距，每个字符都是线条开始，空白结束。且在每一个字的结尾后，马上就紧跟下一个字符的起头。由于无字间距的存在，所以在同样的空间内，可打印出较多的字符数，但相对的，因为连续式条形码的密度比较高，其对条形码机的打印精密度的要求也较高。

3）粗细线条的数目：条形码的编码方式，是由许多粗细不一的线条及空白的组合方式来表示不同的字符码。大多数条形码的规格都是只有粗和细两种线条，但也有些条形码规格使用到两种以上不同粗细的线条。

4）固定或可变长度：是指在条形码中包含的数据长度是固定或可变的，有些条形码规格因限于本身结构的关系，只能使用固定长度的数据，如 UPC 码、EAN 码。

5）细线条的宽度：指条形码中细线条及空白的宽度，通常是某个条形码中所有细的线条及空白的平均值，而且它使用的单位通常是 mil（千分之一英寸，即 0.001 inch）。

6）密度：指在一固定长度内可表示字符数目，如条形码规格 A 的密度高于条形码规

格 B 的密度，则表示当两者密度值相同时，在同一长度内，条形码 A 可容纳下较多的字符。

7）自我检查：指某个条形码规格是否有自我检测错误的能力，会不会因一个打印上的小缺陷，而可能使得一个字符被误判成为另外一个字符。有“自我检查”能力的条形码规格，大多没有硬性规定要使用“检查码”，例如39码。没有“自我检查”能力的条形码规格，则在使用上大多有“检查码”的设定，如EAN码、UPC码等。

（3）一维条码的编码方式

一维条码按照不同的分类方法、不同的编码规则可以分成许多种，目前正在使用的条码就有超过200种。以下以39码（CODE39）为例，简要介绍其编码方式。

39码可以包含数字及英文字母。除了超市、零售业的应用中使用UPC/EAN码外，几乎在其他的应用环境中，都是使用39码。39码是目前使用最广泛的条码规格，支持39码的软硬件设备也最齐全。

39码的特征包括：能表示44个字符，A～Z、0～9、SPACE、－、.、$、/、+、%、*；分散式，条码组之间使用细白条分隔；提供两种宽度和自我检查功能；拥有扩展模式；检查码字符可有可无，视需求而定。

39码组成包括起始字符、结束字符和编码内容，如图7-3所示。其中，各个字符由9条黑白相间，粗细不同的线条组成，其中6条为黑白细条3条黑白粗条；一串字符必须在头尾加上起始字符和结束字符“*”，其编码表如表7-1所示。

图7-3　39码条码说明

39码编码表　　表7-1

字符	黑条	白条	字符	黑条	白条
1	10001	0100	F	01100	0010
2	01001	0100	G	00011	0010
3	11000	0100	H	10010	0010
4	00101	0100	I	01010	0010
5	10100	0100	J	00110	0010
6	01100	0100	$	00000	1110
7	00011	0100	/	00000	1101
8	10010	0100	K	10001	0001
9	01010	0100	L	01001	0001
0	00110	0100	M	11000	0001
A	10001	0010	N	00101	0001
B	01001	0010	O	10100	0001
C	11000	0010	P	01100	0001
D	00101	0010	Q	00011	0001
E	10100	0010	R	10010	0001

续表

字符	黑条	白条	字符	黑条	白条
S	01010	0001	Z	01100	1000
T	00110	0001	—	00011	1000
U	10001	1000	.	10010	1000
V	01001	1000	SPACE	01010	1000
W	11000	1000	*	00110	1000
X	00101	1000	+	00000	1011
Y	10100	1000	%	00000	0111

在程序中可以使用“11”表示宽黑条，“1”表示细黑条，“00”表示宽白条，“0”表示细白条。则字符 1 就可以表示为 110100101011。使用此方法建立一个编码表，每个字符可以长度为 12 的“01”字符串来表示。据此，一个典型的 39 码条码如图 7-4 所示。

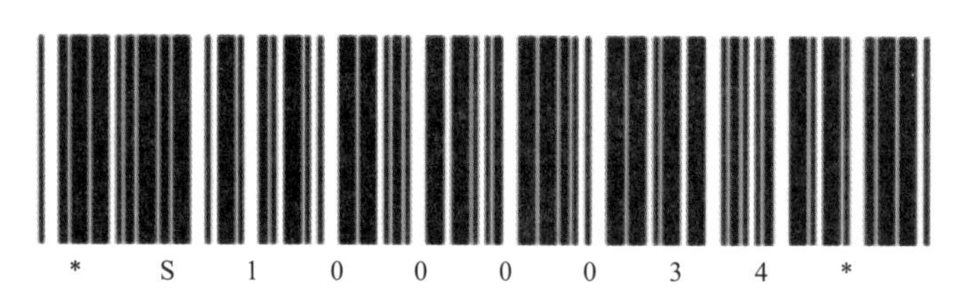

图 7-4　典型 39 码条码

7.2.2.2　二维码技术

一维条形码最大的问题在于信息只能在一个方向表达，承载的容量太小，需要用条码扫描仪扫描，对条码附载的介质也有比较高要求，应用范围受到了一定的限制。二维条形码则以矩阵形式来表达数据，可以在纵横两个方向存储信息，其信息存储量是一维码的几十倍，并能整合图像、声音、文字等多媒体信息，可靠性高、保密防伪性强，且易于制作、成本低。

二维码出现以后，智能手机也通过功能扩展，使得其摄像头可以代替条码扫描仪进行二维码识别。这样一来，以往需要通过电脑浏览器和有线网络才能接入互联网，现在则只要用手机对准二维码，读取条码内容，便可直接链接、浏览网站，观看影视、声音、网络媒体的内容。

二维码的原理是利用某种特定的几何图形，按一定的分布规则，在二维方向上排列黑白相间的图形进行记录数据信息。二维码同一维条码一样具有不同的码制标准，每种码制都有不同的编码规则。二维码符号中的每个字符信息占一定宽度，具有特定的字符集，较强的校验纠错功能、信息识别功能及图像处理功能等，且具有信息容量大、密度高、纠错能力强、安全性好、编码范围广等优点，同时还可以引入校验纠错码，具有检测错误和恢复删除错误的能力。由于信息载量的大幅提升，二维码除了表示基本的英文、汉字、数字信息外，还可以存储声音、指纹、照片及图像等各种信息。二维码技术大大降低了对计算机网络和数据库的依赖，依靠标签本身就可以起到数据信息存储及通信的作用，已经成为现代条码技术应用中的主要通用技术。

（1）二维码的研究发展

20世纪80年代末，美国、日本等国家的企业、研究机构开始进行二维码的研究，1989年美国国际资料公司发明了Data Matrix，原名为Data Code；1991年美国Symbol公司发明了PDF417码；1992年美国知名的UPS快递公司推出了UPS码，即Maxi code二维码的前身；1994年，日本Denso公司发明了QR码，至今仍为最广泛使用的二维码；2009年微软推出的一种新的二维码"Microsoft Tag"，增加了色彩维度，因此又称为彩色条码。

二维码标准化的国外研究机构主要有国际自动识别制造商协会（AIMI）、美国标准化协会（ANSI）以及国际标准化组织/国际电工委员会第一联合委员会的条码自动识别技术委员会（ISO/IEC/JTCI/SC31）。其中，AIMI与ANSI已经完成了PDF417、QR Code、Code One、Code16K、Code49等码制的符号标准，条码自动识别技术委员会（ISO/IEC/JTCI/SC31）已经制定了包括QR码的国际标准ISO/IEC 18004：2006、PDF417码的国际标准ISO/IEC 15438：2006、Data Matrix的国际标准ISO/IEC 16022：2006等二维码的国际标准，并且在持续不断地完善。

我国对二维码的研究从20世纪90年代初开始，最初是由中国物品编码中心对几种常用的二维码PDF417、QR Code、Code One、Code16K、Code49的技术规范进行翻译和跟踪。2003年上海龙贝信息科技推出了龙贝二维矩阵，2005年中国编码中心完成了汉信码的研发，深圳矽感科技公司分别于2002年和2003年研发了具有自主知识产权的CM码和GM码。国家质量监督局制定了相关的二维码国家标准：《二维条码 网格矩阵码》SJ/T 11349—2006和《二维条码 紧密矩阵码》SJ/T 11350—2006。

（2）二维码的分类

按照结构、编码和读取方式的不同来分类，可分为堆叠式二维码（又称行排式二维条码、堆积式二维条码或层排式二维条码）和矩阵式二维码（又称棋盘式二维条码）两类。其中，堆叠式二维码的代表包括：PDF417、Code 49、Code 16K、Ultracode；矩阵式二维码的代表有：QR Code、Code One、Aztec Code、Data Matrix、Maxi Code、龙贝码、GM码、CM码和汉信码等。图7-5展示了一些国内外二维码的主要类型。

a.国外二维码主要类型(从左至右依次为Data Matrix、Maxi Code、Aztec Code、QR Code、Vericode、PDF417、Ultracode、Code 49、Code 16K)

b.国内二维码主要类型(从左至右依次为汉信码、GM码、CM码、龙贝码)

图7-5　二维码示意图

1）PDF417

PDF 是取英文 Portable Data File 三个单词的首字母的缩写，意为“便携数据文件”。组成条码的每一符号字符都是由 4 个条和 4 个空构成，如果将组成条码的最窄条或空称为一个模块，则上述 4 个条和 4 个空的总模块数一定为 17，所以称 417 码或 PDF417 码。PDF417 码是一种高密度、高信息含量的便携式数据文件，是实现证件及卡片等大容量、高可靠性信息自动存储、携带并可用机器自动识读的主要手段之一。

一个 PDF417 条码最多可容纳 1850 个字符或 1108 个字节的二进制数据，如果只表示数字则可容纳 2710 个数字。PDF417 的纠错能力分为 9 级，级别越高，纠正能力越强。由于这种纠错功能，使得污损的 417 条码也可以正确读出。我国在 1997 年正式颁布了 PDF417 条码国家标准《四一七条码》GB/T 17172—1997。PDF417 条码具有信息容量大、编码范围广、译码可靠性高、修正错误能力强、易制作且成本低等特点。

2）QR 码

QR 来自英文“Quick Response”的缩写，即快速反应的意思，源自发明者希望 QR 码可让其内容快速被解码。QR 码属于开放式的标准，其规格公开，比普通条码可存储更多数据，亦无需像普通条码般在扫描时需直线对准扫描仪。

QR 码有容错能力，QR 码图形如果有破损，仍然可以被机器读取内容，最高可以到 7%～30%面积破损仍可被读取。所以 QR 码可以被广泛使用在运输外箱上。容错的百分比面积越高，QR 码图形面积越大。所以一般折中使用 15%容错能力。

QR 码呈正方形（图 7-6），最大特征为其左上、右上、左下三个大型的如同“回”字的黑白间同心方图案，为 QR 码识别定位标记，失去其中一个会影响识别。而呈棋盘般分布的有别于大定位标记的较小的同心方则为其校正标记，用于校正识别，版本 1 没有校正标记，版本 2 在右下方，其中心点在左下和右上定位标记的外边框的相交点，版本 10 开始以每个等距的方式出现在右下校正点至左下和右上定位标记的外边框的连线、左上与左下定位标记的外边框的连线、左上与右上定位标记的外边框的连线之间，这四边线上等距点对边相连线，版本 10 等距有 1 个，版本 25 为 3 个，版本 40 为 5 个。

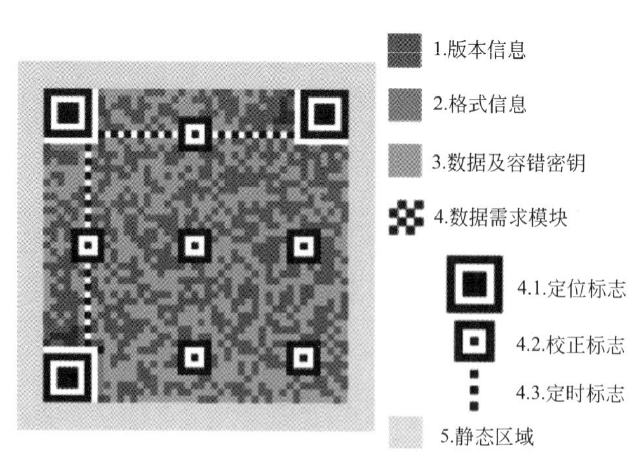

图 7-6　QR 码的识读方法

（3）二维码的解码技术

二维码的识别方法主要分为三类：线性 CCD 和线性图像式、带光栅的激光阅读器和图像式。前面两类主要用于一维码以及堆叠式二维码的识别，优点在于简单、设备成本低，但是通常识别过程复杂，并且只能识别堆叠式二维码。图像式识读方法结合了图像识别技术与二维码技术，具有更好的通用性，但是增加了识别算法的复杂度。图像式二维码解码技术主要分为图像采集技术和基于图像处理的二维码解码算法两种。

关于基于图像采集技术的二维码解码技术，天津大学精密测试技术及仪器国家重点实验室对基于 FPGA（现场可编程逻辑门阵列）和 DSP（数字信号处理器）结构的嵌入式二维码图像识别系统的硬件架构设计方案作了讨论，主要介绍了包括 CMOS 图像传感器，FPGA、DSP、SDRAM（同步动态随机存储器）、FLASH（快速大面积扫描硬件）、RS-232（异步传输标准接口）等硬件在内的各个工作模块的功能实现，并在此平台上实现了二维码图片的识读。该系统具有通用性强，编程灵活，适合模块化应用等特点。

基于图像处理的二维码解码是目前最常用的一种解码算法，大体上可以分为五个步骤：图像预处理、定位与校正、读取数据、纠错以及译码。在目前流行的各种二维码中都得到了广泛的应用，比如最常用的 QR Code、Data Matrix 码的识别。

7.2.2.3　射频标签 RFID

RFID 射频识别技术是一种无线通信技术，通过无线电信号识别特定目标并读写相关数据，而无需识别系统与特定目标之间建立机械或者光学接触。

RFID 具有如下的性能特点：

（1）快速扫描。RFID 辨识器可同时辨识读取数个 RFID 标签。

（2）体积小型化、形状多样化。RFID 在读取上并不受尺寸大小与形状限制，不需为了读取精确度而配合纸张的固定尺寸和印刷品质。此外，RFID 标签更可往小型化与多样形态发展，以应用于不同产品。

（3）抗污染能力和耐久性。传统条形码的载体是纸张，因此容易受到污染，但 RFID 对水、油和化学药品等物质具有很强抵抗性。此外，由于条形码是附于塑料袋或外包装纸箱上，所以特别容易受到折损；RFID 卷标是将数据存在芯片中，可以免受污损。

（4）可重复使用。现今的条形码印刷上去之后就无法更改，RFID 标签则可以重复地新增、修改、删除 RFID 卷标内储存的数据，方便信息的更新。

（5）穿透性和无屏障阅读。在被覆盖的情况下，RFID 能够穿透纸张、木材和塑料等非金属或非透明的材质，并能够进行穿透性通信。而条形码扫描机必须在近距离而且没有物体阻挡的情况下，才可以辨读条形码。

（6）数据的记忆容量大。一维条形码的容量是 50 字节（bytes），二维条形码最大的容量可储存约 3000 字符，RFID 最大的容量则有数兆字节，远远大于前两者。随着记忆载体的发展，数据容量也有不断扩大的趋势。未来物品所需携带的资料量会越来越大，对卷标所能扩充容量的需求也相应增加。

（7）安全性。由于 RFID 承载的是电子式信息，其数据内容可经由密码保护，使其内容不易被伪造及变造。此外，RFID 芯片不仅可以嵌入或附着在不同形状、类型的产品上，而且可以为标签数据的读写设置密码保护。

（8）动态实时通信：标签以每秒 50～100 次的频率与解读器进行通信，所以只要 RFID 标签所附着的物体出现在解读器的有效识别范围内，就可以对其位置进行动态的追踪和监控。

一套完整的 RFID 系统由阅读器（Reader）与电子标签（TAG）或被称为应答器（Transponder），以及应用系统三个部分组成，如图 7-7 所示。其工作原理是阅读器（Reader）发射一特定频率的无线电波能量给应答器（Transponder），用以驱动应答器电路将内部的数据送出，此时阅读器便依序接收解读数据，送给应用系统做相应的处理。其中应答器是 RFID 系统的信息载体，应答器大多是由耦合元件（线圈、微带天线等）和微芯片组成无源单元。

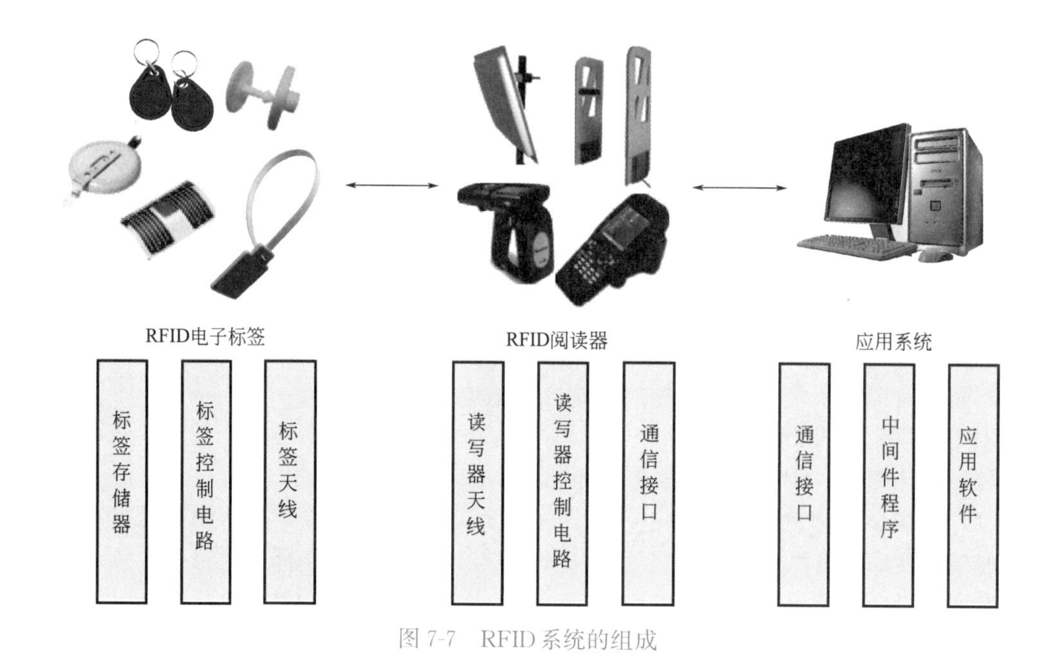

图 7-7　RFID 系统的组成

以 RFID 卡片阅读器及电子标签之间的通信及能量感应方式可以分成感应耦合（Inductive Coupling）及后向散射耦合（Backscatter Coupling）两种。一般低频的 RFID 大多采用第一种式，较高频大多采用第二种方式。阅读器根据使用的结构和技术不同可以是读或读/写装置，是 RFID 系统信息控制和处理中心。阅读器通常由耦合模块、收发模块、控制模块和接口单元组成。阅读器和应答器之间一般采用半双工通信方式进行信息交换，同时阅读器通过耦合给无源应答器提供能量和时序。在实际应用中，可进一步通过以太网（Ethernet）或无线局域网（WLAN）等实现对物体识别信息的采集、处理及远程传送等管理功能。

根据供电方式可分为无源 RFID 标签和有源 RFID 标签，如图 7-8 所示。其中无源 RFID 标签内部不带电池，靠从天线吸收能源工作。有源 RFID 标签内部带有电池，由电池供电工作。RFID 标签的具体分类如图 7-9 所示。

RFID 是一项易于操控，简单实用且特别适合用于自动化控制的灵活性应用技术。短距离 RFID 产品不怕油渍、灰尘污染等恶劣的环境，可以替代条码，例如用在工厂的流水线上跟踪物体；长距离 RFID 产品多用于交通上，识别距离可达几十米，如自动收费或识别车辆身份等。

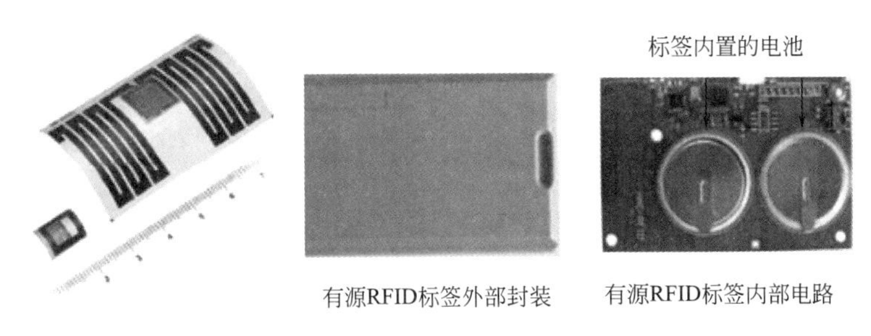

图 7-8　无源 RFID 标签（左）和有源 RFID 标签（中右）

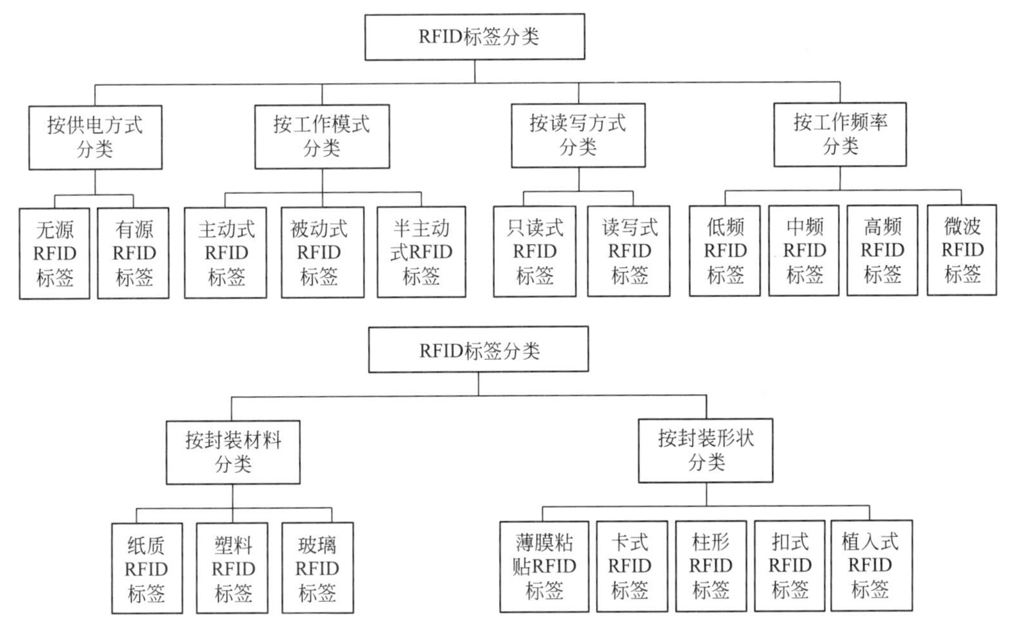

图 7-9　RFID 标签分类

7.2.2.4　其他物体标识技术

（1）磁卡

磁卡（Magnetic Card）是一种卡片状的磁性记录介质，利用磁性载体记录字符与数字信息，用来识别身份或其他用途。按照使用基材的不同，磁卡可分为 PET 卡、PVC 卡和纸卡三种。若根据磁层构造的不同，可分为磁条卡和全涂磁卡两种。通常，磁卡的一面印刷说明提示性信息，如插卡方向；另一面则有磁层或磁条，具有 2～3 个磁道以记录有关信息数据，如图 7-10 所示。

磁条是一层薄薄的由排列定向的铁性氧化粒子组成的材料（也称之为颜料）。用树脂粘合剂严密地粘合在一起，并粘合在诸如纸或塑料这样的非磁基片媒介上。磁条本质上和磁带或磁盘是一样的，可以用来记载字母、字符及数字信息。通过粘合或热合，与塑料或纸牢固地整合在一起形成磁卡，所包含的信息一般比条形码大。磁条内可分为三个独立的磁道，称为 TK1、TK2 和 TK3。TK1 最多可写 79 个字母或字符，TK2 最多可写 40 个字符，TK3 最多可写 107 个字符。

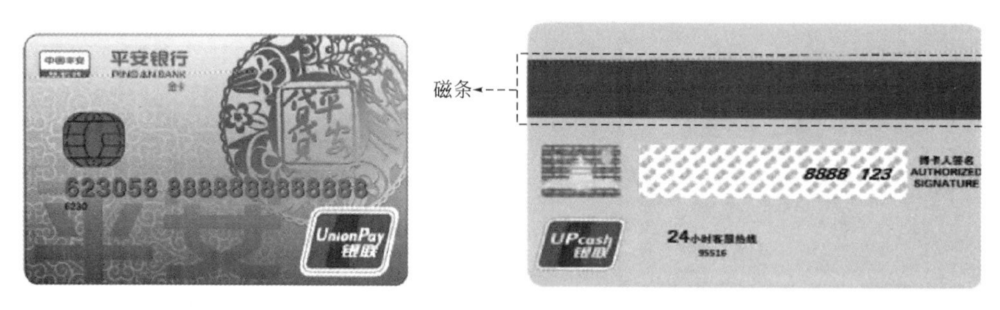

图 7-10 银行磁卡（左）和磁条（右）

（2）IC 卡

IC 卡（集成电路卡），也叫智能卡，是通过在集成电路芯片上写的数据来进行识别的。IC 卡与 IC 卡读写器，以及后台计算机管理系统组成了 IC 卡应用系统。其中，图 7-11 展示了接触式和非接触式两种不同类型的读卡器。IC 卡是将一个微电子芯片嵌入符合 ISO7816 标准的卡基中，做成卡片形式。IC 卡读写器是 IC 卡与应用系统间的桥梁，在 ISO 国际标准中称之为接口设备 IFD（Interface Device）。IFD 内 CPU 通过一个接口电路与 IC 卡相连并进行通信。

图 7-11 接触式读卡器（左）和非接触式读卡器（右）

IC 卡的具体分类如图 7-12 所示。除了根据通信方式的不同分为接触式和非接触式两种外，IC 卡还可以根据电路结构的不同可分为智能卡和存储卡，根据用途的不同还可分为 IB 卡（即信息钮）、IC 卡（即智能卡）、和 ID 卡（即身份识别卡）。

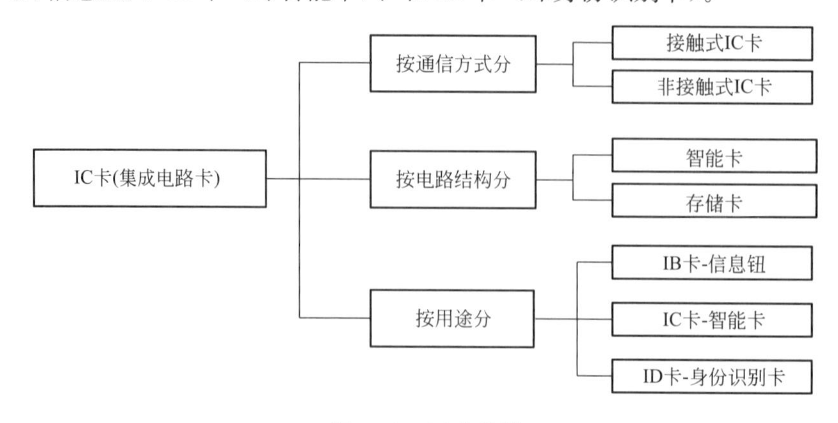

图 7-12 IC 卡分类

IC 卡工作的基本原理是：射频读写器向 IC 卡发一组固定频率的电磁波，卡片内有一个 IC 串联谐振电路，其频率与读写器发射的频率相同，这样在电磁波激励下，IC 谐振电路产生共振，从而使电容内有了电荷。在这个电荷的另一端，接有一个单向导通的电子泵，将电容内的电荷送到另一个电容内存储，当所积累的电荷达到 2V 时，此电容可作为电源为其他电路提供工作电压，将卡内数据发射出去或接收读写器的数据。

IC 卡接口电路是 IC 卡读写器中至关重要的部分，根据实际应用系统的不同，可选择并行通信、半双工串行通信和 I2C 通信等不同的 IC 卡读写芯片。

7.3　感知技术

感知技术是构建 IoT 系统的基础。从广义上说，IoT 与传感器的构成要素基本相同，只是 IoT 比传感器更贴近“物”的本质属性。建筑物状态监控、环境观测、智能安防以及节能减排等方面都是感知技术在建筑领域中的应用。本节介绍传感器感知技术、雷达感知技术、多光谱感知技术以及声波感知技术。

7.3.1　传感器感知技术

传感器感知技术是利用传感器元件，将外界环境刺激转化为可被存储和传输的信息数据的技术，其核心是传感器。根据国家标准《传感器通用术语》GB/T 7665—2005 的定义：传感器是指能感受被测量并按照一定的规律转换成可用输出信号的器件或装置。传感器由敏感元件、转换元件和转换电路三部分组成，如图 7-13 所示。

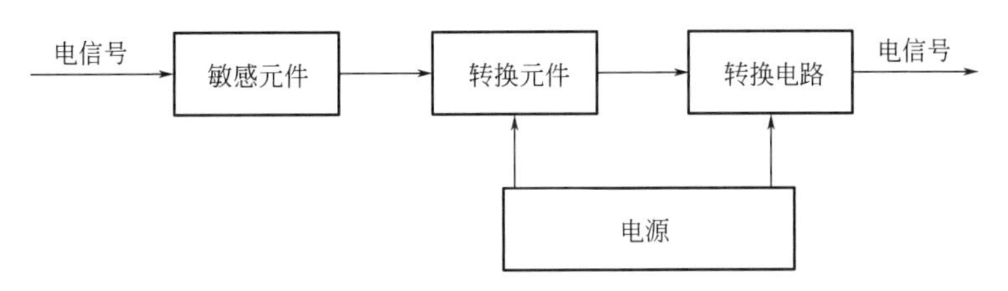

图 7-13　传感器的三个核心组成部分

感器通常具有以下四个方面的特征：①传感器是测量装置，能完成检测任务；②输入量是某一被测量，可能是物理量、化学量、生物量等；③输出量是某一物理量，可以是气、光、电等，且要便于传输、转换、处理、显示等；④输出输入有对应关系，且应有一定的精确程度。

传感器的本质是感受被测量的信息，并将感受到的信息，按一定规律变换成为电信号或其他所需形式的信息输出，以满足信息的传输、处理、存储、显示、记录和控制等要求。以力的测量为例，物体受到的力即为一种典型的客观物理量，它无法被直接观测或记录。因此，需要通过转换技术，变换为可被测量和记录的值。传感器是当今世界令人瞩目、迅猛发展的高新技术之一，也是当代科学发展的重要标志，与通信技术、计算机技术共同构成 21 世纪信息产业的三大支柱。“传感”两字顾名思义是传达和感知，当把这两个功能集中在一个器件上时就构成了传感器，像人类的感知过程一样，先感知后传达是传感器的一个基本的工作流程，所以如果说计算机技术是人类大脑的扩展，那么传感器就是人类五官的延伸。传感器是实现自动检测和自动控制的首要环节。

根据传感器工作原理，可分为物理传感器和化学传感器两大类。其中，物理传感器应用的是物理效应，诸如压电效应，磁致伸缩现象，以及离化、极化、热电、光电、磁电等效应，被测信号量的微小变化都将转换成电信号。化学传感器包括那些以化学吸附、电化学反应等现象为因果关系的传感器，被测信号量的微小变化也将转换成电信号。

在各个国家发展中的工业浪潮中，传感器技术诞生于 20 世纪中期。当时传感器技术与数字控制技术和计算机技术相比是远远落后的，大部分的先进成果仍处在实验研究的阶段，并没有应用于生产和应用中，转化率相对较低。早期的传感器技术普遍应用于各国的航空领域、军事技术、国家级项目研发等研究中。随后，慢慢向着与人们生活密切相关的方面渗透，例如在生物工程、医疗卫生、环境保护、安全防范、家用电器、网络家居等领域慢慢普及使用传感器。

21 世纪是迈向信息化社会的崭新阶段，光电信息学与生物学的迅猛发展已成为这一时期科学技术发展的重要标志，产生了具有代表性的光电式传感器和生物传感器两类传感器。

（1）光电式传感器

光电式传感器（Photoelectric Sensor）是以光为测量媒介、以光电器件为转换元件的传感器，具有非接触、响应快、性能可靠等特性。随着各种新型光电器件的不断涌现，特别是激光技术和图像技术的迅猛发展，光电传感器已成为各种光电检测系统中实现光电转换的关键元件，是主要的非接触测量传感器。

光电传感器在当前科研领域的运用范围很广，影响力巨大。尤其是基于光电传感器技术原理研发和制造出的新型光电传感器已成为当今传感器市场的主流。在国外，光电传感器技术已广泛地运用到各国军事技术、航空航天、检测技术以及车辆工程等诸多领域。例如，军事上，国外激光制导技术迅猛发展，使导弹发射的精度和射中目标的准确性大幅度提高。美国在航空航天领域，研制出了新型高精度高耐性红外测温传感器，使其在恶劣的环境中仍能高精度测量出运行中的飞行器各部分温度。国外的城市交通管理也大多运用电子红外光电传感器进行路段事故检测和故障排解的指挥；同时，国外现有汽车中常装载有新型光电传感器，如激光防撞雷达，红外夜视装置，测量发动机燃料特性、压力变化并用于导航的光纤陀螺等。

我国的光电式传感器在现代研究实力和影响范围上虽不及日本和欧美一些国家，但却在研究的种类和样式上取得重大的突破，总体上可分为光电式数字转速表、光电式物位传感器、视觉传感器以及细丝类物件的在线检测。同时，基于光电传感器技术的科技设备已在我国被广泛地应用于多种军事领域。其中较为广泛的是紫外告警系统，它为探测来袭导弹提供了一个极其有效的手段。

（2）生物传感器

生物传感器（Biosensor）的开发和研制在科学和产业界同样具有重要的影响力。生物传感器技术是指用生物活性材料作为感受器，通过其生化效应来检测被测量的传感器。

其原理主要由两大部分组成：生物功能物质的分子识别部分和转换部分。前者的作用是识别被测物质，即当生物传感器的敏感膜与被测物接触时，敏感膜上的某种生化活性物质就会从众多化合物中挑选适合于自己的分子并与之产生作用，使其具有选择识别的能力。转换部分，是由于细胞膜受体与外界发生了共价结合，通过细胞膜的通透性改变，诱发一系列的电化学过程，这种变换得以把生物功能物质的分子识别转换为电信号，形成了生物传感器。

现代生物传感器已被详细划分为酶传感器、细胞传感器、免疫传感器、基因传感器等。在我国，结合国内外相关技术研制的生物传感器在我国当前的工业、农业、环境监测及生物医学等众多领域有着广泛和重要的应用。例如，在生物医学方面，一些有临床诊断意义的基质（如血糖、乳酸、谷氨酰胺等）可借助于生物传感器来检测。在环境监测领域，生物传感器在测定环境污染指标 BOD（水质受有机物污染的程度）方面起到了重要的作用，为有效治理被污染水源等做出了贡献；微生物传感器用于测定空气和水中的 NH_3 含量和浓度，在发酵工业、整治大气污染等方面发挥功效；生物传感器还可探测除草剂含量，应用于植物学研究和整治农药污染。在食品工业中，生物传感器用于食品鲜度、滋味和熟度的测定；同时，还可测定食品中的细菌和毒素含量。

由于传感器具有频率响应、阶跃响应等动态特性，以及诸如漂移、重复性、精确度、灵敏度、分辨率、线性度等静态特性，所以外界因素的改变与动荡必然会造成传感器自身特性的不稳定，从而给其实际应用造成较大影响。这就要求针对传感器的工作原理和结构，在不同场合对传感器规定相应的基本要求，以最大程度优化其性能参数与指标，如高灵敏度、抗干扰的稳定性、线性、容易调节、高精度、无迟滞性、工作寿命长、可重复性、抗老化、高响应速率、抗环境影响、互换性、低成本、宽测量范围、小尺寸、重量轻和高强度等。同时，根据对国内外传感器技术的研究现状分析以及对传感器各性能参数的理想化要求，现代传感器技术的发展趋势可以从四个方面分析与概括：一是开发新材料、新工艺和开发新型传感器；二是实现传感器的多功能、高精度、集成化和智能化；三是实现传感技术硬件系统与元器件的微小型化；四是通过传感器与其他学科的交叉整合，实现无线网络化。

土木建筑工程中也采用大量的传感器，包括测量温度、湿度等环境性能指标，应力、应变、变形、振动等力学性能指标，以及摄像头、红外、激光等其他属性测量等各类型传感器。以下以桥梁拉索的索力测量为例做详细介绍。

拉索作为缆索承重桥梁的主要承重构件，布置于桥塔（或主缆、拱肋）与桥面系之间，索体一般采用高强度钢丝或钢绞线。缆索承重桥梁通常采用内部超静定结构，拉索索力很大程度上决定了桥梁的内力分布，若拉索索力与设计不符，会使桥塔等结构产生附加弯矩，进而影响桥梁的安全性、耐久性。在缆索承重桥梁运营阶段，拉索由于处于梁体外部，且应力较大，易出现索体腐蚀等病害，从而导致承载能力下降，因此需要长期监控拉索索力以保障拉索的运营安全。拉索暴露于众多的损害因素中，容易出现安全隐患，造成经济损失，甚至危及桥梁结构安全。因此，不论在施工阶段还是运营阶段均有必要利用索力测试等方法判断拉索的工作状态。目前最为常用的索力测量的方法主要有油压表量测法、压力传感器量测法、频率法、磁通量法、电阻片量测法、垂度法等。

（1）油压表量测法

在桥梁施工过程中，一般采用液压千斤顶对拉索进行张拉与调试，如图 7-14 左所示。在拉索张拉前，预先对千斤顶（图 7-14 中）与油压表进行标定，获取千斤顶施加的力与油压表读数之间的对应关系，在拉索张拉过程中，根据对应关系即可通过油压表读数精准控制拉索索力。油压表量测法简单易行、直观可靠，在施工阶段的桥梁索力测试中，是比较实用的方法。但是该方法也存在设备笨重、移动不便的缺点，并且不能对处于运营阶段的桥梁拉索进行测试。值得注意的是，油压表可以使用液压传感器代替。液压传感器一般利用压力敏感元件将液体压力转换成标准的电信号并输出，仪表接受电信号后即可显示拉索索力。

（2）压力传感器量测法

将压力传感器连接在拉索的张拉部位，在拉索张拉过程中，千斤顶的张拉力传递至压力传感器，仪表接受传感器受压输出的电信号即可读出拉索索力，穿心式压力传感器如图 7-14 右所示。压力传感器量测法通常用于施工阶段的索力测试，为了长期监测拉索索力，可以在拉索的张拉部位永久安装穿心式压力传感器。压力传感器量测法精度较高，但是成本较高、重量较大。

图 7-14　从左至右依次为油压表、千斤顶和穿心式压力传感器

（3）频率法

频率法是缆索承重桥梁在运营阶段进行索力测试最常用的方法。该方法在拉索上布置拾振器以获取拉索在环境激励或人工激励下的振动信号，通过频谱分析得到拉索的各阶自振频率，再利用索力-频率对应关系识别索力。常见的精密拾振器有加速度传感器、位移传感器等，如图 7-15 所示。频率法对拉索垂度、边界条件等因素的测试精度较高，但是该方法尚存在设备复杂、成本较高、效率较低的缺点。

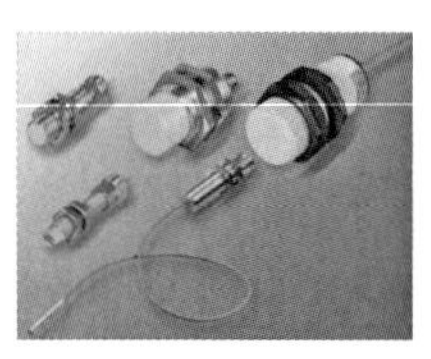

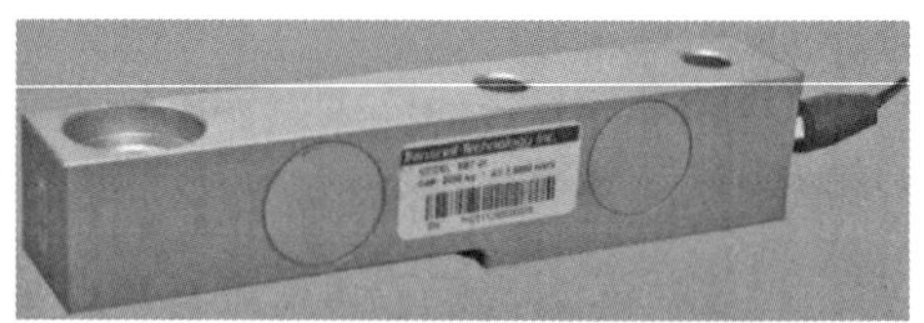

图 7-15　从左至右依次为加速度传感器、位移传感器、磁通量传感器和电阻应变式传感器

（4）磁通量法

磁通量法利用铁磁材料的磁弹效应进行索力测试。拉索张拉时，铁磁材料内部由于变形产生应变或应力，使材料的磁导率变化。通过预先实验获得磁导率与索力、温度的对应关系，即可利用磁导率的变化识别索力。磁通量法适用于拉索等铁磁构件的索力测试，是一种高精度的非接触式无损测试方法，除了磁化拉索外，并不改变拉索的力学特性。

（5）电阻片量测法

在拉索上粘贴应变片，通过应变值计算拉索索力。该方法的影响因素较多，误差较大，索力测试结果相对不那么可靠。

（6）垂度法

垂度法综合考虑斜拉索的自重和轴向力等因素的影响，通过测量斜拉索中点的垂度识别索力。该方法在实际操作中不易把握中点位置，进而产生误差，且不适用于垂直吊杆等构件的索力测试。

随着计算机视觉的不断发展，基于计算机视觉的测试技术已引起关注。例如，可以通过摄像机获取结构中人工标记振动的数字图像数据，并通过计算机程序对数字图像数据进行逐帧处理，从而得到结构的动态位移。也可以利用数码相机和平面镜捕捉物体的三维振动，或者采用数字图像跟踪技术提取斜拉索中点的位移时程，并结合背景差分法、卡尔曼滤波等方法，对索力进行识别。然而，拉索在环境激励下的振动幅度微小，基于一般的运动目标跟踪算法难以获得高精度的拉索位移时程数据，从而影响索力的测试精度。

近年来快速发展的运动放大算法则可以有效解决物体振幅过小时的目标跟踪问题。早期的运动放大算法采用拉格朗日方法，结合光流法进行目标特征跟踪并将运动幅度放大。一些新的研究成果包括：通过线性欧拉运动放大算法，一方面将视频中的图像亮度视为空间和时间的函数，分析图像中像素亮度与时间的关系，进而放大像素亮度的变化，实现微小运动目标的跟踪；另一方面在放大运动的同时只平移噪声，而非放大噪声，进一步改善了微小运动放大效果。还有研究人员基于相位的欧拉运动放大算法，进行微小振动的可视化来获取结构振动信息，或分析桥梁振动频率，以及应用于结构振动观测以判断是否发生疲劳破坏或产生结构缺陷等。

综上所述，计算机视觉蓬勃发展，相关技术大量涌现，已被广泛应用于工程实践，为索力测试方法提供了良好的技术支撑。其中，微小运动放大算法快速发展，相关研究正在逐步开展，在结构振动领域具有广阔的应用前景。该技术的发展，也有望为桥梁索力测量建立一种非接触性的传感方法。

7.3.2　雷达感知技术

雷达，意为“无线电测探和测距”，即用无线电方法发现目标并检测它们的空间位置。雷达感知是一种无线感知的技术，它通过分析接收到的目标回波特性，提取并发现目标的位置、形状和运动轨迹等。相比于其他传感器，雷达感知具有颇多优势。比如，与视觉传感器相比，其感应功能不受光线的影响，更具有穿透遮挡物能力，从而可以起到很好保护个人隐私的作用；与超声技术相比，传感器能可靠地检测距离更远的物体。此外，毫米波导引头穿透烟、雾、灰尘的能力强，受天气和环境的影响较小，并且生产成本较低、易于大规模生产，因此雷达感知目前可以支持丰富的应用场景。例如，毫米波雷达具有高空间分辨率、强抗干扰能力、高隐蔽性等优点，常用于汽车辅助驾驶。

雷达信号和图像信号有很大区别，以目前常用的调频连续波（FMCW）的特殊毫米波技术为例，FMCW雷达结构图如图7-16所示。可见，其工作原理包括如下过程。首先，合成器生成一个线性调频脉冲，并由TX天线发射。目标物体对该线性调频脉冲的反射生成一个反射线性调频脉冲，且由RX接收天线进行捕捉。然后，混频器把TX和RX信号合并，生成中频信号。一般情况下，一个雷达包含多个发射天线和接收天线，所以最后会有多个中频（IF）信号。而关于距离（Range）、角度（Angle）、速度（Doppler）等目标物体信息均包含在这些中频信号中，用离散傅里叶变换法（DFT）可分离中频信号中的相关信息。

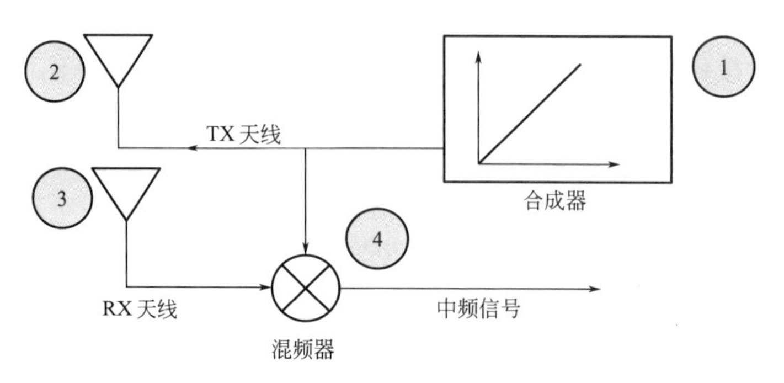

图 7-16　FMCW 雷达结构图

雷达接收处理包括射频前端、基带信号处理和后处理算法三部分。其中，射频前端完成高频雷达接收信号的模拟域信号处理和数模转换（ADC，是一种将模拟信号转换为数字信号的电子设备），基带信号处理在零中频上完成雷达接收信号的数字信号处理（DSP，是一种数字信号处理器）和目标检测，在目标检测之后的高层算法被统称为后处理算法，如聚类（Clustering）、关联（Association）、跟踪（Tracking）、分类（Classification）等。雷达信号处理流程如图 7-17 所示。

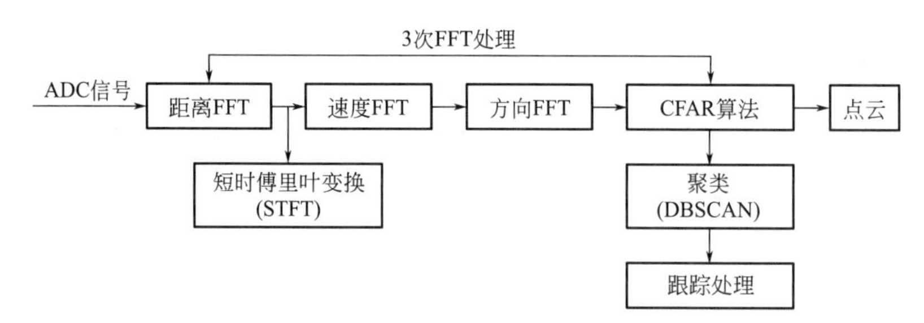

图 7-17　传统雷达信号处理流程图

从流程图中可知，ADC 信号经过三次 FFT（快速傅里叶变换）处理后，得到一个离散但稠密的三维信号，分别对应的维度是距离（Range）、速度（Doppler）和角度（Angle）。此时便得到了目标作为一个点的所有信息：包括其距离、速度、角度，这些信息有助于进行后续的聚类操作。接着，通过特定的目标检测算法（例如 CFAR-CA、CFAR-OS 等）从噪声中检测获得反射点。随着目标的尺寸、雷达发射系数（RCS）和检测算法的不同，一个物体在目标检测后可能产生从几个到几百个不同的反射点。如果通过聚类算法分析这些反射点的内部结构，将属于同一个物体的反射点归为一个簇，这样每一个检测到的物体都形成一个簇。聚类的目的在于将单个可能得到的诸多点汇集成一点以方便后续的跟踪等数据处理的操作。最后再通过对聚类以后的簇进行跟踪处理，可以获得可靠的物体的距离和移动速度。

CFAR 算法的关键就是动态地确定采样的阈值，CFAR 采样后得到的稀疏的数据又被称为点云（Point Cloud）。CFAR 检测器的工作原理是：首先对输入的噪声进行处理并确定一个门限，将此门限与输入端信号相比，若输入端信号超过了门限，则判为有目标，否则，判为无目标。一般信号由信号源发出，在传播的过程中受到各种干扰，到达接收机后经过处理，输出到检测器，然后检测器根据适当的准则对输入的信号做出判决。为了使系统的CFAR保持恒定，此门限应是随输入噪声变化而进行快速的自适应调整的，噪声处理方法也是随噪声的不同分布而异。因此，CFAR检测技术包括CFAR处理技术和目标检测技术两大部分。前者包括快门限、慢门限处理技术，而后者包括似然比检测、二进制检测、序贯检测和非参量检测等。

（1）均值类CFAR

均值类CFAR的核心思想是通过对参考窗内采样数据取平均来估计背景功率。CA-CFAR、GO-CFAR、SO-CFAR算法是三个最经典的均值类CFAR算法。如图7-18所示，在待检测单元左右两侧分别设置一个参考窗，对参考窗内所有样本数据求均值得到干扰功率的最大似然估计值。门限值则由估计得到的干扰功率值与门限因子相乘得到，若待检测单元大于门限值，则该单元存在目标，反之不存在目标。

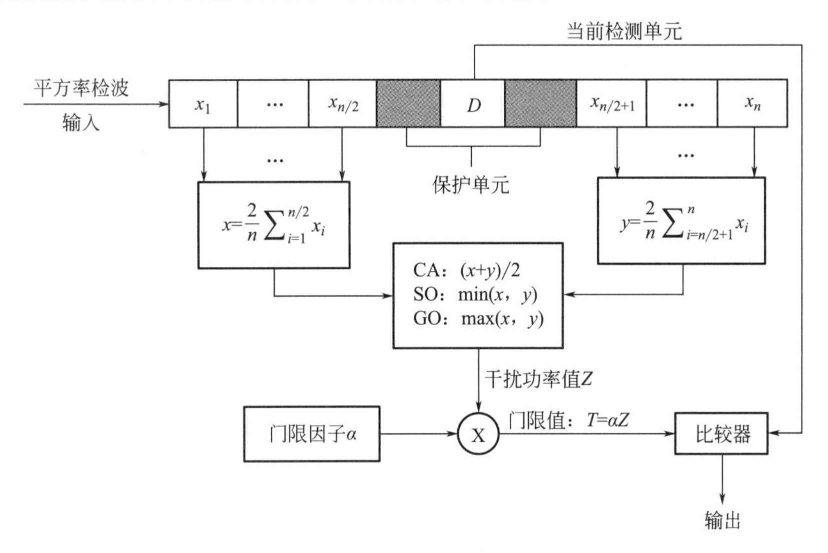

图7-18 均值类CFAR检测器原理图

（2）统计有序CFAR

统计有序CFAR的核心思想是通过对参考窗内的数据由小到大排序，再选取其中第k个数值作为其杂波背景噪声，如图7-19所示。

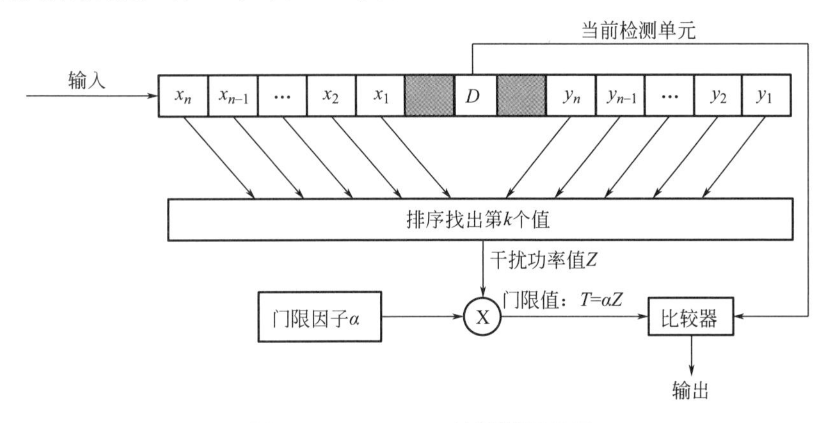

图7-19 OS-CFAR检测器原理图

（3）自适应 CFAR

自适应 CFAR 是针对不同的杂波选用不同的决策方法来进行。HCE-CFAR 检测器（如图 7-20 所示）是一种适用于非均匀背景下的自适应 CFAR 方法。其原理是首先找出不同背景下的临界单元，判断检测单元位于哪个背景区域，然后对该区域进行背景功率评估，最后进行 CFAR 检测。此方法在杂波边缘检测较好，但如果参考窗分布均匀，HCE-CFAR 算法同样只采用一部分参考窗进行背景功率估计，这样会损失一部分检测性能且增加算法复杂度去寻找杂波临界点。

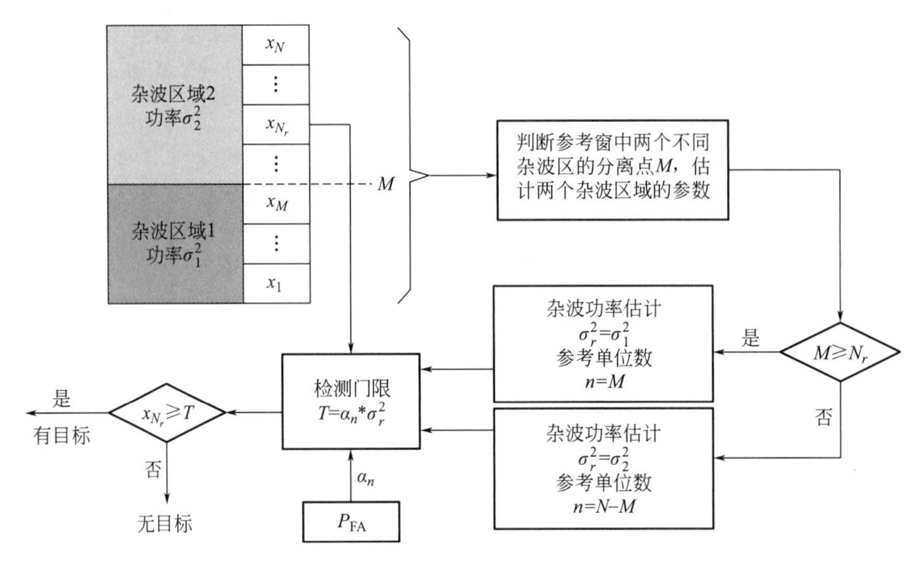

图 7-20　HCE-CFAR 检测器原理图

VI-CFAR 检测器（如图 7-21 所示）是 CA-CFAR、GO-CFAR、SO-CFAR、OS-CFARr 四个 CFAR 检测器的组合或变体，可以根据杂波背景自适应地选择 CFAR 检测器。但是，这种方法在多目标环境下会呈现出检测性能下降的问题。

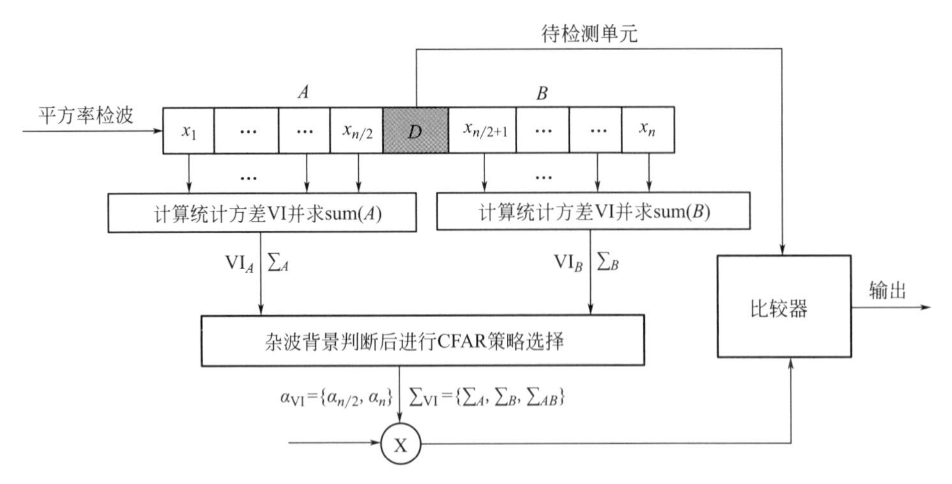

图 7-21　VI-CFAR 检测器原理图

7.3.3　多光谱感知技术

光谱（光学频谱），即是光经过棱镜、光栅等色散系统之后，被分散的单色光按照波长/频率的不同，以不同排列方式组合而成的图案。光谱中有一部分是人眼可以看到的可见光。当原子运动时，电子会产生电磁辐射，即所谓的光波。因为物质中原子内电子运动情况不同，所以光波也不同，所形成的光谱也会不同。因此，光谱就成为物质的一种指纹，通过对光谱图像的分析能够知道物质的组成和含量。相应的，光谱分析是一种重要的自然科学分析手段，常用来检测物体的物理结构、化学成分等方面。

（1）多光谱传感器的工作原理

多光谱技术（Multispectral）是指一种能够同时获取多个光学频谱波段（通常大于等于3个频段），并可在可见光的基础上向红紫外光两个方向进行扩展的光谱探测技术。实现方式是通过组合多种滤光片，或者组合分光器与感光胶片，使得在同一时间能分别接收同一目标在不同窄光谱波段范围内辐射或者反射的光信号，从而得到目标不同光谱带的图片。在实际生活中，彩色相机拍摄的照片就是一种多光谱照片。从图7-22可以看出，包含了红色（频段1）、绿色（频段2）和蓝色（频段3）三个光学频谱波段的信息。如果在照相机或者探测器上，则会增加更多的频带（如频段4和频段5），如此就可以获得一个包含多个频带的多光谱照片。

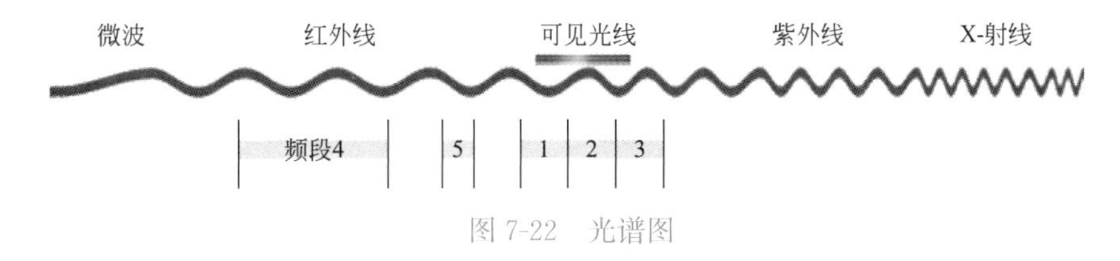

图7-22　光谱图

同时，根据传感器的光谱分辨率可对光谱成像技术进行分类，光谱成像技术一般可分成3类：多光谱成像，光谱分辨率在0.1数量级，相应的传感器在可见光和近红外区域一般只有几个波段；高光谱成像，光谱分辨率在0.01数量级，相应的传感器在可见光和近红外区域有几十到数百个波段；超光谱成像，光谱分辨率在0.001数量级，相应的传感器在可见光和近红外区域可达数千个波段。

多光谱传感器由系统结构和光学通路组成，其外壳上装有一个用于接收被测辐射的入射孔径。在入射孔径后面的辐射路径中，利用光学装置使入射光束分裂，使其进入若干个滤光片。这些滤光片的光谱投射范围是不同的，一旦超过投射范围，就会发生反射。

（2）多光谱传感器的系统结构

多光谱传感器的组成包括光学和控制/显示两部分，如图7-23所示。光学部分包含利用离轴3镜反射的成像光学元件和利用分光镜来划分谱段的分光元件。分光镜将光谱范围划分为3个可见光谱段、1个近红外谱段、1个中波红外谱段、1个长波红外谱段。所划分的6个谱段需要用6个探测器，分别是3个可见光探测器、1个近红外探测器、1个中波红外探测器、1个长波红外探测器。标准温度板放置在中央图像的周围以补偿红外探测器的非均匀性。

控制/显示部分包括温控器、控制器、图像信号处理器和显示设备（屏幕）。其中，控制器和图像信号处理器控制 6 个谱段的图像。在可见光和近红外谱段以 8bit 的速度对信号进行处理，在红外谱段是以 12bit 的速度对信号进行处理。数字化图像被记录在光学磁盘上，即图像存储器中。温控器将光学元件控制在 20～40℃之间，显示器能够显示出控制器/信号处理器处理过的图像，且图像水平分辨率高于 1000 线。

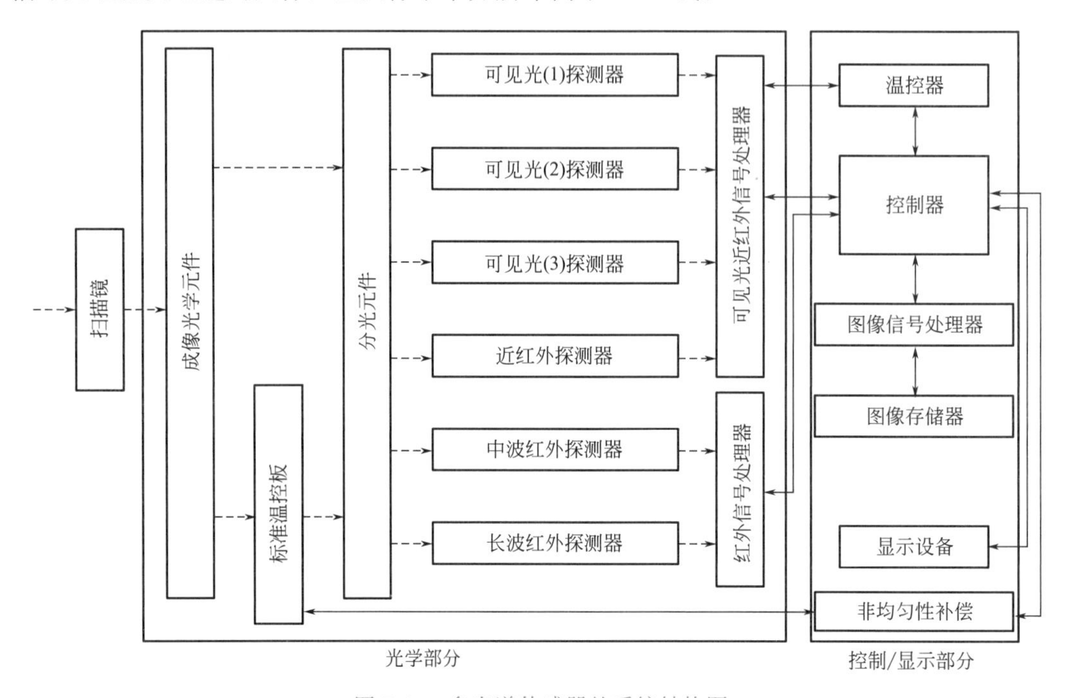

图 7-23　多光谱传感器的系统结构图

(3) 多光谱传感器的光学通路

多光谱传感器的光学通路包括成像光学元件和划分光谱的光学元件。其中，成像光学元件用的是离轴 3 镜式反射光学元件，如图 7-24 所示，它可在宽的视场内提供一个光谱范围宽、分辨率高的无遮挡视场。

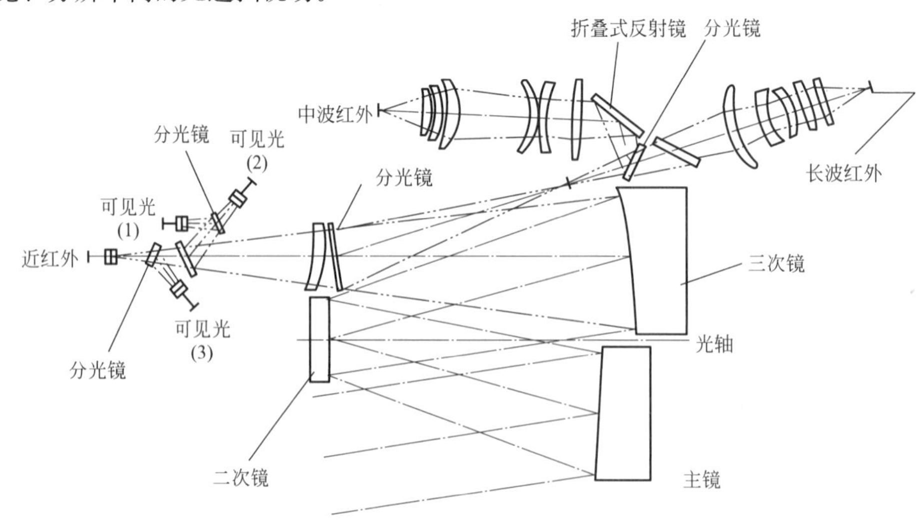

图 7-24　多光谱传感器的光学通路图

离轴 3 镜反射光学元件由 1 个凹形主镜、1 个凸形二次镜和 1 个凹形三次镜组成。凸形二次镜相对于光轴呈对称旋转，主镜和三次镜表面为离轴面，也相对于光轴呈对称旋转。主镜为双曲面，二次镜为球面，三次镜为扁椭面。孔径光阑（图中未标出）安置在二次镜的前面，光阑与三次镜间的距离是三次镜半径的一半。系统在成像空间为远心成像。反射镜之间的间隙在设计时要求足够宽以放置机械隔板，这样的结构可以使红外波长区域冷光阑有效系数为 100%、孔径无遮挡，且在平面上产生的图像质量良好。

划分光谱的光学元件则由 4 个分光镜组成。分光镜将光谱范围分成 3 个可见光、1 个近红外、1 个中波红外和 1 个长波红外谱段。

7.3.4　声波感知技术

声波感知很早就出现在自然界中，例如蝙蝠和海豚都是利用自身发出的超声波，通过障碍物反射的回声对前方物体进行定位，进而躲避障碍物或者追捕猎物。

受到动物回声定位的启发，在 1906 年，英国海军就发明出了第一部声呐仪，主要用于侦测冰山，其原理是利用声波在水下的传播和反射特性对水下目标进行侦测。声呐随后在第一次世界大战时被利用到战场上，用于潜伏在水下的潜水艇。随着时代发展，声呐技术除了用于军事探测外，还广泛用于鱼群探测、海洋石油、水下作业和水文测量等多方面。

声呐技术是较早出现的代表性声波感知技术。随着技术的发展，声音生化装置已经在生活中非常普及了，许多新的声波感知技术也随之出现。

（1）声波感知器

声波感知技术以声波传感器为主体，主要研究和发展声波信息的形成、传输、接收、变换、处理和应用。把在气体、液体或固体中传播的机械振动，转化成电信号的器件或者装置称作声波传感器。

声波传感器在工作时通常是由传感器内置一个对声音比较敏感的电容式驻极体话筒，声波可以使话筒里面的驻极体薄膜发生振动，进而导致电容发生改变，从而产生电压。内置的电容式驻极体话筒主要由声电转换部分和阻抗两部分组成，其中声电转换的关键元件是驻极体振动膜，振动膜通常由一片比较薄的塑料膜片组成。当振动膜经过高压电磁驻极后，其两面都会分别出现异性电荷，且膜片的蒸金面向外，与金属外壳相连。膜片的另一面与金属极板中间用薄的绝缘衬圈隔离开。如此，蒸金膜与金属极板的中间就会形成一个电容。一旦驻极体膜片遇到声波振动，就会造成电容两端电场发生改变，由此也就产生了随声波而变化的交变电压。由于驻极体膜片与金属极板中间的电容量较小，所以输出阻抗值较高，大约几十兆欧以上，因此不能直接与音频放大器相匹配，需要在话筒里面接入一个结型场效应晶体三极管来开展阻抗变化。

声波传感器的种类很多，按照测量原理可分为动电型、压电型、静电型和磁致伸缩型等。图 7-25 右侧是压电声波传感器的结构图，其中压电晶体的一个极面与膜片相连接。当声压作用在膜片上发生振动时，膜片会带动压晶体产生机械振动，从而压电晶体会产生随声压大小而变化的电压，即进行了声-电的转换。当测量空气中的声音时，该传感器就被称作话筒。

（2）声波感知技术的基本原理和关键技术

声波感知技术由两部分组成，声音发射装置和声音接收装置。

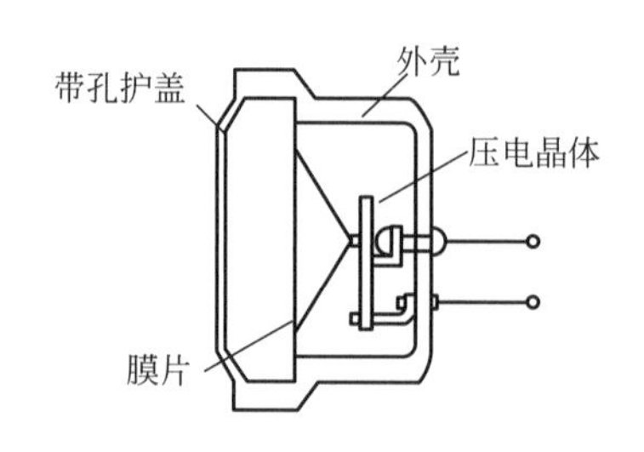

图 7-25　声波传感器（左）和压电传感器的结构图（右）

声音发射装置，一般指扬声器，是一种将电信号转化为声音信号的换能装置，分为电动式扬声器（图 7-26 左）、电磁式扬声器、静电式扬声器以及压电式扬声器等。以电动式扬声器为例，其基本原理是通电线圈产生磁场后，与附轴在正轴上的永磁体相互作用，使正膜产生相应的振动发出声音。不同的电流将产生不同的声音信号。

声音接收装置，比如麦克风，是一种将声音信号转化为电信号的换能装置。声音接收装置根据信号的转换原理可以分为电容式麦克风（图 7-26 右）、电动式麦克风、压电式麦克风等。以电容式麦克风为例，其中的敏感膜受声音信号影响产生位移，进而产生对应的电压信号。

图 7-26　电动式扬声器（左）和电容式麦克风（右）

除了声音接收装置，声音传播媒介在声音感知技术中也非常重要。由于声音信号是通过物体振动产生并传播的，比如在真空中声音则无法传播，所以传播介质是声波感知中不可缺少的一环。在实际声波感知应用场景中，最常见的传播媒介是空气和水。表 7-2 给出了声音在介质中的传播速度。一般来说，声音在固体中的传播速度远大于在液体中的传播速度，也远大于在气体中的传播速度，其中在气体中的传播速度最小。

物质的声速（m/s）　　表 7-2

物质	声速	物质	声速
空气(15℃)	340	海水(25℃)	1531
空气(25℃)	346	铜(棒)	3750
软木(25℃)	500	大理石	3810
煤油(25℃)	1324	铝(棒)	5000
蒸馏水(25℃)	1497	铁(棒)	5200

针对应用场景和具体需求，可以选择合适的声音信号的调制方式，用于声波感知。常见信号类型包括 FMCW（Frequency Modulated Continuous Wave）信号、单一正弦波信号、OFDM（Orthogonal Frequency Division Multiplexing）信号和白噪声信号。

1）FMCW 信号，即调频连续波，信号的频率随时间匀速变化。

2）单一正弦波信号，即被调制的信号频率中只有单一的一个正弦波频率成分，如图 7-27 所示。

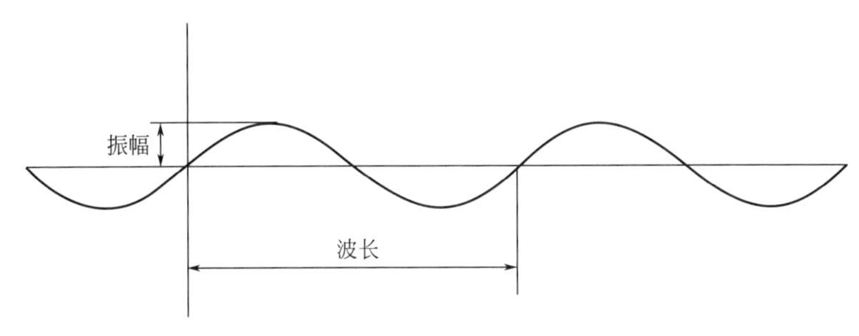

图 7-27　单一正弦波信号图像

3）OFDM 信号，即正交频分复用信号，这种调制信号将频带分为多个正交子载波来使用，如图 7-28 左所示。

4）白噪声信号，指的是在所有频率上都具有相同能量密度的随机噪声，其频谱图为一条水平直线，如图 7-28 右所示。

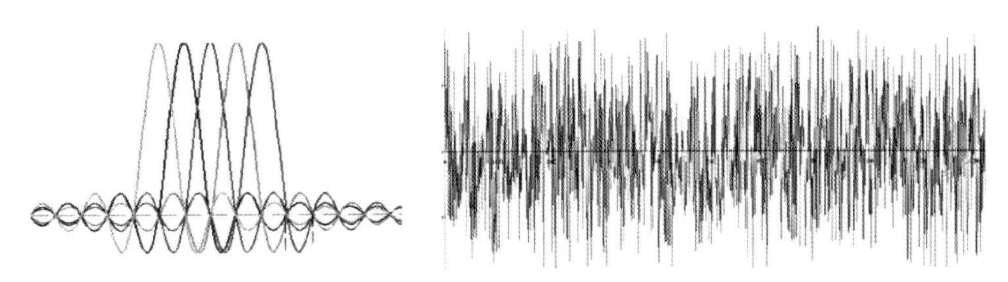

图 7-28　OFDM 信号图像（左）和白噪声信号图像（右）

下面以 FMCW 信号为例说明声波感知的基本原理。假设声音发射装置与接收装置始终同步，若两者不同步，则需要借助其他手段，例如依靠辅助参考点测量相对距离。

在始终同步前提下，发射端发射的 FMCW 信号由图 7-29 中深色线可知，在每一个周期内。t 时刻的信号频率均为 f，公式如下：

$$f = f_{\min} + \frac{Bt}{T}$$

$$B = f_{\max} - f_{\min} \qquad \text{（式 7-1）}$$

其中 B 为信号带宽，T 为信号周期，t 为当前时刻。则发射端的时域信号可表达为：

$$u_{T\_x}(t) = \cos(2\pi f t) = \cos\left(2\pi\left(f_{\min} + \frac{Bt}{T}\right)t\right) \qquad \text{（式 7-2）}$$

声音信号在经过一段时间后到达接收装置。由于信号衰减和延迟的存在，其接收信号的时域表示为：

$$u_{R\_x}(t) = \alpha\cos(2\pi f(t-\Delta t)) = \alpha\cos\left(2\pi\left(f_{\min} + \frac{Bt}{T}\right)(t-\Delta t)\right) \qquad \text{（式 7-3）}$$

其中，α 为衰减系数，Δt 为传播时延。图 7-29 中的浅色线表示接收信号的频率变化。

通过计算同一时刻发送与接收信号二者之间的频率差 Δf，即可计算出对应的传播时延 Δt。假设已知声音在媒介中的传播速率为 c，就能得到发射端与接收端间的距离 d，公式如下：

$$\frac{\Delta t}{T}=\frac{\Delta f}{B}$$

$$d=c\times\Delta t \qquad (式 7\text{-}4)$$

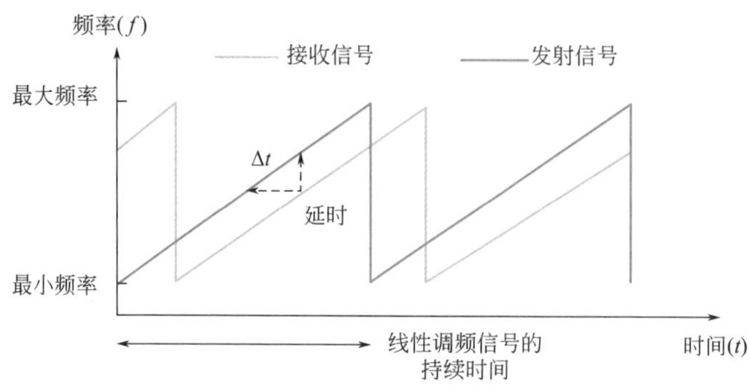

图 7-29　声波感知的基本原理

声音不仅可以从发射端沿直线传播到达接收端，也可以经过环境中的其他物体反射后到达接收端。图 7-30 中为一台智能手机示意图，手机内有扬声器作为声波的发射端，在手机底部和顶部有两个麦克风作为接收端，用声波感知手指在手机表面运动的手势。其具体原理为：手指会作为反射物使得接收端接收到除直线路径之外的反射路径信号，根据两种信号对应的不同距离以及手机平面上各点间的几何关系，可以计算出手指的位置，进一步手指的移动也会影响两路信号的变化，通过分析计算便可实现手势感知。

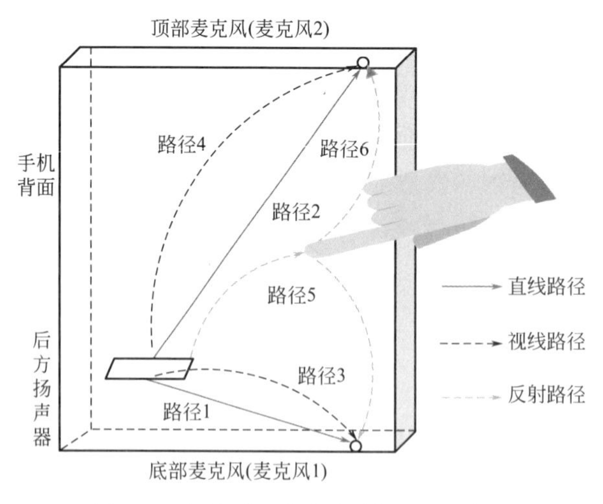

图 7-30　智能手机中声波感知原理示例图

考虑从手机内部固体传播的声音信号，则有三种信号到达接收端。声波感知的频率选择一般根据频率不同分为次声波（＜20Hz）、声波（20～20000Hz）和超声波（＞20000Hz），声波感知中主要选择声波以及超声波。

超声波的优点是其频率更高，波长更短，理论上具有更高的精度。但是超声波需要专门的声音发射和接收装置，一般的扬声器和麦克风无法满足要求。而且假如长时间处于超声波的环境下，人体可能会感觉不舒服，因此它不适合长时间、大范围的部署应用。

声波的优点在于可以利用现有的商用扬声器和麦克风实现声波感知，缺点则是可能会产生人耳能够听到的噪声。有趣的是，使用声波感知时，选用频率在 15kHz 以上的高频声波，可以有效降低噪声对人耳的影响。因为人耳对 2～5kHz 的声音是最敏感的，在 15kHz 时听觉阈突增，敏感度会减小。

（3）声波感知技术的典型应用

声波感知已经运用于许多的场景中，包括姿势识别、身份认证、交互感知和监控检测等。在身份认证的应用中，用户仅需要利用手机中的摄像头、扬声器和麦克风实现便捷又安全的身份认证。手机发送声音信号经人脸反射后，被接收端接收，而从反射信号中，手机可以提取出对应的人脸轮和深度等特征，结合摄像头采集的视觉信息，能够实现更精确安全的身份认证。这种身份验证的原理如图 7-31 所示。从图中看出，通过耳机扬声器发出几乎听不到的声音信号来“照亮”用户的脸，并将回声中提取的声学特征与正面摄像头的视觉面部地标相结合，从而对用户进行身份验证。

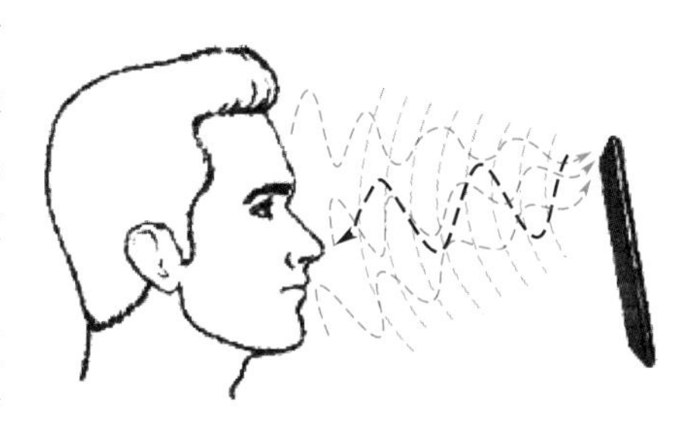

图 7-31　身份认证原理示意图

声音感知还可以用于对人的体征指标的测量。比如在健康监测应用中，用声音发射端发射声音信号，经过人的胸部反射后，信号被接收端接收，通过分析反射信号，感知系统可以提取出胸部振动的相关特征指标，进而实现对呼吸频率的监测。

声音感知在海洋工程中应用尤其广泛，包括对水下目标进行探测（存在、位置、性质、运动方向等）和电子设备的通信等。这是由于光在水中的穿透能力很有限，即使在最清澈的海水中，人们也只能看到十几米到几十米内的物体。而且在水深 200m，人的眼睛就基本看不见阳光；水深 200～1000m，没有地球生物能进行光合作用；水深超过 1000m，已知的地球生物都看不见阳光。另一方面，电磁波在水中衰减的速率非常的高，无法作为侦测的信号来源。然而，声波在水中传播的衰减就小得多，在深海声道中爆炸一个几公斤的炸弹，在两万公里外还可以收到信号，低频的声波还可以穿透海底几千米的地层，并且得到地层中的信息。在水中进行测量和观察，迄今还未发现比声波更有效的手段。因此，以声波探测水下成为应用最为广泛的技术。无论是潜艇或者是水面船只，都利用这项技术的衍生系统，用以探测水底下的物体，或者是以其作为导航的依据。

7.4 传输与控制技术

7.4.1 传输技术

假如传感器是 IoT 的触觉，则传输网络就是 IoT 的神经系统，是内部数据与互联网平台的交换通道。随着 IoT 的快速发展，无线传输成为 IoT 的主要传输方式，相应的无线传输协议也越来越受到技术厂商的关注，得到了广泛的应用。本节主要介绍无线传输协议和无线通信技术。

7.4.1.1 无线传输协议

无线传输协议是一种通过无线方式解决数据在网络间传输质量的协议。各种类型的设备在没有线缆连接的情况下，实现设备与设备之间，或是设备和串口服务器之间的数据通信，都是通过各种协议条件下进行的。

按照传输能耗和距离，无线协议可以分为四个不同类别。第一类是远距离高速率的传输协议，典型协议包括蜂窝网络通信技术，如 3G、4G、5G 相关技术等，这是目前移动通信使用的典型技术。第二类是近距离高速率传输技术，如 Wi-Fi、蓝牙等，这些技术传输距离在几米到几十米级别，主要用在家庭和办公中，使用非常广泛。此两类是一般用户最常接触和使用到的无线网络协议，也符合传统网络应用的主要特点和需求。第三类是近距离低功耗传输技术，如 ZigBee、RFID、低功耗蓝牙等，能够提供近距离低速率的传输。第四类是远距离低功耗传输技术，这类技术相比前三类，对信噪比要求较低，对障碍的穿透性较强，可以在复杂环境中实现远距离低功耗传输。

低功耗广域网 Low Power Wide Area Network（简称 LPWAN），即低功耗广域网络，主要用于设备之间的通信，这种通信技术具有网络覆盖范围广、终端功耗低等特点，比较适合大规模的物联网应用部署。具体包含 NB-IoT（窄带物联网）、LoRa（罗拉）、Sigfox（以超窄带技术建设物联网设备专用的无线网络）、eMTC（增强机器类通信）四种，其中 NB-IoT、LoRa 近年来广受追捧。LoRa 是一种基于扩频技术的远距离无线传输技术，其实也是诸多 LPWAN 通信技术中的一种，最早由美国 Semtech 公司采用和推广。这一方案为用户提供了一种简单的能实现远距离、低功耗无线通信手段。LoRa 的应用一般都是物联网设备，通常都是使用电池供电，并且使用时间也是几年以上，这就要求 LoRa 要具有极低的功耗。LoRa 低功耗的实现主要由两方面决定：一方面是芯片需要具有低功耗；另一方面是软件通信协议也需要具有低功耗。首先在硬件上 LoRa 的功耗很低。其次在软件通信协议方面，LoRa 并没有像其他无线技术那样有着复杂的通信协议，数据包十分的简单，无需发送大量的握手数据。为了达到省电的目的，业界广泛应用周期侦听（Wake on Radio，WOR）方式，如图 7-32 所示。

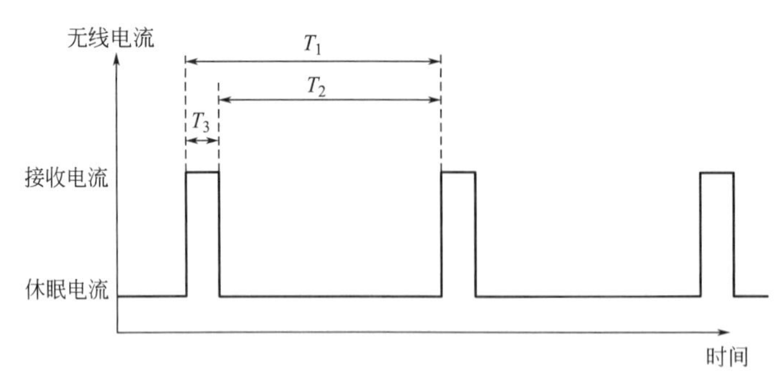

图 7-32 WOR 接收方电流示意图

芯片周期性地进入接收（RX）模式以侦听有没有唤醒前导码，其他时间处于休眠（Sleep）模式。WOR 接收电流如图 7-32 所示，其大部分时间处于休眠模式，只有少部分时间被唤醒处于接收模式，所以其整体功耗很低。

在无线通信中，衡量通信距离的标准是链路预算，链路预算等于发射功率减去灵敏度。灵敏度是负数，灵敏度越高负得越多，所以提高链路预算的方法是增大发射功率和提高灵敏度。但是发射功率在各个国家和地区都有着严格要求，所以提高通信距离的方法只有提高灵敏度了。而 LoRa 在接口宽带 BW=125kHz，扩频因子 SF=7 的时候灵敏度就已经达到了－123dBm（分贝毫瓦）；在 BW=7.81kHz，SF=12 的时候灵敏度到了－149.1dBm。而蓝牙的灵敏度在－90dBm 左右，ZigBee 在－85dBm 左右，所以 LoRa 的传输距离相比其他无线通信技术要远很多。但 LoRa 是使用带宽换取灵敏度，会导致发送速率很慢，所以 LoRa 适用于长距离、低速率、小数据量的应用。

7.4.1.2　无线通信技术

在无线通信中，通信距离、通信速率和通信功耗通常难以兼得，在实际设计中会根据需求有所取舍。例如，Wi-Fi 选择高通信速率，就会适当放低通信距离和通信功耗的要求；而手机上使用的移动通信技术则主要选择了通信距离和通信速率，放低通信功耗的要求。

目前发展较成熟的几大无线通信技术主要有 ZigBee、蓝牙、红外和 Wi-Fi。此外，还有一些具有发展潜力的无线技术：超宽频（UWB）、短距离通信（NFC）、WiMedia、GPS、DECT、无线 139、专用无线系统和 5G 技术等。它们都有各自立足的特点，或基于传输速度、距离、耗电量的特殊要求，或着眼于距离的扩充性，或符合某些单一应用的特殊要求，或建立竞争技术的差异优化等，但没有一种技术完美到可以满足所有的要求。

（1）蓝牙技术

瑞典的爱立信公司于 1994 年开发了一种低功耗、低成本的无线接口，其目的是建立手机及其附件间的通信，能在近距离范围内实现相互通信或操作。1998 年，由爱立信、诺基亚、IBM 等公司共同推出了蓝牙技术，主要用于通信和信息设备的无线连接。其传输频段为全球公众通用的 2.4GHz 频段，提供 1Mbps 的传输速率和 10m 的传输距离。该技术陆续获得 PC 行业业界巨头的支持。蓝牙技术协议由 Ericsson、IBM、Intel、NOKIA、Toshiba 五家公司制定，其标准版本为 802.15.1。802.15.1 的最初标准是基于蓝牙 1.1 版本实现的，而新版的 802.15.1a 则是基于等同于蓝牙 1.2 标准，具备一定的 QoS（服务质量）特性，并完整保持向前的兼容性。

蓝牙技术遇到的最大障碍是传输范围受限，一般有效的范围在 10m 左右，抗干扰能力不强、信息安全难以保障等问题也制约了其进一步发展。

然而，作为一种电缆替代技术，蓝牙具有低成本、高速率的特点，可把内嵌有蓝牙芯片的计算机、手机和多种便携通信终端互联起来，为其提供语音和数字接入服务，实现信息的自动交换和处理，并且蓝牙的使用和维护成本要低于其他无线通信技术。目前蓝牙技术开发重点是多点连接，即一台设备同时与多台其他设备互联。今后，市场上不同厂商的蓝牙产品将能够相互联通。蓝牙技术的应用主要有以下 3 类：

1）语音/数据接入：指将一台计算机通过安全的无线链路连接到通信设备上，完成与广域网的连接；

2）外围设备互连：指将各种设备通过蓝牙链路连接到主机上；

3）个人局域网：主要用于个人网络与信息的共享与交换。

蓝牙产品涉及个人电脑、笔记本电脑、移动电话等信息设备，以及控制器、汽车电子、家用电器和工业设备等终端设备。

（2）IrDA 技术

IrDA 是一种利用红外线进行点对点通信的技术，首次实现了无线个人局域网（PAN）。目前它的软硬件技术都很成熟，在小型移动设备（如：PDA、手机）上广泛使用。

早期采用 IrDA 标准的无线设备仅能在 1m 范围内以 115.2kb/s 速率传输数据，但很快发展到 4Mb/s，甚至 16Mb/s 的速率。IrDA 的主要优点是无需申请频率的使用权，因而通信成本较低，并且还具有移动通信所需的体积小、功能低、连接方便、简单易用的特点。此外，红外线发射角度较小，传输上安全性高。

IrDA 的不足在于它是一种视距传输，两个相互通信的设备之间必须对准，中间不能被其他物体阻隔，因而该技术只能用于两台设备之间的连接。

（3）Wi-Fi 技术

Wi-Fi 是一个无线网络通信技术的品牌，由 Wi-Fi 联盟（Wi-Fi Alliance）所持有，其目的是改善基于 IEEE 802.11 标准的无线网络产品之间的互通性。Wi-Fi 工作频率也是 2.4GHz，与无线电话、蓝牙等许多不需频率使用许可证的无线设备共享同一频段。随着 Wi-Fi 协议新版本如 802.11a 和 802.11g 被先后推出，Wi-Fi 的应用也越来越广泛。

其中，速度更快的 802.11g 使用与 802.11b 相同的正交频分多路复用调制技术，速率达 54Mb/s。根据最近国际消费电子产品的发展趋势判断，802.11g 将被大多数无线网络产品制造商选择作为产品标准。Wi-Fi 为用户提供了无线的宽带互联网访问，可以轻松帮助用户访问电子邮件、Web 和流式媒体的互联网技术。同时，Wi-Fi 也是在家庭、办公室或在旅途中上网最方便快捷且高速高效的一种途径。

能够访问 Wi-Fi 网络的地方被称为热点，Wi-Fi 热点是通过在互联网连接上安装访问点来创建的。这个访问点将无线信号通过短程进行传输，一般覆盖约 100m 范围。Wi-Fi 是以太网的一种无线扩展，理论上只要用户位于一个接入点四周的一定区域内，就能以最高约 54Mb/s 的速度接入 Web。但实际上，如果有多个用户同时通过一个点接入，带宽被多个用户分享，Wi-Fi 的连接速度可能只有几个兆字节每秒，且 Wi-Fi 信号会显著受到墙壁等障碍物的阻隔，因此在建筑物内的有效传输距离小于户外。

（4）ZigBee 技术

ZigBee 技术是一种近距离、低复杂度、低功耗、低速率、低成本的双向无线通信技术。主要用于距离短、功耗低且传输速率不高的各种电子设备之间进行数据传输，以及典型的有周期性数据、间歇性数据和低反应时间数据传输的应用。其名字来源于蜂群使用的赖以生存和发展的通信方式，蜜蜂通过跳 ZigZag 形状的舞蹈来分享新发现的食物源的位置、距离和方向等信息。

ZigBee 的基本速率是 250kb/s，有效覆盖范围通常在 10～75m 之间；当降低到 28kb/s 时，传输范围可扩大到 134m，并获得更高的可靠性。另外，与蓝牙和 IrDA 技术相比，ZigBee 有更大的网络容量，即每个 ZigBee 网络最多可支持 255 个设备，也就是说每个 ZigBee 设备可以与另外 254 台设备相连接，因此相比蓝牙技术，可以更好地支持游戏、消费电子、仪器和家庭自动化应用，在工业监控、传感器网络、家庭监控、安全系统和玩具等领域具有很大的应用潜力。与 Wi-Fi 相比，ZigBee 低功耗和低成本有非常大的优势，在低耗电待机模式下，两节普通 5 号干电池可使用 6 个月以上。

ZigBee 技术工作频段灵活，使用的频段分别为 2.4GHz、868MHz（欧洲）及 915MHz（美国），均为免执照频段。根据 ZigBee 联盟的设想，ZigBee 的目标市场主要有 PC 外设（鼠标、键盘、游戏操控杆）、消费类电子设备（TV、VCR、CD、VCD、DVD 等设备上的遥控装置）、家庭内智能控制（照明、煤气计量控制及报警等）、玩具（电子宠物）、医护（监视器和传感器）、工控（监视器、传感器和自动控制设备）等非常广阔的领域。

（5）UWB

超宽带技术 UWB 通过基带脉冲产生极大带宽的信号，作用于天线的方式发送数据，采用脉位调制（Pulse Position Modulation，PPM）或二进制移相键控（BPSK）调制，主要应用在小范围，高分辨率，能够穿透墙壁、地面和身体的雷达和图像系统中。

UWB 最早是在军事部门研究和开发出来的，直到 2002 年，美国 FCC（联邦通信委员会）才准许该技术进入民用领域，并很快在土木、建筑、消防救援、治安防范及医疗、医学图像处理中都得到了广泛的应用。例如，有些 UWB 收发器可以用于制造能够看穿墙壁、地面的雷达和图像装置，这种装置可以用来检查道路、桥梁及其他混凝土和沥青结构建筑中的缺陷，可用于地下管线、电缆和建筑结构的定位。另外，戴姆勒克莱斯勒公司研制出基于 UWB 的自动刹车系统雷达，这种防撞雷达将成为高级汽车的一个选件。

UWB 的工作频率在 3.1～10.6 GHz 的波段内，在 10m 范围内，支持高达 110Mb/s 的数据传输率，因此适用于对速率要求非常高（如大于 100 Mb/s）的 LANs 或 PANs。UWB 有可能不需要压缩数据，可以快速、简单、经济地完成视频数据处理。图 7-33 以信号有效接发/传输距离为标志区分各种无线技术。短距离无线通信技术的对比如表 7-3 所示。

图 7-33　各技术应用范围的动态变化

短距离无线通信技术对比　　表 7-3

	Wi-Fi	IrDA	ZigBee	蓝牙	UWB	NFC	RFID
通信模式		点对点	网状	单点对多点		点对点	
通信距离	0～100m	0～1m	10～75m	0～10m	0～10m	0～20cm	0～50m
传输速度	54Mb/s	1Mb/s	10～250kb/s	1Mb/s	53.3～480Mb/s	424kb/s	

续表

	Wi-Fi	IrDA	ZigBee	蓝牙	UWB	NFC	RFID
安全性	低	低	中	高	高	极高	高
频段	2.4GHz		2.4GHz	2.4GHz	3.1～10.6G	13.56MHz	多频段
国际标准	802.11b 802.11g	无	802.15.4	802.15.1	无	ECMA340 ECMA352	
成本	高	低	极低	低	高	低	低

（6）GPS 技术

全球定位系统 GPS 是一个由美国国防部开发的新一代空间卫星导航定位系统。早在20世纪50年代末期，美国设计的子午卫星系统 NNSS-TRANSIT，即为 GPS 的前身，为 GPS 系统的研制作了铺垫。1973 年，美国国防部正式批准研制 GPS。1991 年，GPS 首次用于大规模战争实战。1994 年，GPS 全部建成并投入使用。2000 年，美国宣布 GPS 取消实施 SA（对民用 GPS 精度的一种人为限制策略），促进了全球 GPS 的应用领域不断扩展，直到现在发展成为人们极为依赖的日常生活中不可缺少的一部分。GPS 定位是目前最为精确、应用最广泛的定位导航技术。

GPS 系统是由分布在 6 个轨道面上的 24 颗卫星组成，每个轨道面相对地球赤道面倾角大约是 55°，各轨道平面升交点相差 60°。GPS 系统主要由空间部分、地面控制系统和用户设备这三部分组成。其中，空间星座部分由 24 颗卫星提供星历和时间信息、发射载波信号等，用户设备部分主要用于接收并观测卫星信号、提供导航信息等，地面控制部主要用于跟踪卫星进行定轨、计算卫星星历等。GPS 控制部分由 1 个主控站、5 个监测站和 3 个注入站组成（如图 7-34 所示），其中主控站是从各个监控站收集卫星数据，计算出卫星的星历和时钟修正参数等，并通过注入站注入卫星；同时向卫星发布指令，控制卫星，当卫星出现故障时，调度备用卫星。监控站是接收卫星信号，检测卫星运行状态，收集天气数据，并将这些信息传送给主控站。其中，GPS 接收机接收的信号经过误差处理后解算得到位置信息，再将位置信息传给连接设备对其进行相应的计算和变换，最后传递给移动终端。注入站是将主控站计算的卫星星历及时钟修正参数等注入卫星。

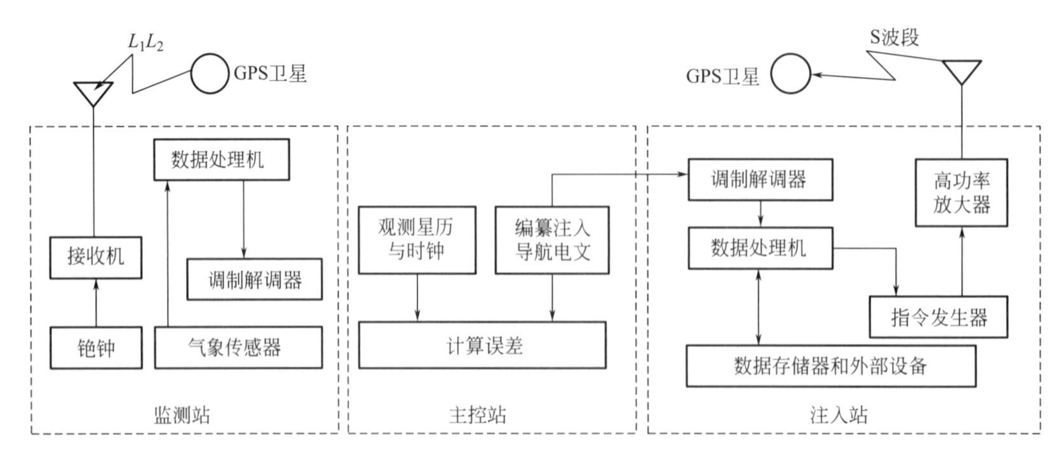

图 7-34　地面监控系统框架

卫星定位技术具有以下六个特征：①测站之间无需通视，即GPS测量只要求测量上空开阔，不需要建造觇标；②全天候作业，GPS卫星数目较多，且分布均匀保证了全天候的导航定位服务；③提供三维坐标，GPS可以精确测定测站平面的位置和大地高程；④定位精度高，民用GPS定位精度一般在200m左右，平均可达10m级左右，最好的定位精度可以达到3～5m；⑤操作简便，GPS仪器测量的自动化程度越来越高；⑥观测时间短，随着GPS系统和软件的不断更新，20km以内相对静态定位，只需15～20分钟；快速静态相对定位测量时，当每个流动站与基准站距离在15km以内时，流动站观测时间仅需1～2分钟；采用实时动态定位模式时，每站观测只需几秒钟。

（7）5G技术

5G无线通信技术是具有高速率、低时延和大连接特点的新一代宽带移动通信技术，5G通信设施是实现人机物互联的网络基础设施。为打破传统网络技术的约束，此技术采用新的IP地址作为数据传递基站，实时搜集、汇总大量信息放入移动终端，提高了数据的有效性和安全性。

国际电信联盟（ITU）定义了5G的三大类应用场景，即增强移动宽带（eMBB）、超高可靠低时延通信（uRLLC）和海量机器类通信（mMTC），如图7-35所示。eMBB主要面向移动互联网流量爆炸式增长，为移动互联网用户提供更加极致的应用体验；uRLLC主要面向工业控制、远程医疗、自动驾驶等对时延和可靠性具有极高要求的垂直行业应用需求；mMTC主要面向智慧城市、智能家居、环境监测等以传感和数据采集为目标的应用需求。

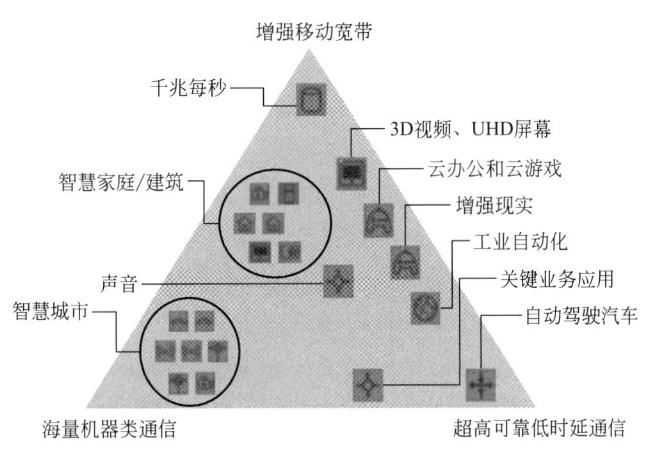

图7-35 5G的三大类应用场景

5G NR是基于OFDM（正交频分复用技术）的全新空口设计的全球性5G标准，也是下一代非常重要的蜂窝移动技术基础。目前5G涉及的标准版本为R15/R16/R17，分别对应三大场景。相对当前的4G通信，5G给用户带来最直观的好处是提升通话质量以及传输速率。5G技术的应用将促进数字经济的发展，为社会带来更多的便利和创新。

7.4.2 控制技术

IoT应用不仅仅是通过传感和识别技术获取物品的各种状态信息并进行分析处理，还包括根据控制策略来对物品进行智能化的控制。其中，IoT 控制系统是指以 IoT 为通信媒介，将控制系统元件进行互联，使控制相关信息进行安全交互和共享，达到预期控制目标的系统。

7.4.2.1 网络控制系统

传统的网络控制系统（NCS）是由网络组成一个或多个控制闭环回路。单层 NCS 结构中，传感器、执行器、控制器可以直接通过通信网络进行信息的交互。两层网络控制系统则是解决复杂对象控制的一条有效途径，多个控制器的协调问题可以通过高层控制器来完成（如图 7-36 所示）。本质上来说，IoT 控制系统与 NCS 都是对物理系统的状态信息进行采集，通过通信网络对信息进行实时可靠的传输，在对数据进行分析后通过网络发送控制指令来对物理系统进行监控管理，因此，可以将两种控制系统的架构进行融合。但是，IoT 架构对控制回路开环或闭环没有特定的要求，而 NCS 的控制策略更加偏重于一个个具体的闭环回路。此外，IoT 控制系统更强调网络的多样性和开放性、感知节点的地域分布广泛性、感知信息的异构性和海量性、被控对象种类的多样性、控制的智能化等。所以在搭建 IoT 控制系统时，既要借鉴 NCS 已有的大量研究成果来进行控制系统的设计，同时也要满足 IoT 的需求和特点。

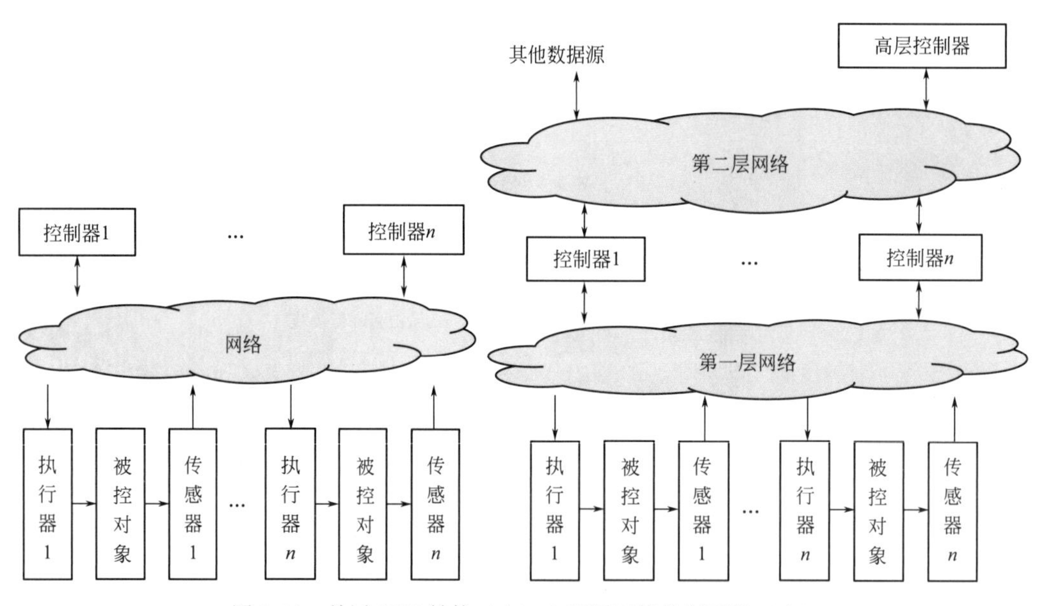

图 7-36 单层 NCS 结构（左）和两层网络控制系统（右）

基于网络控制系统的单、双层设计，IoT 控制系统也可以分别构建单层和双层。当控制系统比较简单、多个控制器之间不需要协调控制时，可采用单层系统架构（如图 7-37 所示）。该结构特点是：①感知层网络、执行器、被控对象、传感器对应物联网体系中的感知层；传输层网络对应物联网体系中的网络层；网络控制器和应用服务对应物联网体系中的应用层。②控制回路允许开环和闭环，当被控对象关联的传感器个数为零时，系统就按照开环来处理。此外，参与控制器决策的传感器参数可以与被控对象直接相关，也可以与被控对象没有直接的关系。③感知层网络可以采用蓝牙、Zigbee、Wi-Fi 等无线通信技术来采集传感信息或向执行器发送控制命令，也可以采用有线网、光纤网、工业总线等来连接各种控制器、执行器和传感器。

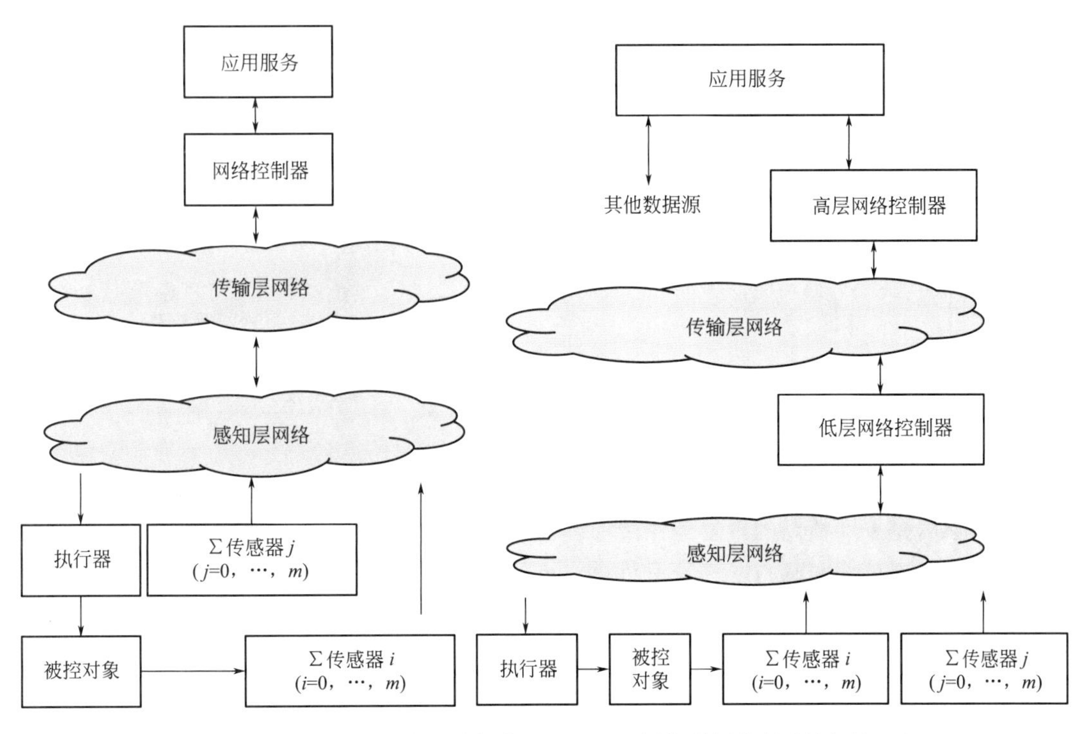

图7-37　单层物联网控制系统架构（左）和双层物联网控制系统架构（右）

当控制策略相对比较复杂时，可以采用双层物联网控制系统架构。相对单层控制系统，双层控制系统的不同点是：①感知层网络、低层网络控制器、执行器、被控对象、传感器对应物联网体系中的感知层；高层网络控制器、其他数据源和应用服务对应物联网体系中的应用层。②低层网络控制器可以以控制网关的形式存在，也可以是PLC控制器(可编程逻辑控制器)；高层控制器以支撑平台的形式存在，也是普遍意义上的云端。当系统中的大部分信息处理任务和用户服务请求是由支撑平台来完成的，则控制器的功能就主要由高层控制器来实现，而低层控制器可以弱化为网关。如果系统中的大部分信息处理任务和用户服务请求是由低层控制器完成的，则高层控制器所处的支撑平台就可以弱化成数据库管理平台。如果控制策略比较复杂，相对独立的控制策略可以由低层控制器来实现，而系统级的策略或者低层控制器之间的协调就由高层控制器来完成。

IoT控制系统的体系特点由原来的封闭式转变为开放式，适用领域也会越来越广泛。但是IoT本身的特性也为控制系统的构建带来了诸多不可控因素和难度。如何保证开放环境下控制的智能化、实时性、安全性，以及低功耗，都是未来重要的关注点。

7.4.2.2　物联网网关

在IoT的信息感知领域中，由于无线传感网络技术的应用场景具有特殊性，其一般应用于局部区域内，网与网之间本身无法通信，也不适合于实现远程的数据传输，这使得传感设备节点形成了一个个信息孤岛，无法实现真正的全面互联互通、协同感知。此外，IoT应用中的感知技术种类繁多，采用不同的通信协议，难以实现互联互通。

IoT网关，是连接无线传感网络与传统通信网络的纽带，完成无线传感网络、传统通信网络以及其他不同类型网络之间的协议转换，实现局域和广域的数据互联。此外，IoT 网关还需要具备设备管理功能，运营商通过网关设备可以管理底层的各感知节点，了解各节点的相关信息，并实现远程控制。

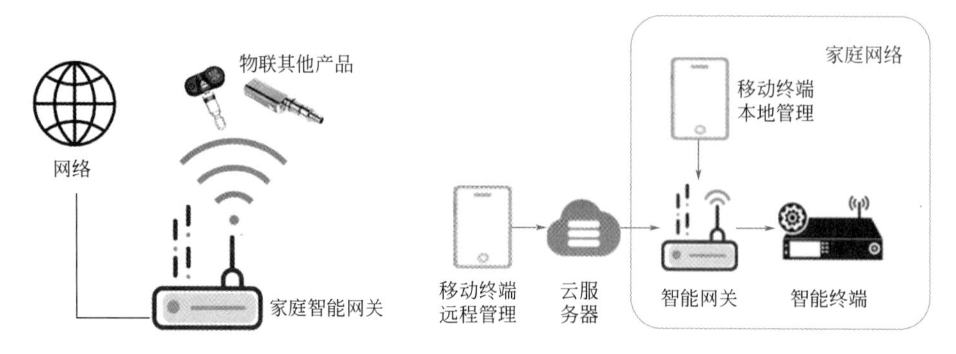

图 7-38　智能家居示意图（左）和智能网关实现的功能（右）

智能家居是 IoT 概念的重要应用之一，家庭智能网关则是智能家居最重要、不可或缺的组成部分，连接着家庭内网和家庭外网，保证内外网络的通信（图 7-38）。家庭内网是家庭所有电气设备的联网，每一个智能电器被当作一个终端节点，所有终端节点受家庭智能网关的集中管理和分散控制；家庭外网是指外部的太网、GPRS（通用分组无线业务）、4G/5G 网络，用于连接家庭智能网关的智能管理终端，如智能手机、平板电脑等，从而实现远程控制和查看家居信息。

从功能上讲，IoT 网关，或称为智能网关，主要实现以下三个功能：

（1）感知网络接入的能力。IoT 网关首先是具有对各节点属性、状态等信息的获取功能，即可以感知各节点的实时状态。其次是具有对节点的远程控制、唤醒、诊断等功能，即实现节点的自动化管理。

（2）异构网络互通的能力。IoT 网关接入必然存在跨域通信的要求，因此需要完善的寻址技术，以确保所有节点的信息都能被准确、高效、安全地进行定位和查询。随着 IoT 应用的发展，节点地址的数量会逐渐增大，且其编码结构与 DNS（域名系统）中的域名结构不同，因此需要有一套与互联网不同的寻址技术以满足需求。

（3）通信与数据格式标准化。IoT 网关必须实现传感网络到传统通信网络的协议转换，将协议适配层上传输的标准格式数据进行统一封装，将广域接入层下发的数据解包成标准格式数据，实现命令的解析，之后转换为感知层协议可以识别的信号和控制指令。

可见，IoT 网关主要完成三个任务：首先，是收集传感器节点的数据；其次，执行数据协议转换；最后，将协议转换后的数据快速有效地发送到公共网络。除此以外，IoT 网关同时还具有相应的管理和控制能力。

7.4.2.3　Arduino 硬件控制开发

Arduino 是一个开源、嵌入式的硬件平台，它是提供一种低成本的方法，用于创建与环境交互的控制设备，同时可以作为工具来感应和控制现实物理世界。Arduino 项目起源于意大利，它最初是为一些非电子工程专业的学生设计的，目的是开发一个成本低但好用的微控制器开发板。Arduino 一经推出，因其开源、低成本、简单易懂的特性迅速受到了广大电子迷的喜爱和推崇。使用人员即便不懂电脑编程，利用这个开发板也能用 Arduino 做出实用而有趣的小设备，比如对感知传感器的检测做出一些回应、闪烁灯光、控制马达等。

Arduino 硬件是一块完整的电路板，包含一块微控制器 IC，一组排母用于连接到其他电路、若干个稳压器 IC 用于给整个电路提供合适的电源，一个 USB 接口用于连接计算机。Arduino 软件是一个编程的开发环境，包含一个文本编辑器，可以在文本编辑器中编写并修改程序。Arduino 软件还包含一个自动上传器，可以将编写完成的程序发送到（亦称烧写到）Arduino 开发板，如图 7-39 所示。图 7-40 中 USB 接头可以给 Arduino Uno 提供 5V 的电压。当 Uno 所需要的电流大于 500mA 的时候，该保险管会自动断开，以防止损坏电脑。保险管带有自我恢复功能的，当 Arduino Uno 所需要的 5V 电流恢复到允许的范围内后，保险管会自动恢复连接，继续为 Arduino Uno 提供 5V 电压。

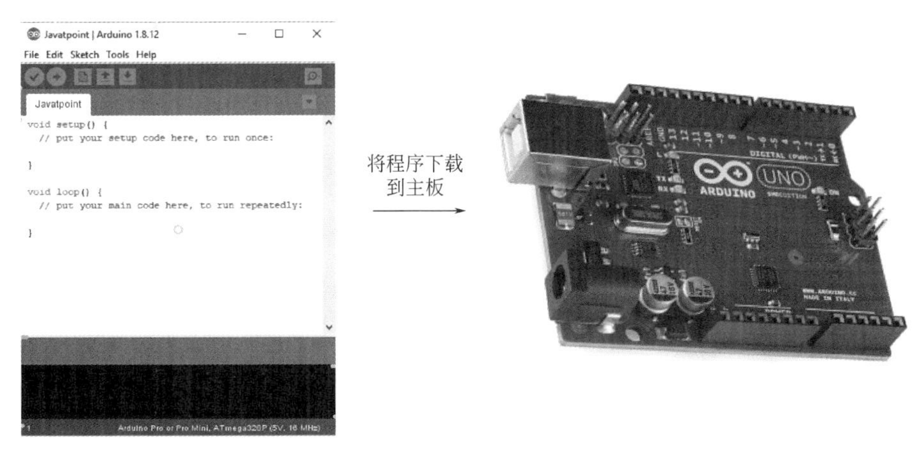

图 7-39 Arduino 开发平台中程序下载到主板

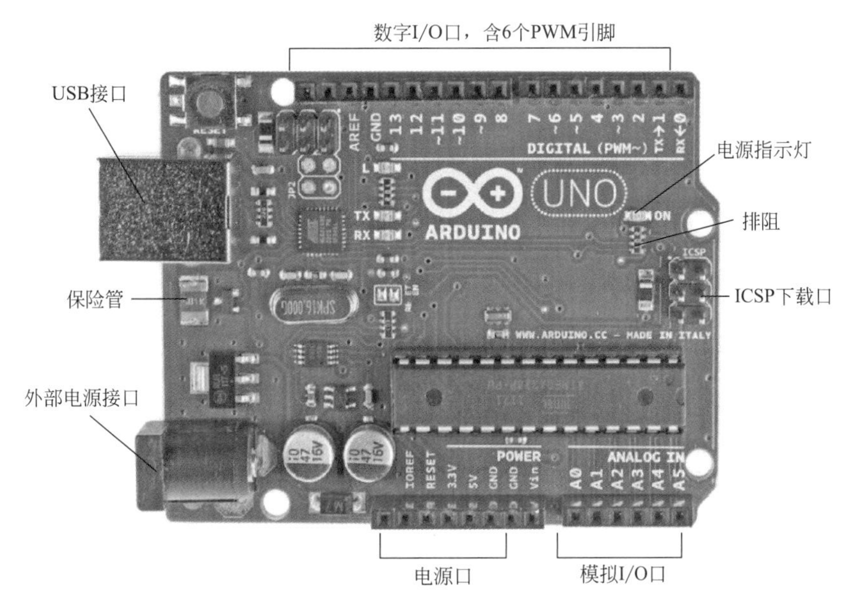

图 7-40 Arduino Uno 的接口资源

Arduino 开发板上需要关注的重点有以下几点。

（1）核心微控制器：Arduino Uno 使用的是 Atmel AVR ATmega328P 微控制器。

（2）外部连接排母：与外部交互的接口，Uno 一共有 28 个，分成电源、模拟输入和数字输入/输出三组。

（3）USB 接口：USB 接口包含程序上传、程序调试和临时供电三个重要功能。

（4）可用内存包括如下 3 种。

1）Flash 内存：用于写入和保存数据，ATmega328 提供 32KFlash 内存，其中 0.5K 用于保存特殊程序 Bootloader。

2）静态 RAM：运行时临时储存数据，大小为 2K。RAM 中的数据掉电之后丢失。

3）EEPROM（电可擦可编程只读存储器）：用来保存程序的额外数据，如数学公式的值，或者 Arduino 读取到的传感器读数。掉电之后，它储存的数据不会丢失。

（5）Arduino 工作速度：所有的微控制器，包括 Arduino，都使用一个系统时钟产生的脉冲来进行工作。大部分 Arduino 的工作速度为 16MHz，即每秒能处理 1600 万条指令。

在进行 Arduino 程序开发之前，需要安装 Arduino IDE、Arduino UNO 电子板（图 7-41）或者同类电子板和 ESP 8266 模块。

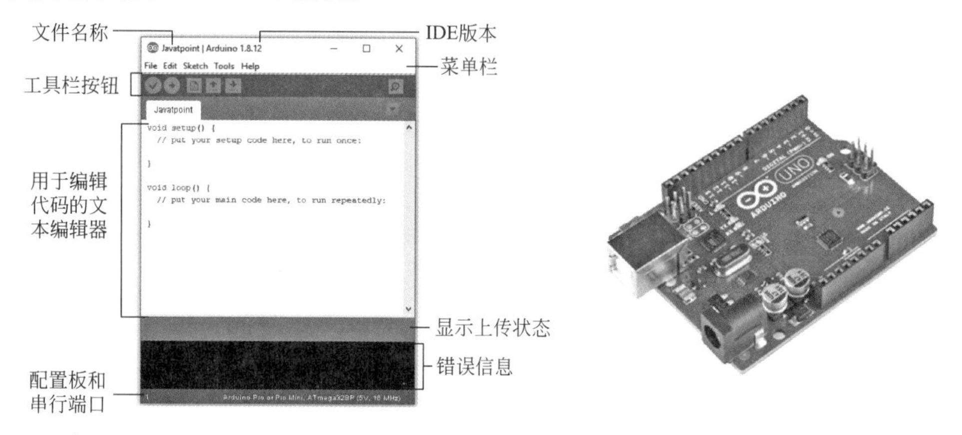

图 7-41　Arduino IDE 界面（左）和 Arduino UNO 电子板（右）

在 Arduino IDE 中，首先把 Arduino 和电脑相连，再运行 Arduino IDE。接着选择“文件”|“示例”|“Basics”|“Blink”，打开示例程序。Arduino 程序包括两个函数，setup（即在接通电源后执行一次）和 loop（在接通电源后循环执行，连接 Arduino Uno 电路板至极端机），点击上传，将程序上传至电路板，可以看到绿色 LED 开始闪烁（如图 7-42 所示）。

图 7-42　效果图

以上算法的逻辑如下：

```
初始化 LED 内置数字引脚作为输出
定义输出引脚
循环部分会一直重复运行
    高低电平设置
    输出高电平来点亮 LED4
    延时 1000 毫秒
    输出低电平来熄灭 LED
    延时 1000 毫秒
led 一亮一灭闪烁
```

如果使用输出信号控制外接 LED 闪烁，首先需要准备一个发光二极管（LED）、一块面包板、一个 1K 电阻和若干杜邦线。发光二极管（LED）是一种单向导电的二极管，它有两个一长一短的脚，其中短的连接 GND，长的连接正极。当有适当的电流通过时，LED 将发光。将 LED 和电阻插入面包板，如图 7-43 所示。

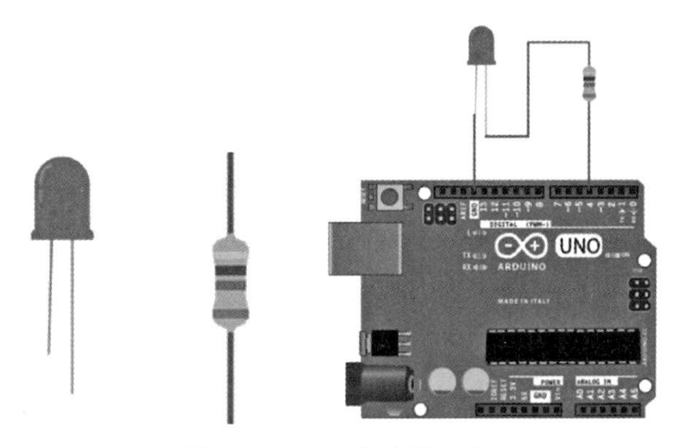

图 7-43　LED 和电阻（左）

在 Arduino IDE 中也可以写个 Arduino 程序控制 4 号引脚的 LED 灯，使 LED 灯亮起。

```
连接 LED 的管脚
设置 4 号引脚输出信号
    向管脚输 1，设置为高电平，点亮 LED 灯
```

或者另一个算法逻辑也可使 LED 灯闪烁。

```
连接 LED 的管脚
设置 4 号引脚输出信号
    输出高电平，点亮 LED
    等待 1000 毫秒
    输出低电平，熄灭 LED
    等待 1000 毫秒
```

为了使用按键实现对 LED 灯闪烁的控制，可以首先需要准备一个按钮（如图 7-44 左

侧所示)，用于信号的输入。当按下按钮时电路接通，松开按钮时则电路断开，就可以实现通过这个信号来控制 LED 的亮灭。

在连接好电路之后，开始构建算法逻辑如下。其最终效果如图 7-44 右侧所示，按下按钮则点亮 LED，相反则熄灭 LED。

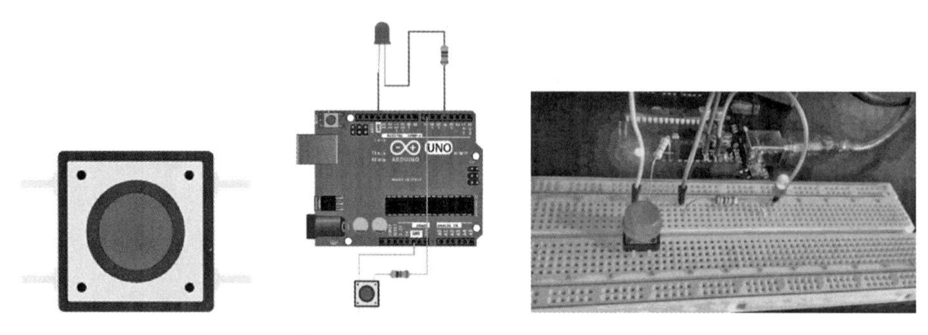

图 7-44 从左至右依次为按钮、信号输入模拟电路和信号输入模拟电路

```
设置 7 号引脚输入信号
获取 7 号引脚的电平
    高电平时，点亮 LED
    低电平时，熄灭 LED
```

习题

1. 简述物联网与互联网的关系。
2. 简述物联网系统的主要组成部分及其技术特点。
3. 物联网的关键技术都有哪些?
4. 物品标识技术主要包括哪些? 信息编码有什么重要性?
5. 浅谈传感器技术在工业领域、消费类电子、通信电子以及医疗保健中的应用。
6. 简述二维码中的 QR 码的原理。
7. 什么是 RFID? 简述其工作原理。
8. 射频识别技术中真正的数据载体是什么?
9. 简述建筑工程中常用的传感器的类型及功能。
10. 基于物联网技术，实现传感信息的获取、传输、接收和显示的整个流程。
11. 短距离无线通信技术主要有哪些? 这些技术与物联网有什么关系?
12. ZigBee 无线传感器网络与 IEEE 802.15.4 的主要区别是什么?
13. 什么是红外线? IrDA 是怎样规定红外线波长的?
14. 简述蓝牙通信的特点。
15. 简述单层物联网控制系统架构的特点。
16. 什么是智能家居? 智能家居有什么特征?
17. 智能家居主要有哪些组成部分?
18. 制作自动灯光控制系统：利用光敏电阻采集房间亮度信息，房间亮度低时点亮

LED灯，亮度高时熄灭LED灯。

19. 制作亮度采集系统：基于Wi-Fi模块，将光敏电阻的读数无线上传至桌面端，并设计合理的数据结构，存储至少24小时的房间亮度信息。

参考文献

[1] 涂成力．结构健康监测的物联网特征与云计算的应用研究［D］．哈尔滨：哈尔滨工业大学，2012.

[2] 陈亮．结构健康监测物联网系统的云计算应用研究［D］．深圳：哈尔滨工业大学，2013.

[3] 章圣冶．基于云计算的空间结构健康监测物联网系统研究［D］．杭州：浙江大学，2016.

[4] 张国栋．结构动态位移监测与数字图像处理研究与应用［D］．武汉：华中科技大学，2005.

[5] JI Y F，CHANG C C. Non-target stereo vision technique for spatiotemporal response measurement of line-like structures［J］. Journal of Engineering Mechanics，2008，134（6）：466-474.

[6] 晏班夫，陈泽楚，朱子纲．基于非接触摄影测量的拉索索力测试［J］．湖南大学学报：自然科学版，2015，42（11）：6.

[7] WU H Y，RUBINSTEIN M，SHIH E，et al. Eulerian video magnification for revealing subtle changes in the world［J］. ACM transactions on graphics（TOG），2012，31（4）：1-8.

[8] WADHWA N，RUBINSTEIN，M，DURAND F，et al. Phase-Based Video Motion Processing［J］. ACM Transactions on Graphics（TOG），2013，32（4）：1-10.

[9] CHEN J G，WADHWA N，CHA Y J，et al. Modal identification of simple structures with high-speed video using motion magnification［J］. Journal of Sound and Vibration，2015，345：58-71.

[10] CHEN J G，DAVIS A，WADHWA N，et al. Video camera-based vibration measurement for civil infrastructure applications［J］. Journal of Infrastructure Systems，2017，23（3）：B4016013.

[11] 楚玺，向小菊，邓国军，等．基于欧拉运动放大算法的桥梁振动分析［J］．实验室研究与探索，2019，38（1）：8.

[12] ALAMPALLI S，ALAMPALLI S，ETTOUNEY M，et al. Big data and high-performance analytics in structural health monitoring for bridge management［C］. SPIE，2016.

[13] JEONG S，HOU R，LYNCH J P，et al. A scalable cloud-based cyberinfrastructure platform for bridge monitoring［J］. Structure and infrastructure engineering. 2019，15（1）：82-102.

[14] 严鑫．毫米波雷达多目标检测与参数估计算法研究［D］．南京：东南大学，2017.

[15] KONG L, ZHAO Q, WANG H, et al. Probabilistic energy-to-amplitude mapping in a tapered superconducting nanowire single-photon detector [J]. Nano Letters, 2022, 22 (4): 1587-1594.

[16] 王丽霞. 航空侦察中使用离轴 3 镜式反射光学元件的多光谱传感器 [J]. 航天返回与遥感, 1999 (01): 32-39.

[17] 吴功宜, 吴英. 物联网工程导论 [M]. 北京: 机械工业出版社, 2013.

[18] MAO W, JIAN H, ZHENG H, et al. High-precision acoustic motion tracking: demo [C] //International Conference on Mobile Computing & Networking. ACM, 2016.

[19] ZHOU B, LOHOKARE J, GAO R, et al. EchoPrint: Two-factor Authentication using Acoustics and Vision on Smartphones [C] //The 24th Annual International Conference, 2018.

[20] WANG A, SUNSHINE J, GOLLAKOTA S. Poster: Contactless Infant Monitoring using White Noise [C] //The 25th Annual International Conference, 2019.

[21] BROWN T W C, DIAKOS T, BRIFFA J A. Evaluating the eavesdropping range of varying magnetic field strengths in NFC standards [C] //2013 7th European Conference on Antennas and Propagation (EuCAP). IEEE, 2013: 3525-3528.

[22] 孙羽羿. 面向低功耗物联网的标签识别与网络规划研究 [D]. 杭州: 浙江大学, 2021.

[23] MAO W, HE J, QIU L. CAT: high-precision acoustic motion tracking [C] //The 22nd Annual International Conference, 2016.

第八章　CAE 系统的智能化技术

智能化，是指在互联网、大数据、物联网和人工智能等技术的支持下，所具有的能满足人类各种需求的属性。这种属性是当代信息技术发展的必然结果和客观要求。近几年来，随着科技的飞速发展，“中国制造”正向“中国智造”转型；土木与建筑工程领域，也越来越重视“智能设计”“智能建造”“智慧运维”的发展。本章将主要介绍知识表达与管理、大数据、算法、数据挖掘、数据分析和机器学习。

8.1　人工智能概述

计算机长于处理数值计算（结构分析、计算）问题，短于处理模糊知识或不充分条件描述问题。在需要由经验或知识进行（方案选择、初始截面确定）决策的时候，常需要人为地进行较多的干预。智能系统就是使计算机系统具有智能的特征，使其具有知识，并能根据知识进行思考。智能是人类大脑高级活动的体现，它至少应具备自动获取和应用知识的能力、思维与推理的能力、问题求解的能力和自动学习的能力。1956 年，“人工智能（Artificial Intelligence，简称 AI）”一词被首次提出，很快便成为计算机科学的一个分支。AI 的目的是通过了解智能的实质，生产出一种能与人类智能类似的方式，对环境和需求做出反应的智能机器或系统。AI 并不等同于人类的智能，但是可以如同人类一样去思考，甚至可能超过人类的智能。

8.1.1　智能的定义

“智能”一词的定义还存在争议，而人工智能本身的发展，更是加剧了这些争议。柯林斯英语词典中定义智能是“思考、推理和理解而不是自动或本能地做事的能力”；麦克米伦词典中智能是“理解和思考事物，获得和使用知识的能力”；我国的《辞海》（第七版）将智能定义为“对事物能认识、辨析、判断处理和发明创造的能力，或曰思维能力”。

西方的哲学家对于智能的概念有过深入的思考。苏格拉底认为“未经审视的生活不值得过”。他通常采用辩证法或苏格拉底方法进行教学，即通过向一个或多个人询问诸如勇气或正义等特定概念，以暴露他们最初假设中的矛盾并引发对该概念的重新评估。对于柏拉图来说，智能可以带离常识和日常经验的界限，进入理想形式的“超天堂”（希腊语的 hyperouranos）。他著名的幻想是让一群哲学家国王掌管他的乌托邦共和国。用《尼各马可伦理学》第十卷中的亚里士多德的话说，“人比什么都重要，理性的生活是最自给自足、最愉快、最快乐、最好和最神圣的”。在现代的西方学术界，人们常用的智能的定义来自于摘自《华尔街日报》在 1994 年发表的一篇专栏文章，由 52 位研究人员联署：智能是一种非常普遍的心理能力，其中包括推理、计划、解决问题、抽象思维、理解复杂思想、快速学习和从经验中学习的能力。这不仅仅是书本学习、狭隘的学术技能或应试技巧，它更反映了一种更广泛、更深入地理解周围环境的能力，即“抓住”“理解”事物或“弄清楚”该做什么。

或许还可以从反面理解智能的定义，在阿尔茨海默病中，存在多种高级皮质功能障碍，包括记忆、思维、定向、理解、计算、学习能力、语言和判断力。患有阿尔茨海默病或严重学习困难的人对环境变化的应对比较困难，搬进养老院或者是搬到相邻房间的任务对他们来说可能都不再简单。由此可见，智能有多种表现形式，包括抽象思维、逻辑、理解能力、自我意识、学习、情感知识、推理、计划、创造力、批判性思维和解决问题的能力等。智能可以被描述为感知或推断信息的能力，并将其保留为知识以应用于环境或上下文中的适应性行为。有些学者认为不仅能在人类中观察到智能的存在，也能在非人类动物甚至是植物中观察到，尽管对这些生命形式中的某些行为是否表现出智力仍存在争议。当智能的定义进一步延伸到非生命体，如计算机或其他机器中时，这样的智能便称为 AI。

8.1.2 人工智能的定义

虽然在过去的几十年中出现了许多 AI 的定义，但约翰·麦卡锡在 2004 年的这篇论文中提供了一个经典定义：“AI 是构成智能机器及其中智能软件的科学方法和技术。AI 旨在让计算机理解人类的智能，但不一定通过已经在生物中观察到的方法来实现”。1950 年，被称为 AI 之父的图灵在论文《机器能思考吗》中开宗明义地表达自己在探讨“机器能思考吗”这个问题。图灵的一个突出贡献在于他为 AI 给出了一个可操作的定义：如果一台机器在应对智能任务（如对话）和人类大脑别无二致的话，那么就没有理由坚持认为这台机器不是在“思考”。图灵还提出了一个著名的“图灵测试”。该测试由计算机、被测者和实验者组成。由实验者提问，计算机和被测者分别做出回答。图灵测试要求被测者在回答问题时表现得像一个“真正的”人，而计算机也将尽可能逼真地模仿人的思维方式和思维过程，以及给出接近人的答案。进行多次测试后，如果有超过 30%的实验者不能确定出被测试者是人还是计算机，那么这台计算机就通过了测试并被认为具有人类智能。

目前，AI 的目标已经变成可以让计算机或计算机控制的机器人执行通常与智能生物相关的任务的能力，例如推理、发现意义、概括或从过去的经验中学习的能力。自 20 世纪 40 年代数字计算机的发展以来，已经证明计算机可以通过编程来执行非常复杂的任务，如发现数学定理的证明、下棋或进行人机对话。另一方面，一些程序在执行某些特定任务时已经达到甚至超越了人类专家和专业人员的性能水平。这种有限意义上的 AI 可以在医疗诊断、计算机搜索引擎以及语音或手写识别等多种应用中提高效率。

综上可见，AI 是一门极富有挑战的涉及心理学、认知科学、机器学习、计算机视觉和生物科学等多门学科综合发展的技术型学科。

8.1.3 人工智能的发展过程及其在建筑工程领域的应用

图灵于 20 世纪 50 年代提出图灵机的概念，然而，人们却在一开始就遇到了开发 AI 的困难——硬件上的限制。1949 年之前，计算机缺乏智能的关键先决条件，即它们不能存储命令，只能执行命令。也就是计算机可以被告知该做什么，但无法记住它们做了什么。其次，在 20 世纪 50 年代初期，租用计算机的费用高达每月 20 万美元，只有大型科技公司和顶级的科研机构才能负担得起计算机的研发费用，导致一开始进行 AI 研究的人们需要通过原型机验证去说服资金提供方投入该方面的研究，而这又进一步受制于当时的硬件和软件条件。

AI研究兴起的标志是在1956年召开的达特茅斯AI夏季研究会议（DSRPAI）。会上，Allen Newell、Cliff Shaw和Herbert Simon提出了The Logic Theorist程序，这是一个旨在模仿人类解决问题能力的程序，被认为是第一个AI项目，促进了未来20年的人工智能研究。

从1957年到1974年，AI蓬勃发展。这得益于计算机可以存储更多信息，并且变得更快、更便宜、更易于访问，构成AI核心的机器学习算法也得到了改进。在这个阶段，一些AI程序能够转录和翻译口语。虽然有了基本的原理证明，但在那个年代想要计算机实现自然语言处理（NLP）、抽象思维和自我意识的最终目标，还不现实。麦卡锡表示，“计算机仍然太弱了，即使增强数百万倍，也无法表现出智能”。

在20世纪80年代，由于算法工具包的扩展和资金的增加，AI热度被重新点燃。John Hopfield和David Rumelhart普及了“深度学习”技术，允许计算机使用大量数据进行自学习，而Edward Feigenbaum介绍了模仿人类专家决策过程的专家系统，并逐渐被广泛应用于工业领域，包括土木与建筑工程领域。实际上，土木与建筑工程领域的人们对于专家系统的应用充满了信心和期待，1990年的一篇综述论文在回顾了20世纪80年代出现的37种建筑工程行业使用的专家系统之后，描述他们对于专家系统和AI的感觉：“一些热心的人将专家系统列为蒸汽动力一样的发明，而另一些则认为专家系统可以比肩电力。有人说，随着AI技术的出现，第二次计算机革命已经开始。这些可能是过早的评估，但基于知识的专家系统（KBES）技术至少与20世纪50年代的FORTRAN、60年代的问题导向语言和70年代的CAD相似……AI技术提供了构建不需要核心计算机科学家的专家系统的艺术。因此，这些专家系统有望收获计算机科学的成果，并使所有人都更有效率”。

在20世纪90年代和21世纪最初十年，AI的许多具有里程碑意义的目标已经实现。1997年，卫冕世界国际象棋冠军和大师卡斯帕罗夫被IBM的Deep Blue下棋程序击败。这场广为人知的比赛是世界卫冕冠军第一次输给了计算机，也象征着AI向决策程序迈出的一大步。同年，由Dragon Systems开发的语音识别软件也有了很大的进展。

在当下的“大数据”时代，收集大量并处理在过去看来繁琐而无法处理的信息是有能力的。AI在这方面的应用已经在科技、银行、营销、娱乐等多个行业取得了丰硕成果。即使算法没有太大改进，大数据和海量计算也让人工智能程序在多个任务上帮助人们更好地生活与工作。计算机科学、数学或神经科学的突破都是对摩尔定律天花板的潜在突破。随着AI技术在土木与建筑行业的推广，先后出现了基于以专家系统为代表的知识库系统、本体和语义网络、知识图谱，以及以图像识别为代表的人工神经元网络及其变种、以ChatGPT为代表的大模型等技术，也进一步促进了行业领域内AI技术的递进式发展。

8.2 知识表达与管理

21世纪是知识经济的时代，知识已经成为一种宝贵的资源，在个人、组织、国家等不同层面受到重视。知识管理是知识经济时代涌现出来的一种管理思想与方法，它融合了现代信息技术、知识经济理论、企业管理思想和现代管理理念。

建筑业是我国第二大产业，在为社会发展提供基础设施的同时，也为国民经济做出了巨人贡献。近年来，由于项目本身一次性、临时性、独特性和多目标性的特点，设计、建造和运维管理变得越来越困难。因此，成功地完成一个项目比以往任何时候都需要更多的知识和经验。工程项目从开工到完工的过程中，大量的知识应运而生。然而，由于缺乏有效的机制在项目过程中获取知识，在项目完成后，从项目中获得的一些知识和重要经验教训很可能就会被遗忘和丢弃，且项目参与者忙于其他新项目，缺乏足够的时间来分享他们所学到的知识，导致土木工程正面临着失去知识的困境。

如果将工程项目建设过程中产生的知识比喻成一座冰山，显性知识仅仅是浮在海面上的冰山一角，而藏在水中的冰山主体则是隐性知识。隐性知识不同于显性知识，其难于获取与复用，经常随着项目组织的解散而流失。如何保证知识的开发与利用，成为重要的议题。

另一方面，数据的增多并不意味着有效知识的增多，如何发掘有价值的新信息就显得尤为重要。大数据时代数据量大、信息量大、类型庞杂的特点，使信息和知识的管理变得更加困难，传统的手工方法早已失效，而现代的信息检索、文本分类、自动摘要等方法正逐步走入人们视野。这些同样对于工程项目管理质量的提升有着重大意义。

本节主要讨论知识的获取、处理、转移及管理。

8.2.1 知识的定义

知识是一个非常广泛、复杂、抽象甚至模糊的概念。柏拉图认为“一句话被称为知识必须满足的三个条件：真实的、正确的、可靠的”。《现代汉语词典》把知识定义为“人们在社会实践中所获得的认识和经验的总和”，也可指“学术、文化或学问”。在《知识经济与国家基础设施》研究报告中，国家科技领导小组办公室指出：“知识是社会的象征性产物，是人类意识中创造的信息、数据、形象的象征性产物，不仅是科学技术知识，包括人文社会科学知识、商业活动、日常生活和工作中的经验和知识，以及获取和使用知识、创造有关问题、决策等过程中产生的知识。”

英国哲学家波兰尼认为人有两种知识，其中通常所说的知识，只是其中一种知识，而不是我们所拥有的另一种知识。他把前者称为显性知识，而将后者称为隐性知识。西方哲学家普遍认为知识是“正当的真实信仰”。柏拉图指出，知识只能通过物质世界获得，而物质世界可以通过眼睛、耳朵和全身来感知。另一方面，亚里士多德批评感官知觉总是以形式知识为前提，提出显性知识和隐性知识这两种知识创造形式具有知识创造的临界动力。我国的《易经·易传》中也有“书不尽言，言不尽意”的说法。日本学者野中郁次郎将给出的日文界定为暗默知和形式知，中国学者王众托则将它们定义为意会性知识和言传性知识，并补充说明，显性知识与隐性知识的定义应区分于主观知识和客观知识的分类，因为主观知识不仅限于隐性知识，还有学习而保存在头脑中的显性知识，但隐性知识一定是主观知识。同样，也不能简单地将显性知识归纳为理论知识，隐性知识归纳为经验知识，因为理论知识都是显性，而经验知识中，可以说得出来或写得出来的是显性知识，其余则为隐性知识。

将显性知识与隐性知识主要的不同点总结如表 8-1 所示。一方面，显性知识可以被编码，可以被定义，简化为书面形式，并由知识系统共享和保护。显性知识是有形的，可以被看到或感觉到，易于使用。另一方面，隐性知识清楚地知道应该如何运用，却本质上难以描述。它可以被证明，但很少被编纂，驻留在它的持有人那里。隐性知识是知识的形式，它的获取与复用通过示范和培训等方式进行，停留在个人的头脑中，可能很难在作品或解释中捕捉或表达，主要与艺术等复杂的知识有关，无法详细说明，也无法通过感知来传递。

显性知识与隐性知识的比较　　表 8-1

	显性知识	隐性知识
概念	explicit knowledge 可以用文字表达 codified knowledge 可以编码输入计算机	tacit knowledge 意会性知识 如经验、技巧、诀窍
性质	可以共享，可以为许多人所共有	只能为个人所获得并持有
来源	是由隐性知识转换而来的	要靠实践摸索和体验来获得
存在地点	存在于文件、数据库、网页、电子邮件、书籍、图表中	存在于人的大脑深处
信息技术支持	可以用现有的信息技术支持	难以用信息技术进行共享、管理和支持
需要的媒介	可通过传统的电子渠道沟通	需要丰富的、多媒介的渠道进行沟通和传递
OECD 定义[11]	知道是什么 know-what 知道为什么 know-why	知道怎么做 know-how 知道是谁 know-who

关于隐性知识定义的另一个重要问题是隐性知识的细分化，学术界大多以波兰尼的隐性知识定义为基础，从哲学、社会学、心理学、教育学、管理学等不同角度研究隐性知识的分类问题。近年来，学术界对于隐性知识的分类也涌现了很多说法，北京师范大学知识工程研究所江新等基于钟义信教授“信息—知识—智能统一理论”框架对隐性知识做了进一步的分类如表 8-2 所示。

隐性知识的分类及依据　　表 8-2

隐性知识的分类		分类依据
基于身体的隐性知识	主体对于工具的使用	基于“信息—知识—智能统一理论”模型，在主体与客体交互时所产生和运用的隐性知识
	主体身体机能的运用	
基于语言的隐性知识	基于语义的隐性知识	基于“信息—知识—智能统一理论”模型，在主体与另一主体基于语言进行交互时所产生和运用的隐性知识
	基于语境的隐性知识	
	基于肢体语言的隐性知识	
基于个体元认知的隐性知识	基于个体思维与感情的隐性知识	基于“信息—知识—智能统一理论”模型的个体内部的情感、信仰、世界观等元认知方面的隐性知识
	基于个体心智模型的隐性知识	
	基于个体直觉的隐性知识	
基于社会文化的隐性知识		影响“信息—知识—智能统一理论”模型的历史、种族、意识形态等社会文化背景的隐性知识

综上所述，隐性知识相较于显性知识，更容易被遗忘甚至流失，因而隐性知识的获取与复用在当今就显得更为重要。

8.2.2　知识的获取——知识共享

考虑到知识的内隐性，知识的获取离不开知识共享。知识共享有两个重要前提，一是知识所有者愿意与他人分享知识，且被分享者有分享知识的需要，这决定了知识拥有者和知识需求者构成知识分享的主体，这个主体可以是个人，或群体、组织、区域；二是存在知识被获取后再利用的可能，这明确了知识构成知识共享的客体。

决定知识共享的因素有很多。包括动机，即人们愿意承担与知识共享相关的行为（知识输出者和学习者视角）；能力，即组织创造允许知识共享的条件，如时间、场所等；共享的形式。据此，结合工程项目的实际情况，可以将影响知识共享所面临的困难归纳如表 8-3 所示。在知识共享的过程中，分散的知识供应链是主要问题。导致知识碎片化的主要原因是缺乏协作和缺乏流程集成，大量的中小企业是导致缺乏过程集合的主要原因。同样不容忽视的是，知识共享中的碎片化是由缺乏信任和承诺以及缺乏动力支持的知识管理系统导致的。此外，知识管理系统失败的原因在于隐性知识交流的不足，知识管理不足的主要原因是缺乏知识管理能力和缺乏对知识管理重要性的认识。

工程项目中隐性知识共享障碍　　表 8-3

存在问题	原因	说明
分散的知识供应链	缺乏合作	大量的社会团体
		缺乏互助和合作的技能和知识
		缺乏动力
		缺乏信任和承诺
	缺乏过程集合	项目生命周期短
缺乏有效的知识管理系统	缺乏信任和承诺	缺乏对知识主体的支持
		缺乏寻求支持的意识
		学习能力不足
		缺乏决策知识
		项目生命周期短
	缺乏动力	缺乏人力资源能力
		缺乏组织策略
		缺乏奖励制度
隐性知识的共享效率低下	缺乏知识共享能力	缺乏组织能力
		缺乏学习能力
		缺乏通过知识管理获得竞争优势的意识
		缺乏财力
		缺乏寻求支持的意识
	缺乏知识共享意识	缺乏知识管理意识

虽然知识共享的意义和作用很容易被组织和社会接受，而且大家普遍赞同并呼吁加强知识共享，但实际上，一旦知识共享进入操作和实施层面，就不那么简单，往往很难达到理想效果。主要存在以下问题：一是知识共享对环境的要求，无论是组织层面还是社会层面的知识共享，对共享的环境都有较高的要求；二是知识共享的层次问题，不同的层次有不同的知识共享存在，跨层次的共享效率将大大降低；三是知识共享的效用问题，知识共享不仅仅是一种形式，它有重要的内容和目标，而这些往往并不那么明确。

8.2.3　知识的表示

知识表示是为描述世界所作的一组符号，是知识的符号化过程，以便把人类知识表示成计算机能处理的知识结构。知识表示方法一般指用计算机表示知识的可行性、有效性的一般方法，是考虑了知识的储存和知识的使用后，用数据结构和控制结构的统一体。

知识表示方法需要具备以下要求：①充分表达，即具备确切表达有关领域中各种知识的能力；②有效推理，即能够与高效的推理功能密切地结合；③便于管理，包括便于实现模块化、便于检测矛盾知识和冗余知识以及便于知识更新和维护；④便于理解，即需要让知识的表示结构具有透明性，对于知识的输入、错误的检测、解释功能的实现至关重要。

常用的知识表示方法有逻辑、语义网络、知识图谱、框架和产生式规则等。

（1）逻辑

逻辑是以陈述性方法为主的知识表示方法，主要是运用命题逻辑、谓词逻辑等知识来描述事实，表现方法和人类自然语言接近，易被人们所接受，能被计算机精确处理。逻辑方法的演绎结果在一定范围内保持正确，从现有事实推导出新事实可以用计算机实现。例如，“任何大学生或者考试及格或者心情烦躁，则有些大学生考试不及格，所以有些大学生心情烦躁”。

逻辑表示的基本组成包括谓词、逻辑符号、圆括弧、方括弧、花括弧等，它们之间用逗号隔开，以表示域内的关系，组成原子公式。比如：

CHINESE（LI MING），表示李明是中国人

MARRIED [little brother（LI），little sister（WANG）]，表示李的弟弟与王的妹妹是夫妻

逻辑符号的表示方法包括“˄与、˅或、→隐含、¬非、≡等价”等。使用逻辑进行推理时，是在知识库中寻找合适的知识，进行模式匹配，而后提出新的事实。谓词的一般形式为 $P(x_1, x_2, \cdots, x_n)$。其中，P 是谓词，x_1，x_2，…，x_n 是常量、变元或函数。谓词逻辑适用于表示事物的状态、属性、概念等事实性的知识，也可以用来表示事物间关系的知识，即规则。比如：

1）物体 A 在物体 B 的上面，可以表示为：$\mathrm{On}(A, B)$

2）物体 A 是书，可以表示为：$\mathrm{book}(A)$

3）书 A 在书 B 上，可以表示为：$\mathrm{On}(\mathrm{book}(A), \mathrm{book}(B))$

下面以“机器人搬盒子”为例，对逻辑进行深入介绍。一室内，机器人在 c 处，a 和 b 处各有一张桌子（a 桌和 b 桌）；a 桌上有一个盒子。要求机器人从 c 处出发，将盒子从 a 桌上转移到 b 桌上，然后回到 c 处。

表 8-4 表示用谓词逻辑来实现机器人的行动过程。首先定义两类谓词：状态、操作；其次是明确初始状态和目标状态；最后由具体的操作流程一步步实现，且操作流程所带来的状态变化可以被实时记录和反馈。

实现机器人的行动过程谓词逻辑　　表 8-4

状态	操作
$\mathrm{Table}(x)$：x 是桌子	$\mathrm{Goto}(x, y)$：机器人从 x 处走到 y 处
$\mathrm{Empty}(y)$：y 手中是空的	$\mathrm{Pickup}(x)$：在 x 处拿起盒子

续表

状态	操作
At(*y*,*z*):*y* 在 *z* 处	Putdown(*x*):在 *x* 处放下盒子
Holds(*y*,*w*):*y* 手中拿着 *w*	
On(*w*,*x*):*w* 在 *x* 上面	

初始状态	目标状态
Table(*a*)	Table(*a*)
Table(*b*)	Table(*b*)
Empty(*robot*)	Empty(*robot*)
At(*robot*,*c*)	At(*robot*,*c*)
On(*box*,*a*)	On(*box*,*b*)

流程	变化
Goto(*c*,*a*)	Goto(*x*,*y*):At(*robot*,*x*)->At(*robot*t,*y*)
Pickup(*a*)	Pickup(*x*):Empty(*robot*),On(*box*,*x*)->Holds(*robot*,*x*)
Goto(*a*,*b*)	Putdown(*x*):Holds(*robot*,*x*)->Empty(*robot*),On(*box*,*x*)
Putdown(*b*)	

(2) 语义网络

语义网络由表示实体、概念、事件等节点和表示连接节点之间关系的连线所组成的有向图，如图 8-1 所示。

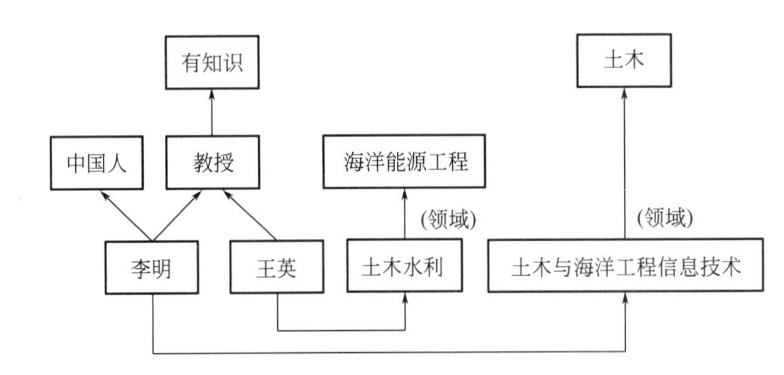

图 8-1　语义网络图

基本的语义关系有包含关系、聚类关系、属性关系、时间关系、位置关系、相似关系、推论关系、二元关系、多元关系等，如图 8-2、图 8-3 所示。

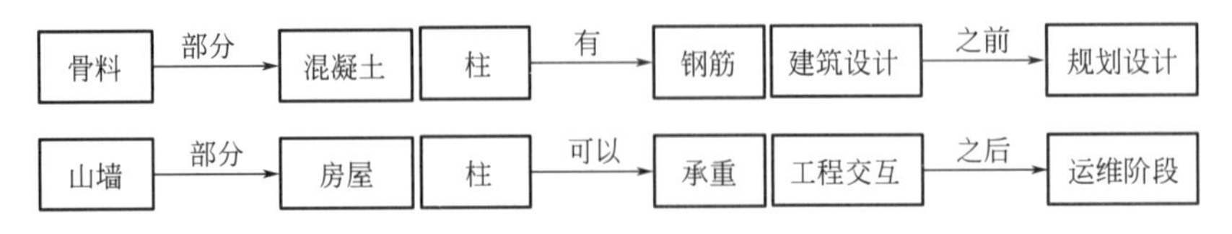

图 8-2　从左至右依次为包含与聚类关系、属性关系和时间关系

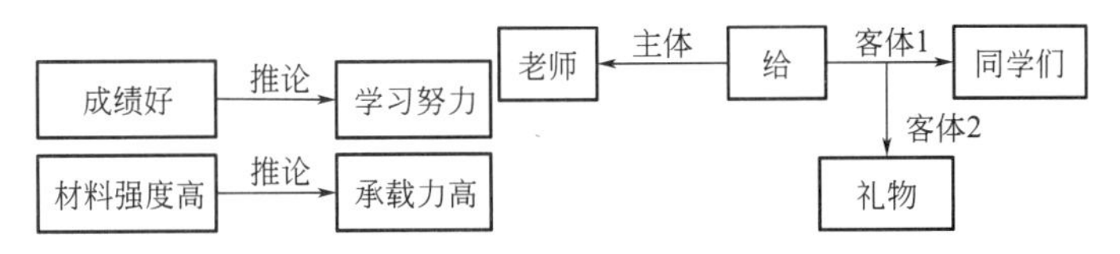

图 8-3　推论关系（左）和二元/多元关系（右）

语义网络具有五大特征。其一是知识的适合表达：能把实体的结构、属性及实体间的因果联系简明地表达出来，便于以联想方式实现系统解释；其二是知识结构化组织：与一个概念相关的属性和联系被组织在一个节点中，便于被访问和学习；其三是自然性：知识表示直观，易于理解，适于与领域专家沟通，符合人类的思维习惯；其四是非有效性：推理过程中有时不能区分物体的“类”和“个体”节点；其五是非清晰性：节点之间的简单线状、树状、网状联系，给知识存储、修改和检索造成困难。

（3）知识图谱

2012 年，谷歌首次提出在其搜索引擎中应用知识图谱技术。其中，知识图谱的本质便是基于语义网络的知识库，即具有有向图结构的一个知识库。知识图谱的基本组成单位是“实体 1-关系-实体 2”或“实体-属性-属性值”三元组。知识图谱的节点代表实体或者概念，边代表实体或者概念间的各种语义关系，如两个实体之间的属性关系等。图 8-4 是一个知识图谱的示例。

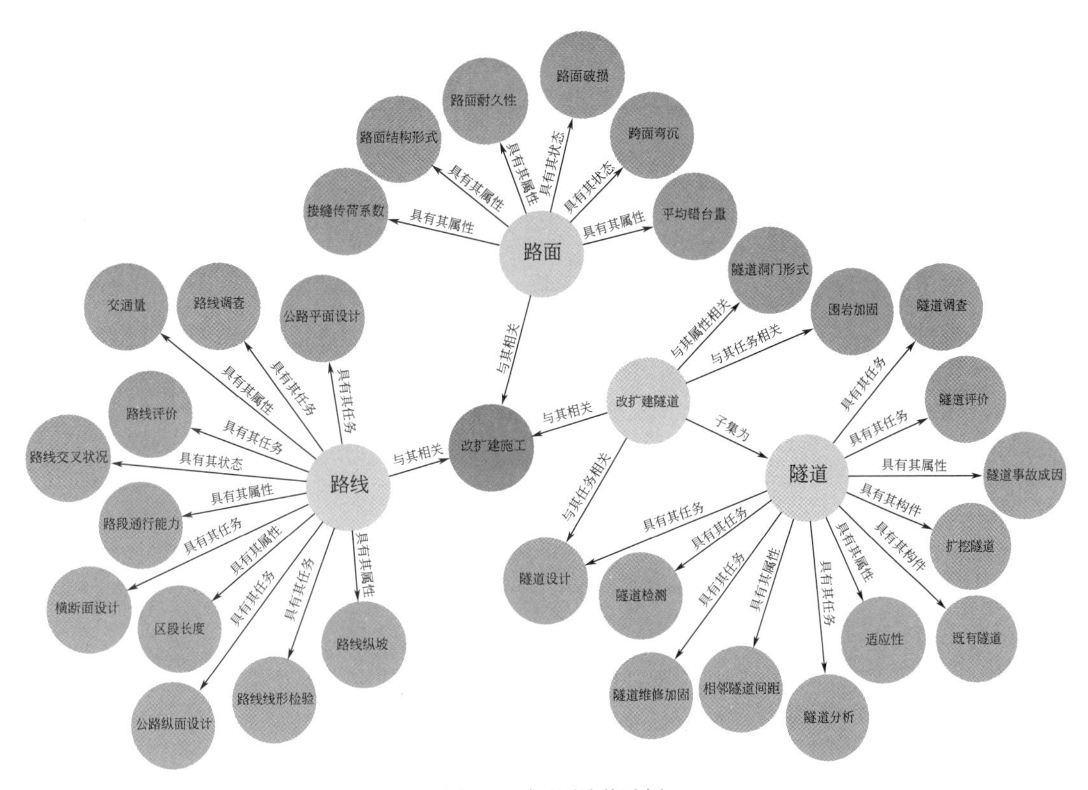

图 8-4　知识图谱示例

知识图谱具有如下 3 种特点：

1）数据及知识的存储结构为有向图结构。有向图结构允许知识图谱有效地存储数据和知识之间的关联关系。

2）具备高效的数据和知识检索能力。知识图谱可以通过图匹配算法，实现高效的数据和知识访问。

3）具备智能化的数据和知识推理能力。知识图谱可以自动化、智能化地从已有的知识中发现和推理多角度的隐含知识。

（4）框架

当人们对周围事物进行观察时，外界的事物、发生的事件、环境的多次刺激等在人们脑中形成一个个的概念，这些概念在人们头脑中用图形记忆，而这些图形在计算机中便可以表示成框架或称画面。当人们遇到一个新情况时，人们将把老框架拿出来和新情况作比较，进行联想，作出推理判断。框架表示方法是由若干节点和关系构成一个具有多叉树结构的网络。图 8-5 展示的是一个表示灾害事件的框架模型。

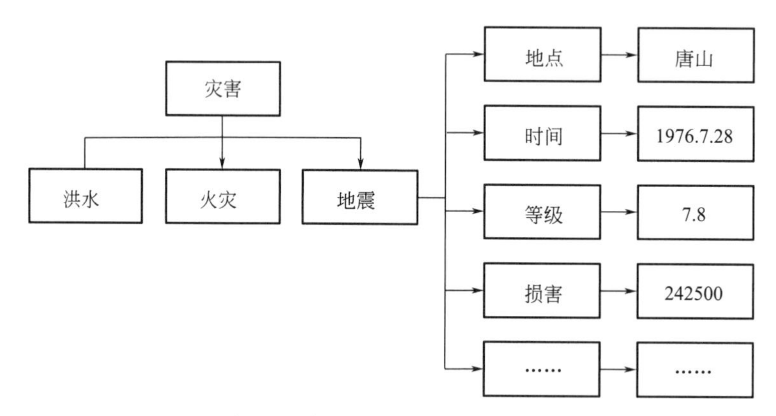

图 8-5　表示灾害事件的框架模型

框架的逻辑推理，更接近人的认知和思维，适于表达复杂对象。同时，它也可表达静态知识，具有良好的模块化，适于计算机处理。框架由框架名和一些槽（slot）组成，每个槽有一些值，槽值可以是逻辑的、数字的，也可以是条件、程序、默认值或是一个子框架。槽值含有如何使用框架信息、下一步可能发生的信息、预计未实现该如何做的信息等，其一般格式如下：

```
FRAMEWORK：<framework name>
<slot 1>
<face 11>：value
<face 1n>：value
<slot 2>
<face 21>：value
<face 2n>：value
```

（5）产生式规则

产生式规则的表达形式为：

```
IF     前提 1   AND (OR)
       前提 2   AND (OR)
                …
       前提 n
THEN       结论
```

产生式的含义是：如果前提被满足，则可推出结论或执行所规定的操作。在产生式知识系统中包含知识库、产生式规则和解释器。其中，产生式规则具有以下三种匹配方式：

1）索引匹配

索引匹配是对全局数据库加索引，再以关键词为索引，通过映射函数找出相应的规则。例如，用作者名为索引，则可通过作者名找书；用书名为索引，则可通过书名找书或作者。

2）变量匹配

例如：符号积分，使用规则：$\int u\mathrm{d}v=uv-\int v\mathrm{d}u$，在系统实际求积分时，要查找全局数据库中 $\int x\mathrm{d}y$ 的形式，要求 x 与 u，y 与 v 匹配。

3）近似匹配

在近似匹配中，有大部分条件符合或接近符合，则可与规则匹配。在匹配之后（不考虑利用启发式知识的情况下）有如下一些原则可用于选择规则。

① 专用与通用性排序：如果某一规则的条件比另一规则的条件所规定的情况更为专门化，则更为专门化的规则优先使用。

② 规则排序：通过对问题领域的了解，规则集本身就可划分优先次序，则最适用的或使用频率最高的规则优先使用。

③ 数据排序：将规则中的条件按某个优先次序排序。

④ 规模排序：按条件的多少排序，条件多者优先。

⑤ 就近排序：最近使用的规则排在优先位置，则使用多的规则优先。

⑥ 按上下文限制将规则分组：如在医学专家系统中，不同上下文用不同组的规则进行诊断或开处方。

基于上述规则和要求，对于一个汽车故障检测系统，可产生如下的产生式规则：

```
IF 发动机不能转动 AND 电池有电 THEN 检查启动器；
IF 没有火花 THEN 检查电极尖端；
IF 发动机能转动 AND 车子不能启动 THEN 检查火花塞；
IF 发动机不能转动 THEN 检查电池；
IF 电池没电 THEN 充电。
```

产生式规则具有以下特点：

1）有效表达过程式知识：即关于操作和行动的知识，一般以“怎么做”的形式表达，“IF-THEN”规则可表达一个过程的操作；

2）自然地表达知识：符合人的思维，便于知识获取，易于理解；

3）规则的独立：规则库中每一条规则为一个基本知识单元，规则之间不互相调用，使知识库易于修改和完善；

4）易于实现试探性推理；

5）不适于表达结构性、互相关联的知识；

6）解释能力局限性：只反映条件与结论的关系，而不能反映该条件为何能产生其结论；

7）大型知识库推理效率低。

8.2.4 知识的处理

知识的处理主要是研究在机器中如何存储、组织与管理知识，以及如何进行知识推理和问题求解。知识的处理方法包括三段论式推理、归纳推理、枚举法、类比推理等。

三段论式推理是根据一个或一些判断得出另一个判断的思维过程，推理所根据的判断，叫作前提，由前提得出的判断，叫作结论。三段论中两个是前提，一个是结论。比如：

前提：所有的推理系统都是智能系统 前提：专家系统是推理系统 结论：专家系统是智能系统

归纳推理是由个别事物或现象推出该类事物或现象普遍性规律的推理，常见的归纳推理法有枚举法、类比法、统计推理、求因果五法（契合法、差异法、契合差异并用法、共变法与剩余法）等。

其中，枚举法是由某类中已观察到的事物都有某属性，而没有观察到相反的事例，从而推出某类事物都有某属性，可靠性较差。

类比推理是在两个或两类事物许多属性上都相同的基础上，推出它们在其他属性上也相同。类比法的基础是相似原理，指组成模型的每个要素必须与原型的对应要素相似，包括几何要素和物理要素，其具体表现为由一系列物理量组成的场对应相似。类比法的可靠程度取决于两个或两类事物的相同属性与推出的那个属性之间的相关程度，相关程度越高，类比法的可靠性就越大。类比推理的步骤如下：①确定研究对象；②寻找类比对象；③将研究对象和类比对象进行比较，找出它们之间的相似关系；④根据研究对象的已知信息，对相似关系进行重新处理；⑤将类比对象的有关知识类推到研究对象上。

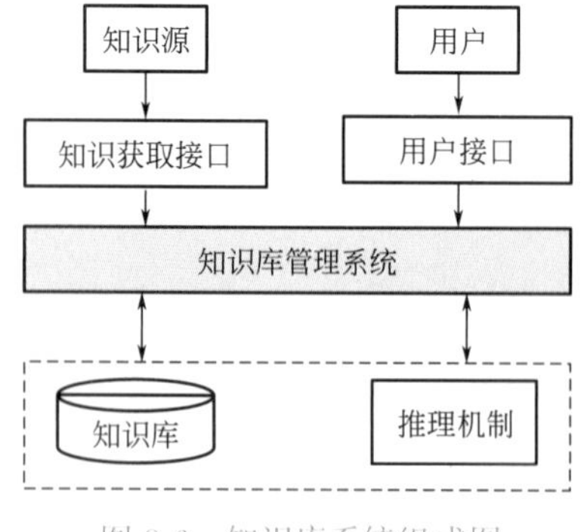

图 8-6　知识库系统组成图

如数据库是数据的集合一样，知识库是知识的集合。知识库系统是一个具有用所存储的知识对输入数据进行解释，生成作业假说并且对其进行验证功能的系统。把人类具有的知识以一定形式表示后存入计算机，实现方便而有效地使用、管理大量的知识。知识库系统是采用上述产生式规则、语义网络、框架结构等适当的知识表达技术，将知识转化为计算机能理解的符号结构，存储在设备中，并把知识编排和组织起来的系统，其组成图如图 8-6 所示。

知识表示、知识利用和知识获取是上述知识库系统实现的三个关键技术问题。其中，知识采用什么形式表示是知识库系统首先需要解决的关键问题，知识利用是指利用知识库中的知识进行推理，进而得出相应结论的过程。知识获取是指从知识源中获取知识来建造知识库的工作，其中知识源包括原始知识和中间知识（也叫再生知识），常利用计算机学习进行知识获取是目前较为理想的方式。

8.2.5　隐性知识的复用——知识转移

1977 年，人们从促进技术扩散和技术创新角度提出了知识转移的概念，其目的在于缩短地区间技术的差距。

野中郁次郎 1991 年在《知识创造型企业》中首次提出了“知识创造转换模式”，即“SECI 模型”，其描述的知识转化过程如表 8-5 所示。在认识论维度，野中郁次郎认为知识的获取可以分为四大过程，社会化过程、表出化过程与组合化过程和内化过程；在本体论维度，野中郁次郎提出了知识螺旋的概念，隐性知识与显性知识的不断相互转化，形成螺旋式的上升，如图 8-7 所示。

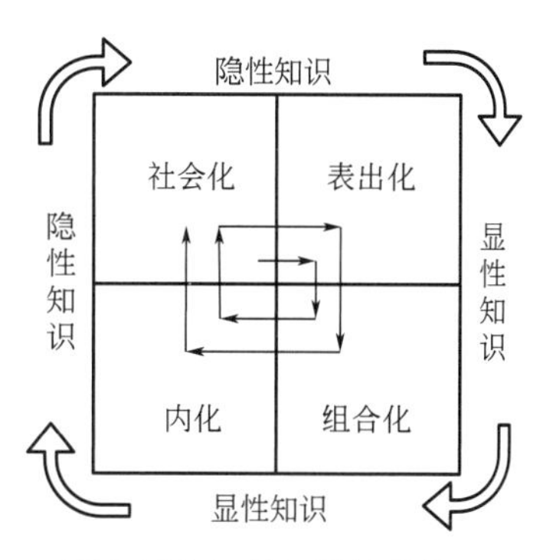

图 8-7　野中郁次郎的知识转化的 SECI 模型

SECI 模型 认识论维度隐性知识转化为显性知识过程　　表 8-5

过程	知识转化	产生	实例
社会化	隐性知识-隐性知识	共感知识	师徒制
表出化	隐性知识-显性知识	概念知识	程序、蓝图、建议书
组合化	显性知识-显性知识	系统知识	个人-组织
内化	显性知识-隐性知识	操作知识	—

在 SECI 模型的基础上，人们做了大量的研究，其中比较有影响力的包括五步骤模型（图 8-8）和四阶段模型（图 8-9）。

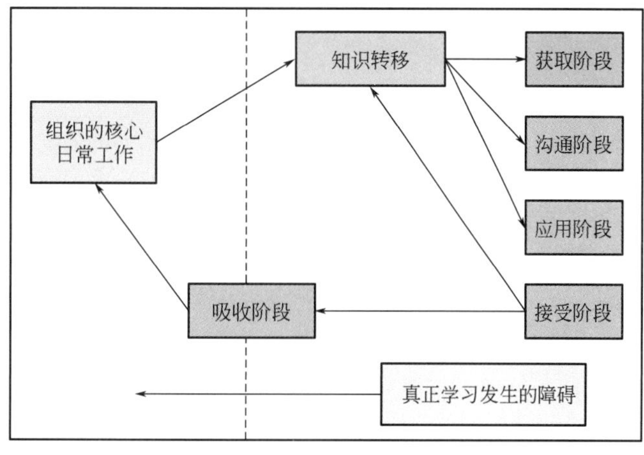

图 8-8　知识转移五步骤模型

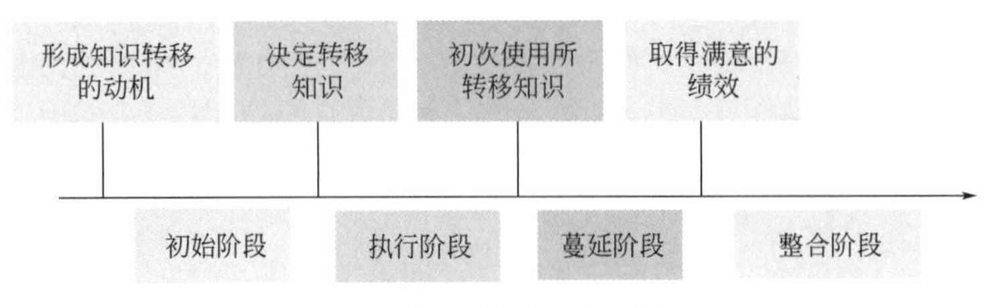

图 8-9 知识转移四阶段模型

8.2.6 工程项目中的隐性知识管理

20 世纪 80 年代，卡尔维格首次提出了知识管理的概念。近年来，知识管理分为了五大学派：战略学派、技术学派、行为学派、资本学派和综合学派。

其中，技术学派、行为学派和资本学派是得到普遍认可的三大学派。技术学派突出技术优势，来源于信息系统和工程领域对于知识的研究，将技术作为最重要的资源进行管理，强调信息技术的价值及其在管理中的应用；行为学派以人为中心，突出对人的管理，来源于组织行为和人力资源对于知识的研究，强调组织学习；资本学派以公司无形资产管理为主要特征，来源于经济领域对于知识的研究，强调知识的经济价值和资本运营。

项目一词的定义比较宽泛。广义而言，建设生产便被称作项目，即在一定约束条件下，以形成固定资产为目标的一次性事件。工程项目作为一种特定的项目，具有更加鲜明的特质，包括：①一次性：工程项目只存在特定的时间段里，一次完成，不会重复。②临时性：一个工程项目的队伍往往都是为了该项目临时组织的，完成后就解散。③独特性：世界上不会有两个完全相同的工程项目，每一个项目都有它的独特之处，可能是施工材料也可能是施工工艺等。④多目标性：一个工程项目往往有多个待实现目标，各个目标之间甚至会相互矛盾，如时间、功能、成本等，这就需要项目管理来协调。

工程项目的以上特性，结合诸多工程项目管理的实例证明，仅仅对工程项目的显性知识进行管理是远远不够的，因为显性知识往往提供的是相应于一般情境的管理。考虑到工程项目的一次性和独特性，在管理时不能完全循规蹈矩，而是要做出一些独立的选择和决策，这就需要管理者具有丰富的经验、敏锐的直觉、周全的洞察力等等，如果能将这些隐性知识充分发挥作用，则工程项目将更加顺利地进行。

尽管以信息技术为代表的新兴科技在工程项目管理中的应用使显性知识的管理和交流更加容易，然而，隐性知识的传播仍然是土木与建筑行业面临的一个重要挑战。研究人员指出，99%以上的建筑知识停留在个人的头脑中，一旦项目完成就会被带走，这类知识涉及施工创新、工艺改进和质量改进，同时还包括施工阶段的决策、延误管理和降低风险等施工知识。要想避免类似情况的发生，加强工程项目中的隐性知识管理势在必行。

8.3 算法基础

人工智能的实现依赖于算法，而算法需要借助数学工具。本节介绍与后续人工智能算法相关的一些内容，包括概率论部分基础知识、张量、梯度下降最优求解、拉格朗日对偶求解以及相关数值计算基础等。

8.3.1　概率论基础

8.3.1.1　机器学习中的概率

机器学习方法通常是基于概率理论来实现的。目前机器学习在很多领域已经得到了应用，例如 AlphaGo 程序系列中，Alpha-zero 曾在 2016 年以 4：1 的成绩战胜了李世石，半年后的 Alpha-master 更以 100：0 的成绩战胜了 Alpha-zero。长久以来，人们曾普遍认为围棋是人类在计算领域能够与计算机抗衡的最后堡垒，但是随着 AlphaGo 系列模型的到来，这个堡垒被攻克了。AlphaGo 系列模型包括 2 个模块，一个用于评估胜率的卷积网络，以及一个用于模拟博弈的蒙特卡洛搜索树。提到蒙特卡洛，自然就会联想到随机方法，事实上，AlphaGo 系列背后的算法隐含了相当多的概率思想。

在几乎所有的机器学习算法中，都或多或少涉及了概率思想。为什么在机器学习中概率思想的影响如此广泛？首先，机器学习需要处理不确定量。以 Alpha-master 为例，在每一步落子中，它都需要面对上百种可能，那么如何选取落子的策略？另一个例子是，如果使用计算机视觉技术处理患者的 CT 照片，以此来判断一个患者是否患有癌症，凭什么信任这个算法的结果是可靠的，或者这个算法给出的结果的可靠度是多少？这一切都需要概率思想来表征，即在某一个位置落子可以得到 70%的胜率，或者有 90%的概率认为这个患者的肿瘤是良性的。

本质上，任意一个机器学习模型都要面对不确定性：系统内部的随机性、不完全观测、不完全建模。这些随机性可能是数据集不完全带来的，也可能是模型不完善或不可解释带来的。但是基于概率理论，可以量化这样的不确定性，以确定的形式给出令人信服的论据。

8.3.1.2　在机器学习中表征概率和损失

考虑一个分类问题：输入一张图片，模型预测其属于猫、狗、猪中的哪一类，分别编号为 1 类、2 类、3 类。当将图片的 RGB 阵列值输入机器学习模型后，应该采用怎样的输出形式更为合理？输出一个数值，还是若干个数值？一个广泛使用的做法，是输出这张图片分别属于猫、狗、猪的概率，挑选最大概率对应的类型为预测结果。即在这个问题中输出一个经过归一化的三维向量，每一个分量分别代表各种分类结果的概率，取值范围为[0，1]，且该向量满足各分量和为 1。

几乎所有处理分类的机器学习问题都是基于上述方式来实现的，只是获取这个概率值的方法有所不同。

（1）Softmax 回归

归一化可以有很多种方法，比如直接求每一个分量在总量上的比值，但这无法处理负数。一个广泛流行的归一化方式是采用 Softmax 回归，具体表达如下：

$$y_k = \frac{e^{x_k}}{\sum_k e^{x_k}} \tag{式 8-1}$$

上式中输出的每一个分量 y_k 可以视为输入属于该类的概率，可以将最大概率对应的类型视为该模型的预测结果。

（2）Logistics 回归（亦称 sigmoid 函数）

如果 Softmax 回归退化到只有两个分量，即退化为 2 分类，则 Softmax 便退化成为

Logistics 回归（即逻辑回归）：

$$y=\frac{1}{1+e^{-x}} \tag{式 8-2}$$

上式结果可以视为输入属于正类的概率。若该概率大于阈值（比如 0.5），则将其预测为正类，否则为负类。

（3）交叉熵损失

在模型训练中，如何表征模型输出和真实值之间的偏差？考虑上面的 3 分类问题，假设一个样本 a，它的预测结果为 [0.6，0.2，0.2]，它的真实标签为 [0，1，0]。按照取最大值的策略，模型对这个样本预测为 1 类（猫），实际值为 2 类（狗）。但是如果有另一个样本 b，它的预测结果为 [0.5，0.45，0.05]，真实标签为 [0，1，0]，虽然它仍然是错误的预测，但是直觉上认为 b 比 a 的预测质量更好。

为了描述这样的区别，通常采用交叉熵来计算偏差：

$$loss=-\sum_{k}p_k\log q_k \tag{式 8-3}$$

其中，p_k 为真实的概率分布，即真实标签中的各个分量；q_k 为预测大概率分布，即预测结果中的各个分量；计算结果称为损失。顾名思义，当损失为 0，表示模型预测结果与实际相同。通过这个公式，可以计算上述分类问题中，a 的损失为 0.699，b 的损失为 0.347，b 的损失更小，因此 b 更接近于真实结果。

8.3.1.3 贝叶斯学派和频率学派

贝叶斯学派和频率学派是概率理论中的两个经典学派，他们对于概率的理解是有区别的。假设这样一个问题：

某工地工人不安全行为的概率为 0.04%，有危险行为的人 99%被检出，无危险行为的人 99.9%被判定为安全。现某人被检出，则其确实有危险行为的概率为多少？

（1）贝叶斯学派

以贝叶斯学派的观点，工人不安全行为的概率是一种先验知识（先验概率），通过贝叶斯公式得到的后验概率才是最终的结果，因为后验概率表示了额外信息引入后对先验概率的修正：

$$P(\text{有危险行为}\mid\text{被检出})=\frac{P(\text{被检出}\mid\text{有危险行为})\cdot P(\text{有危险行为})}{P(\text{被检出}\mid\text{有危险行为})\cdot P(\text{有危险行为})+P(\text{被检出}\mid\text{无危险行为})\cdot P(\text{无危险行为})}$$

代入以上数据，可以计算得到其确实有危险行为的概率约为 28.4%。

（2）频率学派

频率学派认为，一个概率事件描述了一个真实的世界，它的概率分布应该是确定且唯一的，即使这个分布的参数未知。在本例中，有危险行为的概率分布就是一个 0.04%的 0～1 分布，则此人有危险行为的概率依旧为 0.04%。两种结果都是可能的，因为对于某个特定的人，确实无法知道他是否有危险行为，也无法通过统计得到发生危险行为概率。或者说，在小样本情况下无法验证两种方法是否正确。

贝叶斯学派与频率学派的根本区别在于对额外信息的态度。进一步考虑：如何估计工人不安全行为的概率？贝叶斯学派认为，在模型中引入额外信息是重要的，因为无法获取足够的样本，所以应该更加重视后验分布，这对于解决实际问题才有意义；频率学派则认为，考虑样本信息可能会带来偏见，最为保守的方法就是在大样本情况下直接似然得到模型的真实分布和参数，这样的结果才更真实。这便是贝叶斯方法和频率方法的最大区别，贝叶斯学派将参数本身视为随机变量，它会随着抽样结果进行变化。在小样本下，贝叶斯方法会得到更高的发病率；频率学派则认为参数是确定唯一的，可以通过大量样本统计不断逼近。在上述问题中，贝叶斯学派需要对先验分布加以假设，而频率学派则需要进行大量抽样；但在实际操作中，它们都有各自的应用。在更加保守的行业，如医药、法律等领域，频率学派更被从业者所信任；而在机器学习中，人们则更倾向于采用贝叶斯方法。

8.3.1.4　似然方法 MLE 和 MAP

似然是一种参数估计方法。给定一组样本，假定这些样本服从某一种分布，这种分布有一系列的参数。为了得到某一个具体参数，使得这些样本出现的可能性最大，贝叶斯学派和频率学派分别有着不同的似然方法。

（1）MLE

Maximum Likelihood Estimation，极大似然估计方法，是基于频率学派思想而产生的一种参数估计方法。如果有一组独立同分布的样本 X，假设产生这些样本的随机变量服从于某个分布 P，θ 为这个分布中的一系列参数，则目标是最大化 $\prod P(x_i;\theta)$。所有样本 X 和所有参数 θ 带入分布 P 中，这时样本 x_i 将成为已知量，参数 θ 将成为待求解的目标变量。

$$\begin{aligned}\hat{\theta}_{\mathrm{MLE}} &= \operatorname{argmax} P(X;\theta) \\ &= \operatorname{argmax} P(x_1;\theta)P(x_2;\theta)\cdots P(x_n;\theta) \\ &= \operatorname{argmax}\log\prod_{i=1}^{n} P(x_i;\theta) \\ &= \operatorname{argmax}\sum_{i=1}^{n}\log P(x_i;\theta) \\ &= \operatorname{argmin} -\sum_{i=1}^{n}\log P(x_i;\theta)\end{aligned}$$

交叉熵损失函数其实也可以基于 MLE 思想得来。有趣的是，虽然机器学习广泛基于贝叶斯方法，在概率模型中往往采用 MLE 来进行模型参数似然。

（2）MAP

Maximum a Posteriori，最大后验估计，是贝叶斯学派的似然估计方法，其目标是最大化后验概率 $P(\theta \mid X)$。$P(\theta)$ 即为已知的先验分布，$P(X \mid \theta)$ 实际上就是 MLE 似然。因此 MAP 与 MLE 的区别只在于 MAP 增加了先验知识。同样有趣的是，MAP 估计在概率模型中用得不如 MLE 多，因为很难找到先验分布 $P(\theta)$。

$$P(\theta \mid X) = \frac{P(X \mid \theta) \times P(\theta)}{P(X)} \tag{式 8-4}$$

$$\begin{aligned}\hat{\theta}_{\mathrm{MAP}} &= \operatorname{argmax} P(\theta \mid X) \\ &= \operatorname{argmin} -\log P(\theta \mid X) \\ &= \operatorname{argmin} -\log P(X \mid \theta) - \log P(\theta) + \log P(X) \\ &= \operatorname{argmin} -\log P(X \mid \theta) - \log P(\theta)\end{aligned}$$

8.3.1.5 纯粹的概率学模型

在经典的统计机器学习中，有一些完全依照概率思想构造的模型。这些模型普遍基于贝叶斯公式来构造，其根本目的是获得一个概率分布 $P(Y \mid X)$，其中 X 表示输入，Y 表示输出。模型工作时，通过给定一个 X，寻找一个 Y 使得该条件概率分布最大，这个 Y 即为预测结果。为了获取这一个模型，可以简单地基于统计方法构建，也可以构造具有待定参数的函数表达式，再通过似然方法求解。

（1）朴素贝叶斯

朴素贝叶斯是一个非常经典的纯粹基于统计的概率学模型。它的假设很简单：任意一个样本 X 中所有分量 x_k 都相互独立。这也是它被称为朴素贝叶斯的朴素之处。以一个简单的分类问题为例，数据集中的每一个样本可以分为 3 类 $[A, B, C]$，可以通过贝叶斯公式计算每一个样本属于某一类的概率：

$$P(y=A \mid X)=\frac{P(X \mid y=A)P(y=A)}{P(X)}=\frac{1}{P(X)}P(y=A)\prod_{k}P(x_k) \quad (式 8\text{-}5)$$

按照同样的方法可以计算样本属于 B 和属于 C 的概率，之后找出其中最大概率作为预测结果。特别的，对于任意一个样本，$P(X)$ 是一致的，所以只需比较 $P(y=A)\prod_{k}P(x_k)$。这些量都可以通过统计频率来进行 MLE 似然。朴素贝叶斯方法适用于输入和输出的各个分量都是离散值的情况，对于连续变量，也可以通过分割概率微元的方法来近似作为离散变量处理。

（2）判别式模型

判别式模型指那些直接构造 $P(Y \mid X)$ 的模型，朴素贝叶斯也属于判别式模型。对于那些基于函数表达的、通过训练而非通过统计得到的判别式模型。例如，带参数的 softmax 回归就是一个判别式模型的例子。

$$P(y=class_k \mid X)=\frac{e^{\theta_k X}}{\sum_{i} e^{\theta_i X}} \quad (式 8\text{-}6)$$

上式表示了样本 X 属于某一类 k 的概率，θ_i 表示第 i 个参数向量。通过使用样本来进行 MLE 似然或使用损失函数来进行梯度下降，都可以得到最终的参数优化结果。此时的 softmax 判别同样可以用于连续变量。

（3）生成式模型

生成式模型指首先构造出带参数的联合分布 $P(X, Y)$，然后通过条件概率公式求解后验概率的模型：

$$P(Y \mid X)=\frac{P(X,Y)}{P(X)}=\frac{P(X,Y)}{\sum_{Y}P(X,Y)} \quad (式 8\text{-}7)$$

将边缘分布 $P(X)$ 展开为 $\sum_{Y}P(X, Y)$ 主要是基于搜索空间的考虑，因为输入可能是很复杂的，想要通过统计来获得某一个样本的出现概率 $P(X)$ 往往不现实，而输出空间则往往简单得多，如一个 3 分类问题，只需要将样本 X 和类别 1，2，3 分别带入联合分布，将结果相加便可以得到样本的出现概率 $P(X)$。相较于“没什么道理”的判别式模型，生成式模型对问题本身建模更为直观，并且包含了更多的信息，但是待优化参数的数量往往更多。

8.3.2 张量和微积分基础

8.3.2.1 张量表示、范数和运算

张量是在矩阵之上抽象出来的一种数据的组织方式。比如，一个二维的矩阵就是一个二阶张量。通过张量，可以把复杂的连续求和转换为张量的乘法表示，虽然它们在结果上等价，但是张量在表示上更为简单。在机器学习中，特别是神经网络中，参数的数量和组织都是非常复杂的，需要高阶张量来表示数据的组织。

（1）张量表示

习惯上，将一个零阶张量（即一个实数）称为标量，将一个一阶张量称为向量，将一个二阶张量称为矩阵。张量的阶数即是维数，通常使用以下符号来表示一个张量是几阶的：

$$\boldsymbol{T} \in \boldsymbol{R}^{M} \quad \text{（式 8-8）}$$

其中 $\boldsymbol{T}$ 代表一个张量；$\boldsymbol{R}$ 说明这个张量中的每一个分量都是一个实数（在实数域上）；M 表示张量 $\boldsymbol{T}$ 的形状，比如一个向量的形状可以是（100），表明这是 100 维的向量；一个矩阵的形状可以是（5×4），表示 5 行 4 列；更高阶的张量的形状可以是（2×4×4×5），表示在每一个维度上分别有 2，4，4，5 的长度。对于标量，可以用（1）来表示其形状，也可以省略。

（2）范数

范数是线性代数中对广义尺寸的衡量。范数可以有多种具体的定义，使用符号 $\|\boldsymbol{X}\|$ 表示。线性代数中，一个向量的模是指向量内各个分量的平方的累加，这实际上是一个二阶范数。在实际中，常会使用以下三种范数：

1）零阶范数：张量内非零分量的个数；

2）一阶范数：张量内各个分量的绝对值的和；

3）二阶范数：张量内各个分量的平方进行求和，再进行开方。

（3）张量运算

对于矩阵加法，要求这两个矩阵的形状一致；对于矩阵乘法，要求第一个矩阵的列数和第二个矩阵的行数保持一致。对于更高阶的张量，有如下定义：

1）对于加法，只需保证两个张量的形状保持一致，然后对应元素逐个相加即可，最后可以得到一个形状并未发生改变的张量。

2）对于乘法，通常没有绝对的高阶张量乘法操作，而是允许自定义张量乘法的具体规则。例如考虑一个简单的矩阵乘法：

$$\boldsymbol{A} \cdot \boldsymbol{B} = \boldsymbol{C}, \boldsymbol{C}_{ik} = \sum_{j} \boldsymbol{A}_{ij} \cdot \boldsymbol{B}_{jk}, (i, j) \cdot (j, k) = (i, k)$$

在这个式子中，一个形状为 (i, j) 的矩阵 $\boldsymbol{A}$ 乘以一个形状为 (j, k) 的矩阵 $\boldsymbol{B}$，得到一个形状为 (i, k) 的矩阵 $\boldsymbol{C}$。此时所有关于 j 的下标都已消失。在输入中，需要 3 个量 i，j，k 来定位一个值，而在结果中，只需要 i，k。

如果以信息学的视角来表述，张量加法就是一个信息的叠加过程，其结果形状不变；张量乘法则是一个信息的压缩过程，将特定的一个或几个下标通过相乘累加，把这些下标消解并把结果的维度压缩。

因此在面对高阶张量时，只需指定需要消解的若干个下标，便可以实现一个张量乘法。比如，一个（3×4×5）的张量乘以一个（4×5）的张量，可以指定消解 4 和 5，最终便可以得到一个（3）的张量。

8.3.2.2 机器学习中的数学优化

机器学习的本质就是构造一个有着一系列参数 θ 的函数 $Y=f(X;\theta)$，通过某种方式来选择这些参数，从而确定机器学习的模型。然后，向这个函数输入 X，函数的计算结果 Y 就是机器学习模型的分类结果或回归结果。例如，一个简单的线性回归模型 $\hat{y}=ax+b$ 中，a、b 就是两个参数，$f(X;a,b)=ax+b$。

对于一些概率模型，比如朴素贝叶斯，可以通过统计来获取参数。但更多时候，类似于线性回归这样的模型，无法通过统计方法来获取参数，因此需要一个更为通用的方法——优化。机器学习中所谓的“训练”，其实就是优化参数的过程。在数学上，优化是一个对给定函数求最值的过程，这个给定函数便成为优化的目标函数：

$$\text{argmax}_\theta f(X;Y;\theta) \overset{\text{等价于}}{\Longleftrightarrow} \text{argmin}_\theta -f(X;Y;\theta) \quad (式\ 8\text{-}9)$$

在目标函数中，X，Y 代表了所有样本点的特征（输入）和标签（输出），即（$X^{(i)}$，$Y^{(i)}$）构成一个完整的样本点。样本点都是已知的，因此只有参数 θ 是真正目标变量。另外需要注意，只有输出值为标量的函数才可以被视为一个目标函数。以线性回归为例，它的优化目标就是平方距离：

$$\text{argmin}_{a,b} \sum_i (ax_i+b-y_i)^2 \quad (式\ 8\text{-}10)$$

回顾前文中的 MLE 或者 MAP，就会发现在概率理论中的最大似然估计，其求解目标也符合上式的表述，可见，似然估计其实也用到了优化的思想。当然，对于概率模型中的似然估计，它的优化目标是模型本身；更多的时候，会使用前文提到的交叉熵函数作为优化目标。

8.3.2.3 优化的解析求解方法

优化的根本目的就是求目标函数的最值，则最朴素的方法，便是通过求导并令各个导数为 0，即可得到若干个极值点，比较这些极值点便可以得到最优解：

$$\frac{\partial f}{\partial \theta_i}=0$$

当然，在实际问题中，可能会遇到参数具有约束条件。比如某一些参数需要大于某个值，或者参数之间满足若干个函数关系。这些约束可以表示为一个统一的形式：

$$g_i(\theta) \geqslant 0$$

在这种情况下，带约束的优化问题可以表示为以下算式：

$$\text{argmin}_\theta f(\theta),\ \text{s.t.}\ g_i(\theta) \geqslant 0 \quad (式\ 8\text{-}11)$$

在上式中，略去了样本 X、Y，因为它们都是已知量，所以最终的优化函数只关于待定参量 θ。

通常，可以使用拉格朗日乘子法来处理带约束优化问题。使用拉格朗日乘子法进行约束优化求解时，会将问题分为两种情况。

首先，极值可能出现在约束域空间 $g_i(\theta)>0$ 上。对此，仍然采用与无约束优化相同的处理方式，对参数 θ 求偏导并令其为 0。这样得到的极值点若不在约束域上，直接舍去；

若在约束域上，将其保留为候选的解答。

其次，极值还可能出现在约束域边界 $g_i(\theta)=0$ 上。对此，便可以通过拉格朗日乘子法构造拉格朗日函数：

$$L(\theta;w)=f(\theta)+\sum_{i=1}^{k}w_i g_i(\theta) \quad \text{（式 8-12）}$$

在上式中，未知量除了模型参数 θ，还引入了 k 个（约束的数量）未知参数 w_i，称为拉格朗日算子。由拉格朗日乘子法可知，原目标函数 f 在约束域边界上的最小值点一定是拉格朗日函数 L 的驻点。因此可以求 L 对于 θ_i 和 w_j 的偏导，令其均为 0，就可以解出 θ_i 和 w_j，得到候选解答。

$$\frac{\partial f}{\partial \theta_i}=0,\frac{\partial f}{\partial w_j}=0$$

将以上两种情况所解得的 θ 代入 $f(\theta)$ 中计算并比较结果，取所得 $f(\theta)$ 较小的 θ 为最终解答。

8.3.2.4　梯度张量和链式求导

（1）梯度的张量表示

为了让结果更加具有普适性，采用一般的函数表示形式。其中，$\boldsymbol{X}$ 和 $\boldsymbol{Y}$ 可以是任何形状的张量：

$$\boldsymbol{Y}=f(\boldsymbol{X})$$

假设 $\boldsymbol{Y}$ 是一个标量，并且已经得到了 $\boldsymbol{Y}$ 对任意自变量 x_i 的梯度 g_i，把梯度组织为一个向量：

$$\boldsymbol{G}=[g_1,g_2,\cdots,g_n]$$

这在多数情况下是有效的，尤其是当参数 $\boldsymbol{X}$ 本身就是一个向量的时候：

$$\boldsymbol{X}=[x_1,x_2,\cdots,x_n]^{\mathrm{T}}$$

仿照一元微积分的思想，可以写出目标函数的全微分表达：

$$\mathrm{d}\boldsymbol{Y}=\boldsymbol{G}\cdot\mathrm{d}\boldsymbol{X}$$

如果 $\boldsymbol{X}$ 和 $\boldsymbol{Y}$ 的维数为 1，则 $\boldsymbol{G}$ 就是一个实数，它是 $\boldsymbol{Y}$ 对 $\boldsymbol{X}$ 的导数，这个表述和一元微积分是完全一致的；如果 $\boldsymbol{X}$ 是一个列向量，则上式就是 $\boldsymbol{Y}$ 的全微分。

先不考虑目标函数输出必须为标量的条件，如果 $\boldsymbol{X}$ 和 $\boldsymbol{Y}$ 都是列向量，维数分别为 n 和 m，仍然能把梯度写成全微分形式。这时，梯度可以表示为海森矩阵形式：

$$\boldsymbol{G}=\begin{bmatrix}\frac{\partial y_1}{\partial x_1} & \cdots & \frac{\partial y_1}{\partial x_n}\\ \vdots & \ddots & \vdots\\ \frac{\partial y_m}{\partial x_1} & \cdots & \frac{\partial y_m}{\partial x_n}\end{bmatrix}$$

$$\mathrm{d}\boldsymbol{Y}=\boldsymbol{G}\cdot\mathrm{d}\boldsymbol{X}$$

如果 $\boldsymbol{X}$ 和 $\boldsymbol{Y}$ 都是矩阵，就不能使用矩阵来组织梯度了。此时可以引入张量和张量乘法，使得全微分公式依旧成立。可以注意到，如果 $\boldsymbol{X}$ 和 $\boldsymbol{Y}$ 作为张量时，形状分别为（N）和（M），则因为 $\boldsymbol{Y}$ 中的每个分量都需要对 $\boldsymbol{X}$ 中的所有分量求偏导，梯度张量的形状应该是（$M\times N$）。

接着，定义张量乘法的具体操作：

$$\mathrm{d}\boldsymbol{Y}_m=\boldsymbol{G}\cdot\mathrm{d}\boldsymbol{X}=\sum\nolimits_{n\in N}\boldsymbol{G}_{m,n}\cdot\mathrm{d}\boldsymbol{X}_n,(m\in M)$$

比如，若 $\boldsymbol{X}$ 和 $\boldsymbol{Y}$ 的形状分别为（5×4）和（3×2），则 $\boldsymbol{G}$ 的形状应该为（3×2×5×4），输出分量 $\boldsymbol{Y}_{2,1}$ 的全微分如下：

$$\mathrm{d}\boldsymbol{Y}_{2,1}=\sum\nolimits_{i<5,j<4}\boldsymbol{G}_{2,1,i,j}\cdot\mathrm{d}\boldsymbol{X}_{i,j}$$

（2）层次思想和反向传播

为了解决一个优化问题，需要得到目标函数对各个参数偏导数的解析式表达，这意味着不能把机器学习模型设计得太复杂，否则就难以获取导数的表达式。这又带来了一个问题：一个简单到可以直接写出其函数表达的模型，能否有足够的能力描述并且准确地解决它所希望解决的问题？

解决这一问题的基本思路就是层次思想，即通过将若干个简单的模型叠加起来，可以得到一个复杂的模型。在数学上，这一思路表示为函数的嵌套：

$$\boldsymbol{Y}=f_n(f_{n-1}(\cdots f_1(\boldsymbol{X})))\qquad(式 8\text{-}13)$$

在这个模型中，f_i 可以设计为一个充分简单的函数，比如简单的线性变换形式：

$$\boldsymbol{H}_{i+1}=f_i(\boldsymbol{H}_i)=\boldsymbol{\theta}_i\boldsymbol{H}_i\qquad(式 8\text{-}14)$$

在这个函数嵌套中，可以通过链式求导来得到关于任意参数张量 $\boldsymbol{\theta}_i$ 的梯度张量：

$$\mathrm{d}\boldsymbol{H}_{i+1}=\boldsymbol{T}_i\cdot\mathrm{d}\boldsymbol{H}_i,\mathrm{d}\boldsymbol{H}_i=\boldsymbol{G}_i\cdot\mathrm{d}\boldsymbol{\theta}_i$$

$$\boldsymbol{Final\_G}_i=\frac{\partial\boldsymbol{y}}{\partial\boldsymbol{H}_{n-1}}\cdot\frac{\partial\boldsymbol{H}_{n-1}}{\partial\boldsymbol{H}_{n-2}}\cdot\cdots\cdot\frac{\partial\boldsymbol{H}_{i+1}}{\partial\boldsymbol{\theta}_i}=\boldsymbol{T}_{n-1}\cdot\boldsymbol{T}_{n-2}\cdot\cdots\cdot\boldsymbol{T}_i\cdot\boldsymbol{G}_i$$

因此可以从 n 到 1 依次计算 $\boldsymbol{T}_i$ 和 $\boldsymbol{G}_i$，得到最终的参数梯度张量 $\boldsymbol{Final\_G}_i$，这便是以神经网络为代表的层次模型中著名的反向传播算法的主要思路。

8.3.3 数值计算基础

8.3.3.1 梯度下降法逼近最优解

现在已经得到了优化目标关于各个待定参数的梯度解析式。虽然在理论上，可以令这些解析式为 0，通过解方程组的方式来直接得到参数的最终解。但这些梯度解析式往往很复杂，是极难通过解方程的形式来得到优化目标的极值点的。相反，若是给定了具体的参数值，则求解梯度非常容易，这便是梯度下降法的思路。

前文关于梯度的内容中，把优化目标（在机器学习中，习惯上人们采用最小化的优化形式）关于所有参数的偏导数值组织为一个向量表示：

$$\mathrm{argmin}_\theta f(X;Y;\theta)$$

$$g_i=\frac{\partial f}{\partial\theta_i}$$

$$\boldsymbol{G}=[g_1,g_2,\cdots,g_n]\qquad(式 8\text{-}15)$$

在几何意义上，梯度向量 $\boldsymbol{G}$ 的方向是目标函数 $f(X;Y;\theta)$ 增长最快的方向，$\boldsymbol{G}$ 的模则表征了目标函数在这个方向上的增长速度。例如：

$$y=x^2,g(x)=y'(x)=2x$$

当 $x>0$，梯度 $g(x)>0$，即 y 沿着 x 的正方向增长，增速为 $2x$；反过来，当 $x<0$，梯度 $g(x)<0$，即 y 沿着 x 的负方向增长（因为梯度为负值，指向 x 的负轴方

向），增速为 $|2x|$。

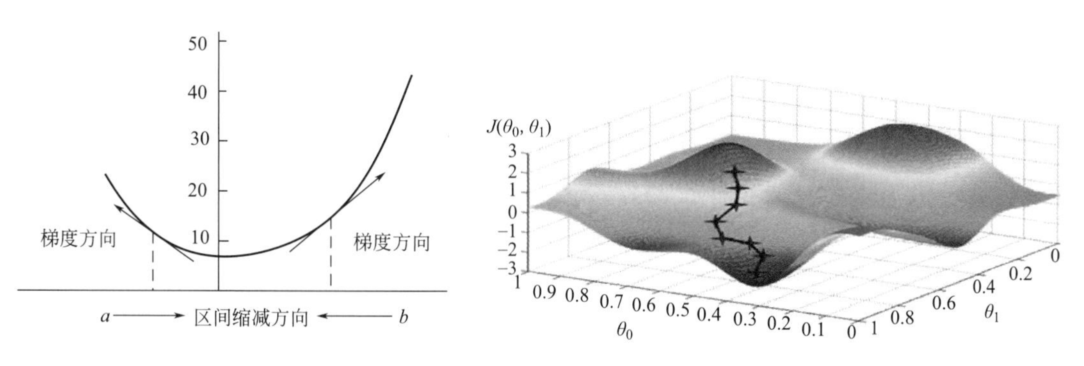

图 8-10 $y=x^2$ 的梯度示意（左）和二维优化函数示意图（右）

这样的几何意义在高维函数中也是一致的。因此，从任意一个参数点 θ 出发，求解出该点处的梯度向量 $\boldsymbol{G}$。因为 $\boldsymbol{G}$ 指向的方向是优化目标增长的方向，则其反方向 $-\boldsymbol{G}$ 便是优化目标的减小方向。所以把当前点 θ 向着 $-\boldsymbol{G}$ 方向移动。图 8-10 右侧是一个二维优化函数的示意，纵轴为目标函数值，两个水平轴为参数取值：

$$\theta^{(\text{new})}=\theta^{(\text{old})}-\alpha\boldsymbol{G}^{(\text{old})}=\theta^{(\text{old})}-\alpha\cdot\frac{\partial f}{\partial\theta^{(\text{old})}}$$

上式就是梯度下降的一般化表达，初始时随机给 θ 赋值，通过计算梯度不断对 θ 进行更新，当迭代到足够次数或者 θ 的变化幅度小于某个阈值，算法结束。其中，α 是需要人为设定的一个步长常数，习惯上称为学习速率。由于学习速率 α 是给定的，因此梯度 $\boldsymbol{G}$ 越大，$\theta^{(\text{new})}$ 距离 $\theta^{(\text{old})}$ 将越远，即 θ 的变化幅度大；否则 θ 的变化幅度小。需要注意，θ 大幅度变化并不一定意味着目标函数值也大幅度下降。若学习速率 α 过大，容易造成目标函数不降反升。

在选择合适的 α 之后，虽然可以保证目标函数值不断减小，但是这个方法容易导致 θ 陷入局部最优解（局部极值点）。因此，在使用梯度下降前，需要保证目标函数的极值点是全局唯一的，或者说需要保证目标函数是凸函数。对于凸函数的极值求解问题，就是人们常说的凸优化问题。常见的交叉熵函数便是一个凸函数，因此可以对其进行梯度下降实现。

基于梯度下降的思想，还有很多优化算法，如共轭梯度下降法、拟牛顿法等。但这些算法也都还是基于数值迭代近似求解，本质上是一样的。

8.3.3.2 拉格朗日函数的对偶求解

前文介绍了使用拉格朗日乘子法来求解有约束优化的问题。在拉格朗日函数 $L(\theta; w)$ 中，只需要令 L 关于 θ_i 和 w_j 的偏导均为 0，通过解方程就可以得到优化问题的解。但实际上，上述的方程通常十分复杂，导致很难求解结果。基于这种情况，人们提出了对偶求解方法。

考虑一下原问题为：

$$\text{argmin}_\theta f(\theta), \text{s.t. } g_i(\theta)\geqslant 0 \qquad (\text{式 8-16})$$

其中 $g_i(\theta)\geqslant 0$ 为约束条件，如果满足所有约束条件的 θ 构成的域为 D，即当 $\theta\in D$，有 $g_i(\theta)=0$，则原问题也可以表示为：

$$\operatorname{argmin}_{\theta} f(\theta), \theta \in D \tag{式 8-17}$$

构造一个函数 Q：

$$Q(\theta)=\operatorname{argmax}_{w} L(\theta;w)=\operatorname{argmax}_{w}\{f(\theta)+\sum_{i=1}^{k} w_i g_i(\theta)\}=\begin{cases} f(\theta), \theta \in D \\ +\infty, \text{other} \end{cases}$$

上式中，函数 $Q(\theta)$ 是一个只关于 θ 的函数，它是通过改变 w 来极大化 $L(\theta; w)$ 得到的。注意到当 $\theta \in D$ 时，有 $g_i(\theta)=0$，因此 $L(\theta; w)$ 与 w 无关，此时 $L(\theta; w)=f(\theta)$。而当 $\theta \notin D$，$g_i(\theta) \neq 0$，则可以令 w 无限大，此时 $L(\theta; w)=+\infty$。

因此，只要对函数 $Q(\theta)$ 取极小，实际上就是对拉格朗日原问题求极小：

$$\operatorname{argmin}_{\theta} Q(\theta) \overset{\text{等价于}}{\Longleftrightarrow} \{\operatorname{argmin}_{\theta} f(\theta), \theta \in D\} \tag{式 8-18}$$

所以拉格朗日原问题等价于：

$$\operatorname{argmin}_{\theta,w} L(\theta;w) \overset{\text{等价于}}{\Longleftrightarrow} \operatorname{argmin}_{\theta} Q(\theta) \overset{\text{等价于}}{\Longleftrightarrow} \operatorname{argmin}_{\theta} \operatorname{argmax}_{w} L(\theta;w)$$

在数学上有证明，若函数 $f(\theta)$ 和 $g_i(\theta)$ 均为凸函数，那么上式等价于：

$$\operatorname{argmin}_{\theta} \operatorname{argmax}_{w} L(\theta;w) \overset{\text{等价于}}{\Longleftrightarrow} \operatorname{argmax}_{w} \operatorname{argmin}_{\theta} L(\theta;w) \tag{式 8-19}$$

上式中的右边项便称为拉格朗日的对偶问题。因此，在求解拉格朗日函数时，不再需要联立方程组求解，而是直接求解拉格朗日的对偶问题。通过使用 w 来表达 θ 的梯度，带入 $L(\theta; w)$ 中可以形成一个只关于 w 的函数，再使用梯度下降对该函数进行极值逼近，最后将得到的 w 代回梯度方程中得到最终的 θ。通过这样的一个方法，便可以用数值化方法来求原优化问题，而不再需要解方程。

8.3.3.3 随机批量化方法

随机批量化是机器学习在具体数值实现中的另一个重要技巧。考虑优化目标：

$$\operatorname{argmin}_{\theta} f(X;Y;\theta) \tag{式 8-20}$$

其中 X 和 Y 代表了所有的样本点的特征和标签，即 $(X^{(i)}, Y^{(i)})$ 代表了一个完整的样本点。仍然以线性拟合为例，在线性拟合中，模型和优化目标（损失函数）分别为如下表示：

$$\hat{y}=a \cdot x+b$$

$$\operatorname{argmin}_{a,b} \sum_{i \in N} (ax_i+b-y_i)^2$$

其中，每一个 x_i 和 y_i 均是一个实数，(x_i, y_i) 构成了一个完整的样本点，假设所有样本的数量为 N，以梯度下降来对该优化问题进行求解。注意到优化目标中，需要把所有样本的平方距离进行累加来得到最终的损失，模型参数的梯度也和所有样本点有关，因此如果样本点的数量很大，在梯度下降中的每一次迭代都会很慢，这些数据甚至会直接挤满内存，造成程序的崩溃。

为了解决这个问题，人们提出了抽样的方法来计算损失和梯度。在每一次迭代过程中，不再使用全部 N 个样本点来做计算，而是从这 N 个样本中按顺序或随机采样抽取出 *batch* 个样本点来进行计算。其中，习惯上人们将 *batch* 称为批大小。因此，在每一次迭代中，优化目标将变为如下形式：

$$\operatorname{argmin}_{a,b} \sum_{i \in batch} (ax_i+b-y_i)^2$$

容易理解，通过批量化方法来获得的参数梯度将不是当前所有样本的最优梯度，但是在设定了合适的学习速率 α 的情况下，由于其仍然可以保证优化目标值减小，因此最终它还是会收敛到全局最优解附近。随机批量化方法通常需要更多的迭代次数来获得与全样本方法同样的效果，但是这并不意味着该方法更慢，因为它的每一迭代都比全样本方法更快。而且也不需要考虑内存不足的风险。

8.3.3.4 过采样和欠采样

通过选择不同的采样策略，人们可以更有针对性地训练机器模型，来提高模型的预测质量。过采样和欠采样就是其中最简单的采样策略，其中过采样还可以用于处理训练过程中的过拟合问题。

通常，人们可以采取平等策略，即在采样过程中保证每一个样本在每一次迭代中被选中的概率是相等的，这样训练得到的模型将把所有数据平等对待。但有时候，人们可能希望模型能够将关注的中心更多地放在某一部分样本上。比如，在一个通过图像识别工人施工行为是否安全的算法中，可能希望模型能够在识别不安全方面有更高的准确率。

再比如，一个数据集中有99%的安全施工行为，有1%的不安全施工行为。此时就算模型什么都不做，把所有行为全部预测为安全的，这时模型可以在数据集上得到99%的正确率，但是这显然是不合理的。

为了解决这样一个不同样本的侧重性问题或者由于不同样本数量差距过大带来的语义偏移问题，人们提出了过采样和前采样。针对上述肿瘤的例子，其基本思想是在每次采样中保证恶性肿瘤和良性肿瘤的数量保持一定的比例。由于良性样本很多，因此在每一次采样中删除本批次中的一些良性样本，这就是最简单的欠采样；由于恶性样本很少，因此在每一次采样中复制本批次中的一些恶性样本，这就是最简单的过采样。

在实际操作中，过采样和欠采样的方式还有更复杂的实现，比如图像识别中，可以通过图像分割和图像旋转等处理来对某一类样本进行扩增。这一部分涉及数据强化方面的内容，在此不再展开。

8.3.4 算法分析基础

8.3.4.1 训练集、测试集、交叉验证集

所谓机器学习模型，其实就是一个数学函数，对一个已知或未知的输入，输出模型的预测结果；所谓的训练，其实就是使用已有的样本数据，对模型的损失函数进行梯度下降、最后对样本集合得到拟合结果的过程。

一个模型在训练完成之后，最终需要应用到预测工作里。为了评估最后的预测结果，应该采取什么方式？为了回答这个问题，首先需要了解训练集、测试集和交叉验证集的概念。习惯上，人们把训练集、交叉验证集、训练集的数据量取为7∶2∶1或8∶1∶1，但也可以进行更自由的划分。

（1）训练集：指用于训练模型的样本构成的集合。梯度下降中所有的批采样全部来自于训练集。

（2）测试集：指用来对训练好的模型进行评估的样本集合。如使用训练集来进行模型评估，由于模型本身是由训练集得到的，因此会有“既是裁判又是运动员”的嫌疑。可以

预料到，只要训练时间足够长，理论上模型将完全拟合训练集样本，得到100%的正确率。但是这没有实际意义，因此需要从全部样本中分出一部分作为测试集。测试集不参与训练，只在训练结束后用于对模型进行评估。换句话说，测试集模拟了真实的预测样本。

（3）交叉验证集：针对一个预测问题，即使采用同一类的模型，模型本身的参数选择也可以有不同。这些描述模型本身形状或结构的参数，习惯上称为超参数。例如，在神经网络里，可以加深网络的层数这个超参数。再比如预测某一个地区的房价，并且已经拥有了一些样本，就可以将房子的面积、位置这两个指标作为输入来建模并预测，此时输入维度这个超参数是 2。当然，也可以再增加房间数量这个指标来进行建模预测工作，此时输入维度这个超参数为 3。如何评价和比较这两个模型，并选取更好的一个？此时，可以从全体样本中抽取出一部分来作为交叉验证集。交叉验证集是专门用于调整模型超参数来选择模型的，并且交叉验证集不参与最后的质量评估。

8.3.4.2 混淆矩阵

现在讨论在交叉验证集和测试集上应该采用什么指标来评价预测的好坏。可以使用准确率（*accuracy*）这个指标，即所有预测正确的样本在所有参与预测的样本的占比：

$$accuracy = \frac{\text{所有预测正确的样本}}{\text{所有参与预测的样本}} \tag{式 8-21}$$

但是这个指标足够好吗？仍然考虑通过图像识别工人施工行为是否安全的例子，一个模型如果把所有工人施工行为预测为安全的，它将有 99%的准确率，但是事实上这个模型什么也没做。可见，还应该要引入其他的评价指标。

考虑一个简单的二分类问题。习惯上，对于一个二分类问题，会将这两个类分别称为正类和负类，或者称为阳性和阴性。通常，只对正类（阳性）进行相关指标评价。在本例中，将有不安全施工行为的称为阳性，那么如果预测为阳性且实际为阳性，便可以称为真阳性（TP）；如果预测为阴性且实际为阳性，称为假阴性（FN）；如果预测为阳性且实际为阴性，称为假阳性（FP）；如果预测为阴性且实际为阴性，称为真阴性（TN）。如此，可将所有样本状态组织为一个 2×2 的表（表 8-6）。

二分类问题　　表 8-6

	预测为阳性(不安全的施工行为)	预测为阴性(安全的施工行为)
确实为阳性(不安全的施工行为)	True Positive(TP)	False Negative(FN)
确实为阴性(安全的施工行为)	False Positive(FP)	True Negative(TN)

对于任何一个二分类样本，都对应且唯一对应了 TP、FN、FP、TN 这四种情况之一，这 4 个值组织为一个 2×2 的矩阵，这个矩阵便称为混淆矩阵。可以很清楚地看到，混淆矩阵反映了一个二分类模型预测结果的所有原始信息。通过混淆矩阵，可以定义以下几个指标：

（1）准确率（*accuracy*）

$$accuracy = \frac{\mathrm{TP} + \mathrm{TN}}{\mathrm{TP} + \mathrm{TN} + \mathrm{FP} + \mathrm{TN}} \tag{式 8-22}$$

准确率是对所有类型的样本进行描述的指标。它无法描述样本各个类型数量不均衡的问题，但是它仍然可以作为评估的初步参考依据，因为准确率低的模型一定不可能是一个优秀的模型。

（2）精度、精确率（*precision*）

$$P = precision = \frac{\text{TP}}{\text{TP} + \text{FP}} \quad \text{（式 8-23）}$$

精度是针对某一单一类型的描述指标，习惯上人们只会对正类（阳性）计算精度。精度反映了模型在将一个任意类型的样本判断为正类（阳性）时，这个判断是正确判断的概率。

（3）召回率（*recall*）

$$R = recall = \frac{\text{TP}}{\text{TP} + \text{FN}} \quad \text{（式 8-24）}$$

召回率同样是针对某一单一类型的描述指标，习惯上人们只会对正类（阳性）计算召回率。召回率反映了模型在面对所有确实为正类（阳性）的样本时，进行正确判断的概率。

（4）F_1 评分

对于一个二分类模型，期望它的精度和召回率都能很高，但是这在实践中往往不现实。为了能够定量地比较不同模型的性能，人们定义了 F_1 指标：

$$F_1 = \frac{2PR}{P + R} \quad \text{（式 8-25）}$$

可以看到，精度或者召回率只要某一个指标很低，那么 F_1 就会很低。只有当精度和召回率均较高时，F_1 的值才会比较高，因此往往会选择 F_1 较高的模型。

8.3.4.3　ROC 曲线和 PR 曲线

对于二分类问题，还可以基于准确率和召回率，画出其 ROC 曲线或 PR 曲线。

对一个二分类问题，模型输出一个二维的概率向量（比如通过交叉熵输出），再基于概率向量输出最后的结果。那么，在有了概率向量后，具体采取什么策略来生成结果？这里可以取较大概率所对应的类型，作为预测结果。不难发现，这在二分类中等价于，只要正类概率超过 50%，便认为它是一个正类。那其实可以设定一个阈值，当正类概率超过这个阈值时，模型将其视为正类。

假如将阈值定为 0.3，则虽然负类概率可能更大，但是只要正类概率超过 0.3，便判断其为一个正类。显然，不同阈值的选取肯定会对最终的预测结果有影响。但是，在训练时是以交叉熵函数作为损失，在其中完全没有涉及任何分类的信息，所以阈值的选取不会影响到模型的训练。

（1）ROC（Receiver Operating Characteristic）曲线

可以训练一个模型，在训练时并不会涉及阈值；在训练完成后，通过设定阈值来得到不同的混淆矩阵。例如当阈值为 1，则模型将不会做出任何正类判断，阈值减小时，模型将给出不同程度的正类判断。

先定义两个值，真正类率（真阳性率）TPR 和假正类率（假阳性率）FPR：

$$\text{TPR} = \frac{\text{TP}}{\text{TP} + \text{FN}}$$

$$\text{FPR} = \frac{\text{FP}}{\text{FP} + \text{TN}}$$

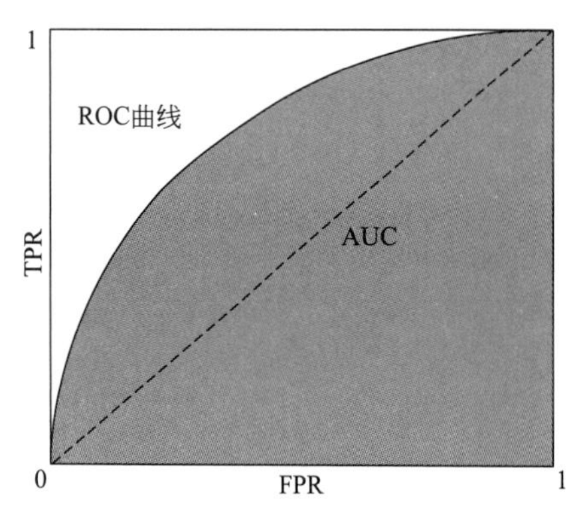

图 8-11 ROC 曲线示意图

事实上，TPR 和 FPR 其实分别就是实际正样本中被预测正确的概率和实际负样本中被错误预测为正样本的概率。现在通过设定不同的阈值，可以得到不同的 FPR 和 TPR。然后分别以 FPR 为横坐标、以 TPR 为纵坐标作图，就得到了 ROC 曲线。ROC 曲线示意图如图 8-11 所示。其中，AUC 代表 ROC 曲线下的面积，反映的是分类器对样本的排序能力。根据这个解释，如果完全随机地对样本分类，那么 AUC 应该接近 0.5，即随机判断的 ROC 曲线应当为通过（0，0）和（1，1）的直线。当阈值增大，做出阳性判断的概率会更低，因此 TPR 将减小（分母是定值）。在 ROC 曲线上，理想的分类器应该尽可能地靠近左上角，即 TPR 高，FPR 低。因此，点（0，1）则对应于将所有正例预测为真正例、所有反例预测为真反例的“理想模型”。

（2）PR（Precision Recall）曲线

PR 曲线以正类的召回率和精度分别为横纵坐标，通过改变阈值来绘制。在 PR 曲线中，习惯上也将横纵坐标轴分别称为查全率和查准率。

8.3.4.4 多分类的评价指标

将混淆矩阵拓展到多分类，如对于一个将图片分为猫、狗、猪的 3 分类问题，可罗列出样本的所有状况（表 8-7）。

二分类指标举例（3×3 矩阵） 表 8-7

	预测为猫	预测为狗	预测为猪
实际为猫	43	5	2
实际为狗	2	45	3
实际为猪	0	1	49

对于某一类，都可以计算出该类的精度和召回率，比如对于猫这一类，可将其视为正类，所有非猫类加在一起构成负类，因此将上面的 3×3 矩阵变形为 2×2 的形式（表 8-8）。

二分类指标举例（2×2 矩阵） 表 8-8

	预测为猫	预测不是猫
实际为猫	43	7
实际不是猫	2	98

尽管基于这样的变化，可以计算各个类的精度和召回率，并以此得到 F_1 评分，然而却无法对多分类问题画出 ROC 曲线或者 PR 曲线。因为如果尝试设置阈值来进行最后的预测，那么可能无法得到任何结果，或者将一个样本分到多个类中。比如，对于概率向量 [0.4，0.4，0.2]，若阈值设置为 0.5，则该样本将无法被分类；若阈值为 0.3，这该样本将被分到猫和狗这前两个类中。无论如何，这都是不合理的。

8.3.4.5　模型复杂度、过拟合、欠拟合、泛化方法

（1）模型复杂度

从本质上来说，模型中的待定参数个数越多，则模型越复杂。以多项式函数为例，高阶函数（如 3 阶）一定可以对低阶函数（如 2 阶）进行描述，只要把某几个参数（如最高阶系数）设置为 0 即可。模型复杂度越高，理论上对于机器学习问题的表达能力越强，例如没办法用线性函数去处理大多数问题，因为线性函数实在太简单了。

（2）过拟合和欠拟合

欠拟合和过拟合状态下，模型在实际预测工作中往往得不到理想的质量，因为欠拟合和过拟合都没有办法反映出数据的整体趋势。在机器学习领域的专业术语中，这叫“模型泛化”能力的不足。可以很容易看到，模型复杂度越高，越容易进入过拟合状态。以一元函数为例，过拟合和欠拟合的状态表示如图 8-12 所示。

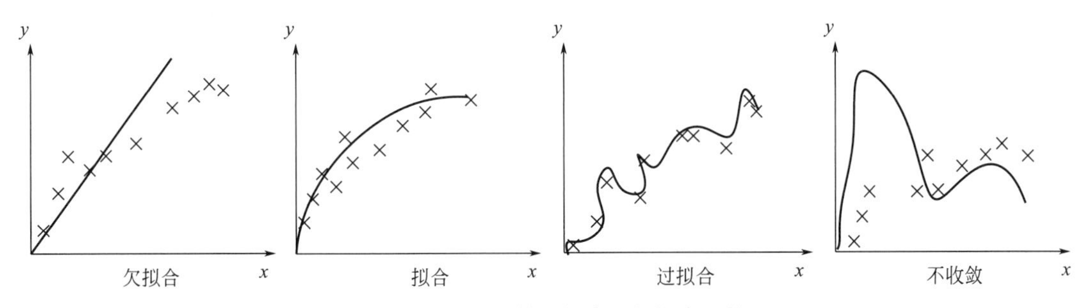

图 8-12　一元函数过拟合和欠拟合比较

1）欠拟合：在模型刚开始训练时，由于参数都是随机初始化，因此模型在训练集和测试集上的损失都很高。如果在这时过早停止训练，就进入了欠拟合状态。

2）适当拟合：若训练迭代次数增加，模型复杂度提高，模型在训练集和测试集上的损失都将下降，这时模型的泛化能力增强。

3）过拟合：若迭代次数过多，虽然模型在训练集上的损失仍然下降，但是模型已经过分地对训练集进行拟合，导致其泛化能力减少，最终在测试集上的损失增大，从而出现过拟合状态。

（3）泛化方法

泛化方法是机器学习实践中常用的技术之一，其目的是用来防止欠拟合和过拟合，并提高模型的泛化能力。对于欠拟合，一个简单的思路是，通过增加训练次数，以及增加模型的复杂度，模型可以很容易地跳出欠拟合状态。但是这同时增加了模型进入过拟合状态的可能性。因此需要在交叉验证中调整模型形式和训练次数。

另一个常用的技术方法是对参数进行正则化。数学形式上是在损失函数（如交叉熵函数）加上一个参数 $\boldsymbol{\theta}$ 范数项，称为正则项，构成如下表达：

$$\operatorname{argmin}_{\boldsymbol{\theta}} f(\boldsymbol{X};\boldsymbol{Y};\boldsymbol{\theta})+\lambda\cdot\|\boldsymbol{\theta}\| \tag{式 8-26}$$

通常会使用二阶范数。因为这利于求导。λ 为正则化系数，可以自行选定。以线性回归为例，增加了二阶范数作为正则项，最终的优化目标如下：

$$\hat{y}=a\cdot x+b$$

$$\text{argmin}_{a,b}\sum_{i\in N}(ax_i+b-y_i)^2+\lambda\cdot(a^2+b^2)$$

正则项有具体的物理含义。考虑到优化的目标是为了尽可能减小目标值，即除了原始的损失函数外，还希望 $\boldsymbol{\theta}$ 中的各个分量尽可能趋向 0 或等于 0，而这也意味着模型复杂度在减小。例如，一个 3 次多项式函数的 3 次项系数为 0.01，2 次项系数为 0.5，则在一定程度上，其实可以认为这是一个 2 次函数，因为 3 次项对结果的贡献很小。正则化系数 λ 表示了在原始损失函数与正则项之间的平衡，其也是交叉验证过程中需要调节的重要参数之一。

8.4 数据挖掘

在这一节中，首先介绍大数据的概念，进而介绍由数据驱动的统计机器学习相关方法。所谓统计机器学习，即主要利用统计学的理论，并辅以相关数学技巧加以求解来得到模型的过程。其中，涉及三个概念：数据挖掘、模式识别、机器学习。数据挖掘可以理解为从海量的有噪声的数据源中获取有用的原始数据和经处理的信息，也就是一个信息获取过程；模式识别则是希望计算机能够识别出这些原始数据里的一些特征，也就是一个特征抽取过程；机器学习则是针对这些特征建立模型，并对最终结果进行预测，也就是一个预测过程。

8.4.1 大数据

“大数据”一词最早由未来学家阿尔文·托夫勒在《第三次浪潮》中提出，当时它的意义只是针对现象感性且模糊的一种描述，并未引起人们的注意，直到互联网的快速发展和信息量爆炸式增长的今天，“大数据”这一词才被重新提出并被赋予了新的意义。施工模型设计、装载机等施工设备租赁和管理，或者通过收集一座桥梁上各种数据来预测大桥的寿命等，都是大数据在土木与建筑行业应用的典型。

2019 年 10 月 1 日，位于我国台湾省宜兰的南方澳跨海大桥垮塌。该桥属于钢拱桥，桥长 140m，桥宽 15m，采用耐候性高强度低合金钢，共用 1535t 钢板，于 1998 年 6 月 20 日建造完成。至垮塌时，桥龄仅 21 年。从图 8-13 可以看出，桥跨右侧第六根吊杆率先失效，紧接着，吊杆一根根失效，导致桥梁连续、整体垮塌。

清华大学土木工程系陆新征教授便联合重庆大学团队一起，通过从公开的媒体信息中搜集数据，建立树脂模型并展开仿真分析，对垮塌过程进行三维有限元数值模拟，并于第二天（2019 年 10 月 2 日）发布了模拟结果，为事故原因的坍塌提供参考。

此次事故启发我们，实时掌握桥梁结构的状态，对于避免安全事故有非常重要的作用。实际上，目前国内外的重要桥梁都设计安装了健康监测系统。例如，位于我国黄海中部、胶东半岛南部胶州湾的青岛海湾大桥（也称胶州湾大桥）。该桥设计安装了耐久性监测系统和结构健康监测系统两套运维期监测系统。位于苏格兰的昆斯费里大桥安装了两千多个传感器，每天会产生 8Gb 的监测数据。以上的桥梁运维期监测系统所产生的海量数据，可以有效辅助运维人员时刻掌握桥梁的结构安全状况，避免发生安全事故和人员、财产的损失。

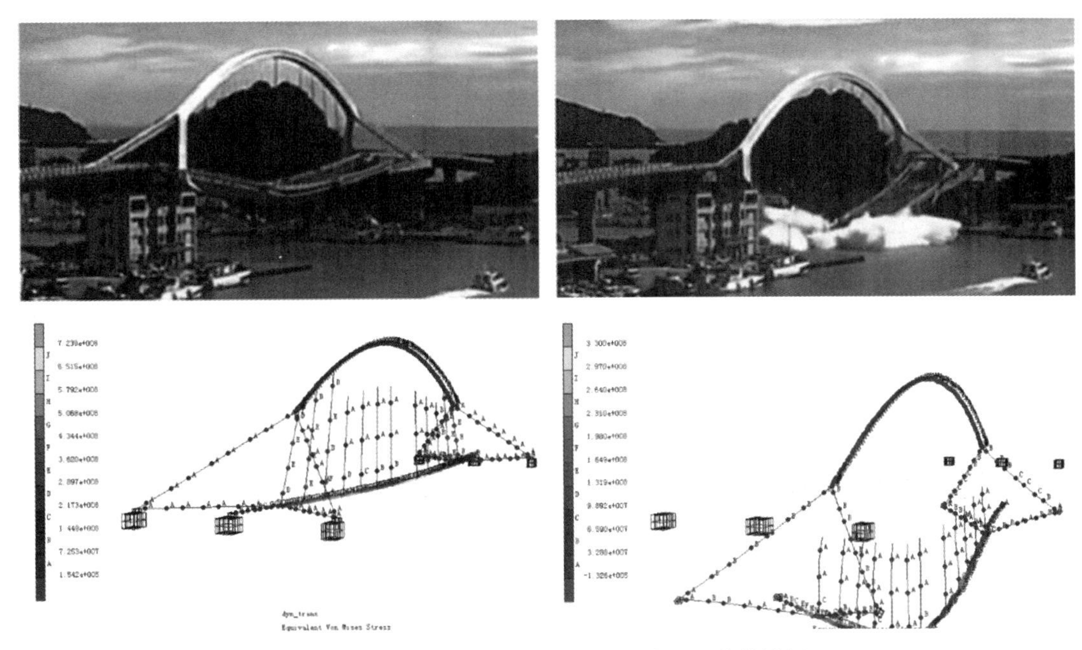

图 8-13 南方澳跨海大桥垮塌过程有限元数值模拟

8.4.1.1 大数据的概念

信息化的时代，每天有海量数据被制造出来，大数据是对这些海量数据的统称。大数据是一种信息资产，可通过新型数据处理方法，辅助提高决策力、洞察力与流程优化能力。

什么是大数据？大数据是云计算吗？显然，云计算的核心是业务模式，本质是数据处理技术。如果失去对大数据理解和运用，云计算只是数据仓库的代名词。数据是资产，云为数据资产提供了保管、访问的场所和渠道。如何盘活数据资产，使其为国家治理、企业决策乃至个人生活服务，是大数据核心议题，也是云计算的灵魂和必然的升级方向。

2010 年，麦肯锡在题为《大数据：创新竞争和提高生产率的下一个新领域》的研究报告中提出了“大数据”时代已经到来。简单地说，大数据即“海量数据＋复杂类型的数据”，是指无法在一定时间内用传统数据库软件工具对其内容进行抓取、管理和处理的数据集合。大数据技术的战略意义不在于掌握庞大的数据信息，而在于对这些含有意义的数据进行专业化处理。换言之，如果把大数据比作一种产业，则这种产业实现盈利的关键，在于提高对数据的加工能力，通过“加工”实现数据的“增值”。大数据可以包含建筑结构的监测数据、海洋环境的观测数据、网络通信数据、天文地理数据、生物基因数据等。

大数据的发展历程可以分为三个阶段。第一阶段是萌芽期，随着数据挖掘理论和数据库技术的逐步成熟，一批商业智能工具和知识管理技术开始被应用，如数据仓库、专家系统、知识管理系统等。第二阶段是成熟期，Web 2.0 应用迅猛发展，非结构化数据大量产生，带动了大数据技术的快速突破，大数据解决方案逐渐走向成熟，形成了并行计算与分布式系统两大核心技术。第三阶段是大规模应用期，大数据应用渗透各行各业，数据驱动决策，信息社会智能化程度大幅提高。

我国在 2014 年首次将大数据写入政府工作报告，从这一年开始，“大数据”逐渐成为各级政府关注的热点。2015 年，国务院正式印发了《促进大数据发展的行动纲要》，成为我国发展大数据产业的战略性指导文件。2016 年，《中华人民共和国国民经济和社会发展第十三个五年规划纲要》正式公布，其中第二十七章题目为“实施国家大数据战略”，这是我国首次公开提出“国家大数据战略”。2019 年 10 月，十九届四中全会上提出要“建立健全运用互联网、大数据、人工智能等技术手段进行行政管理的制度规则”“健全劳动、资本、土地、知识、技术、管理、数据等生产要素由市场评价贡献、按贡献决定报酬的机制”。这表明物联网、大数据、人工智能等新一代信息技术，将成为国家治理体系和治理能力现代化的核心推动力。2021 年 11 月，《“十四五”大数据产业发展规划》提出在原材料、装备制造等 4 个工业领域率先实施大数据价值提升行动，在通信、金融等 12 大行业开展大数据开发利用行动。要加强关键核心技术攻关，引导大中小企业融通发展和产业链上下游协同创新，推动大数据领域国家新型工业化产业示范基地高水平建设。

8.4.1.2 大数据的特点

大数据的特点决定了其不适合用单台计算机对数据进行处理，而应采用分布式架构，依托云计算的分布式处理、分布式数据库和云存储等技术，对海量数据进行分布式数据挖掘。

一般认为，大数据主要表现出四个特征，简称为 4V。

第一个特征是海量（Volume），指数据的体量巨大，文件大小通常以 TB 甚至 PB 计算。

第二个特征是多样（Variety），指数据来源的多样性。大数据的类型繁多，数据可来自多种格式，如文字、表格、图片、视频、音频、地理位置信息等。企业内部的经营交易信息、物联网世界中商品和物流信息、互联网世界中人与人交互信息以及位置信息等是大数据的主要来源。能够在不同的数据类型中进行交叉分析的技术，是大数据的核心技术之一。语义分析技术，图文转换技术，模式识别技术，地理信息技术等，都会在大数据分析时获得应用。

第三个特征是高速（Velocity），即数据高速增长的特性，以及对超高速处理数据的性能要求。大数据巨大的体量与极快的产生速度，对数据的收集、存储与处理提出了更高的要求。对于大数据应用而言，通常要求在短时间内给出分析结果，否则结果就是过时和无效的。

第四个特征是价值（Value），因为大数据反映出事物运行的规律，具有巨大的价值。然而，这些规律却难以直观发现，而是蕴藏在海量数据之中。而现在大数据背景下需要解决的问题是如何通过强大的机器算法更加快速地在海量数据中提纯数据的价值。挖掘大数据的价值类似沙里淘金，从海量数据中挖掘稀疏但珍贵的信息。

8.4.1.3 大数据的应用

人们经常挖掘来自互联网的“数据财富”，先人一步用其预判发展趋势。比如，华尔街的交易员根据民众情绪抛售股票；银行根据求职网站的岗位数量推断行业就业率；美国疾控中心依据网民搜索热度来分析全球范围内新冠肺炎的传播状况；投资机构搜集并分析上市企业声明，从中寻找破产的蛛丝马迹；保险公司用累积的理赔师报告来分析欺诈案例，挽回经济损失等。又比如，洛杉矶警察局曾和加利福尼亚大学合作，利用大数据预测犯罪的发生；谷歌利用搜索关键词预测禽流感的区域分布和扩散趋势；麻省理工学院利用手机定位数据和交通数据进行城市规划；抖音利用短视频播放频率和观看时长推断用户的喜好；清华大学利用盾构监测数据进行施工安全分析，利用机场航站楼维护维修记录辅助运维管理，等等。以上这些，都是大数据的典型应用场景。

通常，大数据的应用可以划分为如下几类：定量分析、定性分析、数据挖掘、统计分析、机器学习、语义分析和视觉分析。

（1）定量分析

定量分析是一种数据分析技术，侧重于对数据中的模式和相关性进行量化。基于统计实践，该技术涉及分析来自数据集的大量观察结果。由于样本量很大，结果可以以广义的方式应用于整个数据集。定量分析结果本质上是绝对的，因此可以用于数值比较。例如，对冰淇淋销售的定量分析可能会发现，温度每升高5℃，冰淇淋销量就会增加15%。

（2）定性分析

定性分析是一种数据分析技术，侧重于用词语描述各种数据质量。与定量数据分析相比，它涉及更深入地分析更小的样本。由于样本量小，这些分析结果不能推广到整个数据集。它们也不能进行数值测量或用于数值比较。例如，对冰淇淋销售的分析可能会显示，五月份的销售数字没有六月份高。分析结果只说明这些数字“没有那么高”，并且没有提供数值差异。

（3）数据挖掘

数据挖掘，也称为数据发现，是针对大型数据集的数据分析的一种特殊形式。与大数据分析相关，数据挖掘通常指的是自动化的、基于软件的技术，通过筛选大量数据集来识别模式和趋势。

（4）统计分析

统计分析使用基于数学公式的统计方法作为分析数据的手段。统计分析通常是定量的，但也可以是定性的。这种类型的分析通常用于通过总结来描述数据集，例如提供与数据集相关的平均值、中位数等。它还可以用于推断数据集中的关系，例如回归和相关性。本节介绍以下类型的统计分析：

1）A/B测试。A/B测试也被称为分割或桶测试，比较一个元素的两个版本，以确定哪个版本基于一个预定义的指标是更好的。元素可以是一系列的东西，例如。它可以是内容，例如网页，也可以是产品或服务的报价，比如电子产品的交易。元素的当前版本称为控制版本，而修改后的版本称为处理版本。两种版本同时进行实验。将观察结果记录下来，以确定哪个版本更成功。

2）相关性分析。相关性是一种分析技术，用于确定两个变量是否相互相关。当两个变量被认为是相关时，它们是基于线性关系排列的。这意味着当一个变量变化时，另一个变量也会成比例地持续变化。解决的示例问题包括：①离海的距离会影响城市的温度吗？②在小学表现好的学生在高中表现也一样好吗？③肥胖在多大程度上与暴饮暴食有关？

3）回归性分析。回归分析技术集中探讨了数据因变量与自变量之间的关系。作为一个示例场景，回归可以帮助确定温度（自变量）和作物产量（因变量）之间存在的关系类型。应用这种技术有助于确定因变量的值相对于自变量值的变化是如何变化的。解决的示例问题包括：①一个离海 250 英里的城市的温度是多少？②根据学生的小学成绩，他们在高中学习的成绩是多少？③根据食物摄入量，一个人肥胖的概率有多大？

（5）机器学习

人类善于发现数据中的模式和关系，但无法快速处理大量数据。另一方面，机器非常擅长快速处理大量数据，但前提是它们知道如何处理。如果人类的知识能够与机器的处理速度相结合，机器将能够在不需要太多人为干预的情况下处理大量数据。这是机器学习的基本概念。在本节中，机器学习及其与数据挖掘的关系将通过分类、聚类、异常检测和过滤这几个类型的机器学习技术进行探讨。

1）分类（有监督的机器学习）。分类是一种监督学习技术，通过这种技术，数据被分类到相关的、先前学习过的类别中。示例问题包括：①申请人的信用卡申请是否应该根据其他被接受或被拒绝的申请而被接受或拒绝？②根据已知的水果和蔬菜的例子，西红柿是水果还是蔬菜？③患者的医学检查结果是否表明有心脏病发作的风险？

2）聚类（无监督的机器学习）。聚类是一种无监督学习技术，它将数据分成不同的组，使每组中的数据具有相似的属性。不需要预先学习类别，而是根据数据分组隐式生成类别。数据分组的方式取决于所使用的算法类型。每种算法都使用不同的技术来识别聚类。示例问题包括：①根据树木之间的相似性，存在多少种不同的树木？②基于相似的购买历史，存在多少个客户群？③根据病毒的特征有哪些不同的病毒组？

3）异常值检测。异常值检测是在给定数据集中发现与其他数据明显不同或不一致的数据的过程。这种机器学习技术用于识别异常和偏差，这些异常和偏差可能是有利的，比如机会，也可能是不利的，比如风险。

4）过滤。过滤是从项目池中查找相关项目的自动化过程。可以根据用户自己的行为或通过匹配多个用户的行为来过滤条目。过滤通常以协同过滤和基于内容的过滤两种方法进行。

（6）语义分析

文本或语音数据的片段在不同的上下文中可能具有不同的含义，而一个完整的句子即使以不同的方式结构，也可能保留其含义。为了让机器提取有价值的信息，文本和语音数据需要被机器以与人类相同的方式理解。语义分析是从文本和语音数据中提取有意义信息的实践。

（7）视觉分析

视觉分析是数据分析的一种形式，它涉及数据的图形表示，以启用或增强其视觉感知。基于人类可以比从文本中更快地理解和得出结论的前提。视觉分析是大数据领域的一种发现工具，它的目标是使用图形表示来加深对所分析数据的理解。具体来说，它有助于发掘数据中隐藏的模式、相关性。

8.4.2 聚类：*k*-means

假设有一个企业运营互联网直播和视频网站业务，有直播区（简称为 X ）和视频区（简称为 Y ）两个主要分区。现在该企业在某一月度内，对每一用户分别统计在该月度、该用户在直播区 X 和视频区 Y 的点击频率，得到如图 8-14 左所示的分布结果。注意，这里使用 2 维的例子是为了表述和可视化的方便，实际上的问题维度会很高，很难进行可视化展示。

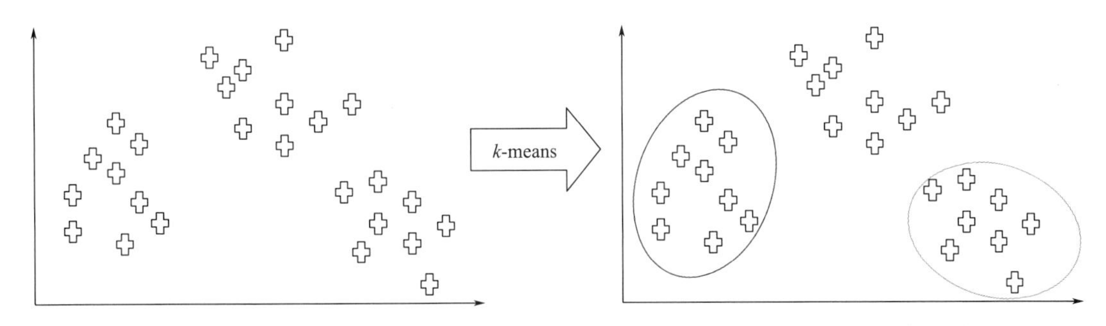

图 8-14　用户在直播区 X 和视频区 Y 的点击频率（左）和 k-means 聚类（右）

该企业想根据该统计对所有用户进行分类，以针对不同类型的用户推送不同的内容。为了实现这样的想法，可以考虑若两个用户之间的各个点击频率越接近，则这两个用户应该越有可能被归入一个类别。而为了衡量这样一个距离，可以简单地以向量距离 $\|\boldsymbol{X}_1-\boldsymbol{X}_2\|$ 表示。本例中只有两个分量，因此所有用户的向量均为 2 维。

下一个面临的问题是不知道每一个用户应该属于哪一个类型，甚至不知道应该有几个类型。此时可以用聚类算法，实现划分，如图 8-15 右所示。

顾名思义，聚类算法就是希望在给定的数据集中提取其中用于分类的结构信息，从而把数据集中的任意样本归入一个类中，并且希望同一类的样本有较为接近的特征，而不同类的样本有尽可能大的差别。

常见的聚类算法包括 k-means 聚类、层次聚类、均值漂移聚类、GMM 聚类等。以下介绍 k-means 聚类这个广泛使用的算法。

8.4.2.1　k-means 的基本原理

k-means 算法，旨在无监督地发现样本集中可能的结构（分类）信息。在该算法中，用户将指定簇的数目 k，算法尝试将每一个样本归入某一个簇（Cluster）中，并给出每一个簇的质心位置。在数学上，k-means 算法的优化目标如下：

$$\operatorname{argmin}_{c_1,\cdots,c_k}\sum_{i\in k}\sum_{x\in C_i} dist(x, c_i) \qquad (式 8\text{-}27)$$

其中，k 为簇的数目，C_i 为所有属于该簇的样本点 x 构成的集合，c_i 为某一个簇的质心，特别的，质心是由属于该簇的所有样本共同且唯一确定的。

这个优化目标实际上表达了这样的思想：将每一个样本指派到一个簇中，使得每个簇中的所有样本到该簇质心的距离的和最小。换句话说，希望找到一个质心的位置分布，并将每一个样本指派到距离最近的质心所对应的簇中。

上述的优化目标带来了复杂的耦合问题，因为确定质心位置需要知道这个簇中的所有样本，另一方面，需要知道质心之后才能判断样本属于哪一个簇，这造成了“鸡生蛋、蛋生鸡”的困局。所以，对于 k-means 算法，不能通过解析方式求解上述的优化，而是采用迭代方法进行逼近：

（1）输入簇的数目，随机指定每一个簇的质心 c_i；

（2）将每一个样本点指派到最近的质心所对应的簇；

（3）更新每一个簇的质心；

（4）除非更新过程中每一个质心都不发生改变，否则重复（2）～（4）。

通常，把样本表示为一个向量，因此距离函数 $dist(x, c_i)$ 是这两个点之间的标准欧式距离的平方，即二阶范数的平方：

$$dist(x, c_i) = \| x - c_i \|^2$$

质心则是简单计算一个簇内所有样本点的均值，其中 m_i 为该簇中样本的数量：

$$c_i = \frac{1}{m_i} \sum_{x \in C_i} x$$

一个完整的 k-means 迭代过程如图 8-15 所示。

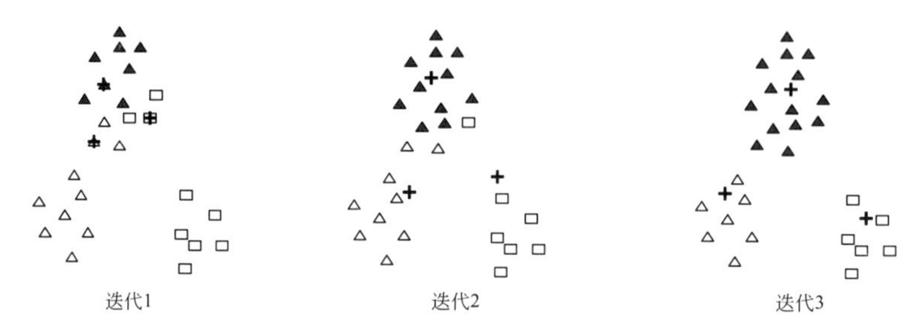

图 8-15　k-means 迭代过程示意

8.4.2.2　随机初始化对 k-means 的影响

虽然对于 k-means 的数学优化目标来说，其一定存在唯一的最优解，但是由于采用随机初始化和迭代的方法来对此进行逼近，实际上并不能保证得到的质心分布位置是最优的。或者说，k-means 的优化目标是一个非凸函数，因此它的局部极值点不一定是全局最优解。如图 8-16 示例。

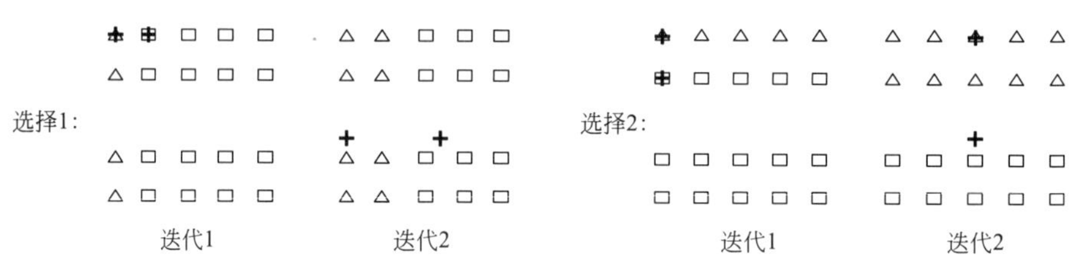

图 8-16　局部极值点示意说明

由于每一次初始化时，质心的位置是随机的，因此对于不同的初始化情况，算法可能会收敛到不同的结果。针对这种情况，可以将这两种结果的质心位置分别带入优化目标，并计算其函数值，取较小的结果即可：

$$SSE = \sum_{i \in k} \sum_{x \in C_i} dist(x, c_i) \qquad (式 8\text{-}28)$$

习惯上，把上式的结果称为误差平方和（Sum of Squared Error，SSE）。SSE 越小，表明簇中的样本越接近质心，即聚类效果越好。对于 SSE 来说，简单增加簇的数目可以得到更小的 SSE 值。当簇的数目极端到和样本数一样，最优的解答应该是各个质心和每一个样本分别重合，此时 SSE 为 0。但是，增大簇的数目并不符合聚类的初衷，毕竟聚类是希望尽可能抽象地提取数据集的结构特征。只有在相同的簇数量下，SSE 的比较才有意义。

8.4.2.3　二分 k-means

由于随机地对质心的位置进行初始化，因此每执行一次 k-means 算法，得到的结果都可能与之前不同。实际应用过程中，由于样本的维度通常很高，随机指定初始质心位置的方法得到的聚类结果往往很差。为此，提出了二分 k-means 算法，其思路如下。

首先，将所有点作为一个簇，然后在该簇上使用基本 k-means 算法，其中 $k=2$，从而将该簇一分为二。之后选择 SSE 最大的一个簇，对其再进行一次二分。上述基于 SSE 的划分过程不断重复，直到得到用户指定的簇数目为止。二分 k-means 在根本上体现了层次聚类的思想，因此它是层次聚类方法的一种具体实现。图 8-17 展示了二分 k-means 的执行过程。

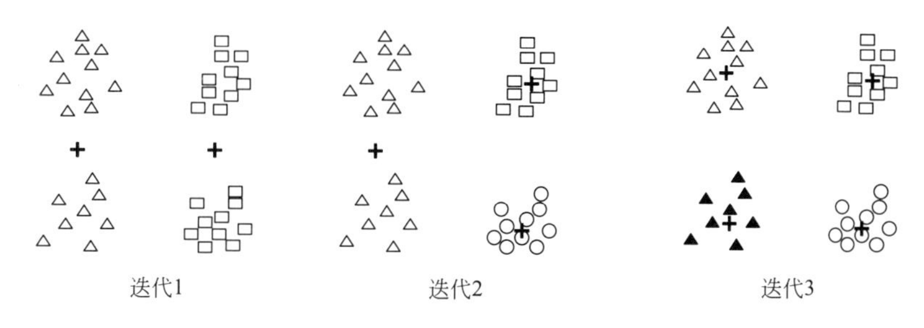

图 8-17　二分 k-means 的执行过程

实践证明，该算法不太受初始化问题的影响，结果的可重复性更好。换句话说，二分 k-means 算法在对同一数据集的多次使用中，有更大可能收敛到相同的结果。

8.4.2.4　算法分析和评价

（1）复杂度分析

可以看到，k-means 算法在每一迭代过程中，需要对每一个点计算 k 次距离，一共需要处理 N 个点，最后需要求平均，这一过程需要 N 次求和。因此，若迭代步数上限为 S，则该算法的复杂度将为 $O(S \cdot N \cdot K)$。这个复杂度已经是各种聚类算法中比较优秀的了，对比其他聚类算法如谱聚类，当数据量达到 10^5 量级时，基本上只有 k-means 算法还能适用。

（2）优点和缺点

只要对样本进行了向量化表示，k-means 算法就可以简单地得到实现和应用，并且执行效率在各种聚类算法中算是较优的。另外，k-means 的某些变种，如二分 k-means，可以在一定程度上降低算法对初始化的敏感程度。

然而，k-means 只能对简单的球形簇（凸簇）进行聚类，并不能应用于形状更复杂的簇中（针对非凸形状的簇，GMM 聚类等算法可以处理这个问题）。最后，k-means 算法应当仅用于具有中心点意义的数据集中。

（3）如何选取 k 值

k 值是 k-means 算法唯一需要的输入，但是通常来说，k 值是十分主观的，高度依赖于从业人员的经验。通常，人们会尝试着使用统计方法对数据进行降维，然后通过直观的可视化感受来初步估计 k 值，但是这个方法的效果通常不理想。想想看，把几十维甚至上百维的所有样本压缩到二维或三维空间，这样的可视化能带来分簇信息是非常有限的。

另一个方法是从 2 开始不断增加 k 值，分别执行多次 k-means 算法，直到 SSE 下降到认可的范围内。

应该避免无目的地增加 k 值，且总的来说，k-means 在具体问题中的应用还是需要大量的人工经验参与。

8.4.3 关联规则挖掘：Apriori

关联规则分析的任务是发现数据中的关联规则，关联规则是指数据集中频繁出现的“规则”，一般指现象、规律、经验等。比如，顾客通常会同时购买面包果酱、牙膏牙刷等；工程安全事故通常与安全培训、安全措施等因素有关；通常说的谚语“朝霞不出门，晚霞行千里”；再或者“北京今天有大风”则一般情况下“没有雾霾”，而“冬天的北京没风”则有一定概率是“重度雾霾”等，都表现了数据之间存在关联关系。

关联规则挖掘的常用算法包括 Apriori、FP-Growth，本节主要介绍 Apriori 算法。

考虑如下例子：有一家超市，他们在某一个月度中，针对每一个客户的交易事务，统计了面包、牛奶、啤酒、尿布、花生这 5 种商品的销量。一个具体的交易事务可以包含上述商品的几种，比如牛奶和面包构成了一条事务记录。现在统计得到的所有事务记录见表 8-9。

所有事务记录统计情况　　表 8-9

事务编号	事务条目	统计数量
1	面包、牛奶、啤酒、尿布	120
2	面包、牛奶、啤酒	80
3	啤酒、尿布	90
4	面包、牛奶、花生	110

通过上述统计可以优化货架布局，以潜在地提高商品的销量。比如在上述统计中，啤酒和尿布这两种商品同时出现的频率很高，达到了 50%以上，因此可以把这两种商品放在一起。

这样的一个数据分析需求引出了一个非常著名的算法：Apriori 算法。具体的，Apriori 算法需要指定一个输入 k，用来指定最多关注多少个项目之间存在联系。因此，Apriori 算法也被称为 k 项频繁集算法。这个算法是一个无监督算法，在执行过程中只需要进行简单的频数统计即可得到结果。

8.4.3.1 Apriori 的基本原理

（1）Apriori 算法涉及的几个基本概念

1）条目

直接出现在数据集中的集合为一个合法的条目，如在上述案例中，{啤酒，尿布} 是一个条目，而 {牛奶，啤酒} 不是一个条目。

2）项目

构成数据库中所有条目的基本元素，如在背景案例中，项目为其出售的 5 种商品。

3）k 项集

包含了 k 个项目所构成的集合，这个 k 值称为该项集的度。如 {牛奶，啤酒} 是一个 2 项集，但是这不是一个条目。若一个 k 项集的支持度大于给定的阈值，则称这个 k 项集

为频繁 k 项集。

4）支持度

包含某一个项集的条目 X 在总条目 D 中所占的比例。因此，一个有意义的项集必须是数据库中至少一个条目的子集。通过支持度来判断一个项集是否是频繁集。

$$support(X)=\frac{|X|}{|D|} \tag{式 8-29}$$

5）置信度

等于两个项集 X、Y 之间的条件概率 $P(Y|X)$，通过 X、Y、$X\cup Y$ 的支持度来进行计算。在 Apriori 算法完成后，通过置信度来判断一个关联规则是否有效。

$$confidence(X\rightarrow Y)=P(Y\mid X)=\frac{support(X\cup Y)}{support(X)} \tag{式 8-30}$$

6）关联规则

给定两个项集 X、Y，记 $X\rightarrow Y$ 为一条关联规则。

（2）基本流程

Apriori 算法的基本求解流程如下。

1）指定最大关联数目 k，设定支持度阈值和置信度阈值；

2）生成所有 1 项集；

3）对所有的 i 项集（i 从 1 到 $k-1$），删除其中支持度不足的集合；

4）对每一个频繁 i 项集，将其拓展为 $i+1$ 项集；

5）若 i+1 项集数目为 0，返回 2）中的所有频繁 i 项集为结果；否则更新 $i=i+1$，并跳转至 3）；

6）计算所有频繁 k 项集中关联规则的置信度，置信度不足的关联规则视为无效。

上述步骤中的拓展操作是基于频繁 i 项集进行合并来实现的：若两个频繁 i 项集 X、Y 只有一个项目不同，则合并它们形成新的 $i+1$ 项集，而不需要从头罗列所有可能的 $i+1$ 项集。一个完整的 Apriori 迭代过程如图 8-18 所示，其中支持度被设为 2。

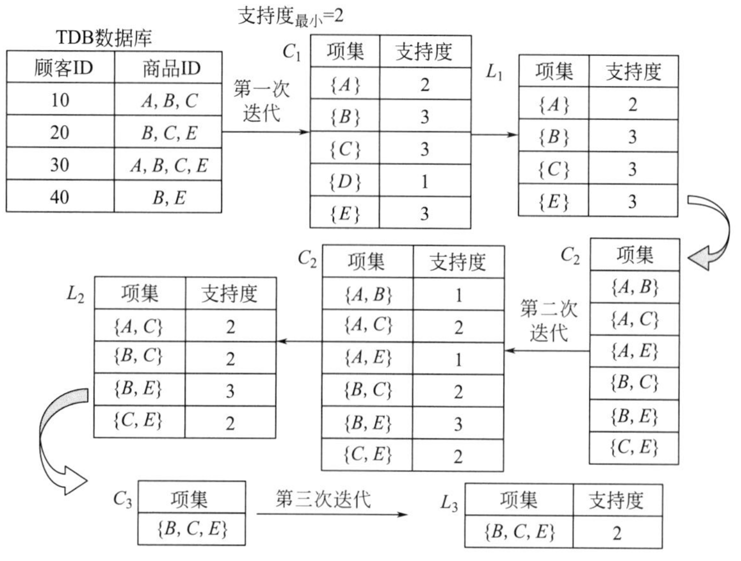

图 8-18　Apriori 算法的基本流程

下例中（表 8-10），假定 I_1 表示方便面、I_2 表示矿泉水、I_3 表示白酒、I_4 表示汽水、I_5 表示火腿。

支持度阈值：2　置信度阈值：50%　　表 8-10

TID(顾客 ID)	商品 ID 的列表
T100	I_1、I_2、I_5
T200	I_2、I_4
T300	I_2、I_3
T400	I_1、I_2、I_4
T500	I_1、I_3
T600	I_2、I_3
T700	I_1、I_3
T800	I_1、I_2、I_3、I_5
T900	I_1、I_2、I_3

首先进行第一次迭代（表 8-11），寻找只包含一项的频繁项集，上例中所有 1 项集均是频繁的。候选的支持度计数与最小支持度计数比较。

第一次迭代　　表 8-11

项集	支持度计数
$\{I_1\}$	6
$\{I_2\}$	7
$\{I_3\}$	6
$\{I_4\}$	2
$\{I_5\}$	2

接着进行第二次迭代（表 8-12），使用频繁 1 项集连接，产生候选 2 项集，过滤候选项集中不频繁的项集，得到频繁 2 项集 C_2，并对每个候选计数。

第二次迭代　　表 8-12

项集(C_2)	支持度计数
$\{I_1,I_2\}$	4
$\{I_1,I_3\}$	4
$\{I_1,I_4\}$	1
$\{I_1,I_5\}$	2
$\{I_2,I_3\}$	4
$\{I_2,I_4\}$	2
$\{I_2,I_5\}$	2
$\{I_3,I_4\}$	0
$\{I_3,I_5\}$	1
$\{I_4,I_5\}$	0

接着进行第三次迭代（表 8-13），使用频繁 2 集连接，产生候选 3 集，过滤候选项集中不频繁的项集，得到频繁 3 项集 C_3，并对每个候选计数。

第三次迭代 表 8-13

项集(C_3)	支持度计数
$\{I_1, I_2, I_3\}$	2
$\{I_1, I_2, I_5\}$	2

接着进行第四次迭代（表 8-14），得到频繁 4 项集，频繁 4 项集为空，算法终止。

第四次迭代 表 8-14

项集(C_4)	支持度计数
$\{I_1, I_2, I_3, I_5\}$	1

最后对所有频繁项集判断置信度，从而生成关联规则。

$$\{I_1, I_2\} \Rightarrow I_5, confidence = 2/4 = 50\%$$
$$\{I_1, I_5\} \Rightarrow I_2, confidence = 2/2 = 100\%$$
$$\{I_2, I_5\} \Rightarrow I_1, confidence = 2/2 = 100\%$$
$$I_1 \Rightarrow \{I_2, I_5\}, confidence = 2/6 = 33\%$$
$$I_2 \Rightarrow \{I_1, I_5\}, confidence = 2/7 = 29\%$$
$$I_5 \Rightarrow \{I_1, I_2\}, confidence = 2/2 = 100\%$$

假定预定义 70%的置信度，这些规则中，可以输出强关联规则的只有三个。即三个 100%置信度的规则。那么可以得到买方便面和火腿的一定会买矿泉水，买矿泉水和火腿的一定会买方便面，买火腿的一定会买方便面和矿泉水这三个关联规则。

8.4.3.2 先验原理

在英文中，Apriori 是“先验的”的意思，所以 Apriori 算法也可以翻译为先验算法。实际上，在其算法流程中，步骤（2）中是直接基于旧项集生成新项集，步骤（3）中则删除支持度不足的项集，这是考虑到复杂度的问题。Apriori 算法的本质是从所有可能的项集中抽选出有足够支持度的项集，如果只是简单地枚举所有可能的集合，则一共需要处理 2^N 个集合，其中 N 是项目的数量。这样的操作所需要的时间开销是难以接受的。因此，需要执行一些剪枝操作，删除掉不满足支持度要求的项集，同时只根据频繁项集来生成可能的新项集，以此来提高算法的执行速度。这就是先验原理，保证了这样的操作是正确的，在剪枝和拓展后并不会遗漏任何一个满足支持度的项集。

先验原理的基本内容包括两点：如果一个项集是频繁项集，则它的所有子集都是频繁项集；如果一个项集不是频繁项集，则它的所有超集都不是频繁项集。即对于任何一个项集 $\{A, B\}$，它的支持度必定小于等于 $\{A\}$ 的支持度，也小于等于 $\{B\}$ 的支持度，因为所有包含了 $\{A, B\}$ 的条目一定也会单独包含 $\{A\}$，同时也单独包含 $\{B\}$。

8.4.3.3 算法分析和评价

（1）复杂度分析

Apriori 算法在最差的情况下需要罗列所有可能的项集，因此该算法在最坏情况下的

复杂度为 $O(2^N)$，其中 N 为项目数量。虽然通常情况下可以通过剪枝清除掉半数以上的非频繁项集，但是 Apriori 算法在项目数量较大的情况下还是会很慢。另外，如何计算项集的支持度也是一个难点。若是不做任何优化直接进行暴力搜索，那么对每一个项集，都要遍历所有条目，那么复杂度就变成了 $O(M \cdot 2^N)$，其中 M 为条目的数量。

（2）优点和缺点

Apriori 算法的基本思想和实现过程都很简单，但是当项目数量和条目数量比较大时，其耗时会让人难以接受，因此通常只能应用于数据量较少的情况。耗时太长这个致命的缺点导致 Apriori 已不太常用了，取而代之的是一些基于 Apriori 的优化方法，如 FP-Tree、GSP、CBA 等。

8.4.4 有监督分类：SVM

假设有一门机器学习课程，该课程的老师对本学期内学生的综合表现进行了评价，并统计了每名学生在数学和统计学这两门选修课的成绩，并将每名学生在机器学习课上的表现，分为“好”或“差”，得到了如图 8-19 所示的统计结果。

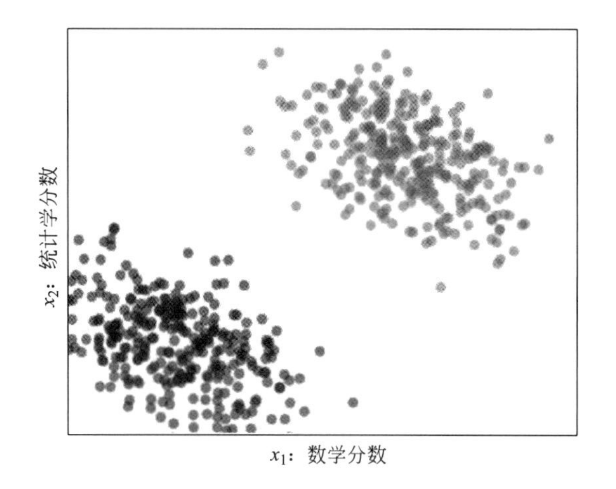

图 8-19 学生成绩统计情况

可以看到，学生大概分成了两个部分：若数学和统计学的成绩不好，则他们大多在机器学习课上的表现也不好（被标为红色，分布在左下区域），反之，他们则表现良好，分布在右上区域（标为绿色）。

现在一个新的学期开始了，课程老师希望能够通过这些信息告诉选课的学生们适不适合上这门课。那么这个老师可以采取什么办法？一个很直观的想法是，聚类。图 8-20 很清晰地表明了数据的结构，它们呈现了两个球形簇。但是聚类是一个无监督分类算法，而在这个例子中，已经有了数据的标注（学生被分为表现“好”和“差”），因此应该考虑一种有监督的方法，有监督方法的准确率要比无监督高。因此，对这个问题，可以采用支持向量机（Support Vector Machine，SVM）来进行处理。

理论上，作为一个有监督分类方法，SVM 的适用性非常广，原则上可以适用于各种有监督的分类问题中，这完全不同于之前介绍的 k-means 和 Apriori 算法：k-means 方法只能用于球形簇的聚类，而 Apriori 算法则只能应用于关联问题中。

8.4.4.1　SVM的基本思想

在这一小节，介绍线性二分类SVM的基本思想。回顾背景中的例子，既然是分类，则这两个类之间必然会有某一个边界。因此最简单的边界就是构造一条直线，把训练集数据分割为两部分，使得每一个类的样本各占据一侧，即属于一个类的样本绝对不会跨过这个边界，如图8-20所示。

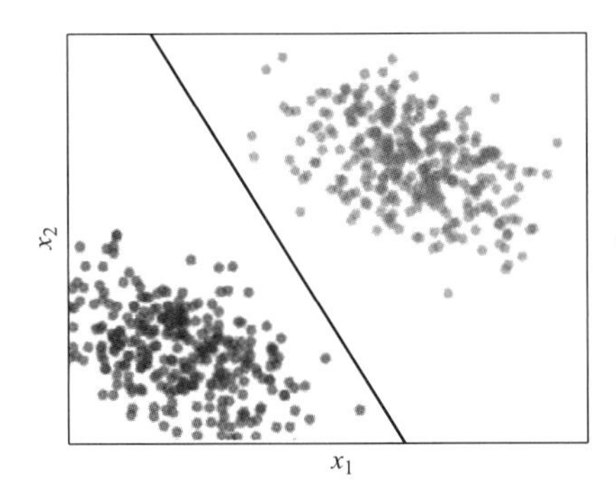

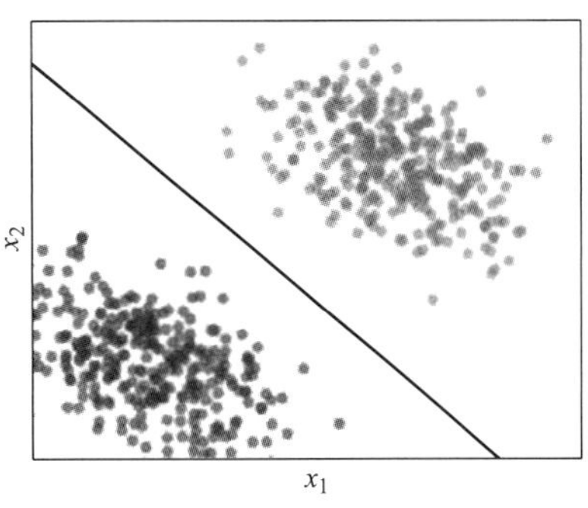

图8-20　SVM的基本思想

当然也可以用曲线来进行分割，但是直线当然是最简单的，所以用直线，这就形成了线性分割。同时，这也是SVM的第一个核心思想：使用一个线性分割来对两个类进行区分。

在预测时，样本落在这个线性分割的哪一侧就被视为哪个类。在上述的例子中，由于样本是二维的（只包含数学成绩和统计学成绩这两个值），因此这个线性分割就是一条直线。如果问题拓展到更高的维度，则线性分割就是一个超平面，如图8-21和图8-22所示。

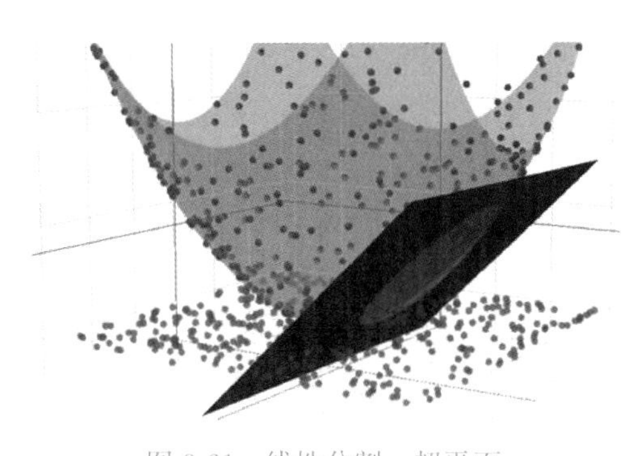

图8-21　线性分割—超平面

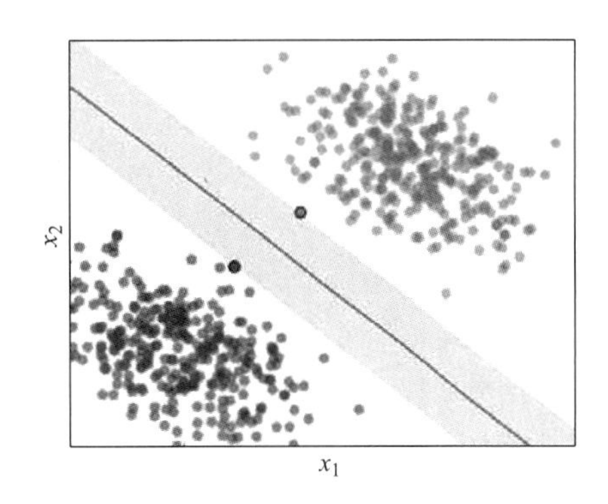

图8-22　线性分割示例图

在图8-21中，样本有三维，所以线性分割应该是一个平面。对于更高的维度，线性分割统称为超平面。满足条件的线性分割可以有无穷多种，应该选取哪一种？这便涉及SVM的第二个核心思想：选择类边界间的间距最大的那个分割。

如果把这个超平面（直线）分别往两侧（左下和右上）进行平移，那么总会碰到一个（或几个）样本点，此时这个超平面（直线）的位置就是这个类的边界了，因为无法往类的内部继续移动。这时，在边界上的点就被称为“支持向量”，这就是SVM这个名字的来源，而这两个边界之间的距离就是间距。

这个间距越大，则这个分类器做出正确预测的概率越高，因此 SVM 希望最大化这个间距。基于这一思想，SVM 也被人们称为大间距分类器（Large Margin Classifier）。

很多时候很难找到一个完美的线性分割，使得属于两个类的样本都恰好落在分割的两侧。这时候，可以在一定程度上允许样本数据跨越这个边界。如图 8-23 所示，通过设置一个参数 C，来告诉模型在多大程度上允许样本点跨越边界。可以看到，两个边界之间本该是“空无一物”的灰色带状空间，现在随着 C 值充斥了不同数量的样本，而这个带状空间的宽度也在随着 C 值变化。这在数学上称为松弛，会在后文对 C 值的意义和选择方法进行介绍。

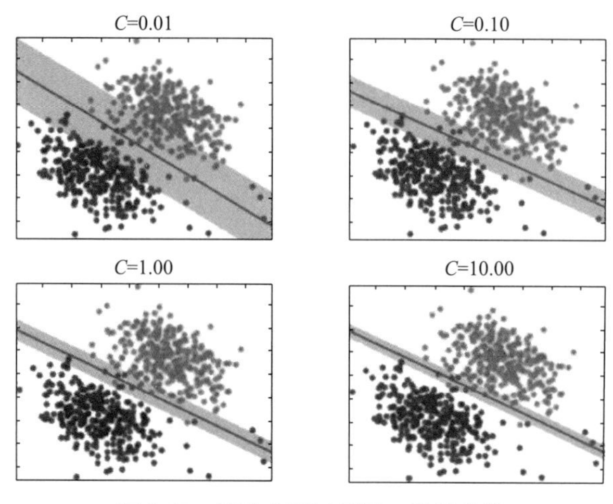

图 8-23　线性分割示例图—设置参数

8.4.4.2　SVM 的数学形式

（1）SVM 的形式

这一小节中介绍线性二分 SVM 的求解。由于 SVM 的本质是找到一个线性的超平面，因此 SVM 的数学公式就是一个线性方程：

$$\hat{y}=\boldsymbol{w}^{\mathrm{T}}\cdot\boldsymbol{x}+b \qquad \text{（式 8-31）}$$

在上式中，$\boldsymbol{w}$ 和 $\boldsymbol{x}$ 是维度相同的向量，而 $\hat{y}$ 和 b 则是两个实数。其中，$\boldsymbol{x}$ 是样本点，而 $\boldsymbol{w}$ 和 b 则是待定的参量。另外，由于 SVM 只是进行二分类，因此在预测时，对计算结果 $\hat{y}$，若其大于 0，则视样本为正类，否则反之。

$$\begin{cases}\boldsymbol{x}\in \text{测试集正类},\boldsymbol{w}^{\mathrm{T}}\cdot\boldsymbol{x}+b>0\\ \boldsymbol{x}\in \text{测试集负类},\boldsymbol{w}^{\mathrm{T}}\cdot\boldsymbol{x}+b<0\end{cases}$$

实际上等于 0 的情况出现概率为 0，因此不用考虑。

（2）SVM 的约束

对于样本集，由于它们是已知的，所以希望它们的 $\hat{y}$ 能反映更强的信息，即所有的正类样本能有 $\hat{y}\geqslant\gamma$，对负类则能有 $\hat{y}\leqslant-\gamma$：

$$\begin{cases}\boldsymbol{w}^{\mathrm{T}}\cdot\boldsymbol{x}+b\geqslant\gamma,\boldsymbol{x}\in \text{训练集正类}\\ \boldsymbol{w}^{\mathrm{T}}\cdot\boldsymbol{x}+b\leqslant-\gamma,\boldsymbol{x}\in \text{训练集负类}\end{cases}$$

若一般化表述，上式也可以写为：

$$y \cdot (\boldsymbol{w}^{\mathrm{T}} \cdot \boldsymbol{x} + b) \geqslant \gamma \tag{式 8-32}$$

其中，γ 虽然会影响到 $\boldsymbol{w}$ 和 b 的具体值，但是并不会影响到模型实际的分类结果：

$$y \cdot (\boldsymbol{w}^{\mathrm{T}} \cdot \boldsymbol{x} + b) \geqslant \gamma \overset{\text{等价于}}{\Longleftrightarrow} y \cdot \left(\frac{\boldsymbol{w}^{\mathrm{T}}}{\gamma} \cdot \boldsymbol{x} + \frac{b}{\gamma}\right) \geqslant 1 \tag{式 8-33}$$

因此，取不同的 γ 能产生的唯一影响就是将 $\boldsymbol{w}$ 和 b 同等缩放 γ 倍。因此，习惯上直接取 $\gamma=1$。

(3) SVM 的优化目标

接下来考虑优化函数的形式。优化函数需要一个极大化或极小化的形式，而 SVM 又希望最大化分类间距，所以得到的优化目标如下：

$$\operatorname{argmin}_w \frac{1}{2}\|\boldsymbol{w}\|^2, \text{s. t. } y^{(i)} \cdot (\boldsymbol{w}^{\mathrm{T}} \cdot \boldsymbol{x}^{(i)} + b) \geqslant 1 \tag{式 8-34}$$

其中，(i) 表示第 i 个样本，$\|\boldsymbol{w}\|$ 表示了 $\boldsymbol{w}$ 的二阶范数。

这是一个带约束的优化，这个约束来自于上一部分中介绍的内容。对于优化函数本身的含义，可参考图 8-24。

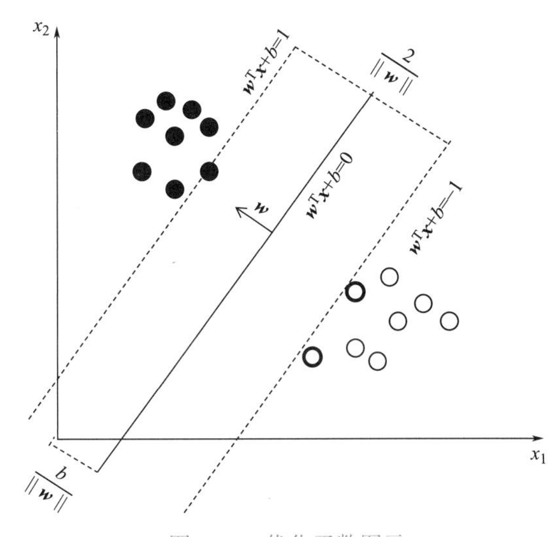

图 8-24　优化函数图示

可以进行一个简单的类比。首先，若两条平行直线符合以下的表达：

$$Ax_1 + Bx_2 + C_i = 0, \quad i = 1,2$$

那么这两条直线的距离就是下式：

$$d = \frac{|C_1 - C_2|}{\sqrt{A^2 + B^2}}$$

可以把 x_1 和 x_2 组合为一个向量 $\boldsymbol{x}=(x_1, x_2)^{\mathrm{T}}$，把 A 和 B 组合为一个向量 $\boldsymbol{w}=(A, B)^{\mathrm{T}}$，则上面的直线方程和距离公式可以表达为如下形式：

$$\boldsymbol{w}^{\mathrm{T}} \cdot \boldsymbol{x} + C_i = 0$$

$$d = \frac{|C_1 - C_2|}{\|\boldsymbol{w}\|}$$

观察一下 SVM 的数学形式（约束部分），对样本集来说 C_1 和 C_2 分别就是 $1+\gamma$、$1-\gamma$。因此，在 SVM 中的间距表达式为：

$$d=\frac{|C_1-C_2|}{\|\boldsymbol{w}\|}=\frac{2\gamma}{\|\boldsymbol{w}\|}$$

可以再一次看到 γ 作为一个常量，并不会对优化函数形式造成任何影响，而只是影响了约束的形式，因为最大化 d 等价于最小化 $\|\boldsymbol{w}\|$。在最终的优化函数中，为了方便求导，对这个范数加了系数和平方。

（4）SVM 的松弛

之前介绍过，有时候很难得到一个完美的线性分割，使得两个类的样本分别落在这个分割的两侧。因此，可以适当放松对样本的约束，即对于任意样本，不需要保证严格大于 1，而只需要其满足以下约束：

$$y^{(i)}\cdot(\boldsymbol{w}^{\mathrm{T}}\cdot\boldsymbol{x}^{(i)}+b)\geqslant 1-\xi^{(i)} \tag{式 8-35}$$

其中，(i) 表示了第 (i) 个样本，$\xi^{(i)}$ 称为松弛变量。另外需要注意，所有的 $\xi^{(i)}$ 不能为同一个值，否则上面的约束实际上就会退化为无松弛的形式了。如何确定 $\xi^{(i)}$？可直接将其也视为待定参数。

对于松弛后的 SVM，其优化目标变形为如下的形式：

$$\operatorname{argmin}_w \frac{1}{2}\|\boldsymbol{w}\|^2+C\sum_i\xi^{(i)},\text{s. t. } y^{(i)}\cdot(\boldsymbol{w}^{\mathrm{T}}\cdot\boldsymbol{x}^{(i)}+b)\geqslant 1-\xi^{(i)} \tag{式 8-36}$$

可以看到，在原始的优化函数中加入了松弛变量，这表示希望尽可能减小松弛变量值。松弛变量越大代表着对样本的约束要求越低，而约束降低要求将导致预测正确的概率降低。

另外，之前提到的 C 值代表了模型对于松弛的容忍程度，用于保证原始优化和松弛程度的平衡。C 越大，则 $\xi^{(i)}$ 被减小的程度就越大，此时模型对松弛的忍受程度越低；否则，模型对松弛就显得很宽松。

8.4.4.3 SVM 的求解方法

（1）通过线性方程组求解

已经知道线性二分 SVM 的具体优化目标为如下的条件约束问题（为简单起见，不考虑松弛）：

$$\operatorname{argmin}_w \frac{1}{2}\|\boldsymbol{w}\|^2,\text{s. t. } y^{(i)}\cdot(\boldsymbol{w}^{\mathrm{T}}\cdot\boldsymbol{x}^{(i)}+b)\geqslant 1 \tag{式 8-37}$$

由于它是一个条件约束问题，因此可以用拉格朗日乘子法。另外，由于在 $\boldsymbol{w}$ 的无约束定义域上，满足上述优化的解很明显为 $\boldsymbol{w}=\vec{\boldsymbol{0}}$（这明显无意义，舍去），因此只需考虑优化函数在约束边界上的情况：

$$\operatorname{argmin}_w \frac{1}{2}\|\boldsymbol{w}\|^2,\text{s. t. } y^{(i)}\cdot(\boldsymbol{w}^{\mathrm{T}}\cdot\boldsymbol{x}^{(i)}+b)=1$$

构造拉格朗日函数：

$$L(\boldsymbol{w},b,\alpha^{(i)})=\frac{1}{2}\|\boldsymbol{w}\|^2+\sum_{i=1}^{m}\alpha^{(i)}\cdot(1-y^{(i)}\cdot(\boldsymbol{w}^{\mathrm{T}}\cdot\boldsymbol{x}^{(i)}+b)) \tag{式 8-38}$$

只需要最小化这个拉格朗日函数就可以得到解答。其中 m 表示了训练集样本的数量，因此一共有 m 个约束条件，对应了 m 个 $\alpha^{(i)}$。另外，需要注意 $\boldsymbol{w}$ 和 $\boldsymbol{x}$ 是维度相同的向量，而其他所有量都是实数。

对向量 $\boldsymbol{w}$、实数 b 、实数 $\alpha^{(i)}$ 分别求偏导，并令其均为 0，得到如下表达：

$$\frac{\partial L}{\partial \boldsymbol{w}}=\boldsymbol{w}-\sum_{i=1}^{m}\alpha^{(i)}y^{(i)}\boldsymbol{x}^{(i)}=\boldsymbol{0}\overset{\text{等价于}}{\Longleftrightarrow}\boldsymbol{w}=\sum_{i=1}^{m}\alpha^{(i)}y^{(i)}\boldsymbol{x}^{(i)}$$

$$\frac{\partial L}{\partial b}=\sum_{i=1}^{m}\alpha^{(i)}y^{(i)}=0$$

$$\frac{\partial L}{\partial \alpha^{(i)}}=1-y^{(i)}\cdot(\boldsymbol{w}^{\mathrm{T}}\cdot\boldsymbol{x}^{(i)}+b)=0\overset{\text{等价于}}{\Longleftrightarrow}\boldsymbol{w}^{\mathrm{T}}\cdot\boldsymbol{x}^{(i)}+b=\frac{1}{y^{(i)}}(\text{有 } m \text{ 个})$$

将 $\boldsymbol{w}$ 的表达式代入第三个方程，即可得到以下方程组：

$$\left(\sum_{i=1}^{m}\alpha^{(i)}y^{(i)}\boldsymbol{x}^{(i)}\right)^{\mathrm{T}}\cdot\boldsymbol{x}^{(i)}+b=\frac{1}{y^{(i)}}(\text{有 } m \text{ 个})$$

$$\sum_{i=1}^{m}\alpha^{(i)}y^{(i)}=0$$

上面所有的方程都是线性方程，未知数为 $\alpha^{(i)}$（有 m 个）和 b（1 个），故一共 $m+1$ 个方程，方程组可解。在解出 $\alpha^{(i)}$ 后，即可确定 $\boldsymbol{w}$，则最终模型就可确定。

（2）通过对偶问题求解

如果样本数量 m 很大，则方程数量和未知数的数量都会很多，方程组的求解过程会很慢，可以通过拉格朗日的对偶优化问题来进行求解。

对于凸优化问题（约束也是凸函数），以下表述等价：

$$\mathrm{argmin}_{\boldsymbol{\theta}}\,\mathrm{argmax}_{\boldsymbol{w}}L(\boldsymbol{\theta};\boldsymbol{w})\overset{\text{等价于}}{\Longleftrightarrow}\mathrm{argmax}_{\boldsymbol{w}}\,\mathrm{argmin}_{\boldsymbol{\theta}}L(\boldsymbol{\theta};\boldsymbol{w}) \quad (\text{式 } 8\text{-}39)$$

上式中，左右两侧分别为优化的原问题和对偶问题。对于 SVM 来说，可以直接求解其对偶问题：

$$\mathrm{argmax}_{\alpha^{(i)}}\,\mathrm{argmin}_{\boldsymbol{w},b}L(\boldsymbol{w},b,\alpha^{(i)})$$

也就是说，对 $L(\boldsymbol{w},b,\alpha^{(i)})$，先通过调整 $\boldsymbol{w}$ 和 b 来极小化这个函数（这一步实际就是求函数关于 $\boldsymbol{w}$ 和 b 的偏导，并用 $\alpha^{(i)}$ 来表示），再通过调整 $\alpha^{(i)}$ 来极大化这个函数。

首先进行极小化。根据上一部分中已经得到的 $L(\boldsymbol{w},b,\alpha^{(i)})$ 关于 $\boldsymbol{w}$ 和 b 的偏导，直接把此结果代入 $L(\boldsymbol{w},b,\alpha^{(i)})$ 中，构成一个只关于 $\alpha^{(i)}$ 的函数 $D(\alpha^{(i)})$：

$$\mathrm{argmin}_{\boldsymbol{w},b}L(\boldsymbol{w},b,\alpha^{(i)})=\frac{1}{2}\|\boldsymbol{w}\|^{2}+\sum_{i=1}^{m}\alpha^{(i)}\cdot(1-y^{(i)}\cdot(\boldsymbol{w}^{\mathrm{T}}\cdot\boldsymbol{x}^{(i)}+b))$$

这个优化的结果如下（通过代入梯度表达式为 0 的条件得到）：

$$answer=\sum_{i=1}^{m}\alpha^{(i)}-\frac{1}{2}\left(\sum_{i=1}^{m}\alpha^{(i)}y^{(i)}\boldsymbol{x}^{(i)}\right)^{\mathrm{T}}\cdot\sum_{i=1}^{m}\alpha^{(i)}y^{(i)}\boldsymbol{x}^{(i)}=D(\alpha^{(i)})$$

接下来，对 $D(\alpha^{(i)})$ 极大化：

$$\mathrm{argmax}_{\alpha^{(i)}}D(\alpha^{(i)})=\sum_{i=1}^{m}\alpha^{(i)}-\frac{1}{2}\left(\sum_{i=1}^{m}\alpha^{(i)}y^{(i)}\boldsymbol{x}^{(i)}\right)^{\mathrm{T}}\cdot\sum_{i=1}^{m}\alpha^{(i)}y^{(i)}\boldsymbol{x}^{(i)}$$

这一步可以通过梯度下降法来计算，因此最终可以得到 $\alpha^{(i)}$，并通过回代得到模型的最终参数 $\boldsymbol{w}$ 和 b。

8.4.4.4 非线性分割和核函数

(1) 非线性分割

现实世界中，大多数问题都是线性不可分的，如以下的例子。图 8-25 左中绿色的样本分布在二、四象限，而红色的样本分布在一、三象限。而那条斜线则是一个线性 SVM 给出的结果。可以看到，在这个二维空间中，没有办法找到一个超平面（在这里是一条直线）来对这两个类进行分割，即使是加上松弛也没有作用。

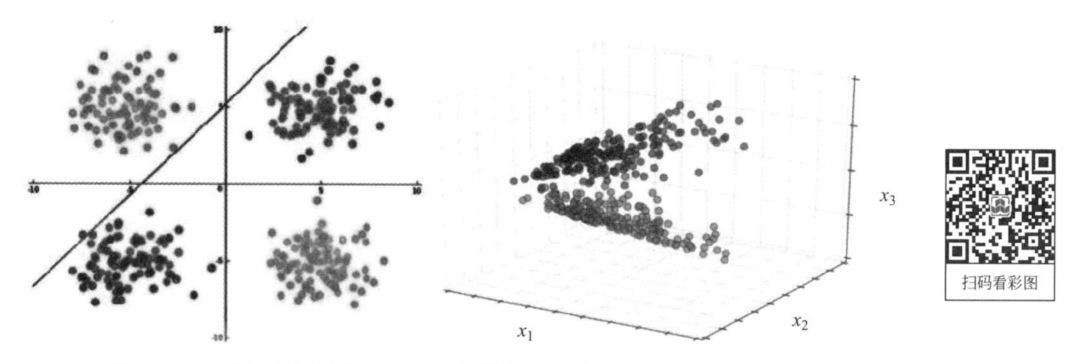

图 8-25　非线性分割示意图（左）和样本在三维空间的分布图示（右）

可以尝试做以下变换，把原始的二维样本投射到三维空间中：

$$X_1 = x_1^2$$

$$X_2 = x_2^2$$

$$X_3 = \sqrt{2}x_1x_2$$

在完成映射后，样本在三维空间的分布便如图 8-25 右所示。首先针对三维样本点求解 SVM，然后再把这个分割平面以相反的方式映射回原来的二维空间中，便得到如图 8-26 所示的结果。

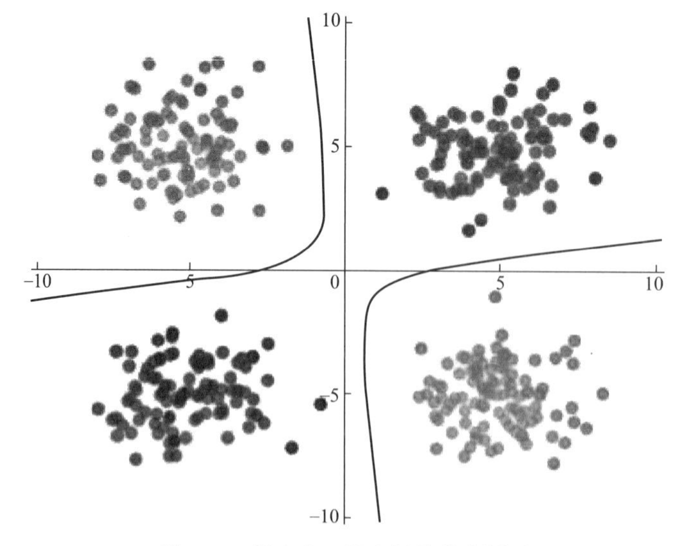

图 8-26　样本在二维空间的分布图示

可以看到，虽然在三维空间分割是一个线性的平面，但是当回到二维空间中，这个分割已经是非线性了。但是它依然有效，完美地把样本分为了两部分。因此，先升维，在高维中运行 SVM，再降维。这样不需要对 SVM 算法进行任何的修改，便解决了原维度中的非线性分割问题。

（2）核函数

理论上，如果把样本映射到更高的维度，会更有可能找到线性分割，这已经经过了数学证明。那么，是不是在使用 SVM 前，都要将样本向高维度映射呢？如果要，应该映射到多少维？具体的映射函数是什么？

事实上，SVM 并没有要求人们确定映射的维度和具体形式，SVM 甚至不要求人们直接对样本做高维变换。取而代之的，SVM 使用了另一个巧妙的技巧：核函数。回顾一下 SVM 的最终形式：

$$\boldsymbol{w}=\sum_{i=1}^{m}\alpha^{(i)}y^{(i)}\boldsymbol{x}^{(i)}$$

$$\hat{y}=\boldsymbol{w}^{\mathrm{T}}\cdot\boldsymbol{x}+b$$

注意，如果计算 $\hat{y}$，就必须先计算输入 $\boldsymbol{x}$ 与任意训练集样本 $\boldsymbol{x}^{(i)}$ 的内积。内积只是一个实数，既然不确定高维变换的具体形式，那么可以直接根据原始维度的样本点来近似高维变换后的样本内积。

两个向量 $\boldsymbol{x}$，$\boldsymbol{y}$ 的欧几里得内积可以通过下式计算：

$$\langle\boldsymbol{x},\boldsymbol{y}\rangle=\boldsymbol{x}^{\mathrm{T}}\boldsymbol{y}=\sum_{i=1}^{n}x_i\cdot y_i$$

既然需要模拟高维度的内积，那么可以通过更复杂的形式来计算这个“内积”，只要它是一个实数就行了，而这个获得内积的函数就称为“核函数”，比如：

$$\langle\boldsymbol{x},\boldsymbol{y}\rangle=(\boldsymbol{x}^{\mathrm{T}}\boldsymbol{y}+c)^{d} \qquad \text{（式 8-40）}$$

$$\langle\boldsymbol{x},\boldsymbol{y}\rangle=\exp\left(\frac{\|x-y\|^2}{2\sigma^2}\right) \qquad \text{（式 8-41）}$$

上面两个式子分别是常见的多项式核函数和高斯核函数，而如果按原始的欧几里得内积作为结果，则其习惯上称为线性核函数。原则上，可以选择任何形式的核函数。当然，这个函数需要满足一些条件才能视为核函数，具体的，给出的函数应满足 Mercer 条件，但是在本书不做讨论。

核函数使得 SVM 免于复杂的维度映射和内积计算。如果一个 3 维样本被映射到 10 维，则就算不使用核函数技巧，除了需要确定映射方式外，SVM 计算量也会从 3×3 增至 10×10，而这还不包括映射过程中需要的计算量。但是如果使用核函数技巧，只需要确定核函数的形式就足够，并且计算量也稳定在 3×3。理论上，核函数可以允许将样本映射到无穷维度。因此可以说，核函数是 SVM 得以广泛应用的重要技术。

8.4.4.5 从二分类到多分类

在之前关于 SVM 的所有介绍中，都是针对一个简单的二分类器介绍的，虽然将其从线性分类拓展到了非线性分类，但是仅仅作为一个二分类器，它的实际应用范围仍然是有限的。以下方法可以将二分类方法拓展到多分类的方法，且这个方法并不仅仅适用于 SVM，而是可以将任意形式的二分类模型拓展为多分类模型。

还是考虑有监督图像识别的例子，给定若干张图，每张图分别为“猫”“狗”“猪”之一。现在知道了一个二分类模型的构造方法（比如 SVM），能针对以上的多分类问题（一共三个类）来构造一个全分类器吗？

借鉴将二分类模型评估拓展为多分类模型评估的思想，称其为 $1:n-1$ 分割。此方法就是针对每一个类，分别构造二分类器：对于针对“猫”的分类器，可以将所有数据样本视为“猫”（正类）和“非猫”（负类）；针对于“狗”和“猪”的分类器也是同理。对于任意输入样本，这三个分类器将分别独立工作，给出该样本在对应分类器下属于正类的概率。因此最终会得到三个概率值，选择最高概率所对应的那个类作为最终结果即可。

上述思想中三个概率值的和是不等于 1 的，因为这三个分类器之间实际上并没有任何的关联，只能说，若所有二分类器都是训练良好的，那么这三个概率值不会同时很高或同时很低。通常只会有一个很高，表示样本属于对应类；而其他的概率均很低，表示样本均不属于对应类。当然，在这种情况下，在模型评估时只能给出混淆矩阵，而没办法给出 ROC 曲线或 PR 曲线。

8.5 数据分析基础

数据分析是机器学习的基础，机器学习是多种学科的知识融合。因此，只有学会了数据分析处理数据的方法，才能明白机器学习方面的知识。数据分析是一种从海量数据中提取有效信息，辅助分析决策的技术。数据分析的一般流程包括准备阶段的业务分析、问题抽象和数据获取，算法应用阶段的数据预处理、特征工程和模型构建，以及评价与解释阶段的模型评估、结构解释和服务发布，如图 8-27 所示。本节主要介绍数据获取与预处理、模型构建和模型选择三部分内容。

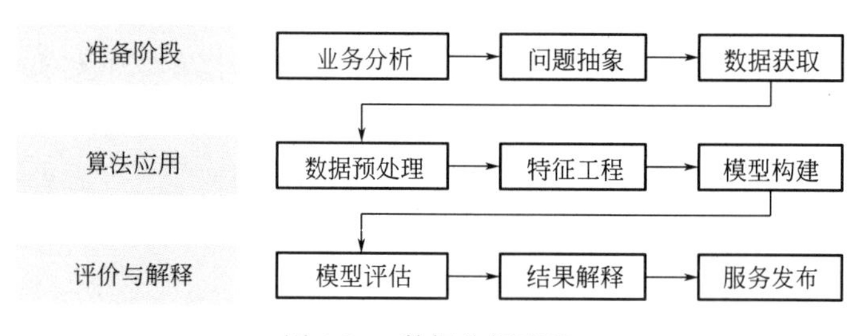

图 8-27 数据分析流程

8.5.1 数据的获取与预处理

数据获取一般指获取输入至机器学习模型的数据。在海洋与土木工程领域中，可行的数据获取渠道包括：①设计数据来自 CAD 图纸、BIM 模型；②监测数据来自传感器与人工监测数据；③遥感数据来自卫星影像、倾斜摄影模型等；④日志文档来自施工日志、运维日志、维修记录等；⑤网络文档可采用爬虫获取网络中的网页文档。

然而，所获取的原始数据往往难以满足数据分析的需求，例如：数据存在错误、重复、缺失或者噪声，数据格式不满足模型输入要求，数据量过大，导致计算时间过长等。数据预处理是在数据分析前对这些问题进行处理的过程，其目的是提高数据质量，进而提高数据挖掘的精度与效率。数据预处理的常用技术包括数据清洗、格式转换和数据简化。

（1）数据清洗

数据存在错误、重复、缺失或者噪声。针对错误数据，可以设定数据合法规则，对错误数据删除或修正，比如人的年龄不可能大于 150 岁。针对重复数据，可以通过排序等方式发现重复数据，并予以删除。针对缺失数据，可通过前后数据或其他信息补全，比如根据身份证号码推算出生日期、籍贯等。针对噪声数据，可以采用去噪算法消除，例如离散傅里叶变换。

（2）格式转换

一些数据的格式与模型所需格式不同，需进行格式转换。例如，日志文档均是文本格式，而机器学习模型大多需要向量（有序的数字序列）格式的数据（图 8-28）。

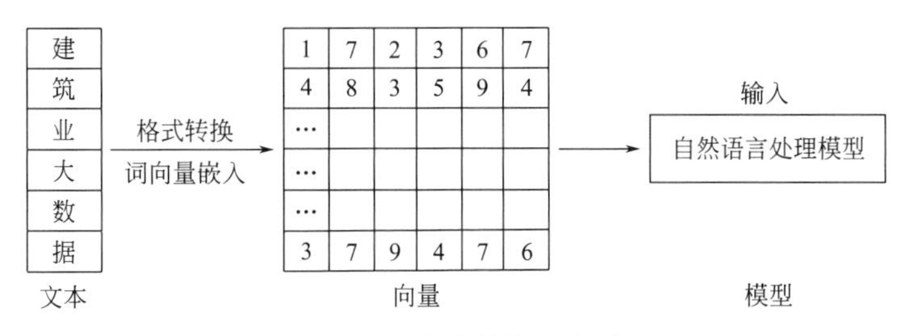

图 8-28　格式转换示意图

（3）数据简化

一些数据数据量过大，导致传输或计算时间过长，对数值数据，可采用数据降维技术加以简化，其中降维是指降低随机变量个数，得到一组“不相关”主变量的过程，例如常用的主成分分析（PCA）算法等。另外，对于体量巨大的模型数据，可采用第三章中的模型轻量化技术加以简化，以减少数据处理的计算量（图 8-29）。

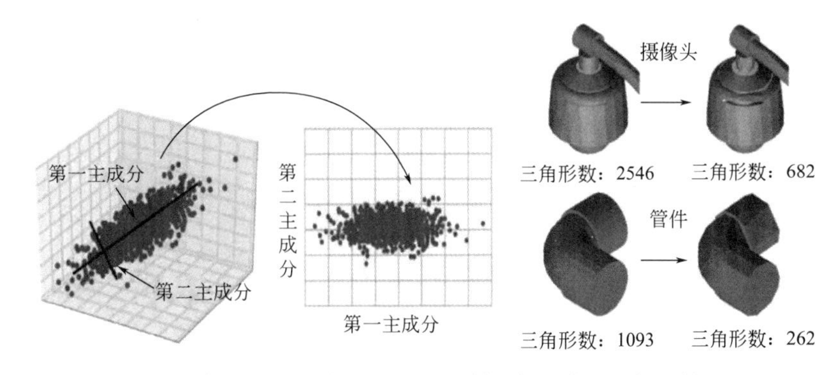

图 8-29　数据降维（PCA 算法）（左）和模型轻量化（边折叠算法）（右）

（4）特征工程

特征工程是对原始数据进行加工，转换为更好表达问题本质的特征。常用技术有：特征分析（数据可视化、特征分布、特征相关性）、特征预处理（标准化、归一化、离散化、特征编码）、特征选择（独立性检验、敏感性分析）。例如，将原始数据中的混凝土强度等级标号（C20、C30 等），转化为抗压强度设计值（9.6MPa、14.3MPa 等），再通过归一化得到标准化抗压强度（以 23.1MPa 为 1，计算为 0.41、0.62 等）（图 8-30）。

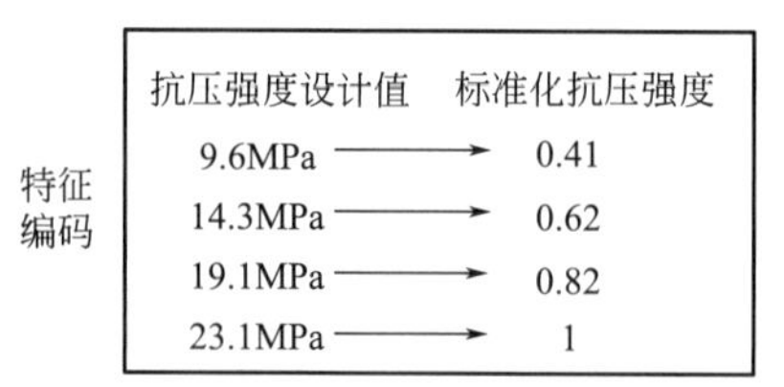

图 8-30　特征工程示意图

8.5.2　模型构建

（1）模型选择

在进行模型选择时可以从分析目的、训练方式以及可解释性这三个方面考虑。

根据分析目的，模型可以分为以下几类：①关联规则发现，主要是发现数据集中频繁出现的规律；②聚类分析，是将数据集中相近的数据归为一类；③分类与回归，其中分类是对给定样本数据，判断其类别；回归是对给定样本数据，判断其取值（图 8-31）；④时序分析，是一种时间序列数据的分析处理技术；⑤文本分析，是一种文本数据的分析处理技术；⑥视觉分析，是一种图像与视频数据的分析处理技术。

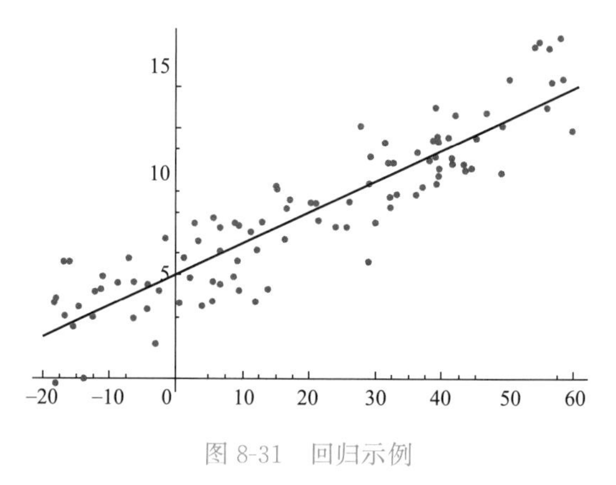

图 8-31　回归示例

根据训练方式，模型可以分为以下几类：①有监督学习，即将带有预期输出的数据输入模型进行训练，比较典型的问题可以分为：回归问题、分类问题和标注问题。在回归问题里，输入变量与输出变量均为连续的变量，典型算法包括线性回归、最小二乘回归、人工神经网络等。在分类问题里，输出变量为有限个离散变量，典型算法包括决策树、SVN、贝叶斯算法、k-NN 算法、逻辑回归、随机森林等。在标注问题里，输入变量与输出变量均为变量序列。②无监督学习，即将未知类别的数据输入模型，然后模型可以自动找出潜在规则，典型算法包括 k-means 聚类、主成分分析和线性判断分析等。③半监督学习，即使用大量的未标记数据，同时使用标记数据来进行模式识别工作。

根据模型的可解释性，模型又可分为白盒模型、黑盒模型（图 8-32）和灰盒模型这三类。其中白盒模型的工作机制可以被人们观察与理解，典型算法包括 k-NN、决策树和逻辑回归等；黑盒模型的工作机制难以被人们理解，典型算法包括神经网络；灰盒模型则是结合了白盒和黑盒的优势。

（2）模型训练

机器学习的模型需要进行训练才能用于预测，训练又依赖数据。在训练过程中，通常先将数据划分为训练集、验证集和测试集。

其中，训练集是用来训练模型的数据集，它是机器学习最核心的一部分。训练集通常包含大量的标注数据，标注数据是指给定的每一条数据都包含了一个已知的目标值（或结

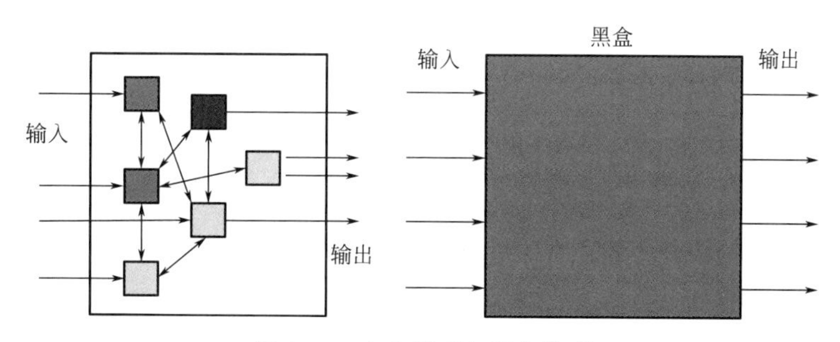

图 8-32　白盒模型与黑盒模型

果)。有了这些标注数据，就可以通过对算法进行训练来学习如何从输入数据中推断出目标值。

在模型训练的过程中，模型的训练误差会随着训练轮数不断降低，但模型的泛化误差却不一定会随着训练轮数的增加而降低。也就是说，训练的模型可能会因为对训练数据的过度拟合而失去泛化能力。为了防止模型对训练数据的过度拟合，在训练过程中可以提前设置一个验证集，用来评估模型的泛化能力，并调整模型的超参数，使得模型能够更好地泛化到其他样本上。

当模型通过训练集和验证集的学习调整后，最终需要利用测试集对模型进行最终的性能测试。通过测试集，可以知道该模型在新数据上的性能表现如何，同时可以验证模型的泛化能力。测试集的数据通常是机器学习未曾接触到的新数据，也称未知数据或者外部数据。测试集越具有代表性，模型的性能就越接近真实情况。

训练集、验证集和测试集在机器学习中扮演着至关重要的角色，它们的合理分配和使用能够有效地提高模型的性能和泛化能力。在应用机器学习算法时，需要注意数据集的划分和使用方法，并根据实际情况进行选择和调整。在执行训练时，比如希望预测身高与体重的关系，通过对200组数据进行划分，得到如表8-15所示的训练集和测试集。

数据划分-训练集　　表 8-15

	训练集					测试集		
	1	2	3	……	160	1	……	40
身高(英寸)	65.7	71.5	69.4	……	65.3	67.0	……	71.4
体重(磅)	112.9	136.4	153.0	……	115.9	146.3	……	127.9

接下来可以选择合适的模型，例如本例可选取简单的线性回归模型：$y=\beta_0+\beta_1 x$。其中，x 代表模型输入（即身高），y 代表模型输出（即体重），β_0 和 β_1 代表模型参数。根据如上的分类方法，此类问题属于有监督学习的回归模型，也属于白盒模型。

在确定了模型后，需要求得模型中的未知参数，即 β_0 和 β_1，以使得上述模型在某种意义上对于训练集数据，能取得最精确的结果。此时可采用梯度下降算法完成参数计算（图8-33），此过程亦称为模型训练。

对于可微函数 f 和 f 上一点 x^0，使用梯度下降算法求解 x^0 附近的极小值步骤如下：

1）计算目标函数的梯度 $\nabla f(x^0)$；

2）沿着梯度的反方向前进一定距离 α，得到新的一点 $x^1=x^0-\alpha\nabla f(x^0)$；

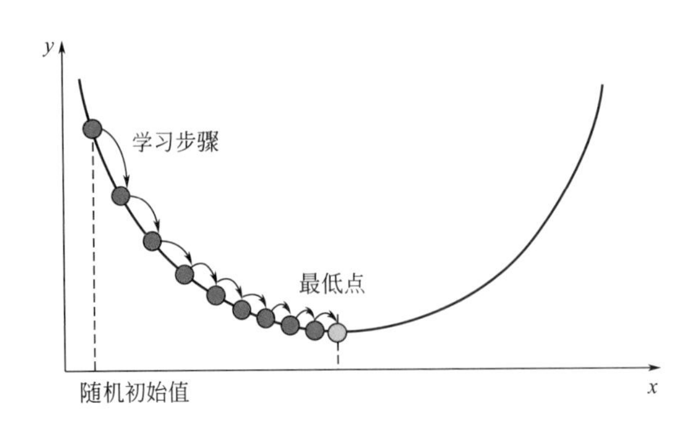

图 8-33　梯度下降算法示意图

3）重复上述步骤，第 i 次迭代公式为 $x^i = x^{i-1} - \alpha \nabla f(x^{i-1})$，直到 $f(x^i)$ 不再下降，或达到给定的迭代次数。

起始点 x^0 为迭代开始时给定的一点，算法收敛于 x^0 附近的极小值，而不一定是全局最小值。步长 α 代表每次迭代前进的距离，在机器学习中又称学习率。步长的选择对模型的收敛性至关重要，步长过大，可能错过最低点；步长过小，收敛所需的时间过长。目标函数 f，量化表示模型在“希望达到最优”方面指标的函数，一般选取为预测值与真实值之间的误差。

8.5.3　模型选择

（1）分类与回归

分类的任务是对给定数据，判断其类别，回归的任务是对给定数据，判断其取值。本质上，类别也是一种特殊的取值，因此分类与回归所采用的方法基本是相同的。图 8-34 展示了分类模型与回归模型的潜在关系。

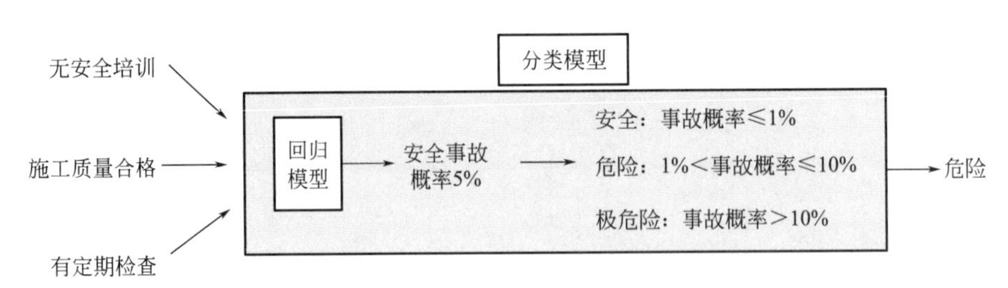

图 8-34　分类模型与回归模型的关系

（2）决策树

在决策树中，每个叶节点对应一个类别，每个内部节点对应一个判断标准，由根节点出发，经内部节点逐层判断，所到达的叶节点即为数据所属类型，常见算法包括 ID3、C4.5、CART 等。

从图 8-35 可以看出，比如某人想买菜，可能会先考虑猪肉的价格高低、是否想吃鸡蛋以及是否喜欢白菜。如果猪肉价格不贵，则直接考虑做青椒肉丝；否则看是否想吃鸡蛋，如果想吃鸡蛋则做西红柿鸡蛋；否则看是喜欢白菜还是土豆，如果喜欢白菜，则做醋

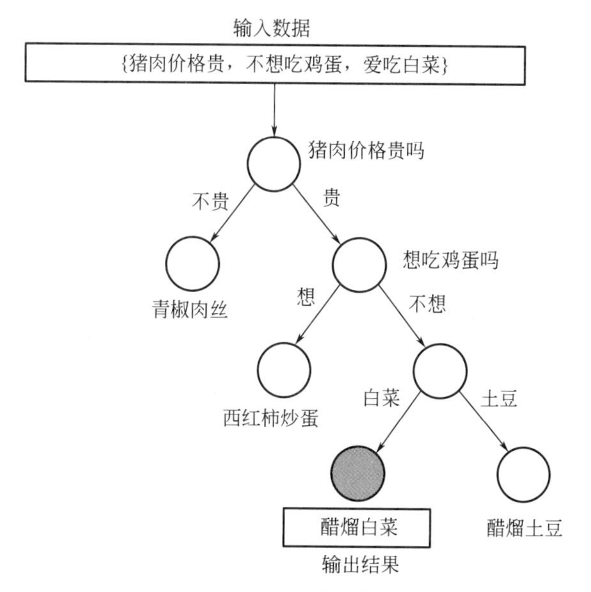

图 8-35 决策树举例

熘白菜，如果喜欢土豆就做醋熘土豆。上述决策树中，最多通过 3 次判断就能得出结论，因此树的深度为 3。

（3）时间序列分析

在构建分类模型时，时间往往是一个重要的因素。比如日照随时间的变化、用电量随季节的变化、股票价格随市场周期的波动等等。将按时间顺序排列的一组数据，称为时间序列。对时间序列进行的分析，称为时间序列分析。时间序列分析与回归分析的区别是回归分析假设不同输入是独立的，而时序分析认为不同输入存在时间上的相关性。

时间序列预测法属于回归预测方法，它是根据过去的变化趋势来预测未来的发展状况，该方法的前提条件是满足事物的过去可以延续到未来。时间序列预测法适用于短期、中期和长期预测。分析方法包括移动平均法、加权移动平均法、指数平滑法、季节性趋势预测法等。其中，移动平均法采用历史数据的平均数，预测当前取值。公式如下：

$$M_t^{(1)}=\frac{1}{N}(y_{t-1}+\cdots+y_{t-N}) \quad \text{一次移动平均} \tag{式 8-42}$$

$$M_t^{(2)}=\frac{1}{N}(M_{t-1}^{(1)}+\cdots+M_{t-N}^{(1)}) \quad \text{二次移动平均} \tag{式 8-43}$$

$$M_{tw}^{(1)}=\frac{w_{t-1}y_{t-1}+\cdots+w_{t-N}y_{t-N}}{\sum w} \quad \text{加权移动平均} \tag{式 8-44}$$

其中，二次移动平均克服了一次移动平均的滞后效应，加权移动平均考虑了各期数据的重要性。

一般来说，历史数据对未来值的影响随时间间隔的增长而递减。因此，可以为历史数据指定权重，即采用指数平滑法。

$$\begin{aligned}S_t^{(1)}&=\alpha y_{t-1}+\alpha(1-\alpha)y_{t-2}+\alpha(1-\alpha)^2y_{t-3}+\cdots\\&=\sum\nolimits_{j=0}^{\infty}\alpha(1-\alpha)^jy_{t-j-1} \quad \text{一次指数平滑}\end{aligned} \tag{式 8-45}$$

$$S_t^{(2)}=\sum_{j=0}^{\infty}\alpha(1-\alpha)^j S_{t-j-1}^{(1)}\quad \text{二次指数平滑} \qquad \text{（式 8-46）}$$

差分指数平滑法不使用时序数据本身，而采用时序数据之间的差值进行指数平滑；自适应滤波法寻找一组最佳权值，进行加权移动平均；自回归模型使用此前几个时刻数据进行线性回归，预测当前时刻的取值；自回归移动平均模型（ARMA）在自回归的基础上，使用移动平均法引入系统扰动（回归方程误差）的影响。

（4）文本分析

文本分析的目的是从大量文本数据中抽取有价值的信息。

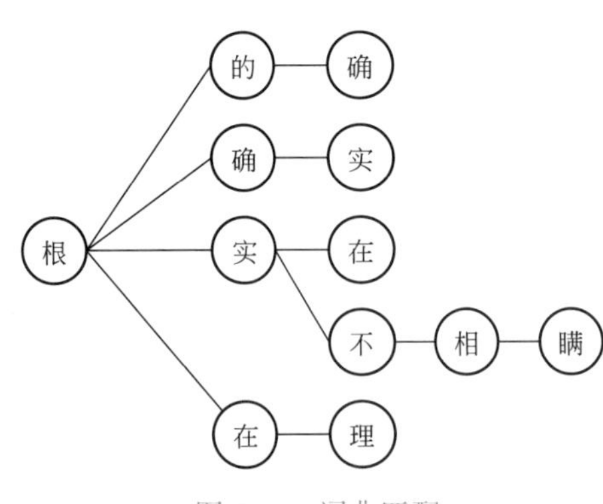

图 8-36　词典匹配

文本分析需要把连续的文本切分为有意义单词，也叫文本分词。比如“乒乓球卖完了”可以切分为“乒乓球拍/卖完了 ”或者“乒乓球 / 拍卖 / 完了”。分词算法包括基于词典匹配和词频统计这两种。其中，基于词典匹配是正向最大匹配，采用最少切分。比如“他说的确实在理”，采用正向（从左至右）匹配：“他/说/的确/实在/理”，采用反向最大匹配：“他/说/的/确实/在理”（图 8-36）。词频统计方式借助于 N 元语法模型（N-gram）。

文本分析还需要把文本向量化，即把文本转化为向量形式，以支持后续模型训练和预测过程中作为数据输入到模型中。词袋模型是最早以语言为基本处理单元的文本向量化方法，它只考虑一篇文档中单词出现的频率（次数），用每个单词出现的频率组成的向量表示该文档。它之所以被称为词“袋”，是因为它只关心单词是否出现。忽略了文档中单词的顺序和结构信息。直观的理解就是：假如文档内容相似，则文档就是相似的。下面用一个例子来具体地解释词袋模型（图 8-37）。

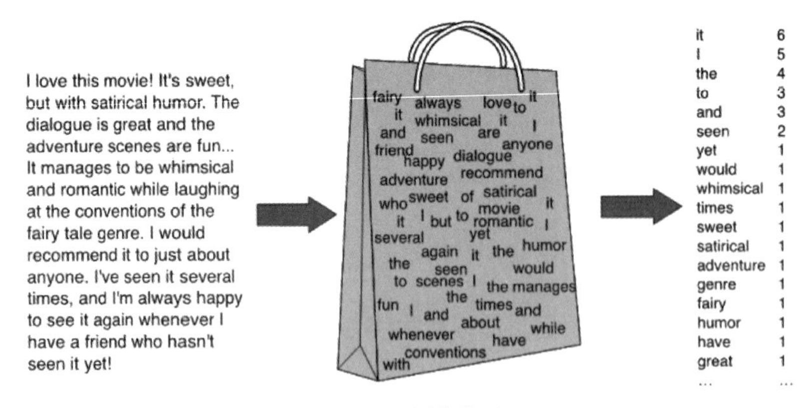

图 8-37　词袋模型

评估一个词语对于一篇文档或一个语料库中的其中一篇文档的重要程度的方式通常包括 TF 方式和 TF-IDF 两种。TF 就是词频，TF-IDF 就是词频-逆频率，TF-IDF 是一种比较常用的统计方法，通常用于提取文本的特征，如提取关键词。TF-IDF 是在词袋模型的基础上改进，通过对词出现的频次赋予 TF-IDF 权值，进而表示该词在文档中的重要程度。在一篇文章中出现次数越多的词，越能代表这篇文章（比如关键词），而在所有文章中都大量出现的词，重要性则较低（比如“的”“我”等）。TF-IDF 权值公式如下：

$$\text{TF-IDF}=\text{TF}\times\text{IDF} \quad \text{（式 8-47）}$$

$$\text{TF}=\frac{\text{某词在文章中的出现次数}}{\text{文章的总词数}}\text{或者 TF}=\frac{\text{某词在文章中的出现次数}}{\text{该文出现次数最多的词的出现次数}} \quad \text{（式 8-48）}$$

$$\text{IDF}=\log\left(\frac{\text{语料库的文章总数}}{\text{包含该词的文章数}+1}\right) \quad \text{（式 8-49）}$$

以“中国的蜂蜜养殖”为例，TF-IDF 法结果如表 8-16 所示。

TF-IDF 法结果　　表 8-16

词	出现词数	TF	包含该词的文档数	IDF	TF-IDF
中国	30	0.03	3760M	1.38	0.0414
的	50	0.05	14410M	0.04	0.0020
蜜蜂	20	0.02	41M	5.90	0.1180
养殖	20	0.02	99M	5.02	0.1004

词袋模型也具有一定的局限性。比如通过词袋模型得到的文本表示是稀疏的，这会加大后续的计算消耗以及时间和空间的复杂度。同时，在建立词袋模型时往往会忽略文本中单词的顺序和结构信息，从而导致表达的不准确。比如：“你赶超了我”和“我赶超了你”，这两句话在词袋模型中的表示一致，但表达意思相反。

（5）视觉分析

视觉分析是对图像、视频数据进行处理，对图像内容进行解释、分析、识别的技术。它通常应用于人脸识别、表情识别、手写识别、基于内容的图像检索等领域，目前也有了大量开源的算法和工具包可供选择。

8.6　机器学习之人工神经网络

机器学习是实现 AI 的其中一种技术，传统的基于数学的机器学习模型或者深度学习的神经网络架构都属于机器学习技术。

实际上，追溯到 20 世纪中叶 AI 概念诞生的年代，数据挖掘、模式识别和机器学习这三者的关系从最初就是难以区分的。尤其是在已经经历了大半个世纪的发展后，这三者的思想和技术有很多都已经被归纳到机器学习或 AI 这两个大名目之下。

早期的统计机器学习过程，乃至于现在的深度学习，都涉及许多统计学的概念，如分类和回归，以及在概率模型中提到的估计和最大熵思想等。数据挖掘，是基于大数据进行工作，更是与统计方法紧密联系着。在 20 世纪 80～90 年代，传统的统计机器学习（如经典的朴素贝叶斯算法和支持向量机）受到广泛欢迎，人们并没有将这些数据处理方法归纳到一个专门的领域之下，而是将其视为数据预处理部分，或者视为一个机器学习问题的全部内容。

模式识别，本质上是希望能够获得一个模型来处理分类问题。20 世纪 70～80 年代，人们更喜欢使用机器学习方法来处理分类问题，因为分类相较于回归更容易实现，预测质量也相对更好，因此模式识别这一概念就应运而生。后来，由于机器学习方法的效果还是不够理想，也有人希望能够把模式识别应用到数据预处理过程中，这便形成了“特征工程”的雏形。所谓特征工程，即是对原始输入进行处理来得到额外信息，再把原始输入和额外信息一起输入模型来训练。特征工程在决策树、最大熵等相关方法中的应用很普遍。那时的特征工程大多依赖人工完成。如今的深度学习技术已经完全有能力来自动抽取原始输入的特征，通常已不再需要额外的特征工程来进行辅助了。

人们其实更愿意把数据挖掘、模式识别等概念全部归于机器学习门类之下。国际权威机构 IEEE 曾评选了机器学习和数据挖掘领域的十大经典算法：C4.5，k-means，SVM，Apriori，EM，PageRank，AdaBoost，k-NN，Naive Bayes，CART。这里的每一种算法思想都为后续人们的工作提供了相当有价值的启发，本节也会主要介绍其中的几种方法。

8.6.1 人工神经网络方法

人工神经网络（Artificial Neural Network，ANN）是从结构上模仿人类神经元网络结构的数学模型，它是由大量类似于脑神经元的简单处理单元（即人工神经元）广泛相互连接而成的复杂网络系统。人脑约有 10^{11} 个脑细胞，每一个脑细胞是一个活动的信息处理单元，称为神经元。每个神经元由约 10^5 个传递信息路径与其他神经元相连，组成一个复杂网络，即人脑的神经系统。人类思考的流程首先是感受细胞接受刺激，并以电信号传递至神经元。神经元处理后，将电信号传递至下一个神经元，从而无数神经元互相连接，形成神经中枢。最后，基于神经中枢指令，对外界刺激作出反应。

其中，一个生物神经元由细胞体、树突（信息输入端）、轴突（信息输出端）以及突触组成，如图 8-38 所示。其中，树突是用来收集由其他神经元传来的信息，轴突是用于传出从细胞体传来的信息，突触是指两个神经细胞之间的相互接触点，突触决定了神经元之间相互作用的强弱。神经元的树突经突与另一神经元的轴突相连。树突从突触接受信息，并引导到细胞体，激起神经元兴奋或抑制，从而决定了神经元的状态。当神经元躯体内累积超过阈值时，神经元被驱动，沿轴突发送信号到其他神经元。

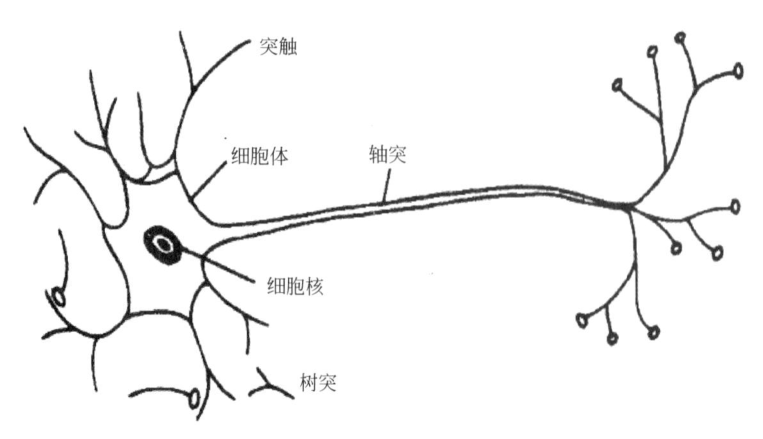

图 8-38　神经结构网络示意图

1949 年，Donald Hebb 在《The organization of behavior：a neuropsychological theory》一书中提出了神经元之间突触联系强度可变的假设，为ANN学习算法奠定了基础。在20世纪50年代，随着计算机软硬件的发展，ANN的术语开始出现，IBM研究实验室的Nathaniel Rochester等人基于Hebb的研究，建立了神经网络的软件模拟，尽管第一次尝试失败了，但随后在Hebb等人的帮助下改进了算法，并第一次在计算机上实现了ANN。1959年Bernard Widrow和Marcian Hoff第一次用ANN来处理实际问题，用于适应性滤波器以消除电话线路中的回音，时至今日，这一技术仍在使用。

然而，1969年，Minsky等学者提出一个观点，认为ANN无法解决复杂非线性问题，导致对于ANN的研究冷清了十多年。直到1982年，John Hopfield发明了霍普菲尔德网络，并成功证明ANN可以解决复杂的问题，随后ANN领域得到了极其迅速的发展，也相继推出了各种ANN模型和相应的工具和软件。

2016年，谷歌旗下的DeepMind公司开发的AlphaGo与围棋职业九段棋手李世石进行人机大战，以4∶1的总比分获胜。2017年5月，AlphaGo更新版又与当时世界第一人柯洁对战，以3∶0的总比分获胜。至此，围棋界公认AlphaGo的棋力已经远超人类职业围棋顶尖水平，使得ANN算法再一次吸引了全世界的目光，引起了又一次的人工智能热潮。AlphaGo的工作原理用到了很多新技术，如ANN、深度学习、蒙特卡洛树搜索法等。

2022年，美国人工智能研究实验室OpenAI推出了一种基于ANN的自然语言处理模型——ChatGPT（Chat Generative Pre-trained Transformer）。它是基于GPT算法，在大规模的语料库上进行训练，能够通过理解和学习人类的语言来进行对话，还能根据聊天的上下文进行互动，像人类一样进行聊天交流，甚至能完成撰写邮件、视频脚本、文案、翻译、代码，写论文等任务。ChatGPT为自然语言处理技术的发展和应用提供了新的方法和工具，也促进了智能客服和聊天机器人的发展，以及智能文本生成的应用。

人工神经元是模仿神经元细胞的数学模型，它是组成神经网络的基本结构，接受带权参数的输入。生物神经元的工作机制是输入一个电信号，经过处理后再输出一个电信号。这就如同前面介绍的预测器和分类器一样，输入的信号经过处理后，输出一个信号。另一方面，生物学家发现，只有当输入信号达到一定强度时，神经元才会输出信号。为此，计算机科学家将人工神经元的数值模型设计为如图8-39所示的结构。

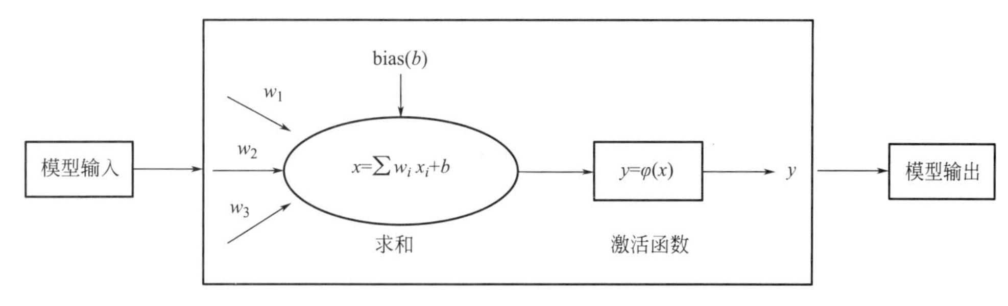

图8-39　人工神经元结构

在以上的人工神经元中，包括了求和和激活函数两个部分。其中，将输入加和映射为输出的函数，可以帮助网络学习数据中复杂的模式；偏差 b 可以提高算法整体的稳定性；激活函数则用于模拟信号强度主导的信号输出。

常用的激活函数有sign()、sigmoid()、tanh()、reLU()和leaklyreLU()等。

1）阶跃函数 sign()

$$\operatorname{sign}(x)=\begin{cases}1, x>0 \\ 0, x\leqslant 0\end{cases} \tag{式 8-50}$$

2）逻辑回归 sigmoid() 和 tanh()

sigmoid 激活函数如图 8-40 所示，其数学公式为：

$$\varphi(x)=\frac{1}{1+\mathrm{e}^{-x}} \tag{式 8-51}$$

sigmoid() 的输入范围为［$-\infty$，$+\infty$］，输出范围则为［0，1］，且输入值越小，输出值越趋近 0；输入值越大，则输出值越趋近 1。另一方面，当 sigmoid() 的输出在接近 0 或者 1 时，会表现得饱和，即在这些区域内，梯度接近于 0。此外，sigmoid() 函数的输出不是零中心的，即当输入神经元的数值为正时，梯度在反向传播的过程中将会出现要么全是正数，要么全是负数，这会导致梯度下降权重更新时出现 Z 字形的下降。

虽然 sigmoid() 在统计学中很常用，但因为可能导致严重的梯度消失问题，人们更偏爱于 tanh()。tanh() 图像如图 8-41 所示，其数学公式为：

$$\varphi(x)=\tanh x \tag{式 8-52}$$

tanh() 输入范围为［$-\infty$，$+\infty$］，输出范围则为［-1，1］。它与 sigmoid() 类似，也存在饱和问题；不同之处在于它的输出是零中心的。

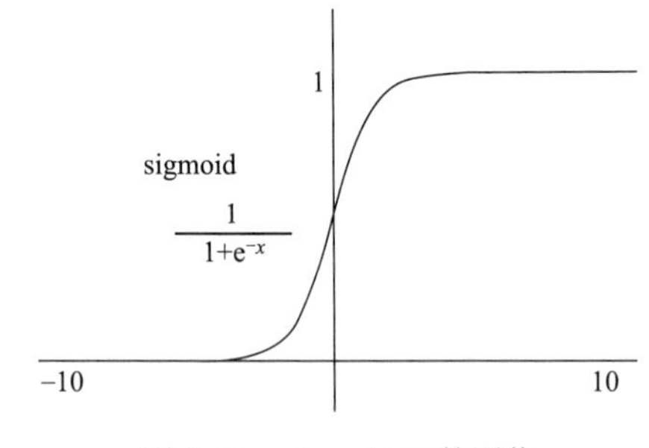

图 8-40　sigmoid 函数图像

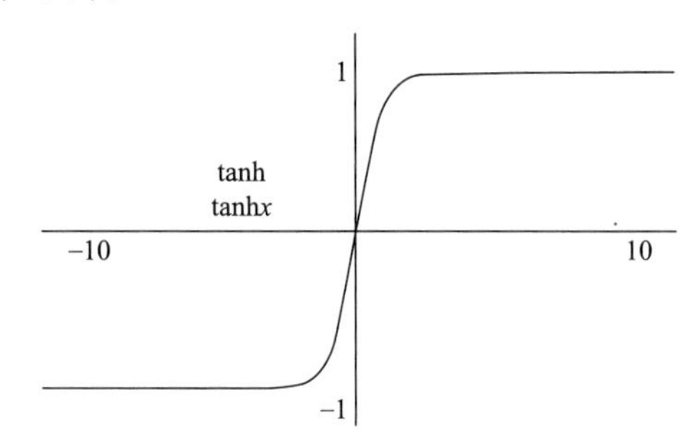

图 8-41　tanh 函数图像

3）整流线性单元 reLU（）和弱整流 leaklyreLU（）

reLU（）图像如图 8-42 左所示，其数学公式为

$$\varphi(x)=\max(0,x) \tag{式 8-53}$$

目前 ReLU 函数的应用非常广泛，它在一定程度上缓解了神经网络的梯度消失问题，但是该函数的输出不是零中心的。此外，还有其他类似于 reLU（）的整流类激励，如图 8-42 右所示弱整流 leaklyreLU（）也经常被采用。

基于 ANN 的巨大成功，人们开始区别对待 ANN 和其他机器学习方法，把其余所有的方法全部称为统计机器学习，而把层数多、参量大的 ANN 模型称为深度学习，亦称为深度神经网络（Deep Neural Network，DNN）（图 8-43）。传统的 ANN 通常层数不过 3～4 层，而如今最深的 ANN 已经达到了千层。2012 年，Hinton 团队在 ImageNet（一个国际的图像识别比赛）首次使用深度学习完胜其他团队，那时候的神经网络层数还只有个位数。在 2014 年的时候，Google 做了 22 层成为冠军，深度明显提升了。2015 年是来自微软的 ResNet 做到 152 层。2016 年商汤做到 1207 层。当然，如今的深度学习模型通常为

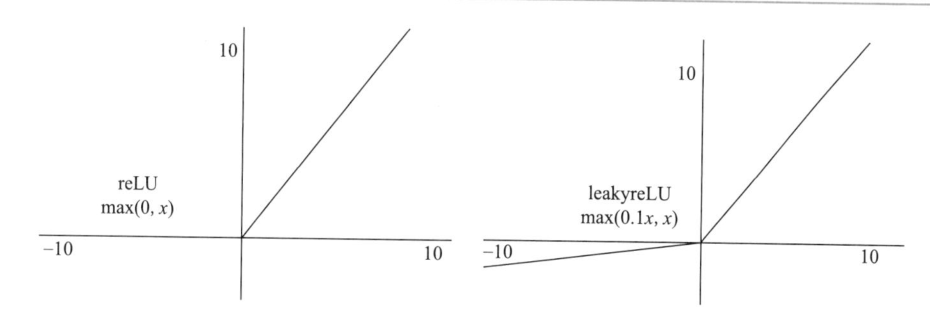

图 8-42　reLU 函数（左）和 leaklyreLU 函数（右）

十几层的量级，另外，在已经达到了 1200 层之后，继续加深层数能带来多大的效益越来越值得考量。

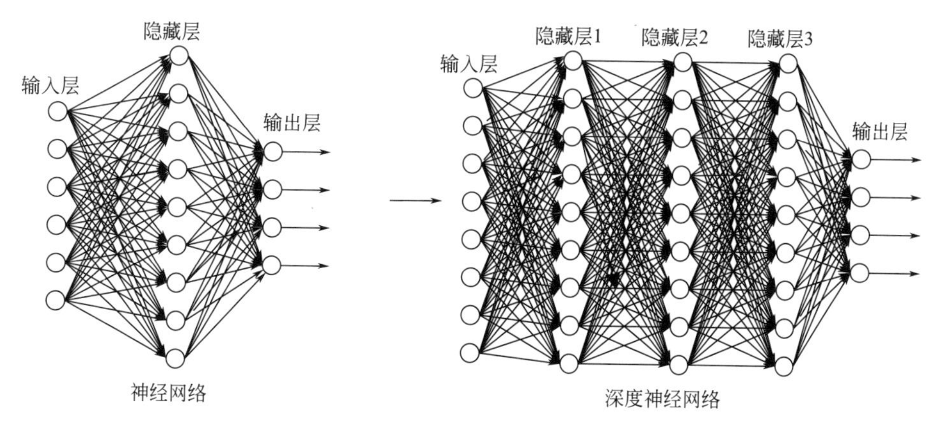

图 8-43　ANN 和 DNN

DNN 的应用主要涉及图像识别、文本分析、语音处理等复杂问题。当单层隐藏层的神经网络难以胜任时，人们会选择增加神经网络隐藏层数量，形成 DNN。

为了在 DNN 中应对梯度消失问题时，通常有 3 种策略。第一，选择合适的激活函数，比如将 sigmoid/tanh 改变为 reLU/leakyreLU。第二，采用 Batchnorm 策略，将每一层的输出进行规范化，变成标准正态分布（均值为 0，方差为 1），输出值落在 0 附近，是 sigmoid/tanh 函数较为敏感的区间。第三，使用残差结构，将输入值直接加入激活函数中，激活函数对输入值的求导永远有一个 1 在，避免了梯度消失。

全连接 DNN 中，所有下层神经元和上层神经元都形成连接，这也会带来参数数量膨胀的问题。若输入 1000×1000 像素的图像，输入层便有 100 万个输入元，若隐藏层规模相当，则每层有 10^{12} 个权重参数需要训练，参数数量膨胀也可能带来过拟合问题。同时全连接 DNN 也无法处理时间序列数据。DNN 通常融合其他结构共同使用，如卷积层或 LSTM 单元，从而形成 CNN、RNN 等深度网络。

8.6.2　核心算法

8.6.2.1　感知机

（1）感知机和 SVM

感知机是 ANN 的一个基本组件。事实上，感知机和 SVM 的思想和数学形式是相似的。SVM 希望在一个线性空间中找到一个线性分割（超平面），使得在这个超平面分割下，正负两类的间距尽可能大。所以，SVM 的核心思想就是两点：线性分割和大间距。

如果没有大间距的约束，那么有效的线性分割可以存在无穷多个。如果能找到这样一个分割，虽然它分割的质量不一定最高（在实际预测时的泛化效果不高），但至少它针对训练集全集是进行了完全正确的二分的。

这其实就是感知机模型的核心思想：不用在意一个分割的效果有多好，只要找出一个正确的分割便已经足够了。因此，对比前文中给出的 SVM 的具体形式，感知机的数学形式其实就是如下形式：

$$\hat{y}=\sigma(\boldsymbol{w}^{\mathrm{T}}\cdot\boldsymbol{x}+b) \tag{式 8-54}$$

在上式中，$\boldsymbol{w}$ 和 $\boldsymbol{x}$ 是维度相同的向量，而 $\hat{y}$ 和 b 则是两个实数。其中，$\boldsymbol{x}$ 是样本点，而 $\boldsymbol{w}$ 和 b 则是待定的参量。可以看到，感知机实际上只是在线性 SVM 上套了一个 $\sigma(\cdot)$ 函数，这是一个标量函数，被称为激励函数。之所以要引入激励函数，是因为在感知机中没有核方法，因此需要再进行一次非线性映射来进行非线性二分，因此激励函数的功能也被人们称为非线性激活。根据 $\sigma(\cdot)$ 和给定的阈值，便可判定样本最终是 1（正类）还是 0（负类）。

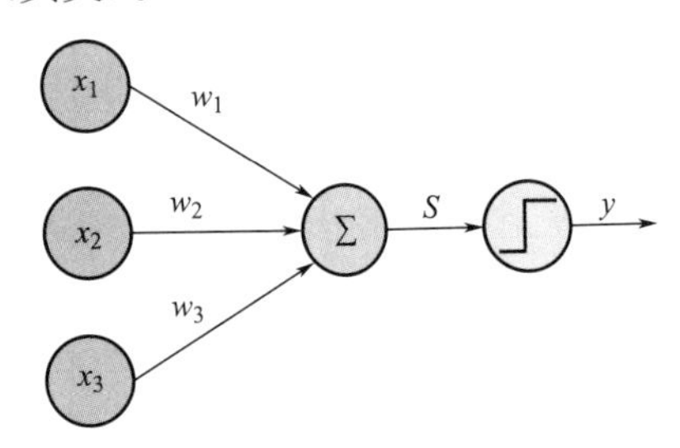

图 8-44　线性函数表示图示

通常，可以将上面的线性函数表示如图 8-44 所示。

如果将输入向量 $\boldsymbol{x}$ 拓展为 $[\boldsymbol{x},1]$，将参量 $\boldsymbol{w}^{\mathrm{T}}$ 拓展为 $[\boldsymbol{w},b]^{\mathrm{T}}$，则可以直接用 $\boldsymbol{w}^{\mathrm{T}}\cdot\boldsymbol{x}$ 来表示最终的线性加和结果 S，然后再将 S 输入到一个激励函数 $\sigma(\cdot)$ 中去，便可得到如图 8-44 所示的结构，其中图中的每一个量都是一个标量。

（2）感知机的优化目标

感知机和 SVM 的区别表现在模型训练上，即表现在优化目标和优化求解方式上。SVM 的优化目标在数学上表现为以下的条件优化问题：

$$\mathrm{argmin}_{w}\ \frac{1}{2}\|\boldsymbol{w}\|^2,\ \mathrm{s.\,t.}\ y^{(i)}\cdot(\boldsymbol{w}^{\mathrm{T}}\cdot\boldsymbol{x}^{(i)}+b)\geqslant 1 \tag{式 8-55}$$

其中，$\boldsymbol{x}^{(i)}$ 和 $y^{(i)}$ 构成了训练样本全集。针对上述的优化问题，可以通过构造拉格朗日函数来构造线性方程组求解，也可以通过梯度下降方法求解这个优化的对偶问题来得到最终的解答。

而感知机的优化目标的数学形式则为如下表示：

$$\mathrm{argmin}_{w,b}\sum\nolimits_{x^{(i)},y^{(i)}\in\boldsymbol{M}}-y^{(i)}\cdot(\boldsymbol{w}^{\mathrm{T}}\cdot\boldsymbol{x}^{(i)}+b) \tag{式 8-56}$$

其中，针对任意一个样本点，若感知机对其的分类判断是错的，称它是一个错分点。定义所有的错分样本点构成一个集合 $\boldsymbol{M}$，则感知机的数学优化将只针对所有的错分点 $(\boldsymbol{x}^{(i)},y^{(i)})\in\boldsymbol{M}$ 来进行操作。

可见，SVM 和感知机的优化目标形式是完全不同的，另外，在优化中涉及的样本点也不同，SVM 会涉及所有的样本点，而感知机只会涉及错分的样本点。

（3）优化的几何意义

SVM 的优化目标是根据“大间距”这个几何意义来得到的。则感知机的优化目标有什么几何意义？

针对以下形式的一个超平面：

$$\boldsymbol{w}^{\mathrm{T}} \cdot \boldsymbol{x} + b = 0 \qquad (式 8\text{-}57)$$

任意一个点 $\boldsymbol{x}^{(i)}$ 到这个超平面的距离可以通过下式计算：

$$d = \frac{|\boldsymbol{w}^{\mathrm{T}} \cdot \boldsymbol{x}^{(i)} + b|}{\|\boldsymbol{w}\|}$$

另外，参考 SVM 对数据的标注方法，将任意的 $y^{(i)}$ 设为 1 或 -1，则这个距离就可以表示为如下形式：

$$d = \frac{|y^{(i)} \cdot (\boldsymbol{w}^{\mathrm{T}} \cdot \boldsymbol{x}^{(i)} + b)|}{\|\boldsymbol{w}\|}$$

再根据在 SVM 中介绍的相关性质，任意一个样本点都会满足以下条件：

$$\begin{cases} \boldsymbol{x} \in 正确分类, y \cdot (\boldsymbol{w}^{\mathrm{T}} \cdot \boldsymbol{x} + b) > 0 \\ \boldsymbol{x} \in 错误分类, y \cdot (\boldsymbol{w}^{\mathrm{T}} \cdot \boldsymbol{x} + b) < 0 \end{cases}$$

因此，对于任意的错分点，这个错分点到超平面的距离满足下式：

$$d = -\frac{y^{(i)} \cdot (\boldsymbol{w}^{\mathrm{T}} \cdot \boldsymbol{x}^{(i)} + b)}{\|\boldsymbol{w}\|}$$

接下来，构造如下式所示的优化问题：

$$\mathrm{argmin}_{\boldsymbol{w},b} \sum\nolimits_{\boldsymbol{x}^{(i)}, y^{(i)} \in \boldsymbol{M}} -\frac{y^{(i)} \cdot (\boldsymbol{w}^{\mathrm{T}} \cdot \boldsymbol{x}^{(i)} + b)}{\|\boldsymbol{w}\|} \qquad (式 8\text{-}58)$$

从最终效果来看，以下的两个模型就是等价的：

$$\mathrm{argmin}_{\boldsymbol{w},b} \sum\nolimits_{\boldsymbol{x}^{(i)}, y^{(i)} \in \boldsymbol{M}} -\frac{y^{(i)} \cdot (\boldsymbol{w}^{\mathrm{T}} \cdot \boldsymbol{x}^{(i)} + b)}{\|\boldsymbol{w}\|} \overset{等价于}{\Longleftrightarrow} \mathrm{argmin}_{\boldsymbol{w},b} \sum\nolimits_{\boldsymbol{x}^{(i)}, y^{(i)} \in \boldsymbol{M}} -y^{(i)} \cdot (\boldsymbol{w}^{\mathrm{T}} \cdot \boldsymbol{x}^{(i)} + b)$$

因此，感知机的优化目标的几何意义就是最小化当前所有错分点到超平面的距离之和。

（4）优化的迭代逼近

要求解一个优化，可以先求出优化目标（暂且称其为 L ）对各个参量的偏导数：

$$\frac{\partial L}{\partial \boldsymbol{w}} = \sum\nolimits_{\boldsymbol{x}^{(i)}, y^{(i)} \in \boldsymbol{M}} -y^{(i)} \cdot \boldsymbol{x}^{(i)} \qquad (式 8\text{-}59)$$

需要注意到，感知机的优化问题和 k-means 聚类一样有着“鸡生蛋、蛋生鸡”的意味：需要先有一个超平面来判断哪些点被错分，而得到这样一个超平面又需要先求解上面的优化问题。因此，若不先确定一个超平面，上面的梯度值就是完全未知的。所以，和 k-means 聚类一样，可以先随机初始化超平面的参数，然后使用这个超平面来对样本做划分，并不断地迭代更新超平面的参数值。因此，感知机模型的求解过程可以总结为以下步骤：

1）随机初始化模型参数 $\boldsymbol{w}$ 和 b ；

2）判断并得到所有错分点。具体上，若一个样本点满足下式，则它是一个错分点：

$$y^{(i)} \cdot (\boldsymbol{w}^{\mathrm{T}} \cdot \boldsymbol{x}^{(i)} + b) < 0$$

3）根据所有错分点计算 $\boldsymbol{w}$ 和 b 的梯度 $\boldsymbol{g}_w$ 和 g_b，并对 $\boldsymbol{w}$ 和 b 进行更新。具体更新方法如下：

$$\boldsymbol{w} = \boldsymbol{w} - \alpha \cdot \boldsymbol{g}_w$$

$$b=b-\alpha\cdot g_b$$

在数学上已经证明，以上流程是一定可以收敛的。

8.6.2.2 多层感知机和前馈神经网络

（1）感知机叠加——多层感知机

从直觉上，感知机的性能一定不会比 SVM 更好，毕竟感知机放松了“大间距”这个重要约束。另外，在 SVM 中，至少还可以通过应用核函数来处理非线性问题，但是在感知机中并没有相应的技巧：仅从直觉上看，核函数的非线性拟合效果就要比激活函数好得多，因为激活函数只是对线性的输出标量进行一次简单的映射，而核函数对所有样本点都进行了映射变换。

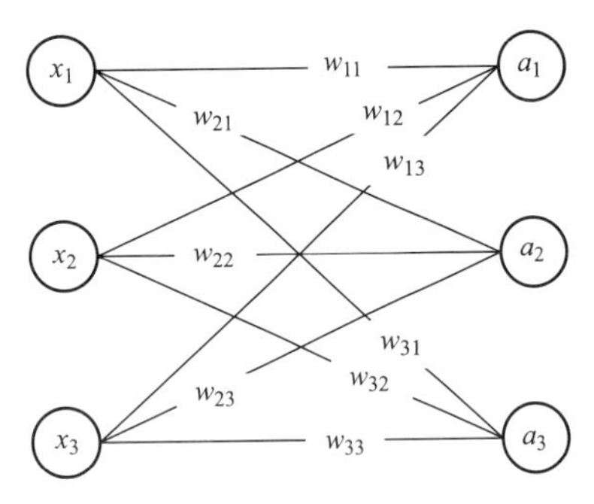

图 8-45 多层感知机结构图示

通过对简单的元素进行叠加来对复杂问题进行处理，虽然看似笨拙，但是往往能起到不凡的效果。针对感知机这样一个简单的形式，可以考虑把多个感知机叠加在一起，来拟合更为复杂的问题，如可以尝试构建如图 8-45 所示的结构。

这其实可以看成 3 个感知机叠加在一起：

$$a_1=\sigma(w_{11}x_1+w_{12}x_2+w_{13}x_3)$$
$$a_2=\sigma(w_{21}x_1+w_{22}x_2+w_{23}x_3)$$
$$a_3=\sigma(w_{31}x_1+w_{32}x_2+w_{33}x_3)$$

也可以把上面 3 个式子整合为一个更简洁的矩阵表示：

$$\boldsymbol{a}=\sigma(\boldsymbol{Wx}) \tag{式 8-60}$$

可以看到，参数矩阵 $\boldsymbol{W}$ 中的每一行都代表了一个感知机，输出 $\boldsymbol{a}$ 中的对应行则是对应感知机的输出结果，所以向量 $\boldsymbol{a}$ 就是 3 个感知机的结果。

这样一个模型，将不同的感知机同时作用在一个样本上，并提取到了这个样本不同方面的特征。通过分析处理这些特征，可以得到更多关于样本的信息。通常把所有的特征输出 $\boldsymbol{a}$ 再统一送到某一个函数 $f(\boldsymbol{a})$ 中，如 softmax 函数，以便得到一个标量值来进行最终的分类判断。当然，还可以作为输入向量，输入到前馈神经网络中。

（2）多层感知机叠加——前馈神经网络

即使是把多个感知机叠加在一起，并对最终结果进行 softmax 函数处理，多层感知机模型的非线性能力仍有缺失。既然可以把感知机叠加在一起来得到一个多层感知机，则可以继续把若干个多层感知机叠加在一起，构建如图 8-46 所示的结构。

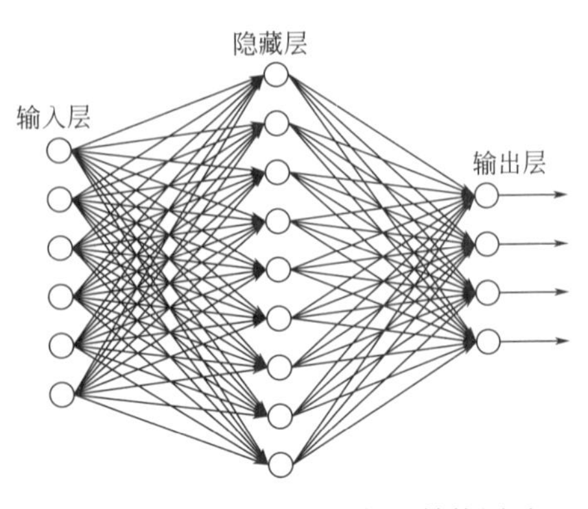

图 8-46 多层感知机叠加的结构图示

在上面的模型中，有两个多层感知机，从输入层到隐藏层为第一个多层感知机，暂且称其为 A；而从隐藏层到输出层为第二个感知机，称其为 B。同样的，可以把输出层的最终结果通过类似 softmax 之类的函数将输出最终转化为一个标量。这样，上面的模型可以表达为如下的数学形式：

$$\boldsymbol{h}=\sigma(\boldsymbol{W}_1\boldsymbol{x}) \qquad \text{（式 8-61）}$$

$$\boldsymbol{o}=\sigma(\boldsymbol{W}_2\boldsymbol{h}) \qquad \text{（式 8-62）}$$

$$y=f(\boldsymbol{o}) \qquad \text{（式 8-63）}$$

将输入 $\boldsymbol{x}$ 送入第一个多层感知机得到 $\boldsymbol{h}$，接着将 $\boldsymbol{h}$ 送入第二个多层感知机得到 $\boldsymbol{o}$。最后，通过某一个函数 $f(\boldsymbol{o})$ 来得到一个最终的标量结果 y。需要指出的是，为了保证导数的存在（这个性质在训练算法中是必要的），在这样的一个多层网络中，激励函数 $\sigma()$ 不采取感知机中简单的符号函数 sign()，而是采用其他的非线性函数，如 sigmoid ()、tanh () 或 reLU () 等。$f()$ 函数的具体形式通常仍然采用 softmax 后取最大。

这样的一个多层模型比多层感知机更复杂，因此若不考虑过拟合的情况，它在进行复杂问题的拟合时会比多层感知机更有效。此外，多层感知机 **B** 不会直接处理原始数据，而是处理 **A** 的输出，这样，**B** 将拥有 **A** 提供的额外信息。从这方面来看，这样的网络形式在机器学习问题中通常也会比多层感知机更为有效。以机器学习中一个经典的书写数字识别问题为例，这样一个 3 层的网络便已经可以达到 98%的准确率。

这样的由若干个多层感知机按照层次关系搭建起来的网络，便称为前馈神经网络（Forward Neural Network，FNN），或称为全连接网络（Full Connection Network，FCN）。前馈网络是神经网络的一个经典形式，“前馈”就是每一个多层感知机将自己的输出不断向下一个多层感知机传递；“全连接”则是因为网络中每两个邻近层之间的单元都是两两连接的。

20 世纪 40 年代，神经网络的思想可谓十分超前，它提供了一种足够简单和统一的形式，同时，简单叠加却能有助于进行足够复杂的拟合。另外，理论上深层的网络性能绝对不会低于浅层网络。FNN 作为现代神经网络方法的基础，至今依旧有着十分重要的意义。

8.6.2.3　反向传播算法

（1）前向和反向

在神经网络中，为了达到这个目的，需要获取网络中参量的梯度，而反向传播算法就是获取这些梯度的有效途径。ANN 通过层次结构的叠合，可以在预测过程“向前”传递数据；而通过反向传播算法，则可以在训练过程中向后传递数据。这便是 BP 神经网络的核心思想。

BP 神经网络是最经典、也是深度学习出现前最成功的神经网络之一，它得名于其权重的计算方式—误差反向传播（Back-Propagation，BP）算法。该算法在 1986 年由 David Rumelhart 和 Geoffrey Hinton 提出，其中 Geoffrey Hinton 被称为“反向传播学之父”。ANN 在进行正向计算输出时，按照“输入层—隐藏层—输出层”的顺序逐层求得网络输出，然后在反向传播误差中将输出与真实值对比，得到网络的误差，并按照“输出层—隐藏层—输入层”的顺序调整网络权值，过程如图 8-47 所示。

由于在 ANN 中，每一层仅和前后两层相连，同时层与层之间有相同的形式（都是多层感知机），因此，任意相邻两层间的数据传递方式是一致的。

1）预测中的前向传播：

$$\boldsymbol{a}^{(L+1)}=F(\boldsymbol{a}^{(L)})$$

其中，(L) 表示了神经网络的第 (L) 层，$\boldsymbol{a}^{(L)}$ 即表示 (L) 层的输出张量。可以看到，

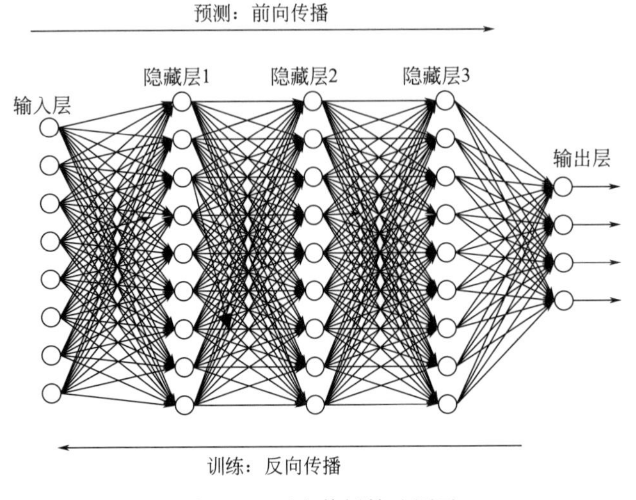

图 8-47　反向传播算法图示

前向传播就是根据某一个函数 $F()$，通过前一层的输出 $\boldsymbol{a}^{(L)}$ 来得到下一层的输出 $\boldsymbol{a}^{(L+1)}$。其实根据前文中关于感知机的介绍，前向函数 $F()$ 的形式已经明确了，即通过以下具体运算来从 $\boldsymbol{a}^{(L)}$ 得到 $\boldsymbol{a}^{(L+1)}$：

$$\boldsymbol{a}^{(L+1)}=\sigma(\boldsymbol{W}^{(L)}\cdot\boldsymbol{a}^{(L)}+\boldsymbol{b}^{(L)}) \quad \text{（式 8-64）}$$

2）训练中的反向传播：

$$\boldsymbol{g}^{(L)}=B(\boldsymbol{g}^{(L+1)}) \quad \text{（式 8-65）}$$

其中，$\boldsymbol{g}^{(L)}$ 表示了第（L）层某些量的梯度张量。类比前向传播，反向传播其实就是根据某一个函数 $B()$，通过后一层的梯度 $\boldsymbol{g}^{(L+1)}$ 来得到前一层的梯度 $\boldsymbol{g}^{(L)}$。如果知道反向函数 $B()$ 的具体形式，就可以归纳得到各层中参量的梯度。

（2）反向传播的数学形式

假设已经构造了一个输出标量的优化函数 J，并得到了优化目标 J 关于第（$L+1$）层的输出 $\boldsymbol{a}^{(L+1)}$ 的偏导数：

$$\frac{\partial J}{\partial\boldsymbol{a}^{(L+1)}}=\boldsymbol{g}^{(L+1)}$$

$\boldsymbol{a}^{(L)}$ 和 $\boldsymbol{a}^{(L+1)}$ 之间通过前向函数已经确定了具体的关系：

$$\boldsymbol{a}^{(L+1)}=\sigma(\boldsymbol{W}^{(L)}\cdot\boldsymbol{a}^{(L)}+\boldsymbol{b}^{(L)})$$

因此可以得到优化目标 J 关于第（L）层的输出 $\boldsymbol{a}^{(L)}$ 的偏导数：

$$\frac{\partial J}{\partial\boldsymbol{a}^{(L)}}=\frac{\partial J}{\partial\boldsymbol{a}^{(L+1)}}*\frac{\partial\boldsymbol{a}^{(L+1)}}{\partial\boldsymbol{a}^{(L)}}=\boldsymbol{g}^{(L+1)}*\sigma'(\boldsymbol{W}^{(L)}\cdot\boldsymbol{a}^{(L)}+\boldsymbol{b}^{(L)})*\boldsymbol{W}^{(L)} \quad \text{（式 8-66）}$$

其中，$*$ 表示了一个张量乘法运算（注意，这不一定是矩阵乘法运算）。

为了更具体地说明是如何计算上面的式子的，将上面的张量运算通过下标展开为各个分量的表示。在神经网络中，$\boldsymbol{a}^{(L)}$ 和 $\boldsymbol{a}^{(L+1)}$ 都是向量，因此不妨假设 $\boldsymbol{a}^{(L+1)}$ 维度为 m，$\boldsymbol{a}^{(L)}$ 维度为 n。另外，定义一个中间量 $\boldsymbol{u}^{(L)}$，其维度也会是 m：

$$\boldsymbol{u}^{(L)}=\boldsymbol{W}^{(L)}\cdot\boldsymbol{a}^{(L)}+\boldsymbol{b}^{(L)} \quad \text{（式 8-67）}$$

因此，可以得到以下的关于各个实数分量的梯度表示：

$$\frac{\partial J}{\partial \boldsymbol{u}_j^{(L)}}=\frac{\partial J}{\partial \boldsymbol{a}_j^{(L+1)}}\cdot\frac{\partial \boldsymbol{a}_j^{(L+1)}}{\partial \boldsymbol{u}_j^{(L)}}=\boldsymbol{g}_j^{(L+1)}\cdot\sigma'(\boldsymbol{u}_j^{(L)}),1\leqslant j\leqslant m$$

$$\frac{\partial J}{\partial \boldsymbol{a}_i^{(L)}}=\sum\nolimits_{j=1}^{m}\frac{\partial J}{\partial \boldsymbol{u}_j^{(L)}}\cdot\boldsymbol{W}_{ji}^{(L)},1\leqslant i\leqslant n,1\leqslant j\leqslant m$$

可以看到，通过 $\boldsymbol{a}^{(L+1)}$ 的梯度生成了 $\boldsymbol{a}^{(L)}$ 的梯度，就实现了反向传播的过程。同时，由于已经得到了优化目标关于 $\boldsymbol{u}_j^{(L)}$ 的梯度，因此优化目标关于参量 $\boldsymbol{W}_{ji}^{(L)}$ 和 $\boldsymbol{b}_j^{(L)}$ 的梯度为：

$$\frac{\partial J}{\partial \boldsymbol{W}_{ji}^{(L)}}=\frac{\partial J}{\partial \boldsymbol{u}_j^{(L)}}\cdot\boldsymbol{a}_i^{(L)}$$

$$\frac{\partial J}{\partial \boldsymbol{b}_j^{(L)}}=\frac{\partial J}{\partial \boldsymbol{u}_j^{(L)}}$$

因此，只要得到优化目标 J 关于到最终输出层各个分量的偏导数，就可以从 $L\rightarrow 1$ 依次生成 J 关于第 (L) 层输出 $\boldsymbol{a}^{(L)}$ 的偏导数，并得到该层中关于各个参量的梯度，便可以进行梯度下降来更新参数，形成了一个完整的反向传播过程。反向传播本质上就是一个链式求导的过程，在之后要介绍的卷积网络（CNN）和循环网络（RNN）中，也是采取了这样的一种方式进行预测和训练，只不过它们的前向传递和反向传递过程与上面所说的 FCN 有一些区别。

（3）一个算例

令一个 BP 网络，其结构如图 8-48 所示，其激活函数采用 sigmoid 函数。

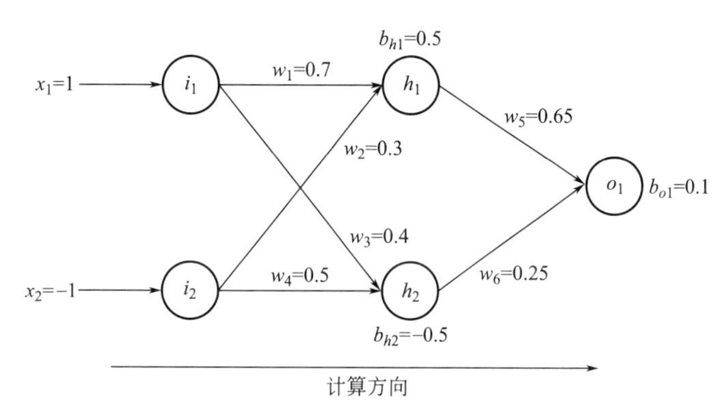

图 8-48　算法举例

上例中，输入为 $(x_1, x_2)=(1, -1)$，输入层不对信号做处理，保持原有输出。

对隐藏层中的 h_1

$$\sum w_i x_i+b=0.7-0.3+0.5=0.9$$

$$y=\mathrm{sigmoid}\left(\sum w_i x_i+b\right)=0.711$$

对隐藏层中的 h_2

$$\sum w_i x_i+b=0.4-0.5-0.5=-0.6$$

$$y=\mathrm{sigmoid}\left(\sum w_i x_i+b\right)=0.354$$

对输出层中的 o_1

$$\sum w_i x_i+b=0.65\cdot 0.711+0.25\cdot 0.354+0.1=0.651$$

$$y=\mathrm{sigmoid}\left(\sum w_i x_i+b\right)=0.657$$

对回归任务，计算便到此结束；若是分类任务，可通过符号函数加以判别。

进行反向传播误差时，设真实数据集为 (x_{1i}, x_{2i}, y_i)，$i=1, 2, \cdots, n$。正向计算得到预测值 $y_{o1i}(w, b)$。可以以均方误差（MSE）来衡量误差，即：

$$E(w,b)=\frac{1}{2}\sum_{i=1}^{n}(y_i-y_{o1i}(w,b))^2 \quad \text{（式 8-68）}$$

其中，增加常数 1/2 是为了方便求导。

接下来是更新输出层权值。以 w_1 为例（图 8-49），$w_1^{(1)}=w_1-\alpha\frac{\partial E(w, b)}{\partial w_1}$。其中，根据 $E(w, b)$，有：

$$\frac{\partial E(w,b)}{\partial w_1}=\frac{\partial E(w,b)}{\partial y_{o1}}\cdot\frac{\partial y_{o1}}{\partial f_{o1}(w)}\cdot\frac{\partial f_{o1}(w)}{\partial w_1}$$

$$\frac{\partial E(w,b)}{\partial y_{o1}}=\sum_{i=1}^{n}(y_{o1i}(w,b)-y_i)$$

$$\frac{\partial y_{o1}}{\partial f_{o1}(w)}=\varphi(f_{o1}(w))(1-\varphi(f_{o1}(w)))$$

$$\frac{\partial f_{o1}(w)}{\partial w_1}=x_{h1}$$

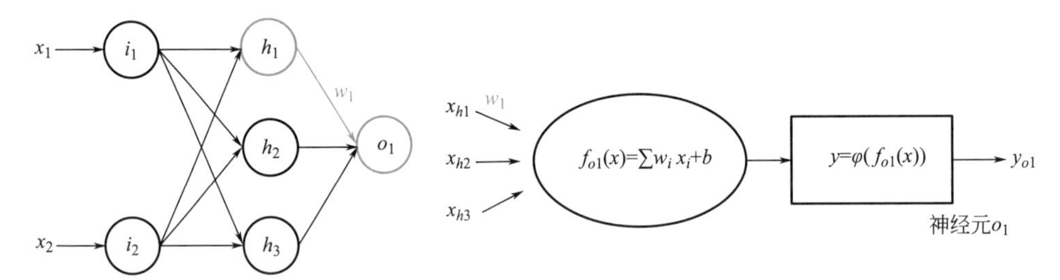

图 8-49　w_1 输出层权值更新

继续更新隐藏层权重，以 w_2 为例（图 8-50），$w_2^{(1)}=w_2-\alpha\frac{\partial E(w, b)}{\partial w_2}$。其中，

$$\frac{\partial E(w,b)}{\partial w_2}=\frac{\partial E(w,b)}{\partial y_{h1}}\cdot\frac{\partial y_{h1}}{\partial f_{h1}(w)}\cdot\frac{\partial f_{h1}(w)}{\partial w_2}$$

$$\frac{\partial E(w,b)}{\partial y_{h1}}=\frac{\partial E(w,b)}{\partial y_{o1}}\cdot\frac{\partial y_{o1}}{\partial f_{o1}(x)}\cdot\frac{\partial f_{o1}(x)}{\partial y_{h1}}$$

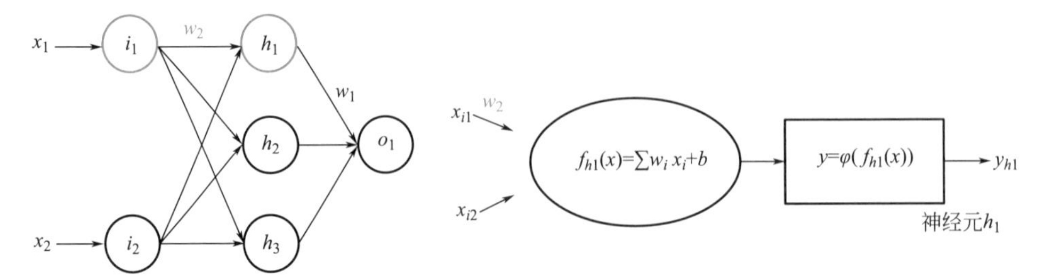

图 8-50　w_2 输出层权值更新

可见，权重的更新顺序按照“输出层—隐藏层—输入层”的顺序进行，这与神经网络的计算方向相反，因此得名误差反向传播。

大多数情况下，BP 神经网络的隐藏层只有少数几层，隐藏层过多时，BP 神经网络将遇到梯度消失问题。反向传播的误差强度随层数递减，导致网络前端层训练缓慢。

（4）梯度消失和梯度爆炸

回顾上一部分中的反向传播算法，可以注意到，需要计算激励函数的导数 $\sigma'()$。对于 sigmoid（）激励函数，可以得到如下结果：

$$\sigma(x)=\frac{1}{1+\mathrm{e}^{-x}}$$

$$\sigma'(x)=\frac{\mathrm{e}^{-x}}{(1+\mathrm{e}^{-x})^{2}}=\sigma(x)\cdot(1-\sigma(x)) \tag{式 8-69}$$

$\sigma(x)$ 的绝对值是恒小于 1 的，因 $\sigma'(x)$ 的绝对值也一定恒小于 1。所以，对于大的趋势而言，反向传播过程中梯度会不断变小，这导致了处于前面的层会没有足够量级的梯度来进行有效的梯度下降，参数的更新幅度约等于 0，导致了梯度消失问题。

虽然理论上网络的层数越深越好，但这也仅仅只是一个理想。即使不考虑过拟合问题，在实际中也不得不考虑加深模型所带来的训练代价。对于一个经典以 sigmoid（）为激励的 FCN，反向传播往往在进行 2～3 层之后，梯度消失就会非常严重了，因此这样的经典 FCN 基本不会超过 5 层。

正因为这样的问题，引入 tanh（）和 reLU（）等大量的激活函数，用于缓解梯度消失。tanh（）的泛用性比较好，而 reLU（）则更适合用于深层的网络。然而，reLU（）由于不缩放梯度，在大趋势上，由于梯度在反向传播的过程中不会变得更小，因此处于前面的层可能会接收到较大的梯度值。此时，若训练步长不是足够小，就很容易造成模型的损失不降反升，甚至会造成浮点数溢出，这便是梯度爆炸问题。

总之，选取何种激励函数和选择多大的训练步长是依赖于模型的具体形式和工作人员的经验的，否则便会很容易产生梯度消失或梯度爆炸问题。一般而言，采取了 tanh（）的模型训练步长在 10^{-3} 量级左右，而取了 reLU（）的模型训练步长则会在 10^{-8} 量级左右。

（5）使用暂退法（Drop Out）缓解过拟合

过拟合问题是 ANN 面临的另一个主要问题，因为即使是一个 3 层的 FCN，它的参数数目也要比 SVM 之类的其他方法多很多。ANN 巨大的参数数量直接导致了模型复杂度的暴增，并且产生了强烈的过拟合问题。

降低模型复杂度是缓解过拟合的一个重要手段。在这方面，参数正则化是可以应用于任何机器学习模型中的通用方法，其目的是使一些不那么重要的参量降低至接近 0，这在最终的效果上便可以让模型忽略一些过于细节的特征，使得模型保证一定的泛化能力。

但参数正则化需要计算参数张量的二阶范数，如果将正则化应用于 FCN 这样参数极多的模型，则每一个训练步骤中计算正则化也需要花费不少的时间。因此，在神经网络中，人们还采取暂退法来缓解过拟合问题。其工作过程就是在训练的每一个迭代步中（包括前向计算和反向传播），随机地将一些神经元暂时置为 0 并保持不变，如图 8-51 所示。这些置为 0 的神经元可以看成是暂时被“抛弃”了，因为无论是在前向计算或反向传播中，流经这些神经元的所有值都会是 0，这些神经元对网络中其他部分不提供任何信息或造成任何影响。

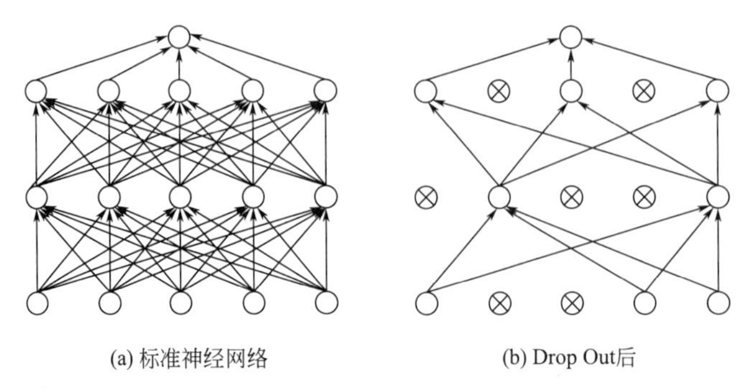

图 8-51 Drop Out 的具体工作过程

所以暂退法就是在每一个训练迭代步中只更新模型的一部分，它一方面减轻了特征之间的相互依赖，在一定程度上等同于忽略一部分特征信息；另一方面把整个 ANN 视为若干个更简单的 ANN 的平均，起到缓解过拟合的作用。

8.6.2.4 卷积网络：CNN

简单的 FCN 参数很多，同时在多隐藏层的情况下训练效率低。本节介绍一种目前广泛流行的、不同于 FCN 的另一种神经网络形式：卷积神经网络（Convolution Neural Network，CNN)，但不对 CNN 的反向梯度做推导，因为其本质上和 FCN 是一样的。

（1）空间上的扩展——第三个维度

FCN 中的所有内容都是针对于向量和矩阵的运算。向量和矩阵在广义上都可以视为二阶张量，类似于一个没有厚度的矩形，可以在平面上完全地展示一个 FCN 结构。图 8-52 左侧展示了一个 FCN 的大致结构，用一个细长的矩形来表示 FCN 中的向量，用交叉线表示全连接。

而 CNN 则呈现了如图 8-52 右侧所示的空间结构。CNN 中的每一层都是若干个矩形的堆叠，即若干个二阶张量的堆叠。因此，CNN 的每一层都是一个三阶张量，除了二阶张量中的高（行）和宽（列）外，CNN 拓展了第三个维度“深度”，通常称为通道（channel)。

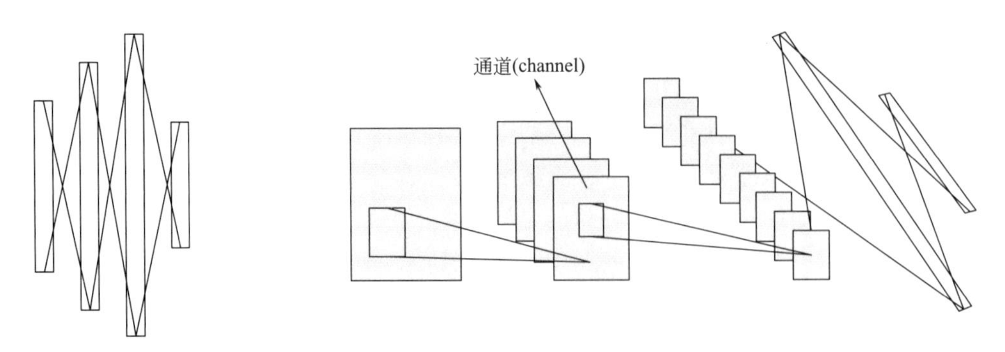

图 8-52 FCN 的结构（左）和卷积网络的结构（右）

图 8-52 右侧的细长菱形表示向量，这些向量等价于一个高和宽都是 1，但是通道数很多的三阶张量。因此，在 CNN 的最后，仍然需要一个全连接层来进行操作。图 8-52 右侧还包括矩形收缩的图例，代表卷积操作和池化操作。这是 CNN 中的两个基本操作，CNN

中所有的三阶张量变换过程都依赖于这两个操作实现。

（2）卷积和池化操作

CNN 的本质就是卷积和池化两种运算操作。

假定有一个卷积核 K 如图 8-53 所示。

卷积操作就是用这个卷积核 K 与输入矩阵中的每个元素分别对齐，按位相乘后求和，其过程如图 8-54 所示。

1	0	−2
−3	1	1
0	2	1

图 8-53　卷积核 K

一个卷积操作中需要关心并定义以下几个参数：卷积核、卷积步长、对齐方式、填充方式。卷积步长表明希望如何移动卷积核，在图 8-54 中，卷积步长在高（行）和宽（列）上均为 1。对齐方式表明希望如何将卷积核和输入矩阵对齐，在图 8-54 中，对齐方式为左上角对齐。填充方式表明是否允许卷积核覆盖输入矩阵以外的空白部分，以及希望如何填充空白部分的值。

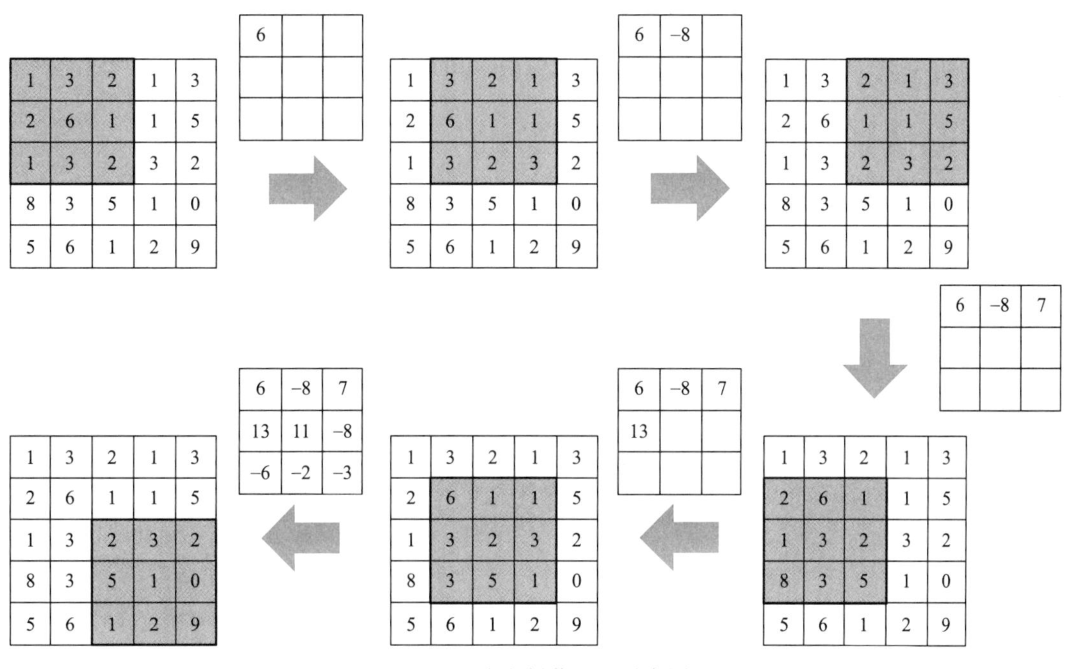

图 8-54　卷积操作过程示意图

池化操作与卷积类似，同样需要定义池化核、池化步长、对齐方式、填充方式。不同的是，不需要为这个池化核定义具体的值，只需要设定一个池化的窗口，并在这个窗口中，进行诸如最大池化（Max Pooling）或平均池化（Average Pooling）的操作。其中，最大池化就是以窗口内最大值作为池化核的输出，平均池化则是以窗口内的平均值作为池化核的输出。一个最大池化的具体过程示例如图 8-55 所示。

在卷积和池化操作中，根据设定的窗口尺寸、移动步长以及填充和对齐方式的不同，可以得到不同形状的输出。例如在图 8-55 的最大池化操作中，若保证其他参数不变，只是将移动步长在行上设为 1，在列上设为 2，则最终会得到一个形状为 3×2 的输出矩阵。

上述针对矩阵的卷积和池化操作可以拓展到高阶张量中。考虑三阶张量之间的卷积运算，假设一个输入张量的形状为 $w\times h\times 5$，即表示这个输入有 5 个通道，则也需要将卷积

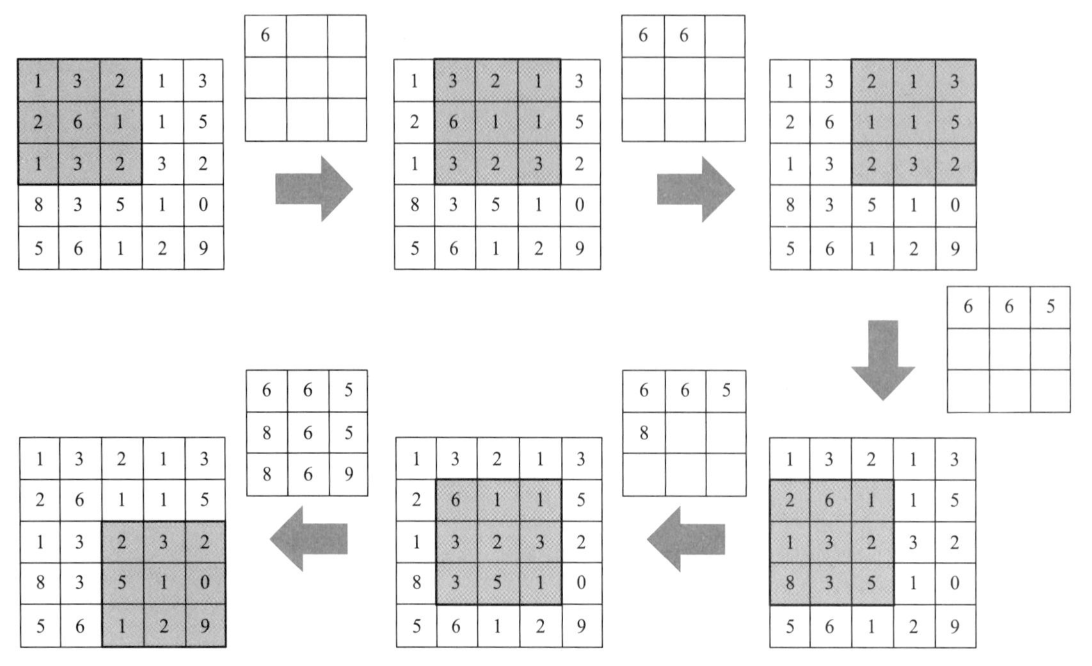

图 8-55 最大池化的具体过程示意图

核的通道数量定义为 5。如此，可以将这两个三阶张量中的每一个二阶分量（即一个矩阵）分别对应进行矩阵卷积，最后可以得到 5 个矩阵结果，将这 5 个矩阵相加，便可以得到最终的卷积结果。可见，三阶张量之间的卷积操作仍然会得到一个矩阵作为结果。

若需要卷积后的输出仍然可以是一个三阶张量，可以把卷积核的维度增高，使之成为一个四阶张量。这可以类比 FCN，为了在前向传递过程中各层的输出仍然是一个向量，需要把权重定义为矩阵。因此，在 CNN 中，定义一个卷积核需要 4 个维度：$h\times w\times in\_c\times out\_c$。例如，一个卷积核的形状为 3×4×2×8，那么这个卷积核在平面上的 h 和 w 分别为 3 和 4，同时，它将处理一个 in_c 为 2 的三阶输入。将这个四阶的卷积核视为 8 个形状为 3×4×2 的三阶张量，并与输入张量分别卷积。由于三阶张量之间的卷积仍然会输出一个矩阵，因此最终会得到 8 个矩阵，将这 8 个矩阵层叠起来，便得到了一个 out_c 为 8 的三阶张量输出。

（3）卷积和池化的作用

首先，CNN 通过稀疏连接和参数共享，减少了大量的待训练参数。假设需要处理一幅 512×512 像素的图片，则使用 FCN 时，输入层便会有 512×512 个维度。即使隐藏层仅仅设定为 16 维，则仅在第一层的变换中，便会有 512×512×16 个维度，参数数量接近 500 万！若使用 CNN 来处理同样的 512×512 图片，假设卷积核设定为 3×3×1×128，这也只会产生约 1000 个待定参数。同时可见，在 FCN 中，一个神经元要连接到所有输出中，而这些连接在很多时候不一定有效。在 CNN 中则是让很多神经元通过共同的卷积核连接到输出，从而在 CNN 中实现了参数共享。同时，卷积输出中的每一个位置都只和卷积窗口内的输入有关，因此 CNN 中的连接是稀疏的。

其次，CNN 还可以处理空间邻近特征。在卷积或者池化操作中，会考虑卷积窗口或池化窗口中的所有输入值，而这些值的位置分布是具有空间信息的，比如二维图片上像素点的相对位置。对比 FCN，因为需要将这个二维图片完全展开为向量，因此不可避免地会丢失这样的位置信息，所以 CNN 可以处理空间的邻近特征。

最后，CNN 善于抽取空间上的平移不变性。在 CNN 卷积和池化的工作过程中，即使平移卷积或池化窗口一两个像素，在卷积或池化后得到的输出值大概率是十分相似的。可以认为这样的一种特性更加符合人的认知，毕竟人并不会因为几个像素的偏差而将图像识别错误。这样的一种特性赋予了 CNN 极强的鲁棒性。

8.6.2.5　循环网络：RNN

以上的神经网络结构可以处理大量的数据信息，其中 CNN 尤其擅长处理空间特征信息。但是，都缺乏处理时序信息的泛化能力。循环神经网络（Recurrent Neural Network，RNN）则可以用来捕获时间上的邻近信息。

如何理解这样的一种“时间”上的展开？在具体的形式上，使用 RNN 来处理一个序列形式的输入，这个序列中的每一个分量都可以是一个高阶张量（通常是向量）。RNN 会依次处理这个输入序列中的每一个分量，且 RNN 对这些输入分量的处理是时间异步的。此外，RNN 中的另一个重要特点是对前驱分量处理得到的结果，会影响 RNN 对后续分量的处理结果。一个典型的 RNN 的结构如图 8-56 所示。

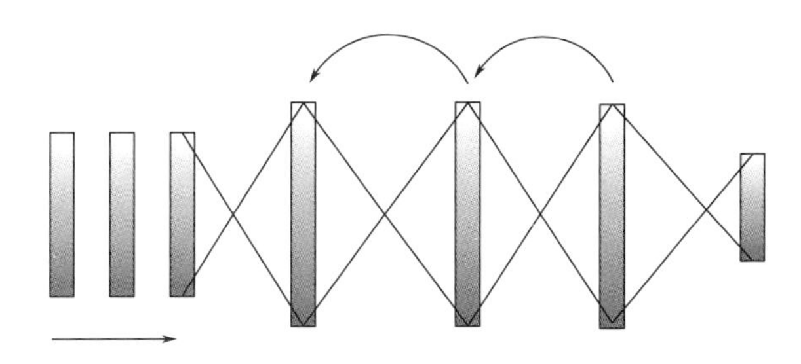

图 8-56　循环神经网络（RNN）结构

在图 8-56 中，依然使用交叉线来表示全连接，用细长的矩形来表示向量。RNN 会接收一个向量序列，但是它每一次只会处理其中的一个向量。另外，RNN 拥有向后传播的路径，因此在训练过程中，RNN 可以不断地把对先驱向量的处理结果传递给后续向量的处理过程中，即 RNN 可以获取并处理“历史”信息。

假设 RNN 的模型的输入为一个张量序列：

$$[\boldsymbol{x}^{(1)},\boldsymbol{x}^{(2)},\cdots,\boldsymbol{x}^{(n)}]$$

其中，序列中的每一个分量 $\boldsymbol{x}^{(i)}$ 是一个张量。则当 RNN 处理第（t）个分量 $\boldsymbol{x}^{(t)}$ 时（或称为时刻（t）时），在这个 RNN 中的任意一个层（l）中，发生的具体数学过程如下：

$$\boldsymbol{v}^{(t)}=f(\boldsymbol{u}^{(t)},\boldsymbol{s}^{(t-1)}) \quad \text{（式 8-70）}$$

$$\boldsymbol{s}^{(t)}=g(\boldsymbol{u}^{(t)},\boldsymbol{s}^{(t-1)}) \quad \text{（式 8-71）}$$

其中，$f()$ 和 $g()$ 表示（l）层中的数学变换，使用 $\boldsymbol{v}^{(t)}$ 表示（l）层在时刻（t）的输出，使用 $\boldsymbol{u}^{(t)}$ 表示（$l-1$）层在时刻（t）的输出，使用 $\boldsymbol{s}^{(t-1)}$ 表示（l）层在时刻（$t-1$）生成的中间量。

$f()$ 和 $g()$ 的具体形式可以很复杂，也可以很简单。比如采用一个最简单的线性变换形式，则上面的两个式子可以更具体地改写为以下形式：

$$
\begin{aligned}
\boldsymbol{v}^{(t)} &= \sigma(\boldsymbol{p} \cdot \boldsymbol{u}^{(t)} + \boldsymbol{q} \cdot \boldsymbol{s}^{(t-1)} + \boldsymbol{b}) \\
\boldsymbol{s}^{(t-1)} &= \boldsymbol{v}^{(t-1)}
\end{aligned}
\qquad \text{（式 8-72）}
$$

其中，$\sigma()$ 为激励函数。

习惯上，人们还用图 8-57 来表示 RNN 中任意一层在时间域上的一个展开：

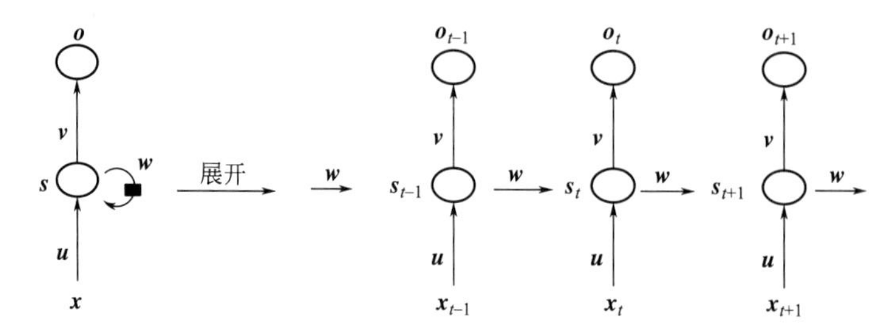

图 8-57 RNN 中的任意一层在时间域上的展开

其中，$\boldsymbol{w}$ 表示某一层中的所有待定参量。请注意，图 8-57 在展开后看似出现了很多 $\boldsymbol{w}$，但是图中表示的是这个 RNN 层在时间上的展开结构，在实际的空间上，这个 RNN 层仍然只有一个 $\boldsymbol{w}$ 张量，或者说，展开后的所有 $\boldsymbol{w}$ 张量是共享的。

根据时域展开图，当 RNN 执行反向传播算法时，针对时刻 (t) 时的参数张量，记为 $\boldsymbol{w}_t$，首先需要在空间上进行反向传播，即 $\boldsymbol{o}_t \rightarrow \boldsymbol{v}_t \rightarrow \boldsymbol{w}_t$；其次，需要在时间上进行反向传播，即 $\boldsymbol{s}_{t+1} \rightarrow \boldsymbol{w}_t$。把这两个反向传播的结果相加，便可以得到 $\boldsymbol{w}_t$ 在时刻 (t) 的梯度。假如任意的 $\boldsymbol{w}_t$ 是不共享的（即图 8-57 中的展开形式同时等价于 RNN 在空间上的实际形式），则以上便是反向传播的最终结果，但是由于所有的 $\boldsymbol{w}_t$ 是共享的，因此实际上，需要把从 $(t) \rightarrow (1)$ 时刻得到的所有梯度进行相加，才能得到这一层上参数张量 $\boldsymbol{w}$ 的最终梯度。

RNN 在 2014 年后得到了快速发展和广泛应用。由于 RNN 能够获取历史信息，因此能够很好地胜任诸如机器翻译、语音识别等多种呈现为时间序列形式的机器学习工作，这些问题通常上被人们称为 seq2seq 问题，即序列到序列问题。

由于梯度消失的存在，普通的、基于线性变换的 RNN 通常没有办法获取 10 个序列步以外的信息。一种基于 RNN 的变种，长短期记忆网络（Long Short Term Memory, LSTM），通过设置巧妙的层间变换函数，可以获取 100 个序列步左右的信息，提出后便很快广泛应用在自然语言处理方面等各种序列问题之中。

另外，RNN 无法回避的一个痛点是高昂的训练代价。RNN 在工作过程中有着相当强的数据依赖，每一个时刻的处理工作都必须依赖于先前得到的结果，导致了 RNN 无法进行并行计算，故而在训练方面要比其他 ANN 网络慢得多。

考虑到 RNN 只是希望能够获取历史上的输入信息，或者是绕开某些信息，因此可以直接将这些序列信息通过某种方式，为它们生成一种跳跃性的连接。基于这样的思想，基于残差连接和注意力模块的 CNN 模型开始逐渐发展起来。这种方法进一步抑制了梯度消失问题，同时可以在模型中学习并生成一种跳接路径，使得该模型的行为既类似于 RNN，又可以执行并行计算。注意力模块已经在谷歌的机器翻译系统中得到了应用，且这样的跳接模型很可能会是未来序列问题的主流方法。

习题

1. 如何直接或间接获取（自动或半自动）知识？

2. 产生式规则有几种匹配方式？在匹配之后，如何选择规则来执行？

3. 大数据具有的4V特性分别指什么？

4. 当数据存在错误、重复、缺失或者噪声时，可以用什么方法解决这些数据问题？

5. 在进行模型训练时如何求取模型权重？

6. 对如下混淆矩阵，请回答以下问题：

花的样本	紫荆花	羊蹄甲
紫荆花	45	8
羊蹄甲	4	43

（1）样本中共有多少朵花？

（2）分类正确率是多少？

（3）有多少羊蹄甲被误认为是紫荆花？

7. 请参考ROC曲线示意图，绘制PR曲线示意图。

8. 请阐述分类模型与回归模型的关系。

9. 请阐述时间序列分析与回归分析的区别。

10. 对于前向神经网络，输入层中的节点数为10，隐藏层为5。从输入层到隐藏层的最大连接数是多少？

11. 在Apriori算法中，置信度的含义是什么？

12. 过拟合产生的原因是什么？如何减少过拟合？

13. 反向传播算法一开始计算什么内容的梯度，之后将其反向传播？

14. 生物神经元由哪几个部分组成？

15. 设激活函数为阶跃函数 $\operatorname{sign}(x)$，计算神经网络的输出结果。

$$\operatorname{sign}(x)=\begin{cases}1, & x \geqslant 0.5 \\ 0, & x < 0.5\end{cases}$$

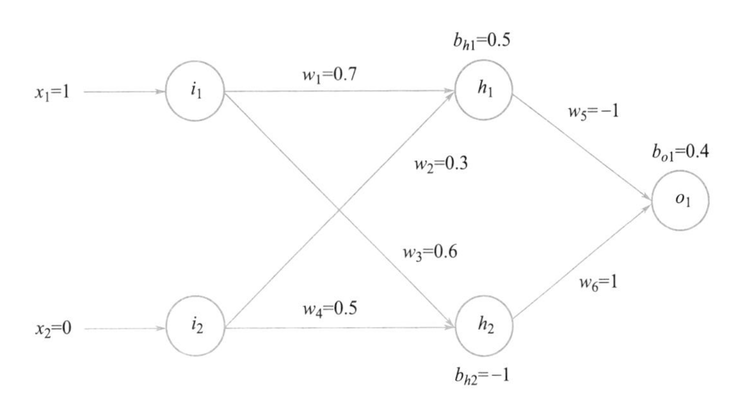

16. 对下列矩阵进行卷积和池化，输出的结果是什么？

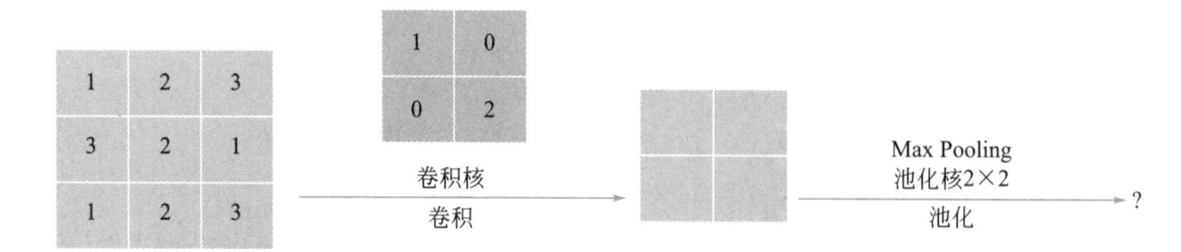

17. 对大小为 128×128 像素的图片进行如下操作，输出数据的维度是多少？

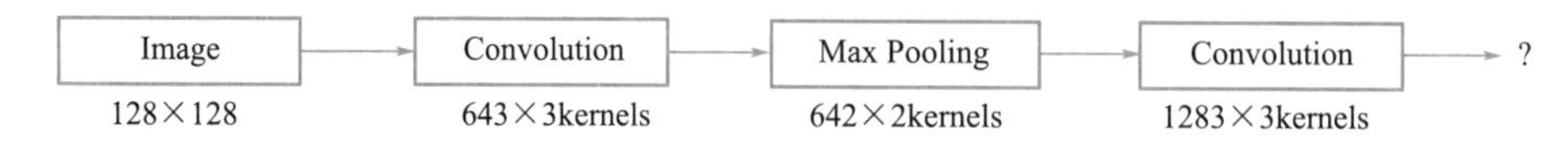

18. 开发一个 BP 神经元网络程序，包括样本训练、误差控制及结果输出。

19. 用 Matlab 或 Tensorflow 神经网络工具箱中的 BP 神经网络解决一个土木工程中的实际问题。

20. 开发一个知识库，用于指导建筑物各种机电设备的安装和运营。

21. 研究建筑施工中的语义识别技术，提出有效知识的提取算法。

参考文献

[1] LENG S, LIN J R, HU Z Z, et al. A hybrid data mining method for tunnel engineering based on real-time monitoring data from tunnel boring machines [J]. IEEE Access, 2020, 8: 90430-90449.

[2] 冷烁，梁燊，胡振中．基于数据挖掘和 BIM 的盾构机地层预测技术研究 [C] //第四届全国 BIM 学术会议论文集，2018.

[3] PEDREGOSA F, VAROQUAUX G, GRAMFORT A, et al. Scikit-learn: machine learning in Python [J]. The Journal of Machine Learning Research, 2011, 12: 2825-2830.

[4] ABADI M, BARHAM P, CHEN J, et al. Tensorflow: a system for large-scale machine learning [C] //Osdi, 2016, 16 (2016): 265-283.

[5] 袁爽，胡振中．建筑大数据处理技术应用案例分析 [C] //第五届全国 BIM 学术会议论文集，2019.

[6] National Institute of Building Sciences. "COBIE." National institute of building sciences [EB/OL]. [2023-08-29]. http: //www. nibs. org/? page=bsa _ cobie.

[7] CROCKFORD D. The application/json media type for javascript object notation (json) [R]. 2006.